United States of American Mathematical Olympiads Tests from the First to the Latest

历届美国数学

奥林匹克试题集

刘培杰数学工作室　编

哈爾濱工業大學出版社
HARBIN INSTITUTE OF TECHNOLOGY PRESS

内 容 提 要

本书汇集了历届美国数学奥林匹克竞赛试题及解答，广泛搜集了每道试题的多种解法，且注重初等数学与高等数学的联系，更有出自数学名家之手的多种解法和题型推广.本书可归结出以下四个特点，即收集全、解法多、观点高、结论强.

本书适合数学奥林匹克竞赛选手和教练员、高等院校相关专业研究人员及数学爱好者参考使用.

图书在版编目(CIP)数据

历届美国数学奥林匹克试题集/刘培杰数学工作室编.
—哈尔滨:哈尔滨工业大学出版社,2024.1
ISBN 978-7-5767-0812-7

Ⅰ.①历… Ⅱ.①刘… Ⅲ.①中学数学课-竞赛题-试题
Ⅳ.①G634.605

中国国家版本馆 CIP 数据核字(2023)第 113966 号

LIJIE MEIGUO SHUXUE AOLINPIKE SHITI JI

策划编辑 刘培杰 张永芹
责任编辑 聂兆慈
封面设计 孙茵艾
出版发行 哈尔滨工业大学出版社
社　　址 哈尔滨市南岗区复华四道街 10 号 邮编 150006
传　　真 0451-86414749
网　　址 http://hitpress.hit.edu.cn
印　　刷 辽宁新华印务有限公司
开　　本 787 mm×1 092 mm 1/16 印张 29.25 字数 544 千字
版　　次 2024 年 1 月第 1 版 2024 年 1 月第 1 次印刷
书　　号 ISBN 978-7-5767-0812-7
定　　价 98.00 元

目　录 | Contents

第 1 届美国数学奥林匹克

1 记号$(a,b,\cdots,g)$和$[a,b,\cdots,g]$分别表示正整数 a, b,$\cdots$,g 的最大公因数和最小公倍数. 例如,$(3,6,18)=3$, $[6,15]=30$. 证明

$$\frac{[a,b,c]^2}{[a,b][b,c][c,a]}=\frac{(a,b,c)^2}{(a,b)(b,c)(c,a)}$$

证法 1 设

$$a=p_1^{\alpha_1}p_2^{\alpha_2}\cdots p_n^{\alpha_n}$$
$$b=p_1^{\beta_1}p_2^{\beta_2}\cdots p_n^{\beta_n}$$
$$c=p_1^{\gamma_1}p_2^{\gamma_2}\cdots p_n^{\gamma_n}$$

其中 $p_1,p_2,\cdots,p_n$ 是互不相同的素数,α_i,β_i 和 $\gamma_i(i=1,2,\cdots,n)$ 是非负整数,因为

$$[a,b]=p_1^{\max\{\alpha_1,\beta_1\}}p_2^{\max\{\alpha_2,\beta_2\}}\cdots p_n^{\max\{\alpha_n,\beta_n\}}$$
$$(a,b)=p_1^{\min\{\alpha_1,\beta_1\}}p_2^{\min\{\alpha_2,\beta_2\}}\cdots p_n^{\min\{\alpha_n,\beta_n\}}$$

等,我们只需证明

$$2\max\{\alpha_i,\beta_i,\gamma_i\}-\max\{\alpha_i,\beta_i\}-\max\{\beta_i,\gamma_i\}-\max\{\gamma_i,\alpha_i\}=$$
$$2\min\{\alpha_i,\beta_i,\gamma_i\}-\min\{\alpha_i,\beta_i\}-\min\{\beta_i,\gamma_i\}-\min\{\gamma_i,\alpha_i\} \quad ①$$

对于 $i=1,2,\cdots,n$ 都成立. 不失一般性,对某个 i,不妨设 $\alpha_i\geqslant\beta_i\geqslant\gamma_i$,那么式 ① 为

$$2\alpha_i-\alpha_i-\beta_i-\alpha_i=2\gamma_i-\beta_i-\gamma_i-\gamma_i$$

从而命题得证.

证法 2 设

$$a=p_1^{\alpha_1}p_2^{\alpha_2}\cdots p_n^{\alpha_n}$$
$$b=p_1^{\beta_1}p_2^{\beta_2}\cdots p_n^{\beta_n}$$

其中 $p_1,p_2,\cdots,p_n$ 是互不相同的素数,$\alpha_i,\beta_i(1\leqslant i\leqslant n)$ 是非负整数,那么

$$[a,b](a,b)=p_1^{\max\{\alpha_1,\beta_1\}+\min\{\alpha_1,\beta_1\}}\cdots p_n^{\max\{\alpha_n,\beta_n\}+\min\{\alpha_n,\beta_n\}}=$$
$$p_1^{\alpha_1+\beta_1}\cdots p_n^{\alpha_n+\beta_n}=ab$$

所以

$$[a,b]=\frac{ab}{(a,b)}$$

类似地,可证

$$[a,b,c]=\frac{abc(a,b,c)}{(a,b)(b,c)(c,a)}$$

所以

$$\frac{[a,b,c]^2}{[a,b][b,c][c,a]}=\frac{\left[\frac{abc(a,b,c)}{(a,b)(b,c)(c,a)}\right]^2}{\frac{ab}{(a,b)}\cdot\frac{bc}{(b,c)}\cdot\frac{ca}{(c,a)}}=$$

$$\frac{(a,b,c)^2}{(a,b)(b,c)(c,a)}$$

2 一个给定的四面体 $ABCD$ 是等腰的,即 $AB=CD,AC=BD,AD=BC$. 证明:这个四面体的各个面都是锐角三角形.

证法 1 由题设可知四面体 $ABCD$ 的四个面是全等的三角形,并且每个顶点处的三面角是由四面体一个面的三角形的三个内角组成.

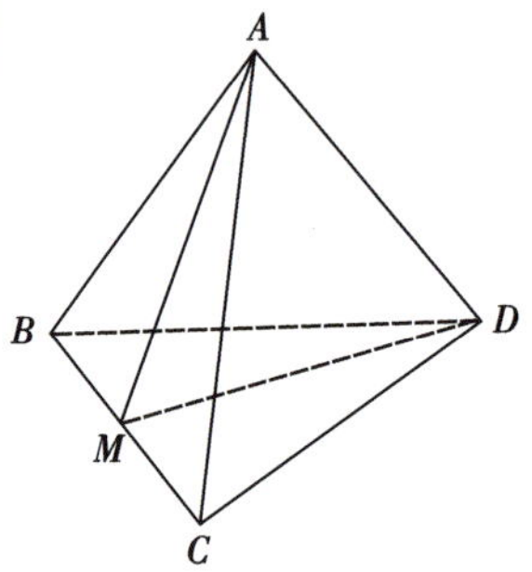

图 1.1

设 M 是 BC 的中点,如图 1.1 所示,那么

$$AM+MD>AD=BC=2MC$$

因为 $\triangle ABC\cong\triangle DCB$,所以 $AM=DM$,于是

$$2MD>2MC$$

点 D 在以 BC 为直径的圆外,故 $\angle BDC$ 是锐角. 同理可证其余两角也是锐角.

证法 2 因四面体的各个面都是全等三角形,设这些三角形的内角是 α,β,γ,如图 1.2 所示.

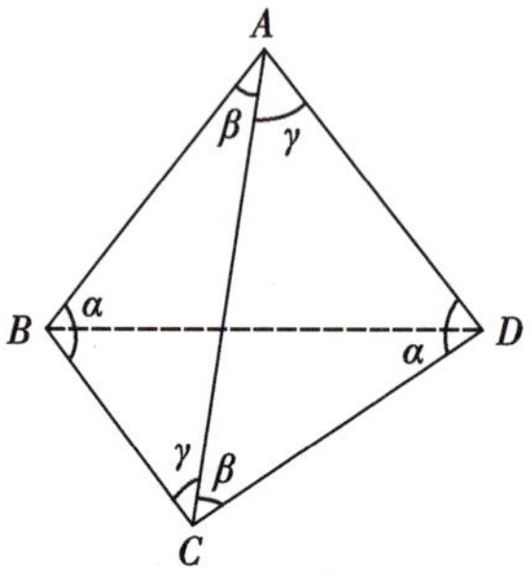

图 1.2

如果有一个面不是锐角三角形,那么 α,β,γ 中有一个非锐角,不妨设 $\alpha\geqslant 90°$,那么 $\beta+\gamma\leqslant 90°$. 因为三面角的任意两个面角之和大于第三个面角,所以

$$\alpha<\beta+\gamma\leqslant 90°$$

这和 $\alpha\geqslant 90°$ 矛盾. 故 α,β,γ 都是锐角.

3 一个随机数选择器只能从 $1,2,\cdots,9$ 这九个数字中任选一个,并且以等概率做这些选择,试确定在 $n(n>1)$ 次选择后,选出的 n 个数的乘积能被 10 整除的概率.

解 由于选出的数的乘积要被 10 整除,故 n 次选择中,至少有一次选择 5 且至少有一次选择偶数,用 A 和 B 分别表示事件"n 个数之积可被 2 整除" 和"n 个数之积可被 5 整除",因此

$$P(AB)=1-P(\overline{AB})=1-P(\overline{A}\cup\overline{B})=$$

$$1-P(\overline{A})-P(\overline{B})+P(\overline{A}\,\overline{B})=$$

$$1-\left(\frac{5}{9}\right)^n-\left(\frac{8}{9}\right)^n+\left(\frac{4}{9}\right)^n$$

$$P(AB)=\frac{9^n-8^n-5^n+4^n}{9^n}$$

4 令 R 为非负有理数，试确定整数 a,b,c,d,e,f，使得对于 R 的每种选择，都有 $\left|\frac{aR^2+bR+c}{dR^2+eR+f}-\sqrt[3]{2}\right|<|R-\sqrt[3]{2}|$.

解 在不等式中，令 R 通过有理数趋近于 $\sqrt[3]{2}$，则右边趋近于 0，因此左边也趋近于 0，所以

$$a\cdot 2^{\frac{2}{3}}+b\cdot 2^{\frac{1}{3}}+c=2d+e\cdot 2^{\frac{2}{3}}+f\cdot 2^{\frac{1}{3}}$$

从而

$$a=e,b=f,c=2d$$

代入原不等式，整理，约去两边公因式 $|R-2^{\frac{1}{3}}|$（R 是有理数，此式不等于 0），得

$$\left|\frac{aR+b-d\sqrt[3]{2}(R+\sqrt[3]{2})}{dR^2+aR+b}\right|<1$$

即

$$-1<\frac{aR+b-d\sqrt[3]{2}(R+\sqrt[3]{2})}{dR^2+aR+b}<1$$

$$\begin{cases}\dfrac{-dR^2-d\sqrt[3]{2}R-d\sqrt[3]{4}}{dR^2+aR+b}<0\\ \dfrac{dR^2+2aR+2b-d\sqrt[3]{2}R-d\sqrt[3]{4}}{dR^2+aR+b}>0\end{cases}$$

不妨设 $d>0$，于是得

$$\begin{cases}dR^2+aR+b>0\\ dR^2+(2a-d\sqrt[3]{2})R+2b-d\sqrt[3]{4}>0\end{cases}$$

例如，可取：$d<\sqrt[3]{4}a,d<\sqrt[3]{2}b$. 最简单的情形是：$a=b=d=1$，从而 $c=2,e=f=1$.

5 一个给定的凸五边形 $ABCDE$ 具有如下性质：五个三角形 ABC,BCD,CDE,DEA,EAB 中的每一个三角形的面积都等于 1. 证明：每个具有上述性质的五边形都有相同的面积，计算这个面积，并且有无限多个不全等的具有上述性质的五边形.

证法 1 因为

$$S_{\triangle ABC}=S_{\triangle EAB}=1$$

所以 $AB\parallel EC$. 类似地，有 $BD\parallel AE$，故 $ABPE$ 是平行四边形，其中 P 是 BD 和 CE 的交点. $S_{\triangle BPE}=S_{\triangle EAB}=1$.

令 $S_{\triangle BCP}=x$，那么

$$S_{\triangle EPD}=x,S_{\triangle CDP}=1-x$$

因为
$$\frac{S_{\triangle BCP}}{S_{\triangle CDP}}=\frac{BP}{PD}=\frac{S_{\triangle BPE}}{S_{\triangle PDE}}$$
所以
$$\frac{x}{1-x}=\frac{1}{x}$$
$$x^2+x-1=0$$
$$x=\frac{\sqrt{5}-1}{2}\text{（负值已舍去）}$$
于是五边形 $ABCDE$ 的面积为
$$S_{\triangle CDE}+2S_{\triangle ABE}+S_{\triangle BCP}=3+\frac{\sqrt{5}-1}{2}=\frac{5+\sqrt{5}}{2}$$

如图 1.3 所示，任意作一个 $\triangle BCP$，使得 $S_{\triangle BCP}=\frac{\sqrt{5}-1}{2}$，延长 CP 到 E，BP 到 D，使得 $S_{\triangle BPE}=S_{\triangle BCD}=1$. 于是
$$\frac{CP}{PE}=\frac{\sqrt{5}-1}{2}$$
$$\frac{DP}{PB}=\frac{DB-PB}{PB}=\frac{DB}{PB}-1=\frac{1}{\frac{\sqrt{5}-1}{2}}-1=\frac{\sqrt{5}-1}{2}$$
所以
$$\frac{CP}{PE}=\frac{DP}{PB}$$
从而 $BE\parallel CD$，$S_{\triangle CDE}=S_{\triangle BCD}=1$.

作 $EA\parallel BD$，$AB\parallel EC$，它们的交点为 A，那么 $S_{\triangle DEA}=S_{\triangle EAB}=S_{\triangle BPE}=1$，同理 $S_{\triangle ABC}=1$.

因为面积为 $\frac{\sqrt{5}-1}{2}$ 的 $\triangle BCP$ 可作无数多个不全等的，所以如上所得的无数多个不全等的五边形具有上述性质.

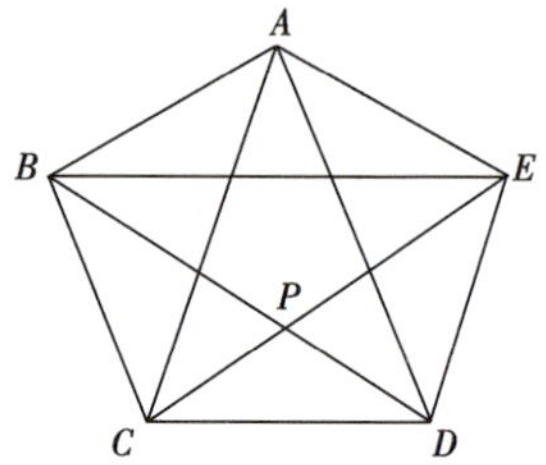

图 1.3

证法 2 以凸五边形 $ABCDE$ 的边 AB 为 x 轴，以 A 为原点建立平面直角坐标系，且设 $AB=a$，因 $S_{\triangle ABC}=S_{\triangle ABE}=1$，故 C，E 两点的纵坐标为 $\frac{2}{a}$. 设点 C，E 的横坐标为 b，c，点 D 的坐标为 (d,e). 那么五点的坐标为 $A(0,0)$，$B(a,0)$，$C(b,\frac{2}{a})$，$D(d,e)$，$E(c,\frac{2}{a})$. 如图 1.4 所示，有
$$S_{\text{五边形}ABCDE}=S_{\triangle ADE}+S_{\triangle BCD}+S_{\triangle ABD}=2+\frac{1}{2}ae$$

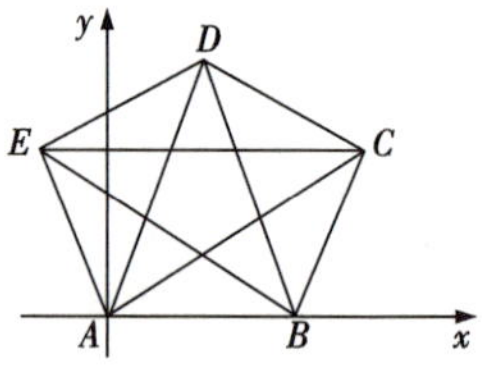

图 1.4

因为 $DE\parallel AC$，所以 $\frac{2}{a}:b=(e-\frac{2}{a}):(d-c)$，类似地，由 $EA\parallel BD$，$BC\parallel DA$ 可得

$$e:(d-a)=\frac{2}{a}:c$$

$$e:d=\frac{2}{a}:(b-a)$$

将它们分别整理后得

$$aeb+2(c-d-b)=0 \quad ①$$

$$aec+2(a-d)=0 \quad ②$$

$$ae(a-b)+2d=0 \quad ③$$

式①+③,式②+③分别可得

$$a^2e+2(c-b)=0 \quad ④$$

$$ae+e(c-b)+2=0 \quad ⑤$$

从式④⑤中消去 $c-b$,得

$$a^2e^2-2ae-4=0$$

解得 $ae=\sqrt{5}+1$(负值已舍去)

所以 $S_{五边形ABCDE}=2+\frac{1}{2}ae=\frac{5+\sqrt{5}}{2}$

因此具有题述性质的凸五边形的面积都相同.

将上面的 a,b 设为任意给定的正实数,那么

$$e=\frac{\sqrt{5}+1}{a},d=\frac{\sqrt{5}+1}{2}(b-a)$$

$$c=b-\frac{\sqrt{5}+1}{2}a$$

$$A(0,0),B(a,0),C\left(b,\frac{2}{a}\right)$$

$$D\left(\frac{\sqrt{5}+1}{2}(b-a),\frac{\sqrt{5}+1}{a}\right),E\left(b-\frac{\sqrt{5}+1}{2}a,\frac{2}{a}\right)$$

以上述5个点为顶点的五边形 $ABCDE$ 对应于不同的正实数 a 与 b,在平面直角坐标系里凸五边形 $ABCDE$ 具有无限多个且互不相同. 因此我们只需证明以 A,B,C,D,E 为顶点的凸五边形具有题述性质.

显然 $AB\ /\!/\ CE$,有

$$(b-a):\frac{2}{a}=\frac{\sqrt{5}+1}{2}(b-a):\frac{\sqrt{5}+1}{a}$$

所以 $BC\ /\!/\ DA$. 类似地,可证

$$CD\ /\!/\ EB,DE\ /\!/\ AC,EA\ /\!/\ BD$$

$$S_{\triangle ABC}=\frac{1}{2}a\cdot\frac{2}{a}=1$$

由上所述得

$$S_{\triangle ABC}=S_{\triangle BCD}=S_{\triangle CDE}=S_{\triangle DEA}=S_{\triangle EAB}=1$$

所以具有题述性质的凸五边形 $ABCDE$ 有无限多个.

第2届美国数学奥林匹克

1 P,Q 两点在正四面体 $ABCD$ 的内部. 证明：$\angle PAQ < 60°$.

证法1 设 AP,AQ 交平面 BCD 于 P_1,Q_1，联结 P_1Q_1 并延长交 BC,CD 于 P_2,Q_2，如图2.1所示. 那么 $\angle PAQ=\angle P_1AQ_1\leqslant\angle P_2AQ_2$. 二面角 P_2-AQ_2-C 和 P_2-AQ_2-D 中至少有一个不小于 $90°$.

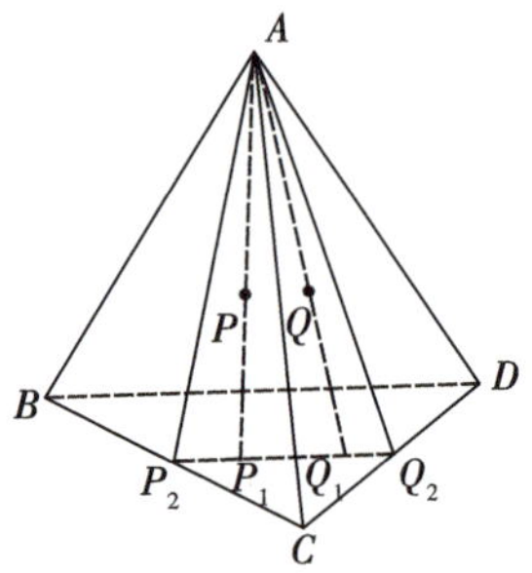

图2.1

(1) 如果二面角 P_2-AQ_2-C 不小于 $90°$，因为在三面角中，大二面角对大面角，所以它所对的面角 $\angle P_2AC$ 最大，于是

$$\angle PAQ_2\leqslant\angle P_2AC\leqslant\angle BAC=60°$$

(2) 如果二面角 P_2-AQ_2-D 不小于 $90°$，那么

$$\angle PAQ_2\leqslant\angle P_2AD$$

同理 $\angle P_2AD\leqslant\angle BAD$ 或 $\angle CAD$，所以 $\angle PAQ\leqslant 60°$.

证法2 如果能证明 P_2Q_2 是 $\triangle AP_2Q_2$ 的最短边，那么 $\angle P_2AQ_2\leqslant 60°$.

如图2.2所示，联结 P_2D，在 $\triangle P_2Q_2D$ 中，$\angle P_2Q_2D>60°$，$\angle P_2DQ_2<60°$，所以 $P_2D>P_2Q_2$. 又因为 $AP_2=DP_2$，所以 $AP_2>P_2Q_2$，同理 $AQ_2>P_2Q_2$. 所以 P_2Q_2 是 $\triangle AP_2Q_2$ 的最短边.

证法3 如图2.2所示，设正四面体 $ABCD$ 的棱长为1，令 $CP_2=x,CQ_2=y$. 在 $\triangle P_2CQ_2$ 中，由余弦定理得

$$P_2Q_2^2=x^2+y^2-2xy\cos 60°=x^2+y^2-xy$$

在 $\triangle AP_2C$ 中，由余弦定理得

$$AP_2^2=x^2-x+1$$

在 $\triangle AQ_2C$ 中，由余弦定理得

$$AQ_2^2=y^2-y+1$$

所以

$$AP_2^2-P_2Q_2^2=(1-y)(1+y-x)>0$$

于是 $AP_2>P_2Q_2$，同样 $AQ_2>P_2Q_2$. 所以 P_2Q_2 是 $\triangle AP_2Q_2$ 的最短边，从而 $\angle PAQ\leqslant\angle P_2AQ_2<60°$.

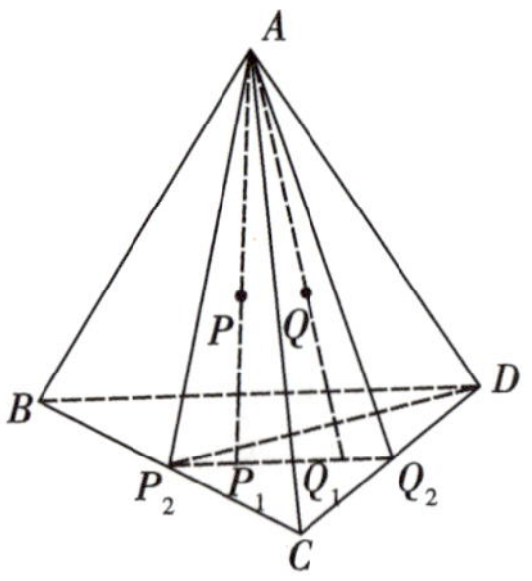

图2.2

说明 一般地有下面这个结论：

如果 $ABCD$ 是一个四面体，顶点 A 的三个面角都不大于 $90°$，P,Q 是它内部的两点，那么

$$\angle PAQ \leqslant \max\{\angle BAC, \angle CAD, \angle DAB\}$$

证法 4 如图 2.3 所示，AP,AQ 的延长线必交平面 BCD 于 $\triangle BCD$ 内部的点 M,N. 设直线 MN 交 BD 于 K，交 CD 于 L. 显然 $\angle PAQ < \angle KAL$，所以我们只要证 $\angle KAL \leqslant 60°$ 或 $\cos\angle KAL \geqslant \frac{1}{2}$.

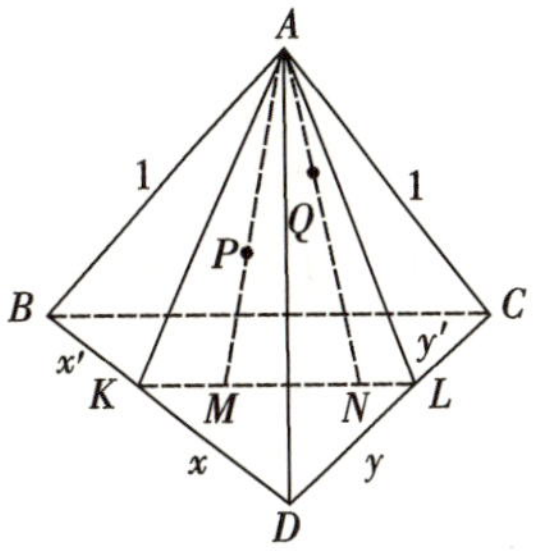

图 2.3

为了简便，不妨设正四面体棱长为 1，$DK=x$，$DL=y$，则

$$\cos\angle KAL = \frac{AK^2+AL^2-KL^2}{2AK\cdot AL} =$$

$$\frac{(1+x^2-x)+(1+y^2-y)-(x^2+y^2-xy)}{2AK\cdot AL} =$$

$$\frac{2-x-y+xy}{2AK\cdot AL} = \frac{1+(1-x)(1-y)}{2AK\cdot AL} =$$

$$\frac{1+x'y'}{2\sqrt{1-x'+x'^2}\sqrt{1-y'+y'^2}}$$

其中 $x'=BK$，$y'=CL$. 于是只需证

$$\frac{1}{2} \leqslant \frac{1+x'y'}{2\sqrt{1-x'+x'^2}\sqrt{1-y'+y'^2}}$$

即

$$(1-x'+x'^2)(1-y'+y'^2) \leqslant (1+x'y')^2$$

$$x'y'+x'+y'+x'^2y'+x'y'^2 \geqslant x'^2+y'^2$$

由 $0 \leqslant x' \leqslant 1$，$0 \leqslant y' \leqslant 1$，可见上列不等式成立.

2 设 $\{x_n\}$，$\{y_n\}$ 为如下定义的两个整数数列

$$x_0=1, x_1=1, x_{n+1}=x_n+2x_{n-1} \quad (n=1,2,3,\cdots)$$

$$y_0=1, y_1=7, y_{n+1}=2y_n+3y_{n-1} \quad (n=1,2,3,\cdots)$$

于是，这两个数列的前几项为

$$x: 1,1,3,5,11,21,\cdots$$

$$y: 1,7,17,55,161,487,\cdots$$

证明：除了“1”这项外，不存在那样的项，它同时出现在两个数列中.

证法 1 将这两个数列的前几项分别模 8，我们得到

$$x: 1,1,3,5,3,5,\cdots$$

$$y: 1,7,1,7,1,7,\cdots$$

下面用数学归纳法证明,对一切自然数 n:

(1) $x_{2n+1} \equiv 3 \pmod 8$, $x_{2n+2} \equiv 5 \pmod 8$;

(2) $y_{2n-1} \equiv 1 \pmod 8$, $y_{2n} \equiv 7 \pmod 8$.

因 $x_3 = 3$, $x_4 = 5$,故 $n = 1$ 时结论成立.

设 $x_{2k+1} \equiv 3 \pmod 8$, $x_{2k+2} \equiv 5 \pmod 8$,那么

$$x_{2k+3} = x_{2k+2} + 2x_{2k+1} \equiv 5 + 6 \equiv 3 \pmod 8$$

$$x_{2k+4} = x_{2k+3} + 2x_{2k+2} \equiv 3 + 10 \equiv 5 \pmod 8$$

所以当 $n = k + 1$ 时结论也成立. 同样可证(2) 成立.

故除了"1" 这项外,不存在那样的项,它同时出现在两个数列中.

证法 2 递推式

$$x_{n+1} = x_n + 2x_{n-1}$$

的特征方程是

$$q^2 - q - 2 = 0$$

$$q_1 = 2, q_2 = -1$$

所以

$$x_n = C_1 \cdot 2^n + C_2 \cdot (-1)^n$$

令 $n = 1,2$,代入,得

$$\begin{cases} 2C_1 - C_2 = 1 \\ 4C_1 + C_2 = 3 \end{cases}$$

解得 $C_1 = \frac{2}{3}$, $C_2 = \frac{1}{3}$,故

$$x_n = \frac{1}{3}[2^{n+1} + (-1)^n]$$

同样地

$$y_n = 2 \cdot 3^n - (-1)^n$$

如果 $x_n = y_m$,那么

$$3^{m+1} - 2^n = \frac{1}{2}[3(-1)^m + (-1)^n] \qquad ①$$

如果 $n = 0$ 或 1,那么 $m = 0$ 是唯一的解.

当 $n \geqslant 2$ 时,如果 m, n 同奇偶,那么式 ① 的右边是偶数,而左边是奇数,式 ① 不成立.

如果 n 是奇数,m 是偶数,式 ① 两边模 4 得

$$(-1)^{m+1} - 4 \cdot 2^{n-2} \equiv 1 \pmod 4$$

即

$$-1 \equiv 1 \pmod 4$$

如果 n 是偶数,m 是奇数,式 ① 两边模 4 得

$$1 \equiv -1 \pmod 4$$

故当 $n \geqslant 2$ 时,不存在 m,使得 $x_n = y_m$. 从而除了"1" 这项外,不存在同时出现在两个数列中的项.

证法 3 设 $S(t)=x_0+x_1t+x_2t^2+\cdots+x_nt^n+\cdots$,在这级数的收敛区间内,有

$$2t\cdot S(t)=2x_0t+2x_1t^2+\cdots+2x_{n-1}t^n+\cdots$$

$$-t^{-1}S(t)=-\frac{x_0}{t}-x_1-x_2t-\cdots-x_{n+1}t^n-\cdots$$

以上三式的两边分别相加,注意 $x_{n+1}=x_n+2x_{n-1}(n=1,2,\cdots)$,得

$$(1+2t-t^{-1})S(t)=x_0-\frac{x_0}{t}-x_1$$

$$S(t)=\frac{x_0-x_0t^{-1}-x_1}{1+2t-t^{-1}}=\frac{1}{1-t-2t^2}=\frac{2}{3(1-2t)}+\frac{1}{3(1+t)}=$$

$$\frac{2}{3}(1+2t+2^2t^2+\cdots)+\frac{1}{3}(1-t+t^2-\cdots)$$

x_n 是 $S(t)$ 展开式中 t^n 的系数

$$x_n=\frac{2}{3}\cdot 2^n+(-1)^n\frac{1}{3}=\frac{1}{3}[2^{n+1}+(-1)^n]$$

设

$$R(t)=y_0+y_1t+y_2t^2+\cdots+y_{n+1}t^{n+1}+\cdots-$$

$$2t\cdot R(t)=-2y_0t-2y_1t^2-\cdots-2y_nt^{n+1}-\cdots-$$

$$3t^2\cdot R(t)=-3y_0t^2-\cdots-3y_{n-1}t^{n+1}-\cdots$$

相加得

$$(1-2t-3t^2)R(t)=y_0+(y_1-2y_0)t=1+5t$$

$$R(t)=\frac{1+5t}{1-2t-3t^2}=\frac{2}{1-3t}-\frac{1}{1+t}=$$

$$2(1+3t+3^2t^2+\cdots)-(1-t+t^2-\cdots)$$

$$y_n=2\cdot 3^n-(-1)^n$$

为了使 x_m 等于 y_n,且 $m>0,n>0$,必须有

$$2\cdot 3^n-(-1)^n=\frac{1}{3}[2^{m+1}+(-1)^m]$$

即 $$2(3^{n+1}-2^m)=(-1)^m+3(-1)^n$$

m,n 必须奇偶性不同(否则上式右端能被 4 整除,而左端不能).

若 m 是偶数而 n 是奇数,令 $m=2\overline{m}$,且 $n=2\overline{n}-1$,则

$$2(3^{2\overline{n}}-2^{2\overline{m}})=1-3=-2 \text{ 或 } 3^{2\overline{n}}+1=2^{2\overline{m}}$$

但 $\overline{m}>0$,$2^{2\overline{m}}$ 能被 4 整除,然而 $3^{2\overline{n}}+1=(4-1)^{2\overline{n}}+1=4k+2$ 不能被 4 整除,矛盾.

若 m 是奇数而 n 是偶数,令 $m=2\overline{m}+1$,且 $n=2\overline{n}$,则

$$2(3^{2\overline{n}+1}-2^{2\overline{m}+1})=-1+3=2 \text{ 或 } 3^{2\overline{n}+1}-1=2^{2\overline{m}+1}$$

但 $\overline{m}>0$,$2^{2\overline{m}+1}$ 可被 4 整除,然而 $3^{2\overline{n}+1}-1=(4-1)^{2\overline{n}+1}-1=4k-2$ 不能被 4 整除,矛盾.

3 在一个给定的正 $2n+1$ 边形的顶点中随机地选取三个不同的顶点. 如果一切这种取法的可能性是相等的,求这个正多边形的中心位于随机所取三点构成的三角形内部的概率.

解 选定三角形的一个顶点,记为 A_0,多边形的其余顶点依次记为 $A_{-n},A_{-(n-1)},\cdots,A_{-1},A_1,A_2,\cdots,A_n$. 欲使多边形的中心位于三角形的内部,当且仅当三角形的另外两顶点是 $P_k,P_{-l}(k,l>0)$,且下标满足 $k+l>n$.

所以,对于每个固定的 k,有 k 个三角形含多边形的中心,它们是

$$\triangle P_0P_kP_{-(n-k+1)},\triangle P_0P_kP_{-(n-k+2)},\cdots,\triangle P_0P_kP_{-n}$$

故这样的三角形总数是

$$\sum_{k=1}^{n}k=\frac{n(n+1)}{2}$$

由于有 $2n+1$ 个顶点,所以含多边形中心的三角形有 $\frac{(2n+1)n(n+1)}{6}$ 个,而三角形的总数为 C_{2n+1}^3 个,故所求的概率为

$$\frac{\frac{(2n+1)n(n+1)}{6}}{C_{2n+1}^3}=\frac{n+1}{4n-2}$$

4 试确定下列方程组的所有实根或复根

$$\begin{cases}x+y+z=3\\x^2+y^2+z^2=3\\x^3+y^3+z^3=3\end{cases}$$

解 设 x,y,z 是三次方程

$$t^3-at^2+bt-c=0$$

的三个根,那么

$$a=x+y+z=3$$

$$2b=2(xy+yz+zx)=(x+y+z)^2-x^2-y^2-z^2=6$$

又因为 x,y,z 是三次方程的三个根,所以

$$x^3+y^3+z^3-a(x^2+y^2+z^2)+b(x+y+z)-3c=0$$

$$3-3a+3b-3c=0$$

因为 $a=b=3$,故 $c=1$,三次方程变为 $(t-1)^3=0$. 所以我们得方程组的解为 $(x,y,z)=(1,1,1)$.

说明 更一般地,利用牛顿公式,如果

$$\sum_{i=1}^{n} x_i^k = \sum_{i=1}^{n} a_i^k \quad (k = 1,2,\cdots,n)$$

其中 a_i 是已知常数,那么

$$(x_1,x_2,\cdots,x_n) = (a_1',a_2',\cdots,a_n')$$

其中 $a_1',a_2',\cdots,a_n'$ 是 $a_1,a_2,\cdots,a_n$ 的任意排列.

当 $n = 3, a_1 = a_2 = a_3 = 1$ 时,便是本题.

5 证明:三个不同素数的立方根不可能是一个等差数列中的三项(不一定是连续的).

证明 若不然,有

$$\sqrt[3]{p} = a, \sqrt[3]{q} = a + md, \sqrt[3]{r} = a + nd$$

其中 p,q,r 是三个不同的素数,m,n 是正整数.

消去 a 和 d,得

$$\frac{\sqrt[3]{q} - \sqrt[3]{p}}{\sqrt[3]{r} - \sqrt[3]{p}} = \frac{m}{n}$$

即

$$m\sqrt[3]{r} - n\sqrt[3]{q} = (m - n)\sqrt[3]{p} \qquad ①$$

式 ① 的两边立方,得

$$m^3 r - n^3 q - 3mn\sqrt[3]{rq}(m\sqrt[3]{r} - n\sqrt[3]{q}) = (m - n)^3 p \qquad ②$$

将式 ① 中的 $m\sqrt[3]{r} - n\sqrt[3]{q}$ 代入式 ②,得

$$3mn(m - n)\sqrt[3]{pqr} = m^3 r - n^3 q - (m - n)^3 p$$

但是 $\sqrt[3]{pqr}$ 是无理数,故上面的等式不成立.

第 3 届美国数学奥林匹克

1 设 a,b,c 表示三个不同的整数，又设 $P(x)$ 表示整系数多项式. 证明：$P(a)=b,P(b)=c,P(c)=a$ 不可能同时成立.

证明 一般地，我们证明：如果 $a_1,a_2,\cdots,a_n$ 是互不相同的整数，$P(x)$ 是整系数多项式，那么不可能有

$$P(a_k)=a_{k+1}\quad (k=1,2,\cdots,n;a_{n+k}=a_k)$$

设整系数多项式 $P(x)=b_0+b_1x+\cdots+b_mx^m$，那么

$$\begin{aligned}a_{k+1}-a_{k+2}=P(a_k)-P(a_{k+1})=\\ b_1(a_k-a_{k+1})+b_2(a_k^2-a_{k+1}^2)+\cdots+\\ b_m(a_k^m-a_{k+1}^m)=\\ (a_k-a_{k+1})Q(a_k,a_{k+1})\end{aligned}$$

其中 $Q(a_k,a_{k+1})$ 是整数，$k=1,2,\cdots,n$.

对于 $k=1,2,\cdots,n$，把这 n 个等式相乘后可得

$$Q(a_1,a_2)Q(a_2,a_3)\cdots Q(a_n,a_1)=1$$

所以 $Q(a_k,a_{k+1})=\pm1,k=1,2,\cdots,n$. 进而 $a_{k+1}-a_{k+2}=\pm(a_k-a_{k+1})$，因此

$$|a_1-a_2|=|a_2-a_3|=\cdots=|a_n-a_1|$$

从 $|a_1-a_2|=|a_2-a_3|$ 得

$$a_1-a_2=a_2-a_3 \text{ 或 } a_1-a_2=-(a_2-a_3)$$

但 $a_1-a_2=-(a_2-a_3)$ 推得 $a_1=a_3$，与题设矛盾. 所以 $a_1-a_2=a_2-a_3$，同样地

$$a_1-a_2=a_2-a_3=\cdots=a_n-a_1$$

上面这 n 个数的和为 0，故 $a_k-a_{k+1}=0,k=1,2,\cdots,n$，与题设矛盾. 从而命题得证.

2 证明：如果 a,b,c 都是正实数，那么

$$a^ab^bc^c\geqslant(abc)^{\frac{a+b+c}{3}}$$

证法 1 首先证明，对 $x>0,y>0$，有

$$x^xy^y\geqslant x^yy^x \tag{①}$$

不失一般性,设 $x \geqslant y$,于是式 ① 等价于

$$\left(\frac{x}{y}\right)^{x-y} \geqslant 1$$

利用上面所证的事实,得

$$a^a b^b \geqslant a^b b^a$$

$$b^b c^c \geqslant b^c c^b$$

$$c^c a^a \geqslant c^a a^c$$

于是

$$(a^a b^b c^c)^2 \geqslant a^{b+c} b^{c+a} c^{a+b}$$

两边乘以 $a^a b^b c^c$,得

$$(a^a b^b c^c)^3 \geqslant (abc)^{a+b+c}$$

即

$$a^a b^b c^c \geqslant (abc)^{\frac{a+b+c}{3}}$$

等号当且仅当 $a = b = c$ 时成立.

证法 2 欲证的不等式等价于

$$a^{2a-b-c} \cdot b^{2b-a-c} \cdot c^{2c-a-b} \geqslant 1$$

由于要证明的不等式关于 a,b,c 是对称的,所以不妨设 $a \geqslant b \geqslant c$,则 $\frac{b}{c} \geqslant 1$, $a + b - 2c \geqslant 0$. 于是

$$a^{2a-b-c} \geqslant b^{2a-b-c}$$

$$a^{2a-b-c} \cdot b^{2b-c-a} \geqslant b^{2a-b-c} \cdot b^{2b-c-a} = b^{a+b-2c}$$

$$a^{2a-b-c} \cdot b^{2b-c-a} \cdot c^{2c-a-b} \geqslant b^{a+b-2c} \cdot c^{2c-a-b} = \left(\frac{b}{c}\right)^{a+b-2c} \geqslant 1$$

从而命题得证. 等号当且仅当 $a = b = c$ 时成立.

证法 3 不妨设 $a \geqslant b \geqslant c$,那么

$$\frac{a^a b^b c^c}{(abc)^{\frac{a+b+c}{3}}} = \left(\frac{a}{b}\right)^{\frac{a-b}{3}} \left(\frac{b}{c}\right)^{\frac{b-c}{3}} \left(\frac{a}{c}\right)^{\frac{a-c}{3}} \geqslant 1$$

说明 本题是高等代数中的幂平均不等式:如果 $a_i > 0, i = 1,2,\cdots,n$,那么

$$\left(\prod_{i=1}^{n} a_i\right)^{\frac{1}{n}\sum\limits_{i=1}^{n} a_i} \leqslant \left(\frac{1}{n}\sum_{i=1}^{n} a_i\right)^{\sum\limits_{i=1}^{n} a_i} \leqslant \prod_{i=1}^{n} a_i^{a_i}$$

当取 $n = 3$ 时的情况.

3 半径为 1 的球面上的两点用球内长度小于 2 的曲线段联结起来,证明:这条曲线段一定落在这个球的某半个球内.

证明 如图3.1所示，设A和B是这曲线段的两个端点. 过球心O作平面π垂直于$\angle AOB$的角平分线. 下面将证明曲线段$\overset{\frown}{AB}$一定落在这个平面一侧含有A与B的半球内.

设A'是点A关于平面π的对称点，由于A',O,B三点共线，所以线段$A'B=2$. 如果P是平面π内的任一点，那么$AP=A'P$.

如果曲线段$\overset{\frown}{AB}$含有属于π的点P，那么

$$\overset{\frown}{AP}+\overset{\frown}{PB}\geqslant AP+PB\geqslant A'P+PB\geqslant A'B=2$$

由此可知长度小于2的球内曲线段$\overset{\frown}{AB}$不可能含有平面π内的任意点，即不能穿过π，所以落在π的一侧含有A,B的半球内.

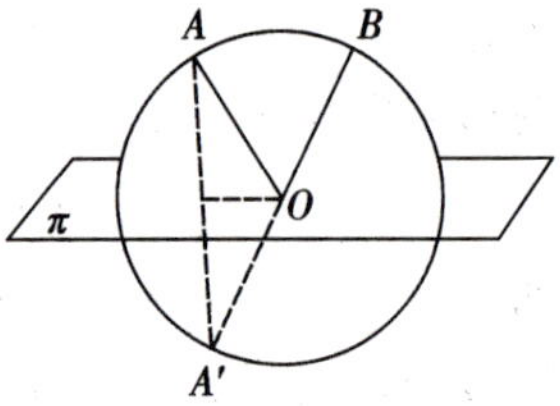

图3.1

说明 更一般的，可以证明：如果以一个最小直径为2的中心对称体的两个界点为端点，在该立体内作长度小于2的曲线段，那么这个曲线段一定落在一个由通过中心的平截面所限的该立体之半的内部.

4 父亲、母亲和儿子决定举行某种家庭游戏比赛. 每局由两人参加，没有和局. 因为父亲是最弱的，所以让他选定第一局的两个参加者. 每局获胜者与未参加此局比赛的人进行下一局的比赛. 在比赛中某人首先获胜两局就算取得锦标. 如果儿子是最强的，那么从直观上看，父亲若决定自己与母亲进行首局比赛将使他取得锦标的概率最大. 证明：这种策略确实是最优的（假定任一选手每局战胜其他选手的概率在整个比赛过程中不变）.

证明 设F,M和S分别表示父亲、母亲和儿子，又设$W>L$表示某一局W获胜而L失败.

如果F与M参加第一局比赛，那么F可在下面三种互斥结果中取得锦标：

（1）$F>M,F>S$；

（2）$F>M,S>F,M>S,F>M$；

（3）$M>F,S>M,F>S,F>M$；

如果F与S参加第一局比赛，那么F取得锦标的情况同上，只要将M与S交换就行了.

如果M与S参加第一局比赛，那么F可在下面两种结果中获得锦标：

（4）$S>M,F>S,F>M$；

（5）$M>S,F>M,F>S$.

观察（4）和（5），将S与M交换一下两者是相同的.

设概率$(W>L)=\overline{WL}$，易知$\overline{WL}+\overline{LW}=1$.

如果 F 和 M 进行第一局比赛，那么 F 获得锦标的概率是

$$P_{FM}=\overline{FM}\cdot\overline{FS}+\overline{FM}\cdot\overline{SF}\cdot\overline{MS}\cdot\overline{FM}+\overline{MF}\cdot\overline{SM}\cdot\overline{FS}\cdot\overline{FM}$$

如果 F 和 S 进行第一局比赛，那么 F 获得锦标的概率是

$$P_{FS}=\overline{FS}\cdot\overline{FM}+\overline{FS}\cdot\overline{MF}\cdot\overline{SM}\cdot\overline{FS}+\overline{SF}\cdot\overline{MS}\cdot\overline{FM}\cdot\overline{FS}$$

如果 M 和 S 进行第一局比赛，那么 F 获得锦标的概率是

$$P_{MS}=\overline{SM}\cdot\overline{FS}\cdot\overline{FM}+\overline{MS}\cdot\overline{FM}\cdot\overline{FS}=(\overline{SM}+\overline{MS})\overline{FS}\cdot\overline{FM}=\overline{FS}\cdot\overline{FM}$$

因为 $P_{MS}<\min\{P_{FM},P_{FS}\}$，所以只需比较 P_{FM} 和 P_{FS} 的大小

$$P_{FM}-P_{FS}=(\overline{FM}-\overline{FS})(\overline{SF}\cdot\overline{MS}\cdot\overline{FM}+\overline{MF}\cdot\overline{SM}\cdot\overline{FS})$$

由于 S 是最强的选手，故$\overline{FM}>\overline{FS}$，所以 $P_{FM}>P_{FS}$.

5 考虑如图 3.2 所示的 $\triangle ABC$ 和 $\triangle PQR$. 在 $\triangle ABC$ 中，$\angle ADB=\angle BDC=\angle CDA=120°$. 试证

$$X=u+v+w$$

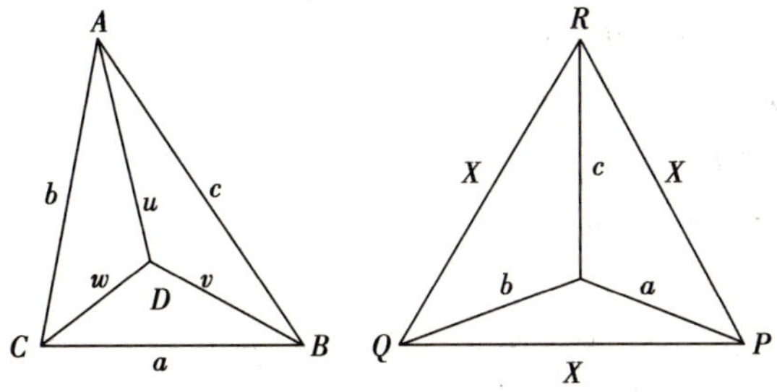

图 3.2

证法 1 $\triangle BCD$ 绕着点 B 沿逆时针方向旋转 60° 到 $\triangle BFE$ 的位置，如图 3.3 所示.

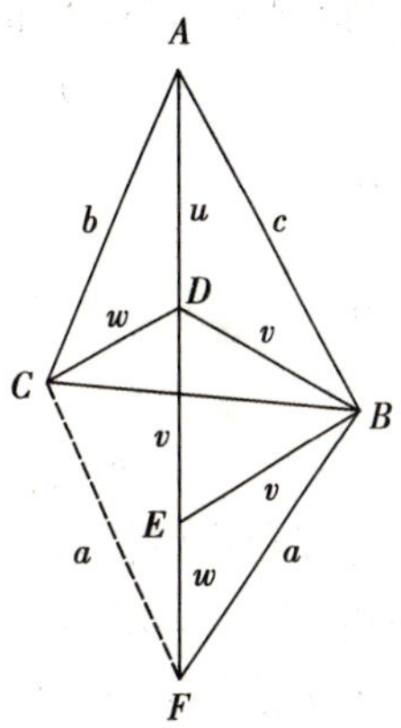

图 3.3

首先，注意到 $\triangle BDE$ 与 $\triangle BCF$ 都是等边三角形，那么，$DE=v$，$CF=a$. 现在 $\angle ADE$ 与 $\angle DEF$ 都是平角，则 $u+v+w$ 是线段 AF 的长度.

作等边 $\triangle AFG$，如图 3.4 所示.

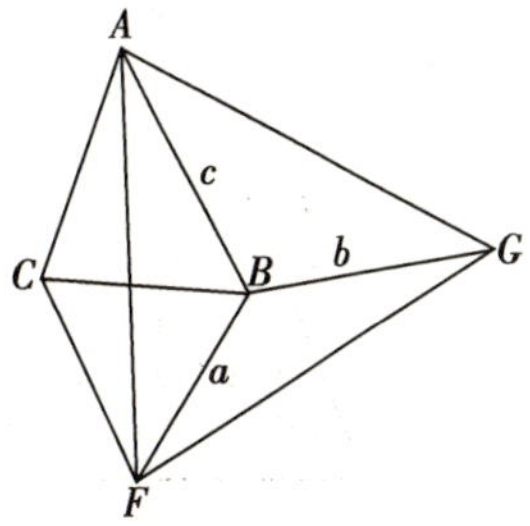

图 3.4

现在 $AF=FG$，$CF=BF$

又 $\angle CFA=\angle BFG$

故 $\triangle CFA\cong\triangle BFG$. 那就推出 $BG=AC=b$. 所以 $\triangle AFG$ 是题中所设的等边三角形. 这个等边三角形的一边长度为

$$X=u+v+w$$

证法 2 $\triangle PQR$ 绕顶点 R 沿逆时针方向旋转 60° 到 $\triangle SPR$，如

图 3.5 所示，图中出现各种有趣的结果.

首先，因为四边形 $RUPT$ 是唯一确定的，又因 PR 是四边形的一条对角线，所以线段 a,b,c 唯一地确定等边 $\triangle PQR$ 的边.

其次，$\triangle PUT$ 与 $\triangle ABC$ 是全等三角形.

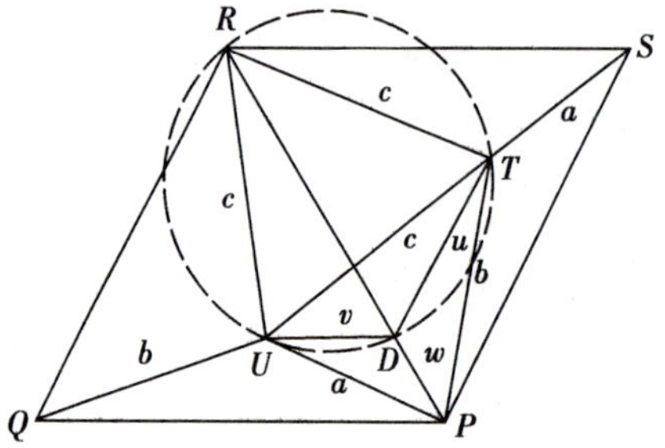

图 3.5

最后，在 $\triangle PUT$ 中，$\angle UDT=120°=180°-\angle URT$，所以 D 在等边 $\triangle RUT$ 的外接圆上，从而 $\angle RDT=\angle RUT=60°$，又 $\angle TDP=120°$，所以 D 也在线段 PR 上. 设等边 $\triangle RUT$ 内接于虚线画出的圆. 根据托勒密(Ptolemy)定理，有

$$(DU)\cdot c+(DT)\cdot c=(DR)\cdot c$$

于是
$$DU+DT=DR$$

即
$$u+v=DR$$

因此
$$X=PD+DR=u+v+w$$

证法 3 如图 3.6 所示，只要用 $\triangle ABC$ 中所给定的条件作出等边三角形(即以 $u+v+w$ 为边长). 为此，在任意一条直线上取底边，作 $\triangle QMD_1\cong\triangle BCD$ 与 $\triangle MPD_2\cong\triangle CAD$. 显然，$\triangle MD_1D_2$ 是等边三角形，$D_1D_2=w$. 以线段 QP 为一边作等边 $\triangle PQR$. 容易推出，$RM=c$，并且 $PQ=X=u+v+w$.

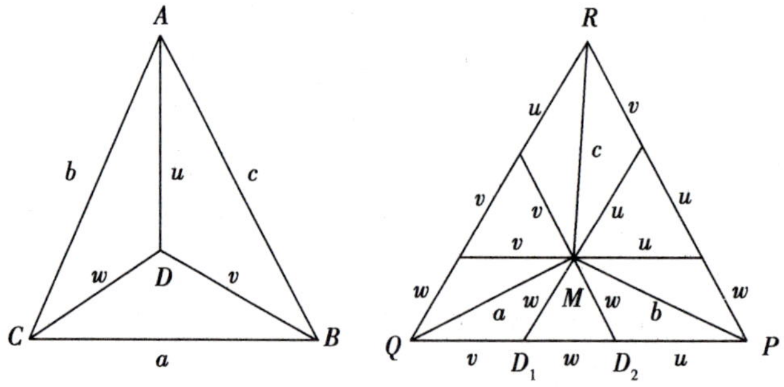

图 3.6

第 4 届美国数学奥林匹克

1 (1) 证明

$$[5x]+[5y]\geqslant[3x+y]+[3y+x]$$

其中 $x,y\geqslant 0$，且 $[u]$ 表示不超过 u 的最大整数(例如，$[2]=2$).

(2) 用(1) 或其他方法，证明：对于一切正整数 m,n

$$\frac{(5m)!\ (5n)!}{m!\ n!\ (3m+n)!\ (3n+m)!}$$

是整数.

证明 (1) 令 $x=x_1+u$，$y=y_1+v$，其中 x_1,y_1 是非负整数，且 $0\leqslant u<1$，$0\leqslant v<1$. 欲证不等式

$$x_1+y_1+[5u]+[5v]\geqslant[3u+v]+[3v+u] \quad ①$$

只需证明

$$[5u]+[5v]\geqslant[3u+v]+[3v+u] \quad ②$$

即可. 由 u,v 的对称性，不妨设 $u\geqslant v$，那么 $[5u]\geqslant[3u+v]$，如果 $u\leqslant 2v$，那么有 $[5v]\geqslant[3v+u]$，在这种情形下，式 ② 成立.

当 $u>2v$ 时，令

$$5u=a+b,5v=c+d$$

其中 a,c 是非负整数，且 $0\leqslant b<1$，$0\leqslant d<1$. 式 ② 变成

$$a+c\geqslant\left[\frac{3a+c+3b+d}{5}\right]+\left[\frac{3c+a+3d+b}{5}\right] \quad ③$$

因 $1>u>2v$，所以 $5>5u>10v$，即

$$5>a+b>2c+2d$$

由第一个不等式可得 $5>a$，即 $4\geqslant a$. 由第二个不等式可得 $a\geqslant 2c$(如果 $a<2c$，那么 $a\leqslant 2c-1$，$a+1-2c\leqslant 0$，$a+b-2c\leqslant b-1<0$)，于是 $4\geqslant a\geqslant 2c$. 考虑下列情况

a	4	4	4	3	3	2	2	1	0
c	2	1	0	1	0	1	0	0	0

因 $3b+d<4$，$3d+b<4$，容易验证上面 9 种情况全部满足式 ③.

(2) 因 $m!$ 中含素数 p 的个数为

$$\left[\frac{m}{p}\right]+\left[\frac{m}{p^2}\right]+\left[\frac{m}{p^3}\right]+\cdots$$

故只需证明

$$\left[\frac{5m}{r}\right]+\left[\frac{5n}{r}\right]\geqslant\left[\frac{m}{r}\right]+\left[\frac{n}{r}\right]+\left[\frac{3m+n}{r}\right]+\left[\frac{3n+m}{r}\right] \quad ④$$

对任意整数 $r\geqslant 2$ 都成立.

令 $m=rm_1+x, n=rn_1+y$,其中 $0\leqslant x<r, 0\leqslant y<r, r, m_1, n_1$ 都是整数,式④变成

$$\left[\frac{5x}{r}\right]+\left[\frac{5y}{r}\right]\geqslant\left[\frac{3x+y}{r}\right]+\left[\frac{3y+x}{r}\right]$$

而这个不等式可由(1)推出.

2 设 A,B,C,D 表示空间中的四个点,AB 表示 A 与 B 之间的距离,等等. 证明

$$AC^2+BD^2+AD^2+BC^2\geqslant AB^2+CD^2$$

证法1 设这四个点的直角坐标为 $(x_i, y_i, z_i), i=1,2,3,4$. 于是只需证明

$$(x_1-x_3)^2+(x_2-x_4)^2+(x_1-x_4)^2+(x_2-x_3)^2\geqslant (x_1-x_2)^2+(x_3-x_4)^2$$

y_i 和 z_i 的不等式同样,而上面这个不等式等价于

$$(x_1+x_2-x_3-x_4)^2\geqslant 0$$

等号当且仅当四边形 $ABCD$ 是平行四边形时成立.

证法2 设向量 $\boldsymbol{a},\boldsymbol{b},\boldsymbol{c},\boldsymbol{d}$ 分别表示 $\overrightarrow{OA},\overrightarrow{OB},\overrightarrow{OC},\overrightarrow{OD}$,那么欲证的不等式等价于

$$(\boldsymbol{a}-\boldsymbol{c})^2+(\boldsymbol{b}-\boldsymbol{d})^2+(\boldsymbol{a}-\boldsymbol{d})^2+(\boldsymbol{b}-\boldsymbol{c})^2\geqslant (\boldsymbol{a}-\boldsymbol{b})^2+(\boldsymbol{c}-\boldsymbol{d})^2$$

即

$$(\boldsymbol{a}+\boldsymbol{b}-\boldsymbol{c}-\boldsymbol{d})^2\geqslant 0$$

其中等号当且仅当 $\boldsymbol{a}+\boldsymbol{b}=\boldsymbol{c}+\boldsymbol{d}$,即四边形 $ABCD$ 是平行四边形时成立.

3 如果 $P(x)$ 表示一个 n 次多项式,且对 $k=0,1,2,\cdots,n$ 有 $P(k)=\frac{k}{k+1}$,求 $P(n+1)$.

解 令 $Q(x)=(x+1)P(x)-x$,那么 $Q(x)$ 是 $n+1$ 次多项式,且 $k=0,1,2,\cdots,n$ 是 $Q(x)$ 的 $n+1$ 个根,我们有

$$Q(x)=(x+1)P(x)-x=ax(x-1)(x-2)\cdots(x-n)$$

其中 a 为待定常数,令 $x=-1$,得

$$1=a\cdot(-1)^{n+1}\cdot(n+1)!$$

$$a=\frac{(-1)^{n+1}}{(n+1)!}$$

所以

$$P(x)=\frac{\frac{(-1)^{n+1}}{(n+1)!}x(x-1)(x-2)\cdots(x-n)+x}{x+1}$$

于是

$$P(n+1)=\frac{(-1)^{n+1}+n+1}{n+2}=\begin{cases}1 & (n\text{ 为正奇数})\\ \frac{n}{n+2} & (n\text{ 为正偶数})\end{cases}$$

4 两个给定的圆相交于 P,Q 两点. 说明怎样作出一条过点 P 且分别交两圆于 A,B 的线段 AB,使得 $AP\cdot PB$ 最大.

解法 1 令 C_1,C_2 是这两个给定的圆. 首先证明如果 APB 是使得有一个包含 C_1 和 C_2 的圆 C,且圆 C 与 C_1 相切于点 A,与 C_2 相切于点 B,那么 AB 即为所求,然后给出一种作法.

设 $A'P,PB'$ 是圆 C_1 和 C_2 的另一对共线的弦,设 $A'B'$ 的延长线交圆 C 于 E,D 两点,如图 4.1 所示. 则 $EP\cdot PD=AP\cdot PB$,所以 $A'P\cdot PB'<AP\cdot PB$.

如图 4.2 所示,设给定两圆的圆心分别为 O_1,O_2. 作 $O_1O\,/\!/\,PO_2$,$O_2O\,/\!/\,PO_1$,得交点 O. 以 O 为圆心,以圆 C_1 和 C_2 的半径之和为半径的圆分别与 C_1 和 C_2 切于点 A,B,联结 AB 即可.(此时 AB 必定过 P,因为 $\triangle AO_1P\backsim\triangle AOB$)

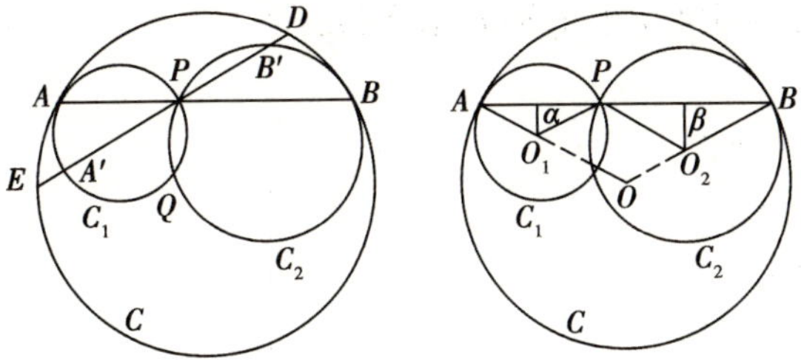

图 4.1　　图 4.2

解法 2 令 $\angle AO_1P=2\alpha$,$\angle BO_2P=2\beta$,那么

$$AP=2r_1\sin\alpha$$

$$PB=2r_2\sin\beta$$

所以

$$AP\cdot PB=4r_1r_2\sin\alpha\sin\beta=2r_1r_2[\cos(\alpha-\beta)-\cos(\alpha+\beta)]$$

由于 $\alpha+\beta=\angle O_1PO_2$ 是常数，故当 $\alpha=\beta$ 时，$AP\cdot PB$ 最大. 此时 $AO_1 /\!/ PO_2$，$BO_2 /\!/ PO_1$. 其余的同解法 1.

5 一副纸牌共有 n 张，其中有三张 A，现随机地洗牌（假定纸牌一切可能的分布都有相等机会）. 然后从顶上开始一张接一张地翻牌，直至翻到第二张 A 出现为止. 证明：翻过纸牌数的期望（平均）值是 $\frac{n+1}{2}$.

证法 1 第二张 A 在第 k 个位置出现的概率为

$$P(x=k)=\frac{C_{k-1}^1\cdot C_{n-k}^1}{C_n^3}\quad(k=2,\cdots,n-1)$$

所以

$$E(X)=\sum_{k=2}^{n-1}kP(x=k)=\sum_{k=2}^{n-1}\frac{k(k-1)(n-k)}{C_n^3}=$$

$$\frac{1}{C_n^3}\sum_{k=2}^{n-1}[2C_k^2(n-2)-6C_k^3]=$$

$$\frac{1}{C_n^3}[2(n-2)C_n^3-6C_n^4]=\frac{n+1}{2}$$

证法 2 设 x_1,x_2,x_3 表示三张 A 在任何排列中的可能位置. 那么另一种可能的排列为前一种排列的倒置（即由下向上数），故第二张 A 在排列中的位置是 $x_2'=n+1-x_2$. 于是，不管 n 是奇数还是偶数，平均位置为

$$\frac{x_2+(n+1-x_2)}{2}=\frac{n+1}{2}$$

说明 按类似的方法，如果 n 张牌中有 r 张 A，而 E_j 表示翻到第 j 张 A 的纸牌数的期望值，那么

$$E_j+E_{r+1-j}=n+1$$

更一般的，可以证明

$$E_j=\frac{j(n+1)}{r+1}$$

第 5 届美国数学奥林匹克

1 (1) 如图 5.1 所示是一个 4×7 的棋盘,每个方格染上黑色或白色. 证明:对于任一种染色方式,棋盘必定含有一个矩形,其四个角上的不同方格有相同的颜色. 图中用粗线框出者即为一例.

(2) 给出 4×6 棋盘的一种黑白染色法,使其含有的每一个矩形有如下性质:位于四个角上的方格都不能有同一种颜色.

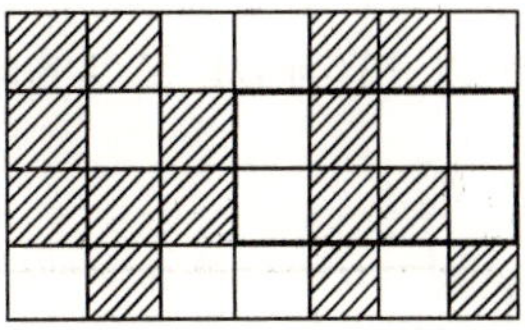

图 5.1

证明 (1) 首先证明,题目所要求的性质,只要在 3×7,而不必在 4×7 的棋盘中就会出现.

在同一列里的两个小方格有相同的颜色,那么称它们是一对"对子",这样的话,3×7 棋盘的每一列都至少有一对对子. 棋盘就至少有 7 对对子. 因每对对子只限于染黑、白两色,根据抽屉原理,至少有 4 对对子具有相同的颜色,不妨设为黑色. 由于每对对子决定了一个"行对"(一个对子的两个小方格所在的两行),而 3×7 的棋盘只有 $C_3^2=3$(个) 行对,根据抽屉原理,4 个黑对子放入 3 个行对,至少有两个黑对子具有相同的行对,这两个黑对子所表示的四个小方格就是一个具有相同颜色的四个角的矩形.

(2) 对 4×6 棋盘来说,一个对子在一列中做成的不同排列恰好有 $C_4^2=6$(种),在每一列中放入这样的一个排列,即为所求. 如图 5.2 所示.

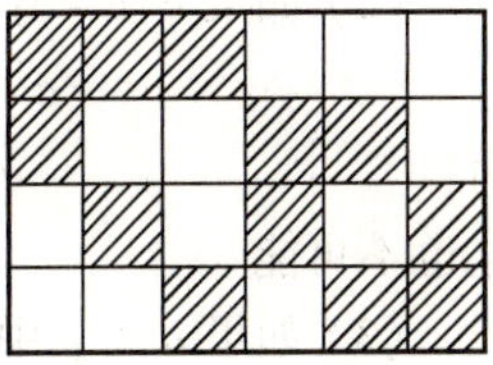

图 5.2

2 如果 A 与 B 为给定圆周上的两定点,又设 AB 不是直径,XY 为同圆内的一条变动的直径,试判定(并证明)AX 与 BY 交点的轨迹.

解 AX 与 BY 的交点可能在圆外,也可能在圆内. 若 AX 与 BY 交于圆 O 外一点 P,那么,$\angle XAY=90^\circ$,$\angle P$ 与 $\angle BYA$ 互余. 而 $\angle BYA$ 是大小一定的角,所以 $\angle P=90^\circ-\angle BYA$ 也是大小一定的角,即点 P 在以 AB 为弦含有一个大小一定的角的圆弧上.

若 AX',BY' 交于圆 O 内一点 P',那么

$$\angle Y'BX' = 90^\circ$$

$$\angle AP'B = \angle Y'BX' + \angle BX'A = 90^\circ + \angle BYA = 90^\circ + 90^\circ - \angle P = 180^\circ - \angle P$$

即 $\angle AP'B$ 与 $\angle P$ 互补,所以点 P' 在上述圆弧的共轭弧上.

反之,在上述圆上任取一点,例如取点 Q,如图 5.3 所示,联结 QA,QB,分别交圆 O 于 U,V,则

$$\angle AQB = \angle APB, \angle AVB = \angle AYB$$

所以 $$\angle UAV = \angle XAY = 90^\circ \quad (UV\text{ 是直径})$$

所以 AX 与 BY 交点的轨迹是过 A,B 两点以 $R = \dfrac{AB}{2\sin\angle P}$ 为半径的圆.

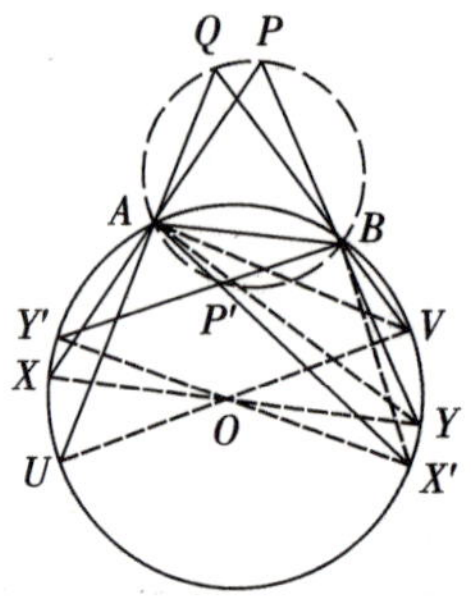

图 5.3

3 试确定(并证明)方程

$$a^2 + b^2 + c^2 = a^2b^2$$

的所有整数解.

解 不妨考虑 a,b,c 是非负整数时的情形. 注意到任一偶数的平方是 4 的倍数,而任一奇数的平方用 4 除余 1,即

$$(2n)^2 \equiv 0 \pmod 4, (2n+1)^2 \equiv 1 \pmod 4$$

(1) 如果 a,b,c 都是奇数,那么

$$a^2 + b^2 + c^2 \equiv 3 \pmod 4$$

而 $$a^2b^2 \equiv 1 \pmod 4$$

这是不可能的.

(2) 如果 a,b,c 中两奇一偶,那么

$$a^2 + b^2 + c^2 \equiv 2 \pmod 4$$

而 $$a^2b^2 \equiv 0\text{ 或 }1 \pmod 4$$

这也不可能.

(3) 如果 a,b,c 中两偶一奇,那么

$$a^2 + b^2 + c^2 \equiv 1 \pmod 4$$

而 $$a^2b^2 \equiv 0 \pmod 4$$

不可能.

所以 a,b,c 皆为偶数. 令 $a = 2a_1$,$b = 2b_1$,$c = 2c_1$,原方程可化为

$$a_1^2 + b_1^2 + c_1^2 = 4a_1^2b_1^2$$

其中 $a_1 \leqslant a$,$b_1 \leqslant b$,$c_1 \leqslant c$.

因 $4a_1^2b_1^2 \equiv 0 \pmod 4$,而 a_1^2,b_1^2,c_1^2 中的任意一个同余于 0 或 1 模 4,故 $a_1^2 \equiv b_1^2 \equiv c_1^2 \equiv 0 \pmod 4$,$a_1$,$b_1$,$c_1$ 都是偶数. 令 $a_1 = 2a_2$,

$b_1=2b_2, c_1=2c_2$,那么方程变形为

$$16a_2^2b_2^2=a_2^2+b_2^2+c_2^2$$

同理可知,a_2,b_2,c_2 都是偶数,令 $a_2=2a_3, b_2=2b_3, c_2=2c_3$,那么

$$64a_3^2b_3^2=a_3^2+b_3^2+c_3^2$$

把这一过程继续下去,可知 a,b,c 可以被 2 的任意次幂整除,故

$$a=b=c=0$$

方程的整数解为$(a,b,c)=(0,0,0)$.

说明 本题所用的是欧拉首创的“无穷递降法”.

4 设一个三直角四面体 $PABC$(即 $\angle APB=\angle BPC=\angle CPA=90^\circ$)的六条棱长之和为 s,试求它的最大体积.

解 设 $PA=a, PB=b, PC=c$,如图 5.4 所示. 那么 $BC^2=b^2+c^2, AC^2=c^2+a^2, AB^2=a^2+b^2$,于是

$$\begin{aligned}s&=a+b+c+\sqrt{a^2+b^2}+\sqrt{b^2+c^2}+\sqrt{c^2+a^2}\geqslant\\&3\sqrt[3]{abc}+\sqrt{2ab}+\sqrt{2bc}+\sqrt{2ca}\geqslant\\&3\sqrt[3]{abc}+3\sqrt{2}\sqrt[3]{abc}=\\&3(\sqrt{2}+1)\sqrt[3]{6V}\quad(V\text{是体积})\end{aligned}$$

所以

$$V\leqslant\frac{(5\sqrt{2}-7)s^3}{162}$$

当 $a=b=c$ 时,等号成立.

故四面体 $PABC$ 的体积的最大值为$\dfrac{(5\sqrt{2}-7)s^3}{162}$.

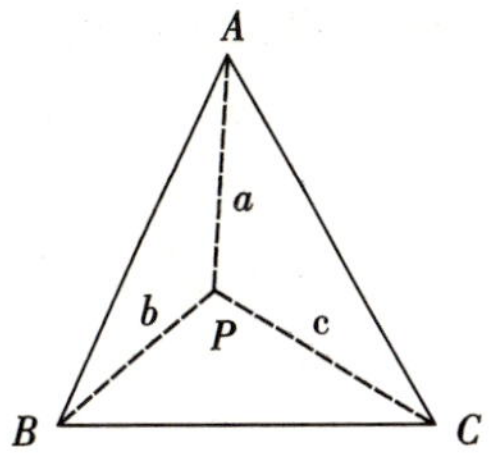

图 5.4

5 设 $P(x), Q(x), R(x)$ 及 $S(x)$ 都是多项式,且满足

$$P(x^5)+xQ(x^5)+x^2R(x^5)=(x^4+x^3+x^2+x+1)S(x)$$

证明:$x-1$ 是 $P(x)$ 的因子.

证明 令 $\omega=\cos\dfrac{2\pi}{5}+\mathrm{i}\sin\dfrac{2\pi}{5}$,那么方程

$$x^5-1=0$$

的 5 个根是 $1,\omega,\omega^2,\omega^3,\omega^4$,并且

$$1+\omega+\omega^2+\omega^3+\omega^4=0$$

依次将 $\omega,\omega^2,\omega^3,\omega^4$ 代入已给的方程中,得

$$P(1)+\omega Q(1)+\omega^2R(1)=0 \quad ①$$

$$P(1)+\omega^2Q(1)+\omega^4R(1)=0 \quad ②$$

$$P(1)+\omega^3Q(1)+\omega R(1)=0 \quad ③$$

$$P(1)+\omega^4Q(1)+\omega^3R(1)=0 \quad ④$$

将这些方程相加,得

$$4P(1)-Q(1)-R(1)=0 \quad ⑤$$

用 $\omega,\omega^2,\omega^3,\omega^4$ 分别乘以方程 ①②③④,得

$$\omega P(1)+\omega^2Q(1)+\omega^3R(1)=0$$
$$\omega^2P(1)+\omega^4Q(1)+\omega R(1)=0$$
$$\omega^3P(1)+\omega Q(1)+\omega^4R(1)=0$$
$$\omega^4P(1)+\omega^3Q(1)+\omega^2R(1)=0$$

将上面四个方程相加,得

$$-P(1)-Q(1)-R(1)=0 \quad ⑥$$

由方程 ⑤⑥ 得

$$5P(1)=0$$

所以 $P(1)=0$,根据因式定理,$x-1$ 是 $P(x)$ 的因子.

说明 不难得知,$x-1$ 也是 $Q(x)$ 和 $R(x)$ 的因子.

更一般的,可以证明:如果 $P_0(x),P_1(x),\cdots,P_{n-2}(x)(n>2)$ 和 $S(x)$ 都是多项式,并且满足

$$P_0(x^n)+xP_1(x^n)+\cdots+x^{n-2}P_{n-2}(x^n)=$$
$$(x^{n-1}+x^{n-2}+\cdots+x+1)S(x)$$

那么 $x-1$ 是 $P_i(x)$ 的因子,$i=0,1,2,\cdots,n-2$.

第 6 届美国数学奥林匹克

1 试确定所有的正整数对 (m,n)，使得

$$1+x^n+x^{2n}+\cdots+x^{mn}$$

能被 $(1+x+x^2+\cdots+x^m)$ 整除.

解法 1 题中的两个多项式可以分别表示成

$$\frac{x^{(m+1)n}-1}{x^n-1} \text{和} \frac{x^{m+1}-1}{x-1}$$

于是

$$\frac{(x^{(m+1)n}-1)(x-1)}{(x^{m+1}-1)(x^n-1)}$$

是一个多项式. 因为 $x^{(m+1)n}-1$ 的因子是互不相同的，因此除 $x-1$ 外，$x^{m+1}-1$ 与 x^n-1 没有任何其他公因子. 于是，$m+1$ 和 n 互素.

这个条件也是充分的，因为

$$x^{(m+1)n}-1=(x^{m+1})^n-1=(x^n)^{m+1}-1$$

所以 $x^{(m+1)n}-1$ 能被 $x^{m+1}-1$ 和 x^n-1 整除.

因此，所求的正整数对 (m,n) 是由一切满足条件"$m+1$ 和 n 互素"的 m,n 组成.

解法 2 $1+x+x^2+\cdots+x^m=0$ 的 m 个根是

$$x_k=\cos\frac{2k\pi}{m+1}+\mathrm{i}\sin\frac{2k\pi}{m+1} \quad (k=1,2,\cdots,m)$$

因此，$f(x)=1+x^n+x^{2n}+\cdots+x^{mn}$ 能被 $1+x+x^2+\cdots+x^m$ 整除的充要条件是对一切 x_k，$f(x_k)=0$.

因为

$$f(x)=\frac{x^{n(m+1)}-1}{x^n-1}$$

所以上述条件等价于 $x_k^{n(m+1)}-1=0$，且 $x_k^n\neq 1$. 而 $x_k^{n(m+1)}-1=0$ 是显然的，$x_k^n\neq 1$，即

$$\cos\frac{2kn\pi}{m+1}+\mathrm{i}\sin\frac{2kn\pi}{m+1}\neq 1 \quad (k=1,2,\cdots,m)$$

这就说明 $m+1$ 与 n 互素.

2 $\triangle ABC$ 和 $\triangle A'B'C'$ 是同一平面上的两个三角形，直线 AA'，BB'，CC' 互相平行. 如果用 $[ABC]$ 表示 $\triangle ABC$ 的带有适当"±"号的面积，其余类推. 证明

$$3([ABC]+[A'B'C'])=[AB'C']+[BC'A']+[CA'B']+[A'BC]+[B'CA]+[C'AB]$$

证法 1 以 B 为原点，BB' 为 x 轴，建立平面直角坐标系. 设 $A(x_1,y_1)$，$B(0,0)$，$C(x_2,y_2)$，$A'(x_3,y_1)$，$B'(x_4,0)$，$C'(x_5,y_2)$，如图 6.1 所示.

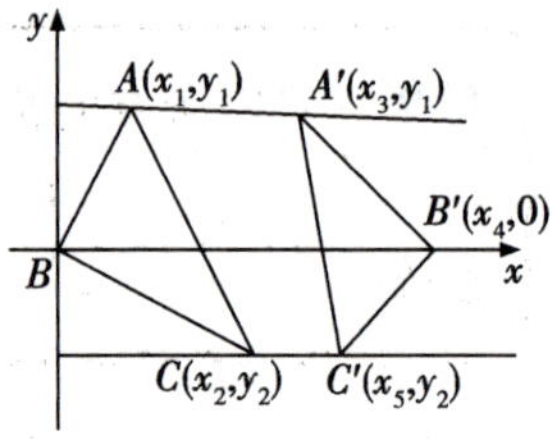

图 6.1

因为

$$3([ABC]+[A'B'C'])=\frac{3}{2}\begin{vmatrix}1 & x_1 & y_1\\1 & 0 & 0\\1 & x_2 & y_2\end{vmatrix}+\frac{3}{2}\begin{vmatrix}1 & x_3 & y_1\\1 & x_4 & 0\\1 & x_5 & y_2\end{vmatrix}=$$

$$\frac{1}{2}\begin{vmatrix}1 & 3x_1+3x_3 & y_1\\1 & 3x_4 & 0\\1 & 3x_2+3x_5 & y_2\end{vmatrix}$$

$$[AB'C']+[BC'A']+[CA'B']+[A'BC]+[B'CA]+[C'AB]=$$

$$\frac{1}{2}\begin{vmatrix}1 & x_1 & y_1\\1 & x_4 & 0\\1 & x_5 & y_2\end{vmatrix}+\frac{1}{2}\begin{vmatrix}1 & 0 & 0\\1 & x_5 & y_2\\1 & x_3 & y_1\end{vmatrix}+\frac{1}{2}\begin{vmatrix}1 & x_2 & y_2\\1 & x_3 & y_1\\1 & x_4 & 0\end{vmatrix}+$$

$$\frac{1}{2}\begin{vmatrix}1 & x_3 & y_1\\1 & 0 & 0\\1 & x_2 & y_2\end{vmatrix}+\frac{1}{2}\begin{vmatrix}1 & x_4 & 0\\1 & x_2 & y_2\\1 & x_1 & y_1\end{vmatrix}+\frac{1}{2}\begin{vmatrix}1 & x_5 & y_2\\1 & x_1 & y_1\\1 & 0 & 0\end{vmatrix}=$$

$$\frac{1}{2}\begin{vmatrix}1 & x_1 & y_1\\1 & x_4 & 0\\1 & x_5 & y_2\end{vmatrix}+\frac{1}{2}\begin{vmatrix}1 & x_3 & y_1\\1 & 0 & 0\\1 & x_5 & y_2\end{vmatrix}+\frac{1}{2}\begin{vmatrix}1 & x_3 & y_1\\1 & x_4 & 0\\1 & x_2 & y_2\end{vmatrix}+$$

$$\frac{1}{2}\begin{vmatrix}1 & x_3 & y_1\\1 & 0 & 0\\1 & x_2 & y_2\end{vmatrix}+\frac{1}{2}\begin{vmatrix}1 & x_1 & y_1\\1 & x_4 & 0\\1 & x_2 & y_2\end{vmatrix}+\frac{1}{2}\begin{vmatrix}1 & x_1 & y_1\\1 & 0 & 0\\1 & x_5 & y_2\end{vmatrix}=$$

$$\frac{1}{2}\begin{vmatrix}1 & 3x_1+3x_2 & y_1\\1 & 3x_4 & 0\\1 & 3x_5+3x_2 & y_2\end{vmatrix}$$

所以

$$3([ABC]+[A'B'C'])=[AB'C']+[BC'A']+[CA'B']+[A'BC]+[B'CA]+[C'AB]$$

证法 2 因为 $AA' /\!/ BB'$，所以顶点在直线 AA' 上，底边在直线 BB' 上的三角形，其面积与它的底边成比例，其他类似，如图 6.2 所示，则有

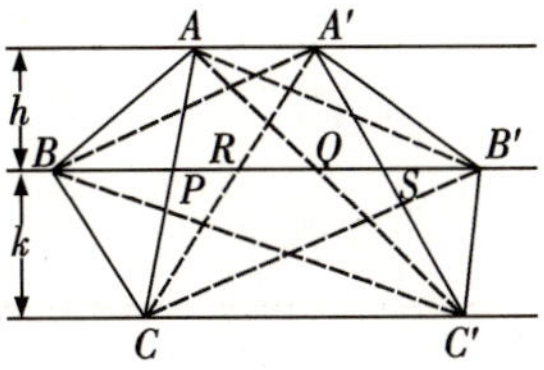

图 6.2

$$[AB'C']=[AB'Q]+[QB'C']=\frac{h}{2}B'Q+\frac{k}{2}QB'$$

$$[A'BC']=[A'BS]+[SBC']=\frac{h}{2}BS+\frac{k}{2}SB$$

$$[A'B'C]=[A'B'R]+[RB'C]=\frac{h}{2}B'R+\frac{k}{2}RB'$$

$$[A'BC]=[A'BR]+[RBC]=\frac{h}{2}BR+\frac{k}{2}RB$$

$$[AB'C]=[AB'P]+[PB'C]=\frac{h}{2}B'P+\frac{k}{2}PB'$$

$$[ABC']=[ABQ]+[QBC']=\frac{h}{2}BQ+\frac{k}{2}QB$$

因为

$$B'Q=B'S+SQ$$
$$BS=BP+PR+RQ+QS$$
$$B'R=B'S+SQ+QR$$
$$BR=BP+PR$$
$$B'P=B'S+SQ+QR+RP$$
$$BQ=BP+PR+RQ$$

注意到线段 $XY+YX=0$，把上面六个三角形的面积相加，右边合并同类项后，含 h 的项是

$$\frac{h}{2}(3BP+3B'S)+h(PR+SQ)$$

因为
$$\frac{PR}{AA'}=\frac{CP}{CA}=\frac{C'S}{C'A'}=\frac{QS}{AA'}$$

于是 $PR=QS=-SQ$，故上式化简为

$$\frac{h}{2}(3BP+3B'S)$$

类似地，含 k 的项是

$$\frac{k}{2}(3PB+3SB')$$

所以，六个三角形的面积之和为

$$\frac{h}{2}(3BP+3B'S)+\frac{k}{2}(3PB+3SB')$$

但是

$$[ABC]=[ABP]+[PBC]=\frac{h}{2}BP+\frac{k}{2}PB$$

$$[A'B'C']=[A'B'S]+[SB'C']=\frac{h}{2}B'S+\frac{k}{2}SB'$$

从而命题成立.

3 如果 a 和 b 是方程 $x^4+x^3-1=0$ 的两个根,证明:ab 是方程 $x^6+x^4+x^3-x^2-1=0$ 的一个根.

证法 1 设方程 $x^4+x^3-1=0$ 的 4 个根为 a,b,c,d,根据韦达定理有

$$a+b+c+d=-1 \quad ①$$

$$ab+ac+ad+bd+bc+cd=0 \quad ②$$

$$abc+abd+acd+bcd=0 \quad ③$$

$$abcd=-1 \quad ④$$

令 $q=ab$,由式 ① 和式 ④ 得

$$c+d=-1-a-b, cd=-\frac{1}{q}$$

将它们代入式 ② 和式 ③,得

$$q-(a+b)-(a+b)^2-\frac{1}{q}=0 \quad ⑤$$

$$q+q(a+b)+\frac{a+b}{q}=0 \quad ⑥$$

从式 ⑥ 可解得

$$a+b=-\frac{q^2}{q^2+1}$$

把它代入式 ⑤ 得

$$q+\frac{q^2}{q^2+1}-\frac{q^4}{(q^2+1)^2}-\frac{1}{q}=0$$

即 $$q^2(q^2+1)^2+q^3(q^2+1)-q^5-(q^2+1)^2=0$$

化简整理得

$$q^6+q^4+q^3-q^2-1=0$$

所以 $ab=q$ 是方程 $x^6+x^4+x^3-x^2-1=0$ 的一个根.

证法 2 设 a,b,c,d 是四次方程 $x^4+x^3-1=0$ 的 4 个根. 再设 $p=a+b,q=ab,r=c+d,s=cd$,于是

$$-1=a+b+c+d=p+r \quad ①$$

$$0=ab+ac+ad+bc+bd+cd=pr+q+s \quad ②$$

$$0=abc+abd+acd+bcd=ps+qr \quad ③$$

$$-1=abcd=qs \quad ④$$

由式①和式④可得$r=-1-p,s=-\dfrac{1}{q}$,把它们代入式②和式③,得

$$p(1+p)=q-\frac{1}{q}$$

$$p=\frac{-q^2}{q^2+1}$$

于是

$$\frac{-q^2}{q^2+1}\left(1-\frac{q^2}{q^2+1}\right)=q-\frac{1}{q}$$

即
$$q^6+q^4+q^3-q^2-1=0$$

所以$ab=q$是方程$x^6+x^4+x^3-x^2-1=0$的一个根.

说明 更一般的,如果a,b是方程

$$x^4-a_1x^3+a_2x^2-a_3x+a_4=0$$

的两个根,那么ab是方程

$$x^6-a_2x^5+(a_1a_3-a_4)x^4+(2a_2a_4-a_3^2-a_1^2a_4)x^3+(a_1a_3-a_4)a_4x^2-a_2a_4^2x+a_4^3=0$$

的一个根.

4 证明:如果扭(非平面)四边形的两组对边分别相等,那么它的两条对角线中点连线垂直于两对角线. 反之,如果扭四边形的两条对角线的中点连线垂直于两对角线,那么四边形两组对边分别相等.

证法1 如图6.3所示,设扭四边形的四个顶点分别为$A,B,C,D,AB=CD,AD=CB$. 再令P,Q分别是AC与BD的中点.

易知$\triangle ABD\cong\triangle CDB$,所以对应的中线长相等,即$AQ=CQ$. 而$PQ$是等腰$\triangle AQC$的底边$AC$上的中线,故$PQ\perp AC$.

同理可证$PQ\perp BD$.

反之,设PQ是AC和BD的中垂线,将整个图形以PQ为轴旋转180°时,那么A和C,B和D位置互换,所以$AB=CD,AD=BC$.

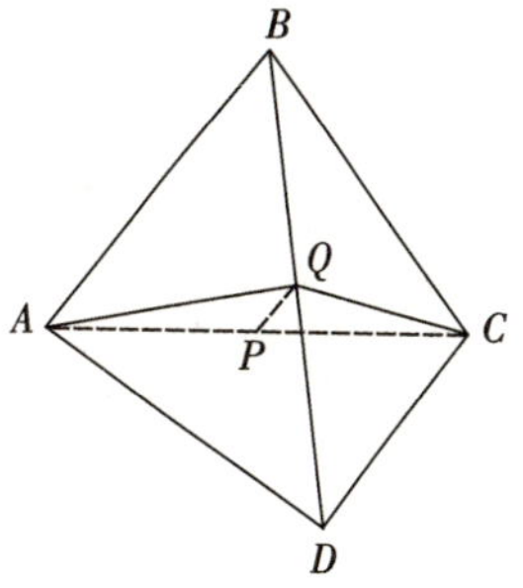

图 6.3

证法2 用A,B,C,D和P,Q分别表示扭四边形的顶点及对角线的中点. 用$\boldsymbol{a},\boldsymbol{b},\boldsymbol{c},\boldsymbol{d}$表示由公共的原点出发到点$A,B,C,D$的

向量,那么点 P,Q 的向量分别为$\frac{1}{2}(\boldsymbol{a}+\boldsymbol{c}),\frac{1}{2}(\boldsymbol{b}+\boldsymbol{d})$.

因扭四边形 $ABCD$ 的对边相等,所以

$$(\boldsymbol{a}-\boldsymbol{b})\cdot(\boldsymbol{a}-\boldsymbol{b})=(\boldsymbol{c}-\boldsymbol{d})\cdot(\boldsymbol{c}-\boldsymbol{d}) \quad ①$$

$$(\boldsymbol{b}-\boldsymbol{c})\cdot(\boldsymbol{b}-\boldsymbol{c})=(\boldsymbol{a}-\boldsymbol{d})\cdot(\boldsymbol{a}-\boldsymbol{d}) \quad ②$$

式 ① - ②,① + ② 得

$$[(\boldsymbol{a}+\boldsymbol{c})-(\boldsymbol{b}+\boldsymbol{d})]\cdot(\boldsymbol{a}-\boldsymbol{c})=0 \quad ③$$

$$[(\boldsymbol{a}+\boldsymbol{c})-(\boldsymbol{b}+\boldsymbol{d})]\cdot(\boldsymbol{b}-\boldsymbol{d})=0 \quad ④$$

故 $PQ\perp AC,PQ\perp BD$.

反之,如果 $PQ\perp AC,PQ\perp BD$,那么式 ③④ 成立,由式 ③④ 可得式 ①②,即 $AB=CD,AD=BC$.

5 如果 a,b,c,d,e 是以 p,q 为界的正数,即

$$0<p\leqslant a,b,c,d,e\leqslant q$$

证明

$$(a+b+c+d+e)\left(\frac{1}{a}+\frac{1}{b}+\frac{1}{c}+\frac{1}{d}+\frac{1}{e}\right)\leqslant$$
$$25+6\left(\sqrt{\frac{p}{q}}-\sqrt{\frac{q}{p}}\right)^2$$

且确定何时等号成立.

证法 1 假定 a,b,c,d 是给定的,那么要求 e 使

$$(u+e)\left(v+\frac{1}{e}\right)=uv+1+ev+\frac{u}{e}$$

最大,其中

$$u=a+b+c+d$$
$$v=\frac{1}{a}+\frac{1}{b}+\frac{1}{c}+\frac{1}{d}$$

因为

$$ev+\frac{u}{e}=\left(\sqrt{ev}-\sqrt{\frac{u}{e}}\right)^2+2\sqrt{uv}$$

故当$\sqrt{ev}=\sqrt{\frac{u}{e}}$,即 $e=\sqrt{\frac{u}{v}}$ 时,上式取最小值. 并且当由$\sqrt{\frac{u}{v}}$ 开始逐渐增加或减少时

$$ev+\frac{u}{e}$$

的值都单调地上升,于是当 e 等于 p 或 q 时

$$ev+\frac{u}{e}$$

取到最大值.

同理可知,当 a,b,c,d,e 取极端值 p 或 q 时

$$(a+b+c+d+e)\left(\frac{1}{a}+\frac{1}{b}+\frac{1}{c}+\frac{1}{d}+\frac{1}{e}\right)$$

取得它的最大值.

设 a,b,c,d,e 中有 k 个取 p,于是有 $5-k$ 个取 q,而表达式

$$[kp+(5-k)q]\left(\frac{k}{p}+\frac{5-k}{q}\right)$$

取得最大值.

这个式子等于

$$k^2+(5-k)^2+k(5-k)\left(\frac{p}{q}+\frac{q}{p}\right)=$$

$$k(5-k)\left(\sqrt{\frac{p}{q}}-\sqrt{\frac{q}{p}}\right)^2+25$$

显然当 $k=2$ 或 3 时,$k(5-k)$ 取最大值,并且相应的值 $k(5-k)=6$,因此

$$(a+b+c+d+e)\left(\frac{1}{a}+\frac{1}{b}+\frac{1}{c}+\frac{1}{d}+\frac{1}{e}\right)\leqslant$$

$$25+6\left(\sqrt{\frac{p}{q}}-\sqrt{\frac{q}{p}}\right)^2$$

且当 a,b,c,d,e 中有 2 个或 3 个等于 p 而其余的等于 q 时,等号成立.

证法 2 令

$$F(a,b,c,d,e)=(a+b+c+d+e)\left(\frac{1}{a}+\frac{1}{b}+\frac{1}{c}+\frac{1}{d}+\frac{1}{e}\right)$$

那么当 a,b,c,d,e 中四个数固定时,$F(a,b,c,d,e)$ 是剩下的那个变量的下凸函数. 所以 $F(a,b,c,d,e)$ 是每个变量的下凸函数. 于是 $F(a,b,c,d,e)$ 只有当 a,b,c,d,e 取极端值 p 和 q 时才能达到最大. 设 a,b,c,d,e 中有 k 个 p,$5-k$ 个 q,下同证法 1.

说明 本题可推广为:设 $0<p\leqslant a_1,a_2,\cdots,a_m\leqslant q$,那么

$$\sum_{i=1}^{m}a_i\sum_{i=1}^{m}\frac{1}{a_i}\leqslant m^2+\left[\frac{m}{2}\right]\left(m-\left[\frac{m}{2}\right]\right)\left(\sqrt{\frac{p}{q}}-\sqrt{\frac{q}{p}}\right)^2$$

第 7 届美国数学奥林匹克

1 已知 a,b,c,d,e 是满足

$$a+b+c+d+e=8$$
$$a^2+b^2+c^2+d^2+e^2=16$$

的实数,试确定 e 的最大值.

解 消去 a 得

$$(8-b-c-d-e)^2+b^2+c^2+d^2+e^2=16$$

即

$$2b^2-2(8-c-d-e)b+(8-c-d-e)^2+c^2+d^2+e^2-16=0$$

因 b 是实数,所以

$$(8-c-d-e)^2-2[(8-c-d-e)^2+c^2+d^2+e^2-16]\geqslant 0$$

即

$$-(8-c-d-e)^2+2(16-c^2-d^2-e^2)\geqslant 0$$
$$3c^2-2(8-d-e)c+(8-d-e)^2-2(16-d^2-e^2)\leqslant 0$$

因 c 是实数,所以

$$(8-d-e)^2-3[(8-d-e)^2-2(16-d^2-e^2)]\geqslant 0$$

即

$$-(8-d-e)^2+3(16-d^2-e^2)\geqslant 0$$
$$4d^2-2(8-e)d+(8-e)^2-3(16-e^2)\leqslant 0$$

因 d 是实数,所以

$$(8-e)^2-4[(8-e)^2-3(16-e^2)]\geqslant 0$$
$$-(8-e)^2+4(16-e^2)\geqslant 0$$
$$5e^2-16e\leqslant 0, 0\leqslant e\leqslant \frac{16}{5}$$

2 $ABCD$ 和 $A'B'C'D'$ 是某国家同一地区的正方形地图,但用不同的比例尺绘制,将它们如图 7.1 所示重叠起来. 证明:在小地图上只有这样的一个点 O,它和下面大地图与之正对着的点 O' 都代表这个国家的同一地点,再用欧几里得作图法(只用直尺和圆规)定出点 O 来.

证明 把 $ABCD$ 变为 $A'B'C'D'$，是旋转和位似变换的复合，旋转角是 AB 与 $A'B'$ 所成的角，位似比是$\frac{A'B'}{AB}$.

延长 BA 交 $A'B'$ 于 E，过 A，A'，E 作圆. 又过 B，B'，E 作圆，两圆的交点 O 就是旋转中心，如图 7.2 所示.

下面证明 O 就是不动点.

因为

$$\angle OA'B' = \angle OAB, \angle OB'A' = \angle OBA$$

所以

$$\triangle A'OB' \backsim \triangle AOB$$

$$\frac{OA'}{OA} = \frac{OB'}{OB} = \frac{A'B'}{AB}$$

故 O 又是位似中心.

由于旋转中心和位似中心都是不动点，所以 O 和对应点 O' 重合. 反之，不难看出，不动点必须是这唯一的旋转、位似中心.

说明 仅用直尺也能定出点 O 的位置.

延长 BA，CB，DC，AD 分别交 $A'B'$，$B'C'$，$C'D'$，$D'A'$ 于 A''，B''，C''，D''. 联结 $A''C''$ 与 $B''D''$，得交点 O，那么点 O 即为所求，如图 7.3 所示.

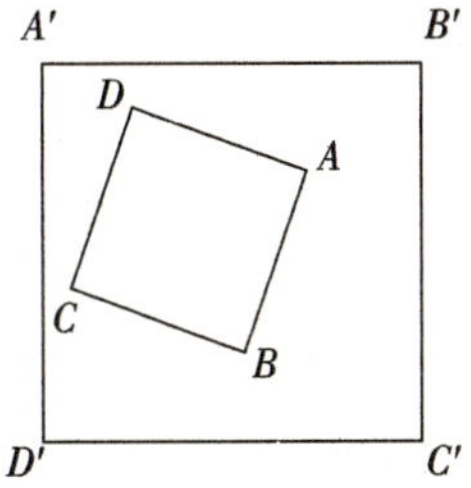

图 7.1

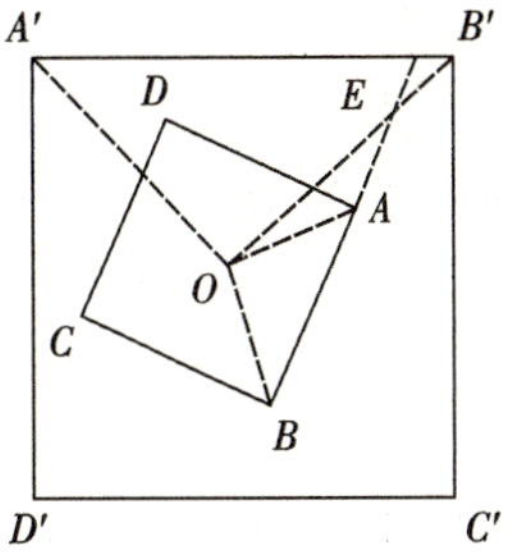

图 7.2

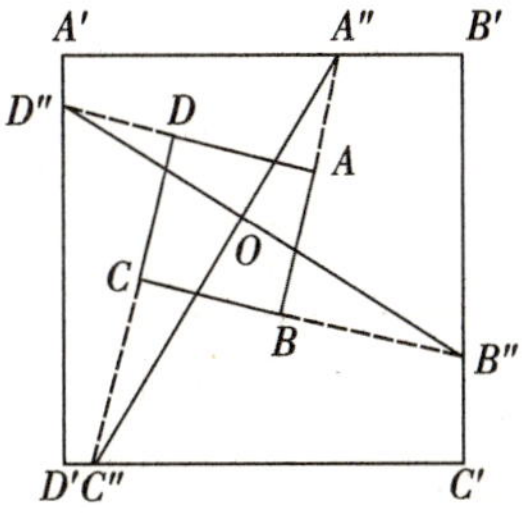

图 7.3

3 如果整数 n 可以表示成 $n = a_1 + a_2 + \cdots + a_k$，其中 a_1，a_2，$\cdots$，a_k 是满足$\frac{1}{a_1} + \frac{1}{a_2} + \cdots + \frac{1}{a_k} = 1$ 的正整数（不一定相异），那么，我们称 n 是好的. 已知整数 33 至 73 是好的，证明：每一个不小于 33 的整数都是好的.

证明 首先，如果

$$m = a_1 + a_2 + \cdots + a_k$$

$$\frac{1}{a_1}+\frac{1}{a_2}+\cdots+\frac{1}{a_k}=1$$

则

$$\frac{1}{2a_1}+\frac{1}{2a_2}+\cdots+\frac{1}{2a_k}+\frac{1}{2}=\frac{1}{2}+\frac{1}{2}=1$$

$$\frac{1}{2a_1}+\frac{1}{2a_2}+\cdots+\frac{1}{2a_k}+\frac{1}{3}+\frac{1}{6}=\frac{1}{2}+\frac{1}{3}+\frac{1}{6}=1$$

这就是说,如果 m 是好的,则

$$2m+2=2(a_1+a_2+\cdots+a_k)+2$$

和

$$2m+9=2(a_1+a_2+\cdots+a_k)+3+6$$

也是好的.

其次,如果 $n\geqslant 73$,且33到 n 的连续整数都是好的,则根据上面的理论,有

$$33,34,\cdots,73,\cdots,n$$

$$68,70,72,74,76,\cdots,2n+2$$

$$75,77,\cdots,2n+1,2n+3,\cdots,2n+9$$

各数都是好的,特别是从33到 $2n$ 的连续整数都是好的.

现在已知33到73各整数是好的,那么:

令 $n=73$,根据上面的理论,33到 2×73 各整数是好的;

令 $n=2\times 73$,得33到 $2^2\times 73$ 各整数是好的;

令 $n=2^2\times 73$,得33到 $2^3\times 73$ 各整数是好的.

根据数学归纳法,易得:

i 是任何自然数,33到 $2^i\times 73$ 各数都是好的. 这就是说,大于或等于33的整数都是好的.

4 (1) 证明:如果给定四面体的六个二面角(即两个面之间的夹角)相等,那么,这个四面体一定是正四面体.

(2) 如果五个二面角相等,这个四面体必是正四面体吗?

证法1 (1) 以某一顶点(例如 A)为中心作一个球面,在点 A 构成三面角的三个平面与球面相交于一个球面三角形,这三角形的角相等,这是因为它们等于由三面角生成的三个二面角,而由题设这些二面角是相等的. 等角的球面三角形是等边的,所以在中心 A 的三个面角相等,记每个面角为 α. 同样地,在点 B 的三个面角记为 β,在点 C 的三个面角记为 γ,在点 D 的三个面角记为 δ.

因为已给四面体 $ABCD$ 的全部面角之和为 $4\times 180°=720°$,所以

$$3(\alpha+\beta+\gamma+\delta)=720°$$

即 $$\alpha+\beta+\gamma+\delta=240^\circ$$
但是 $\alpha,\beta,\gamma,\delta$ 中的任意三个之和等于 180°(是四面体相应面上的角之和),故
$$\alpha=\beta=\gamma=\delta=60^\circ$$
即四面体的四个面是全等的正三角形,所以这个四面体是正四面体.

(2) 答案是否定的.

例如作四面体 $ABCD$,使得
$$\angle ABC=\angle CBD=\angle DBA=\angle ACB=\angle BCD=\angle DCA=40^\circ$$
$$\angle BAD=\angle CAD=\angle CDA=\angle BDA=70^\circ$$
$$\angle BAC=\angle BDC=100^\circ$$
这样的四面体显然存在,且除二面角 $B-AD-C$ 外,其他五个二面角都相等,但它不是正四面体.

证法 2 (1) 在四面体 $ABCD$ 中,作 $DD'\perp AB$ 于 D',$DD''\perp AC$ 于 D'',在平面 BAC 内,作 $ED'\perp AB$,$ED''\perp AC$,它们的交点为 E,如图 7.4 所示.

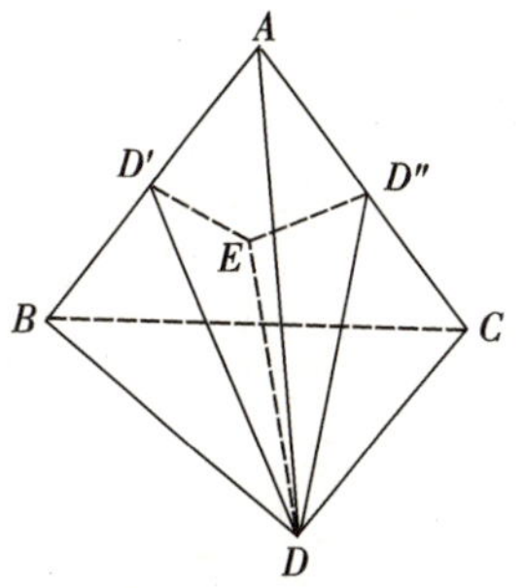

图 7.4

如果二面角 $B-AC-D$ 和二面角 $C-AB-D$ 相等,那么 $\angle DD''E=\angle DD'E$. 因 $AB\perp$ 平面 $DD'E$,$AC\perp$ 平面 $DD''E$,所以,平面 BAC 与平面 $D'DE$ 和平面 $D''DE$ 都垂直,从而与 DE 垂直. 于是
$$\mathrm{Rt}\triangle DD'E\cong\mathrm{Rt}\triangle DD''E$$
所以 $$DD'=DD''$$
因而 $$\mathrm{Rt}\triangle ADD'\cong\mathrm{Rt}\triangle ADD''$$
所以 $$\angle BAD=\angle CAD$$
同理可证,$\angle CAD=\angle BAC$,即在顶点 A 的三个面角相等,记为 α.

类似地,在顶点 B,C,D 的三个面角分别记为 β,γ,δ. 由
$$\alpha+\beta+\gamma=180^\circ=\alpha+\beta+\delta$$
得 $\gamma=\delta$.

同理可得 $\alpha=\beta=\gamma=\delta$. 所以,四面体 $ABCD$ 的各个面都是正三角形,从而它是正四面体.

(2) 同解法 1.

5 九个数学家在一次国际会议上相遇,并且发现他们之中的任意三个人中,至少有两人会说同一种语言. 如果每个数学家最多能讲三种语言,证明:至少有三个数学家能讲同一种语言.

证法 1 用反证法. 假定没有三人能讲同一种语言. 我们用 $M_1,M_2,\cdots,M_9$ 来表示这九名数学家. 因每个数学家至多会讲三种语言,所以他最多能和另外三个人通话. 设 M_1 只能和 M_2,M_3,M_4 通话,$M_5,M_6,\cdots,M_9$ 不能和 M_1 通话,而 M_6,M_7,M_8,M_9 中至少有一个人,设为 M_6 不能和 M_5 通话,那么 M_1,M_5,M_6 这三人中,任何两人都不能通话,这与题设矛盾.

证法 2 用九个点 $v_1,v_2,\cdots,v_9$ 表示这九名数学家. 如果某两名数学家能用第 i 种语言对话,那么在它们相应的顶点之间连一条边并涂以相应的第 i 种颜色,这样就得到了一个有九个顶点的图形 G,它的边涂上了颜色. 每三点之间至少有一条边,每个顶点引出的边至多有三种不同的颜色. 要证明的是:G 中存在三个点,它们两两相邻,且这三条边具有相同的颜色(这种三角形称为同色三角形).

如果边(v_i,v_j),(v_i,v_k)具有相同的第 t 种颜色,那么按边涂色的意义,点 v_j 与 v_k 也相邻,且边(v_j,v_k)也具有第 t 种颜色. 所以对顶点 v_1 来说,有两种情形:

(1) 点 v_1 与点 $v_2,\cdots,v_9$ 都相邻,根据抽屉原理知,至少有两条边不妨设为(v_1,v_2),(v_1,v_3),具有相同的颜色,从而 $\triangle v_1v_2v_3$ 是同色三角形.

(2) 点 v_1 与点 $v_2,\cdots,v_9$ 中的至少一个点不相邻,不妨设点 v_1 与点 v_2 不相邻. 由于每三点之间至少有一条边,所以从 $v_3,v_4,\cdots,v_9$ 发出的,另一个端点是 v_1 或 v_2 的边至少有 7 条,由此可知,点 $v_3,v_4,\cdots,v_9$ 中至少有 4 个点与点 v_1 或 v_2 相邻,不妨设点 v_3,v_4,v_5,v_6 与点 v_1 相邻,如图 7.5 所示. 于是边(v_1,v_3),(v_1,v_4),(v_1,v_5),(v_1,v_6)中必定有两条具有相同的颜色,设(v_1,v_3),(v_1,v_4)同色,那么 $\triangle v_1v_3v_4$ 是同色三角形.

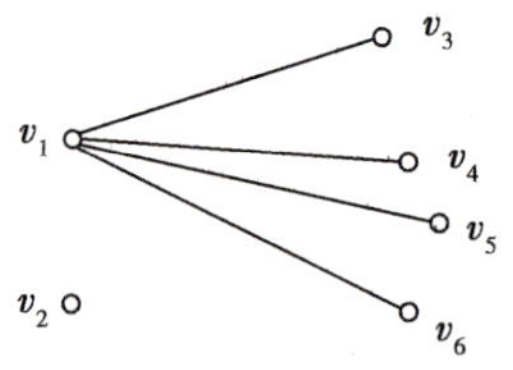

图 7.5

说明 如果把题中的九改成八,命题就不成立了. 图 7.6 给出的是一个反例. 其中 $v_1,v_2,\cdots,v_8$ 表示 8 个顶点,1,2,$\cdots$,12 表示 12 种颜色,那么图中无同色三角形.

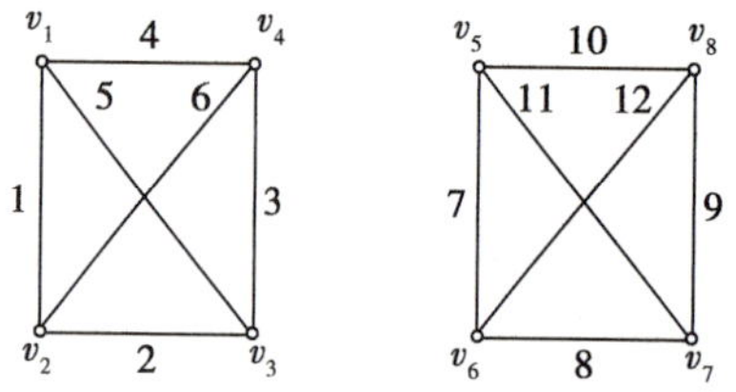

图 7.6

第 8 届美国数学奥林匹克

1 求不定方程

$$n_1^4 + n_2^4 + \cdots + n_{14}^4 = 1\ 599$$

的所有(如果有的话)非负整数解$(n_1, n_2, \cdots, n_{14})$,不计排列顺序.

解法 1 我们将证明方程无非负整数解. 因为

$$(2n)^4 = 16n^4 \equiv 0 \pmod{16}$$

$$(2n+1)^4 \equiv 8n(n+1) + 1 \equiv 1 \pmod{16}$$

所以

$$\sum_{i=1}^{14} n_i^4 \equiv 0, 1, 2, \cdots, 14 \pmod{16}$$

而

$$1\ 599 \equiv 15 \pmod{16}$$

故原不定方程无非负整数解.

解法 2 因$6^4 < 1\ 599 < 7^4$,所以$0 \leqslant x_i \leqslant 6 (i = 1, 2, \cdots, 14)$. 设诸 x_i 中取值 k 的有 y_k 个$(k = 0, 1, \cdots, 6)$,那么原方程变成

$$0^4 \cdot y_0 + 1^4 \cdot y_1 + 2^4 \cdot y_2 + 3^4 \cdot y_3 + 4^4 \cdot y_4 + 5^4 \cdot y_5 + 6^4 \cdot y_6 = 1\ 599$$

即

$$y_1 + 16y_2 + 81y_3 + 256y_4 + 625y_5 + 1\ 296y_6 = 1\ 599$$

现在注意 1 599 是 3 的倍数而不是 3^4 的倍数,$1^4, 2^4, 4^4, 5^4$ 都是 3 的倍数加 1,所以

$$y_1 + y_2 + y_4 + y_5 = 3,或 6,或 9,或 12$$

相应的,$y_0 + y_3 + y_6 = 11$,或 8,或 5,或 2.

这样只要找出以下四个线性方程组

$$\begin{cases} y_1 + 16y_2 + 81y_3 + 256y_4 + 625y_5 + 1\ 296y_6 = 1\ 599 \\ y_1 + y_2 + y_4 + y_5 = 3 \\ y_0 + y_3 + y_6 = 11 \end{cases} \quad ①$$

$$\begin{cases} y_1 + 16y_2 + 81y_3 + 256y_4 + 625y_5 + 1\ 296y_6 = 1\ 599 \\ y_1 + y_2 + y_4 + y_5 = 6 \\ y_0 + y_3 + y_6 = 8 \end{cases} \quad ②$$

$$\begin{cases} y_1+16y_2+81y_3+256y_4+625y_5+1\ 296y_6=1\ 599 \\ y_1+y_2+y_4+y_5=9 \\ y_0+y_3+y_6=5 \end{cases} \quad ③$$

$$\begin{cases} y_1+16y_2+81y_3+256y_4+625y_5+1\ 296y_6=1\ 599 \\ y_1+y_2+y_4+y_5=12 \\ y_0+y_3+y_6=2 \end{cases} \quad ④$$

的非负整数解就可以了.

现在先找方程组 ① 的解. 为此,先求出方程组 ① 的一般解,如下

$$\begin{cases} y_1=-\frac{517}{5}+\frac{27}{5}y_3+\frac{80}{5}y_4+\frac{203}{5}y_5+\frac{432}{5}y_6 \\ y_2=\frac{532}{5}-\frac{27}{5}y_3-\frac{85}{5}y_4-\frac{208}{5}y_5-\frac{432}{5}y_6 \\ y_0=11-y_3-y_6 \end{cases}$$

由方程组 ① 的第一个方程可知 y_6,y_5,y_4 所可能取的值为

$$(0,0,0),(0,0,1),(0,0,2),(0,0,3),(0,0,4),(0,0,5)$$
$$(0,0,6),(0,1,0),(0,1,1),(0,1,2),(0,1,3),(0,2,0)$$
$$(0,2,1),(1,0,0),(1,0,1)$$

对于这些取值从以上一般解易知都不存在非负整数 y_3 使得 y_0,y_1,y_2 也是非负整数,故方程组 ① 没有非负整数解. 仿此可知,方程组 ②③④ 也没有非负整数解,因此原方程没有非负整数解.

解法 3 如前有

$$y_1+16y_2+81y_3+256y_4+625y_5+1\ 296y_6=1\ 599 \quad ①$$
$$y_1+y_2+y_4+y_5=3a \quad ②$$

这里

$$a=1,\text{或}\ 2,\text{或}\ 3,\text{或}\ 4 \quad ③$$

式 ① - ② 得

$$15y_2+81y_3+255y_4+624y_5+1\ 296y_6=1\ 599-3a$$

即
$$5y_2+27y_3+85y_4+208y_5+432y_6=533-a$$

亦即
$$5(y_2+17y_4)+27(y_3+16y_6)=533-a-208y_5$$

令

$$y_2+17y_4=u \quad ④$$
$$y_3+16y_6=v \quad ⑤$$
$$533-a-208y_5=w \quad ⑥$$

代入得

$$5u+27v=w$$

$$u=\frac{1}{5}(w-27v)=\frac{1}{5}(w-2v)-5v=z-5v$$

$$v=\frac{1}{2}(w-5z)=\frac{1}{2}(w-z)-2z=t-2z$$

$$z=w-2t$$

于是

$$v = t - 2(w - 2t) = 5t - 2w \quad ⑦$$

$$u = w - 2t - 5(5t - 2w) = 11w - 27t \quad ⑧$$

由式④⑤知 $u \geqslant 0, v \geqslant 0$；由式⑦⑧知

$$\frac{2}{5}w \leqslant t \leqslant \frac{11}{27}w \quad ⑨$$

由式①知

$$y_5 = 0，或 1，或 2 \quad ⑩$$

由式⑩③和⑥可得 w 的12个值. 例如取 $a = 1, y_5 = 2$，得 $w = 116$. 于是由式⑨得

$$\frac{232}{5} \leqslant t \leqslant \frac{1\ 276}{27} \quad (46 < t < 48)$$

所以

$$t = 47$$

再由式⑦⑧得

$$v = 3, u = 7$$

由式④⑤得

$$y_2 = 7, y_4 = 0, y_3 = 3, y_6 = 0$$

代入式②，注意 $y_5 = 2, a = 1$，不能得合理的 y_1 值. 仿此可知所有可能情形都不合理，所以本题没有解.

附表1

y_5	a	w	$2w$	$11w$	$\frac{2w}{5}$	$\frac{11w}{27}$	t
2	1	116	232	1 276	$46\frac{2}{5}$	$47\frac{7}{27}$	47
2	2	115	230	1 265	46	$46\frac{23}{27}$	46
2	3	114	228	1 254	$45\frac{3}{5}$	$46\frac{12}{27}$	46
2	4	113	226	1 243	$45\frac{1}{5}$	$46\frac{1}{27}$	46
1	1	324	648	3 564	$129\frac{3}{5}$	132	130,131,132
1	2	323	646	3 553	$129\frac{1}{5}$	$131\frac{16}{27}$	130,131
1	3	322	644	3 542	$128\frac{4}{5}$	$131\frac{5}{27}$	129,130,131
1	4	321	642	3 531	$128\frac{2}{5}$	$130\frac{21}{27}$	129,130
0	1	532	1 064	5 852	$212\frac{4}{5}$	$216\frac{20}{27}$	213,214,215,216
0	2	531	1 062	5 841	$212\frac{2}{5}$	$216\frac{9}{27}$	213,214,215,216
0	3	530	1 060	5 830	212	$215\frac{25}{27}$	212,213,214,215
0	4	529	1 058	5 819	$211\frac{3}{5}$	$215\frac{14}{27}$	212,213,214,215

附表 2

y_5	a	w	t	u	v	y_2	y_4	y_3	y_6	y_1	y_0
2	1	116	47	7	3	7	0	3	0	×	
2	2	115	46	23	0	6	1	0	0	×	
2	3	114	46	12	2	12	0	2	0	×	
2	4	113	46	1	4	1	0	4	0	9	×
1	1	324	130	54	2	3	3	2	0	×	
1	1	324	131	27	7	10	1	7	0	×	
1	1	324	132	0	12	0	0	12	0	2	×
1	2	323	130	43	4	9	2	4	0	×	
1	2	323	131	16	9	×					
1	3	322	129	59	1	8	3	1	0	×	
1	3	322	130	32	6	×					
1	3	322	131	5	11	5	0	11	0	3	×
1	4	321	129	48	3	14	2	3	0	×	
1	4	321	130	21	8	4	1	8	0	6	×
0	1	532	213	101	1	×					
0	1	532	214	74	6	6	4	6	0	×	
0	1	532	215	47	11	13	2	11	0	×	
0	1	532	216	20	16	3	1	0	1	×	
0	2	531	213	90	3	5	5	3	0	×	
0	2	531	214	63	8	12	3	8	0	×	
0	2	531	215	36	13	2	2	13	0	2	×
0	2	531	216	9	18	9	0	2	1	×	
0	3	530	212	106	0	4	6	0	0	×	
0	3	530	213	79	5	11	4	5	0	×	
0	3	530	214	52	10	1	3	10	0	5	×
0	3	530	215	25	15	8	1	×			
0	4	529	212	95	2	10	5	2	0	×	
0	4	529	213	68	7	0	4	7	0	8	×
0	4	529	214	41	12	7	2	12	0	3	×
0	4	529	215	14	17	14	0	1	1	×	

说明 表中各列数中有许多成等差数列，这可节省许多计算工夫；表 2 中“×”号表示不能得到合理的 y_i（注意 $y_i \geqslant 0$，$\sum_{i=0}^{6} y_i = 14$）.

2 球面上一个大圆 E 是以球心 O 为圆心的圆. 大圆 E 的极 P 是球面上一个点,使得 OP 是 E 所在的平面的垂线. 在通过 P 的任何一个大圆上,取与 P 等距离的两点 A 和 B. 设点 C 在 E 上,证明:对于任何球面 $\triangle ABC$(边是大圆弧),大圆弧 CP 是 $\angle C$ 的平分线.

证明 球面 $\triangle ABC$ 的 $\angle C$ 是指大圆弧 CA,CB 在点 C 的切线所成的角,也就是分别在这两个大圆平面内垂直于 OC 的两条直线所成的角,即二面角 $A-OC-B$ 的平面角,如图 8.1 所示.

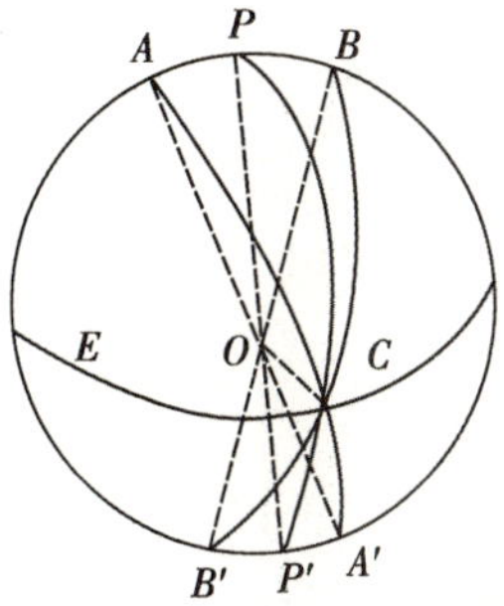

图 8.1

我们要证明大圆弧 CP 平分球面角 ACB,就是证明平面 COP 平分二面角 $A-OC-B$.

作直径 PP',AA',BB',因 PP' 垂直于 E 的平面,且 OC 在这平面内,所以 $PP'\perp OC$,$\angle COP=\angle COP'$.

又因弧 AP = 弧 BP = 弧 $B'P'$,所以 $\angle AOP=\angle B'OP'$,二面角 $A-OP-C$ 和 $B'-OP'-C$ 是同一个二面角,因此,三面角 $O-ACP$ 全等于三面角 $O-B'CP'$,从而,二面角 $A-OC-P$ 等于二面角 $B'-OC-P'$,即二面角 $A-OC-P$ 等于二面角 $B-OC-P$. 命题得证.

3 给定三个全等的 n 面骰子,它们的对应面上标有同样的任意整数,证明:如果随机地投掷它们,那么向上的三个面上的数字之和能被 3 整除的概率大于或等于 $\frac{1}{4}$.

证明 设在一个骰子的 n 个面上的 n 个整数中,是 3 的倍数的有 n_0 个,除以 3 余 1 的有 n_1 个,除以 3 余 2 的有 n_2 个. 那么

$$n_0+n_1+n_2=n\quad(n_0,n_1,n_2\geqslant 0)$$

向上三个面的整数之和能被 3 整除有两种情形:一种是三个数全是 3 的倍数,有 n_0^3 种,或全是 3 的倍数加 1,有 n_1^3 种,或全是 3 的倍数加 2,有 n_2^3 种;另一种是三个数有一个是 3 的倍数,一个是 3 的倍数加 1,一个是 3 的倍数加 2,共有 $3!\ n_0n_1n_2$ 种. 所以,向上的三个面上的数字之和能被 3 整除的概率为

$$P=\frac{n_0^3+n_1^3+n_2^3+6n_0n_1n_2}{n^3}$$

令
$$\frac{n_0}{n}=x,\frac{n_1}{n}=y,\frac{n_2}{n}=z$$

那么
$$P=x^3+y^3+z^3+6xyz$$

其中 $x+y+z=1$. 下面用两种方法证明 $P\geqslant\frac{1}{4}$.

(1) $P=(x^3+y^3+z^3-3xyz)+9xyz=$
$(x+y+z)[(x+y+z)^2-3(yz+zx+xy)]+9xyz=$
$1-3(yz+zx+xy)+9xyz$

$P\geqslant\frac{1}{4}$ 等价于

$$1+12xyz\geqslant 4(yz+zx+xy)$$

不失一般性,设 $x\geqslant y\geqslant z$,则 $x\geqslant\frac{1}{3}$,$3x-1\geqslant 0$,$4x(1-x)\leqslant 1$,故

$$1+4yz(3x-1)\geqslant 4x(1-x)\Leftrightarrow$$
$$1+12xyz\geqslant 4(yz+zx+xy)$$

所以 $P\geqslant\frac{1}{4}$. 等号当且仅当 x,y,z 中有一个为 0,另两个相等时成立.

(2) 在 $x+y+z=1$ 的条件下,$x^3+y^3+z^3+6xyz\geqslant\frac{1}{4}$ 等价于

$$4(x^3+y^3+z^3+6xyz)\geqslant(x+y+z)^3$$

展开整理得

$$\sum x^3+6xyz\geqslant\sum x^2y \qquad ①$$

其中"$\sum$"是对 x,y,z 对称地求和.

由舒尔(Schur)不等式,知

$$\sum x(x-y)(x-z)=\sum x^3+3xyz-\sum x^2y\geqslant 0$$

故式 ① 成立.

说明 第二种证法中用到了舒尔不等式,下面给出舒尔不等式:

设 x,y,z 是实数,$n\geqslant 0$,那么

$$x^n(x-y)(x-z)+y^n(y-z)(y-x)+z^n(z-x)(z-y)\geqslant 0$$

4 已知 $\angle A$ 和这个角内的已知点 P,求过 P 作直线交 $\angle A$ 的两边于 B,C,如图 8.2 所示,使 $\frac{1}{BP}+\frac{1}{CP}$ 最大.

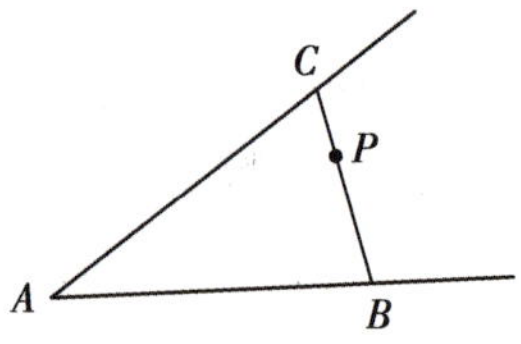

图 8.2

解法 1 作 PC' 平行于 AB,$C'P'$ 平行于 BC,如图 8.3 所示. 因为 $\triangle AP'C'\backsim\triangle APC$,$\triangle PC'P'\backsim\triangle ABP$,所以

$$\frac{P'C'}{PC}=\frac{AP'}{AP}$$

$$\frac{P'C'}{BP}=\frac{P'P}{AP}$$

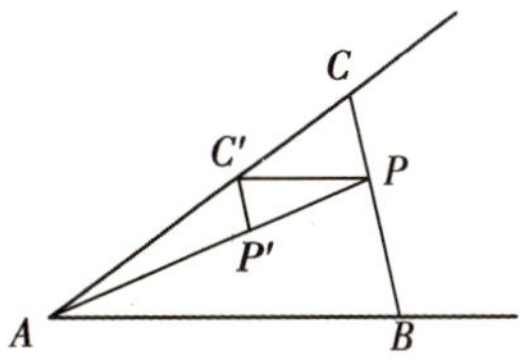

图 8.3

把上面两式相加，得

$$\frac{P'C'}{BP}+\frac{P'C'}{PC}=\frac{(AP'+P'P)}{AP}=1$$

于是

$$\frac{1}{BP}+\frac{1}{PC}=\frac{1}{P'C'}$$

故欲求等式左边的最大值等价于求 $P'C'$ 的最小值. 但当 $P'C'$ 垂直于 AP 时，$P'C'$ 最小. 所以当 BC 垂直于 AP 时，$\frac{1}{BP}+\frac{1}{CP}$ 最大.

解法 2 设 $\angle PAB=\alpha$，$\angle PAC=\beta$，在 BC 上取点 D 使 $AD\perp BC$，令 $AD=h$，如图 8.4 所示. 那么

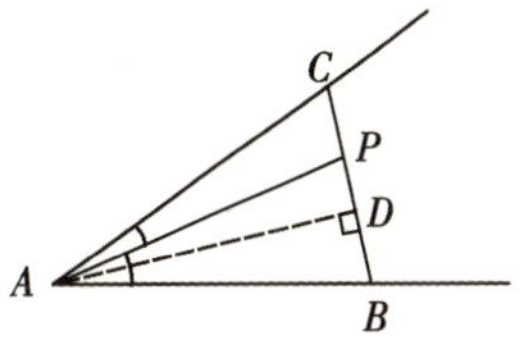

图 8.4

$$\frac{1}{PB}+\frac{1}{PC}=\frac{1}{2}\left(\frac{h}{S_{\triangle ABP}}+\frac{h}{S_{\triangle ACP}}\right)=\frac{h}{2}\cdot\frac{S_{\triangle ABC}}{S_{\triangle ABP}\cdot S_{\triangle ACP}}=$$

$$\frac{h}{2}\cdot\frac{2AB\cdot AC\sin(\alpha+\beta)}{AB\cdot AC\cdot AP^2\sin\alpha\sin\beta}\leqslant\frac{1}{AP}\cdot\frac{\sin(\alpha+\beta)}{\sin\alpha\sin\beta}$$

故当 $h=AP$，即 $BC\perp AP$ 时，$\frac{1}{BP}+\frac{1}{CP}$ 最大.

解法 3 设 $\angle APB=\alpha$，$\angle BAP=\beta$，$\angle CAP=\gamma$，由正弦定理得

$$\frac{AP}{BP}=\frac{\sin(\alpha+\beta)}{\sin\beta},\frac{AP}{CP}=\frac{\sin(\alpha-\gamma)}{\sin\gamma}$$

所以

$$\frac{1}{BP}+\frac{1}{CP}=\frac{1}{AP}\left(\frac{\sin(\alpha+\beta)}{\sin\beta}+\frac{\sin(\alpha-\gamma)}{\sin\gamma}\right)=$$

$$\frac{1}{AP}(\sin\alpha\cot\beta+\cos\alpha+\sin\alpha\cot\gamma-\cos\alpha)=$$

$$\frac{1}{AP}\sin\alpha(\cot\beta+\cot\gamma)$$

因 β,γ 是定角，所以当 $\sin\alpha=1$，即 $\alpha=90^\circ$ 时，$\frac{1}{BP}+\frac{1}{CP}$ 最大，此时 $BC\perp AP$.

5 某个团体有 n 个成员，并且有 $n+1$ 个三人委员会，其中没有两个委员会有完全相同的成员. 证明：有两个委员会恰好有一个成员相同.

证法 1 n 个人可以组成

$$C_n^3=\frac{1}{6}n(n-1)(n-2)$$

个三人委员会. 因

$$\frac{1}{6}n(n-1)(n-2)>n$$

即

$$n^2-3n-4>0$$

所以 $n>4$.

下面用反证法来证明.

假定任何两个委员会，它们要么有两个成员相同，要么没有相同的成员. 因 $n+1$ 个委员会每个都有 3 名成员，总共有 $3n+3$ 个委员位置. 如果 n 个成员每人至多参加 3 个委员会的话，那么至多填了 $3n$ 个委员位置. 所以必定有一个人至少参加 4 个委员会. 此人用 A 表示. 设 C_1,C_2,C_3,C_4 是 A 参加的 4 个委员会，$\{A,B,C\}$ 是 C_1 的 3 个成员. 根据假定，两个委员会有共同成员的话，必定是两个，于是

$$C_1=\{A,B,C\},C_2=\{A,B,D\}$$
$$C_3=\{A,B,E\},C_4=\{A,B,F\}$$

同样地，若其他的委员会中含有 A，则它一定也含有 B. 由对称性，凡含 B 的委员会也含 A.

设所有的含 A 或 B 的委员会为 $C_1,C_2,\cdots,C_k$，由上面的讨论知，它们都含 A 和 B. 所以这 k 个委员会有 $k+2$ 个不同的成员. 剩下的 $n-k-2=m$(个) 成员组成 $n+1-k=m+3$(个) 委员会 $C_{k+1},C_{k+2},\cdots,C_{n+1}$. 并且其中的成员和前 k 个委员会的成员是没有相同的.

这样，如果命题对 n 来说不成立，那么对某个 $m<n$ 来说也不成立. 从而命题得证. 否则，设 n_0 是使命题不成立的最小数，由上面讨论知，还有一个比 n_0 更小的数，使命题不成立.

证法 2 同证法 1，可知 $n\geqslant 5$. 下用数学归纳法证明. 当 $n=5$ 时，成员不完全相同的三人委员会共有 10 个，用 A,B,C,D,E 分别表示 5 个成员，那么 10 个三人委员会是

$$\{A,B,C\},\{A,B,D\},\{A,B,E\},\{B,C,D\}$$

$$\{B,C,E\},\{C,D,E\},\{C,D,A\},\{D,E,A\}$$
$$\{D,E,B\},\{E,A,C\}$$

经观察可知:含有某两个成员的委员会只有三个,而其余的委员会都与这三个委员会中的某一个恰好有一个相同的成员,例如含成员 A,B 的委员会只有 $\{A,B,C\}$,$\{A,B,D\}$,$\{A,B,E\}$ 三个,而其余七个中任一个委员会都与这三个委员会中的某一个恰好有一个成员相同. 易知,其中任意六个委员会都存在恰好有一个成员相同的两个委员会,故当 $n=5$ 时,命题成立.

假设 $n<k$ 时,命题成立.

当 $n=k$ 时,如果有一个成员至多在 $k+1$ 个委员会中的某一个委员会里,那么根据归纳假设可知,这 $k+1$ 个委员会中有两个委员会恰好有一个成员相同. 如果每一个成员都至少在两个委员会中,此时任取其中一个委员会 $\{A_1,A_2,A_3\}$,因 A_1,A_2,A_3 都至少还要在另一个委员会里,所以在 $k+1$ 个委员会中除 $\{A_1,A_2,A_3\}$ 之外,还有形如 $\{A_1,B_1,B_2\}$,$\{A_2,C_1,C_2\}$,$\{A_3,D_1,D_2\}$ 的委员会. 如果 $A_1,A_2,A_3,B_1,B_2,C_1,C_2,D_1,D_2$ 中至少有五个成员不同,易知在以上四个委员会中有两个委员会恰有一个相同的成员. 如果 $A_1,A_2,A_3,B_1,B_2,C_1,C_2,D_1,D_2$ 中只有四个不同的成员,那么以上四个委员会实际上是 $\{A_1,A_2,A_3\}$,$\{A_1,A_2,A_4\}$,$\{A_3,A_4,A_1\}$,$\{A_3,A_4,A_2\}$,此时如果 $k-4<5$,那么 A_1,A_2,A_3,A_4 中至少有一个成员要在其余的委员会里,否则,$k-4$ 个成员要组成 $(k-4)+1$ 个三人委员会是不可能的. 不妨假设 A_1 在其余的某一个委员会 $\{A_1,L_1,L_2\}$ 里,其中 L_1,L_2 中至少有一个与 A_1,A_2,A_3,A_4 都不相同,易知 $\{A_1,L_1,L_2\}$ 与以上四个委员会中的某一个委员会恰好有一个成员相同. 如果 $k-4\geqslant 5$,那么当 A_1,A_2,A_3,A_4 中至少有一个成员在其余的委员会里时,如上所述,存在两个委员会恰好有一个成员相同. 当 A_1,A_2,A_3,A_4 中没有一个成员在其余的 $(k-4)+1$ 个委员会里时,根据归纳假定,这时在其余的 $(k-4)+1$ 个委员会里有两个委员会恰好有一个成员相同.

综上所述,对于大于或等于 5 的自然数 n,命题成立.

第 9 届美国数学奥林匹克

1 一架不准的天平，因为它的两条臂的长度不相等，而且两个盘的重量也不相等，三个不同重量的物品 A,B,C 分开衡量. 当它们放在左盘时，各秤得重量为 A_1,B_1,C_1. 当 A 与 B 放在右盘时，各秤得 A_2 与 B_2. 试确定 C 的真实重量，用 A_1,B_1,C_1,A_2,B_2 的式子表示.

解 设天平的左臂长为 1，右臂长为 k，左、右两盘的重量分别为 L,R，如图 9.1 所示.

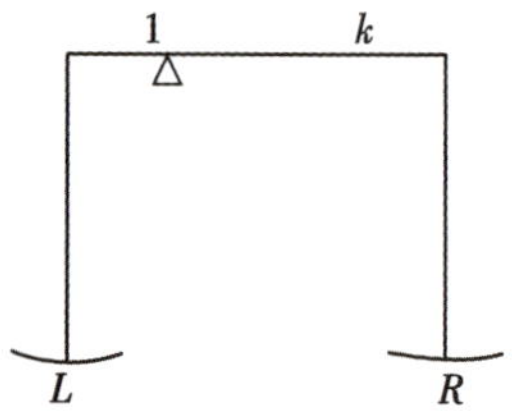

图 9.1

为了平衡，关于杠杆支点的顺时针方向与逆时针方向的力矩必相等，于是我们得到下面 5 个方程

$$A+L=k(A_1+R) \quad ①$$

$$B+L=k(B_1+R) \quad ②$$

$$C+L=k(C_1+R) \quad ③$$

$$A_2+L=k(A+R) \quad ④$$

$$B_2+L=k(B+R) \quad ⑤$$

由方程 ① 和 ② 得

$$(A-B)=k(A_1-B_1)$$

由方程 ④ 和 ⑤ 得

$$(A_2-B_2)=k(A-B)$$

所以

$$k^2=\frac{A_2-B_2}{A_1-B_1}$$

方程 ① 减去 ④，解出 A 得

$$A=\frac{kA_1+A_2}{k+1}$$

方程 ① 减去 ③，解出 C 得

$$C=A+k(C_1-A_1)$$

将上面所得的 k 和 A 代入，便得

$$C=\frac{C_1[\sqrt{(A_1-B_1)(A_2-B_2)}+(A_2-B_2)]+A_1B_2-A_2B_1}{\sqrt{(A_1-B_1)(A_2-B_2)}+A_1-B_1}$$

2 从 n 个实数

$$a_1<a_2<\cdots<a_n$$

中最多能选出几组不同的三项等差数列?

解 当 $n=2k+1$ 为奇数时,那么对于一个给定的第二项 $a_i(1<i\leqslant k)$,有 $i-1$ 个可能的首项 $a_1,a_2,\cdots,a_{i-1}$,对于所有这样的 a_i,这样的数列组数至多为

$$1+2+\cdots+(k-1)=\frac{k(k-1)}{2}$$

对于第二项为 $a_i(k<i<n)$ 时,有 $n-i$ 个可能的第三项 a_{i+1}, $a_{i+2},\cdots,a_n$,这样的数列组数至多为

$$1+2+\cdots+k=\frac{k(k+1)}{2}$$

因此,这样数列的总组数至多为

$$\frac{k(k-1)}{2}+\frac{k(k+1)}{2}=k^2=\frac{(n-1)^2}{4}$$

当 $n=2k$ 为偶数时,那么当第二项为 $a_i(1<i\leqslant k)$ 时,数列的组数至多为

$$1+2+\cdots+(k-1)=\frac{k(k-1)}{2}$$

当第二项为 $a_i(k<i<n)$ 时,数列的组数至多为

$$1+2+\cdots+(k-1)=\frac{k(k-1)}{2}$$

因此,数列的总组数至多为

$$\frac{k(k-1)}{2}+\frac{k(k-1)}{2}=k(k-1)=\frac{n^2-2n}{4}$$

对于 n 是奇数或偶数时,两种结果可统一表示为

$$\left[\frac{(n-1)^2}{4}\right]$$

易知这个值是可达到的,只要 $a_1,a_2,\cdots,a_n$ 本身是等差数列即可. 但这不是必要条件. 例如,从数列 1,2,3,5 中,我们也得到等差数列的最多组数 $\left[\frac{(4-1)^2}{4}\right]=2$,即 1,2,3 和 1,3,5 两组.

3 设

$$F_r = x^r\sin(rA) + y^r\sin(rB) + z^r\sin(rC)$$

其中 x,y,z,A,B,C 都是实数，并且 $A+B+C$ 是 π 的整数倍.

证明：如果 $F_1 = F_2 = 0$，那么对于一切正整数 r 都有 $F_r = 0$.

证法 1 令

$$u = x(\cos A + \mathrm{i}\sin A) = x\mathrm{e}^{\mathrm{i}A}$$
$$v = y(\cos B + \mathrm{i}\sin B) = y\mathrm{e}^{\mathrm{i}B}$$
$$w = z(\cos C + \mathrm{i}\sin C) = z\mathrm{e}^{\mathrm{i}C}$$
$$G_r = u^r + v^r + w^r$$

那么，$G_0 = 3$，$G_r = H_r + \mathrm{i}F_r$，其中

$$H_r = x^r\cos(rA) + y^r\cos(rB) + z^r\cos(rC)$$

因 $F_1 = F_2 = 0$，所以 G_1 和 G_2 都是实数，要证明的是对 $r = 3, 4, \cdots$，G_r 是实数.

考虑根为 u,v,w 的三次方程

$$x^3 - ax^2 + bx - c = 0 \quad ①$$

根据韦达定理，有

$$a = u + v + w = G_1$$
$$2b = 2(uv + vw + wu) = (u+v+w)^2 - (u^2+v^2+w^2) = G_1^2 - G_2$$

由题设，$A + B + C = k\pi$，k 是整数，所以

$$c = uvw = xyz\mathrm{e}^{\mathrm{i}k\pi} = \pm xyz$$

由此可得 a,b,c 均为实数.

在方程 ① 的两边乘以 x^n，得

$$x^{3+n} - ax^{2+n} + bx^{1+n} - cx^n = 0 \quad ②$$

因 u,v,w 是方程 ① 的根，当然也是方程 ② 的根，所以

$$u^{3+n} - au^{2+n} + bu^{1+n} - cu^n = 0$$
$$v^{3+n} - av^{2+n} + bv^{1+n} - cv^n = 0$$
$$w^{3+n} - aw^{2+n} + bw^{1+n} - cw^n = 0$$

把上面三式相加，得到

$$G_{3+n} - aG_{2+n} + bG_{1+n} - cG_n = 0$$

因 $a,b,c,G_0(=3),G_1,G_2$ 都是实数，所以 G_3 也是实数，类似地，用数学归纳法可以证明 $G_4,G_5,\cdots$ 都是实数. 故

$$F_r = 0 \quad (r = 1,2,\cdots)$$

证法 2 分三种情形：

(1) $\sin A = \sin B = \sin C = 0$.

显然,A,B,C 都是 π 的整数倍,故对一切正整数 r,都有

$$F_r = x^r\sin(rA) + y^r\sin(rB) + z^r\sin(rC) = 0$$

(2) $\sin A \cdot \sin B \cdot \sin C \neq 0$.

由 $F_r = 0$ 解出 z,得

$$z = \frac{x\sin A + y\sin B}{\sin C} \quad ①$$

把它代入 $F_2 = 0$,得

$$x^2\sin 2A + y^2\sin 2B + \frac{(x\sin A + y\sin B)^2}{\sin^2 C}\sin 2C = 0$$

所以

$$(x^2\sin A\cos A + y^2\sin B\cos B)\sin C + (x\sin A + y\sin B)^2\cos C =$$
$$x^2\sin A(\cos A\sin C + \sin A\cos C) + y^2\sin B(\cos B\sin C +$$
$$\sin B\cos C) + 2xy\sin A\sin B\cos C =$$
$$x^2\sin A\sin(A + C) + y^2\sin B\sin(B + C) +$$
$$2xy\sin A\sin B\cos C = 0$$

因 $A + B + C = k\pi$,k 是整数,所以上式为

$$\sin A\sin B[x^2 + y^2 - (-1)^k 2xy\cos C] = 0$$

由于 $\sin A\sin B\sin C \neq 0$,所以

$$x^2 + y^2 - 2(-1)^k xy\cos C = 0$$

即

$$[x - (-1)^k y\cos C]^2 + (y\sin C)^2 = 0$$

由此可得 $x = y = 0$. 代入 $F_1 = 0$,得 $z = 0$. 故对所有实数 r,$F_r = 0$.

(3) $\sin A,\sin B,\sin C$ 中恰有一个为零.

不妨设 $\sin A = 0$,那么 A 是 π 的整数倍,且对一切整数 r,$\sin(rA) = 0$.

因为 $B + C = n\pi$,所以

$$\sin B + (-1)^n\sin C = 0$$
$$\sin(rB) + (-1)^{rn}\sin(rC) = 0 \quad ②$$

题设 $F_1 = 0$,即

$$y\sin B + z\sin C = [y - (-1)^n z]\sin B = 0$$

因 $\sin B \neq 0$,便得

$$y = (-1)^n z \quad ③$$

由方程 ② 和 ③,得

$$F_r = y^r\sin(rB) + z^r\sin(rC) =$$
$$y^r\sin(rB) - (-1)^{rn}y^r(-1)^{rn}\sin(rB) = 0$$

综上所述,对一切正整数 r,$F_r = 0$.

说明 一般的,令

$$F_r = x_1^r\sin(rA_1) + x_2^r\sin(rA_2) + \cdots + x_n^r\sin(rA_n)$$

其中 $x_1, x_2, \cdots, x_n, A_1, A_2, \cdots, A_n$ 都是实数,且 $A_1 + A_2 + \cdots + A_n = m\pi$($m$ 是整数).

如果 $F_1 = F_2 = \cdots = F_{n-1} = 0$,那么,对一切正整数 r,$F_r = 0$.

证法 3 令 $z_1 = a(\cos A + \mathrm{i}\sin A)$,$z_2 = b(\cos B + \mathrm{i}\sin B)$,$z_3 = c(\cos C + \mathrm{i}\sin C)$. 因为 $G_1 = G_2 = 0$,$A + B + C$ 是 π 的一个倍数,所以应用 De Moivre 公式有

$$\mathrm{Im}(z_1 + z_2 + z_3) = \mathrm{Im}(z_1^2 + z_2^2 + z_3^2) = \mathrm{Im}(z_1z_2z_3) = 0$$

因此 σ_1, σ_3 是实数,又 $S_1 = z_1 + z_2 + z_3$,$S_2 = z_1^2 + z_2^2 + z_3^2$ 是实数,所以

$$\sigma_2 = z_1z_2 + z_2z_3 + z_3z_1 = \frac{S_1^2 - S_2}{2}$$

这样 $\sigma_1, \sigma_2, \sigma_3$ 都是实数,而且

$$P(z) = (z - z_1)(z - z_2)(z - z_3)$$

是实系数多项式,所以

$$S_n = z_1^n + z_2^n + z_3^n$$

对所有的 $n \geqslant 0$ 都是实数,因为 $G_n = \mathrm{Im}(S_n)$,证明完毕.

4 已知四面体的内切球切四面于其重心处. 证明:这个四面体是正四面体.

证法 1 设 G_1, G_2 分别是 $\triangle ABD$ 和 $\triangle BCD$ 的重心,DG_1 交 AB 于 M_1,DG_2 交 BC 于 M_2,如图 9.2 所示.

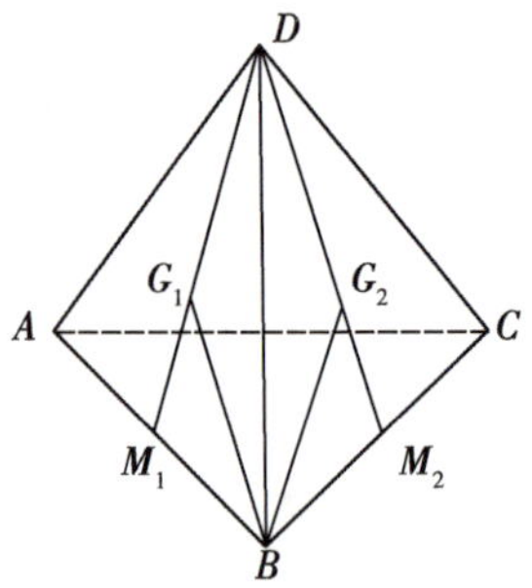

图 9.2

因为内切球切平面 ABD 和平面 BCD 分别于点 G_1, G_2,故 $DG_1 = DG_2$,$BG_1 = BG_2$,$\triangle DG_1B \cong \triangle DG_2B$,所以 $\angle BDG_1 = \angle BDG_2$.

因为 $DM_1 = \frac{3}{2}DG_1$,$DM_2 = \frac{3}{2}DG_2$,所以 $DM_1 = DM_2$,$\triangle DBM_1 \cong \triangle DBM_2$,$BM_1 = BM_2$,于是 $AB = BC$.

同理可证,四面体 $ABCD$ 的六条棱都相等,从而是正四面体.

证法 2 令 $\boldsymbol{a}, \boldsymbol{b}, \boldsymbol{c}, \boldsymbol{d}$ 分别是从内切球球心到四面体 $ABCD$ 的顶点 A, B, C, D 的向量. 而 $\triangle ABC$ 的重心 G 为 $\boldsymbol{g} = \frac{1}{3}(\boldsymbol{a} + \boldsymbol{b} + \boldsymbol{c})$. 令内切球半径为 r,那么 $|\boldsymbol{g}| = r$,则

$$|\boldsymbol{a}+\boldsymbol{b}+\boldsymbol{c}|^2=3\boldsymbol{g}\cdot(\boldsymbol{a}+\boldsymbol{b}+\boldsymbol{c})=9r^2$$

即

$$\boldsymbol{g}\cdot\boldsymbol{a}+\boldsymbol{g}\cdot\boldsymbol{b}+\boldsymbol{g}\cdot\boldsymbol{c}=3r^2 \quad ①$$

由题设,$\boldsymbol{g}$ 垂直于平面 ABC,故垂直于平面 ABC 内的任何直线. 所以点积 $\boldsymbol{g}\cdot(\boldsymbol{a}-\boldsymbol{b})$,$\boldsymbol{g}\cdot(\boldsymbol{b}-\boldsymbol{c})$ 为零. 即 $\boldsymbol{g}\cdot\boldsymbol{a}=\boldsymbol{g}\cdot\boldsymbol{b}=\boldsymbol{g}\cdot\boldsymbol{c}$. 结合方程 ①,$\boldsymbol{g}\cdot\boldsymbol{a}=\boldsymbol{g}\cdot\boldsymbol{b}=\boldsymbol{g}\cdot\boldsymbol{c}=r^2$,也就是

$$(\boldsymbol{a}+\boldsymbol{b}+\boldsymbol{c})\cdot\boldsymbol{a}=(\boldsymbol{a}+\boldsymbol{b}+\boldsymbol{c})\cdot\boldsymbol{b}=(\boldsymbol{a}+\boldsymbol{b}+\boldsymbol{c})\cdot\boldsymbol{c}=3r^2 \quad ②$$

对面 ABD,同样地有

$$(\boldsymbol{a}+\boldsymbol{b}+\boldsymbol{d})\cdot\boldsymbol{a}=(\boldsymbol{a}+\boldsymbol{b}+\boldsymbol{d})\cdot\boldsymbol{b}=(\boldsymbol{a}+\boldsymbol{b}+\boldsymbol{d})\cdot\boldsymbol{d}=3r^2 \quad ③$$

由方程 ② 和 ③ 的第一个等式,得 $\boldsymbol{a}\cdot\boldsymbol{c}=\boldsymbol{a}\cdot\boldsymbol{d}$,同样地

$$\boldsymbol{a}\cdot\boldsymbol{b}=\boldsymbol{a}\cdot\boldsymbol{c}=\boldsymbol{a}\cdot\boldsymbol{d}=\boldsymbol{b}\cdot\boldsymbol{c}=\boldsymbol{b}\cdot\boldsymbol{d}=\boldsymbol{c}\cdot\boldsymbol{d}=\lambda^2$$

由方程 ②,$|\boldsymbol{a}|^2+\boldsymbol{a}\cdot\boldsymbol{b}+\boldsymbol{a}\cdot\boldsymbol{c}=3r^2$,所以

$$|\boldsymbol{a}|^2=3r^2-2\lambda^2$$

同样地,$|\boldsymbol{b}|^2=|\boldsymbol{c}|^2=|\boldsymbol{d}|^2=3r^2-2\lambda^2$. 于是棱 AB 的长为

$$|\boldsymbol{b}-\boldsymbol{a}|^2=|\boldsymbol{a}|^2+|\boldsymbol{b}|^2-2\boldsymbol{a}\cdot\boldsymbol{b}=6r^2-6\lambda^2$$

其他的棱长也为 $6r^2-6\lambda^2$,故此四面体为正四面体.

5 设 a,b,c 是区间 $[0,1]$ 中的数,证明

$$\frac{a}{b+c+1}+\frac{b}{c+a+1}+\frac{c}{a+b+1}+(1-a)(1-b)(1-c)\leqslant 1$$

证法 1 不失一般性,设 $0\leqslant a\leqslant b\leqslant c\leqslant 1$. 于是

$$\frac{a}{b+c+1}+\frac{b}{c+a+1}+\frac{c}{a+b+1}\leqslant\frac{a+b+c}{a+b+1}$$

因而,如果能证明

$$\frac{a+b+c}{a+b+1}+(1-a)(1-b)(1-c)\leqslant 1 \quad ①$$

即可.

因为

$$(1+a+b)(1-a)(1-b)\leqslant$$
$$(1+a+b+ab)(1-a)(1-b)=$$
$$(1-a^2)(1-b^2)\leqslant 1$$

所以不等式 ① 的左边为

$$\frac{a+b+1}{a+b+1}+\frac{c-1}{a+b+1}+(1-a)(1-b)(1-c)=$$

$$1-\frac{1-c}{a+b+1}[1-(1+a+b)(1-a)(1-b)]\leqslant 1$$

故不等式 ① 成立,从而原不等式成立.

证法 2 欲证的不等式等价于

$$1-(1-a)(1-b)(1-c)\geqslant \frac{a}{1+b+c}+\frac{b}{1+c+a}+\frac{c}{1+a+b}$$

不妨设 $0\leqslant a\leqslant b\leqslant c\leqslant 1$，那么 $1-a^2\leqslant 1$，所以

$$1-a\leqslant \frac{1}{1+a}$$

同样

$$1-b\leqslant \frac{1}{1+b}$$

$$\frac{1}{1+a+b}\geqslant \frac{1}{(1+a)(1+b)}\geqslant (1-a)(1-b)$$

所以

$$1-(1-a)(1-b)(1-c)\geqslant 1-(1-c)\frac{1}{1+a+b}=\frac{a+b+c}{1+a+b}$$

因 $0\leqslant a\leqslant b\leqslant c\leqslant 1$，故

$$\frac{a}{1+b+c}+\frac{b}{1+c+a}+\frac{c}{1+a+b}\leqslant \frac{a+b+c}{1+a+b}$$

从而命题得证.

证法 3 令

$$F(a,b,c)=\frac{a}{b+c+1}+\frac{b}{c+a+1}+\frac{c}{a+b+1}+(1-a)(1-b)(1-c)$$

于是要证明的就是 $F(a,b,c)$ 在 $0\leqslant a,b,c\leqslant 1$ 范围内的最大值是 1.

固定 a,b,c 中的任意两个，$F(a,b,c)$ 的四项中每一项都是其余一个变量的下凸函数（极限情形是直线）. 例如固定 a,b，$F(a,b,c)$ 的第一、二项作为 c 的函数，其图像是等边双曲线在横轴上方的一支，显然是下凸函数（读者可自行验证其凸性），第三、四项是 c 的一次函数，其图像是直线，故也可以认为是下凸函数.

不难验证，下凸函数的和还是下凸函数，所以 $F(a,b,c)$ 是关于 c 的下凸函数.

因 $F(a,b,c)$ 对于任何一个变量来说都是下凸函数，所以它本身也就是下凸函数. 而下凸函数图像的一般的最高点显然是它的一个端点，所以 $F(a,b,c)$ 只在 a,b,c 各取 0 或 1 时才能达到最大值. a,b,c 的不同取值有 $2^3=8$（种），每一种取法，$F(a,b,c)=1$. 故 $F(a,b,c)$ 在 $0\leqslant a,b,c\leqslant 1$ 上的最大值为 1.

说明 这个问题可以推广为：

设 $0\leqslant x_i\leqslant 1$，$i=1,2,\cdots,n$，$x_1+x_2+\cdots+x_n=S$，那么

$$\sum_{i=1}^{n} \frac{x_i}{1+S-x_i} + \prod_{i=1}^{n}(1-x_i) \leqslant 1 \qquad ①$$

下面给出一个证明.

不失一般性,不妨设 $0 \leqslant x_1 \leqslant x_2 \leqslant \cdots \leqslant x_n \leqslant 1$,因不等式①的左边不超过

$$\sum_{i=1}^{n} \frac{x_i}{1+S-x_n} + \prod_{i=1}^{n}(1-x_i) =$$

$$1 + (x_n - 1)\left[\frac{1}{1+S-x_n} - \prod_{i=1}^{n-1}(1-x_i)\right]$$

由于 $x_n - 1 \leqslant 0$,欲证上式 $\leqslant 1$,只需证

$$\frac{1}{1+S-x_n} \geqslant \prod_{i=1}^{n-1}(1-x_i)$$

即

$$(1+S-x_n)\prod_{i=1}^{n-1}(1-x_i) \leqslant 1 \qquad ②$$

因为

$$(1+S-x_n)\prod_{i=1}^{n-1}(1-x_i) \leqslant$$

$$\prod_{i=1}^{n-1}(1+x_i)\prod_{i=1}^{n-1}(1-x_i) = \prod_{i=1}^{n-1}(1-x_i^2) \leqslant 1$$

故式②成立,从而证得了式①.

第 10 届美国数学奥林匹克

1 已知一个角的大小为$\frac{180^\circ}{n}$,其中 n 是不能被 3 整除的正整数. 证明:这个角可以用欧几里得的作图法(用直尺与圆规)三等分.

证法 1 因为 3 与 n 互素,所以存在整数 r,s,使得

$$3r+ns=1$$

在等式两边乘上$\frac{180^\circ}{3n}$,得

$$\frac{180^\circ r}{n}+60^\circ s=\frac{180^\circ}{3n}$$

由于$\frac{180^\circ}{n}$是已知角,所以$\frac{180^\circ}{n}r$可用圆规直尺作出,显然 60° 是可用圆规直尺作出的,所以 $60^\circ s$ 也可用圆规直尺作出,所以$\frac{180^\circ}{3n}$也能作出.

证法 2 因 n 是不能被 3 整除的正整数,所以 $n=3k+1$ 或 $n=3k-1$,此处 k 是正整数.

如果 $n=3k+1$,那么

$$60^\circ-k\cdot\frac{180^\circ}{n}=\frac{180^\circ}{3n}(n-3k)=\frac{180^\circ}{3n}$$

如果 $n=3k-1$,那么

$$k\cdot\frac{180^\circ}{n}-60^\circ=\frac{180^\circ}{3n}(3k-n)=\frac{180^\circ}{3n}$$

因 $k\cdot\frac{180^\circ}{n}$和 60° 都能用圆规直尺作出,所以它们的差也能用圆规直尺作出,故$\frac{180^\circ}{n}$可用圆规直尺三等分.

2 某个县下属的每两个区都恰好由汽车、火车、飞机三种交通方式中的一种直接联系. 已知在全县中三种交通方式全有，但没有一个区三种方式全有，并且没有任何三个区中两两联系的方式全相同. 试确定这个县所含有区的个数的最大值.

解 将每一个区用一个点表示，如果两个区之间的交通方式是：汽车、火车、飞机，那么在相应的顶点之间连一条边并涂以红色、蓝色、白色，得完全图 K_n，其中每条边被涂上红、蓝、白三种颜色中的一种. 根据题意，K_n 中三种颜色的边都有，且没有同色三角形.

下面证明 $n \leqslant 4$.

如果 $n \geqslant 5$，即至少有 5 个顶点 A,B,C,D,E. 因为每一个顶点引出的边至多只有两种颜色（没有一个区三种交通方式全有），故可以将顶点分为三类：非红、非蓝、非白. 非红类就是这个点发出的边都不是红色的. 非蓝、非白的意义类似（注意，同一个顶点可能出现在两个类中）. 显然，至少有一个类含有不少于两个的顶点，否则顶点的总个数小于或等于 3. 与 $n \geqslant 5$ 不符.

如果有三个顶点在同一类中，设 A,B,C 都在非红类中，那么一定存在不在这一类中的点 D，不妨设 D 在非蓝类中，那么 DA 既不是红的也不是蓝的，所以 DA 是白色的. 同样 DB,DC 也都是白色的. 如果 AB 是白的，那么 $\triangle ABD$ 是同色三角形，故 AB 不是白的，即 AB 是蓝色的. 同样 AC,BC 也是蓝的，这样导致 $\triangle ABC$ 是同色三角形，矛盾.

如果每一个类中至多有两个顶点，因至少有一类含两点，不妨设 A,B 在非红类中，且设 AB 是蓝色的，从而必有其他点 C 在非蓝类中，且 AC 和 BC 只能是白的，从而还有另一点 D 在非白类中. 这样 AD 和 BD 只能是蓝色的，$\triangle ABD$ 是同色三角形，矛盾.

综上所述，$n \leqslant 4$.

$n=4$ 的情况是可能的. 取 AB 是红色的，CD 是蓝色的，其余的边都是白色的，就得到一个满足题意的图.

3 如果 A,B,C 是三角形的三个内角，证明

$$-2 \leqslant \sin 3A + \sin 3B + \sin 3C \leqslant \frac{3}{2}\sqrt{3}$$

并确定何时等号成立.

证法 1 不失一般性，不妨设 $A \leqslant B \leqslant C$.

(1) 对于 $\sin 3A+\sin 3B+\sin 3C$ 的下界，因为 $A\leqslant 60^\circ$，$\sin 3A\geqslant 0$. 并且 $\sin 3B\geqslant -1$，$\sin 3C\geqslant -1$，于是

$$\sin 3A+\sin 3B+\sin 3C\geqslant -2$$

等号成立，必须 $\sin 3A=0$，$\sin 3B=\sin 3C=-1$，所以 $A=0$，$B=C=90^\circ$. 但这不能构成三角形，因此

$$\sin 3A+\sin 3B+\sin 3C>-2$$

(2) 对于 $\sin 3A+\sin 3B+\sin 3C$ 的上界，注意到$\frac{3\sqrt{3}}{2}>2$，$\sin 3A$，$\sin 3B$，$\sin 3C$ 中的每一项都不大于 1，所以为了取得最大值，$\sin 3A$，$\sin 3B$，$\sin 3C$ 都必须是正的.

因为 $A+B+C=180^\circ$，所以

$$0^\circ<A\leqslant B<60^\circ,120^\circ<C<180^\circ$$

令 $D=C-120^\circ$，那么 $D>0$，且

$$3A+3B+3D=180^\circ$$

因为 $f(x)=\sin x$ 在 $[0,\pi]$ 上是上凸函数，所以根据琴生(Jensen)不等式，有

$$\sin 3A+\sin 3B+\sin 3C=\sin 3A+\sin 3B+\sin 3D\leqslant$$

$$3\sin\frac{3A+3B+3D}{3}=3\sin 60^\circ=\frac{3\sqrt{3}}{2}$$

其中取等号当且仅当 $3A=3B=3D=60^\circ$，即 $A=B=20^\circ$，$C=140^\circ$ 时成立.

证法 2 不失一般性，设 $A\leqslant B\leqslant C$. 那么 $C\geqslant 60^\circ$，$A+B\leqslant 180^\circ-60^\circ=120^\circ$，且

$$0\leqslant\frac{3}{2}(B-A)\leqslant\frac{3}{2}(B+A)\leqslant 180^\circ$$

所以

$$\sin 3A+\sin 3B+\sin 3C=$$

$$2\sin\frac{3(A+B)}{2}\cos\frac{3(B-A)}{2}+\sin 3C\geqslant$$

$$2\sin\frac{3(A+B)}{2}\cos\frac{3(B+A)}{2}+\sin 3C=$$

$$\sin 3(A+B)+\sin 3C\geqslant -2$$

等号成立，必须有

$$\sin 3C=-1,\sin 3(A+B)=-1$$

$$B-A=B+A$$

从而必须：$A=0^\circ$，$B=C=90^\circ$. 但这不能构成三角形，因此

$$\sin 3A+\sin 3B+\sin 3C>-2$$

下面考虑 $\sin 3A+\sin 3B+\sin 3C$ 的上界. 如下

$$\sin 3A+\sin 3B=2\sin\frac{3(A+B)}{2}\cos\frac{3(B-A)}{2}\leqslant 2\sin\frac{3(A+B)}{2}$$

令 $\alpha=\frac{3}{2}(A+B)$,那么

$$\sin 3A+\sin 3B+\sin 3C\leqslant 2\sin\alpha+\sin(3\times 180^\circ-2\alpha)=$$

$$2\sin\alpha+\sin 2\alpha=2\sin\alpha(1+\cos\alpha)=8\sin\frac{\alpha}{2}\cos^3\frac{\alpha}{2}=$$

$$8\sqrt{\sin^2\frac{\alpha}{2}\cos^6\frac{\alpha}{2}}\quad\left(0^\circ<\frac{\alpha}{2}\leqslant 90^\circ\right)$$

由于

$$3\sin^2\frac{\alpha}{2}\cos^6\frac{\alpha}{2}=3\sin^2\frac{\alpha}{2}\cdot\cos^2\frac{\alpha}{2}\cdot\cos^2\frac{\alpha}{2}\cdot\cos^2\frac{\alpha}{2}\leqslant$$

$$\left(\frac{3\sin^2\frac{\alpha}{2}+\cos^2\frac{\alpha}{2}+\cos^2\frac{\alpha}{2}+\cos^2\frac{\alpha}{2}}{4}\right)^4=\left(\frac{3}{4}\right)^4$$

所以

$$\sin 3A+\sin 3B+\sin 3C\leqslant 8\sqrt{\sin^2\frac{\alpha}{2}\cos^6\frac{\alpha}{2}}\leqslant$$

$$8\times\sqrt{\frac{1}{3}\times\left(\frac{3}{4}\right)^4}=\frac{3\sqrt{3}}{2}$$

等号当且仅当 $3\sin^2\frac{\alpha}{2}=\cos^2\frac{\alpha}{2},\cos\frac{3(B-A)}{2}=1$ 即 $\sin^2\frac{\alpha}{2}=\frac{1}{4}$, $\cos^2\frac{\alpha}{2}=\frac{3}{4},\frac{3(B-A)}{2}=0^\circ$ 时成立,解得 $A=B=20^\circ,C=140^\circ$.

4 已知一凸多面角的所有面角之和等于它所有二面角的和. 证明:这个多面角为三面角.

注:凸多面角是由一个凸多边形所在平面外一点到这凸多边形所有顶点引射线所得.

证明 对于凸多面角,我们有如下两个定理:

(1) 凸多面角的所有面角之和小于 2π.

(2) 凸 n 面角的所有二面角之和大于 $(n-2)\pi$.

根据上面两个定理,题给的凸多面角具有

$$(n-2)\pi<2\pi$$

即

$$n<4$$

因此,只有 $n=3$,即满足题设的多面角是三面角.

5 如果 x 是正实数，n 为正整数，证明

$$[nx] \geqslant \frac{[x]}{1}+\frac{[2x]}{2}+\cdots+\frac{[nx]}{n}$$

其中 $[t]$ 表示小于或等于 t 的最大整数. 例如，$[\pi]=3$，$[\sqrt{2}]=1$.

证法 1 令

$$A_n=[x]+\frac{[2x]}{2}+\cdots+\frac{[nx]}{n}$$

于是问题改为证明 $[nx]>A_n$. 对 n 用数学归纳法.

当 $n=1$ 时，$[x]=A_1$，结论正确.

设 $n\leqslant k$ 时不等式成立，即

$$A_1\leqslant[x],A_2\leqslant[2x],\cdots,A_k\leqslant[kx]$$

由于

$$(k+1)A_{k+1}-(k+1)A_k=[(k+1)x]$$
$$kA_k-kA_{k-1}=[kx]$$
$$\vdots$$
$$2A_2-2A_1=[2x]$$
$$A_1=[x]$$

将上面这些等式分别相加，得

$$(k+1)A_{k+1}-(A_1+A_2+\cdots+A_k)=$$
$$[x]+[2x]+\cdots+[(k+1)x]$$

所以

$$\begin{aligned}(k+1)A_{k+1}=&[x]+A_k+[2x]+A_{k-1}+\cdots+\\&[kx]+A_1+[(k+1)x]\leqslant\\&[x]+[kx]+[2x]+[(k-1)x]+\cdots+\\&[kx]+[x]+[(k+1)x]\leqslant\\&[(k+1)x]+[(k+1)x]+\cdots+[(k+1)x]+\\&[(k+1)x]=(k+1)[(k+1)x]\end{aligned}$$

于是得 $A_{k+1}\leqslant[(k+1)x]$. 即 $n=k+1$ 时不等式也成立.

故对于正整数 n，$[nx]\geqslant A_n$.

证法 2 先证这样一个事实：

如果 x 是实数，k 为自然数，那么

$$[kx]+\frac{[(k+1)x]}{k+1}\leqslant[(k+1)x] \quad ①$$

设 N 是为任意一个整数，在区间 $[N-1,N)$ 内插入 k 个分点

$$N-1+\frac{1}{k+1},N-1+\frac{2}{k+2},\cdots,N-1+\frac{k}{k+1}$$

这样就把区间 $[N-1,N)$ 分成了 $k+1$ 个子区间，当 $x\in\left[N-1+\frac{i-1}{k+1},N-1+\frac{i}{k+1}\right)$，$i=1,2,\cdots,k+1$，有

$$[kx]+\frac{[(k+1)x]}{k+1}=\left[k(N-1)+\frac{k(i-1)}{k+1}\right]+\left[\frac{(k+1)(N-1)+(k+1)(i-1)}{k+1}\right]=(k+1)(N-1)+(i-1)+\left[-\frac{i-1}{k+1}\right]$$

所以当 $i=1$ 时，有

$$[kx]+\frac{[(k+1)x]}{k+1}=(k+1)(N-1)=[(k+1)x]$$

当 $1<i\leqslant k+1$ 时，有

$$[kx]+\frac{[(k+1)x]}{k+1}=(k+1)(N-1)+(i-1)-1=[(k+1)x]-1$$

就证明了在区间 $[N-1,N)$ 上总成立不等式

$$[kx]+\frac{[(k+1)x]}{k+1}\leqslant[(k+1)x]$$

N 是任意整数，故知不等式①对一切实数 x 都成立.

现在来证原命题.

当 $n=1$ 时，结论显然正确.

设当 $n=k$ 时，结论成立，即

$$[kx]\geqslant\frac{[x]}{1}+\frac{[2x]}{2}+\cdots+\frac{[kx]}{k}$$

于是利用式①可得

$$\frac{[x]}{1}+\frac{[2x]}{2}+\cdots+\frac{[kx]}{k}+\frac{[(k+1)x]}{k+1}\leqslant[kx]+\frac{[(k+1)x]}{k+1}\leqslant[(k+1)x]$$

当 $n=k+1$ 时，结论也成立.

故命题对一切自然数 n 都成立.

证法 3① 若 x 是整数或 $n=1$，则题中不等式成为等式. 下面设 $x>0$ 不是整数，并且 $n\geqslant 2$. 依据函数 $[nx]$ 的一个简单性质(见注中的引理 2)，存在有理数 θ 使得 $[kx]=[k\theta]$ $(k=1,2,\cdots,n)$，并且 $[nx]=n\theta$. 于是

$$[nx]=n\theta=\frac{\theta}{1}+\frac{2\theta}{2}+\cdots+\frac{n\theta}{n}\geqslant$$

---

① 此题证法 3 至证法 9 由朱尧辰提供.

$$\frac{[\theta]}{1}+\frac{[2\theta]}{2}+\cdots+\frac{[n\theta]}{n}=$$
$$\frac{[x]}{1}+\frac{[2x]}{2}+\cdots+\frac{[nx]}{n}$$

注 我们证明下列两个初等结果,直观地看几乎是显然的.

引理 1 设 $a\leqslant x<b,b-a\leqslant 1$,则 $[x]\geqslant[a]$. 并且若区间 (a,b) 不含整数,则 $[x]=[a]$;若 (a,b) 含整数,则 $[x]$ 取值为 $[a]$ 或 $[a]+1$.

引理 1 的证明 若区间 (a,b) 不含整数,则 $[a]\leqslant a<x$. 因为在 $[a]$ 和 a 之间,以及 a 和 x 之间不含任何整数,所以 $[a]$ 和 x 之间不含任何整数,可见 $[a]$ 是不超过 x 的最大整数,于是 $[x]=[a]$.

若 (a,b) 中含整数,则因为区间 (a,b) 的长度 $b-a\leqslant 1$,所以 (a,b) 只可能含一个整数,我们将此整数记为 ξ. 于是 $[a]\leqslant a<\xi$,并且在两个整数 $[a]$ 和 ξ 之间没有任何整数,可见

$$\xi=[a]+1$$

如果 $\xi\in(a,x]$,那么 ξ 与 x 之间没有任何整数,所以 ξ 是不超过 x 的最大整数,从而 $[x]=\xi=[a]+1$. 如 $\xi\in(x,b)$,那么 $[a]$ 与 x 之间没有任何整数,所以 $[x]=[a]$.

合起来可知 $[x]\geqslant[a]$,并且 $[x]$ 的取值只可能是 $[a]$ 或 $[a]+1$.

引理 2 设整数 $n>1,x>0$ 不是整数,则存在有理数 $\theta=\theta(n)$ 使得 $[nx]=n\theta=[n\theta]$,并且当 $k<n$ 时,$[kx]=[k\theta]$.

引理 2 的证明 因为 $[x]\leqslant x<[x]+1$,所以若 n 等分区间 $([x],[x]+1)$,则 x 将落在所得 n 个小区间之一中,所以

$$[x]+\frac{r}{n}\leqslant x<[x]+\frac{r+1}{n} \qquad ①$$

其中 $r\in\{0,1,\cdots,n-1\}$. 令

$$\theta=\theta(n)=[x]+\frac{r}{n}$$

我们来证明 θ 合乎要求.

(i) 由不等式 ① 得到

$$n\theta\leqslant nx<n\theta+1$$

因为 $n\theta=n[x]+r\in\mathbf{N}$,所以 $[nx]=n\theta(=[n\theta])$.

(ii) 现在设 $k<n$. 由不等式 ① 得到

$$k\theta\leqslant kx<k\theta+\frac{k}{n}$$

区间 $\left(k\theta,k\theta+\dfrac{k}{n}\right)$ 的长度小于 1.

如果 $r=0$,那么

$$k\theta = k[x], k\theta + \frac{k}{n} = k[x] + \frac{k}{n} < k[x] + 1$$

因此区间$\left(k\theta, k\theta + \frac{k}{n}\right)$不含整数. 于是依引理 1 可知$[kx] = [k\theta]$.

如果$r = n - 1$,那么

$$k\theta = k[x] + k - \frac{k}{n}, k\theta + \frac{k}{n} = k[x] + k$$

所以区间$\left(k\theta, k\theta + \frac{k}{n}\right)$包含在区间$(k[x] + k - 1, k[x] + k)$中. 因为后者以整数为端点,长度等于1,所以区间$\left(k\theta, k\theta + \frac{k}{n}\right)$不含整数. 于是依引理 1 也得到$[kx] = [k\theta]$.

最后设$0 < r < n - 1$, 那么可以证明此时区间$\left(k\theta, k\theta + \frac{k}{n}\right)$不含任何整数. 事实上,若此区间含有某个$\xi$,则必唯一(因为区间长度小于1). 因为$[k\theta]$与$k\theta$之间,以及$k\theta$与$\xi$之间没有任何整数,所以$[k\theta]$与$\xi$之间没有任何整数,从而$\xi = [k\theta] + 1$;类似地,$\xi$与$k\theta + \frac{k}{n}$之间,以及$k\theta + \frac{k}{n}$与$\left[k\theta + \frac{k}{n}\right] + 1$之间都没有任何整数,我们推出$\xi = \left[k\theta + \frac{k}{n}\right]$. 因此$[k\theta] + 1 = \left[k\theta + \frac{k}{n}\right]$,于是

$$\left[k[x] + \frac{kr}{n} + 1\right] = \left[k[x] + \frac{kr}{n} + \frac{k}{n}\right]$$

将它改写为

$$\left[\left[\frac{k(r+1)}{n}\right] + \left\{\frac{k(r+1)}{n}\right\} + \frac{n-k}{n}\right] = \left[\frac{k(r+1)}{n}\right]$$

可见

$$\left[\left\{\frac{k(r+1)}{n}\right\} + \frac{n-k}{n}\right] = 0$$

从而

$$\left\{\frac{k(r+1)}{n}\right\} + \frac{n-k}{n} < 1$$

也就是

$$\left\{\frac{k(r+1)}{n}\right\} < \frac{k}{n}$$

特别令$k = 1$,则有

$$\left\{\frac{r+1}{n}\right\} < \frac{1}{n}$$

因为 $0<r<n-1$ 蕴含 $0<\frac{r+1}{n}<1$,所以由上述不等式得到 $\frac{r+1}{n}<\frac{1}{n}$,我们得到矛盾. 这证明了区间 $\left(k\theta,k\theta+\frac{k}{n}\right)$ 确实不含任何整数. 于是仍然由引理 1 推出当 $0<r<n-1$ 时也有 $[kx]=[k\theta]$.

证法 4 存在整数 $k>1,n\geqslant 1$ 使得

$$\frac{k-1}{n}\leqslant x<\frac{k}{n}$$

设 $(n,k)=d$,则 $n=n_1d,k=k_1d,(n_1,k_1)=1$,并且 $\frac{k}{n}<\frac{k_1}{n_1}$. 设对于 $i<n_1$

$$ik_1\equiv a_i(\bmod n_1)$$

其中 $a_i\in\{1,2,\cdots,n_1\}$. 那么当 $i<n_1$ 时

$$[ix]\leqslant\left[i\cdot\frac{k}{n}\right]=\left[i\cdot\frac{k_1}{n_1}\right]=i\cdot\frac{k_1}{n_1}-\frac{a_i}{n_1}=i\cdot\frac{k}{n}-\frac{a_i}{n_1} \quad ②$$

又因为 $n_1k_1\equiv n_1(\bmod n_1)$,所以 $a_{n_1}=n_1$. 又由 $x<\frac{k}{n}$ 可知 $n_1x<\frac{n_1}{n}\cdot k\leqslant k$,于是推出

$$[n_1x]\leqslant k-1\leqslant n_1\cdot\frac{k}{n}-1=n_1\cdot\frac{k}{n}-\frac{a_{n_1}}{n_1}$$

这表明式 ② 对于 $i=n_1$ 也成立. 于是我们有

$$\begin{aligned}\sum_{i=1}^{n}\frac{[ix]}{i}&=\sum_{i=1}^{n_1}\frac{[ix]}{i}+\sum_{i=n_1+1}^{n}\frac{[ix]}{i}\leqslant\\&\sum_{i=1}^{n_1}\frac{1}{i}\left(i\cdot\frac{k}{n}-\frac{a_i}{n_1}\right)+\sum_{i=n_1+1}^{n}\frac{[ix]}{i}\leqslant\\&n_1\cdot\frac{k}{n}-\frac{1}{n_1}\sum_{i=1}^{n_1}\frac{a_i}{i}+\sum_{i=n_1+1}^{n}\frac{ix}{i}=\\&n_1\cdot\frac{k}{n}-\frac{1}{n_1}\sum_{i=1}^{n_1}\frac{a_i}{i}+(n-n_1)x\end{aligned} \quad ③$$

因为集合 $\{1,2,\cdots,n_1\}=\{a_1,a_2,\cdots,a_{n_1}\}$,所以由排序不等式(见引理 3)得到

$$\sum_{i=1}^{n_1}\frac{a_i}{i}=\sum_{i=1}^{n_1}\frac{1}{i}\cdot a_i\geqslant\sum_{i=1}^{n_1}\frac{1}{i}\cdot i=n_1$$

由此及式 ③ 立得

$$\sum_{i=1}^{n}\frac{[ix]}{i}\leqslant n_1\cdot\frac{k}{n}-\frac{1}{n_1}\cdot n_1+(n-n_1)\frac{k}{n}=k-1=[nx]$$

引理 3 (排序不等式)设 $n\geqslant 2$,实数 $x_1,x_2,\cdots,x_n$ 和 $y_1,y_2,\cdots,y_n$ 满足

$$x_1 \leqslant x_2 \leqslant \cdots \leqslant x_n, y_1 \leqslant y_2 \leqslant \cdots \leqslant y_n$$

还设 $z_1, z_2, \cdots, z_n$ 是 $y_1, y_2, \cdots, y_n$ 按任意顺序的一个排列,记

$$\mathscr{A}_n = x_1 y_n + x_2 y_{n-1} + \cdots + x_n y_1$$

$$\mathscr{B}_n = x_1 y_1 + x_2 y_2 + \cdots + x_n y_n$$

$$\mathscr{C}_n = x_1 z_1 + x_2 z_2 + \cdots + x_n z_n$$

(它们分别称为两组实数 x_i 和 y_i 的反序和、顺序和及乱序和). 则

$$\mathscr{A}_n \leqslant \mathscr{C}_n \leqslant \mathscr{B}_n$$

并且当且仅当 $x_1 = x_2 = \cdots = x_n$ 或 $y_1 = y_2 = \cdots = y_n$ 时, $\mathscr{A}_n = \mathscr{C}_n = \mathscr{B}_n$.

这个不等式可用数学归纳法证明,或参见(例如)朱尧辰著的《极值问题的初等解法》(中国科学技术大学出版社,2015)第 201 页.

证法 5 记 $\varphi(k) = [kx](k \in \mathbf{N}), \varphi(0) = 0$. 由不等式

$$[a + b] \geqslant [a] + [b] \tag{4}$$

可知

$$\varphi(k) \geqslant \varphi(i) + \varphi(k - i) \quad (0 \leqslant i \leqslant k) \tag{5}$$

在其中令 $i = 0, 1, \cdots, k$,将得到的 $k + 1$ 个不等式相加,有

$$(k + 1)\varphi(k) \geqslant 2(\varphi(1) + \varphi(2) + \cdots + \varphi(k))$$

于是

$$\frac{k + 1}{2}\varphi(k) \geqslant \varphi(1) + \varphi(2) + \cdots + \varphi(k) \tag{6}$$

将等式

$$\frac{1}{k(k + 1)} = \frac{1}{k} - \frac{1}{k + 1}(> 0)$$

与上述不等式(边边)相乘,得到

$$\frac{1}{2k}\varphi(k) \geqslant \left(\frac{1}{k} - \frac{1}{k + 1}\right)(\varphi(1) + \varphi(2) + \cdots + \varphi(k))$$

在此不等式中令 $k = 1, 2, \cdots, n$,将所得 n 个不等式相加,有

$$\begin{aligned}\frac{1}{2}\sum_{k=1}^{n} \frac{1}{k}\varphi(k) \geqslant & \sum_{k=1}^{n}\left(\frac{1}{k} - \frac{1}{k + 1}\right)(\varphi(1) + \varphi(2) + \cdots + \varphi(k)) = \\ & \sum_{k=1}^{n} \frac{1}{k}(\varphi(1) + \varphi(2) + \cdots + \varphi(k)) - \\ & \sum_{k=2}^{n+1} \frac{1}{k}(\varphi(1) + \varphi(2) + \cdots + \varphi(k - 1)) = \\ & \sum_{k=1}^{n} \frac{1}{k}\varphi(k) - \frac{1}{n + 1}(\varphi(1) + \varphi(2) + \cdots + \varphi(n))\end{aligned}$$

由此解出

$$\sum_{k=1}^{n} \frac{1}{k}\varphi(k) \leqslant \frac{2}{n + 1}(\varphi(1) + \varphi(2) + \cdots + \varphi(n)) \tag{7}$$

又在不等式 ⑥ 中令 $k=n$,然后两边乘以$\frac{2}{n+1}$,得到

$$\varphi(k)\geqslant\frac{2}{n+1}(\varphi(1)+\varphi(2)+\cdots+\varphi(n))$$

由此不等式及式 ⑦ 立知

$$\varphi(n)\geqslant\varphi(1)+\frac{1}{2}\varphi(2)+\cdots+\frac{1}{n-1}\varphi(n-1)+\frac{1}{n}\varphi(n)$$

证法6 对n用数学归纳法. 当$n=1$时命题显然成立. 设命题对于不超过n的正整数成立,即

$$\varphi(k)\geqslant\varphi(1)+\frac{1}{2}\varphi(2)+\cdots+\frac{1}{k}\varphi(k)\quad(k=1,2,\cdots,n-1)$$

要证明对于正整数n命题也成立. 为此在式 ⑤ 中令$k=n,i=1,2,\cdots,n-1$,将由此得到的$n-1$个不等式相加,有

$$(n-1)\varphi(n)\geqslant2(\varphi(1)+\varphi(2)+\cdots+\varphi(n-1))=2\Phi$$

其中$\Phi=\varphi(1)+\varphi(2)+\cdots+\varphi(n-1)$. 由归纳假设

$$\begin{aligned}\Phi\geqslant&\varphi(1)+\left(\varphi(1)+\frac{1}{2}\varphi(2)\right)+\\&\left(\varphi(1)+\frac{1}{2}\varphi(2)+\frac{1}{3}\varphi(3)\right)+\cdots+\\&\left(\varphi(1)+\frac{1}{2}\varphi(2)+\cdots+\frac{1}{n-1}\varphi(n-1)\right)\end{aligned}$$

所以

$$\begin{aligned}2\Phi=&(\varphi(1)+\varphi(2)+\cdots+\varphi(n-1))+\\&\varphi(1)+\varphi(2)+\cdots+\varphi(n-1)\geqslant\\&n\varphi(1)+\left(1+\frac{n-2}{2}\right)\varphi(2)+\\&\left(1+\frac{n-3}{3}\right)\varphi(3)+\cdots+\left(1+\frac{1}{n-1}\right)\varphi(n-1)=\\&n\left(\varphi(1)+\frac{1}{2}\varphi(2)+\cdots+\frac{1}{n-1}\varphi(n-1)\right)=\\&n\left(\varphi(1)+\frac{1}{2}\varphi(2)+\cdots+\frac{1}{n-1}\varphi(n-1)+\right.\\&\left.\frac{1}{n}\varphi(n)\right)-\varphi(n)\end{aligned}$$

于是

$$\begin{aligned}&(n-1)\varphi(n)\geqslant2\Phi\geqslant\\&n\left(\varphi(1)+\frac{1}{2}\varphi(2)+\cdots+\frac{1}{n-1}\varphi(n-1)+\frac{1}{n}\varphi(n)\right)-\varphi(n)\end{aligned}$$

从而

$$n\varphi(n)\geqslant n\left(\varphi(1)+\frac{1}{2}\varphi(2)+\cdots+\frac{1}{n-1}\varphi(n-1)+\frac{1}{n}\varphi(n)\right)$$

由此立得所要证明的不等式. 于是完成归纳证明.

证法 7 令

$$x_k = \frac{[x]}{1} + \frac{[2x]}{2} + \cdots + \frac{[kx]}{k} \quad (k \geqslant 1)$$

则有递推关系式

$$x_k = x_{k-1} + \frac{[kx]}{k} \quad (k \geqslant 2) \tag{8}$$

题中的不等式可改写为

$$x_n \leqslant [nx] \tag{9}$$

我们来对 n 用数学归纳法证明不等式 ⑨. 当 $n = 1$ 时，显然 $x_1 = \frac{[1 \cdot x]}{1}$. 设

$$x_k \leqslant [kx] \quad (k = 1,2,\cdots,n-1) \tag{10}$$

要证明当 $k = n$ 时不等式也成立. 依递推关系式 ⑧，有

$$\begin{aligned}
nx_n &= nx_{n-1} + [nx] = (n-1)x_{n-1} + x_{n-1} + [nx] \\
(n-1)x_{n-1} &= (n-2)x_{n-2} + x_{n-2} + [(n-1)x] \\
(n-2)x_{n-2} &= (n-3)x_{n-3} + x_{n-3} + [(n-2)x] \\
&\vdots \\
3x_3 &= 2x_2 + x_2 + [3x] \\
2x_2 &= x_1 + x_1 + [2x]
\end{aligned}$$

将上列各式相加，得到

$$nx_n = x_{n-1} + x_{n-2} + \cdots + x_2 + x_1 + x_1 + [nx] + [(n-1)x] + \cdots + [2x]$$

应用归纳假设 ⑩，由此推出

$$\begin{aligned}
nx_n \leqslant{} & [(n-1)x] + [(n-2)x] + \cdots + [2x] + [x] + [x] + \\
& [nx] + [(n-1)x] + \cdots + [2x] = \\
& ([(n-1)x] + [x]) + ([(n-2)x] + [2x]) + \cdots + \\
& ([2x] + [(n-2)x]) + ([x] + [(n-1)x]) + [nx]
\end{aligned}$$

由此及式 ④ 可知

$$nx_n \leqslant [nx] + [nx] + \cdots + [nx] + [nx] + [nx] = n[nx]$$

因此 $x_n \leqslant [nx]$. 此即不等式 ⑨. 于是完成归纳证明.

证法 8 对 n 用数学归纳法. 当 $n=1$ 时命题显然成立. 现在进行归纳证明的第二步. 设对于每个 $k = 1,2,\cdots,n-1$ 有

$$\varphi(k) \geqslant \varphi(1) + \frac{1}{2}\varphi(2) + \cdots + \frac{1}{k}\varphi(k) \tag{11}$$

如果存在某个 $k \in \{1,2,\cdots,n-1\}$ 有不等式

$$\varphi(n) \geqslant \varphi(k) + \frac{1}{k+1}\varphi(k+1) + \cdots + \frac{1}{n}\varphi(n)$$

那么由此及式 ⑪ 中对应于此 k 值的不等式，立即推出题中的不等式对于 n 也成立. 下面设对任何 $k = 1,2,\cdots,n-1$，有

$$\varphi(n) < \varphi(k) + \frac{1}{k+1}\varphi(k+1) + \cdots + \frac{1}{n}\varphi(n) \quad ⑫$$

要证明题中的不等式对于 n 也成立,用反证法. 设

$$\varphi(n) < \varphi(1) + \frac{1}{2}\varphi(2) + \cdots + \frac{1}{n}\varphi(n)$$

那么

$$2\varphi(n) < 2\left(\varphi(1) + \frac{1}{2}\varphi(2) + \cdots + \frac{1}{n}\varphi(n)\right)$$

在不等式 ⑫ 中取 $k = 2,3,\cdots,n-1$,总共得到 $n-2$ 个不等式,将它们与上式相加,得到

$$\begin{aligned} n\varphi(n) < {} & 2\left(\varphi(1) + \frac{1}{2}\varphi(2) + \cdots + \frac{1}{n}\varphi(n)\right) + \\ & \left(\varphi(2) + \frac{1}{3}\varphi(3) + \cdots + \frac{1}{n}\varphi(n)\right) + \\ & \left(\varphi(3) + \frac{1}{4}\varphi(4) + \cdots + \frac{1}{n}\varphi(n)\right) + \cdots + \\ & \left(\varphi(n-1) + \frac{1}{n}\varphi(n)\right) \end{aligned}$$

因为上式右边等于(首先将各括号中的第一项相加)

$$\begin{aligned} & (2\varphi(1) + \varphi(2) + \cdots + \varphi(n-1)) + \\ & 2\left(\frac{1}{2}\varphi(2) + \frac{1}{3}\varphi(3) + \cdots + \frac{1}{n}\varphi(n)\right) + \\ & \left(\frac{1}{3}\varphi(3) + \frac{1}{4}\varphi(4) + \cdots + \frac{1}{n}\varphi(n)\right) + \\ & \left(\frac{1}{4}\varphi(4) + \cdots + \frac{1}{n}\varphi(n)\right) + \cdots + \frac{1}{n}\varphi(n) = \\ & (2\varphi(1) + \varphi(2) + \cdots + \varphi(n-1)) + 2 \cdot \frac{1}{2}\varphi(2) + \\ & (2+1) \cdot \frac{1}{3}\varphi(3) + (2+2) \cdot \frac{1}{4}\varphi(4) + \cdots + \\ & (2 + (n-2)) \cdot \frac{1}{n}\varphi(n) = \\ & 2(\varphi(1) + \varphi(2) + \cdots + \varphi(n-1)) + \varphi(n) \end{aligned}$$

所以

$$n\varphi(n) < 2(\varphi(1) + \varphi(2) + \cdots + \varphi(n-1)) + \varphi(n) \quad ⑬$$

又在不等式 ⑤ 中取 $k = n, i = 1,2,\cdots,n-1$,然后将所得 $n-1$ 个不等式相加,有

$$2(\varphi(1) + \varphi(2) + \cdots + \varphi(n-1)) \leqslant (n-1)\varphi(n)$$

由此及不等式 ⑬ 推出

$$n\varphi(n) < (n-1)\varphi(n) + \varphi(n) = n\varphi(n)$$

于是得到矛盾,从而完成归纳证明.

证法 9 由式④可知,当 $i+j\leqslant n;i,j\geqslant 0$ 时,有

$$\varphi(i+j)\geqslant\varphi(i)+\varphi(j)$$

因此,若

$$i_1+i_2+\cdots+i_n=n\quad(0\leqslant i_k\leqslant n)$$

则

$$\varphi(n)\geqslant\varphi(i_1)+\varphi(i_2)+\cdots+\varphi(i_n)$$

由一个关于矩阵构造的结果(见引理 4)可知,存在 $n!\times n$ 矩阵 $\boldsymbol{A}^{(n)}=(a_{jk})$,其所有元素 a_{jk} 属于集合 $\{0,1,\cdots,n\}$,每行元素之和等于 n,即

$$a_{j1}+a_{j2}+\cdots+a_{jn}=n\quad(j=1,2,\cdots,n!)$$

所以

$$\varphi(n)\geqslant\varphi(a_{j1})+\varphi(a_{j2})+\cdots+\varphi(a_{jn})\quad(j=1,2,\cdots,n!)$$

将此 $n!$ 个不等式相加,注意(依引理 4)在全部 $n\times n!$ 个元素中,恰有 $n!$ 个 1,$\frac{n!}{2}$ 个 2,……,$\frac{n!}{n}$ 个 n,所以

$$n!\,\varphi(n)\geqslant n!\,\varphi(1)+\frac{n!}{2}\varphi(2)+\cdots+\frac{n!}{n}\varphi(n)$$

由此立得所要的不等式.

注 我们在此给出上文引用的一个关于矩阵构造的结果和证明(这个证明仅供感兴趣的读者参考,一般读者可省略).

设 m,n 为正整数. 由 mn 个数排成的 m(横)行 n(纵)列的表

$$\boldsymbol{A}=\begin{pmatrix}a_{11}&a_{12}&\cdots&a_{1n}\\a_{21}&a_{22}&\cdots&a_{2n}\\\vdots&\vdots&&\vdots\\a_{m1}&a_{m2}&\cdots&a_{mn}\end{pmatrix}$$

称为一个 $m\times n$ 矩阵. 其中

$$(a_{11}\quad a_{12}\quad\cdots\quad a_{1n})\quad\text{和}\quad\begin{pmatrix}a_{11}\\a_{21}\\\vdots\\a_{m1}\end{pmatrix}$$

分别称作矩阵的第 1 行和第 1 列(余类推).

引理 4 设 $n\geqslant 1$. 那么存在 $n!\times n$ 矩阵 $\boldsymbol{A}^{(n)}=(a_{jk})$,其所有元素属于集合 $\{0,1,\cdots,n\}$,每行元素之和等于 n,并且在全部 $n\cdot n!$ 个元素,恰有 $n!$ 个 1,$\frac{n!}{2}$ 个 2,……,$\frac{n!}{n}$ 个 n.

引理 4 的证明 对 n 用数学归纳法. 显然 $1!\times 1$ 矩阵 $\boldsymbol{A}^{(1)}=(1)$ 合乎要求. $2!\times 2$ 矩阵

$$\boldsymbol{A}^{(2)}=\begin{pmatrix}1 & \boldsymbol{A}^{(1)}\\ 2 & 0\end{pmatrix}=\begin{pmatrix}1 & 1\\ 2 & 0\end{pmatrix}$$

也合乎要求. 设 $n!\times n$ 矩阵 $\boldsymbol{A}^{(n)}=(a_{ij})$ 具有性质:

(1) 所有元素属于集合 $\{0,1,\cdots,n\}$;

(2) 各行元素之和等于 n;

(3) 在全部 $n\cdot n!$ 个元素中,恰有 $n!$ 个 1, $\frac{n!}{2}$ 个 2, ……, $\frac{n!}{n}$ 个 n.

(4) 第 1 列出现元素 $1,2,\cdots,n$ 恰好各为 $(n-1)!$ 次.

其中性质(4) 是我们附加的,显然 $\boldsymbol{A}^{(1)}$ 和 $\boldsymbol{A}^{(2)}$ 具有此性质. 设 $\boldsymbol{a}_i=(a_{i1},a_{i2},\cdots,a_{in})$ 是 $\boldsymbol{A}^{(n)}$ 的第 i 行,定义

$$\tilde{\boldsymbol{a}}_i=(a_{i1}+1,a_{i2},\cdots,a_{in})\quad(i=1,2,\cdots,n!)$$

令 $(n\cdot n!)\times n$ 矩阵

$$\tilde{\boldsymbol{A}}^{(n)}=\begin{pmatrix}\tilde{\boldsymbol{a}}_1\\ \vdots\\ \tilde{\boldsymbol{a}}_1\\ \vdots\\ \tilde{\boldsymbol{a}}_{n!}\\ \vdots\\ \tilde{\boldsymbol{a}}_{n!}\end{pmatrix}$$

其中每个 $\tilde{\boldsymbol{a}}_i$ 重复 n 次. 记 $n!\times(n+1)$ 矩阵

$$\boldsymbol{P}=\begin{pmatrix}1 & \\ \vdots & \boldsymbol{A}^{(n)}\\ 1 & \end{pmatrix}$$

以及 $(n\cdot n!)\times(n+1)$ 矩阵

$$\boldsymbol{Q}=\begin{pmatrix} & 0\\ \tilde{\boldsymbol{A}}^{(n)} & \vdots\\ & 0\end{pmatrix}$$

那么矩阵

$$\boldsymbol{A}^{(n+1)}=\begin{pmatrix}\boldsymbol{P}\\ \boldsymbol{Q}\end{pmatrix}$$

就是具有相应性质的 $(n+1)!\times(n+1)$ 矩阵.

事实上,性质(1) 和(2)(其中 n 换成 $n+1$) 显然成立,性质(4)(其中 n 换成 $n+1$) 也容易直接验证. 我们来证明该矩阵满足相应的性质(3). 因为矩阵 $\boldsymbol{P}$ 中第 1 列含 $n!$ 个元素 1,由归纳假设可知第 2 列到第 $n+1$ 列(即矩阵 $\boldsymbol{A}^{(n)}$) 含 $n!$ 个元素 1,所以矩阵 $\boldsymbol{P}$ 中元素 1 的个数是 $2n!$. 对于矩阵 $\boldsymbol{Q}$,由于 $\boldsymbol{a}_i$ 换成 $\tilde{\boldsymbol{a}}_i$ 共被换掉 $n\cdot(n-1)!$ 个元素 1, 所以 $\boldsymbol{Q}$ 中剩下的元素 1 的个数为

$n \cdot n! - n \cdot (n-1)!$. 于是在矩阵 $\boldsymbol{A}^{(n+1)}$ 的元素中 1 出现的次数等于

$$2n! + n \cdot n! - n \cdot (n-1)! =$$
$$n! + n \cdot n! = (n+1)!$$

对于值为 $k(\geqslant 2)$ 的元素个数，由归纳假设可知，在矩阵 $\boldsymbol{P}$ 中为 $\frac{n!}{k}$，类似于刚才的推理可知在矩阵 $\boldsymbol{Q}$ 中为

$$n \cdot \frac{n!}{k} - n \cdot (n-1)! + n \cdot (n-1)!$$

因此在矩阵 $\boldsymbol{A}^{(n+1)}$ 中元素 k 的个数为

$$\frac{n!}{k} + n \cdot \frac{n!}{k} - n \cdot (n-1)! + n \cdot (n-1)! =$$
$$(n+1) \cdot \frac{n!}{k} = \frac{(n+1)!}{k}$$

因此矩阵 $\boldsymbol{A}^{(n+1)}$ 具有所有要求的性质. 于是完成归纳证明.

第 11 届美国数学奥林匹克

1 一次聚会有 1 982 人参加,其中任意的四个人中至少有一个人认识其余的三个人. 问在这次聚会上,认识全体到会者的人至少有多少位.

解法1 认识全体到会者的人至少有1 979 名. 下面用反证法证明.

假设至少有四个人不认识全体到会者. 设 P_1 为其中之一,P_1 不认识 P_2. 此时,除了 P_1,P_2 两人外,还有 P_3 不认识全体到会者. 设 P_3 不认识 P_4,那么在 P_1,P_2,P_3,P_4 这四个人中,每一个都不全认识其余的三个人,与已知矛盾. 因此 P_3 不认识的人一定是 P_1 或 P_2. 此时,除了 P_1,P_2,P_3 之外,还有一个 P_4 不认识全体到会者. 与前面同样的道理,P_4 所不认识的人一定是 P_1,P_2 或 P_3. 这时,在 P_1,P_2,P_3,P_4 这四个人中,每个人都不全认识其余的三个人,仍与已知矛盾.

恰好有 1 979 个人认识全体到会者是可能的. 例如,P_1 不认识 P_2 和 P_3,此外每两个人都互相认识,那么在任意四人中至少有一人认识其余的三个人,并且恰好有 1 979 个人认识全体到会者.

解法2 用1 982个点表示1 982个人,两人互相认识,就在相应的点之间连一条边,得简单图形 G. 已知条件是:G 中任意4个顶点,总有一个顶点和其他三个顶点相邻. 要求的是顶点的度为 1 981 的点的个数 l 最少有几个.

如果 G 是完全图,那么 G 的每个顶点的度都是 1 981,故 l = 1 982.

如果 G 中有两个顶点 u,v 不相邻,那么 $d(u) \leqslant 1\,980$,$d(v) \leqslant 1\,980$. 因此 $l \leqslant 1\,980$. 如果除了 u,v 外,还有两个顶点 x 和 y 不相邻,那么 u,v,x,y 这四点不满足题意. 所以图形 G 中,除了 u,v 外,其他任意两个顶点都相邻,即对 G 中任一顶点 $z(z \neq u, z \neq v)$,$d(z) \geqslant 1\,979$. 如果 G 中有一顶点 $z(z \neq u$ 或 $z \neq v)$,它和 u,v 中某个顶点不相邻,不妨设 z 和 u 不相邻,那么 $d(z) \leqslant 1\,979$. 而 G 中其

他任一顶点 $w(w\neq u,v,z)$ 一定和 u,v,z 都相邻. 因此 $d(w)=1\ 981$. 所以 $l=1\ 979$. 如果图形 G 中除 u 和 v 外的顶点 z 都和 u 与 v 相邻,那么 $d(z)=1\ 981$, $d=1\ 980$. 于是 $l\geqslant 1\ 979$.

2 设 $S_r=x^r+y^r+z^r$,其中 x,y,z 为实数. 已知 $S_1=0$,对 $(m,n)=(2,3),(3,2),(2,5)$ 或 $(5,2)$,有

$$\frac{S_{m+n}}{m+n}=\frac{S_m}{m}\cdot\frac{S_n}{n} \qquad ①$$

试确定所有的其他适合式 ① 的正整数组 (m,n)(如果这样的数组存在的话).

解 我们将证明式 ① 对其他的正整数对是不成立的.

当 m,n 都是奇数时,令 $(x,y,z)=(1,-1,0)$,那么

$$S_{m+n}=2,S_m=0=S_n$$

这与式 ① 矛盾. 故 m,n 不能都是奇数.

当 m,n 为偶数时,令 $(x,y,z)=(1,-1,0)$,那么

$$S_{m+n}=S_m=S_n=2$$

式 ① 为

$$\frac{2}{m+n}=\frac{2}{m}\cdot\frac{2}{n}$$

即

$$(m-2)(n-2)=4$$

易知 $m=n=4$. 在 $m=n=4$ 时,$\frac{S_8}{8}\neq\frac{S_4}{4}\cdot\frac{S_4}{4}$,故 m,n 不能同为偶数.

当 m,n 一奇一偶时,不妨设 m 为奇数,n 为偶数. 当 $n=2$,用 $(x,y,z)=(-1,-1,2)$ 代入式 ①,得

$$\frac{-2+2^{m+2}}{m+2}=\frac{6(2^m-2)}{2m}$$

$$(m-6)2^m=-4m-12 \qquad ②$$

当 $m\geqslant 7$ 时,式 ② 的左边为正,右边为负,故 m 只能为 3,5.

当 $n\geqslant 4$ 时,令 $(x,y,z)=(-1,-1,2)$,式 ① 为

$$(2^{m+n}-2)(mn-m-n)=(m+n)(2^{m+1}-2^{n+1}-2)$$

因 $mn-m-n>0$,故 $2^{m+1}-2^{n+1}-2>0$,$m>n$. 所以 $m\geqslant 5$. 由于

$$(m+n)(2^{m+1}-2^{n+1}-2)<(m+n)(2^{m+n}-2)$$

因此 $mn-m-n<m+n$,即 $(m-2)(n-2)<4$,这与 $m\geqslant 5$, $n\geqslant 4$ 矛盾.

于是 $(m,n)=(2,3),(3,2),(2,5),(5,2)$ 就是满足式 ① 的全部正整数组.

3 如果点 A_1 在等边 $\triangle ABC$ 的内部,点 A_2 在 $\triangle A_1BC$ 的内部,证明

$$\mathrm{I.Q.}(A_1BC) > \mathrm{I.Q.}(A_2BC)$$

其中一个图形 F 的“等周商”定义为

$$\mathrm{I.Q.}(F)=\frac{F\text{ 的面积}}{(F\text{ 的周长})^2}$$

证法1 首先证明,对于任意 $\triangle ABC$,其等周商为

$$\mathrm{I.Q.}(ABC)=\frac{1}{4}\tan\frac{A}{2}\tan\frac{B}{2}\tan\frac{C}{2} \qquad ①$$

因为

$$\mathrm{I.Q.}(ABC)=\frac{S_{\triangle ABC}}{(a+b+c)^2}=$$

$$\frac{\frac{1}{2}ab\sin C}{(a+b+c)^2}=$$

$$\frac{2R^2\sin A\sin B\sin C}{4R^2(\sin A+\sin B+\sin C)^2}=$$

$$\frac{\sin A\sin B\sin C}{2(4\cos\frac{A}{2}\cos\frac{B}{2}\cos\frac{C}{2})^2}=$$

$$\frac{\sin\frac{A}{2}\sin\frac{B}{2}\sin\frac{C}{2}}{4\cos\frac{A}{2}\cos\frac{B}{2}\cos\frac{C}{2}}=$$

$$\frac{1}{4}\tan\frac{A}{2}\tan\frac{B}{2}\tan\frac{C}{2}$$

式①得证.

延长 BA_2 交 CA_1 于 A',如图11.1所示.下面证明

$$\mathrm{I.Q.}(A_1BC) > \mathrm{I.Q.}(A'BC)$$

记 $\angle BA_1C=A_1$,$\angle BA_2C=A_2$,$\angle BA'C=A'$,$\angle A_1BC=B_1$,$\angle A_2BC=B_2$,$\angle A_1CB=C_1$,$\angle A_2CB=C_2$.于是

$$\mathrm{I.Q.}(A_1BC)=\frac{1}{4}\tan\frac{A_1}{2}\tan\frac{B_1}{2}\tan\frac{C_1}{2}$$

$$\mathrm{I.Q.}(A'BC)=\frac{1}{4}\tan\frac{A'}{2}\tan\frac{B_2}{2}\tan\frac{C_1}{2}$$

欲证 $\mathrm{I.Q.}(A_1BC) > \mathrm{I.Q.}(A'BC)$,只需证

$$\tan\frac{A_1}{2}\tan\frac{B_1}{2} > \tan\frac{A'}{2}\tan\frac{B_2}{2}$$

因为

$$\tan\frac{A_1}{2}\tan\frac{B_1}{2}=\frac{\sin\frac{A_1}{2}\sin\frac{B_1}{2}}{\cos\frac{A_1}{2}\cos\frac{B_1}{2}}=\frac{\cos\frac{A_1-B_1}{2}-\cos\frac{A_1+B_1}{2}}{\cos\frac{A_1-B_1}{2}+\cos\frac{A_1+B_1}{2}}=$$

$$1-\frac{2\sin\frac{C_1}{2}}{\cos\frac{A_1-B_1}{2}+\sin\frac{C_1}{2}}$$

同理可得

$$\tan\frac{A'}{2}\tan\frac{B_2}{2}=1-\frac{2\sin\frac{C_1}{2}}{\cos\frac{A'-B_2}{2}+\sin\frac{C_1}{2}}$$

由于 $A_1>60°>B_1$, $A'>60°>B_2$ 及 $A'>A_1$, $B_1>B_2$，所以有

$$0<\frac{A_1-B_1}{2}<\frac{A'-B_2}{2}<90°$$

从而

$$\cos\frac{A_1-B_1}{2}>\cos\frac{A'-B_2}{2}$$

又因为 $\sin\frac{C_1}{2}>0$，所以

$$\tan\frac{A_1}{2}\tan\frac{B_1}{2}>\tan\frac{A'}{2}\tan\frac{B_2}{2}$$

这就证得了 I. Q. (A_1BC) > I. Q. $(A'BC)$. 同理可证，I. Q. $(A'BC)$ > I. Q. (A_2BC)，所以

$$\text{I. Q.}(A_1BC)>\text{I. Q.}(A_2BC)$$

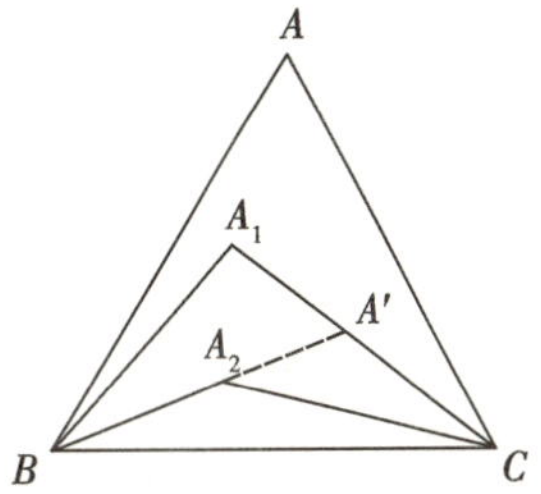

图 11.1

证法 2 我们只需证明：对于 $0<E<60°$, $0<F<60°$ 的 $\angle E$ 和 $\angle F$，$\triangle DEF$ 的等周商分别关于 $\angle E$, $\angle F$ 是递增的.

令 $\triangle DEF$ 的三个内角为 $2\alpha, 2\beta, 2\gamma$，内切圆半径为 r，如图 11.2 所示. 因 $S_{\triangle DEF}=\frac{1}{2}r(DE+EF+FD)$，所以

$$\frac{1}{2(\text{I. Q.}(DEF))}=\frac{DE+EF+FD}{r}=$$

$$\frac{DF'}{r}+\frac{F'E}{r}+\frac{ED'}{r}+\frac{D'F}{r}+\frac{FE'}{r}+\frac{E'D}{r}=$$

$$2(\cot\alpha+\cot\beta+\cot\gamma)$$

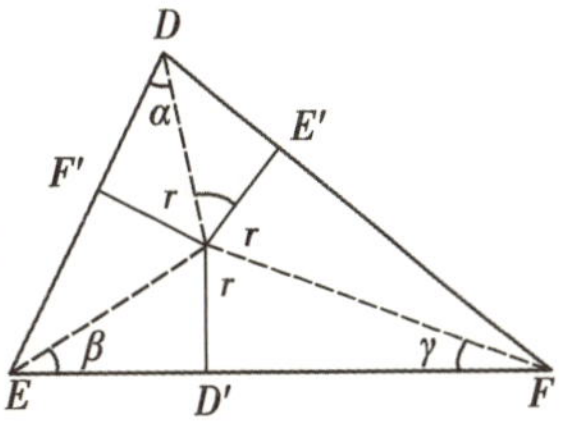

图 11.2

因 $\alpha+\beta+\gamma=90°$, $\cot\alpha=\tan(90°-\alpha)=\tan(\beta+\gamma)$，于是

$$\frac{1}{4(\text{I. Q.}(DEF))}=\cot\beta+\cot\gamma+\tan(\beta+\gamma)=$$

$$\cot\beta+\cot\gamma+\frac{\cot\beta+\cot\gamma}{\cot\beta\cot\gamma-1}$$

令 $\cot\beta=p,\cot\gamma=q$,那么

$$\frac{1}{4(\text{I. Q.}(DEF))}=p+q+\frac{p+q}{pq-1}$$

再令

$$J(p,q)=p+q+\frac{p+q}{pq-1}$$

那么 $J(p,q)$ 是关于 p,q 的对称函数. 于是,要证明对固定的 $\angle F(0<F<60^\circ)$, I. Q. (DEF) 是 $\angle E(0<E<60^\circ)$ 的增函数,只需证明 $\frac{1}{4(\text{I. Q.}(DEF))}$ 对固定的 $\gamma(0<\gamma<30^\circ)$ 是 $\beta(0<\beta<30^\circ)$ 的减函数,即证明对固定的 $q>\sqrt{3}$, $J(p,q)$ 是关于 $p(p>\sqrt{3})$ 的增函数.

先证明一个引理.

函数

$$f(x)=x+\frac{c}{x} \tag{①}$$

在区间 $[\sqrt{c},+\infty)$ 上是递增的. 其中 c 是一个正常数.

设 $u,v\in[\sqrt{c},+\infty),v>u$,那么

$$f(v)-f(u)=v+\frac{c}{v}-u-\frac{c}{u}=$$

$$(v-u)\frac{uv-c}{uv}>0$$

故 $f(v)>f(u)$,引理得证.

把 $J(p,q)$ 写成式 ① 的形式

$$J(p,q)=p+q+\frac{1}{q}+\frac{1+\frac{1}{q^2}}{p-\frac{1}{q}}=$$

$$p-\frac{1}{q}+\frac{1+\frac{1}{q^2}}{p-\frac{1}{q}}+q+\frac{2}{q}$$

这里 $p-\frac{1}{q}$ 当作 x, $1+\frac{1}{q^2}$ 当作常数 c,因 $q+\frac{2}{q}$ 是常数故不影响 $J(p,q)$ 的单调性. 于是当

$$p-\frac{1}{q}\geqslant\sqrt{1+\frac{1}{q^2}}$$

即

$$p \geqslant \frac{1}{q}+\sqrt{1+\frac{1}{q^2}} \quad (q \geqslant \sqrt{3})$$

时，$J(p,q)$ 是关于 p 递增的. 而

$$\frac{1}{q}+\sqrt{1+\frac{1}{q^2}} \leqslant \frac{1}{\sqrt{3}}+\sqrt{1+\frac{1}{3}} \leqslant \sqrt{3}$$

故当 $p \geqslant \sqrt{3}$ 时，$J(p,q)$ 是关于 p 单调递增的.

从而命题得证.

说明 由于

$$\begin{aligned}\text{I. Q.}(ABC) &= \frac{1}{4}\tan\frac{A}{2}\tan\frac{B}{2}\tan\frac{C}{2} \leqslant \\ &\frac{1}{4}\left(\frac{\tan\frac{A}{2}+\tan\frac{B}{2}+\tan\frac{C}{2}}{3}\right)^3 \leqslant \\ &\frac{1}{4}\left(\tan\left(\frac{\frac{A}{2}+\frac{B}{2}+\frac{C}{2}}{3}\right)\right)^3 = \\ &\frac{1}{4}(\tan 30^\circ)^3 = \frac{\sqrt{3}}{36}\end{aligned}$$

其中等号当且仅当 $A=B=C$ 时成立. 故三角形的等周商当且仅当为等边三角形时取得最大值$\frac{\sqrt{3}}{36}$.

一般的，由于周长一定的 n 边形以正 n 边形的面积最大，所以 n 边形等周商的最大值是在正 n 边形时达到，其最大值为$\frac{1}{4n}\cot\frac{\pi}{n}$.

更一般的，由于周长一定的平面闭图形以圆的面积最大，所以平面图形 F 的等周商的最大值在 F 为圆时达到，最大值为$\frac{1}{4\pi}$.

4 证明：存在一个正整数 k，使得 $k \cdot 2^n+1$ 对每一个正整数 n 均为合数.

证法 1 由费马数

$$F_r = 2^{2^r}+1$$

可知，当 $r=0,1,2,3,4$ 时，F_r 是素数，当 $r=5$ 时，$F_5 = 641 \times 6\ 700\ 417$ 是合数. 其中 6 700 417 是素数，为方便起见，用 p 表示.

令 $n=2^r t$，t 为奇数，考虑同余方程组

$$k \equiv 1 \pmod{2^{32}-1}$$

$$k \equiv 1 \pmod{641}$$

$$k \equiv -1 \pmod{p}$$

因 $2^{32}-1, 641, p$ 两两互素，根据中国剩余定理知，方程组有解. 所以

$$k=1+u(2^{32}-1)$$
$$k=1+641v$$
$$k=pw-1$$

(1) 当 $r=0,1,2,3,4$ 时,有

$$K_n=k\cdot 2^n+1=k(2^{2^rL}+1)-(k-1)=$$
$$k(2^{2^rL}+1)-u(2^{32}-1)$$

显然

$$2^{2^r}+1\mid 2^{2^rL}+1$$
$$2^{2^r}+1\mid 2^{32}-1$$

从而 $2^{2^r}+1\mid K_n$,且 $1<2^r+1<K_n$,所以 K_n 是合数.

(2) 当 $r=5$ 时,有

$$K_n=k(2^{2^rt}+1)-(k-1)=k(2^{32t}+1)-641v$$

因为

$$641\mid(2^{32}+1)$$
$$(2^{32}+1)\mid(2^{32t}+1)$$
$$641\mid(2^{32t}+1)$$

并且 $1<641<K_n$,故 K_n 为合数.

(3) 当 $r\geqslant 6$ 时,有

$$K_n=k(2^{2^rt}-1)+(k+1)=$$
$$(pw-1)(2^{2^rt}-1)+pw=$$
$$pw(2^{2^rt}-1)-(2^{2^rt}-1)+pw$$

因为

$$(2^{32}+1)\mid(2^{2^rt}-1)$$
$$p\mid(2^{32}+1)$$

所以 $p\mid K_n$. 并且 $1<p<K_n$,故 K_n 为合数.

综上所述,命题得证.

说明 中国剩余定理(又称孙子定理)如下:

设 $m_1,m_2,\cdots,m_k$ 是 k 个两两互素的正整数,$m=m_1m_2\cdots m_k$,$m=m_iM_i$,$i=1,2,\cdots,k$. 对每个 M_i,求 M'_i,使 $M'_iM_i\equiv 1(\bmod m_i)$,$i=1,2,\cdots,k$. 那么同余方程组

$$x\equiv b_1(\bmod m_1),x\equiv b_2(\bmod m_2),\cdots,x\equiv b_k(\bmod m_k)$$

的解是

$$x\equiv M'_1M_1b_1+M'_2M_2b_2+\cdots+M'_kM_kb_k(\bmod m)$$

证法 2 先证每一个正整数 n 至少适合下列同余式中的一个同余式

$$n\equiv 1(\bmod 2) \quad ①$$
$$n\equiv 1(\bmod 3) \quad ②$$
$$n\equiv 2(\bmod 4) \quad ③$$

$$n \equiv 4 \pmod 8 \quad ④$$
$$n \equiv 0 \pmod{12} \quad ⑤$$
$$n \equiv 8 \pmod{24} \quad ⑥$$

事实上,如果 n 是奇数,那么它适合同余式 ①;如果 n 为偶数但不是4 的倍数,那么它适合同余式 ③;如果 n 为4 的倍数但不是8 的倍数,那么它适合同余式 ④;如果 n 为 8 的倍数,即 $n = 8m$,那么 m 为 3 的倍数时,n 适合同余式 ⑤;m 除以 3 余 1 时,n 适合同余式 ⑥;m 除以 3 余 2 时,n 适合同余式 ②. 所以,n 至少适合同余式 ① ~ ⑥ 中的一个同余式. 这样的一组同余式称为覆盖同余式.

由于

$$2^2 \equiv 1 \pmod 3, 2^3 \equiv 1 \pmod 7$$
$$2^4 \equiv 1 \pmod 5, 2^8 \equiv 1 \pmod{17}$$
$$2^{12} \equiv 1 \pmod{13}, 2^{24} \equiv 1 \pmod{241}$$

当 $n \equiv 1 \pmod 2$ 时,记 $n = 2m + 1$,则

$$k \cdot 2^n + 1 = k \cdot 2^{2m+1} + 1 = 2k \cdot 2^{2m} + 1 \equiv 2k + 1 \pmod 3$$

同样地,n 适合同余式 ②,③,④,⑤,⑥ 时,分别有

$$k \cdot 2^n + 1 \equiv 2k + 1 \pmod 7$$
$$k \cdot 2^n + 1 \equiv 4k + 1 \pmod 5$$
$$k \cdot 2^n + 1 \equiv 16k + 1 \pmod{17}$$
$$k \cdot 2^n + 1 \equiv k + 1 \pmod{13}$$
$$k \cdot 2^n + 1 \equiv 256k + 1 \pmod{241}$$

因此,只要 k 适合下面的同余方程组

$$2k + 1 \equiv 0 \pmod 3$$
$$2k + 1 \equiv 0 \pmod 7$$
$$4k + 1 \equiv 0 \pmod 5$$
$$16k + 1 \equiv 0 \pmod{17}$$
$$k + 1 \equiv 0 \pmod{13}$$
$$256k + 1 \equiv 0 \pmod{241}$$

那么 $k \cdot 2^n + 1$ 至少被 3,7,5,17,13,241 中的某一个整除,从而 $k \cdot 2^n + 1$ 为合数.

而上述同余方程组等价于

$$k \equiv 1 \pmod 3$$
$$k \equiv 3 \pmod 7$$
$$k \equiv 1 \pmod 5$$
$$k \equiv 1 \pmod{17}$$
$$k \equiv -1 \pmod{13}$$
$$k \equiv 16 \pmod{241}$$

因为 3,7,5,17,13,241 都是素数,根据中国剩余定理(即孙子定理),上述同余方程组一定有解. 因而一定存在正整数 k,使 $k \cdot 2^n +$

1 对每一个 n 都是合数(可以算出 $k = 1\ 207\ 426 + 5\ 592\ 405m$,其中 m 为非负整数).

证法 3 考虑表中的数,如下:

i	1	2	3	4	5	6
a_i	0	0	1	3	7	23
b_i	2	3	4	8	12	24
p_i	3	7	5	17	13	241

容易验证,这些数满足下面条件:

(1)$p_1, p_2, \cdots, p_6$ 是不同的素数;

(2)$1 \leqslant a_i < b_i$ 且对 $i = 1,2,\cdots,6$ 有 $p_i \mid (2^{b_i} - 1)$;

(3)至少有一个 $i \in \{1,2,\cdots,6\}$,使得任意一个非负整数 n 都满足 $n \equiv a_i (\mathrm{mod}\ b_i)$.(这只需验证 $n = 0,1,2,\cdots,23$ 的情况即可)

由中国剩余定理,我们可选取 k,使得

$$k = -2^{b_i - a_i} (\mathrm{mod}\ p_i) \quad (i = 1,2,\cdots,6)$$

特别的,$k = 1\ 624\ 097$ 满足所有这 6 个同余式. 对任意非负整数 n,存在整数 q 和 j,使得 $n = b_j q + a_j$. 因 $k \equiv -2^{b_j - a_j} (\mathrm{mod}\ p_j)$ 和 $2^{b_j} \equiv 1 (\mathrm{mod}\ p_j)$,我们有

$$k \cdot 2^n + 1 \equiv -2^{b_j - a_j} 2^{q b_j + a_j} + 1 \equiv 0 (\mathrm{mod}\ p_j)$$

由于 k 大于素数 3,5,7,13,17,241 中任意一个,可知 $k \cdot 2^n + 1$ 对任意 $n \geqslant 0$ 都是复合数.

5 已知点 A, B, C 是球 S 内的三点,且 AB, AC 垂直于 S 的过点 A 的直径,过 A, B, C 可作两个球均与 S 相切. 证明:它们的半径之和等于 S 的半径.

证法 1 设 S 的球心为 O,半径为 r;所作的两个球的球心为 O', O'',半径为 r_1, r_2. 因为球 O' 过 A, B, C 三点,所以 O' 在过 $\triangle ABC$ 的外心 D 并且与平面 ABC 垂直的直线上. O'' 也是如此. 故 O', D, O'' 三点共线.

因 $O'O'' \perp$ 平面 ABC,所以 $O'O'' \mathbin{/\!/} OA$,过 $OA, O'O''$ 作一平面截球 S,如图 11.3 所示,其中点 P, Q 分别是球 O', O'' 与球 S 的切点. 于是

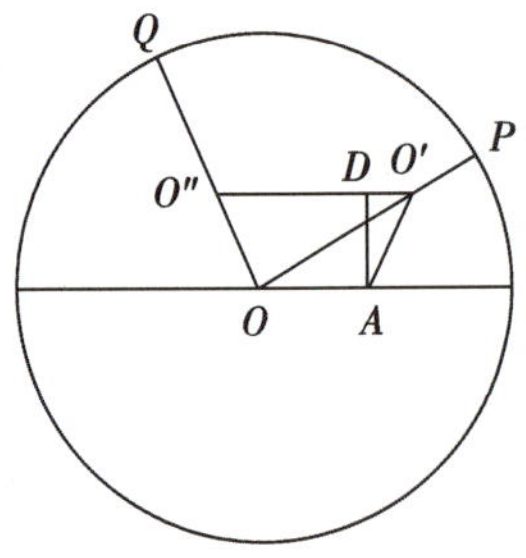

图 11.3

$$AO' = O'P = r_1, AO'' = O''Q = r_2$$

$$OO' = r - r_1, OO' + AO' = r$$

$$OO'' = r - r_2, OO'' + AO'' = r$$

由上可知，O' 和 O'' 在以 O，A 为焦点的椭圆上，因 $O'O'' // OA$，根据椭圆的对称性，$OAO'O''$ 是等腰梯形，所以 $OO' = AO''$，故

$$r_1 + r_2 = O'P + OO' = r$$

证法2 因过点 A，B，C 的球 S' 包含 $\triangle ABC$ 的外接圆，故球 S' 的球心 O' 一定在过 $\triangle ABC$ 的外心 D 且垂直于平面 ABC 的直线上. 以球 S 的球心为原点作空间直角坐标系，且使 S 的半径为 1，那么 S 的方程为 $x^2 + y^2 + z^2 = 1$. 令 A，D，O' 的坐标为 $(a,0,0)$，$(a,d,0)$，$(t,d,0)$，其中 a，d 是给定的常数.

易知球 S' 的方程为

$$(x - t)^2 + (y - d)^2 + z^2 = r^2$$

其中 r 是球 S' 的半径. 因球 S' 过点 A，所以

$$r^2 = (a - t)^2 + d^2 \quad ①$$

因球 S' 与球 S 相切，故它们球心之间的距离为 $1 - r$，故

$$(1 - r)^2 = t^2 + d^2 \quad ②$$

下面证明对于 r，只有两个解 r_1，r_2，对于 t，也只有两个解 t_1，t_2，并且 $r_1 + r_2 = 1$，$t_1 + t_2 = a$.

方程 ② - ①，得

$$1 - 2r = 2at - a^2$$

$$t - a = \frac{1 - 2r - a^2}{2a} \quad ③$$

把式 ③ 代入式 ①，得

$$r^2(1 - a^2) - r(1 - a^2) + a^2d^2 + \frac{(1 - a^2)^2}{4} = 0$$

所以

$$r_1 + r_2 = 1$$

结合式 ③，便得 $t_1 + t_2 = a$.

第 12 届美国数学奥林匹克

1 在给定的圆周上随机地选择 A,B,C,D,E,F 六个点，这些点的选择是独立的，而且相对于弧长而言是等可能的. 求两个 $\triangle ABC$ 和 DEF 不相交(即没有公共点)的概率.

解 考虑圆周上的任意取定的六个点，不妨设按逆时针方向称为 A_1,A_2,A_3,A_4,A_5,A_6. 由于 A,B,C,D,E,F 六点的选择是独立的，而且相对于弧长而言是等可能的，所以 A,B,C,D,E,F 恰好在 A_1,A_2,A_3,A_4,A_5,A_6 六个位置的可能情况共有 $A_6^6=720$(种).

当 A,B,C 落在依次的三个位置上时，$\triangle ABC$ 与 $\triangle DEF$ 不相交，这样的情况有 $6\times A_3^3\times A_3^3=216$(种). 所以，$\triangle ABC$ 与 $\triangle DEF$ 不相交的概率为$\frac{216}{720}=\frac{3}{10}$.

说明 一般的，在给定的圆周上随机选择 $m+n$ 个点 $A_1,A_2,\cdots,A_m,B_1,B_2,\cdots,B_n$，用同样的方法可知，多边形 $A_1A_2\cdots A_m$ 和 $B_1B_2\cdots B_n$ 不相交的概率为$\frac{m!\ n!}{(m+n-1)!}$.

2 证明：如果 $2a^2<5b$，那么方程

$$x^5+ax^4+bx^3+cx^2+dx+e=0$$

的根不可能全是实数.

证法 1 原方程是 5 次方程，有且仅有 5 个根. 设这 5 个根为 $r_i,i=1,2,\cdots,5$. 根据韦达定理有

$$r_1+r_2+r_3+r_4+r_5=-a \quad ①$$

$$r_1r_2+r_1r_3+\cdots+r_1r_5+r_2r_3+\cdots+r_4r_5=b \quad ②$$

式 ① 平方减去式 ② 乘以 2，得

$$r_1^2+r_2^2+r_3^2+r_4^2+r_5^2=a^2-2b \quad ③$$

式 ③ 乘以 4 减去式 ② 乘以 2，得

$$(r_1-r_2)^2+(r_1-r_3)^2+\cdots+(r_1-r_5)^2+(r_2-r_3)^2+\cdots+(r_4-r_5)^2=4a^2-10b$$

因为 $2a^2-5b<0$,所以 $4a^2-10b<0$,进而

$$(r_1-r_2)^2+(r_1-r_3)^2+\cdots+(r_1-r_5)^2+(r_2-r_3)^2+\cdots+(r_4-r_5)^2<0$$

所以,r_1,r_2,r_3,r_4,r_5 不可能全是实数. 即原方程的根不可能全是实数.

证法 2 根据罗尔定理,如果 $F(x)=x^5+ax^4+bx^3+cx^2+dx+e$ 有 5 个实根,那么它的导数 $F'(x)$ 必定有 4 个实根,同样,$F''(x)$ 和 $F'''(x)$ 必定有 3 个和 2 个实根. 因

$$F'''(x)=60x^2+24ax+6b$$

它的判别式为

$$288(2a^2-5b)<0$$

故 $F'''(x)$ 的 2 个根不是实根,从而 $F(x)$ 的 5 个根不可能全是实根.

说明 一般的,用证法 2 的方法可以得到如下结论:

如果 $(n-1)a_1^2-2na_2<0$,那么方程

$$x^n+a_1x^{n-1}+\cdots+a_{n-1}x+a_n=0$$

的根不可能全是实数.

3 在实数轴上的有限个子集的簇中,每个子集是两个闭区间的并,且簇中任何三个子集都有一个公共点. 证明:这实数轴上存在一个点,至少簇中有一半的子集以它为公共点.

证明 设给定的有限个子集的簇 $\{F_i \mid 1\leqslant i\leqslant n\}$. 因 F_i 是两个闭区间的并,故 $F_i=[a_i,b_i]\cup[c_i,d_i]$,其中 $a_i\leqslant b_i\leqslant c_i\leqslant d_i$. 令

$$a=\max\{a_j \mid 1\leqslant j\leqslant n\}$$
$$b=\min\{d_j \mid 1\leqslant j\leqslant n\}$$

那么对某个 j 和 k,$a=a_j$,$b=d_k$.

如果我们能证明 F_i 必定含有 a_j 或 d_k,那么命题得证. 若不然,设某个 F_i 既不含有 a_j 也不含有 d_k,因 $a_i\leqslant a_j$,所以 $F_j\cap[a_i,b_i]=\varnothing$. 因 $d_i\geqslant d_k$,所以 $F_k\cap[c_i,d_i]=\varnothing$. 这样

$$F_i\cap F_j\cap F_k=\varnothing$$

这与题设矛盾. 从而命题得证.

4 平面上给定六条线段 S_1,S_2,S_3,S_4,S_5,S_6，它们分别与四面体 $ABCD$ 的棱 AB,AC,AD,BC,BD,CD 相等. 试用尺规作出一线段，使它等于四面体经过顶点 A 到底面的高.

解 如图 12.1 所示，AH 为所要求作的高.

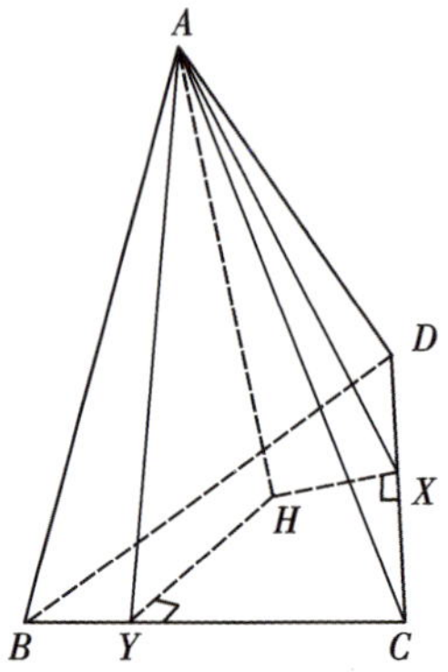

图 12.1

作 $HX\perp CD$，$HY\perp BC$，联结 AX,AY，根据三垂线定理可知，$AX\perp CD$，$AY\perp BC$. 点 H 可以作出. 又因为 $\triangle ABH$ 为直角三角形，所以 AH 可以作出. 具体作法如下：

在平面内作 $\triangle BCD$，再作 $\triangle A'BC\cong\triangle ABC$，$\triangle A''CD\cong\triangle ACD$. 过 A'，A'' 分别作 BC 和 CD 的垂线所得的交点即为 H. 以 $A'B$ 为直径作一半圆，在半圆上取一点 H'，使 $BH'=BH$，$A'H'$ 就是所要求作的线段. 如图 12.2 所示.

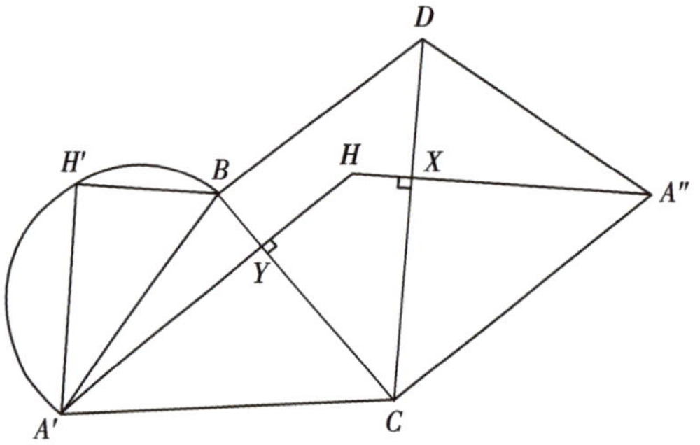

图 12.2

5 考虑实数轴上一个长度为 $\frac{1}{n}$ 的开区间，其中 n 是正整数. 证明：至多有 $\left[\frac{n+1}{2}\right]$ 个形如 $\frac{p}{q}(1\leqslant q\leqslant n)$ 的既约分数属于这个区间.

证法1 把前 n 个自然数 q 都写成 $q=2^m t$，t 为奇数的形式. 把 t 相同的数归于同一类，因 $1\leqslant t\leqslant n$，而不超过 n 的奇数有 $\left[\frac{n+1}{2}\right]$ 个，故分成了 $\left[\frac{n+1}{2}\right]$ 类. 在同一类中的任意两个数，较大的数必定是较小数的 2^k 倍.

现考察以同一类中的两个数为分母的既约分数，设此两数为 q 和 2^kq，既约分数为 $\frac{p}{q}$ 和 $\frac{p'}{2^kq}$. 因 $(p',2^kq)=1$，故 $p'\neq 2^kp$，从而 $|p'-2^kp|\geqslant 1$. 又因为 $2^kq\leqslant n$，所以

$$\left|\frac{p}{q}-\frac{p'}{2^k q}\right|=\left|\frac{p\cdot 2^k-p'}{2^k q}\right|\geqslant\frac{1}{2^k q}\geqslant\frac{1}{n}$$

由此可见,同一类中以任意两个数为分母的两个既约分数的距离不小于$\frac{1}{n}$,而所给区间是一个长度为$\frac{1}{n}$的开区间,因而开区间内任意两数之差的绝对值小于$\frac{1}{n}$,从而以每一类中的数为分母的既约分数中至多只能有一个属于此区间. 又因前 n 个自然数分属于$\left[\frac{n+1}{2}\right]$类,所以形如$\frac{p}{q}(1\leqslant q\leqslant n)$的既约分数中至多有$\left[\frac{n+1}{2}\right]$个属于此开区间.

证法 2 把区间$\left(\alpha,\alpha+\frac{1}{n}\right)$内形如$\frac{p}{q}(1\leqslant q\leqslant n)$的既约分数分成两个集合

$$\left\{\frac{u_i}{v_i}\middle| i=1,2,\cdots,r,1\leqslant v_i\leqslant\frac{n}{2}\right\}$$

$$\left\{\frac{x_i}{y_i}\middle| i=1,2,\cdots,s,\frac{n}{2}<y_i\leqslant n\right\}$$

对每个 v_i,存在整数 c_i,使得$\frac{n}{2}\leqslant c_iv_i\leqslant n$. 令 $y_{s+i}=c_iv_i,x_{s+i}=c_iu_i$,那么集合$\{y_i\mid 1\leqslant i\leqslant r+s\}$中任意两个数都不相等,否则,如果 $y_i=y_k$,那么

$$\left|\frac{x_j}{y_j}-\frac{x_k}{y_k}\right|\geqslant\frac{1}{y_j}\geqslant\frac{1}{n}$$

这与开区间长度为$\frac{1}{n}$矛盾. 所以开区间内形如$\frac{p}{q}$的既约分数的个数是

$$r+s\leqslant n-\left[\frac{n}{2}\right]\leqslant\frac{n+1}{2}$$

第13届美国数学奥林匹克

1 四次方程

$$x^4-18x^3+kx^2+200x-1\ 984=0$$

的四个根中的两个根的乘积是 -32. 试确定 k 的值.

解法1 设方程的4个根为 r_1,r_2,r_3,r_4,并设其积为 -32 的两个根为 r_1,r_2. 那么

$$r_3r_4=\frac{r_1r_2r_3r_4}{r_1r_2}=\frac{-1\ 984}{-32}=62$$

于是,对某个 p 和 q,有

$$x^4-18x^3+kx^2+200x-1\ 984=$$
$$(x-r_1)(x-r_2)(x-r_3)(x-r_4)=$$
$$(x^2-px-32)(x^2-qx+62)$$

比较恒等式两边的系数,得

$$p+q=18$$
$$-62p+32q=200$$
$$k=62+pq-32$$

从前面两个方程可解出 $p=4,q=14$. 于是 $k=62+4\times14-32=86$.

解法2 设方程的4个根为 r_1,r_2,r_3,r_4,并设 $r_1r_2=-32$. 由韦达定理得

$$r_1+r_2+r_3+r_4=18 \qquad ①$$
$$r_1r_2+r_1r_3+r_1r_4+r_2r_3+r_2r_4+r_3r_4=k \qquad ②$$
$$r_2r_3r_4+r_1r_3r_4+r_1r_2r_4+r_1r_2r_3=-200 \qquad ③$$
$$r_1r_2r_3r_4=-1\ 984 \qquad ④$$

由 $r_1r_2=-32$ 和式④,得 $r_3r_4=62$. 于是式③可化为

$$r_3r_4(r_1+r_2)+r_1r_2(r_3+r_4)=-200$$

即

$$31(r_1+r_2)-16(r_3+r_4)=-100 \qquad ⑤$$

由式①和式⑤可解得

$$r_1+r_2=4$$
$$r_3+r_4=14$$

把它们代入式②,得

$$k=-32+(r_1+r_2)(r_3+r_4)+62=86$$

2 任何一组 m 个非负数的几何平均数是它们的乘积的 m 次方根.

(1) 对于哪些正整数 n,有 n 个不同正整数的有限集合 S_n,使得 S_n 的任何子集的几何平均数都是整数?

(2) 是否有不同的正整数的无限集合 S,能使 S 的任何有限子集的几何平均数都是整数?

解 (1) 对于任意自然数 n,都有合乎要求的有限集 S_n 存在. 例如,设 $p_1,p_2,\cdots,p_n$ 为互不相同的素数,取

$$S_n=\{p_1^{\alpha},p_2^{\alpha},\cdots,p_n^{\alpha}\}$$

其中 $\alpha=n!$. 显然,S_n 的任意一子集中各个数的几何平均数都是整数.

(2) 我们用反证法证明所述的无限集合 S 不存在.

若不然,存在这样的无限集 S. 设 a,b 是 S 中的任意两个数. 把 a,b 素因数分解,则每一个都是有限个素数幂的乘积. 所以,只有有限个正整数 n,使 $\frac{b}{a}$ 是有理数的 n 次幂. 故存在一个正整数 p,使得 $\sqrt[p]{\frac{b}{a}}$ 是无理数.

从 S 中任取另外 $p-1$ 个数

$$c_2,c_3,\cdots,c_p$$

由假设,$b,c_2,c_3,\cdots,c_p$ 和 $a,c_2,c_3,\cdots,c_p$ 的几何平均数都是整数,故 $\sqrt[p]{\frac{b}{a}}$ 是有理数. 矛盾.

所以题述的无限集合 S 不存在.

3 P,A,B,C,D 是空间中五个不同的点,且满足

$$\angle APB=\angle BPC=\angle CPD=\angle DPA=\theta$$

其中 θ 是已知的锐角. 试确定 $\angle APC+\angle BPD$ 的最大值和最小值.

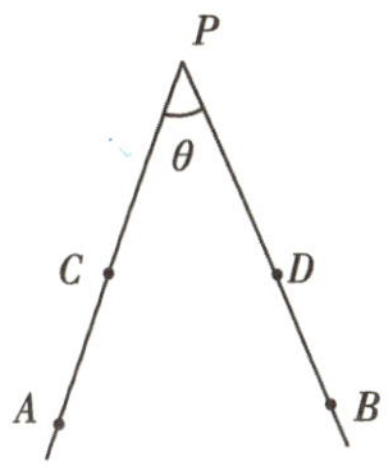

图 13.1

解法 1 令 $\angle APC=\alpha$, $\angle BPD=\beta$. 当 AC 和 BD 在 P 交成 $\angle\theta$,如图 13.1 所示时,$\angle APC=0°$, $\angle BPD=0°$,所以 $\alpha+\beta$ 的最小值为 $0°$.

为了使 $\alpha+\beta$ 取得最大值，$P-ABCD$ 必须是凸四面角，由于 $\angle APB=\angle BPC=\angle CPD=\angle DPA$，所以对棱面 APC 和 BPD 垂直相交于 PO，并且 $\angle APO=\angle CPO=\frac{1}{2}\alpha$，$\angle BPO=\angle DPO=\frac{1}{2}\beta$，如图 13.2 所示. 取 $PO=1$，过点 O 作平面垂直于 PO，分别交 PA,PB,PC,PD 于 A',B',C',D'，于是 $A'C'\perp B'D'$. 因为

$$A'O^2+D'O^2=(A'D')^2=$$
$$A'P^2+D'P^2-2A'P\cdot D'P\cos\angle A'PD'$$

所以

$$\tan^2\frac{\alpha}{2}+\tan^2\frac{\beta}{2}=\sec^2\frac{\alpha}{2}+\sec^2\frac{\beta}{2}-2\sec\frac{\alpha}{2}\sec\frac{\beta}{2}\cos\theta$$

即

$$\cos\theta=\cos\frac{\alpha}{2}\cos\frac{\beta}{2}=$$
$$\frac{1}{2}\left(\cos\frac{\alpha+\beta}{2}+\cos\frac{\alpha-\beta}{2}\right)$$

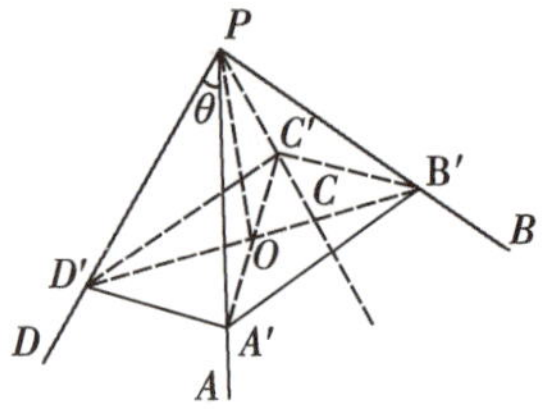

图 13.2

于是

$$\cos\frac{\alpha+\beta}{2}=2\cos\theta-\cos\frac{\alpha-\beta}{2}$$

因为 $\cos x$ 在 $[0,\pi]$ 内是单调递减的，当 $\alpha=\beta$ 时，$\cos\frac{\alpha+\beta}{2}=2\cos\theta-1$ 最小，因 $0<\frac{1}{2}(\alpha+\beta)<\pi$，所以 $\alpha+\beta$ 的最大值为$2\arccos(2\cos\theta-1)$.

解法 2 令 $\boldsymbol{a},\boldsymbol{b},\boldsymbol{c},\boldsymbol{d}$ 是分别沿 PA,PB,PC,PD 方向的单位向量，那么

$$\boldsymbol{a}\cdot\boldsymbol{b}=\boldsymbol{b}\cdot\boldsymbol{c}=\boldsymbol{c}\cdot\boldsymbol{d}=\boldsymbol{d}\cdot\boldsymbol{a}=\cos\theta \quad ①$$

于是

$$(\boldsymbol{a}-\boldsymbol{c})\cdot(\boldsymbol{b}-\boldsymbol{d})=0 \quad ②$$

式 ② 成立必须是 $\boldsymbol{a}-\boldsymbol{c}$ 与 $\boldsymbol{b}-\boldsymbol{d}$ 互相垂直，或两者中至少有一个为零.

如果 $\boldsymbol{a}=\boldsymbol{c}$，那么 P,A,C 共线，此时 $\alpha=0$；如果 $\boldsymbol{b}=\boldsymbol{d}$，那么 P,B,D 共线，$\beta=0$. 如果 α,β 都是 0，那么 $\alpha+\beta$ 的最小值为 0.

为了求 $\alpha+\beta$ 的最大值，考虑 4 个互不相同的向量 $\boldsymbol{a},\boldsymbol{b},\boldsymbol{c},\boldsymbol{d}$，并且 $\boldsymbol{a}-\boldsymbol{c}$ 与 $\boldsymbol{b}-\boldsymbol{d}$ 垂直.

由式 ① 可得

$$(\boldsymbol{a}+\boldsymbol{c})\cdot(\boldsymbol{a}-\boldsymbol{c})=(\boldsymbol{a}+\boldsymbol{c})\cdot(\boldsymbol{b}-\boldsymbol{d})=0$$
$$(\boldsymbol{b}+\boldsymbol{d})\cdot(\boldsymbol{b}-\boldsymbol{d})=(\boldsymbol{b}+\boldsymbol{d})\cdot(\boldsymbol{a}-\boldsymbol{c})=0$$

这说明 $\boldsymbol{a}+\boldsymbol{c}$ 和 $\boldsymbol{b}+\boldsymbol{d}$ 都与 $\boldsymbol{a}-\boldsymbol{c}$ 和 $\boldsymbol{b}-\boldsymbol{d}$ 垂直，所以 $\boldsymbol{a}+\boldsymbol{c}$ 和$\boldsymbol{b}+\boldsymbol{d}$ 是共线的，并且

$$(\boldsymbol{a}+\boldsymbol{c})\cdot(\boldsymbol{b}+\boldsymbol{d})=|\boldsymbol{a}+\boldsymbol{c}||\boldsymbol{b}+\boldsymbol{d}|$$

把它乘开来并利用式 ①,可得

$$4\cos\theta=2\sqrt{(1+\cos\alpha)(1+\cos\beta)}=4\cos\frac{\alpha}{2}\cos\frac{\beta}{2}$$

下面同解法 1.

4 一次困难的数学竞赛包括第 Ⅰ 部分和第 Ⅱ 部分总共 28 道题目. 每个参赛者都恰好解出 7 道题,每两道题都恰好有两个参赛者解出. 证明:有一个参赛者他在第 Ⅰ 部分中或者一道题也没有解出或者至少解出 4 道题.

证明 考虑任意一道题,设它被 r 个参赛者解出. 这 r 个参赛者每人还解出其他 6 个题,如果不同的人解出相同的题可以重复计算,那么 r 个人总共解出其他 $6r$ 个题. 所考虑的那道题和其他 27 道题不同的题的每一题,都恰好被两个人解出,这两人必在上述的 r 个人中,所以重复计算的其他 $6r$ 个题中含 27 个不同的题,每一个被重复计算两次,即 $6r=27\times2$,所以 $r=9$. 这就是说,每个题都有 9 个参赛者解出,从而参赛者的人数是 $9\times28\div7=36$.

下面用反证法来证明本题的结论. 若不然,设每个参赛者都解出第 Ⅰ 部分的 1 个题,或 2 个题,或 3 个题,人数分别为 x,y,z,那么

$$x+y+z=36 \qquad ①$$

又设第 Ⅰ 部分有 n 个题,重复计算解题数得

$$x+2y+3z=9n \qquad ②$$

这 n 个题的每两个都恰好被两个人解出,这两个人只能在对 n 个题解出 2 个的 y 个人和解出 3 个的 z 个人之中,所以

$$C_2^2y+C_3^2z=C_n^2\times2$$

即

$$y+3z=n(n-1) \qquad ③$$

方程 ① × (− 3) + ② × 3 + ③ × (− 2),得

$$y=-2n^2+29n-108=-2\left(n-\frac{29}{4}\right)^2-\frac{23}{8}<0$$

矛盾. 这就证得了原命题.

5 $P(x)$ 是 $3n$ 次多项式,使得

$$P(0)=P(3)=\cdots=P(3n)=2$$
$$P(1)=P(4)=\cdots=P(3n-2)=1$$
$$P(2)=P(5)=\cdots=P(3n-1)=0$$
$$P(3n+1)=730$$

试确定 n.

解法1 当 x 由 $0,1,2,\cdots$ 逐步增加到 $3n$ 时,$P(x)-1$ 循环地取值 $1,0,-1,1,0,-1,\cdots,1$. 模仿这一特点,考虑1的立方根 $\omega=\frac{-1+\sqrt{3}\mathrm{i}}{2}$,那么数列

$$\{\omega^n\}=\{1,\omega,\omega^2,1,\omega,\omega^2,\cdots\}$$
$$\left\{2\mathrm{Im}\,\frac{\omega^n}{\sqrt{3}}\right\}=\{0,1,-1,0,1,-1,\cdots\}$$
$$\left\{2\mathrm{Im}\,\frac{\omega^{2n}}{\sqrt{3}}\right\}=\{1,0,-1,1,0,-1,\cdots\}$$

因此对 $x=0,1,2,\cdots,3n$,有

$$P(x)-1=2\mathrm{Im}\,\frac{\omega^{2x+1}}{\sqrt{3}}$$

由二项式定理有

$$\omega^{2x}=[1+(\omega^2-1)]^x=\sum_{k=0}^{x}\binom{x}{k}(\omega^2-1)^k$$

令

$$Q(x)=\frac{2}{\sqrt{3}}\mathrm{Im}\left\{\omega\sum_{k=0}^{3n}\binom{x}{k}(\omega^2-1)^k\right\}$$

其中$\binom{x}{k}=0$,当 $x\leqslant k$ 时,显然 $Q(x)$ 的次数是 $3n$,且当 $x=0,1,2,\cdots,3n$ 时,$Q(x)$ 的值与 $P(x)-1$ 的值相等,故 $P(x)-1\equiv Q(x)$. 于是

$$P(3n+1)-1=Q(3n+1)=$$
$$\frac{2}{\sqrt{3}}\mathrm{Im}\left\{\omega\sum_{k=0}^{3n}\binom{3n+1}{k}(\omega^2-1)^k\right\}=$$
$$\frac{2}{\sqrt{3}}\mathrm{Im}\{\omega[\omega^{2(3n+1)}-(\omega^2-1)^{3n+1}]\}$$

因为 $\mathrm{Im}\,\omega^{6n+3}=0$,$\omega^2-1=\mathrm{i}\omega\sqrt{3}$,所以

$$P(3n+1)-1=-2\mathrm{Re}\{\omega^2(\mathrm{i}\sqrt{3})^{3n}\}=\begin{cases}(-1)^k3^{3k} & (\text{当 } n=2k \text{ 时})\\ (-1)^k3^{3k+2} & (\text{当 } n=2k+1 \text{ 时})\end{cases}$$

已知 $P(3n+1)-1=730-1=729$，即 $(-1)^k3^{3k}=3^6$，所以 $k=2$，$n=4$.

解法 2 我们有

$$\Delta^{3n+1}P(0)=\sum_{k=0}^{3n+1}(-1)^k\mathrm{C}_{3n+1}^{k}P(3n+1-k)=$$
$$730+2\sum_{i=0}^{n}(-1)^{3j+1}\mathrm{C}_{3n+1}^{3j+1}+\sum_{j=1}^{n}(-1)^{3j}\mathrm{C}_{3n+1}^{3j}=$$
$$729-2\sum_{j=0}^{n}(-1)^{i}\mathrm{C}_{3n+1}^{3j+1}+\sum_{j=0}^{n}(-1)^{j}\mathrm{C}_{3n+1}^{3j}=0$$

下求 $A=\sum_{j=0}^{n}(-1)^j\mathrm{C}_{3n+1}^{3j+1}$ 和 $B=\sum_{j=0}^{n}(-1)^j\mathrm{C}_{3n+1}^{3j}$. 设 $f(x)=(1-x)^{3n+1}$，由二项式定理，得

$$f(x)=\sum_{k=0}^{3n+1}(-1)^k\mathrm{C}_{3n+1}^{k}x^k=$$
$$\sum_{j=0}^{n}(-1)^j\mathrm{C}_{3n+1}^{3j}x^{3j}-\sum_{j=0}^{n}(-1)^j\mathrm{C}_{3n+1}^{3j+1}x^{3j+1}-$$
$$\sum_{j=1}^{n}(-1)^j\mathrm{C}_{3n+1}^{3j-1}x^{3j-1}$$

令 $\omega=\dfrac{-1+\sqrt{3}\mathrm{i}}{2}$ 是 1 的一个三次单位根，那么

$$f(1)=B-A-C=0$$
$$f(\omega)=B-A\omega-C\omega^2=(1-\omega)^{3n+1}$$
$$f(\omega^2)=B-A\omega^2-C\omega=(1-\omega^2)^{3n+1}$$

其中 $C=\sum_{j=1}^{n}(-1)^j\mathrm{C}_{3n+1}^{3j-1}$. 所以

$$A=-\frac{1}{3}[f(1)+\omega^2f(\omega)+\omega f(\omega^2)]=$$
$$2(\sqrt{3})^{3n-1}\cos\frac{3n-1}{6}\pi$$
$$B=\frac{1}{3}[f(1)+f(\omega)+f(\omega^2)]=$$
$$2(\sqrt{3})^{3n-1}\cos\frac{3n+1}{6}\pi$$

于是

$$729-4(\sqrt{3})^{3n-1}\cos\frac{3n-1}{6}\pi+2(\sqrt{3})^{3n-1}\cos\frac{3n+1}{6}\pi=0$$

当 $n=2l+1$ 时，$729+(-1)^{l+1}3^{3l+2}=0$，此时 l 无整数解，即 n 无整数解.

当 $n=2l$ 时，$729+(-1)^{l+1}3^{3l}=0$，所以 $l=2$，$n=4$.

综上所述，$n=4$.

说明　在解法 2 中，我们应用了“差分”，它是数学中的一个重要概念.

对函数 $f(x)$，定义一阶差分如下

$$\Delta f(x)=f(x+1)-f(x)$$

一般的，已知 r 阶差分 $\Delta^r f(x)$，那么定义 $r+1$ 阶差分为

$$\Delta^{r+1}f(x)=\Delta(\Delta^r f(x))=\Delta^r f(x+1)-\Delta^r f(x)$$

关于差分，有如下重要结论：

(1) $\Delta^r f(x)=\sum_{k=0}^{r}(-1)^k C_r^k f(x+r-k)$.

(2) 如果 $f(x)$ 为 n 次多项式，最高项系数为 a_0，那么 $\Delta^n f(x)=n!\ a_0$.

(3) 如果 $f(x)$ 是一个次数不高于 n 的多项式，那么 $\Delta^{n+1}f(x)=0$.

第 14 届美国数学奥林匹克

1 试确定下述不定方程组

$$\begin{cases} x_1^2+x_2^2+\cdots+x_{1\,985}^2=y^3 \\ x_1^3+x_2^3+\cdots+x_{1\,985}^3=z^2 \end{cases}$$

是否存在正整数解,其中 $x_1,x_2,\cdots,x_{1\,985}$ 是不同整数.

解法 1　一般的,我们证明对于任意正整数 n,不定方程组

$$\begin{cases} x_1^2+x_2^2+\cdots+x_n^2=y^3 \\ x_1^3+x_2^3+\cdots+x_n^3=z^2 \end{cases}$$

有无穷多组解.

令

$$s=a_1^2+a_2^2+\cdots+a_n^2$$
$$t=a_1^3+a_2^3+\cdots+a_n^3$$

其中 $a_1,a_2,\cdots,a_n$ 是任意一组正整数. 下面我们寻求正整数 m 和 k,使得 $x_i=s^mt^ka_i$ 将满足方程,即

$$x_1^2+x_2^2+\cdots+x_n^2=s^{2m+1}t^{2k}=y^3$$
$$x_1^3+x_2^3+\cdots+x_n^3=s^{3m}t^{3k+1}=z^2$$

因而只需

$$2m+1\equiv 2k\equiv 0(\bmod 3)$$

和

$$3m\equiv 3k+1\equiv 0(\bmod 2)$$

因此取 $m\equiv 4(\bmod 6)$,$k\equiv 3(\bmod 6)$ 即可.

解法 2　显然

$$1^3+2^3+\cdots+n^3=\left[\frac{n(n+1)}{2}\right]^2$$

是第二个方程的一个解.

令 $x_i=ki$,可得

$$y^3=\frac{1}{6}k^2n(n+1)(2n+1)$$

$$z^2=k^3\left[\frac{n(n+1)}{2}\right]^2$$

欲使 $k^3\left[\frac{n(n+1)}{2}\right]^2$ 为一平方数，只需 k 是完全平方数，欲使 $\frac{1}{6}k^2n(n+1)(2n+1)$ 为一立方数，只需令 $k=\left[\frac{1}{6}n(n+1)(2n+1)\right]^m$，其中 m 满足 $m\equiv 2(\bmod 3)$. 取 $m\equiv 2(\bmod 6)$，此时两个条件均可满足.

> **2** 求方程
> $$x^4-(2\times 10^{10}+1)x^2-x+10^{20}+10^{10}-1=0$$
> 的所有实根，精确到小数点后 4 位.

解法 1 由笛卡儿符号法则，可知方程

$$x^4-(2\times 10^{10}+1)x^2-x+10^{20}+10^{10}-1=0 \quad ①$$

至多有两个正根.

首先证明方程 ① 没有负根. 把方程 ① 变形为

$$\left(x^2-10^{10}-\frac{1}{2}\right)^2=x+\frac{5}{4} \quad ②$$

因方程 ② 的左边是非负数，如果方程有负根 $x<0$，那么方程 ② 的右边当且仅当 $-\frac{5}{4}\leqslant x<0$ 时为非负数，而此时方程 ② 的左边满足

$$\left(\frac{17}{16}-10^{10}\right)^2\leqslant\left(x^2-10^{10}-\frac{1}{2}\right)^2<\left(-\frac{1}{2}-10^{10}\right)^2$$

这个数接近于 10^{20} 的数，而方程 ② 的右边满足

$$0\leqslant x+\frac{5}{4}<\frac{5}{4}$$

因而等式是不可能成立的，所以方程 ② 没有负根.

设函数

$$f(x)=\left(x^2-10^{10}-\frac{1}{2}\right)^2-x-\frac{5}{4}$$

那么

$$f(10^5-1)>0, f(10^5)<0, f(10^5+1)>0$$

于是方程的两个正根满足

$$10^5-1<x_1<10^5, 10^5<x_2<10^5+1$$

设 $x=10^5+\varepsilon$，那么 $0<\varepsilon<1$ 或 $-1<\varepsilon<0$. 因 $x\gg\frac{1}{2}$，$x\gg\frac{5}{4}$，故方程 ② 中，$\frac{1}{2}$ 和 $\frac{5}{4}$ 可以忽略不计，于是

$$(x^2-10^{10})^2\approx x$$

$$[(10^5+\varepsilon)^2-10^{10}]^2\approx 10^5+\varepsilon$$

即 $$\varepsilon^4+4\varepsilon^3\cdot 10^5+4\varepsilon^2\cdot 10^{10}\approx 10^5+\varepsilon$$

由于 $10^5\gg\varepsilon\gg\varepsilon^4$,所以

$$4\varepsilon^3\cdot 10^5+4\varepsilon^2\cdot 10^{10}\approx 10^5$$
$$4\varepsilon^3+4\varepsilon^2\cdot 10^5\approx 1$$
$$4\varepsilon^2\cdot 10^5\approx 1$$
$$\varepsilon\approx\pm\frac{1}{2\sqrt{10^5}}\approx\pm 0.001\ 58$$

设 $$x=10^5\pm 0.001\ 60$$

为方程 ① 的两个近似根,下面进行验证

$$f(10^5\pm 0.001\ 55)=[\pm 310+(0.001\ 55)^2-0.5]^2-(10^5\pm 0.001\ 55)-1.25<311^2-10^5<0$$
$$f(10^5\pm 0.001\ 65)=[\pm 330+(0.001\ 65)^2-0.5]^2-(10^5\pm 0.001\ 65)-1.25>320^2-10^5-2>0$$

所以 $x=10^5\pm 0.001\ 60$ 为方程 ① 的两个近似根.

解法 2 一般的,考虑方程

$$x^4-(2a^2+1)x^2-x+a^4+a^2-1=0$$

其中 $a\gg 1$.

由笛卡儿符号法则知,方程最多有两个正根. 将上述方程改写为

$$P(x)=(x^2-a^2)^2-(x^2-a^2)-x-1=0$$

因为 $P(a-1)>0,P(a)<0,P(a+1)>0$,所以两个根分别在区间 $(a-1,a)$ 和 $(a,a+1)$ 中. 令正根为 r,$a+e$ 为 r 的近似值,代入方程

$$P(x)=\left[(x^2-a^2)-\frac{1}{2}\right]^2-x-\frac{5}{4}=0$$

得

$$\left(2ae+e^2-\frac{1}{2}\right)^2-a-e-\frac{5}{4}=0$$

因 $a\gg 1$,故 $e^2-\frac{1}{2}$ 和 $-e-\frac{5}{4}$ 均可忽略不计,所以

$$4a^2e^2-a\approx 0$$
$$e\approx\pm\frac{1}{2\sqrt{a}}$$

容易验证

$$P\left(a-\frac{1}{\sqrt{a}}\right)>0,P\left(a-\frac{1}{2\sqrt{a}}\right)<0$$
$$P\left(a+\frac{1}{2\sqrt{a}}\right)<0,P\left(a+\frac{1}{\sqrt{a}}\right)>0$$

因此两个正根分别在区间

$$\left(a-\frac{1}{\sqrt{a}},a-\frac{1}{2\sqrt{a}}\right)\text{和}\left(a+\frac{1}{2\sqrt{a}},a+\frac{1}{\sqrt{a}}\right)$$

中,更精确地表示 r,令

$$r=a+\frac{1}{2\sqrt{a}}+f$$

代入方程中得

$$4a\sqrt{a}f\mp\sqrt{a}\approx 0$$

即 $f\approx\frac{1}{4a}$. 容易验证

$$P\left(a-\frac{1}{2\sqrt{a}}+\frac{1}{4a}\right)<0,P\left(a+\frac{1}{2\sqrt{a}}+\frac{1}{4a}\right)<0$$

令 $\varepsilon>0$ 是一个很小的数,可以验证

$$P\left(a-\frac{1}{2\sqrt{a}}+\frac{1}{(4+\varepsilon)a}\right)>0$$

$$P\left(a+\frac{1}{2\sqrt{a}}+\frac{1}{(4-\varepsilon)a}\right)>0$$

因此两根分布在区间

$$\left(a-\frac{1}{2\sqrt{a}}+\frac{1}{(4+\varepsilon)a},a-\frac{1}{2\sqrt{a}}+\frac{1}{4a}\right)$$

和
$$\left(a+\frac{1}{2\sqrt{a}}+\frac{1}{4a},a+\frac{1}{2\sqrt{a}}+\frac{1}{(4-\varepsilon)a}\right)$$

中.

因为 $(3.1)^2<10<(3.2)^2$,对 $a=10^5$,有

$$a-\frac{1}{2\sqrt{a}}+\frac{1}{(4+\varepsilon)a}>10^5-\frac{3.2}{2\,000}$$

$$a-\frac{1}{2\sqrt{a}}+\frac{1}{4a}<10^5-\frac{3.1}{2\,000}$$

因此较小的正根精确到小数点后 4 位是 99 999.998 4. 同样地有

$$a+\frac{1}{2\sqrt{a}}+\frac{1}{4a}>10^5+\frac{3.1}{2\,000}$$

$$a+\frac{1}{2\sqrt{a}}+\frac{1}{(4-\varepsilon)a}<10^5+\frac{3.2}{2\,000}$$

因此较大正根精确到小数点后 4 位是 100 000.001 6.

下面我们再证明 $P(x)=0$ 没有负根. 令 $y=-x>0$,原方程变为

$$(y^2-a^2)^2+y-1=y^2-a^2$$

如果它有正根 $y=r$,显然 $r>a$,且有 $r^2-a^2>(r^2-a^2)^2$ 和 $r^2-a^2>r-1$. 从这两个不等式可得 $r>\frac{1}{2}(1+\sqrt{4a^2-3})$. 这与 $1+$

$a^2 < \frac{1}{4}(1 + \sqrt{4a^2 - 3})$ 矛盾.

说明 本题用到了笛卡儿(R. Descartes)符号法则,即设实系数多项式为

$$f(x) = a_0x^n + a_1x^{n-1} + \cdots + a_{n-1}x + a_n \quad (a_0 \neq 0, a_n \neq 0)$$

如果它的系数序列$\{a_0, a_1, \cdots, a_n\}$的变号次数为$p$,那么$f(x)$的正根个数(一个$k$重根按$k$个根计算)等于$p$或比$p$少一个正偶数.

3 设A,B,C,D为空间四点,边AB,AC,AD,BC,BD和CD中至多有一条边长大于1,试求六边之和的最大值.

解 如图14.1所示,设AD的边长可能大于1,容易知道,如果其他五条边长固定,当A,D为平面四边形$ABDC$的相对顶点时,AD取最大值. 固定B和C的位置,A和D必须在以B和C为中心的两个单位圆的公共区域,这个区域是中心对称的. 因而区域中的最长弦必定经过线段BC的中点O. 即区域中的最长弦与两个单位圆的公共弦重合.

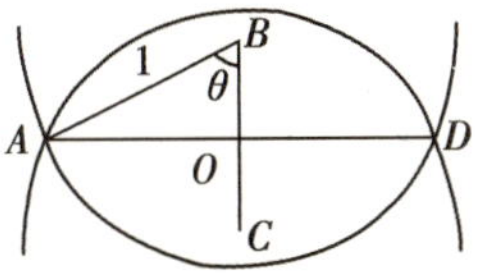

图 14.1

如果A,D是这条公共弦的两个端点,那么五边AD,AB,AC,DB和DC的边长之和取最大值(后四边边长为1). 于是问题转化为求$AD + BC$的最大值.

令$\angle ABO = \theta$,当$0 < BC \leqslant 1$时,$60° \leqslant \theta < 90°$,于是

$$AD + BC = 2(\sin\theta + \cos\theta) = 2\sqrt{2}\sin(\theta + 45°)$$

此函数在$60° \leqslant \theta < 90°$时是减函数,所以当$\theta = 60°$时取得最大值,此时,六边之和的最大值为

$$4 + 2(\sin 60° + \cos 60°) = 5 + \sqrt{3}$$

4 一次聚会有n个人,证明:其中存在两个人,使得其余的$n-2$个人中至少有$\left[\frac{n}{2}\right] - 1$个人,每个人或者同这两个人都相识,或者都不相识. 假定"相识"是对称关系,$[x]$表示不大于x的最大整数.

证法1 对每个人,将除他以外的$n-1$个人两两形成的C_{n-1}^2个"两人对"分成两类:A类是两人对中的两人他都认识或都不认识;B类是两人对中恰有一人认识他. 我们来考察对每个人来说,属于B类的两人对至多有几对.

如果某人恰同k个人相识,其余$n-1-k$个人不认识. 于是他有$k(n-1-k)$个B类的两人对. 由算术-几何平均不等式,得

$$k(n-1-k)\leqslant\left(\frac{k+(n-1-k)}{2}\right)^2=\frac{(n-1)^2}{4}$$

这就是说,每个人至多有$\frac{(n-1)^2}{4}$个 B 类两人对.

每个人的 B 类两人对的和不超过$\frac{n(n-1)^2}{4}$. 而另一方面,n 个人组成的两人对有 $C_n^2=\frac{n(n-1)}{2}$(个). 因此每个两人对至多有

$$\frac{\frac{n(n-1)^2}{4}}{\frac{n(n-1)}{2}}=\frac{n-1}{2}$$

个人以其作为 B 类两人对. 但$\frac{n-1}{2}$不一定是整数,从而其中至少有一个两人对,以其作为 B 类两人对的人不超过$\left[\frac{n-1}{2}\right]$个. 对于这个两人对,至少会有

$$n-2-\left[\frac{n-1}{2}\right]=\left[\frac{n}{2}\right]-1$$

个人以其作为 A 类的两人对.

证法 2 如果一个人在晚会上认识 k 个人. 那么有 $k(n-k-1)$ 对. 他只认识其中一人而不认识另一个. 所以有$\binom{n-1}{2}-k(n-k)$ 对,他都认识或都不认识. 由 AM - GM 不等式

$$\binom{n-1}{2}-k(n-k)\geqslant\binom{n-1}{2}-\left(\frac{n-1}{2}\right)^2=\frac{(n-1)(n-3)}{4}$$

引入$\binom{n}{2}$个盒子,一个盒子对应晚会上的一对人,对晚会上的三个人$\{a,b,c\}$,如果 c 认识 a 和 b 或既不认识 a 也不认识 b,则就将 c 放入盒子$\{a,b\}$,所以我们至少有$\frac{n(n-1)(n-3)}{4}$个物品放入$\frac{n(n-1)}{2}$个盒子,由鸽笼原理,一个盒子至少有

$$\left[\frac{\frac{n(n-1)(n-3)}{4}}{\frac{n(n-1)}{2}}\right]=\left[\frac{n-3}{2}\right]=\left[\frac{n}{2}\right]-1$$

个物品,这正是所要的结论.

注 你可能问这个结果是最好可能的吗? 对有些 n 的值(事实上是无穷多个值),答案是肯定的. 设 p 是一素数,模 4 余 1. 晚会上的客人用 $P_0,P_1,\cdots,P_{p-1}$ 表示. 进一步假设如果 $i-j$ 是一个二次

剩余(mod p),则认为 P_i 与 P_j 认识. 对每一对 $\{i,j\}$,其中 $i-j$ 是二次剩余,使得 $k-i$ 和 $k-j$ 都是二次剩余的 k 的个数为 $\frac{p-5}{4}$,使得 $k-i$ 和 $k-j$ 都不是二次剩余的 k 的个数为 $\frac{p-1}{4}$. 两个值加起来是 $\frac{p-3}{2}=\left[\frac{p}{2}\right]-1$. 如果 $i-j$ 不是二次剩余的,以上的计算应倒个顺序;有 $\frac{p-1}{4}$ 个 k 使得 $k-i$ 和 $k-j$ 都是二次剩余,有 $\frac{p-5}{4}$ 个 k 使得 $k-i$ 和 $k-j$ 都不是二次剩余. 所以对晚会上的每一对,他们两个都认识或他们两个都不认识的人有 $\left[\frac{p}{2}\right]-1$ 个. 通过适当的推广,这种构造对 $n=p^{\alpha}\equiv 1 \pmod 4$($p$ 是素数,$\alpha\geqslant 1$)也行得通.

5 设 $a_1,a_2,a_3,\cdots$ 是一个不减的正整数序列,对 $m\geqslant 1$,定义 $b_m=\min\{n \mid a_n\geqslant m\}$,即 b_m 是使 $a_n\geqslant m$ 的 n 的最小值,如果 $a_{19}=85$,试求

$$a_1+a_2+\cdots+a_{19}+b_1+b_2+\cdots+b_{85}$$

的最大值.

解法 1 一般的,我们将证明:如果 $a_q=p$,那么

$$S_{p,q}=a_1+a_2+\cdots+a_q+b_1+b_2+\cdots+b_p=p(q+1)$$

特别地,当 $q=19,p=85$ 时,$p(q+1)=1\ 700$.

如果 $a_i=p,1\leqslant i\leqslant q$,那么 $b_j=1,1\leqslant j\leqslant p$. 所以

$$S_{p,q}=qp+p=p(q+1)$$

如果 $a_i<p,1\leqslant i<q$,令 t 是使 $a_t<p$ 的最大下标. 且令 $a_t=u$. 如果 a_t 增加 1,所有的 $b_j(j\neq u+1)$ 都保持不变,而 b_{u+1} 减少 1. 因此题中所求的和不变. 重复这样的过程,最后可得常数数列,进而即可导出所求的结果.

解法 2 构造一个 $q\times p$ 的长方形棋盘. 在第 i 行($1\leqslant i\leqslant q$)将左边 a_i 个方格涂成黑色,在第 j 列($1\leqslant j\leqslant p$)中,白方格数是小于 j 的 a_i 的个数,即 b_{j-1},所以

$$a_1+a_2+\cdots+a_q+(b_1-1)+(b_2-1)+\cdots+(b_p-1)=pq$$

即

$$a_1+a_2+\cdots+a_q+b_1+b_2+\cdots+b_p=p(q+1)$$

第 15 届美国数学奥林匹克

1 (1) 是否存在 14 个连续正整数,其中每一个数都至少可被一个不小于 2 且不大于 11 的素数 p 整除?

(2) 是否存在 21 个连续正整数,其中每一个数都至少可被一个不小于 2 且不大于 13 的素数 p 整除?

解 (1) 答案是否定的.

设存在 14 个连续正整数,它们中的每一个数都至少可被一个 $2 \leqslant p \leqslant 11$ 的素数 p 整除. 14 个连续正整数中有 7 个偶数,它们均能被 2 整除. 余下的 7 个奇数中,最多有 3 个能被 3 整除,最多有 2 个能被 5 整除,最多有 1 个被 7 整除,最多有 1 个被 11 整除,而 $3+2+1+1=7$,所以素数 3,5,7,11 均必须分别整除它们各自可能整除的最多个数的数,且不会有两个不同素数整除同一个数的情况.

易知被 3 整除的 3 个数必定是这 7 个奇数中的第 1,4,7 项,余下的奇数中任意两个数的差小于 10,不可能有 2 个数被 5 整除,矛盾.

(2) 答案是肯定的.

如果 n 能被 $2\times3\times5\times7=210$ 整除,那么 21 个连续正整数

$$n-10, n-9, \cdots, n-1, n, n+1, \cdots, n+10$$

中,除 $n-1$ 和 $n+1$ 外,其余均至少能被 2,3,5,7 中的一个整除.

现在来决定 n,使 $n-1$ 和 $n+1$ 都能被 11 或 13 整除. 根据中国剩余定理(即孙子定理)知,满足

$$n \equiv 0 \pmod{210}$$

$$n \equiv 1 \pmod{11}$$

$$n \equiv -1 \pmod{13}$$

的正整数 n 是存在的. 从而命题得证.

事实上,满足上述同余方程组的最小的 n 是 9 450,而

$$9\ 440, 9\ 441, \cdots, 9\ 460$$

是符合题意的最小一组 21 个连续正整数.

2 在一次演讲中，五名数学家每人都恰好打两次盹，且每两人均有同时在打盹的时刻. 证明：一定有三人，他们有同时在打盹的时刻.

证明 作图形 G：用 $v_1,v_2,\cdots,v_{10}$ 这 10 个顶点表示这五位数学家的十次盹，当且仅当第 i 次盹与第 j 次盹有共同时刻时，在 v_i 与 v_j 之间连一条边.

由题意，每两个数学家均有同时在打盹的时刻，从而图形 G 中的边数至少是 $C_5^2=10$（条），而图形 G 的顶点数为 10，故 G 中必有圈.

设这个圈为 $(v_{i_1},v_{i_2},\cdots,v_{i_k},v_{i_1})$，且 v_{i_1} 是圈中最先结束的一个盹，那么当 v_{i_1} 刚结束时，v_{i_l} 及 v_{i_k} 还在进行，这就证明了有三位数学家有同时打盹的时刻.

3 求大于 1 的最小自然数 n，使得前 n 个自然数的平方平均数是一个整数.

注：n 个数 $a_1,a_2,\cdots,a_n$ 的平方平均数是指

$$\left(\frac{a_1^2+a_2^2+\cdots+a_n^2}{n}\right)^{\frac{1}{2}}$$

解 因

$$1^2+2^2+\cdots+n^2=\frac{n(n+1)(2n+1)}{6}$$

设

$$\frac{1^2+2^2+\cdots+n^2}{n}=\frac{(n+1)(2n+1)}{6}$$

是一个完全平方数 m^2，那么

$$(n+1)(2n+1)=6m^2$$

故

$$6\mid(n+1)(2n+1) \quad ①$$

式 ① 成立的充要条件是

$$n\equiv 1 \text{ 或 } 5 \pmod 6$$

（1）当 $n=6k+5$ 时，此时

$$m^2=(k+1)(12k+11)$$

而 $12\cdot(k+1)-(12k+11)=1$，故 $(k+1,12k+11)=1$. 所以 $k+1,12k+11$ 分别是两个完全平方数，令 $k+1=a^2,12k+11=b^2$. 那么

$$12a^2=b^2+1$$

故

$$0\equiv 1 \text{ 或 } 2 \pmod 4$$

这是不可能的.

(2) 当 $n=6k+1$ 时,此时

$$m^2=(3k+1)(4k+1)$$

因 $(3k+1,4k+1)=1$,所以 $3k+1,4k+1$ 分别是两个完全平方数,令 $3k+1=a^2,4k+1=b^2$,那么

$$(2a-1)(2a+1)=3b^2$$

显然 $a=b=1$ 是一组解,但此时 $k=0,m=1,n=1$,不合题意. 对 a 从 2 至 12 的整数值,b 均无整数解. 而当 $a=13$ 时,$b=15$,因此 n 的最小值为 337.

4 平面上有两个不同的圆 K_1 和 K_2,它们相交于点 A 和 B,AB 是圆 K_1 的直径. 点 P 是圆 K_2 上且在圆 K_1 内的一个定点. 试用"丁字尺"(即一种能过两点作一直线及过直线上或直线外一点作该直线的垂线的工具),在圆 K_1 上作出点 C,D,使 CD 垂直于 AB,且 $\angle CPD$ 为直角.

解 先给出作法.

联结 AP 交圆 K_1 于 R,过 R 作直线 m 垂直于 AB 交圆 K_1 于 R',连 AR'. 过 P 作直线 l 垂直于 AB 交 AR' 于 P',那么 P' 是 P 关于 AB 的对称点. 过 P' 作直线 ST 垂直于 PP' 交圆 K_2 于 S,T,联结 SP 交 AB 于 U,过 U 作直线 CD 垂直于 AB 交圆 K_1 于 C,D,那么 CD 即为所求(如果联结 TP 交 AB 于 U',那么得另一对 C',D' 满足要求),如图 15.1 所示.

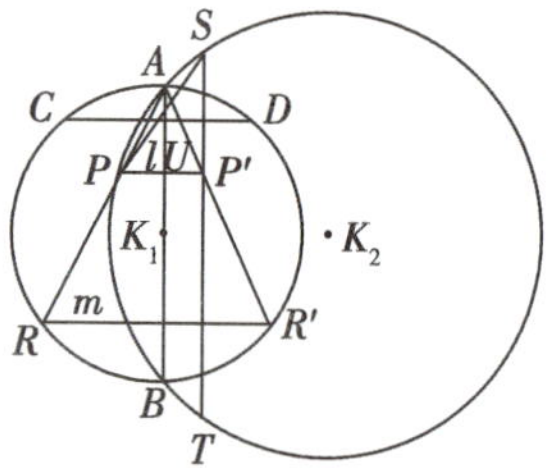

图 15.1

现给出证明. 根据圆幂定理,有

$$SU\cdot UP=AU\cdot UB=CU\cdot UD$$

因为 AB 是线段 PP' 的垂直平分线,故 $SU=UP$,又 $CU=UD$,所以 $SU=CU$. 于是 U 是过点 C,D,P 的圆的圆心,故 $\angle CPD$ 为直角.

5 对正整数 $n\geqslant 1$ 的一个分划 π,是指将 n 分成一个或若干个正整数之和,且按非减顺序排列.(例如,$n=4$ 时,分划 π 有 $1+1+1+1,1+1+2,1+3,2+2$ 和 4)

对任一分划 π,定义 $A(\pi)$ 为分划 π 中数 1 出现的个数,定义 $B(\pi)$ 为分划 π 中出现的不同数字的个数.(例如,对 $n=13$ 的一个分划 π:$1+1+2+2+2+5$ 而言,$A(\pi)=2$,$B(\pi)=3$)

证明:对任意固定的正整数 n,所有分划 π 的 $A(\pi)$ 之和等于 $B(\pi)$ 之和.

证法 1 令 $P(n)$ 表示 n 的所有不同分划个数，并规定 $P(0)=1$.

首先证明：对任意正整数 n，其所有分划 π 的 $A(\pi)$ 之和

$$\sum A(\pi)=P(n-1)+P(n-2)+\cdots+P(0)$$

对 $A(\pi)$ 的和计算如下：第 1 个数是 1 的分划有 $P(n-1)$ 个，前 2 个数是 1 的分划有 $P(n-2)$ 个，……，前 $n-1$ 个数是 1 的分划有 $P(1)$ 个，前 n 个数是 1 的分划有 $P(0)$ 个. 故

$$\sum A(\pi)=P(n-1)+P(n-2)+\cdots+P(0)$$

另一方面，对于 $n-i$ 的任一分划加上 i，得到 n 的含 i 的分划，将 n 的含 i 的任一分划减去 i，得到 $n-i$ 的分划，所以，n 的所有含 i 的分划与对 $n-i$ 的所有分划一一对应，即

$$P_i(n)=P(n-i)\quad(i=1,2,\cdots,n)$$

其中 $P_i(n)$ 表示 n 的含 i 的分划的个数. 所以对任意正整数 n，其所有分划 π 的 $B(\pi)$ 之和

$$\sum B(\pi)=\sum_{i=1}^{n}P_i(n)=P(n-1)+P(n-2)+\cdots+P(0)$$

命题得证.

证法 2 令

$$P_k(x)=1+x^k+x^{2k}+x^{3k}+\cdots$$

$$Q(x)=x+2x^2+3x^3+\cdots$$

$$R(x)=Q(x)\prod_{k=2}^{\infty}P_k(x)$$

考虑 $R(x)$ 的系数可知，其 x^n 的系数就是 $\sum A(\pi)$.

$$\begin{aligned}Q(x)&=x+2x^2+3x^3+\cdots=\\&(x+x^2+x^3+\cdots)(1+x+x^2+\cdots)=\\&(x+x^2+x^3+\cdots)P_1(x)\end{aligned}$$

所以
$$R(x)=(x+x^2+x^3+\cdots)\prod_{k=1}^{\infty}P_k(x)$$

令
$$\prod_{k=1}^{\infty}P_k(x)=C_0+C_1x+C_2x^2+\cdots$$

易知系数 C_{n-k} 是 n 的含 $k(1\leqslant k\leqslant n)$ 的分划个数，于是 n 的含 $k(k=1,2,\cdots,n)$ 的和为 $C_{n-1}+C_{n-2}+\cdots+C_0$. 这也是 $R(x)=(x+x^2+x^3+\cdots)\prod\limits_{k=1}^{\infty}P_k(x)$ 中 x^n 的系数. 观察 n 的含 k 分划 π 的个数，并对 $k=1,2,\cdots,n$ 求和，就是 n 的分划 π 的所有 $B(\pi)$ 之和. 从而命题得证.

第 16 届美国数学奥林匹克

1 求不定方程

$$(a^2+b)(a+b^2)=(a-b)^2$$

的所有非零整数解 a,b.

解 如果 $a=0$,那么 $b=1$,如果 $b=0$,那么 $a=1$.

如果 $a=b$,那么 $a^2+b=0$ 或 $a+b^2=0$,所以 $a=b=-1$.

如果 a,b 均为正整数,不妨设 $a>b$,于是

$$a^2<(a^2+b)(a+b^2)=(a-b)^2<a^2$$

矛盾. 从而 a,b 一正一负. 不妨设 $a>0>b$,令 $c=-b$,那么原方程为

$$(a^2-c)(a+c^2)=(a+c)^2 \qquad ①$$

如果 $c=1$,那么 $a^2-1=a+1$,解得 $a=2,b=-1$.

如果 $c>1$,且 $(a,c)=d$,那么 $a=a_1d,c=c_1d$. 由式 ① 知,$d^2c_1 \mid (a^2-c)(a+c^2)-(a+c)^2$,即 $d^2c_1 \mid (a^3-a^2)$. 所以 $c_1 \mid a_1^2(a-1)$. 因 $(a_1,c_1)=1$,所以 $c_1 \mid (a-1)$. 由式 ① 得

$$(a+c)^2>(a^2-c)(a+c)$$

得 $a+c>a^2-c$,即 $2c>a(a-1)$,$2>\dfrac{a(a-1)}{c}=a_1\cdot\dfrac{a-1}{c_1}$,所以 $a_1=1,a-1=c_1$,从而 $c=c_1d=a(a-1)$,代入式 ① 得

$$a[a+a^2(a-1)^2]=a^4$$

上式右边可被 a^3 整除,左边也要被 a^3 整除,从而 $a=1,c=0$,这与 $c>1$ 矛盾.

综上所述,原方程的解为

$(a,b)=(0,1),(1,0),(-1,-1),(2,-1),(-1,2)$

2 设 AD,BE 与 CF 为 $\triangle ABC$ 的内角平分线,D,E,F 在边 BC,AC,AB 上,如果 $\angle EDF=90°$,求 $\angle BAC$ 的所有可能值.

解 设 $\angle ADE=\alpha,\angle ADF=\beta,\angle EDC=\gamma,\angle FDB=\delta$,如图 16.1 所示.

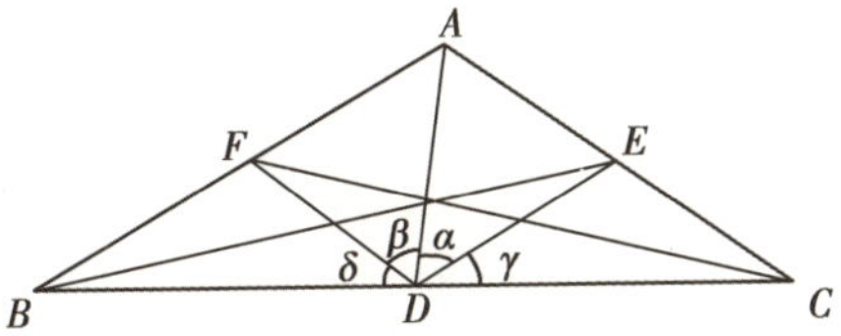

图 16.1

因 BE 是 $\angle ABC$ 的内角平分线,所以

$$\frac{AB}{BC}=\frac{AE}{EC}=\frac{S_{\triangle ADE}}{S_{\triangle EDC}}=\frac{\frac{1}{2}AD\cdot DE\sin\alpha}{\frac{1}{2}CD\cdot DE\sin\gamma}=\frac{AD\sin\alpha}{CD\sin\gamma}$$

同理可得

$$\frac{AC}{BC}=\frac{AD\sin\beta}{BD\sin\delta}$$

所以
$$\frac{AB}{AC}=\frac{BD\sin\alpha\sin\delta}{CD\sin\beta\sin\gamma}$$

又因为$\frac{AB}{AC}=\frac{BD}{CD}$,$\alpha+\beta=\frac{\pi}{2}$,$\gamma+\delta=\frac{\pi}{2}$,所以

$$\sin\alpha\cos\gamma=\cos\alpha\sin\gamma$$

$$\sin(\alpha-\gamma)=0$$

故 $\alpha=\gamma$,从而

$$\frac{AE}{EC}=\frac{AD}{CD}=\frac{\sin C}{\sin\frac{A}{2}}=\frac{AB}{BC}=\frac{\sin C}{\sin A}$$

于是
$$\sin\frac{A}{2}=\sin A, A=\frac{2\pi}{3}$$

3 用以下规则归纳地造出多项式的集合 S:

(1) $x\in S$;

(2) 如果 $f(x)\in S$,那么 $xf(x)\in S$,$x+(1-x)\times f(x)\in S$.

证明:S 中没有两个不同的多项式,它们在区间 $0<x<1$ 上的图像相交.

证明 首先证明:当 $0<x<1$ 时,对任意的 $f(x)\in S$,总有 $0<f(x)<1$.

对多项式 $f(x)$ 的次数 n 用数学归纳法.

当 $f(x)$ 为一次多项式时,由题设 $f(x)=x$,$0<x<1$,知 $0<f(x)<1$,故 $n=1$ 时结论成立.

设 $f(x)$ 为 k 次多项式时有 $0<f(x)<1$,由题设的规则知,$k+1$ 次多项式为 $xf(x)$ 和 $x+(1-x)f(x)$,那么

$$0<xf(x)<x<1$$
$$0<x+(1-x)f(x)<x+(1-x)=1$$

所以当 $n=k+1$ 时结论也成立. 于是当 $0<x<1$ 时,n 次多项式 $f(x)$ 总有 $0<f(x)<1$.

现在证明 S 中所有次数 $\leqslant n$ 的多项式的图像在 $0<x<1$ 上绝不相交. 仍对 n 用数学归纳法.

当 $f(x)$ 为一次多项式时,即只有 $f(x)=x$,结论显然成立.

设对于 S 中次数 $<k+1$ 的任意两个多项式 $f_1(x)$ 和 $f_2(x)$,它们的图像在 $(0,1)$ 内不相交,即对于 $x\in(0,1)$,$f_1(x)\neq f_2(x)$.

那么对于 $k+1$ 次多项式 $xf_1(x)$,$xf_2(x)$,$x+(1-x)f_1(x)$ 及 $x+(1-x)f_2(x)$,当 $x\in(0,1)$ 时,任意两个都不相等.

因 $f_1(x)\neq f_2(x)$,有

$$xf_1(x)\neq xf_2(x)$$
$$x+(1-x)f_1(x)\neq x+(1-x)f_2(x)$$

又因为

$$xf_1(x)<x<x+(1-x)f_2(x)$$
$$xf_2(x)<x<x+(1-x)f_1(x)$$

所以

$$xf_1(x)\neq x+(1-x)f_2(x)$$
$$xf_2(x)\neq x+(1-x)f_1(x)$$

因此结论对 $n=k+1$ 时也成立.

于是命题成立.

4 平面上已知三个圆 $C_i(i=1,2,3)$,其中 C_1 的直径 $AB=1$,C_2 与 C_1 同心,直径 k 满足 $1<k<3$,C_3 以 A 为圆心,直径为 $2k$(k 为定值). 考虑所有线段 XY,一端 X 在 C_2 上,一端 Y 在 C_3 上,并且 XY 含有点 B,问当 $\frac{XB}{BY}$ 为什么值时,线段 XY 的长度最小?

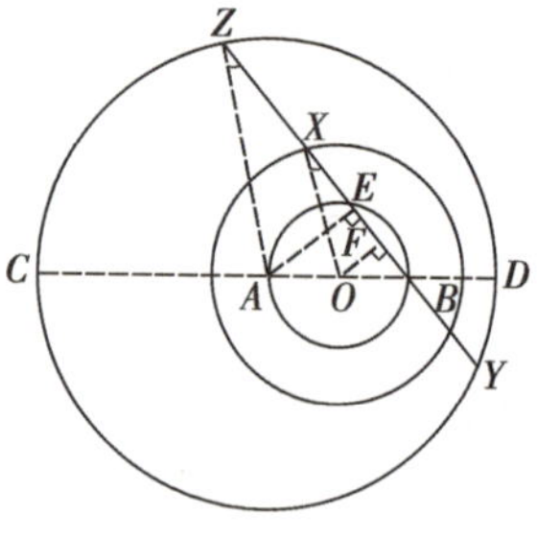

图 16.2

解法 1 设 XY 交圆 C_1 于点 E,延长 XY 交圆 C_3 于另一点 Z. AB 中点记为 O,联结 XO,ZA,AE,作 $OF\perp XY$,如图 16.2 所示.

因为 $$AE\ /\!/\ OF$$

所以
$$\frac{OF}{AE}=\frac{OB}{AB}=\frac{1}{2}$$
又因
$$OX=\frac{k}{2},AZ=k$$
所以
$$\frac{OX}{AZ}=\frac{1}{2}=\frac{OF}{AE}$$
$$\text{Rt}\triangle ZAE\backsim\text{Rt}\triangle XOF$$
$$\angle AZB=\angle OXB$$
所以 $OX /\!/ AZ$. 于是 $ZX=XB$.

设 $XB=x,BY=y$,那么
$$ZB\cdot BY=CB\cdot BD=(k+1)(k-1)$$
即
$$2xy=k^2-1$$
所以
$$x+y\geqslant 2\sqrt{xy}=\sqrt{2(k^2-1)}$$
等号在 $x=y=\sqrt{\dfrac{k^2-1}{2}}$ 时成立.

故当 $\dfrac{XB}{BY}=1$ 时,XY 的长度最小,最小值为 $\sqrt{2(k^2-1)}$.

解法 2 设 O 为 AB 的中点,设 XY 交圆 C_1 的另一点为 E,连 AE,则 $AE\perp XY$. 令 $\angle ABX=\alpha,\angle AYB=\beta,\angle BXO=\gamma$,如图 16.3 所示. 易知

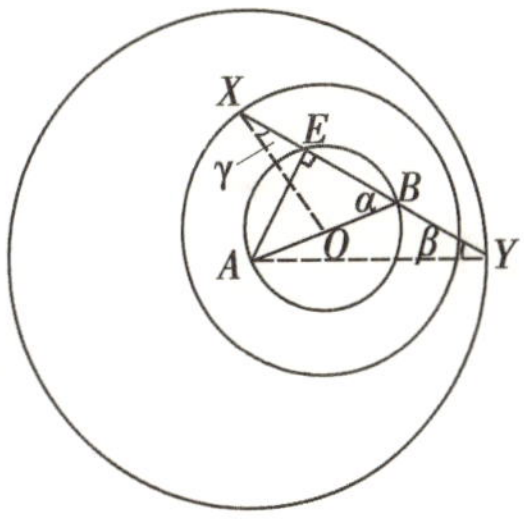

图 16.3

$$OB=\frac{1}{2},OX=\frac{k}{2},AY=k$$
在 $\triangle ABY$ 和 $\triangle OBX$ 中,由正弦定理得
$$\frac{k}{\sin\alpha}=\frac{1}{\sin\beta}$$
$$\frac{\frac{k}{2}}{\sin\alpha}=\frac{\frac{1}{2}}{\sin\gamma} \quad ①$$
所以 $\beta=\gamma$.

又由正弦定理得
$$XB=\frac{\sin(\alpha+\gamma)}{2\sin\gamma}$$
$$BY=\frac{\sin(a-\gamma)}{\sin\gamma}$$
所以
$$XY=XB+BY=\frac{\sin(\alpha+\gamma)+2\sin(\alpha-\gamma)}{2\sin\gamma}=$$
$$\frac{3\sin\alpha\cos\gamma}{2\sin\gamma}-\frac{\cos\alpha}{2}$$

又由式①,得$\frac{\sin\alpha}{\sin\gamma}=k$,所以

$$XY=\frac{1}{2}(3k\cos\gamma-\cos\alpha)$$

又因为$AE=\sin\alpha, EY=k\cos\gamma$,由勾股定理得

$$k^2\cos^2\gamma=k^2-\sin^2\alpha$$

令$t=\sin^2\alpha$,那么

$$XY=\frac{1}{2}(3\sqrt{k^2-t}-\sqrt{1-t})$$

再令$u=3\sqrt{k^2-t}-\sqrt{1-t}$,经去掉根号后整理得

$$64t^2-4(36k^2-5u^2-4)t+(9k^2+1-u^2)^2-36k^2=0$$

因t是实数,所以上面方程的判别式$\Delta\geqslant 0$,即

$$16(36k^2-5u^2-4)^2-4\times 64[(9k^2+1-u^2)^2-36k^2]\geqslant 0$$

$$u\geqslant 2\sqrt{2}\sqrt{k^2-1}$$

等号当$t=\frac{1}{8}(9-k^2)$时成立.

又当$t=\sin^2\alpha=1$时,$XY=\frac{3}{2}\sqrt{k^2-1}$,而当$t=\frac{1}{8}(9-k^2)$时,$XY=\frac{1}{2}u=\sqrt{2}\sqrt{k^2-1}$. 故$XY$的最小值是$\sqrt{2}\sqrt{k^2-1}$.

现在计算比值$\frac{XB}{BY}$.

由

$$k=\frac{\sin\alpha}{\sin\gamma}$$

$$\sin^2\alpha=\frac{9-k^2}{8}$$

$$k^2\cos^2\gamma=k^2-\sin^2\alpha$$

可得$\frac{\cos\gamma}{\cos\alpha}=\frac{3}{k}$. 所以

$$\frac{XB}{BY}=\frac{\sin(\alpha+\gamma)}{2\sin(\alpha-\gamma)}=$$

$$\frac{\sin\alpha\cos\gamma+\cos\alpha\sin\gamma}{2(\sin\alpha\cos\gamma-\cos\alpha\sin\gamma)}=$$

$$\frac{\frac{\sin\alpha}{\sin\gamma}\cdot\frac{\cos\gamma}{\cos\alpha}+1}{2\left(\frac{\sin\alpha}{\sin\gamma}\cdot\frac{\cos\gamma}{\cos\alpha}-1\right)}=$$

$$\frac{k\cdot\frac{3}{k}+1}{2\left(k\cdot\frac{3}{k}-1\right)}=1$$

所以,当$\frac{XB}{BY}=1$时,XY的长度最小.

5 已给一个由 0,1 组成的数列 $x_1,x_2,\cdots,x_n$. A 为等于(0,1,0)或(1,0,1)的三元数组(x_i,x_j,x_k)的个数(这里 $i<j<k$). 对 $1\leqslant i\leqslant n$,令 d_i 为满足 $j<i$ 并且 $x_i=x_j$ 或者 $j>i$ 并且 $x_i\neq x_j$ 的 j 的个数.

(1) 证明:$A=\binom{n}{3}-\binom{d_1}{2}-\binom{d_2}{2}-\cdots-\binom{d_n}{2}$;

(2) 对给定的奇数 n,A 的最大值是多少?

解 (1) 由 $x_1,x_2,\cdots,x_n$ 组成的三元数组共$\binom{n}{3}$个,对每个数 x_j,在它前面与它相等的数及在它后面与它不等的数共 d_j 个. 从这 d_j 个数中任取两个数与 x_j 组成的三元数组(按原来的下标顺序)都不会等于(0,1,0)或(1,0,1). 这样得出的$\binom{d_1}{2}+\binom{d_2}{2}+\cdots+\binom{d_n}{2}$个数组中是没有重复计算的,这是因为$(x_i,x_j,x_k)$如果是作为从 x_i 后面取两个与它不同的数得到的,那么有 $x_i\neq x_j=x_k$;如果是从 x_j 得到的,那么 $x_i=x_j\neq x_k$;如果是从 x_k 得到的,那么 $x_i=x_j=x_k$. 所以

$$A\leqslant\binom{n}{3}-\sum_{i=1}^{n}\binom{d_i}{2} \qquad ①$$

另一方面,不等于(0,1,0)或(1,0,1)的数组共 6 组

(0,0,0),(0,0,1),(1,0,0)

(0,1,1),(1,1,0),(1,1,1)

每组都在$\sum_{j=1}^{n}\binom{d_j}{2}$个数组中出现,例如$(x_i,x_j,x_k)=(0,0,0)$可作为在 $x_k=0$ 前面取两个数得到,(0,0,1)可作为在 $x_j=0$ 前后各取一个数得到,……

结合式①,得

$$A=\binom{n}{3}-\sum_{i=1}^{n}\binom{d_i}{2}$$

(2) 设 $n=2k+1$,则 A 在 1010…101 或 0101…010 时取最大值

$$\binom{2k+1}{3}-n\binom{k}{2}=\frac{(2k+1)2k(2k-1)}{6}-\frac{(2k+1)k(k-1)}{2}=\frac{k(k+1)(2k+1)}{6}$$

事实上,设 $n=2k+1$ 个数中有 s 个 0,t 个 1. 对 x_j,若 $x_j=1$,设它是第 i 个 1,即它前面有 $i-1$ 个 1,有 $j-i$ 个 0,它后面还有 $s-j+i$ 个 0,因而 $d_j=s-j+2i-1$. 同样,在 $x_j=0$ 时,设它是第 i 个 0,那么 $d_j=t-j+2i-1$. 于是

$$\begin{aligned}\sum_{j=1}^{n} d_j = \sum_{x_j=0} d_j + \sum_{x_j=1} d_j = \\ 2st-\sum_{j=1}^{n} j+t(t+1)+s(s+1)-n = \\ (s+t)^2+(s+t)-n-\frac{1}{2}n(n+1) = \\ n^2-\frac{1}{2}n(n+1) = \\ \frac{1}{2}n(n-1)\end{aligned}$$

所以

$$\begin{aligned}\sum_{j=1}^{n}\binom{d_j}{2} = \frac{1}{2}\left(\sum_{j=1}^{n} d_j^2-\sum_{j=1}^{n} d_j\right) \geqslant \frac{1}{2}\left[\frac{1}{n}\left(\sum_{j=1}^{n} d_j\right)^2-\sum_{j=1}^{n} d_j\right] = \\ \frac{1}{2}\sum_{j=1}^{n} d_j\left(\frac{1}{n}\sum_{j=1}^{n} d_j-1\right) = \frac{n}{2}k(k-1) = \\ n\binom{k}{2}\end{aligned}$$

其中等号当且仅当所有的 $d_j=\frac{1}{2}(n-1)=k$ 时成立. 所以

$$A \geqslant \binom{2k+1}{3}-n\binom{k}{2}$$

等号当且仅当所有的 $d_j=\frac{1}{2}(n-1)=k$ 时成立. 这时如果 $x_1=1$,由 $d_1=k$,得 $s=k$,从而 $t=k+1$. 设第 i 个 1 的位置是 x_j,那么

$$k=d_j=s-j+2i-1=k-j+2i-1$$

所以,$j=2i-1$,故序列为 1010…101. 同理若 $x_1=0$,得序列 0101…010.

第 17 届美国数学奥林匹克

1 纯十进制循环小数是指小数 $0.\overline{a_1\cdots a_k}$,它从小数点后开始出现重复的 k 个数字. 例如:$0.243\,243\,243\cdots=\frac{9}{37}$. 混十进制循环小数 $0.b_1\cdots b_m\overline{a_1\cdots a_k}$,是指最终出现循环,但不能化为一个纯十进制循环小数. 例如:$0.113\,636\,36\cdots=\frac{1}{88}$.

如果一个混十进制循环小数表为既约分数 $\frac{p}{q}$. 证明:分母 q 必可被 2 或 5 整除,或同时被它们整除.

证明 令混十进制循环小数 $0.b_1\cdots b_m\overline{a_1\cdots a_k}$ 可表为既约分数 $\frac{p}{q}$. 根据将循环小数化为分数的方法,得

$$\frac{p}{q}=\frac{(10^k-1)b_1\cdots b_m+a_1\cdots a_k}{10^m(10^k-1)}$$

即

$$\frac{p}{q}=\frac{10^kb_1\cdots b_m+(a_1\cdots a_k-b_1\cdots b_m)}{10^m(10^k-1)} \quad ①$$

式 ① 分母中含因数 10(因 $m\geqslant 1$),但在分子中,因 $b_m\neq a_k$,所以 $a_1\cdots a_k-b_1\cdots b_m$ 不能被 10 整除,分子不能被 10 整除. 因此,分子不能同时含有因数 2 及因数 5.

如果分子不含因数 2,也不含因数 5,那么 q 被 10 整除;如果分子含因数 2,那么 q 被 5 整除;如果分子含因数 5,那么 q 被 2 整除.

2 已知三次方程 $x^3+ax^2+bx+c=0$ 有三个实根. 证明:$a^2-3b\geqslant 0$,并且 $\sqrt{a^2-3b}$ 不大于最大的根与最小的根的差.

证明 设三次方程的三个实根为 $p\leqslant q\leqslant r$. 由根与系数的关系,得

$$a=-(p+q+r)$$

$$b = pq + qr + rp$$

于是

$$a^2 - 3b = (p + q + r)^2 - 3(pq + qr + rp) = p^2 + q^2 + r^2 - (pq + qr + rp) = \frac{1}{2}[(p - q)^2 + (q - r)^2 + (r - p)^2] \geqslant 0$$

另一方面，$\sqrt{a^2 - 3b}$ 不大于最大根与最小根的差，即要证明

$$\sqrt{a^2 - 3b} \leqslant r - p \Leftrightarrow$$
$$a^2 - 3b \leqslant r^2 - 2pr + p^2 \Leftrightarrow$$
$$p^2 + q^2 + r^2 - pq - qr - rp \leqslant r^2 - 2pr + p^2 \Leftrightarrow$$
$$0 \leqslant pq + qr - rp - q^2 \Leftrightarrow$$
$$0 \leqslant (r - q)(q - p)$$

因 $p \leqslant q \leqslant r$，故最后这个不等式是显然的.

3 设集合 $M = \{1,2,3,\cdots,20\}$. 对于 M 的任一 9 元子集 S，函数 $f(S)$ 取 1 至 20 之间的整数值. 证明：不论 f 是怎样的一个函数，总存在 M 的一个 10 元子集 T，使得对所有的 $k \in T$，都有

$$f(T - \{k\}) \neq k$$

证明 如果 10 元子集 T 具有性质：对任何 $k \in T$，均有 $f(T - \{k\}) \neq k$，那么称 T 为"好集"，否则称为"坏集".

如果 T 为坏集，那么存在 $k_0 \in T$，使得

$$f(T - \{k_0\}) = k_0$$

令 $S = T - \{k_0\}$，那么 S 是一个 9 元子集，$f(S) = k_0$，所以

$$T = S \cup \{f(S)\}$$

这说明每一个坏集都是由一个 9 元子集生成. 并且，任意一个 9 元子集按上式至多生成一个坏集.

所以坏集的个数小于或等于 9 元子集的个数 C_{20}^{9}. 但 10 元子集的个数为 C_{20}^{10}. 因 $C_{20}^{10} > C_{20}^{9}$，由此知，好集是存在的.

4 设 I 为 $\triangle ABC$ 的内心，且 A', B', C' 分别是 $\triangle IBC, \triangle ICA, \triangle IAB$ 的外心. 证明：$\triangle ABC$ 与 $A'B'C'$ 有相同的外心.

证法 1 我们证明更强的结论：

$\triangle ABC$ 与 $A'B'C'$ 有相同的外接圆.

我们只需证明 A,B,C,A',B',C' 六点共圆，如果能证得 A,B,C,A' 四点共圆即可.

如图 17.1 所示，联结 $IA,IB,IC,A'I,A'B,A'C$，那么

$$\angle BIC=\angle BAI+\frac{B}{2}+\angle CAI+\frac{C}{2}=A+\frac{1}{2}(B+C)$$

由于

$$A'B=A'I=A'C$$

所以

$$\angle BA'C=2\pi-2\left[A+\frac{1}{2}(B+C)\right]=\pi-A$$

故知 A,B,A',C 四点共圆.

同样 B',C' 也在 $\triangle ABC$ 的外接圆上.

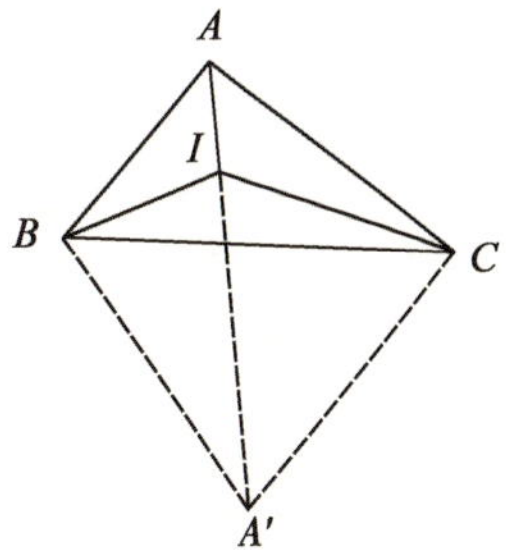

图 17.1

证法 2 设 O 是 $\triangle ABC$ 的外心，故只需证 $OA'=OB'=OC'$，而这又只需证 $OA'=OB'$，即证明 $\angle A'B'O=\angle B'A'O$.

令

$$\mathrm{ref}(\angle XYZ)=\begin{cases}\angle XYZ & (\text{当 }\angle XYZ\leqslant 90^\circ\text{ 时})\\ 180^\circ-\angle XYZ & (\text{当 }\angle XYZ>90^\circ\text{ 时})\end{cases}$$

因 IC 是圆 A' 和 B' 的公共弦，所以 $A'B'\perp IC$，同理，$B'O\perp CA$，$A'O\perp CB$. 所以

$$\mathrm{ref}(\angle A'B'O)=\mathrm{ref}(\angle ICA)$$
$$\mathrm{ref}(\angle B'A'O)=\mathrm{ref}(\angle ICB)$$

因 I 是 $\triangle ABC$ 的内心，所以 $\angle ICA=\angle ICB$，故

$$\mathrm{ref}(\angle A'B'O)=\mathrm{ref}(\angle B'A'O)$$

由于 $\angle A'B'O,\angle B'A'O$ 是一个三角形的两个内角，它们不可能互为补角，所以 $\angle A'B'O=\angle B'A'O$. 从而命题得证.

5 多项式

$$(1-z)^{b_1}(1-z^2)^{b_2}(1-z^3)^{b_3}\cdots(1-z^{32})^{b_{32}}$$

其中 b_i 为正整数，并且多项式具有如下奇妙性质：将它乘开后，如果忽略 z 的高于 32 次的那些项，留下的只是 $1-2z$. 试确定 b_{32}（答案可以表为 2 的两个方幂之差）.

解 令

$$f(z)=(1-z)^{b_1}(1-z^2)^{b_2}(1-z^3)^{b_3}\cdots(1-z^{32})^{b_{32}}\equiv 1-2z(\bmod z^{33})$$

其中符号"≡"的意义是：去掉了次数高于 32 次的那些项.

比较两边 z 的系数，得到 $b_1=2$.

注意到

$$f(-z)=(1+z)^{b_1}(1-z^2)^{b_2}(1+z^3)^{b_3}\cdots(1-z^{32})^{b_{32}}\equiv 1+2z(\bmod z^{33})$$

因此

$$f(z)f(-z)=(1-z^2)^{b_1+2b_2}(1-z^4)^{2b_4}(1-z^6)^{b_3+2b_6}\cdots(1-z^{32})^{2b_{32}}\equiv 1-4z^2(\bmod z^{34})$$

令 $\omega=z^2$,那么

$$g(\omega)=(1-\omega)^{b_1+2b_2}(1-\omega^2)^{2b_4}(1-\omega^3)^{b_3+2b_6}(1-\omega^4)^{2b_8}\cdots(1-\omega^{16})^{2b_{32}}\equiv 1-4\omega(\bmod \omega^{17})$$

比较两边 ω 的系数,得

$$b_1+2b_2=4$$

由此得 $b_2=1$. 由

$$g(\omega)g(-\omega)=(1-\omega^2)^{b_1+2b_2+4b_4}(1-\omega^4)^{4b_8}\cdots(1-\omega^{16})^{4b_{32}}\equiv 1-16\omega^2(\bmod \omega^{18})$$

比较两边 ω^2 的系数,得

$$b_1+2b_2+4b_4=16$$

以此类推可得

$$b_1+2b_2+4b_4+8b_8=2^8$$

$$b_1+2b_2+4b_4+8b_8+16b_{16}=2^{16}$$

$$b_1+2b_2+4b_4+8b_8+16b_{16}+32b_{32}=2^{32}$$

所以

$$b_{32}=\frac{1}{32}(2^{32}-2^{16})=2^{27}-2^{11}$$

第 18 届美国数学奥林匹克

1 对每个正整数 n,令

$$S_n = 1 + \frac{1}{2} + \frac{1}{3} + \cdots + \frac{1}{n}$$

$$T_n = S_1 + S_2 + S_3 + \cdots + S_n$$

$$U_n = \frac{T_1}{2} + \frac{T_2}{3} + \frac{T_3}{4} + \cdots + \frac{T_n}{n+1}$$

试确定整数 $0 < a,b,c,d < 1\ 000\ 000$,使 $T_{1\,988} = aS_{1\,989} - b$,$U_{1\,988} = cS_{1\,989} - d$,并证明你的结果.

解 一般的,我们找一个用 S_{n+1} 的式子来表示 T_n 和 U_n. 如下

$$\begin{aligned}T_n &= 1 + \left(1 + \frac{1}{2}\right) + \left(1 + \frac{1}{2} + \frac{1}{3}\right) + \cdots + \left(1 + \frac{1}{2} + \frac{1}{3} + \cdots + \frac{1}{n}\right) = \\ & n + (n-1)\cdot\frac{1}{2} + (n-2)\cdot\frac{1}{3} + \cdots + \frac{1}{n} = \\ & \left(\frac{n+1}{1} - \frac{1}{1}\right) + \left(\frac{n+1}{2} - \frac{2}{2}\right) + \left(\frac{n+1}{3} - \frac{3}{3}\right) + \cdots + \left(\frac{n+1}{n} - \frac{n}{n}\right) = \\ & (n+1)\left(1 + \frac{1}{2} + \frac{1}{3} + \cdots + \frac{1}{n}\right) - n = \\ & (n+1)\left(S_{n+1} - \frac{1}{n+1}\right) - n = \\ & (n+1)S_{n+1} - (n+1)\end{aligned}$$

因为$\frac{T_n}{n+1} = S_{n+1} - 1$,所以

$$\begin{aligned}U_n &= \frac{T_1}{2} + \frac{T_2}{3} + \frac{T_3}{4} + \cdots + \frac{T_n}{n+1} = \\ & (S_2 - 1) + (S_3 - 1) + (S_4 - 1) + \cdots + (S_{n+1} - 1) = \\ & (S_2 + S_3 + S_4 + \cdots + S_{n+1}) - n =\end{aligned}$$

$$(-S_1+T_n+S_{n+1})-n=$$
$$[-1+(n+1)S_{n+1}-(n+1)+S_{n+1}]-n=$$
$$(n+2)S_{n+1}-(2n+2)$$

于是

$$T_{1\,988}=1\,989S_{1\,989}-1\,989$$
$$U_{1\,988}=1\,990S_{1\,989}-3\,978$$

我们得到$(a,b,c,d)=(1\,989,1\,989,1\,990,3\,978)$.

2 某地区网球俱乐部的 20 名成员举行 14 场单打比赛,每人至少上场一次,证明:必有 6 场比赛,其 12 名参赛者各不相同.

证法 1 以无序数对(a_i,b_i)表示参加第 i 场的比赛选手,并记

$$S=\{(a_i,b_i)\mid i=1,2,\cdots,14\}$$

设 M 是 S 的一个非空子集,并且 M 中所含选手对中出现的所有选手是互不相同的. 显然,这样的子集是存在的并且只有有限个. 这种子集中元素个数最多的一个记为 M_0, $|M_0|=k$,下证 $k\geqslant 6$.

反之,如果 $k\leqslant 5$,因 M_0 是 S 的选手互异的子集中元素个数最多的子集,故 M_0 中未出现过的 $20-2k$ 名选手之间互相没有比赛,否则与 M_0 的定义矛盾. 说明这 $20-2k$ 名选手所参加的比赛是同 M_0 中 $2k$ 名选手进行的. 由于已知每名选手至少参加一场比赛,故除了 M_0 中的 k 场比赛之外,至少还要进行 $20-2k$ 场比赛,即总的比赛场数至少为

$$k+(20-2k)=20-k\geqslant 15$$

这与比赛总场次为 14 矛盾,故 $k\geqslant 6$.

所以至少有 6 场比赛,其 12 个参赛者各不相同.

证法 2 用 20 个顶点 $v_1,v_2,\cdots,v_{20}$ 代表 20 名成员,在相应的顶点之间连一条边,表示两名选手比赛过,于是得图形 G.

图形 G 有 14 条边,设各顶点的度为 $d_i,i=1,2,\cdots,20$. 由题意知 $d_i\geqslant 1$,且

$$d_1+d_2+\cdots+d_{20}=2\times 14=28$$

在每个顶点 v_i 处抹去 d_i-1 条边,由于一条边可能同时被其两端点抹去,所以抹去的边数不超过

$$(d_1-1)+(d_2-1)+\cdots+(d_{20}-1)=28-20=8$$

故抹去了这些边后所得的图形 G' 中至少还有 $14-8=6$(条)边,并且 G' 中每个顶点的度至少是 1. 从而这 6 条边所相邻的 12 个顶

点是各不相同的. 即这 6 条边所对应的 6 场比赛的参赛者各不相同.

3 令

$$P(z)=z^n+c_1z^{n-1}+c_2z^{n-2}+\cdots+c_n$$

是复变量 z 的多项式,系数 c_k 是实数. 设 $|P(\mathrm{i})|<1$,证明:存在实数 a,b 使得 $P(a+b\mathrm{i})=0$,并且 $(a^2+b^2+1)^2<4b^2+1$.

证明 令 $r_1,r_2,\cdots,r_n$ 是多项式 $P(z)$ 的 n 个根,那么

$$P(z)=(z-r_1)(z-r_2)\cdots(z-r_n)$$

由题设 $|P(\mathrm{i})|<1$,即

$$|\mathrm{i}-r_1|\cdot|\mathrm{i}-r_2|\cdot\cdots\cdot|\mathrm{i}-r_n|<1$$

因为对实数 r, $|\mathrm{i}-r|=\sqrt{1+r^2}>1$,所以 $r_1,r_2,\cdots,r_n$ 中一定有非实根. 由于系数 c_k 是实数,所以非实根是成对共轭的. 于是一定存在一非实根 r_j,使得 $|\mathrm{i}-r_j|\cdot|\mathrm{i}-\overline{r_j}|<1$.

令 $r_j=a+b\mathrm{i}$,则 $P(a+b\mathrm{i})=0$,且

$$\begin{aligned}1&>|\mathrm{i}-(a+b\mathrm{i})|\cdot|\mathrm{i}-(a-b\mathrm{i})|=\\&\sqrt{a^2+(1-b)^2}\cdot\sqrt{a^2+(1+b)^2}=\\&\sqrt{(a^2+b^2+1)-2b}\cdot\sqrt{(a^2+b^2+1)+2b}=\\&\sqrt{(a^2+b^2+1)^2-4b^2}\end{aligned}$$

所以

$$(a^2+b^2+1)^2<4b^2+1$$

4 锐角 $\triangle ABC$ 的三边长满足不等式 $AB<AC<BC$. 如果 I 为 $\triangle ABC$ 内切圆圆心,O 是外接圆圆心. 证明:直线 IO 与线段 AB 及 BC 相交.

证法1 如图 18.1 所示,用 A,B,C 表示 $\triangle ABC$ 的三个角,每个角都小于 $90°$,所以外心 O 在 $\triangle ABC$ 的内部,当然内心 I 也在 $\triangle ABC$ 的内部.

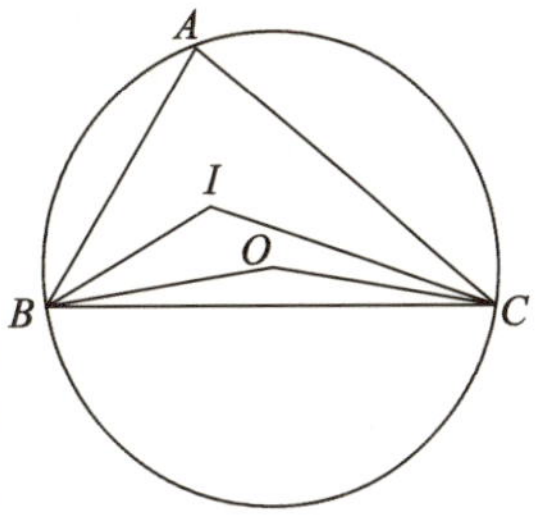

图 18.1

我们证明

$$\angle OBC<\angle IBC,\angle OCB<\angle ICB \quad ①$$

因为 $\angle BOC=2A$, $\angle IBC=\frac{B}{2}$, $\angle ICB=\frac{C}{2}$, $A>B>C$,所以

$$\begin{aligned}\angle OBC=\angle OCB=\frac{1}{2}(180°-\angle BOC)=\\90°-A=\frac{A+B+C}{2}-A=\end{aligned}$$

$$\frac{C+(B-A)}{2}<\frac{C}{2}=$$

$$\angle ICB<\frac{B}{2}=\angle IBC$$

所以式①得证.

由此可知 O 在 $\triangle BCI$ 内部,故 IO 与线段 BC 相交.

同样,可以证明 $\angle IAB<\angle OAB$, $\angle IBA<\angle OBA$, I 在 $\triangle OAB$ 内部,故 IO 与线段 AB 相交.

证法2 延长 AO, CO 分别交 BC, AB 于 D, E,如图 18.2 所示. 现证 I 在 $\triangle AOE$ 内,从而 IO 与线段 AE 与 CD 相交.

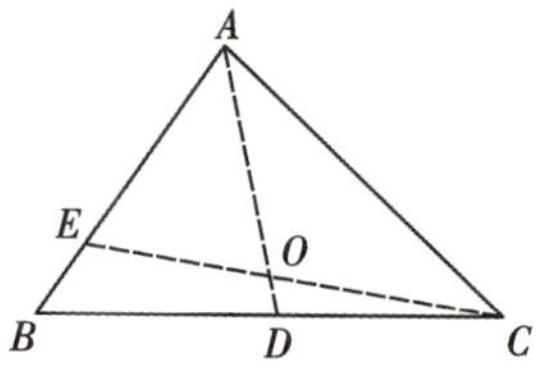

图 18.2

因 $\angle AOC=2B$,所以

$$\angle OAC=\frac{1}{2}(180^\circ-\angle AOC)=90^\circ-B<90^\circ-C$$

但是

$$A=90^\circ-B+90^\circ-C>2\angle OAC$$

所以 $\angle OAC<\frac{1}{2}A$. 即 I 在 $\triangle ABD$ 内.

又因为

$$\angle OCA=90^\circ-B>90^\circ-A$$

所以 $\angle OCA>\frac{1}{2}C$,即 I 在 $\triangle ACE$ 内.

故 I 在 $\triangle AOE$ 内.

5 设 u, v 是实数,且使得

$$(u+u^2+u^3+\cdots+u^8)+10u^9=$$
$$(v+v^2+v^3+\cdots+v^{10})+10v^{11}=8$$

试确定 u 与 v 哪个大,并证明你的结论.

解法1 由 $(u+u^2+\cdots+u^8)+10u^9=8$,得

$$\frac{u^9-u}{u-1}+10u^9=8$$

$$10u^{10}-9u^9-9u+8=0 \quad ①$$

类似地

$$10v^{12}-9v^{11}-9v+8=0 \quad ②$$

从方程①,②可知,$u>0$, $v>0$(否则,如果 $u<0$,那么 $10u^{10}+9(-u)^9+9(-u)+8>0$). 令

$$f(x)=(x+x^2+\cdots+x^8)+10x^9-8$$

$$g(x)=(x+x^2+\cdots+x^{10})+10x^{11}-8$$

显然,当 $x\geqslant 0$ 时, $f(x)$, $g(x)$ 都是严格增函数. 由 $f(0)<0$,

$f(1)>0$，$g(0)<0$，$g(1)>0$ 以及上面的结论知，u,v 分别是 $f(x)=0$ 和 $g(x)=0$ 在区间 $(0,1)$ 上的唯一的根.

从方程 ① 知，u 也是

$$f_1(x)=10x^{10}-9x^9-9x+8=(10x-9)(x^9-1)+x-1$$

在 $(0,1)$ 上的根. 因 $f_1(0)=8>0$，$f_1\left(\frac{9}{10}\right)=-\frac{1}{10}<0$，所以必有 $0<u<\frac{9}{10}$. 于是

$$\begin{aligned}g(u)&=(u+u^2+\cdots+u^{10})+10u^{11}-8=\\&f(u)+u^{10}+10u^{11}-9u^9=\\&u^9(10u^2+u-9)<\\&u^9\left(\frac{81}{10}+\frac{9}{10}-9\right)=0\end{aligned}$$

由于 $g(u)<0$，而 $g(1)>0$，故 $g(x)=0$ 的唯一正根 v 应在区间 $(u,1)$ 内，即 $u<v$.

解法 2 令

$$F_n(x)=(x+x^2+x^3+\cdots+x^{n-1})+10x^n=\frac{x+10x^n(0.9-x)}{1-x}$$

为了比较 u,v 的大小，不妨考虑所给的方程当 $u=v$ 时的情形

$$F_9(x)-F_{11}(x)=9x^9-x^{10}-10x^{11}=10x^9(0.9-x)(1+x)$$

所以，x 有三个值使得 $F_9(x)=F_{11}(x)$，即

$F_9(u)=F_{11}(v)=0$ 当 $u=v=0$ 时

$F_9(u)=F_{11}(v)=9$ 当 $u=v=0.9$ 时

$F_9(u)=F_{11}(v)=-10$ 当 $u=v=-1$ 时

于是可得下面 5 个结论：

(1) 当 $0<x<0.9$，$F_9(x)-F_{11}(x)=10x^9(0.9-x)\cdot(1+x)>0$；

(2) $F_9(0)=F_{11}(0)=0$；

(3) $F_9(0.9)=F_{11}(0.9)=9$；

(4) 当 $x\geqslant 0$ 时，$F_9(x)$ 和 $F_{11}(x)$ 是递增的；

(5) 当 $x<0$ 时，$F_9(x)$ 和 $F_{11}(x)$ 是负的.

由 (2) ~ (5)，知 $u,v\in(0,0.9)$ 是题设方程的唯一的根. 由 (1) 知，$F_{11}(u)<F_9(u)=F_{11}(v)$，所以 $u<v$.

第 19 届美国数学奥林匹克

1 某州颁发由6个数字组成的车牌证号(由0,1,2,…,9中的数字组成),并且规定任何两个牌号至少有两个数字不同(因此牌号027592和020592不可能同时出现).试确定这个州的车牌证号最多有多少个,并给出证明.

解 这个州至多能发行 10^5 个车牌证号.

首先,我们构造出 10^5 个互不相同的五位数证号 $x_1x_2x_3x_4x_5$,第6位数字 x_6 定义为

$$x_6 \equiv x_1 + x_2 + x_3 + x_4 + x_5 \pmod{10}$$

即 x_6 为 $x_1 + x_2 + x_3 + x_4 + x_5$ 的个位数字.

对于如此构造出的任意两个数 $a_1a_2a_3a_4a_5a_6$ 和 $b_1b_2b_3b_4b_5b_6$ 的前5位数来说,至少存在一个 $j(1 \leqslant j \leqslant 5)$,使得 $a_j \neq b_j$,如果恰有一个 j,使 $a_j \neq b_j$,那么

$$\begin{aligned} a_6 - b_6 \equiv & (a_1 + a_2 + a_3 + a_4 + a_5) - \\ & (b_1 + b_2 + b_3 + b_4 + b_5) = \\ & a_j - b_j \not\equiv 0 \pmod{10} \end{aligned}$$

所以 $a_6 \neq b_6$,故 $a_1a_2a_3a_4a_5a_6$ 和 $b_1b_2b_3b_4b_5b_6$ 至少有两个数字不同,因此得到 10^5 个所需的证号.

另一方面,在 10^5+1 个证号中,根据抽屉原理,必有两个证号的前五位数字完全相同,从而它们至多有一个地方(第6位)数字不同,这不符合规定.

2 函数列 $\{f_n(x)\}$ 递归地定义如下

$$f_1(x) = \sqrt{x^2 + 48}$$

$$f_{n+1}(x) = \sqrt{x^2 + 6f_n(x)} \quad (n \geqslant 1)$$

对每个正整数 n,求出方程 $f_n(x) = 2x$ 的所有实数解.

解法1 因为对每个 n 和 x,$f_n(x) > 0$,所以 $f_n(x) = 2x$ 的解是正数.

下面证明对每个 n,$f_n(x)=2x$ 有唯一解 $x=4$.

先用数学归纳法证明 $x=4$ 是一个解. 当 $n=1$ 时,有

$$f_1(4)=\sqrt{16+48}=2\times 4$$

设 $f_k(4)=2\times 4$,那么

$$f_{k+1}(4)=\sqrt{16+6f_k(4)}=\sqrt{16+48}=2\times 4$$

所以 $x=4$ 是一个解.

为了说明没有其他的解,再用数学归纳法证明,对每个 n,$\frac{f_n(x)}{x}$ 在 $(0,+\infty)$ 上是严格递减的. 当 $n=1$ 时,有

$$\frac{f_1(x)}{x}=\sqrt{1+\frac{48}{x^2}}$$

在 $(0,+\infty)$ 上严格递减. 设 $\frac{f_k(x)}{x}$ 是严格递减的,那么

$$\frac{f_{k+1}(x)}{x}=\sqrt{1+\frac{6}{x}\cdot\frac{f_k(x)}{x}}$$

也是严格递减的,故对每个 n,$\frac{f_n(x)}{x}$ 在 $(0,+\infty)$ 上严格递减,因而满足 $\frac{f_n(x)}{x}=2$ 的 x 不能多于一个,从而 $x=4$ 是方程的唯一解.

解法 2 易知 $f_n(x)=2x$ 的解是正数. 用数学归纳法可以证明:

(1) 当 $x<4$ 时,$f_n(x)>2x$;

(2) 当 $x>4$ 时,$f_n(x)<2x$;

(3) 当 $x=4$ 时,$f_n(x)=2x$.

所以对所有 n,$x=4$ 是唯一的解.

现证(1),$n=1$ 时

$$f_1(x)=\sqrt{x^2+48}>\sqrt{x^2+3x^2}\ (\text{因 } x<4)=2x$$

设 $f_k(x)>2x$,那么

$$f_{k+1}(x)=\sqrt{x^2+6f_k(x)}>\sqrt{x^2+12x}\ (f_k(x)>2x)>\sqrt{x^2+3x^2}\ (x<4)=2x$$

所以(1)成立. 类似地可以证明(2)和(3).

3 设项链A有14粒珠子,B有19粒珠子.证明:对每个奇整数 $n\geqslant 1$,能够在数列

$$\{n,n+1,n+2,\cdots,n+32\}$$

中找到一种方法给每粒珠子标上数字,使得每个数字恰好用一次,并且相邻的珠子所标的数互素.

证明 设项链 A 上的珠子依次标上数

$$n+m,n+m+1,\cdots,n+m+13$$

其中 m 为待定的整数,$1\leqslant m\leqslant 18$.

由于连续的两个正整数是互素的,故只需首、尾两数互素,即

$$(n+m,n+m+13)=1$$

将项链 B 上的珠子依次标上数

$$n+m+14,n+m+15,\cdots,n+32,n,\cdots,n+m-1$$

注意 $m+14\leqslant 32$,同样地,由于相邻的两个正整数互素,故只需

$$(n,n+32)=1$$

$$(n+m-1,n+m+14)=1$$

因对正整数 a,b,有 $(a,b)=(a,b-a)$,所以

$$(n,32)=(n+m-1,15)=(n+m,13)=1$$

因 n 是奇数,$(n,32)=1$. 只需取 m,使得

$$m\not\equiv 1-n\pmod 3$$

$$m\not\equiv 1-n\pmod 5$$

$$m\not\equiv -n\pmod{13}$$

在 $1,2,\cdots,18$ 中,使 $m\equiv 1-n\pmod 3$ 的 m 有6个,使 $m\equiv 1-n\pmod 5$ 的 m 至多有4个,使 $m\equiv -n\pmod{13}$ 的 m 至多有2个,因此至少有 $18-(6+4+2)=6$(个)m 满足要求.

说明 $1\leqslant m\leqslant 18$ 可用 $1\leqslant m\leqslant 5$ 代替.

4 试求出并证明所有这样的正整数的个数:它在 n 进位制的表示中数字各不相同,并且除去最左边的数字外,每个数字均和它左边的某个数字相差 ± 1.(你的答案用 n 的显函数并以最简形式表达)

解 因为0是不能作为最左边的数字,不过我们暂时不考虑这种不对称的情况,而允许最左边的数字可以为0,并设这时满足条件的个数为 $F(n)$,那么:

$F(1)=1,[0]$;

$F(2)=4,[0,01,1,10]$;

$F(3)=11,[0,01,012,1,10,102,120,2,21,210]$;

⋮

现在来建立一个 $F(n+1)$ 的递归关系. $F(n+1)$ 个合乎要求的数可以分为 3 类:

(1) 数字 $0,1,2,\cdots,n$;

(2) n 进制中的 $F(n)$ 个数,右面添上一个数字,这数字比该数已用到的数字的最大的多 1;

(3) n 进制中的 $F(n)$ 个数,将各位数字增加 1,然后在右面添上一个数字,这数字比左面用到的数字的最小的少 1.

因此,有如下递推关系

$$F(n+1)=n+1+2\cdot F(n)$$

即 $$F(n+1)+(n+3)=2[F(n)+(n+2)]$$

所以 $$F(n+1)+(n+3)=2^n[F(1)+1+2]=2^{n+2}$$

即 $$F(n)=2^{n+1}-n-2$$

在 $F(n)$ 个数中,0 在最左边的数是

$$0,01,012,\cdots,012\cdots(n-1)$$

共计 n 个. 所以欲求的答案是 $2^{n+1}-2n-2$.

5 平面上给定一个锐角 $\triangle ABC$,以 AB 为直径的圆与 AB 边上的高线 CC' 及其延长线交于 M,N,以 AC 为直径的圆与 AC 边上的高线 BB' 及其延长线交于 P,Q. 证明:M,N,P,Q 四点共圆.

证法 1 如图 19.1 所示,MN 和 PQ 的垂直平分线分别是 AB 和 AC,所以,如果 M,N,P,Q 四点在一个圆上,这个圆的圆心只能是 A. 已知 $AM=AN,AP=AQ$,所以只需证 $AM=AP$.

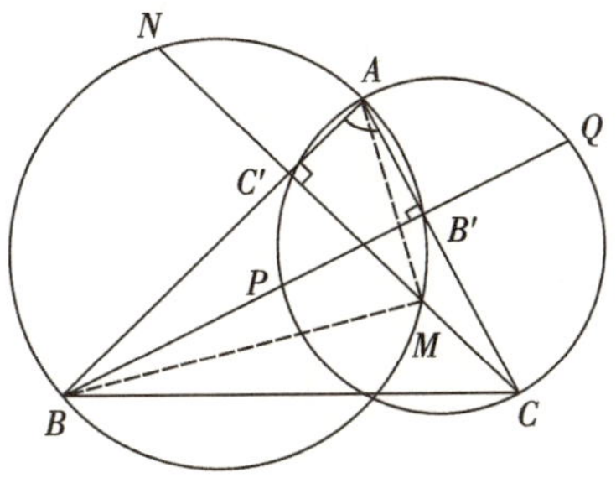

图 19.1

点 C' 是 $\mathrm{Rt}\triangle ABM$ 斜边上高的垂足,所以

$$AM^2=AB\cdot AC'=AB\cdot AC\cos\angle BAC$$

同样地,$AP^2=AC\cdot AB'=AC\cdot AB\cos\angle BAC$,于是 $AM=AP$,从而 M,N,P,Q 四点共圆.

证法 2 欲证 M,N,P,Q 四点共圆，只需证明 $AM=AP$. 下面用解析法予以证明.

把 $\triangle ABC$ 放在第一象限，顶点坐标为 $A(0,0)$，$B(b,0)$，$C(c,d)$，如图 19.2 所示.

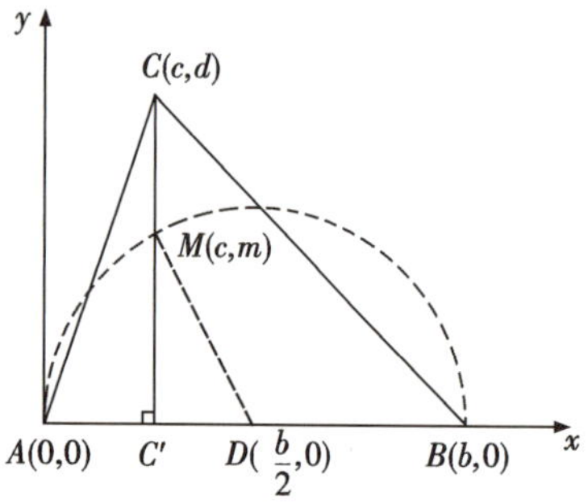

图 19.2

以 AB 为直径的圆的圆心为 $D\left(\frac{b}{2},0\right)$．半径为$\frac{b}{2}$，点 M 的横坐标与点 C 的横坐标相同都是 c，所以点 M 的纵坐标 m 满足

$$\left(c-\frac{b}{2}\right)^2+m^2=\left(\frac{b}{2}\right)^2$$

即
$$c^2+m^2=bc$$

此即
$$AM^2=AB\cdot AC\cos A$$

同样地
$$AP^2=AC\cdot AB\cos A$$

所以
$$AM=AP$$

第 20 届美国数学奥林匹克

1 在 $\triangle ABC$ 中，$\angle A=2\angle B$，$\angle C$ 是钝角，三条边长 a,b,c 都是整数，求周长的最小值并给出证明.

解 由题设及正弦、余弦定理得

$$\frac{a}{b}=\frac{\sin A}{\sin B}=\frac{\sin 2B}{\sin B}=2\cos B=\frac{a^2+c^2-b^2}{ac}$$

$$a^2c=a^2b+bc^2-b^3$$

即

$$(c-b)[a^2-b(b+c)]=0$$

因为 $c-b\neq 0$，所以

$$a^2=b(b+c) \qquad ①$$

不妨设 $(b,c)=1$（如果 $(b,c)=d>1$，那么 $d\mid a$，在式①的两边除以 d^2 即可），那么 $(b,b+c)=1$. 故可设

$$b=m^2, b+c=n^2$$

其中 $a=mn$.

因为 $a+b>c$，所以

$$a^2=b(b+c)<b(2b+a)$$

$$(a+b)(a-2b)<0$$

所以

$$a<2b$$

又因为 $\angle C$ 是钝角，故 $a^2+b^2<c^2$，$b(b+c)+b^2<c^2$，得 $c>2b$，所以

$$a^2=b(b+c)>3b^2$$

综上可得

$$\sqrt{3}b<a<2b$$

即

$$\sqrt{3}m<n<2m$$

因 $2m$ 是正整数，且 $\sqrt{3}m$ 与 $2m$ 之间有正整数 n，故

$$2m-\sqrt{3}m>1$$

$$m>2+\sqrt{3}>3$$

所以

$$m\geqslant 4$$

当 $m=4$ 时，$n=7$，此时 $a+b+c=n^2+mn=49+28=77$.

当 $m \geqslant 5$ 时，$n > 7$，此时 $a+b+c=n^2+mn>77$.

故周长的最小值为 77. 此时 a,b,c 分别为 28，16，33.

2 对任何非空集合 S，令 $\sigma(S)$ 和 $\pi(S)$ 分别表示 S 的元素和与乘积. 证明

$$\sum \frac{\sigma(S)}{\pi(S)}=(n^2+2n)-\left(1+\frac{1}{2}+\cdots+\frac{1}{n}\right)(n+1)$$

其中“$\sum$”表示对 $\{1,2,\cdots,n\}$ 的一切非空子集 S 求和.

证明 用数学归纳法.

当 $n=1$ 时，$\sum \frac{\sigma(S)}{\pi(S)}=1$，$1^2+2-1\times(1+1)=1$，结论成立.

设 $n=k$ 时，结论成立. 即

$$\sum_k \frac{\sigma(S)}{\pi(S)}=(k^2+2k)-\left(1+\frac{1}{2}+\cdots+\frac{1}{k}\right)(k+1)$$

当 $n=k+1$ 时，$\{1,2,\cdots,k,k+1\}$ 的非空子集 S 有下面两种情形：

(1) S 不含 $k+1$，这种 S 求和所得结果就是归纳假设的结果，即

$$(k^2+2k)-\left(1+\frac{1}{2}+\cdots+\frac{1}{k}\right)(k+1)$$

(2) S 含 $k+1$，设 $S=\{a_1,\cdots,a_m,k+1\}$，那么

$$\frac{\sigma(S)}{\pi(S)}=\frac{a_1+\cdots+a_m+k+1}{a_1\cdots a_m(k+1)}=$$

$$\frac{1}{k+1}\cdot\frac{a_1+\cdots+a_m}{a_1\cdots a_m}+\frac{1}{a_1\cdots a_m}$$

上式左边一项求和就是

$$\frac{1}{k+1}\left[(k^2+2k)-\left(1+\frac{1}{2}+\cdots+\frac{1}{k}\right)(k+1)\right]$$

右边一项求和为

$$\left(1+\frac{1}{2}\right)\left(1+\frac{1}{3}\right)\cdots\left(1+\frac{1}{k}\right)=k+1$$

故当 $n=k+1$ 时，有

$$\sum_{k+1}\frac{\sigma(S)}{\pi(S)}=k^2+4k+2-\frac{1}{k+1}-$$

$$\left(1+\frac{1}{2}+\cdots+\frac{1}{k}\right)(k+2)=$$

$$(k+1)^2+2(k+1)-$$

$$\left(1+\frac{1}{2}+\cdots+\frac{1}{k+1}\right)(k+2)$$

即 $n=k+1$ 时结论也成立.

3 对于任意的整数 $n \geqslant 1$,证明:数列

$$2,2^2,2^{2^2},2^{2^{2^2}},\cdots(\bmod n)$$

自某项后是常数.

证明 为方便起见,令 $a_0=1,a_k=2^{a_{k-1}},k\in\mathbf{N}$. 显然,当 $i\leqslant j$ 时,$a_i \mid a_j$.

根据抽屉原则,在 $a_0,a_1,\cdots,a_n$ 这 $n+1$ 个数中,必有两个对模 n 同余,即存在 $0\leqslant i<j\leqslant n$,使得 $a_i\equiv a_j(\bmod n)$.

对于大于等于 j 的任意一自然数 s,有

$$s-i-1\geqslant j-i-1\geqslant 0$$

所以

$$a_{j-i-1} \mid a_{s-i-1}, a_{j-i-1} \mid a_{s-i}$$

$$a_{j-i-1} \mid (a_{s-i}-a_{s-i-1})$$

所以 $$(2^{a_{j-i-1}}-1) \mid (2^{a_{s-i}-a_{s-i-1}}-1)$$

即

$$(a_{j-i}-a_0) \left| \left(\frac{a_{s-i+1}}{a_{s-i}}-1\right)\right.$$

所以 $$(a_{j-i}-a_0) \mid (a_{s-i+1}-a_{s-i})$$

于是有

$$\frac{2^{a_{s-i+1}-a_{s-i}}-1}{2^{a_{j-i}-a_0}-1}\in\mathbf{N}$$

$$\frac{a_{s-i+1}}{a_1}\cdot\frac{2^{a_{s-i+1}-a_{s-i}}-1}{2^{a_{j-i}-a_0}-1}=\frac{a_{s-i+2}-a_{s-i+1}}{a_{j-i+1}-a_1}\in\mathbf{N}$$

重复上面过程,可得

$$\frac{a_{s-i+3}-a_{s-i+2}}{a_{j-i+2}-a_2}\in\mathbf{N}$$

$$\vdots$$

$$\frac{a_{s+1}-a_s}{a_j-a_i}\in\mathbf{N}$$

所以 $$a_{s+1}-a_s=k(a_j-a_i)\equiv 0(\bmod n)$$

取 $s=j,j+1,j+2,\cdots$,得

$$a_j\equiv a_{j+1}\equiv a_{j+2}\equiv a_{j+3}\equiv\cdots(\bmod n)$$

所以从第 j 项 a_j 起,每一个 a_k 对模 n 都同余.

4 令

$$a=\frac{m^{m+1}+n^{n+1}}{m^m+n^n}$$

其中 m,n 是正整数，证明

$$a^m+a^n\geqslant m^m+n^n$$

证法 1 不妨设 $m\geqslant n$，那么

$$a\leqslant\frac{m^{m+1}+m\cdot n^n}{m^m+n^n}=m$$

$$a\geqslant\frac{n\cdot m^m+n^{n+1}}{m^m+n^n}=n$$

即 $n\leqslant a\leqslant m$，所以

$$\begin{aligned}m^m-a^m&=(m-a)(m^{m-1}+m^{m-2}a+\cdots+a^{m-1})\leqslant\\&(m-a)(m^{m-1}+m^{m-1}+\cdots+m^{m-1})=\\&(m-a)m^m\end{aligned}$$

证法 2 我们对以下两式应用 Bernoulli 不等式

$$\left(1+\frac{a-m}{m}\right)^m,\left(1+\frac{a-n}{n}\right)^n$$

得到

$$\begin{aligned}a^m+a^n&=m^m\left(1+\frac{a-m}{m}\right)^m+n^n\left(1+\frac{a-n}{n}\right)^n\geqslant\\&m^m[1+(a-m)]+n^n[1+(a-n)]=\\&m^m+n^n+a(m^m+n^n)-(m^{m+1}+n^{n+1})=\\&m^m+n^n\end{aligned}$$

5 设 D 是已知 $\triangle ABC$ 的边 AB 上的任意一点，点 E 在该三角形内部且是 $\triangle ACD$ 和 $\triangle BCD$ 的内切圆的外公切线与 CD 的交点. 证明：点 E 的轨迹是一段圆弧.

证明 如图 20.1 所示，设 AB 分别切两圆于 H,I，CD 分别切两圆于 F,G，两个内切圆的另一条外公切线为 PQ，其中 P,Q 是切点.

因为

$$PQ=PE+EQ=EF+EG=2EF+FG$$

同理

$$HI=2DG+FG$$

由于 $PQ=HI$，所以 $EF=DG$.

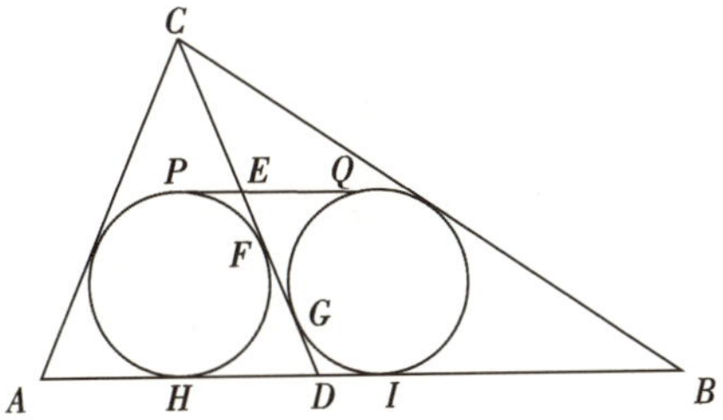

图 20.1

又因为

$$CF=\frac{AC+CD-AD}{2}$$

$$DG=\frac{CD+BD-BC}{2}$$

所以

$$CE=CF-EF=CF-DG=\frac{AC+BC-AB}{2}$$

故点 E 的轨迹是以 C 为圆心，$\frac{1}{2}(AC+BC-AB)$ 为半径的在 $\triangle ABC$ 内部的一段圆弧.

第 21 届美国数学奥林匹克

1 求下面乘积的数码和(关于 n 的函数)

$$9\times 99\times 9\ 999\times\cdots\times(10^{2^n}-1)$$

其中每个因子的数码的个数等于它前面的因子的数码个数的两倍.

解 记 $A_n=9\times 99\times 9\ 999\times\cdots\times(10^{2^n}-1)$. 用数学归纳法可以证明 A_n 是 $2^{n+1}-1$ 位数.

$n=0$ 时, $A_0=9$ 是一位数,命题成立.

设 A_k 是 $2^{k+1}-1$ 位数. 当 $n=k+1$ 时,有

$$A_{k+1}=9\times 99\times\cdots\times(10^{2^k}-1)(10^{2^{k+1}}-1)=$$
$$A_k(10^{2^{k+1}}-1)=A_k\cdot 10^{2^{k+1}}-A_k$$

由于 A_k 是 $2^{k+1}-1$ 位数,所以 A_{k+1} 是 $2^{k+1}+2^{k+1}-1=2^{k+2}-1$ 位数,从而上述命题得证.

设 A_n 的数码和为 S_n. 由于

$$A_n=A_{n-1}(10^{2^n}-1)=(A_{n-1}-1)\times 10^{2^n}+10^{2^n}-A_{n-1}$$

令 $A_{n-1}=\overline{a_1a_2\cdots a_m}(m=2^n-1,a_n\neq 1)$,那么,由上式知

$$S_n=(a_1+a_2+\cdots+a_m-1)+$$
$$[9+(9-a_1)+(9-a_2)+\cdots+(10-a_m)]=$$
$$(2^n-1)\times 9+9=9\times 2^n$$

2 证明

$$\frac{1}{\cos 0^\circ\cos 1^\circ}+\frac{1}{\cos 1^\circ\cos 2^\circ}+\cdots+\frac{1}{\cos 88^\circ\cos 89^\circ}=\frac{\cos 1^\circ}{\sin^2 1^\circ}$$

证明 因为

$$\frac{\sin(\alpha-\beta)}{\cos\alpha\cos\beta}=\frac{\sin\alpha\cos\beta-\sin\beta\cos\alpha}{\cos\alpha\cos\beta}=\tan\alpha-\tan\beta$$

所以

$$\frac{\sin 1^\circ}{\cos 0^\circ\cos 1^\circ}=\tan 1^\circ-\tan 0^\circ$$

$$\frac{\sin 1°}{\cos 1°\cos 2°} = \tan 2° - \tan 1°$$

$$\frac{\sin 1°}{\cos 2°\cos 3°} = \tan 3° - \tan 2°$$

$$\vdots$$

$$\frac{\sin 1°}{\cos 88°\cos 89°} = \tan 89° - \tan 88°$$

所以

$$\sum_{k=0}^{88} \frac{\sin 1°}{\cos k°\cos(k+1)°} = \tan 89° - \tan 0° = \frac{\sin 89°}{\cos 89°}$$

即
$$\sum_{k=0}^{88} \frac{1}{\cos k°\cos(k+1)°} = \frac{\cos 1°}{\sin^2 1°}$$

3 对于由整数构成的非空集合 S，令 $\sigma(S)$ 表示 S 中的所有元素和. 设 $A=\{a_1,a_2,\cdots,a_n\}$ 是一个由正整数构成的集合，并且 $a_1<a_2<\cdots<a_n$. 如果对每个正整数 $n\leqslant 1\ 500$，都存在 A 的一个子集 S，使得 $\sigma(S)=n$，求 a_{10} 的最小可能值.

解 设 $S_k=\sum\limits_{i=1}^{k} a_i$，则有 $a_{k+1}\leqslant S_k+1$，$k=1,2,\cdots,10$. 事实上，若存在 j，使得 $a_{j+1}>S_j+1$，那么对于 $n=S_j+1$. 由于 $\sum\limits_{i=1}^{k} a_i=S_j<n$，而若 $a_t\in S(t>j)$，则 $\sigma(S)\geqslant a_{j+1}>n$，故不存在 $S\subset A$，使得 $\sigma(S)=n$. 于是由 $a_1=1$ 知 $a_2\leqslant 2$，$a_3\leqslant 4$，$a_4\leqslant 8$，$a_5\leqslant 16$，$a_6\leqslant 32$，$a_7\leqslant 64$，$a_8\leqslant 128$.

若 $a_{10}\leqslant 247$，则 $a_9\leqslant 246$，因此 $a_{11}\leqslant S_{10}+1=(1+2+\cdots+128)+246+247+1=749$，于是 $S_{11}\leqslant 748+749=1\ 497$，这不可能，从而 $a_{10}\geqslant 248$. 又当 $a_1=1$，$a_2=2$，$a_3=4$，$\cdots$，$a_8=128$，$a_9=247$，$a_{10}=248$，$a_{11}=751$ 时，集 $A=\{a_1,\cdots,a_{11}\}$ 满足题设要求.

实际上，1，2，4，…，128 可表示 1 至 255 之间的所有整数. 1，2，4，…，128，248 可表示 1 至 $255+248=503$ 之间的所有整数. 1，2，4，…，128，247，248 可表示 1 至 $255+247+248=750$ 之间的所有的整数. 从而 1，2，4，…，128，247，248，751 可表示 1 至 1 500 之间的所有整数.

4 设 AA'，BB'，CC' 是过球内一点 P 的不在同一平面上的三条弦，过 A,B,C,P 的球与过 A',B',C',P 的球相切.

证明：$AA'=BB'=CC'$.

证明 考虑 AA',BB' 所在的平面,如图 21.1 所示,有 A,B,A',B' 四点共圆,并且 $\triangle ABP$ 的外接圆与 $\triangle A'B'P$ 的外接圆相切于点 P,过点 P 作这个圆的公切线,则有

$$\angle A=\angle B',\angle A=\angle DPB,\angle B'=\angle DPA'$$

$$\angle DPA'=\angle DPB=\angle A+\angle B$$

所以
$$\angle A=\angle B$$

即

$$PA=PB$$

同理 $PA'=PB'$. 所以 $AA'=BB'$. 同样可得 $PB'=CC'$. 因此

$$AA'=BB'=CC'$$

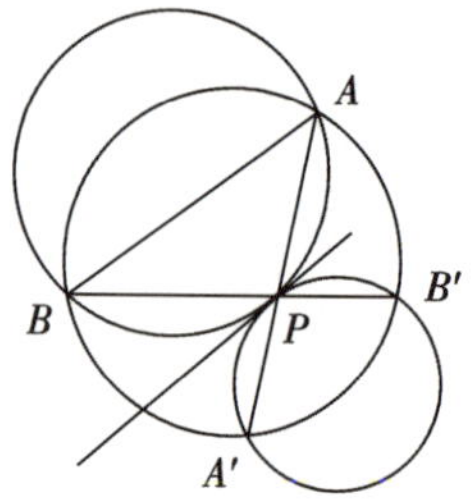

图 21.1

5 $P(z)$ 是次数为 1 992 的复系数多项式,且有不同的根. 证明:存在复数 $a_1,a_2,\cdots,a_{1\,992}$,使得 $P(z)$ 整除多项式

$$(\cdots((z-a_1)^2-a_2)^2-\cdots-a_{1\,991})^2-a_{1\,992}$$

证明 我们证明一般的命题:$P(z)$ 是次数为 $n(n\geqslant 2)$ 的复系数多项式,且有不同的根,那么存在复数 $a_1,a_2,\cdots,a_n$,使得 $P(z)$ 整除多项式 $(\cdots((z-a_1)^2-a_2)^2-\cdots-a_{n-1})^2-a_n$.

当 $n=2$ 时,$P(z)=c(z-z_1)(z-z_2)$. 令 $a_1=\frac{z_1+z_2}{2}$,$a_2=\frac{(z_1-z_2)^2}{4}$,则 $P(z)$ 整除 $(z-a_1)^2-a_2$.

设 $n=k$ 时命题成立. 当 $n=k+1$ 时,设 $k+1$ 次复系数多项式 $P(z)$ 的 $k+1$ 个根为 $z_1,z_2,\cdots,z_k,z_{k+1}$. 对于多项式 $(z-z_1)(z-z_2)\cdots(z-z_k)$,由归纳假设,存在复数 $a_1,a_2,\cdots,a_k$,使得 $(z-z_1)\cdots(z-z_k)$ 整除 $(\cdots((z-a_1)^2-a_2)^2-\cdots-a_{k-1})^2-a_k=b(\neq 0)$,于是令 $a'_1=a_1,\cdots,a'_{k-1}=a_{k-1},a'_k=a_k+\frac{b}{2},a'_{k+1}=\frac{b^2}{4}$. 对于多项式

$$Q(z)=(\cdots((z-a'_1)^2-a'_2)^2-\cdots-a'_k)^2-a'_{k+1}$$

有

$$Q(z_i)=\left(\frac{b}{2}\right)^2-\frac{b^2}{4}=0$$

所以 $P(z)\mid Q(z)$,即当 $n=k+1$ 时命题也成立. 于是命题对自然数 $n(\geqslant 1)$ 都成立. 特别地,当 $n=1\,992$ 时,就是本题.

第 22 届美国数学奥林匹克

1 对每一个整数 $n \geqslant 2$，确定并证明满足下列等式

$$a^n = a + 1 \text{ 及 } b^{2n} = b + 3a$$

的两个正实数 a, b 哪个大.

解 我们证明对一切 $n \geqslant 2$，有 $a > b$.

显然 $a \neq 1$，从而 $(a+1)^2 > 4a$. 假设 $b \geqslant a$，则得到如下两个互相矛盾的结果

$$\frac{b}{a} \leqslant \left(\frac{b}{a}\right)^{2n}$$

及

$$\left(\frac{b}{a}\right)^{2n} = \frac{b+3a}{(a+1)^2} < \frac{b+3a}{4a} \leqslant \frac{b}{a}$$

故 $a > b$.

2 设凸四边形 $ABCD$ 的对角线 AC, BD 互相垂直，垂足为 E，证明：点 E 关于 AB, BC, CD, DA 的对称点共圆.

证明 以 E 为相似中心作相似变换，相似比为 $\frac{1}{2}$，此变换把 E 关于 AB, BC, CD, DA 的对称点变为 E 在 AB, BC, CD, DA 上的射影 P, Q, R, S，如图 22.1 所示，只需证明 $PQRS$ 是圆内接四边形.

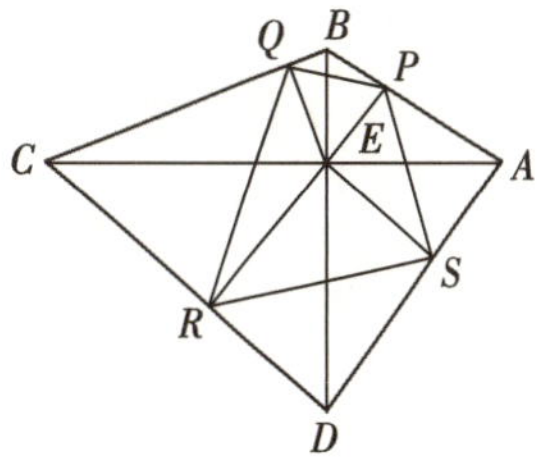

图 22.1

由于四边形 $ESAP, EPBQ, EQCR$ 及 $ERDS$ 都是圆内接四边形（每个四边形都有一组对角为直角），由 E, P, B, Q 共圆，有 $\angle EPQ = \angle EBQ$，由 $EQCR$ 共圆，有 $\angle ERQ = \angle ECQ$，于是

$$\angle EPQ + \angle ERQ = \angle EBQ + \angle ECQ = 90^\circ$$

同理可得

$$\angle EPS + \angle ERS = 90^\circ$$

从而，有 $\angle SPQ + \angle QRS = 180^\circ$，故 $PQRS$ 是圆内接四边形.

3 设函数 $f:[0,1]\to\mathbf{R}$ 满足：

(1) $f(x)\geqslant 0$, $\forall x\in[0,1]$；

(2) $f(1)=1$；

(3) $f(x)+f(y)\leqslant f(x+y)$, $x,y,x+y\in[0,1]$.

求出最小的常数 c，使 $f(x)\leqslant cx$ 对一切满足上述条件的函数 f 及一切 $x\in[0,1]$ 都成立，并证明你的结论.

解 最小常数 $c=2$.

首先，我们证明：如果 f 满足(1) ~ (3)，则 $f(x)\leqslant 2x$ 对一切 $x\in[0,1]$ 成立.

由(3)与(1)，$f(x)\leqslant f(x)+f(y)\leqslant f(x+y)$，即 $f(x)$ 在 $[0,1]$ 上是增函数.

对 $x\in(0,1]$，取非负整数 n，使

$$\frac{1}{2^{n+1}}<x\leqslant\frac{1}{2^n}$$

而由(3)，$2f(x)\leqslant f(2x)$，所以

$$2^nf(x)\leqslant 2^{n-1}f(2x)\leqslant 2^{n-2}f(2^2x)\leqslant\cdots\leqslant f(2^nx)\leqslant f(1)=1<2^{n+1}x$$

$$f(x)<2x$$

又显然有 $f(0)+f(1)\leqslant f(0+1)=f(1)$，所以由(1)，有

$$f(0)=0$$

于是 $f(x)\leqslant 2x$, $x\in[0,1]$.

另一方面，令

$$f(x)=\begin{cases}0 & \left(0\leqslant x\leqslant\frac{1}{2}\right)\\ 1 & \left(\frac{1}{2}<x\leqslant 1\right)\end{cases}$$

这函数显然满足(1)和(2).

设 x,y 及 $x+y$ 都在 $[0,1]$ 内，由对称性可以假定 $x\leqslant\frac{1}{2}$，从而

$$f(x)+f(y)=f(y)\leqslant f(x+y)$$

即 $f(x)$ 满足题述的所有条件.

如果 $0<c<2$，取 $x\in\left(\frac{1}{2},\frac{1}{c}\right)$，则 $f(x)=1>cx$，所以 2 为所求的最小常数.

4 设 a,b 是正奇数，序列 f_n 定义下：$f_1=a$, $f_2=b$，对 $n\geqslant 3$，f_n 是 $f_{n-1}+f_{n-2}$ 的最大奇约数. 证明：当 n 充分大时 f_n 为常数，并确定此常数之值（用关于 a,b 的函数表示）.

证明 因为f_{n-1}, f_{n-2}都是奇数,所以$f_{n-1}+f_{n-2}$是偶数,从而它的最大的奇约数

$$f_n \leqslant \frac{f_{n-1}+f_{n-2}}{2} \quad (n \geqslant 3)$$

所以$f_n \leqslant \max\{f_{n-1}, f_{n-2}\}$,当且仅当$f_{n-1}=f_{n-2}$时等号成立.

对$k \geqslant 1$,令$C_k = \max\{f_{2k}, f_{2k-1}\}$,则

$$f_{2k+1} \leqslant \max\{f_{2k}, f_{2k-1}\} = C_k$$

且 $$f_{2k+2} \leqslant \max\{f_{2k+1}, f_{2k}\} \leqslant \max\{C_{k+1}, C_k\} = C_k$$

于是,$C_{k+1} \leqslant C_k$,当且仅当$f_{2k}=f_{2k-1}$时等号成立.

因$\{C_n\}$是不增的正整数序列,所以它最终是一个常数,$\{f_n\}$同样如此.

当n充分大时,$f_n=$常数C,所以

$$(a,b)=(a,b,f_3)=(a+b,b,f_3)=(b,f_3)=\cdots=(f_{n-1},f_n)=f_{n+1}=C$$

5 设$a_0, a_1, a_2, \cdots$是一个正实数序列,满足$a_{i-1}a_{i+1} \leqslant a_i^2 (i=1,2,\cdots)$,证明:对一切$n>1$,有

$$\frac{a_0+a_1+\cdots+a_n}{n+1} \cdot \frac{a_1+a_2+\cdots+a_{n-1}}{n-1} \geqslant \frac{a_0+a_1+\cdots+a_{n-1}}{n} \cdot \frac{a_1+a_2+\cdots+a_n}{n}$$

证明 由题给条件,有

$$\frac{a_0}{a_1} \leqslant \frac{a_1}{a_2} \leqslant \cdots \leqslant \frac{a_{n-2}}{a_{n-1}} \leqslant \frac{a_{n-1}}{a_n}$$

于是

$$a_0a_n \leqslant a_1a_{n-1} \leqslant a_2a_{n-2} \leqslant \cdots \quad ①$$

令$S=a_1+a_2+\cdots+a_{n-1}$,将要证的不等式化为

$$n^2(S+a_0+a_n)S \geqslant (n^2-1)(S+a_0)(S+a_n)$$

去掉两边相同的项,上式等价于

$$(S+a_0)(S+a_n) \geqslant n^2a_0a_n \quad ②$$

为了证明不等式②,利用算术几何平均值不等式并结合式①,有

$$S=\sum_{k=1}^{n-1}\frac{a_k+a_{n-k}}{2} \geqslant \sum_{k=1}^{n-1}\sqrt{a_ka_{n-k}} \geqslant (n-1)\sqrt{a_0a_n}$$

再由$a_0+a_n > 2\sqrt{a_0a_n}$,有

$$(S+a_0)(S+a_n)=S^2+a_0a_n+(a_0+a_n)S \geqslant S^2+a_0a_n+2\sqrt{a_0a_n}S=(S+\sqrt{a_0a_n})^2 \geqslant n^2a_0a_n$$

第 23 届美国数学奥林匹克

1 设 $K_1 < K_2 < K_3 < \cdots$ 是正整数,且没有两个数是相邻的,$S_m = K_1 + K_2 + \cdots + K_m$,$m = 1,2,3,\cdots$. 证明:对每一个正整数 n,区间 $[S_n, S_{n+1})$ 中至少有一个完全平方数.

证明 区间 $[S_n, S_{n+1})$ 中有完全平方数,当且仅当区间 $[\sqrt{S_n}, \sqrt{S_{n+1}})$ 中有整数. 所以只需证明对每一个正整数 $n \geqslant 1$,$\sqrt{S_{n+1}} - \sqrt{S_n} \geqslant 1$. 将 $S_{n+1} = S_n + K_{n+1}$ 代入上述不等式并化简知,所要证明的不等式就是 $K_{n+1} \geqslant 2\sqrt{S_n} + 1$. 因为 $K_{m+1} - K_m \geqslant 2$. 对每一个正整数 m 成立

$$S_n = K_n + K_{n-1} + K_{n-2} + \cdots + K_1 \leqslant$$
$$K_n + (K_n - 2) + (K_n - 4) + \cdots + L_n$$

其中 $L_n = 2$,如果 K_n 是偶数;$L_n = 1$,如果 K_n 是奇数,由此可得

$$S_n \leqslant \begin{cases} \dfrac{K_n(K_n + 2)}{4} & (\text{如果 } K_n \text{ 是偶数}) \\ \dfrac{(K_n + 1)^2}{4} & (\text{如果 } K_n \text{ 是奇数}) \end{cases} \leqslant \frac{(K_n + 1)^2}{4}$$

所以,$(K_n + 1)^2 \geqslant 4S_n$,因而 $K_{n+1} \geqslant K_n + 2 \geqslant 2\sqrt{S_n} + 1$.

2 将一个 99 边形的边依次涂色为红,蓝,红,蓝,……,红,蓝,黄. 每条边涂一种颜色. 然后允许进行如下操作:在保证任何相邻两边都不同色的条件下,每次可改变一条边的颜色. 问能否经过若干次操作而使 99 条边的涂色状态变为红,蓝,红,蓝,……,红,黄,蓝?

解 将 99 边形的 99 条边依次编号为 $1,2,\cdots,99$. 定义函数 $f(i)$ 如下:当 $i-1,i,i+1$ 这 3 条边中第 1 条与第 3 条同色时,令 $f(i)=0$;当这 3 条边的颜色依次为红黄蓝,黄蓝红或蓝红黄时,令 $f(i)=1$;当这 3 条边的颜色依次为红蓝黄,蓝黄红或黄红蓝时,令 $f(i)=-1$.

考察操作前后和数 $S=\sum_{i=1}^{99} f(i)$ 的变化情形. 注意,仅当第 $i-1$ 与第 $i+1$ 条边同色时,才能将第 i 条边改变颜色. 当第 i 条边改变颜色时,又仅仅影响到 $f(i-1)$ 与 $f(i+1)$ 的值,而其他的诸 $f(j)$ 都保持不变. 当写出 $i-2, i-1, i, i+1, i+2$ 这 5 条边的颜色时,变化情况如下

蓝红蓝红蓝 $\longleftrightarrow$ 蓝红黄红蓝
蓝红蓝红黄 $\longleftrightarrow$ 蓝红黄红黄
黄红蓝红黄 $\longleftrightarrow$ 黄红黄红黄
黄红蓝红蓝 $\longleftrightarrow$ 黄红黄红蓝

这里只列出了第 $i-1$ 与 $i+1$ 条边均为红色的情形,均为蓝色或黄色的情形可由此轮换得出. 易见,操作前后 $f(i-1)+f(i+1)$ 的值不变,即在允许操作之下,和数 S 的值是不变量.

因为初始状态所对应的和数 $S_0=-3$,而希望达到的状态所对应的和数 $S_1=3$,所以不可能实现.

3 如图 23.1 所示,凸六边形 $ABCDEF$ 内接于圆,并且 $AB=CD=EF$,对角线 AD, BE 和 CF 共点于 Q. 设 AD 和 CE 相交于 P.

求证: $\frac{CP}{PF}=\frac{AC^2}{CE^2}$.

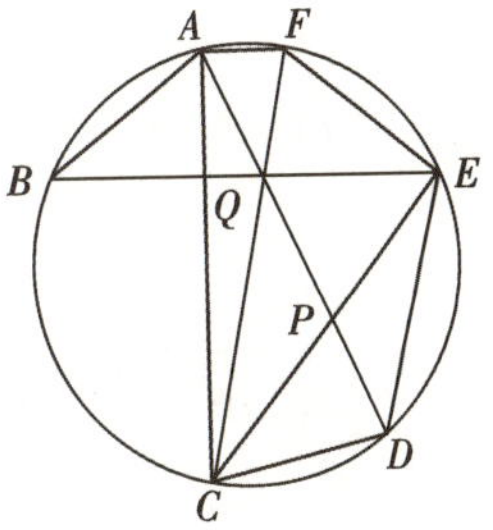

图 23.1

证明 因为 $CD=EF$,所以 $CF /\!/ DE$. 由此可得 $\triangle CPQ \backsim \triangle EPD$,因而

$$\frac{CP}{PE}=\frac{CQ}{DE}$$

又 $\angle QDE=\angle ACE$, $\angle QED=\angle AEC$. 所以 $\triangle QDE \backsim \triangle ACE$, $\frac{QD}{DE}=\frac{AC}{CE}$,同理, $\triangle CQD \backsim \triangle ACE$, $\frac{CQ}{QD}=\frac{AC}{CE}$.

所以 $$\frac{CP}{PE}=\frac{CQ}{DE}=\frac{CQ}{DQ}\cdot\frac{DQ}{DE}=\frac{AC^2}{CE^2}$$

4 设 $a_1, a_2, a_3, \cdots$ 是正实数数列,对所有的 $n \geqslant 1$ 满足条件 $\sum_{j=1}^{n} a_j \geqslant \sqrt{n}$. 证明: 对所有的 $n \geqslant 1$, $\sum_{j=1}^{n} a_j^2 > \frac{1}{4}\left(1+\frac{1}{2}+\cdots+\frac{1}{n}\right)$.

证明 先证一个更一般的命题：

设 $a_1,a_2,\cdots,a_n$ 和 $b_1,b_2,\cdots,b_n$ 是正数，且

$$b_1 > b_2 > \cdots > b_n \quad ①$$

若对所有的 $k=1,2,\cdots,n$，有

$$\sum_{j=1}^{k} b_j \leqslant \sum_{j=1}^{k} a_j \quad ②$$

则有

$$\sum_{j=1}^{k} b_j^2 \leqslant \sum_{j=1}^{k} a_j^2 \quad ③$$

事实上，设 $b_{n+1}=0$，由不等式 ① 和 ③ 可得

$$\sum_{k=1}^{n}(b_k-b_{k+1})\sum_{j=1}^{k} b_j \leqslant \sum_{k=1}^{n}(b_k-b_{k+1})\sum_{j=1}^{k} a_j$$

改变求和的次序得

$$\sum_{j=1}^{n} b_j \sum_{k=j}^{n} b_k - b_{k+1} \leqslant \sum_{j=1}^{n} a_j \sum_{k=j}^{n}(b_k-b_{k+1})$$

由此可得

$$\sum_{j=1}^{n} b_j^2 \leqslant \sum_{j=1}^{n} a_j b_j$$

两边同时平方，再利用 Cauchy 不等式就可以得到

$$\sum_{j=1}^{n} b_j^2 \leqslant \sum_{j=1}^{n} a_j^2$$

为了证明本题的不等式，令

$$b_j=\sqrt{j}-\sqrt{j-1}=\frac{1}{\sqrt{j}+\sqrt{j-1}} \quad (j=1,2,\cdots,n)$$

则

$$\sum_{j=1}^{n} a_j^2 \geqslant \sum_{j=1}^{n} \frac{1}{(\sqrt{j}+\sqrt{j-1})^2} > \sum_{j=1}^{n} \frac{1}{(2\sqrt{j})^2}=$$
$$\frac{1}{4}\left(1+\frac{1}{2}+\cdots+\frac{1}{n}\right)$$

5 设 $|V|,\sigma(V)$ 和 $\pi(V)$ 分别表示由正整数组成的有限集合 V 的元素的个数，元素的和以及元素的积（如果集合 V 是空集，则 $|V|=0,\sigma(V)=0,\pi(V)=1$）. 若 S 是由正整数组成的有限集合. 证明

$$\sum_{V\subseteq S}(-1)^{|V|}\mathrm{C}_{m-\sigma(V)}^{|S|}=\pi(S)$$

对所有的正整数 $m \geqslant \sigma(S)$ 成立.

证法 1 设 $S=\{a_1,a_2,\cdots,a_n\}$，对长度 $m \geqslant \sigma(S)$ 的 $0-1$ 序列，称前 a_1 个位置叫块 1，接下去 a_2 个位置叫块 2，以此类推. 那么

有多少0-1序列有n个1,$m-n$个0,其中把n块的每一块当作1?显然有$a_1a_2\cdots a_n=\pi(S)$(个)这样的序列. 下面我们应用母函数计算相同的序列集合. 对$I\subseteq[n]$,令$\sigma(I)=\sum_{i\in I}a_i$. 那么,长度为$m$、包含$n$个1、对每个$i\in I$,块$i$全是0的0-1序列的个数为

$$M(\supseteq I)=\binom{m-\sigma(I)}{n}=\binom{m-\sigma(V)}{|S|}$$

因为n个1可以在$m-\sigma(I)$个位置的任何地方. 由容斥公式得

$$\sum_{I\subseteq[n]}(-1)^{|I|}\binom{m-\sigma(I)}{n}=a_1a_2\cdots a_n=\pi(S) \qquad ①$$

注 由于

$$\binom{x}{n}=\frac{x(x-1)\cdots(x-n+1)}{n!}$$

式①是代数恒等式,不仅对$m\geqslant a_1+a_2+\cdots+a_n$的正整数$a_1$,$a_2,\cdots,a_n$和$m$成立,对任意的实数甚至对复数也成立.

证法2 设$n=|S|$,由二项式定理,有

$$\sum_{V\subseteq S}(-1)^{|V|}\binom{m-\sigma(V)}{|S|}=[x^n]\sum_{V\subseteq S}(-1)^{|V|}(1+x)^{m-\sigma(V)}$$

我们把问题归结为计算母函数中$[x^n]$的系数. 因为乘积$\prod_{a\in S}\{(1+x)^a-1\}$展开得到$\pi(S)x^n$与高次项的和,所以

$$\begin{aligned}\sum_{V\subseteq S}(-1)^{|V|}\binom{m-\sigma(V)}{|S|}&=[x^n]\sum_{V\subseteq S}(-1)^{|V|}(1+x)^{m-\sigma(V)}=\\&[x^n](1+x)^m\sum_{V\subseteq S}\frac{(-1)^{|V|}}{(1+x)^{\sigma(V)}}=\\&[x^n](1+x)^m\prod_{a\in S}\left\{1-\frac{1}{(1+x)^a}\right\}=\\&[x^n](1+x)^{m-\sigma(S)}\prod_{a\in S}\{(1+x)^a-1\}=\\&[x^n](1+x)^{m-\sigma(S)}\prod_{a\in S}(ax+\cdots)=\\&[x^n](1+x)^{m-\sigma(S)}(\pi(S)x^n+\cdots)=\\&\pi(S)\end{aligned}$$

第 24 届美国数学奥林匹克

1 设p是奇素数. 各项不同的数列a_n,$n\geqslant 0$定义如下:$a_0=0$,$a_1=1$,$\cdots$,$a_{p-2}=p-2$,并且对所有的$n\geqslant p-1$,a_n是这样一个最小的正整数,使得它和它前面的任何项都不能组成长度为p的等差数列. 证明:对所有的n,a_n是将n写成$p-1$进制数而将它看作是p进制数时所得出的数.

证明 用归纳法. 对$n<p-1$,结论显然. 假设命题对小于n的数均成立. 设b是将n写成$p-1$进制数$c_k(p-1)^k+c_{k-1}(p-1)^{k-1}+\cdots+c_0$后,看成$p$进制得出的数$c_kp^k+c_{k-1}p^{k-1}+\cdots+c_0$.

b以及$a_1,a_2,\cdots,a_{n-1}$的p进制表示中,各位数字都不为$p-1$. 如果b与其中一些项组成长为p的等差数列,设首项为a,公差为d,将d表示成p进制时右数第一个非零数字为d',在右数第t位;a写成p进制时在右数第t位上的数字为a',则

$$a,a+d,a+2d,\cdots,a+(p-1)d$$

写成p进制时,右数第t位上的数字为

$$a',a'+d',a'+2d',\cdots,a'+(p-1)d' \qquad ①$$

(超过p的则往上进一位). 由于式①构成$\bmod p$的完全剩余系,其中必有一个为$p-1 \pmod p$,这与$b,a_1,\cdots,a_{n-1}$的各位数字都不为$p-1$矛盾. 所以,所说的等差数列不存在,从而$a_n\leqslant b$.

另一方面,设正整数$c<b$且与$a_1,\cdots,a_{n-1}$均不相同,将c写成p进制,如果其中各位数字均不为$p-1$,则可将它看作$p-1$进制的数c'. 但由c的定义,$c'<n$并且与$1,2,\cdots,n-1$均不相同,这是不可能的. 因此c的数字中必有$p-1$. 设将这些$p-1$改为1,其余$\neq p-1$的数字改为0所得的p进制数为d,则$c-d,c-2d,\cdots,c-(p-1)d$这些数的p进制中数字均不为$p-1$,并且均小于b,因而它们即是$a_1,a_2,\cdots,a_{n-1}$中的$p-1$个数. 由于它们与c构成p项的等差数列,所以$a_n\geqslant b$.

综上所述,$a_n=b$. 于是结论对一切自然数n成立.

2 一个损坏的计算器只有 sin,cos,tan,arcsin,arccos,arctan 这几个键可以工作. 初始显示为 0. 证明:对任一正有理数 q,都可以揿有限多次键得出 q(假定计算器做实数计算无限精确,所有的函数都采用弧度制).

证明 对任意实数 $x \neq 0$,有

$$\tan \arcsin(\cos \arctan x) = \tan\left(\frac{\pi}{2} - \arctan x\right) = \frac{1}{x}$$

因此可以用这计算器由 x 得出 $f(x) = \frac{1}{x}$.

又 $\cos \arctan x = \frac{1}{\sqrt{x^2+1}}$,所以有 $F(x) = f(\cos \arctan x) = \sqrt{x^2+1}$.

对于正整数 x,重复进行上述运算即可得到 $g(x) = \overbrace{F(F(\cdots F(x)\cdots))}^{2x+1\text{个}F} = \sqrt{x^2+2x+1} = x+1$.

由于 $\cos 0 = 1$,所以反复用 g 便可得出任一正整数. 假设用 g,f 可以得出一切分母小于 n 的正有理数,考虑分母为 n 的正有理数 $\frac{m}{n}$.

先设 $m < n$. 由归纳假设可得 $\frac{n}{m}$,再用 f 即得 $\frac{m}{n}$.

假设 $m = kn + r$,k 为正整数,$0 \leqslant r < n$,则先得出 $\frac{r}{n}$,再用 g k 次便得 $\frac{r}{n} + k = \frac{m}{n}$.

于是一切正有理数 q 均可揿有限多次键得出.

3 如图 24.1 所示,设 $\triangle ABC$ 是非等腰非直角三角形. 设 O 是它的外接圆圆心. 并且设 A_1,B_1 和 C_1 分别是边 BC,CA 和 AB 的中点. 点 A_2 在射线 OA_1 上,使得 $\triangle OAA_1 \backsim \triangle OA_2A$. 点 B_2 和 C_2 分别在射线 OB_1 和 OC_1 上,使得 $\triangle OBB_1 \backsim \triangle OB_2B$ 和 $\triangle OCC_1 \backsim \triangle OC_2C$. 证明:直线 AA_2,BB_2 和 CC_2 共点.

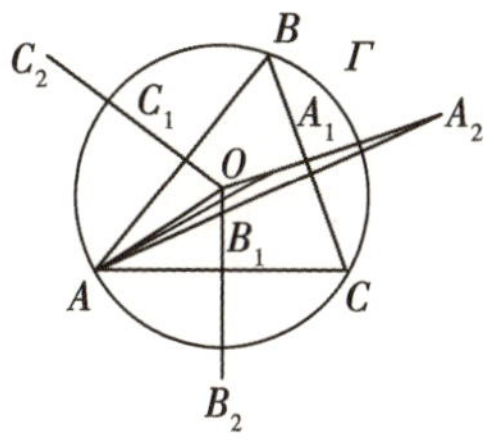

图 24.1

证明 设 Γ 是 $\triangle ABC$ 的外接圆. 因为 $\triangle OAA_1 \backsim \triangle OA_2A$,所以

$$\frac{OA_1}{OA} = \frac{OA}{OA_2}$$

从而

$$OA_1 \cdot OA_2 = OA^2 = OB^2$$

即$\dfrac{OA_2}{OB}=\dfrac{OB}{OA_1}$，于是$\triangle OA_2B \backsim \triangle OBA_1$，$\angle OBA_2=\angle OA_1B=90°$，因而$A_2B$和$\Gamma$相切于点$B$. 同理$A_2C$与$\Gamma$相切于点$C$，$B_2C$，$B_2A$，$C_2A_2$，$C_2B$分别与圆$\Gamma$相切于$C$，$A$，$B$，$B$. 如图24.2所示，于是$\Gamma$是$\triangle A_2B_2C_2$的内切圆，切点分别是$A$，$B$和$C$. 由切线长相等和Ceva定理，即得$A_2A$，$B_2B$，$C_2C$共点.

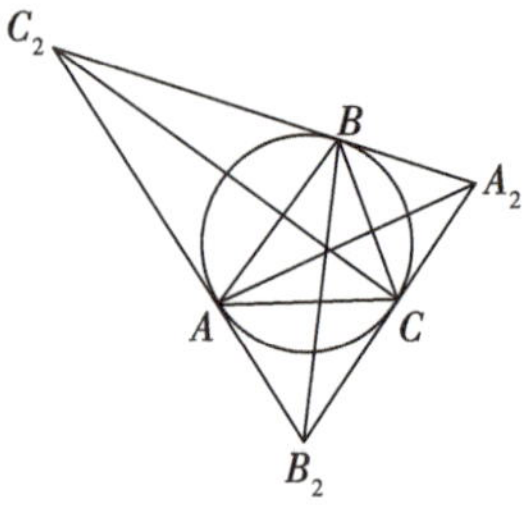

图 24.2

4 设$q_0,q_1,q_2,\cdots$是满足下列两个条件的无限整数数列：

(1) 对所有的$m>n\geqslant 0$，$m-n$整除q_m-q_n；

(2) 对所有n存在多项式p，使得$|q_n|<p(n)$.

证明：存在多项式Q，对所有的n有$q_n=Q(n)$.

证明 设d是多项式p的次数，一次数不超过d的多项式

$$Q(x)=\sum_{i=0}^{d} q_i \prod_{\substack{0\leqslant j\leqslant d\\ j\neq i}} \frac{x-j}{i-j}$$

满足$Q(i)=q_i(i=0,1,2,\cdots,d)$，这个多项式称为拉格朗日插值多项式，我们将证明：对所有的$n\geqslant 0$，有$q_n=Q(n)$.

Q的系数显然都是有理数，设$k\geqslant 1$是Q的所有系数的公分母. 令$r_n=K(Q(n)-q_n)$，则$r_i=0$，对$i=0,1,\cdots,d$成立. 因为对任一整系数多项式$L(x)$和任意两个不相同的整数$m,n,m-n$整除$L(m)-L(n)$，又已知$m-n$整除q_m-q_n，所以$m-n$整除r_m-r_n，对所有$m>n\geqslant 0$成立.

因为$|r_n|\leqslant K(|Q(n)|+|q_n|)<K(|Q(n)|+p(n))$，所以存在充分大的正整$a,b$，使得对$n\geqslant 0$

$$|r_n|<an^d+b \qquad ①$$

另一方面，对任意$n>d$与$0\leqslant i\leqslant d$，$n-i$整除$r_n-r_i=r_n$. 所以$n,n-1,\cdots,n-d$的最小公倍数M_n整除r_n. 由于最大公约数$(n-i,n-j)=(n-i,j-i)$整除$j-i(0\leqslant i\leqslant j\leqslant d)$，所以$\prod\limits_{0\leqslant i<j\leqslant d}(n-i,n-j)\leqslant \prod\limits_{0\leqslant i<j\leqslant d}(j-i)=A$，$A$是仅与$d$有关的常数. 易知$M_n>\dfrac{n(n-1)\cdots(n-d)}{\prod\limits_{0\leqslant i<j\leqslant d}(n-i,n-j)}$（设一素因数$p$在$n,n-1,\cdots,n-d$中次数分别为$a_0,a_1,\cdots,a_d$，$a_t=\max\limits_{0\leqslant i\leqslant d} a_i$，则$a_t=a_0+a_1+\cdots+a_d-\sum\limits_{i\neq t}\min(a_t,a_i)$. a_t是p在M_n中的次数，而$a_0+a_1+\cdots+a_d$是p在

$n(n-1)\cdots(n-d)$ 中的次数, $\sum\limits_{i\neq t}\min(a_t,a_i)$ 小于 p 在 $\prod\limits_{0\leqslant i<j\leqslant d}(n-i,n-j)$ 中的次数), 所以 $M_n>\dfrac{n(n-1)\cdots(n-d)}{A}$. 由于 $n(n-1)\cdots(n-d)$ 是 n 的 $d+1$ 次多项式, 所以 $n\geqslant N$, N 充分大时 $M_n>an^d+b$. 结合式①及 M_n 整除 r_n 便得 $n\geqslant N$ 时 $r_n=0$.

对 $N>n>d$, 取 $m\geqslant N$, 则 $r_m-r_n=-r_n$. $m-n$ 整除 r_m-r_n, 所以 $m-n$ 整除 r_n. 由于 m 可任意大, 所以此时亦有 $r_n=0$.

于是, 一切 $r_n=0(n\geqslant 0)$, 即对所有 n, $Q(n)=q_n$.

5 一个社团内, 每一对人不是友好就是敌对. 设这个社团共有 n 个人和 q 个友好对子, 并在任意三人中至少有一对人是敌对的, 证明: 这个社团中至少有一个成员, 他的敌人所组成的集合中友好对子不多于 $q\left(1-\dfrac{4q}{n^2}\right)$.

证明 将 n 个人用 n 个点表示. 对友好对子. 用边联结相应的两个点, 并称它们为相邻的. 点 ω 引出的边数记为 $\deg\omega$. 易知

$$\sum_{\text{所有}\omega}\deg v=2q \qquad ①$$

因为

$$\sum_{\text{所有}\omega}\sum_{v\text{与}\omega\text{相邻}}\deg v=\sum_{\text{所有}v}\deg v\sum_{\omega\text{与}v\text{相邻}}1=$$

$$\sum_{\text{所有}v}(\deg v)^2\geqslant\frac{\left(\sum\limits_{\text{所有}v}\deg v\right)^2}{\sum\limits_{\text{所有}v}1^2}=\frac{4q^2}{n}$$

所以必有一个 ω_0 满足

$$\sum_{v\text{与}\omega_0\text{相邻}}\deg v\geqslant\frac{4q^2}{n^2} \qquad ②$$

式②左边表示一类友好对子的个数, 这类友好对子中总有一个人与 ω_0 友好(由于每三个人中至少有一对人是敌对的, 所以没有发生重复计算). 于是 $q-\sum\limits_{v\text{与}\omega_0\text{相邻}}\deg v$ 表示另一类友好对子的个数, 即 ω_0 的敌人中, 友好对子的个数. 由式②, 这类友好对子的个数 $\leqslant q\left(1-\dfrac{4q}{n^2}\right)$.

第 25 届美国数学奥林匹克

1 证明:数 $n\sin n^\circ(n=2,4,6,\cdots,180)$ 的平均值是 $\cot 1^\circ$.

证明

$$\sin 1^\circ\times 2\sum_{k=1}^{90}k\sin 2k^\circ=$$

$$\sum_{k=1}^{90}k[\cos(2k-1)^\circ-\cos(2k+1)^\circ]=$$

$$\sum_{k=1}^{90}\cos(2k-1)^\circ-90\cos 181^\circ=$$

$$\frac{-1}{2\sin 1^\circ}\sum_{k=1}^{90}[\sin(2k-2)^\circ-\sin(2k)^\circ]+90\cos 1^\circ=$$

$$\frac{-1}{2\sin 1^\circ}(\sin 0^\circ-\sin 180^\circ)+90\cos 1^\circ=90\cos 1^\circ$$

所以

$$\frac{1}{90}\sum_{k=1}^{90}2k\sin 2k^\circ=\cot 1^\circ$$

2 对任意非空实数集 S,令 $\sigma(S)$ 为 S 的元素之和. 已知 n 个正整数的集 A,考虑 S 跑遍 A 的非空子集时,所有不同和 $\sigma(S)$ 的集. 证明:这些和可以分为 n 类,每一类中最大的和与最小的和的比不超过 2.

证明 设 $A=\{a_1,a_2,\cdots,a_n\}$, $a_1<a_2<\cdots<a_n$. 令

$$f_j=a_1+a_2+\cdots+a_j, e_j=\max\{a_j,f_{j-1}\}$$

则

$$f_j=f_{j-1}+a_j\leqslant 2e_j\quad(1\leqslant j\leqslant n)$$

每个和 $a_{i_1}+a_{i_2}+\cdots+a_{i_t}$, $i_1<i_2<\cdots<i_t$,必在某个区间 $(f_{j-1},f_j]$ 中. 因为

$$a_{i_1}+a_{i_2}+\cdots+a_{i_t}>f_{j-1}=a_1+a_2+\cdots+a_{j-1}$$

所以

$$i_t\geqslant j$$

从而

$$a_{i_1}+a_{i_2}+\cdots+a_{i_t}\geqslant a_j$$

于是

$$a_{i_1}+a_{i_2}+\cdots+a_{i_t}\in[e_j,f_j]$$

这样 $\sigma(S)$ 被分为 n 个类,在 e_j 与 f_j 之间的和为第 j 类(1 ≤

$j \leqslant n$），f_j 本身在第 j 类，而 $e_j = f_{j-1}$ 时，e_j 不在第 j 类；$e_j > f_{j-1}$ 时，e_j 在第 j 类. 每一类中最大的和与最小的和的比不超过 2.

3 已知 $\triangle ABC$. 证明：存在一条直线 l（在 $\triangle ABC$ 所在平面内），使得 $\triangle ABC$ 关于 l 的对称图形 $\triangle A'B'C'$ 与 $\triangle ABC$ 的公共部分，面积大于 $\triangle ABC$ 面积的 $\frac{2}{3}$.

证明 设 AD 为 $\angle BAC$ 的平分线，则 B，C 关于 AD 的对称点 B'，C' 分别在直线 AC，AB 上，如图 25.1 所示. 而且由对称性，$B'C'$ 过 D.

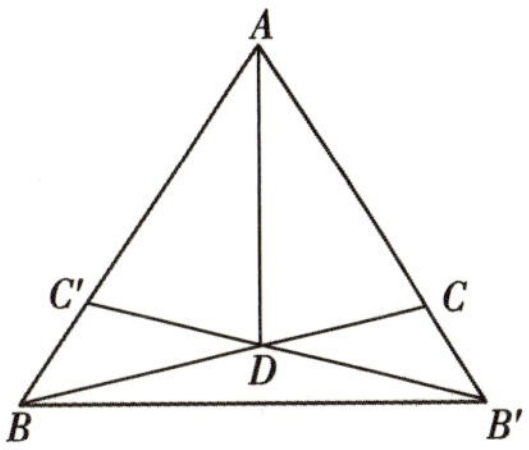

图 25.1

不妨设 $AB = c \geqslant b = AC \geqslant a = BC$. 因为

$$S_{\triangle BDC'} = \frac{BC'}{AB} \times \frac{BD}{BC} S_{\triangle ABC} = \frac{(c-b)}{c} \times \frac{c}{c+b} S_{\triangle ABC} = \frac{c-b}{c+b} S_{\triangle ABC}$$

所以

$$S_{\text{四边形}AC'DC} = \left(1 - \frac{c-b}{c+b}\right) S_{\triangle ABC} = \frac{2b}{c+b} S_{\triangle ABC}$$

而 $2b \geqslant b + a > c$，所以 $\frac{2b}{c+b} > \frac{2}{3}$.

于是直线 AD 就是所求的直线 l.

4 n 项的 0－1 序列 $(x_1, x_2, \cdots, x_n)$ 称为长为 n 的二元序列. a_n 为无连续三项成 0，1，0 的、长为 n 的二元序列的个数. b_n 为无连续四项成 0，0，1，1 或 1，1，0，0 的、长为 n 的二元序列的个数. 证明：对每一正整数 n，$b_{n+1} = 2a_n$.

证明 对任一 $n+1$ 项的 0－1 序列 $y = (y_1, y_2, \cdots, y_{n+1})$，令它与 n 项的 0－1 序列 $x = (x_1, \cdots, x_n)$ 对应，其中

$$x_i \equiv y_i + y_{i+1} \pmod 2 \quad ①$$

显然这样的 x 由 y 唯一确定.

反过来，对任意一个 n 项的 0－1 序列 $x = (x_1, \cdots, x_n)$ 及 $y_1 = 0$ 或 1，有一个 $n+1$ 项的 0－1 序列 $y = (y_1, y_2, \cdots, y_{n+1})$，其中

$$y_{i+1} \equiv y_i + x_i \pmod 2 \quad ②$$

由于这时 $y_j + y_{j+1} \equiv y_j + y_j + x_j \equiv x_j \pmod 2$，所以由同余式 ② 定义的对应恰好是同余式 ① 的逆对应.

在由同余式 ① 定义的对应中，连续四项 0011 或 1100 产生连续三项 010. 反之，由同余式 ② 定义的对应，连续三项 010 产生连续四项 0011 或 1100.

于是 a_n 个所述 n 项无连续三项成 010 的序列，每个恰好与两个无连续四项成 0011 或 1100 的所述 $n+1$ 项序列对应. 从而 $b_{n+1}=2a_n$.

5 $\triangle ABC$ 具有下面性质：存在一个内部的点 P 使 $\angle PAB=10°$，$\angle PBA=20°$，$\angle PCA=30°$，$\angle PAC=40°$. 证明：$\triangle ABC$ 是等腰三角形.

证明 作 AC 边上的高 BD，又作 AQ 使 $\angle QAD=30°$，AQ 交 BD 于 Q，连 PQ. 设直线 PQ 交 AC 于 C'.

因为 $\angle BAD=10°+40°=50°$，所以 $\angle ABD=90°-50°=40°$，$\angle PBQ=40°-\angle PBA=20°=\angle PBA$，$\angle PAQ=\angle PAC-\angle QAD=10°=\angle PAB$，从而 P 是 $\triangle ABQ$ 的内心，则

$$\angle PQA=\angle PQB=\frac{180°-40°-20°}{2}=60°$$

$$\angle PC'A=\angle PQA-\angle QAC=30°$$

而 $\angle PCA=30°$，所以 C' 与 C 重合. 从而 $QA=QC$，QD 平分 AC，$BA=BC$.

6 确定（并证明）是否有整数集的子集 X 具有下面的性质：对任意整数 n，恰有一组 $a,b\in X$，使 $a+2b=n$.

解 这样的 X 存在. 首先令 $X_2=\{0,1\}$. 假设已有 $X_k=\{a_1,a_2,\cdots,a_k\}$，使得 $a_i+2a_j(1\leqslant i,j\leqslant k)$ 互不相同. 令 $S_k=\{a_i+2a_j \mid 1\leqslant i,j\leqslant k\}$. 对任一不属于 S_k 的整数 n，取正整数 a_{k+1}，又令 $a_{k+2}=-2a_{k+1}+n$.

只要 a_{k+1} 充分大，对 $1\leqslant i,j,s,t\leqslant k$，有 $3a_{k+1}>a_s+2a_{k+1}>a_{k+1}+2a_i>n>a_{k+2}+2a_j>a_{k+1}+2a_{k+2}>a_t+2a_{k+2}>3a_{k+2}$，而且 $a_{k+1}+2a_i$ 大于 S_k 中一切正数，$a_{k+2}+2a_j$ 小于 S_k 中一切负数. 于是，对

$$X_{k+2}=\{a_{k+1},a_{k+2}\}\cup X_k$$

中任意两数 $a,b,a+2b$ 互不相同. 令

$$X=X_2\cup X_4\cup\cdots\cup X_{2k}\cup_{2k+2}\cup\cdots$$

则 X 满足要求.

第 26 届美国数学奥林匹克

1 令 $p_1,p_2,p_3,\cdots$ 为依递增次序排列的全体素数，实数 x_0 在 0,1 之间，对正整数 k，定义

$$x_k=\begin{cases}0 & (\text{若 } x_{k-1}=0)\\ \left\{\dfrac{p_k}{x_{k-1}}\right\} & (\text{若 } x_{k-1}\neq 0)\end{cases}$$

其中 $\{x\}=x-[x]$ 表示 x 的小数部分. 求出所有适合 $0<x_0<1$，并使序列 $x_0,x_1,x_2,\cdots$ 最终成为 0 的 x_0，并予以证明.

解 如果 x_0 是有理数 $\dfrac{n}{m}$，n,m 为自然数，$n<m$，那么 $\left\{\dfrac{p_1}{x_0}\right\}=\left\{\dfrac{p_1m}{n}\right\}$ 是一个分数，分母为 n 或 n 的约数，因此 x_1 仍是有理数，在 0,1 之间，并且分母小于 x_0 的分母. 类似地，x_k 为有理数，分母严格小于 x_{k-1} 的分母 $(k=1,2,\cdots)$. 于是，经有限多步后，序列成为 0.

如果 x_0 是无理数，那么 $\dfrac{p_1}{x_0}$ 是无理数，去掉整数 $\left[\dfrac{p_1}{x_0}\right]$ 也是无理数，即 x_1 是无理数. 类似地，$x_k(k=1,2,\cdots)$ 都是无理数，序列永远不会为 0.

2 分别以 $\triangle ABC$ 的边 BC,CA,AB 为底向外作等腰 $\triangle BCD$，CAE,ABF. 证明：分别过 A,B,C 作 EF,FD,DE 的垂线，这三条垂线共点.

证明 分别以 D,E,F 为圆心，DB,EC,FA 为半径作圆.

圆 E，圆 F 的公共弦，圆 F，圆 D 的公共弦，圆 D，圆 E 的公共弦（所在直线）即分别过 A,B,C 所作的 EF,FD,DE 的垂线.

熟知三条公共弦交于一点，这点（即三圆的根心）对于三个圆的幂相等. 因此本题结论成立.

3 证明:对任意整数 n,存在一个唯一的多项式 $Q(x)$,系数 $\in\{0,1,\cdots,9\}$,$Q(-2)=Q(-5)=n$.

证明 如果多项式 $f(x)$ 与 $g(x)$ 在 $x=-2$ 与 -5 时值均相等,就记成 $f(x)=g(x)$,如 $x^2+7x+10=0$.

在 $n\in\{0,1,\cdots,9\}$ 时,常数 n 就是满足要求的多项式 $Q(x)$. 在 $n=10$ 时,$Q(x)=x^3+6x^2+3x$ 满足要求,将它简记为 $(0,3,6,1)$. 一般的,$Q(x)=a_kx^k+\cdots+a_0$ 简记为 $(a_0,a_1,\cdots,a_k)$.

设 $Q(x)=(a_0,a_1,\cdots,a_k)$ 的系数 $\in\{0,1,2,\cdots,9\}$,我们证明存在多项式 $P(x)$,系数 $\in\{0,1,2,\cdots,9\}$,并且 $P(x)=Q(x)+1$,$P(x)$ 的系数和也等于 $Q(x)$ 的系数和加 1. 为此对 $Q(x)$ 的系数和 $a_0+a_1+\cdots+a_k$ 进行归纳,奠基显然. 设对系数和较小的多项式结论已经成立.

若 $a_0<9$,结论显然. 若 $a_0=9$,则

$$(a_0,a_1,\cdots,a_k)+1=(0,a_1,\cdots,a_k)+(0,3,6,1)$$

(1) 若 $3+a_1\leqslant 9$,则

$$(0,a_1,\cdots,a_k)+(0,3,6,1)=$$
$$(0,a_1+3,a_2,\cdots,a_k)+(0,0,6,1)$$

对多项式 $(a_2,a_3,\cdots,a_k)$ 运用归纳假设,得多项式 $(a_2',a_3',\cdots,a_h')=(a_2,a_3,\cdots,a_k)+1$. 继续对所得多项式用归纳假设,直至得到

$$(a_2^{(6)},\cdots,a_t^{(6)})=(a_2,a_3,\cdots,a_k)+6$$

再用归纳假设得

$$(a_2^{(6)},a_3^{(6)},\cdots,a_t^{(6)})+(0,1)=(a_2^{(7)},a_3^{(7)},\cdots,a_r^{(7)})$$

多项式 $(0,a_1+3,a_2^{(7)},a_3^{(7)},\cdots,a_r^{(7)})$ 即为所求的 $P(x)$.

(2) 若 $3+a_1\geqslant 10$,则令

$$a_1'=a_1-7$$
$$(0,a_1,\cdots,a_k)+(0,3,6,1)=$$
$$(0,a_1',a_2,\cdots,a_k)+(0,0,9,7,1)$$

在 $a_2=0$ 时,$(0,a_1',a_2,\cdots,a_k)+(0,0,9,7,1)=(0,a_1',9,a_3,\cdots,a_k)+(0,0,0,7,1)$,情况与(1)类似.

在 $a_2\geqslant 1$ 时,$a_2'=a_2-1$,则

$$(0,a_1',a_2,\cdots,a_k)+(0,0,9,7,1)=$$
$$(0,a_1',a_2',a_3,\cdots,a_k)+(0,0,10,7,1)=$$
$$(0,a_1',a_2',a_3,\cdots,a_k)$$

最后一步利用了 $10+7x+x^2=0$.

另一方面,设 $Q(x)=(a_0,a_1,\cdots,a_k)$ 的系数 $\in\{0,1,2,\cdots,9\}$,可以证明存在多项式 $R(x)$,系数 $\in\{0,1,2,\cdots,9\}$,并且 $R(x)=Q(x)-1$. 这只要注意

$$Q(x)-1=Q(x)+(9,7,1)$$

再多次利用上面关于 $Q(x)+1$ 的结果即得. 因此,对一切整数 n,均有合乎要求的多项式 $Q(x)$ 存在.

如果又有多项式 $Q_1(x)$ 满足要求,设

$$Q(x)-Q_1(x)=(b_0,b_1,\cdots,b_k),b_i\in\{0,\pm1,\cdots,\pm9\}$$
$$0\leqslant i\leqslant k$$

由 $Q(-2)-Q_1(-2)=0$ 得 $2\mid b_0$. 同理,$5\mid b_0$,所以 $10\mid b_0$. 但 $|b_0|<10$,所以 $b_0=0$.

于是 $b_k(-2)^k+\cdots+b_1(-2)=0$,从而 $2^2\mid 2b_1$,$2\mid b_1$. 同理 $5\mid b_1$. 所以 $b_1=0$.

依此类推,可得 $b_2=\cdots=b_k=0$. 从而合乎条件的 $Q(x)$ 是唯一的.

4 切一个凸 n 边形只选出一个相邻的边 AB,BC,切去 $\triangle MBN$ 得出一个凸 $n+1$ 边形,其中 M,N 分别为 AB,BC 的中点. 一个正六边形 P_6,面积为 1,切成七边形 P_7,再将 P_7(用七种可能的切法之一)切成八边形 P_8,如此继续下去. 证明:不论怎么切,对所有 $n\geqslant6$,P_n 的面积大于$\frac{1}{3}$.

证明 一个凸 n 边形,任意一顶点 A 有两个相邻顶点 B,C,称线段 BC 为小对角线.

设 P_6 为正六边形 $ABCDEF$,如图 26.1 所示,它的小对角线围成一个六边形 $A_1B_1C_1D_1E_1F_1$,简记为 S,易知它是正六边形,外接圆半径 OA_1 是 O 到 AF 的距离的$\frac{2}{3}$,即$\frac{\sqrt{3}}{3}OA$ 的,所以正六边形 S 的面积为$\frac{1}{3}P_6=\frac{1}{3}$.

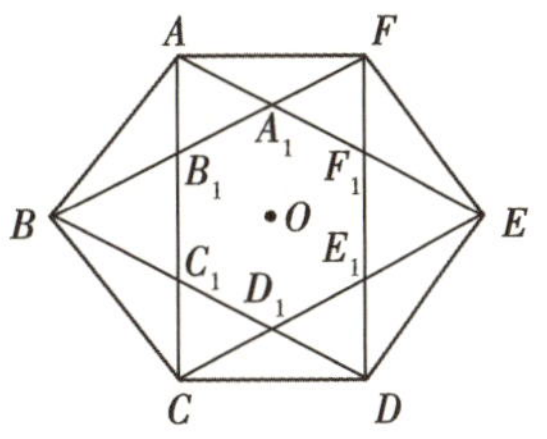

图 26.1

显然 P_6 严格含有 S 并且小对角线不经过 S 的内部. 假设 $P_n(n\geqslant6)$ 严格含有 S 并且小对角线不经过 S 的内部. 如图 26.2 所示,所切的一刀切去 $\triangle LM'N'$,其中 M',N' 分别为 P_n 的边 LM,LN 的中点. 这样 P_{n+1} 新增加的小对角线 $M'N$ 在 $\triangle LMN$ 内,$M'K$ 在 $\triangle LMK$ 内(K 是与 M 相邻的顶点). LK,MN 均不过 S 的内部,所以 $M'N$,$M'K$ 也都不过 S 的内部. 同样过 N' 的小对角线也是如此. 于是 P_{n+1} 严格含有 S 并且小对角线不过 S 内部.

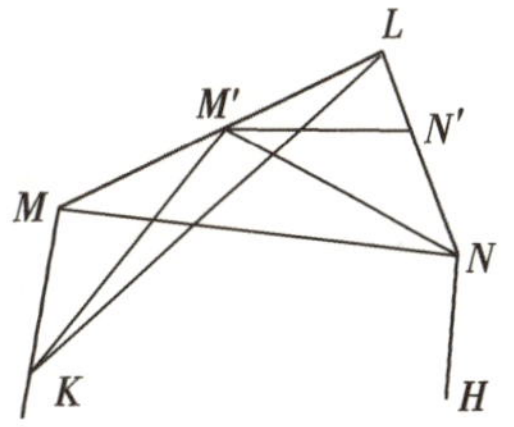

图 26.2

一切 $P_n(n\geqslant6)$ 都严格含有 S,因而面积大于$\frac{1}{3}$.

5 证明:对所有正实数 a,b,c,有

$$(a^3+b^3+abc)^{-1}+(b^3+c^3+abc)^{-1}+(c^3+a^3+abc)^{-1}\leqslant(abc)^{-1}$$

证法 1 去分母并化简,原式等价于

$$a^6(b^3+c^3)+b^6(c^3+a^3)+c^6(a^3+b^3)\geqslant 2a^2b^2c^2(a^3+b^3+c^3) \quad ①$$

由对称性,不妨设 $a\geqslant b\geqslant c$.

因为

$$2a^2b^2c^2(a^3+b^3+c^3)\leqslant (a^4+b^4)c^5+(b^4+c^4)a^5+(c^4+a^4)b^5$$

而

$$\begin{aligned}&a^6(b^3+c^3)+b^6(c^3+a^3)+c^6(a^3+b^3)-(a^4+b^4)c^5-(b^4+c^4)a^5-(c^4+a^4)b^5=\\&a^5b^3(a-b)+a^5c^3(a-c)-b^5a^3(a-b)+b^5c^3(b-c)-c^5a^3(a-c)-c^5b^3(b-c)=\\&(a-b)a^3b^3(a^2-b^2)+(a-c)a^3c^3(a^2-c^2)+(b-c)b^3c^3(b^2-c^2)\geqslant 0\end{aligned}$$

所以不等式 ① 成立.

证法 2[①] 因为 a,b,c 是正实数,所以

$$a^3+b^3\geqslant a^2b+ab^2,b^3+c^3\geqslant b^2c+bc^2,c^3+a^3\geqslant c^2a+ca^2$$

于是

$$\begin{aligned}&\frac{1}{a^3+b^3+abc}+\frac{1}{b^3+c^3+abc}+\frac{1}{c^3+a^3+abc}\leqslant\\&\frac{1}{a^2b+ab^2+abc}+\frac{1}{b^2c+bc^2+abc}+\frac{1}{a^2c+ac^2+abc}=\\&\frac{1}{ab(a+b+c)}+\frac{1}{bc(b+c+a)}+\frac{1}{ca(c+a+b)}=\\&\frac{c+a+b}{abc(a+b+c)}=\frac{1}{abc}\end{aligned}$$

原不等式当且仅当 $a=b=c$ 时等号成立.

证法 3

$$\frac{1}{a^3+b^3+abc}+\frac{1}{b^3+c^3+abc}+\frac{1}{c^3+a^3+abc}\leqslant\frac{1}{abc}$$

等价于

$$\frac{abc}{a^3+b^3+abc}+\frac{abc}{b^3+c^3+abc}+\frac{abc}{c^3+a^3+abc}\leqslant 1$$

---

① 此题证法 2、证法 3 属于蔡玉书数学工作室.

由柯西不等式得

$$\left(\frac{a^2}{b}+\frac{b^2}{a}\right)(b+a)\geqslant(a+b)^2$$

所以

$$\frac{a^2}{b}+\frac{b^2}{a}\geqslant a+b$$

从而

$$\frac{abc}{a^3+b^3+abc}=\frac{c}{\frac{a^2}{b}+\frac{b^2}{a}+c}\leqslant\frac{c}{a+b+c}$$

同理

$$\frac{abc}{b^3+c^3+abc}\leqslant\frac{a}{a+b+c},\frac{abc}{c^3+a^3+abc}\leqslant\frac{b}{a+b+c}$$

相加得到

$$\frac{abc}{a^3+b^3+abc}+\frac{abc}{b^3+c^3+abc}+\frac{abc}{c^3+a^3+abc}\leqslant 1$$

2000 年澳门数学奥林匹克试题是这道试题的等价形式:设 a,b,c 为三个正实数,且 $abc=1$,求证:$\frac{1}{a+b+1}+\frac{1}{b+c+1}+\frac{1}{c+a+1}\leqslant 1$.

类似地,可以证明:第 37 届 IMO 预选试题:

a,b,c 是正实数,且 $abc=1$,证明:$\frac{ab}{a^5+b^5+ab}+\frac{bc}{b^5+c^5+bc}+\frac{ca}{c^5+a^5+ca}\leqslant 1$.

证明 因为 a,b,c 是正实数,所以

$$a^5+b^5\geqslant a^3b^2+a^2b^3$$
$$b^5+c^5\geqslant b^3c^2+b^2c^3$$
$$c^5+a^5\geqslant c^3a^2+c^2a^3$$

又 $abc=1$,所以

$$a^5+b^5+ab=a^5+b^5+a^2b^2c\geqslant a^3b^2+a^2b^3+a^2b^2c=a^2b^2(a+b+c)$$

所以

$$\frac{ab}{a^5+b^5+ab}\leqslant\frac{1}{ab(a+b+c)}=\frac{c}{abc(a+b+c)}=\frac{c}{a+b+c}$$

同理

$$\frac{bc}{b^5+c^5+bc}\leqslant\frac{a}{a+b+c},\frac{ca}{c^5+5^5+ca}\leqslant\frac{b}{a+b+c}$$

故

$$\frac{ab}{a^5+b^5+ab}+\frac{bc}{b^5+c^5+bc}+\frac{ca}{c^5+a^5+ca}\leqslant$$
$$\frac{c}{a+b+c}+\frac{a}{a+b+c}+\frac{b}{a+b+c}=1$$

原不等式当且仅当 $a=b=c=1$ 时等号成立.

6 设非负整数 $a_1,a_2,\cdots,a_{1\,997}$ 满足

$$a_i+a_j\leqslant a_{i+j}\leqslant a_i+a_j+1$$

$(1\leqslant i,j,i+j\leqslant 1\,997)$. 证明:存在实数 x,对所有 $1\leqslant n\leqslant 1\,997$,满足 $a_n=[nx]$.

证明 我们证明对任意不超过 1 997 的自然数 m,n

$$ma_n+m>na_m \quad ①$$

在 $m=n$ 时不等式①显然成立,在 $m=2,n=1$ 或 $m=1,n=2$ 时,不等式①也显然成立. 假设在 m,n 都小于 $k(3\leqslant k\leqslant 1\,997)$ 时,不等式①成立. 考虑 m,n 中较大的为 k 的情况.

若 $m=k$,设 $m=qn+r$,q 为自然数,$0\leqslant r<n$. 由已知

$$a_m\leqslant a_{qn}+a_r+1\leqslant a_{(q-1)n}+a_n+a_{r+2}\leqslant\cdots\leqslant$$
$$a_n+(q-1)a_n+a_r+q=qa_n+a_r+q$$

于是利用归纳假设 $ra_n+r>na_r$,便有

$$na_m\leqslant nqa_n+na_r+nq=ma_n+m-(ra_n-na_r+r)<$$
$$ma_n+m$$

若 $n=k$,设 $n=qm+r$,q 为自然数,$0\leqslant r<m$. 由已知

$$a_n\geqslant a_{qm}+a_r\geqslant a_{(q-1)m}+a_m+a_r\geqslant\cdots\geqslant qa_m+a_r$$

于是利用归纳假设 $ma_r+m>ra_m$,便有

$$ma_n+m\geqslant mqa_m+ma_r+m=na_m+ma_r+m-ra_m>na_m$$

因此恒有不等式①成立,即

$$\frac{a_n+1}{n}>\frac{a_m}{m}$$

取 $x=\max\limits_{1\leqslant m\leqslant 1\,997}\frac{a_m}{m}$,则对任意自然数 $1\leqslant n\leqslant 1\,997$,且

$$\frac{a_n}{n}\leqslant x<\frac{a_n+1}{n}$$

即 $[nx]=a_n$.

第 27 届美国数学奥林匹克

1 设集合$\{1,2,3,\cdots,1\,998\}$被分为 999 个彼此不交的二元子集$\{a_i,b_i\}$，并且对$1\leqslant i\leqslant 999$. 均有$|a_i-b_i|=1$或6. 证明：和数$\sum_{i=1}^{999}|a_i-b_i|$的末尾数字为 9.

证明 由条件，对任意$1\leqslant i\leqslant 999$，均有$|a_i-b_i|\equiv 1\pmod 5$，所以，和数$S=\sum_{i=1}^{999}|a_i-b_i|\equiv 999\equiv 4\pmod 5$. 这表明，$S$的末尾数字只能为 4 或 9；另一方面，$S=\sum_{i=1}^{999}|a_i-b_i|\equiv\sum_{i=1}^{999}(a_i+b_i)=\sum_{i=1}^{999}i\equiv 1\pmod 2$. 这表明$S$为奇数. 综上可知$S$的末尾数字只能为 9.

2 已知C_1和C_2是两个同心圆（C_2在C_1内），如图 27.1 所示，点A为C_1上任意一点，过A引C_2的切线AB（$B\in C_2$），交C_1于另一点C. 取AB的中点D，过A引一条直线交C_2于点E和F，使得DE和CF的中垂线交于AB上的一点M. 求$\frac{AM}{MC}$的值，并予以证明.

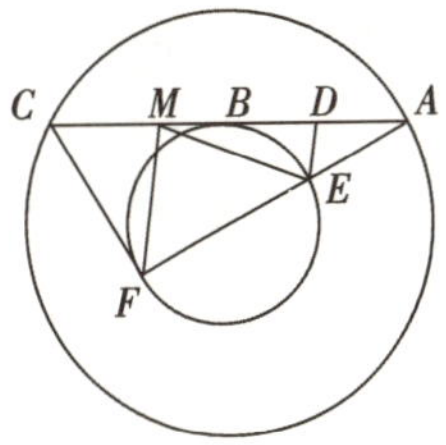

图 27.1

解 由条件，$AE\cdot AF=AB^2=AD\cdot AC$，所以$C,D,E,F$四点共圆. 而点$D,E,F$在以$M$为圆心，$MD$为半径的圆上，这表明$MC=MD$，由此可得$\frac{AM}{MC}=\frac{5}{3}$.

3 设$\alpha_0,\alpha_1,\cdots,\alpha_n\in\left(0,\frac{\pi}{2}\right)$，使得$\sum_{i=0}^{n}\tan\left(\alpha_i-\frac{\pi}{4}\right)\geqslant n-1$. 求证：$\prod_{i=0}^{n}\tan\alpha_i\geqslant n^{n+1}$.

证明 由条件,可得

$$\sum_{i=0}^{n}\frac{\tan\alpha_i-1}{\tan\alpha_i+1}\geqslant n-1$$

由此可得

$$\sum_{i=0}^{n}\frac{1}{1+\tan\alpha_i}\leqslant 1$$

我们设 $y_i=\frac{1}{1+\tan\alpha_i}$,则 $\tan\alpha_i=\frac{1-y_i}{y_i}$,其中 $y_i>0$,且 $\sum_{i=0}^{n}y_i\leqslant 1$. 于是

$$\prod_{i=0}^{n}\tan\alpha_i\prod_{i=0}^{n}\frac{1-y_i}{y_i}\geqslant\prod_{i=0}^{n}\left(\sum_{j\neq i}\frac{y_j}{y_i}\right)\geqslant$$

$$\prod_{i=0}^{n}\left(n\left(\prod_{j\neq i}\frac{y_j}{y_i}\right)^{\frac{1}{n}}\right)=n^{n+1}\prod_{i=0}^{n}\frac{\prod_{j\neq i}y_j^{\frac{1}{n}}}{y_i}=n^{n+1}$$

从而,命题成立.

4 一电脑屏幕上显示了一个 98×98 的棋盘,其格子依常用方式染色(类似于国际象棋棋盘,进行黑白染色). 允许用鼠标任意选择一个矩形(矩形的边都在格子线上),然后按鼠标键,则被选中的矩形中的每个小方格改变颜色(黑变白,白变黑). 求出并证明:至少需要多少次上述操作,才能使棋盘上的格子均同色.

解 最少需要经过98次上述操作,才能使棋盘上的格子均同色.

事实上,如果我们依次选取第2行、第4行、……、第98行操作,然后,再选取第2列、第4列、……、第98列操作,这样经过98次操作后,棋盘上的格子均同色,因而98次是足够的. 下证:至少需经过98次操作.

首先,对于 1×98 的棋盘,依常用方式染色后,我们说至少要经过49次上述操作,才能使此 1×98 的棋盘的方格均同色,这是因为:对这个 1×98 的棋盘进行的任何两个有公共方格的操作,均可在去掉公共方格后,换为两次没有公共方格的操作,而达到同样的效果,所以,可认为任何两次操作都没有公共方格. 而由于要改变颜色的49个方格是不相邻的,从而至少需经过49次操作,才能使 1×98 的棋盘同色.

其次,对 98×98 的棋盘进行操作,不妨设最后棋盘上的格子均与左上角 A 同色(否则将棋盘旋转 $90°$ 再讨论). 考虑对表格中,

第一行及第一列中起作用的操作，这些操作中，有公共部分方格的两次操作结束后，公共部分的方格不改变颜色，只考虑第一行与第一列中方格的改变颜色情况时，这两次操作也可分为两次无公共方格的操作（如图 27.2 所示，给出的操作 $XYZW$ 与 $XBCD$ 等价于进行操作 $BYZE$ 和 $WECD$，它们无公共方格，其他情形类似），当把这些操作，只取其落在第一行与第一列内的子操作时，它们应使第一行与第一列中的方格变为与 A 格同色. 由前面的讨论，第一行要变为与 A 同色需 49 次，第一列要变为与 A 同色也需 49 次，所以共需 98 次操作.

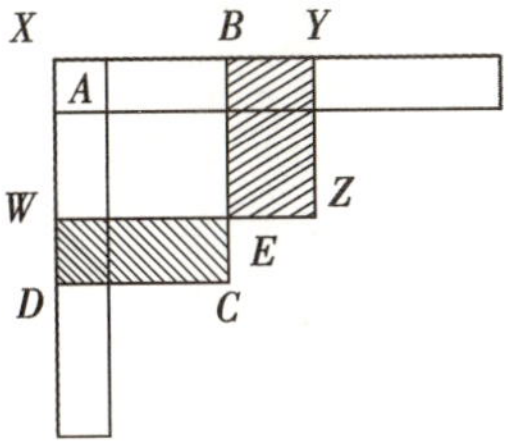

图 27.2

5 证明：对任意 $n\in\mathbf{N}, n\geqslant 2$，存在一个由 n 个整数构成的集合 S，使得对 S 中的任意两个不同的数 a,b，均有 $(a-b)^2\mid ab$.

证明　我们对 n 采用归纳的构造.

当 $n=2$ 时，取 $S_2=\{1,2\}$ 即可.

设 $n=k$ 时，存在含 k 个元素的集合 $S_k=\{a_1,\cdots,a_k\}$ 满足条件，即对任意 $1\leqslant i<j\leqslant k$，均有 $(a_i-a_j)^2\mid a_ia_j$.

令 $A=a_1\cdots a_k$，考虑如下的 $k+1$ 个数

$$A, A+a_1, A+a_2, \cdots, A+a_k$$

构成的集合 S_{k+1}. 容易验证 S_{k+1} 满足题中的条件.

6 设 $n\geqslant 5, n\in\mathbf{N}$，求最大的正整数 k（用 n 表示），使得存在一个凸 n 边形 $A_1A_2\cdots A_n$，其中恰存在 k 个四边形 $A_iA_{i+1}A_{i+2}A_{i+3}$，它们都有内切圆，这里 $A_{n+i}=A_i$.

解　满足条件的最大正整数 $k=\left[\dfrac{n}{2}\right]$.

先证：$k\leqslant\left[\dfrac{n}{2}\right]$.

事实上，我们可以证明，四边形 $A_iA_{i+1}A_{i+2}A_{i+3}$ 与四边形 $A_{i+1}A_{i+2}A_{i+3}A_{i+4}$ 不同时具有内切圆.

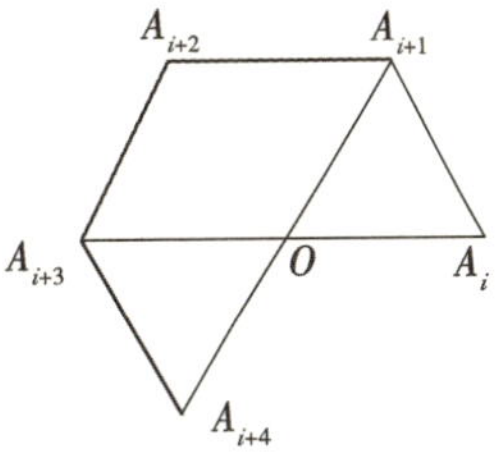

图 27.3

如图 27.3 所示，如果图中四边形 $A_iA_{i+1}A_{i+2}A_{i+3}$ 与四边形 $A_{i+1}A_{i+2}A_{i+3}A_{i+4}$ 都具有内切圆，则

$$A_iA_{i+1}A_{i+2}A_{i+3}=A_{i+1}A_{i+2}A_{i+3}A_i$$
$$A_{i+1}A_{i+2}A_{i+3}A_{i+4}=A_{i+2}A_{i+3}A_{i+1}A_{i+4}$$

两式相加，应有

$$A_iA_{i+1}+A_{i+3}A_{i+4}=A_{i+1}A_{i+4}+A_iA_{i+3}$$

但是，$A_{i+1}A_{i+4}+A_iA_{i+3}=A_iO+A_{i+1}O+A_{i+3}O+A_{i+4}O>A_iA_{i+1}+$

$A_{i+3}A_{i+4}$，矛盾.

由上述结论可知，有内切圆的四边形 $A_iA_{i+1}A_{i+2}A_{i+3}$ 由边 $A_{i+1}A_{i+2}$ 唯一确定，并且任意相邻两边（如 A_iA_{i+1}，$A_{i+1}A_{i+2}$）不能都是题中某个有内切圆的四边形的唯一确定边，这表明 $k \leqslant \left[\frac{n}{2}\right]$.

再证：当 $n \geqslant 5$ 时，可取满足条件的最大正整数 k 为 $\left[\frac{n}{2}\right]$.

若 n 为偶数，设 $n = 2m$，构造一个凸 $2m$ 边形 $A_1A_2\cdots A_{2m}$，使得此 $2m$ 边形的每个内角均等于 $\frac{m-1}{m}\pi$，且 $A_1A_2 = A_3A_4 = \cdots = A_{2m-1}A_{2m} = a$，$A_2A_3 = A_4A_5 = \cdots = A_{2m-2}A_{2m-1} = A_{2m}A_1 = b$，这里 $b = \frac{1}{1 + \cos\theta^{a}}$，$\theta = \frac{m-1}{m}\pi$，则此凸 n 边形有 m 个四边形 $A_iA_{i+1}A_{i+2}A_{i+3}$ $(i = 2, 4, \cdots, 2m)$ 有内切圆.

若 n 为奇数，设 $n = 2m - 1$，考虑上述的凸 $2m$ 边形，可在四边形 $A_{2m}A_1A_2A_3$ 中，取一点 P，使得四边形 $PA_3A_4A_5$ 和 $PA_{2m-2}A_{2m-1}A_{2m}$ 为有内切圆的四边形. 这时，凸 $2m-1$ 边形 $PA_3A_4\cdots A_{2m}$ 中有 $m-1$ 个满足条件的四边形.

综上所述，题中所求的最大值 k 为 $\left[\frac{n}{2}\right]$.

第 28 届美国数学奥林匹克

1 把一些棋子放置在一个 $n \times n$ 的棋盘上，满足如下条件：

（1）每个不含棋子的小方格均与含有棋子的小方格有一公共边；

（2）给出任意一对含有棋子的小方格，总有一系列包含有棋子的小方格、起始位置和终止位置是这一对小方格，使得其中任意两个连续的小方格都有公共边.

证明：至少需在棋盘上放置 $\frac{1}{3}(n^2-2)$ 个棋子.

证明 为叙述方便，用平面上的点代表放有棋子的格. 若两个放有棋子的格相邻，则在代表它们的两点间连一条直线，这样构成一个图. 由（2）知该图为连通图.

若一个放有棋子的格与一空格相邻，我们称这个有棋子的格"管住"该空格.

从我们已设好的图中可以看出，每个顶点至多分为四类，每一类点称为"度点"；每个一度点管住三个空格；每个二度点管住两个空格；每个三度点管住一个空格；每个四度点管不住空格. 设 i 度点的个数为 $v_i(i=1,2,3,4)$. 由（1）知棋盘上的方格要么是图中的点，要么至少被图中的点管住. 因此

$$v_1+v_2+v_3+v_4+v_3+2v_2+3v_1 \geqslant n^2$$

记 $v_1+v_2+v_3+v_4+v_3+2v_2+3v_1=f(v_1,v_2,v_3,v_4)$.

（ⅰ）若 $v_1 \leqslant 2$，则

$$n^2 \leqslant v_1+v_2+v_3+v_4-v_3+2v_2+2v_1+2 \leqslant$$
$$v_1+v_2+v_3+v_4+2v_4+2v_3+2v_2+2v_1+2$$

所以 $$n^2-2 \leqslant 3(v_1+v_2+v_3+v_4)$$

故 $$v_1+v_2+v_3+v_4 \geqslant \frac{n^2-2}{3}$$

（ⅱ）若 $v_1 \geqslant 3$，由于该图是连通图，则任意三个悬挂点中一定可找到两个悬挂点，它们各自所在的连通分支交汇于一个三度点或四度点.

若它们交汇于一个三度点，则令

$$v_1' = v_1 - 1, v_3' = v_3 - 1, v_2' = v_2 + 2$$

$$f(v_1', v_2', v_3', v_4') - f(v_1, v_2, v_3, v_4) = 0$$

若它们交汇于一个四度点,则令

$$v_1' = v_1 - 1, v_4' = v_4 - 1$$

$$v_3' = v_3 + 1, v_2' = v_2 + 1$$

$$f(v_1', v_2', v_3', v_4') - f(v_1, v_2, v_3, v_4) = 0$$

故每经过一次这样的调整$f(v_1, v_2, v_3, v_4)$的值不变,而v_1的值减少1.

经过若干次调整可使$v_1 \leqslant 2$,由情形(1)知

$$f(v_1, v_2, v_3, v_4) \leqslant n^2$$

且

$$v_1 + v_2 + v_3 + v_4 \geqslant \frac{n^2 - 2}{3}$$

综上所述,棋盘上至少有$\frac{n^2 - 2}{3}$个棋子.

2 已知四边形 $ABCD$ 是圆内接四边形. 证明

$$|AB - CD| + |AD - BC| \geqslant 2|AC - BD|$$

证明 记 O 为四边形 $ABCD$ 的外接圆圆心,设圆 O 的半径为 1, $\angle AOB = 2\alpha$, $\angle BOC = 2\beta$, $\angle COD = 2\gamma$, $\angle DOA = 2\delta$. 则 $\alpha + \beta + \gamma + \delta = \pi$, 并不妨设 $\alpha \geqslant \gamma, \beta \geqslant \delta$. 故

$$|AB| = 2\sin\alpha, |BC| = 2\sin\beta$$

$$|CD| = 2\sin\gamma, |DA| = 2\sin\delta$$

所以

$$|AB - CD| = |2\sin\alpha - 2\sin\gamma| = 2|\sin\alpha - \sin\gamma| =$$

$$4\left|\sin\frac{\alpha - \gamma}{2} \cdot \cos\frac{\alpha + \gamma}{2}\right| =$$

$$4\left|\sin\frac{\alpha - \gamma}{2} \cdot \cos\frac{\pi - (\beta + \delta)}{2}\right| =$$

$$4\left|\sin\frac{\alpha - \gamma}{2} \cdot \sin\frac{\beta + \delta}{2}\right|$$

同理, $|AD - BC| = 4\left|\sin\frac{\beta - \delta}{2} \cdot \sin\frac{\alpha + \gamma}{2}\right|$, $|AC - BD| = 4\left|\sin\frac{\beta - \delta}{2} \cdot \sin\frac{\alpha - \gamma}{2}\right|$. 由 $\beta > \delta$, 得

$$|AB - CD| - |AC - BD| =$$

$$4\left|\sin\frac{\alpha - \gamma}{2}\right|\left(\left|\sin\frac{\beta + \delta}{2}\right| - \left|\sin\frac{\beta - \delta}{2}\right|\right) =$$

$$4\left|\sin\frac{\alpha - \gamma}{2}\right|\left(\sin\frac{\beta + \delta}{2} - \sin\frac{\beta - \delta}{2}\right) =$$

$$4\left|\sin\frac{\alpha - \gamma}{2}\right|\left(2\sin\frac{\delta}{2} \cdot \cos\frac{\beta}{2}\right)$$

又 $0 < \delta \leqslant \beta < \pi, 0 < \frac{\delta}{2} \leqslant \frac{\beta}{2} < \frac{\pi}{2}$,则

$$4\left|\sin\frac{\alpha-\gamma}{2}\right|\left(2\sin\frac{\delta}{2}\cdot\cos\frac{\beta}{2}\right) \geqslant 0$$

故 $$|AB - CD| \geqslant |AC - BD|$$

同理 $$|AD - BC| \geqslant |AC - BD|$$

所以 $$|AB - CD| + |AD - BC| \geqslant 2|AC - BD|$$

当且仅当 $\alpha = \gamma, \beta = \delta$,即四边形 $ABCD$ 为矩形时,等号成立.

3 设 p 是素数,$p > 2$,a,b,c,d 是不能被 p 整除的整数,并且满足对于任意一个不能被 p 整除的整数 r 均有

$$\left\{\frac{ra}{p}\right\} + \left\{\frac{rb}{p}\right\} + \left\{\frac{rc}{p}\right\} + \left\{\frac{rd}{p}\right\} = 2$$

证明:$a+b, a+c, a+d, b+c, b+d, c+d$ 这六个数中至少有两个数能被 p 整除,其中 $\{x\} = x - [x]$.

证明 因为 $p \nmid d$,所以,$0, d, 2d, \cdots, (p-1)d$ 构成了关于 p 的完全剩余系,其中必有 $R \in \{1,2,\cdots,p-1\}$ 使得 $Rd \equiv p - 1 \pmod p$. 设

$$Ra \equiv A \pmod p, Rb \equiv B \pmod p$$
$$Rc \equiv C \pmod p, Rd \equiv D \pmod p$$

$(A,B,C,D \in \{1,2,\cdots,p-1\})$.

不妨设 $A \leqslant B \leqslant C \leqslant D$. 假设 $A \neq 1$,由于对任意 r,$p \nmid r$ 都有

$$\left\{\frac{ra}{p}\right\} + \left\{\frac{rb}{p}\right\} + \left\{\frac{rc}{p}\right\} + \left\{\frac{rd}{p}\right\} = 2$$

取 $r = kR(p \nmid k)$,得

$$\left\{\frac{kRa}{p}\right\} + \left\{\frac{kRb}{p}\right\} + \left\{\frac{kRc}{p}\right\} + \left\{\frac{kRd}{p}\right\} = 2$$

所以 $$\left\{\frac{kA}{p}\right\} + \left\{\frac{kB}{p}\right\} + \left\{\frac{kC}{p}\right\} + \left\{\frac{kD}{p}\right\} = 2$$

因为 $$D = p - 1$$

所以 $$\left\{\frac{kA}{p}\right\} + \left\{\frac{kB}{p}\right\} + \left\{\frac{kC}{p}\right\} + \left\{\frac{k(p-1)}{p}\right\} = 2$$

即 $$\left\{\frac{kA}{p}\right\} + \left\{\frac{kB}{p}\right\} = \left\{\frac{k}{p}\right\} + \left\{\frac{k(p-C)}{p}\right\}$$

取 $k = 1$,得

$$A + B + C + D = 2p, A + B + C = p + 1$$

取 $k = 2$,得

$$\left\{\frac{2A}{p}\right\} + \left\{\frac{2B}{p}\right\} + \left\{\frac{2C}{p}\right\} + \left\{\frac{2D}{p}\right\} = 2$$

故
$$A \leqslant B \leqslant \frac{p}{2} \leqslant C \leqslant D$$

因为
$$\left\{\frac{kA}{p}\right\} + \left\{\frac{kB}{p}\right\} = \left\{\frac{k}{p}\right\} + \left\{\frac{k(A+B-1)}{p}\right\}$$

所以
$$\left\{\frac{kA}{p}\right\} - \left\{\frac{k}{p}\right\} = \left\{\frac{k(A+B-1)}{p}\right\} - \left\{\frac{kB}{p}\right\}$$

(1) 当 $k \leqslant \left[\frac{p}{A}\right]$ 时,有

$$左 = \frac{k(A-1)}{p} = 右 = \left\{\frac{k(A+B-1)}{p}\right\} - \left\{\frac{kB}{p}\right\}$$

所以存在 $n \in \mathbf{N}$,使得

$$1 + n > \frac{k(A+B-1)}{p} > \frac{kB}{p} > n \quad ①$$

(2) 当 $\frac{kB}{p} < l < \frac{(k+1)B}{p}(l \in \mathbf{N})$ 时,有

$$k < \frac{lp}{B} < k+1$$

当 $k = \left[\frac{lp}{B}\right] \leqslant \left[\frac{p}{A}\right]$ 时,有

$$l - \frac{kB}{p} \leqslant \frac{B-1}{p}$$

由式 ① 得

$$\frac{k(A-1)}{p} \leqslant \frac{B-2}{p}$$

所以
$$k \leqslant \frac{B-2}{A-1}$$

(3) 取 $l = \left[\frac{B}{A}\right]$,有 $\frac{lp}{B} \leqslant \frac{\frac{B}{A}p}{B} = \frac{p}{A}$,所以

$$\left[\frac{lp}{B}\right] \leqslant \left[\frac{p}{A}\right]$$

而
$$lA \leqslant A < lA + A$$

所以
$$\left[\frac{lp}{B}\right] \leqslant \frac{B-2}{A-1}$$

因为
$$2l \leqslant \left[\frac{lp}{B}\right]$$

所以
$$2l(A-1) + 2 \leqslant B < lA + A$$

故
$$(l-1)A < 2(l-1)$$

与 $A \geqslant 2$ 矛盾. 故 $A = 1$. 从而

$$A + D = 0 (\bmod p), ra + rd \equiv 0 (\bmod p)$$

由于 $p \nmid r$,故

$$a + d \equiv 0 (\bmod p), b + c \equiv 0 (\bmod p)$$

4 实数 $a_1, a_2, \cdots, a_n (n > 3)$ 满足

$$a_1 + a_2 + \cdots + a_n \geqslant n \text{ 且 } a_1^2 + a_2^2 + \cdots + a_n^2 \geqslant n^2$$

求证：$\max\{a_1, a_2, \cdots, a_n\} \geqslant 2$.

证明 设 $a_1, a_2, \cdots, a_n$ 中有 i 个非负数，记为 $x_1, x_2, \cdots, x_i$，有 j 个负数，记为 $-y_1, -y_2, \cdots, -y_i (y_1, y_2, \cdots, y_j > 0)$；其中 $i \geqslant 0$，$j \geqslant 0$，且 $i + j = n$.

不妨假设 $\max\{a_1, a_2, \cdots, a_n\} < 2$，即

$$\max\{x_1, x_2, \cdots, x_i\} < 2$$

因为

$$x_1 + x_2 + \cdots + x_i + [(-y_1) + (-y_2) + \cdots + (-y_j)] \geqslant n$$

所以
$$x_1 + x_2 + \cdots + x_i \geqslant n + y_1 + y_2 + \cdots + y_j$$

又
$$\max\{x_1, x_2, \cdots, x_i\} < 2, y_1, y_2, \cdots, y_j > 0$$

则

$$2i > x_1 + x_2 + \cdots + x_i \geqslant n + y_1 + y_2 + \cdots + y_j = i + j + y_1 + y_2 + \cdots + y_j$$

所以
$$i - j > y_1 + y_2 + \cdots + y_j$$

因为

$$x_1^2 + x_2^2 + \cdots + x_i^2 + (-y_1)^2 + (-y_2)^2 + \cdots + (-y_j)^2 \geqslant n^2$$

所以
$$x_1^2 + x_2^2 + \cdots + x_i^2 \geqslant n^2 - (y_1^2 + y_2^2 + \cdots + y_j^2)$$

因为

$$y_1, y_2, \cdots, y_i > 0, \max\{x_1, x_2, \cdots, x_i\} < 2$$

所以

$$4i > x_1^2 + x_2^2 + \cdots + x_i^2 \geqslant n^2 - (y_1^2 + y_2^2 + \cdots + y_j^2) \geqslant n^2 - (y_1 + y_2 + \cdots + y_j)^2 > n^2 - (i - j)^2 = (i + j)^2 - (i - j) = 4ij$$

由于 $i \geqslant 0$，故 $j < 1$. 又 $j \geqslant 0$，所以，$j = 0$. 故 $a_1, a_2, \cdots, a_n$ 均为非负数. 所以

$$4n > a_1^2 + a_2^2 + \cdots + a_n^2 \geqslant n^2$$

从而，$n < 4$. 这与 $n > 3$ 矛盾. 所以，$\max\{a_1, a_2, \cdots, a_n\} \geqslant 2$.

5 Y2K 游戏在一个 $1 \times 2\,000$ 的方格内进行，规定如下：两位游戏者轮流在空格内填写 S 或 O，谁先在三个连续的格子内拼出 SOS，则为获胜. 若填满后未出现 SOS，则视为平局. 证明：第二位游戏者有获胜策略.

证明 称形如 $\boxed{S}\boxed{}\boxed{}\boxed{S}$ 的方格为“陷阱”，易知先在陷阱

中填数的人必败. 称形如 | S | | S | , | S | O | | , | | O | S | 的方格为“半成品”,易知先造出半成品的人必败. 不妨设第一位游戏者甲在游戏过程中不会造出半成品,也不会在陷阱中填数. 则第二位游戏者乙的策略如下:

若甲第一步在一空格中填入 S,则乙在与之相隔两格处填入 S,这样就造成了一个陷阱.

若甲第一步在某格中填入 O,则乙在与之足够远处填入 S. 待到乙走第二步时,再在与第一个 S 相距两格处填入另一个 S.

在以后的各步中,乙需保证不在陷阱中填字母并且不造出半成品,这是可以做到的.

由于在前几步中已造出一个陷阱,因此,在若干步之后,方格表中剩余的所有空格都是陷阱中的空格. 显然这些空格有偶数个,这时该轮到甲填字母了. 因此,甲不得不在陷阱中填字母,所以乙赢得了胜利.

因此,乙有必胜策略.

6 已知等腰梯形 $ABCD$ 中,$AB \parallel CD$,$\triangle BCD$ 的内切圆切 CD 于 E,F 是 $\angle DAC$ 的角平分线上一点,且 $EF \perp CD$,$\triangle ACF$ 的外接圆交 CD 于 G. 证明:$\triangle AFG$ 是等腰三角形.

证明 以 E 为原点,以 CD 为 x 轴建立平面直角坐标系,设 $\triangle BCD$ 内切圆 I 的半径为 1,C,D,F 三点坐标分别为 $(c,0)$,$(-d,0)$,$(0,-f)$,其中 $c,d,f>0$. 因为

$$\angle BCD = 2\angle ICE, \angle BDC = 2\angle IDE$$

所以

$$k_{BC} = -\tan\angle BCD = -\tan 2\angle ICE = \frac{-2c}{c^2-1}$$

$$k_{BD} = \tan\angle BDC = \tan 2\angle IDE = \frac{2d}{d^2-1}$$

故

$$k_{AD} = -k_{BC} = \frac{2c}{c^2-1}, k_{AC} = -k_{BD} = \frac{-2d}{d^2-1}$$

因此,AD 的直线方程为

$$y = (x+d)\cdot\frac{2c}{c^2-1}$$

AC 的直线方程为

$$y = (x-c)\cdot\frac{-2d}{d^2-1}$$

则解得点 A 坐标为

$$\left(\frac{cd(c-d)}{cd-1},\frac{2cd}{cd-1}\right)$$

由于 F 在 $\angle DAC$ 的角平分线上,所以 F 到 AD,AC 距离相等,即

$$\frac{f(c^2-1)+2cd}{c^2+1}=\frac{f(d^2-1)+2cd}{d^2+1}$$

解得 $f=cd$.

故点 F 坐标为 $(0,-cd)$,且

$$k_{CF}=d,k_{AF}=\frac{cd+1}{c-d}$$

$$\tan\angle AFC=\frac{k_{AF}-k_{CF}}{1+k_{AF}k_{CF}}=\frac{\frac{cd+1}{c-d}-d}{1+\frac{cd+1}{c-d}\cdot d}=\frac{1}{c}$$

又 $\tan\angle ICE=\frac{1}{c}$,所以

$$\angle AFC=\angle ICE=\frac{1}{2}\angle BCD=\frac{1}{2}\angle ADC$$

$$2\angle AFC=\angle ADC$$

又 $$\angle ADC=\angle GAD+\angle AGD$$

故 $$2\angle AFC=\angle GAD+\angle AGD$$

因为 A,C,F,G 四点共圆,所以

$$\angle AFC=\angle AGC$$

$$2\angle AGC=\angle AGD+\angle GAD,\angle DGA=\angle DAG$$

又 $$\angle FGC=\angle FAC=\angle DAF$$

故 $$\angle AGF=\angle DGA+\angle FGC=\angle DAG+\angle DAF=\angle GAF$$

所以,$FG=FA$,即 $\triangle AFG$ 是等腰三角形.

第29届美国数学奥林匹克

1 如果对任意实数 x,y 均有

$$\frac{f(x)+f(y)}{2}\geqslant f\left(\frac{x-y}{2}\right)+|x-y|$$

则称 $f(x)$ 是"强凸"函数,证明:不存在"强凸"函数.

证法1 令 $n\geqslant 1$,对任意整数 i,定义 $\Delta_i=f\left(\frac{i+1}{n}\right)-f\left(\frac{i}{n}\right)$.
令 $x=\frac{i+2}{n}$,$y=\frac{i}{n}$,则

$$\frac{f\left(\frac{i+2}{n}\right)+f\left(\frac{i}{n}\right)}{2}\geqslant f\left(\frac{i+1}{n}\right)+\frac{2}{n}$$

即

$$f\left(\frac{i+2}{n}\right)-f\left(\frac{i+1}{n}\right)\geqslant f\left(\frac{i+1}{n}\right)-f\left(\frac{i}{n}\right)+\frac{4}{n}$$

也即

$$\Delta_{i+1}\geqslant\Delta_i+\frac{4}{n}$$

从而

$$\Delta_{i+2}\geqslant\Delta_{i+1}+\frac{4}{n}$$

$$\Delta_{i+3}\geqslant\Delta_{i+2}+\frac{4}{n}$$

$$\vdots$$

$$\Delta_{i+n}\geqslant\Delta_{i+n-1}+\frac{4}{n}$$

以上 n 式相加,得

$$\Delta_{i+n}\geqslant\Delta_i+4$$

从而

$$\Delta_n\geqslant\Delta_0+4$$

$$\Delta_{1+n}\geqslant\Delta_1+4$$

$$\vdots$$

$$\Delta_{n-1+n}\geqslant\Delta_{n-1}+4$$

以上各式相加得

$$\sum_{i=0}^{n-1}\Delta_{n+i} \geqslant \sum_{i=0}^{n-1}\Delta_i + 4n$$

即

$$\sum_{i=0}^{n-1}\left[f\left(\frac{n+i-1}{n}\right)-f\left(\frac{n+i}{n}\right)\right] \geqslant$$

$$\sum_{i=0}^{n-1}\left[f\left(\frac{i+1}{n}\right)-f\left(\frac{i}{n}\right)\right]+4n$$

即 $$f(2)-f(1) \geqslant f(1)-f(0)+4n$$

上式不能对所有的 $n \geqslant 1$ 均成立,故不存在“强凸”函数.

证法 2 首先我们用数学归纳法证明

$$\frac{f(x)+f(y)}{2}-f\left(\frac{x+y}{2}\right) \geqslant 2^n|x-y| \quad ①$$

对任意非负整数 n 均成立.

当 $n=0$ 时,式 ① 显然成立.

假设对给定的 $n \geqslant 1$,式 ① 成立,则对实数 a,b,有

$$\frac{f(a)+f(a+2b)}{2} \geqslant f(a+b)+2^{n+1}|b|$$

$$f(a+b)+f(a+3b) \geqslant 2(f(a+2b)+2^{n+1}|b|)$$

$$\frac{f(a+2b)+f(a+4b)}{2} \geqslant f(a+3b)+2^{n+1}|b|$$

三式相加,得

$$\frac{f(a)+f(a+4b)}{2} \geqslant f(a+2b)+2^{n+3}|b|$$

令 $x=a, y=a+4b$,则

$$\frac{f(x)+f(y)}{2} \geqslant f\left(\frac{x+y}{2}\right)+2^{n+1}|x-y|$$

从而式 ① 对任意非负整数 n 成立.

显然对于给定的 $x,y(x \neq y)$,式 ① 左边为定值,而式 ① 右边可任意大,矛盾. 从而不存在“强凸”函数.

2 已知 S 是满足下列条件的 $\triangle ABC$ 组成的集合

$$5\left(\frac{1}{AP}+\frac{1}{BQ}+\frac{1}{CR}\right)-\frac{3}{\min\{AP,BQ,CR\}}=\frac{6}{r}$$

其中 r 是 $\triangle ABC$ 的内切圆半径,P,Q,R 分别是内切圆在 AB,BC,CA 边上的切点.

求证:S 中的所有三角形,均为相似的等腰三角形.

证明 不失一般性,设 $AP=\min\{AP,BQ,CR\}$,记 $x=\tan\frac{A}{2}, y=\tan\frac{B}{2}, z=\tan\frac{C}{2}$,则

$$AP=\frac{r}{x},BQ=\frac{r}{y},CR=\frac{r}{z}$$

代入题设条件,得

$$2x+5y+5z=6 \qquad ①$$

由熟知的结论,知

$$xy+yz+zx=1 \qquad ②$$

消去 x,得

$$5y^2+5z^2+8yz-6y-6z+2=0$$

即

$$(3y-1)^2+(3z-1)^2=4(y-z)^2$$

令 $3y-1=u,3z-1=v$,则 $y-z=\frac{u-v}{3}$,从而

$$5u^2+8uv+5v^2=0$$

注意到 $\Delta=8^2-25\times4<0$. 所以方程有唯一解 $u=v=0$. 即

$$(x,y,z)=\left(\frac{4}{3},\frac{1}{3},\frac{1}{3}\right)$$

所以 S 中的三角形均为相似的等腰三角形.

3 有一种单人纸牌游戏,共有 R 张红牌,W 张白牌和 B 张蓝牌. 玩家一次要出完手中所有的牌,每出一张牌,都会得到一个相应的分数:

若他出蓝牌,则他得到的分数等于他手中的白牌的数目;

若他出白牌,则他得到的分数等于他手中红牌数目的2倍;

若他出红牌,则他得到的分数等于他手中蓝牌数目的3倍.

问:他以什么方式出牌能使得的分数最少,最少的分数是多少?

解 最少的分数应是 $\min\{BW,2WR,3RB\}$.

$BW,2WR,3RB$ 所对应的出牌方式分别是

$$bb\cdots brr\cdots rww\cdots w$$

$$rr\cdots rww\cdots wbb\cdots b$$

$$ww\cdots wbb\cdots brr\cdots r$$

对于一个给定的出牌方法,我们把连续出现的同色牌叫做"段". 由下面的引理可以很快得到上述出牌方式的最优性(反对红牌作说明,对于蓝牌和白牌,同样成立).

引理 1 对任意给定的出牌方法,我们可以在不增加分数的情况下,结合任意两个红色的"段".

引理 1 的证明 假设有 w 张白牌和 b 张蓝牌在两个红“段”之间.

若把第一“段”中的一张红牌移到第二“段”中,则当出 w 张白牌时手中多了一张红牌,故分数增加了 $2w$,而出该张红牌时,手中少了 b 张蓝牌,故分数减少了 $3b$.

若 $3b-2w\geqslant 0$,则可以在不增加分数的情况下,将第一“段”的红牌全部移到第二“段”中.

若 $3b-2w<0$,则可以在不增加分数的情况下,将第二“段”的红牌全部移到第一“段”中.

也就是说,我们可以在不增加分数的情况下,把所有红“段”结合到一起,因此,上面三种出牌方式必有一种是最优的.

再看有没有其他的最优出牌方式.

首先注意到 wr 不会出现在最优的出牌方式中,因为用 rw 替代 wr 可得到较少的分数. 同样地 bw 和 rb 也不会出现在最优出牌方式中,接下来证明下面的引理 2.

引理 2 任意最优玩法中的“段”必须少于 5 个.

引理 2 的证明 假设有一最优玩法至少有 5 个“段”.

若第一张出的是红牌(蓝、白牌的证明同理). 我们以下列方式出牌

$$\underbrace{rr\cdots r}_{r_1}\ \underbrace{ww\cdots w}_{w_1}\ \underbrace{bb\cdots b}_{b_1}\ \underbrace{rr\cdots r}_{r_2}\ \underbrace{ww\cdots w}_{w_2}$$

由引理 1 的证明可得

$$3b_1-2w_1=0,b_1-2r_2=0$$

所以下列玩法也是一种最优玩法

$$\underbrace{rr\cdots r}_{r_1}\ \underbrace{ww\cdots w}_{w_1+w_2}\ \underbrace{bb\cdots b}_{b_1}\ \underbrace{rr\cdots r}_{r_2}$$

从而有 $3b_1-2(w_1+w_2)=0$. 矛盾!

故任意最优玩法至多只能有 4 个“段”.

由最初的观察和引理 1 的证明,我们得出下列形式的玩法

$$rr\cdots rww\cdots wbb\cdots brr\cdots r$$

是最优的当且仅当 $2W=3B$ 且 $2WR=3RB\leqslant WB$.

第一张牌是 w 或 b 时结论同样成立.

4 在 100×100 棋盘中有几个小方格被染色. 求 n 的最小值,使得一定有 3 个染色方格的连线构成直角三角形,且直角边与棋盘的边框平行.

解 我们来证最小的 n 值是 1 999.

事实上,$n\geqslant 1\ 999$,因为我们可以染 1 998 个方格使得不存在正三角形:给第一行和第一列的方格都染色.(除了它们的公共方格)假设现在部分方格被染色并且不存在直角三角形.

若某一行(或列)中染色方格多于一个,则称其为重行(或重列),反之称其为轻行(或轻列).

我们的假设意味着没有一个染色方格同处于重行和重列.

如果没有重行,那么每一行至多有一个染色方格,从而总共染色方格数不超过1 000.

如果没有重列,结果同上.

如果有一个重行和一个重列,那么由初步观察可知,重行(或重列)上的染色方格一定在轻列(或轻行)上.

所以染色方格的数目不超过轻行和轻列的数目,即

$$2\times(1\ 000-1)=1\ 998$$

从而我们断定1 999是满足题意的最小 n 值.

5 已知 $\triangle A_1A_2A_3$,圆 ω_1 过点 A_1,A_2,若存在圆 $w_2,w_3,\cdots,w_7$,满足 w_k 过点 A_k 与 A_{k+1} 且与 w_{k-1} 相切($k=2,3,\cdots,7$). 且对 $n\geqslant 1$ 有 $A_{n+3}=A_n$. 证明:$w_7=w_1$.

证明 不失一般性,假设 A_1,A_2,A_3 是逆时针方向排列的. 设 w_1 上 A_1 与 A_2 所夹的弧的度数为 θ_1(逆时针方向),同样定义 θ_2, $\theta_3,\cdots,\theta_7$.

令 l 是 w_1 与 w_2 的公切线,则 A_1A_2 到 l 的角为 $\frac{\theta_1}{2}$.

同理,l 到 A_2A_3 的角为 $\frac{\theta_2}{2}$.

令 A_1A_2 到 A_2A_3 的角为 $\angle A_1A_2A_3$. 则有 $\theta_1+\theta_2=2\angle A_1A_2A_3$. 同理可得

$$\theta_1+\theta_2=2\angle A_1A_2A_3 \quad ①$$

$$\theta_2+\theta_3=2\angle A_2A_3A_1 \quad ②$$

$$\theta_3+\theta_4=2\angle A_3A_1A_2 \quad ③$$

$$\theta_4+\theta_5=2\angle A_1A_2A_3 \quad ④$$

$$\theta_5+\theta_6=2\angle A_2A_3A_1 \quad ⑤$$

$$\theta_6+\theta_7=2\angle A_3A_1A_2 \quad ⑥$$

(①+③+⑤)-(②+④+⑥)得 $\theta_1=\theta_7$

注意到同一段弧所对的角相同,故两圆为等圆.

6 已知 $a_1,b_1,a_2,b_2,\cdots,a_n,b_n$ 是非负实数,证明

$$\sum_{i,j=1}^{n}\min\{a_ia_j,b_ib_j\}\leqslant\sum_{i,j=1}^{n}\{a_ib_j,a_jb_i\}$$

证明 定义 $L(a_1,b_1,\cdots,a_n,b_n)=\sum_{i,j=1}(\min\{a_ib_j,a_jb_i\}-\min\{a_ia_j,b_ib_j\})$，接下来只需证对 $a_1,b_1,\cdots,a_n,b_n\geqslant 0$ 有 $L(a_1,b_1,\cdots,a_n,b_n)\geqslant 0$.

当 $n=1$ 时结论显然成立.

易得

$$L(a_1,0,a_2,b_2,\cdots)=L(a_1,b_1,a_2,b_2,\cdots)=L(a_2,b_2,\cdots)$$

$$L(x_1,x_1,a_2,b_2,\cdots)=L(a_2,b_2,\cdots)$$

且当 $\frac{a_1}{b_1}=\frac{a_2}{b_2}$ 时，有

$$L(a_1,b_1,a_2,b_2,a_3,b_3,\cdots)=L(a_1+a_2,b_1+b_2,a_3,b_3,\cdots)$$

当 $\frac{a_1}{b_1}=\frac{b_2}{a_2}$ 且 $a_1\leqslant b_2$ 时，有

$$L(a_1,b_1,a_2,b_2,a_3,b_3,\cdots)=L(a_2-b_1,b_2-a_1,a_3,b_3,\cdots)$$

由上面结论可知，只要不是下列三种情形，均可得出原不等式成立：

(1) a_i,b_i 均不为 0；

(2) 对 $i=1,2,\cdots,n,a_i\neq b_i$；

(3) 对 $i\neq j$，均有 $\frac{a_i}{b_i}\neq\frac{a_j}{b_j}$ 且 $\frac{a_i}{b_i}\neq\frac{b_j}{a_j}$.

对 $i=1,2,\cdots,n$，令 $r_i=\max\left\{\frac{a_i}{b_i},\frac{b_i}{a_i}\right\}$.

不失一般性，假定 $1<r_1<r_2<\cdots<r_n$. 且 $a_1<b_1$，注意到 $f(x)=L(a_1,x,a_2,b_2,\cdots,a_n,b_n)$ 在区间 $[a_1,r_2a_1]$ 上是关于 x 的线性函数.

特别地

$$\begin{aligned}f(x)=&\min\{a_1x_1,xa_1\}-\min\{a_1^2,x^2\}+\\&L(a_2,b_2,\cdots,a_n,b_n)+\\&2\sum_{j=2}^{n}(\min\{a_1b_j,xa_j\}-\min\{a_1a_j,xb_j\})=\\&(x-a_1)\left(a_1+2\sum_{j=2}^{n}c_j\right)+L(a_2,b_2,\cdots,a_n,b_n)\end{aligned}$$

当 $a_j>b_j$ 时，$c_j=-b_j$；

当 $a_j<b_j$ 时，$c_j=a_j$.

又因为 f 是线性函数. 所以有 $f(x)\geqslant\min\{f(a_1),f(r_2a_1)\}$.

注意到

$$f(a_1)=L(a_1,a_1,a_2,b_2,\cdots)=L(a_2,b_2,\cdots)$$

$$f(r_2a_1)=L(a_1,r_2a_1,a_2,b_2,\cdots)=\begin{cases}L(a_1+a_2,r_2a_1+b_2,a_3,b_3,\cdots),r_2=\dfrac{b_2}{a_2}\\L(a_2-r_2a_1,b_2-a_1,a_3,b_3,\cdots),r_2=\dfrac{a_2}{b_2}\end{cases}$$

所以,我们得出在上述三种情况下原不等式也成立.

注 我们还可以证出当$a_i,b_i>0$时,等号成立当且仅当对每个$r>1$,满足$\frac{a_i}{b_i}\in\left\{r,\frac{1}{r}\right\}$的$i$构成集合$S_r$.

有以下性质

$$\sum_{i\in S_r}a_i=\sum_{i\in S_r}b_i$$

第 30 届美国数学奥林匹克

1 有8个盒子,每个盒子中有6个球,每个球均被染成几种颜色中的一种. 已知同一个盒子中的球均不同色,且任意两个盒子中的球至多有一种相同颜色,求 n 的最小可能值.

解 设这 n 种颜色分别为 $1,2,\cdots,n$,令 $a_1,a_2,\cdots,a_n$ 分别是染色为 $1,2,\cdots,n$ 的球的数目,则有

$$\sum_{i=1}^{n} a_i = 6 \times 8 = 48$$

又有 $C_{a_i}^2$ 对盒子同时用到颜色 i,8 个盒子共组成 $C_8^2 = 28$(个)“盒子对”,每一个至多有一种相同颜色,从而

$$28 = C_8^2 \geqslant \sum_{i=1}^{n} C_{a_i}^2 = \sum_{i=1}^{n} \frac{a_i(a_i - 1)}{2} =$$

$$\frac{1}{2}\sum_{i=1}^{n} a_i^2 - \frac{1}{2}\sum_{i=1}^{n} a_i = \frac{1}{2}\sum_{i=1}^{n} a_i^2 - 24$$

则有

$$\sum_{i=1}^{n} a_i^2 \leqslant 104$$

由均值不等式,有

$$\sum_{i=1}^{n} a_i^2 \geqslant \frac{1}{n}\left(\sum_{i=1}^{n} a_i\right)^2 = \frac{48^2}{n}$$

从而

$$\frac{48^2}{n} \leqslant 104 \Rightarrow n \geqslant \frac{288}{13} > 22$$

当 $n = 23$ 时,我们给出一种符合要求的染色方案,下表中数字表示盒子中球所染颜色:

1	3	4	5	6	7
1	8	9	10	11	12
1	13	14	15	16	17
2	3	8	13	18	19
2	4	9	14	20	21
2	5	10	15	22	23
6	11	16	18	20	22
7	12	17	19	21	23

综上，n 的最小值为 23.

2 已知 $\triangle ABC$ 的内切圆 ω 分别切 BC,AC 边于 D_1,E_1,D_2,E_2 分别在 BC,AC 上，且 $CD_2=BD_1,CE_2=AE_1$，记 AD_2 与 BE_2 的交点为 P，圆 w 与 AD_2 相交两点中离 A 较近的点为 Q，求证：$AQ=D_2P$.

证明 注意到

$$CD_2=BD_1=\frac{a+c-b}{2}$$

$$CE_2=AE_1=\frac{b+c-a}{2}$$

则 D_2,E_2，分别为 $\angle A,\angle B$ 内旁切圆与 BC,AC 边的切点，注意到旁切圆与内切圆 ω 关于点 A 为位似中点，成位似变换，从而过 Q 作圆 ω 的切线必与 BC 平行. 从而有 D_1,I,Q 三点共线，如图 30.1 所示. 又

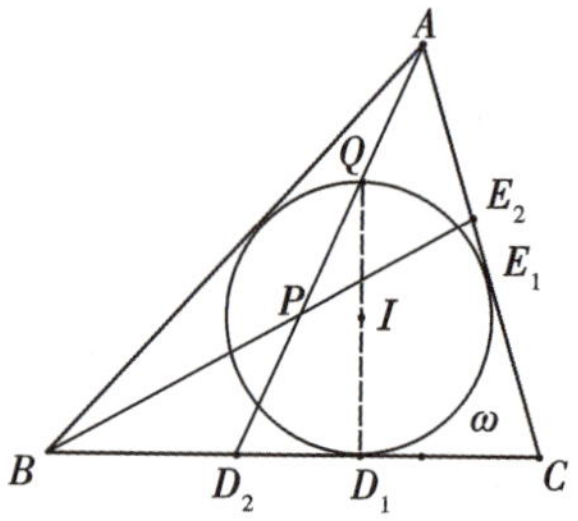

图 30.1

$$\frac{AQ}{AD_2}=\frac{r}{r_a}=\frac{\dfrac{S}{\frac{1}{2}(a+b+c)}}{\dfrac{S}{\frac{1}{2}(b+c-a)}}=\frac{b+c-a}{a+b+c}$$

注意到 B,P,E_2 截 $\triangle AD_2C$，由梅涅劳斯定理，得

$$\frac{AP}{PD_2}\cdot\frac{D_2B}{BC}\cdot\frac{CE_2}{E_2A}=1$$

所以

$$\frac{AP}{PD_2}=\frac{BC}{D_2B}\cdot\frac{E_2A}{CE_2}=\frac{BC}{CD_1}\cdot\frac{CE_1}{CE_2}=\frac{BC}{CE_2}=\frac{a}{\frac{1}{2}(b+c-a)}$$

所以

$$\frac{AD_2}{PD_2}=\frac{a+\frac{1}{2}(b+c-a)}{\frac{1}{2}(b+c-a)}=\frac{a+b+c}{b+c-a}=\frac{AD_2}{AQ}$$

从而

$$PD_2=AQ$$

3 已知非负实数 a,b,c 满足 $a^2+b^2+c^2+abc=4$，求证

$$0\leqslant ab+bc+ca-abc\leqslant 2$$

证明 先证左侧不等式:

注意到条件式表明 a,b,c 中至少有一个 $\leqslant 1$,不妨设 $a\leqslant 1$,则

$$ab+bc+ca-abc=a(b+c)+bc(1-a)\geqslant 0$$

下证右侧不等式成立:

注意到 a,b,c 中至少有两个数同时 $\geqslant 1$ 或同时 $\leqslant 1$(由抽屉原理). 不妨设是 b,c 则有

$$(1-b)(1-c)\geqslant 0 \quad ①$$

由 $a^2+b^2+c^2+abc=4$ 和 $b^2+c^2\geqslant 2bc$,得

$$a^2+2bc+abc\leqslant 4$$

即
$$bc(2+a)\leqslant 4-a^2=(2+a)(2-a)$$
所以
$$bc\leqslant 2-a \quad ②$$

由不等式 ①,②,得

$$\begin{aligned}ab+bc+ca-abc\leqslant ab+2-a+ac(1-b)=\\ 2-a(1-b+bc-c)=\\ 2-a(1-b)(1-c)\leqslant 2\end{aligned}$$

故原不等式成立.

4 已知点 P 为 $\triangle ABC$ 内一点,且线段 PA,PB,PC 恰可构成一个以 PA 为钝角对应边的钝角三角形,求证:$\angle BAC$ 为锐角.

证明 用反证法. 假设 $\angle BAC$ 不是锐角,令 $AB=c,BC=a,CA=b$,则 $a^2\geqslant b^2+c^2$.

在四边形 $ABPC$ 中,由广义托勒密定理,可得

$$\begin{aligned}a\cdot PA\leqslant b\cdot PB+c\cdot PC\leqslant \sqrt{b^2+c^2}\cdot\sqrt{PB^2+PC^2}\leqslant\\ a\cdot\sqrt{PB^2+PC^2}\end{aligned}$$

所以
$$PA^2\leqslant PB^2+PC^2$$
与已知 PA,PB,PC 是一钝角三角形的三边,且 PA 为钝角边矛盾. 故假设不成立,$\angle BAC$ 为锐角.

5 集合 S 由整数组成,且满足:

(1) 存在 $a,b\in S$,使得 $(a,b)=(a-2,b-2)=1$;

(2) 如果 $x,y\in S$(x,y 可能相等),则有 $x^2-y\in S$.

求证:S 是所有整数组成的集合,即 $S=\mathbf{Z}$.

证法 1 由题得 $\forall x,c,d\in S$,均有

$$c^2-x\in S,d^2-x\in S$$

$$\left.\begin{matrix}c\in S\\ d^2-x\in S\end{matrix}\right\}\Rightarrow c^2-(d^2-x)\in S\Rightarrow x+(c^2-d^2)\in S$$

同理可得 $x+(d^2-c^2)\in S$.

所以 S 中的所有元素可写成 $x+n$ 或 $x-n$ 的形式.($n=c^2-d^2,c,d\in S$)

特别地,当 $n=m=\gcd\{c^2-d^2\mid c,d\in S\}$ 也成立.

由(1)得 $S\neq\varnothing$,下证 $m=1$.

用反证法假设 $m\neq 1$,令 p 是 m 的素因子,则

$$c^2-d^2\equiv 0(\bmod p)\quad(\forall c,d\in S)$$

即 $d\equiv c(\bmod p)$ 或 $d\equiv -c(\bmod p)(\forall c,d\in S)$.

又因为 $\forall c\in S$,有 $c^2-c\in S$,所以

$$c^2-c\equiv c(\bmod p)\text{ 或 }c^2-c\equiv -c(\bmod p)$$

所以 $\forall c\in S$,有

$$c\equiv 0(\bmod p)\text{ 或 }c\equiv 2(\bmod p) \quad ①$$

由(1)得,存在 $a,b\in S$,使得 $\gcd(a,b)=1$. 即 a,b 中至少有一个数不能被 p 整除,设为 α,则有 $\alpha\not\equiv 0(\bmod p)$,又由 $\gcd(a-2,b-2)=1$ 得 p 不能同时被 $a-2$ 与 $b-2$ 整除,即存在 $\beta\in S$,使得 $\beta\not\equiv 2(\bmod p)$.

由式①得

$$\alpha\equiv 2(\bmod p),\beta\equiv 0(\bmod p)$$

由(2)得 $\beta^2-\alpha\in S$,在式①中令 $c=\beta^2-\alpha$ 得

$$-2\equiv 0(\bmod p)\text{ 或 }-2\equiv 2(\bmod p)$$

所以 $p=2$. 从而 S 中的数全是偶数. 与(1)矛盾. 所以假设不成立. $m=1$,从而 S 是所有整数的集合.

证法 2[①] 由(1)知存在 $a,b\in S$,使得 $(a,b)=(a-2,b-2)=1$. 设 $c=a^2-b,d=b^2-a$. 先证明

$$(a^2-b^2,a^2-c^2,b^2-d^2)=1 \quad ①$$

否则存在素数 p,使得 $p\mid(a^2-b^2,a^2-c^2,b^2-d^2)$,则

$$a^2\equiv b^2\equiv c^2\equiv d^2(\bmod p)$$

故

$$a^2-b=c\equiv a\text{ 或 }-a(\bmod p),b^2-a=d\equiv b\text{ 或 }-b(\bmod p)$$

若 $p\mid a$,则由 $a^2-b=c\equiv a$ 或 $-a(\bmod p)$ 得 $p\mid b$,从而 $p\mid(a,b)$ 这与 $(a,b)=1$ 矛盾.

若 $p\mid b$,则由 $b^2-a=d\equiv b$ 或 $-b(\bmod p)$ 得 $p\mid a$,从而 $p\mid(a,b)$ 这与 $(a,b)=1$ 矛盾.

故 a,b 都不是 p 的倍数.

因为 $b^2\equiv a^2\equiv b+a$ 或 $b-a(\bmod p)$,$a\equiv b$ 或 $-b(\bmod p)$,所以 $b^2\equiv 0$ 或 $2b(\bmod p)$.

又由 b 不是 p 的倍数,可得 $p\mid(b-2)$. 同理可得 $p\mid(a-2)$,故 $p\mid(a-2,b-2)$ 这与 $(a-2,b-2)=1$ 矛盾.

---

① 此证法属于陈煜.

再证明：对于任意 $x_1,x_2,\cdots,x_n,y_1,y_2,\cdots,y_n,z\in S$ 有

$$z+\sum_{i=1}^{n}(x_i^2-y_i^2)\in S \quad ②$$

由 $x_1,y_1,z\in S$，得 $y_1^2-z\in S$，从而 $x_1^2-(y_1^2-z)\in S$，即 $z+(x_1^2-y_1^2)\in S$.

假设 $z+\sum_{i=1}^{k}(x_i^2-y_i^2)\in S(1\leqslant k<n)$.

由 $x_{k+1},x_{k+1},z+\sum_{i=1}^{k}(x_i^2-y_i^2)\in S$ 得

$$y_{k+1}^2\left[z+\sum_{i=1}^{k}(x_i^2-y_i^2)\right]\in S$$

从而

$$x_{k+1}^2-\left[y_{k+1}^2-z-\sum_{i=1}^{k}(x_i^2-y_i^2)\right]\in S$$

即 $z+\sum_{i=1}^{k}(x_i^2-y_i^2)\in S$. 故结论 ② 成立.

由式 ① 以及裴蜀定理知存在整数 A,B,C 使得 $A(a^2-b^2)+B(a^2-c^2)+C(b^2-d^2)=1$.

因此对于任意整数 n 可表示成 $a+A_1(a^2-b^2)+B_1(a^2-c^2)+C_1(b^2-d^2)$ 的形式，其中 A_1,B_1,C_1 是整数.

又由 $a,b\in S$ 知 $c=a^2-b\in S,d=b^2-a\in S$，结合 ② 知，对于任意整数 n，有 $n\in S$. 而集合 S 由整数组成，故 $S=Z$.

6 给平面上的每个点标上一个实数，若对每个三角形，均有三顶点上数的算术平均值等于其内心上的数，试证：所有点上标的数相同.

证明 只需证明，对任意点 A,B，它们对应的数字相同即可.

分别以 A,B 为圆心，作半径相同的圆 ω_1 和 ω_2，使得两圆相切于点 O，令 C,D 是直线 AB 上任意两点，满足 C,D 关于 O 对称，且在圆外，令 l 是过点 O 与 AB 垂直的直线.

考虑 ω_1,ω_2 的外切 $\triangle XCY$ 与 $\triangle XDY$，可得

$$c+x+y=3a$$
$$d+x+y=3b$$

则

$$c-d=3(a-b)$$

同上方法，取点 E,F，使得 $EO>2CO$，则有 $e-f=3(a-b)$.

再同上方法，以 C,D 为圆心作两圆，有 $e-f=3(c-d)$. 从而

$$3(a-b)=3(c-d)=9(a-b)$$

所以，$a=b$，命题得证.

第 31 届美国数学奥林匹克

1 设 S 是 2 002 个元素,N 为整数,满足 $0 \leqslant N \leqslant 2^{2\,002}$. 证明:可将 S 的所有子集染上黑色或白色,使得下列条件成立:

(1) 任意两个白色子集的并集是白的;

(2) 任意两个黑色子集的并集是黑的;

(3) 恰好存在 N 个白色的子集.

证明 我们用数学归纳法证明更一般的结论:

对 n 元集 $S=\{1,2,\cdots,n\}$. N 为整数,满足 $0 \leqslant N \leqslant 2^n$. 则可将 S 的所有子集染上黑色或白色,使得:

(1) 任意两个白色子集的并集是白的;

(2) 任意两个黑色子集的并集是黑的;

(3) 恰好存在 N 个白色的子集.

当 $n=1$ 时,集合 $S=\{1\}$ 有两个子集 $\varnothing$ 和 $\{1\}$.

$N=1$ 时,将上述两个集合中的任意一个染白,另一个染黑,满足条件.

$N=2$ 时,将上述两个集合均染白即知满足条件.

设结论对 n 元集合 $S=\{1,2,\cdots,n\}$ 成立,则对 $n+1$ 元集合 $S\cup\{n+1\}$,有以下染色方案:

对于 $N \leqslant 2^n$ 的情形,只需按 S 中的染色方式进行,并将所有含有元素 $n+1$ 的子集均染黑色,显然满足条件.

对于 $N=2^n+k(k=1,2,\cdots,2^n)$ 时,我们先将所有含有元素 $n+1$ 的 2^n 个集染白,然后在 $S=\{1,2,\cdots,n\}$ 中选取 k 个子集染白,使得它们满足(1),(2). 这样的 2^n+k 个子集满足要求.

从而对 $n+1$ 元集合,结论成立,命题得证.

2 设 $\triangle ABC$ 满足

$$\left(\cot\frac{A}{2}\right)^2+\left(2\cot\frac{B}{2}\right)^2+\left(3\cot\frac{C}{2}\right)^2=\left(\frac{6s}{7r}\right)^2$$

其中 $s=\frac{1}{2}(a+b+c)$，r 为内切圆半径. 证明：$\triangle ABC$ 与一个三角形 T 相似，T 的边长均为整数，并且三边的最大公约数为 1，确定 T 的边长.

证明 我们知道

$$\cot\frac{A}{2}=\frac{s-a}{r},\cot\frac{B}{2}=\frac{s-b}{r},\cot\frac{C}{2}=\frac{s-c}{r}$$

则条件式即为

$$(s-a)^2+2^2(s-b)^2+3^2(s-c)^2=\left(\frac{6s}{7}\right)^2 \quad ①$$

又 $7^2=49=36+9+4=6^2+3^2+2^2$，则

$$7^2[(s-a)^2+2^2(s-b)^2+3^2(s-c)^2]=$$
$$(6^2+3^2+2^2)[(s-a)^2+2^2(s-b)^2+3^2(s-c)^2]\geqslant$$
$$[6(s-a)+6(s-b)+6(s-c)]^2=(6s)^2$$

其中等号成立，当且仅当

$$\frac{s-a}{6}=\frac{2(s-b)}{3}=\frac{3(s-c)}{2}$$

注意到式 ①，故可设

$$\frac{s-a}{6}=\frac{2(s-b)}{3}=\frac{3(s-c)}{2}=k$$

则 $s-a=6k$，$s-b=\frac{3}{2}k$，$s-c=\frac{2}{3}k$，相加得

$$(s-a)+(s-b)+(s-c)=\frac{49}{6}k$$

也即

$$s=\frac{49}{6}k$$

则

$$a=\frac{13}{6}k,b=\frac{40}{6}k,c=\frac{45}{6}k$$

所以，$a:b:c=13:40:45$，则三角形 T 的三边长分别为 13，40，45.

3 证明：任一 n 次实系数的首一（首项系数为 1）多项式是两个 n 次的、有 n 个实根的首一多项式的平均.

证明 由拉格朗日插值定理，对任意两组实数 $a_1 < a_2 < \cdots < a_k$ 及 $b_1, b_2, \cdots, b_k$，有一个 $k-1$ 次多项式 $h(x)$ 存在，且满足 $h(a_i) = b_i (1 \leqslant i \leqslant k)$，其中

$$h(x) = \sum_{i=1}^{k} \prod_{i \neq j} \frac{x - a_j}{a_i - a_j} \cdot b_i$$

以下对 n 为偶数的情形作出证明，n 为奇数时，略作调整即可.

设原给定的 n 次首一多项式为 $f(x)$，记 $T = \max\{2|f(1)|, 2|f(2)|, \cdots, 2|f(n)|\}$，下取 $a_i = i (1 \leqslant i \leqslant n)$，$b_1 = b_3 = \cdots = b_{n-1} = -M$，$b_2 = b_4 = \cdots = b_n = M$（其中 M 为大于 T 的正实数），则

$$h(x) = \sum_{i=1}^{n} \prod_{i \neq j} \frac{x - a_j}{a_i - a_j} \cdot b_i$$

满足 $h(a_i) = b_i (1 \leqslant i \leqslant n)$，取

$$g(x) = (x-1)(x-2)\cdots(x-n) + h(x)$$

则 $g(x)$ 为 n 次首一多项式，且

$$g(1) = g(3) = \cdots = g(n-1) = -M$$

$$g(2) = g(4) = \cdots = g(n) = M$$

从而 $g(x)$ 在 $(-\infty, 1), (1,2), \cdots, (n-2, n-1), (n-1, n)$ 上各有一个根，即 $g(x)$ 有 n 个实根.

记 $\varphi(x) = 2f(x) - g(x)$，则 $\varphi(x)$ 为 n 次首一多项式，且 $\varphi(x)$ 在 $x = 1, 3, 5, \cdots, n-1$ 处的值大于 0，在 $x = 2, 4, \cdots, n$ 处的值小于 0. 从而 $\varphi(x)$ 在 $(1,2), (2,3), \cdots, (n-1, n), (n, +\infty)$ 上各有一个根，即 $\varphi(x)$ 有 n 个实数.

注意到 $\dfrac{\varphi(x) + g(x)}{2} = \dfrac{2f(x)}{2} = f(x)$. 也即 $f(x)$ 是 $g(x)$ 与 $\varphi(x)$ 的平均，故命题得证.

4 设 $\mathbf{R}$ 为实数集，确定所有满足下列条件的函数 $f: \mathbf{R} \to \mathbf{R}$

$$f(x^2 - y^2) = xf(x) - yf(y) \quad \forall x, y \in \mathbf{R}$$

解 令 $x = y = 0$，得

$$f(0) = 0$$

令 $y = 0$，得

$$f(x^2) = xf(x) \tag{①}$$

令 $x = 0$，得

$$f(-y^2) = -yf(y) = -f(y^2) \tag{②}$$

所以 $f(x)$ 是奇函数，只需在 $(0, +\infty)$ 上讨论.

由式①，得

$$f(x^2-y^2)=f(x^2)-f(y^2)$$

将 x^2,y^2 改写为 $x,y(x,y>0)$，则

$$f(x-y)=f(x)-f(y)$$

即(将 x 改写为 $x+y$，$x-y$ 改写为 x)

$$f(x+y)=f(x)+f(y)$$

又，一方面

$$f((x+1)^2)=(x+1)f(x+1)=(x+1)(f(x)+f(1))$$

另一方面

$$f((x+1)^2)=f(x^2+2x+1)=f(x^2)+f(2x)+f(1)=$$
$$xf(x)+2f(x)+f(1)$$

比较上述两方面，得

$$f(x)=xf(1)$$

综上，$f(x)$ 的表达式为 $f(x)=kx,k=f(1)$.

5 设 a,b 为大于 2 的整数. 证明：存在一个正整数 k 及正整数的有限序列 $n_1,n_2,\cdots,n_k$，满足 $n_1=a,n_k=b$ 且对所有 $i(1\leqslant i\leqslant k)$，$n_in_{i+1}$ 被 n_i+n_{i+1} 整除.

证明　对于正整数 a,b，若存在满足条件的序列 $n_1,n_2,\cdots,n_k$，则称 a,b"可链结"，问题即为证明任意正整数 $a,b(a,b>2)$ 均"可链结". 以下我们证明对于任意正整数 $m>2$，$m,m+1$"可链结".

取

$$n_1=m,n_2=m(m-1),n_3=m(m-1)(m-2)$$
$$n_4=2m(m-1),n_5=2m(m+1),n_6=m(m+1)(m-1)$$
$$n_7=m(m+1),n_8=m+1$$

显然上述序列表明 m 与 $m+1$"可链结".

从而任意 $a,b(a,b>2)$ 均"可链结"，命题得证.

6 有一版 $n\times n$ 的邮票. 要从中分出由 3 张在同一行或同一列相连的邮票组成的块(只能沿着针孔线分，而且每个块就是分下的一片纸)，分下一些块以后，不可能再分下更多的块了，令这时的块数的最小值为 $b(n)$. 证明：存在实常数 c,d，对所有 $n>0$，都有

$$\frac{1}{7}n^2-cn\leqslant b(n)\leqslant\frac{1}{5}n^2+dn$$

证明　首先考虑上界：

对每一行，从左向右，按如下方式剪出邮票块：对奇数行，依次为 1×3 块，1×1 块 2 个，1×3 块，1×1 块 2 个，……，对偶数

行,依次为 1×1 块 2 个,1×3 块,1×1 块 2 个,1×3 块,……(图 31.1).

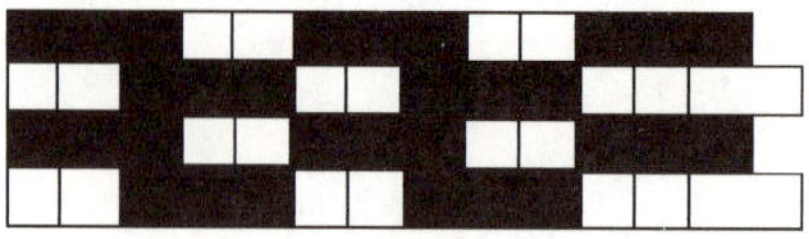

图 31.1

其中黑色表示剪下的块,每块由 3 张邮票组成. 这样剪下去,第一行剪到最后,可能出现以下两种情况:

(1) 恰好剪完或剩下 1 张或剩下 2 张邮票;

(2) 剩下 3 张或 4 张邮票. 这时再剪下 1 块.

其他行与第一行相同或类似. 设这时剪下的块数为 $c(n)$.

在剪先后的剩余块的最右侧补上 4 列邮票($4n$ 张),此时,每个剪出的 1×3 块的左(或右) 必有至少2 个 1×1 的块,也即每个 1×3 块至少"控制"5 张邮票,则

$$5c(n)\leqslant n^2+4n$$

从而
$$b(n)\leqslant c(n)\leqslant\frac{n^2}{5}+\frac{4n}{5}$$

其次考虑下界:

每个块,无论横竖,右面与下面有 5 张相邻的邮票,如图 31.2 所示(包括与这块仅有一个公共顶点的邮票).

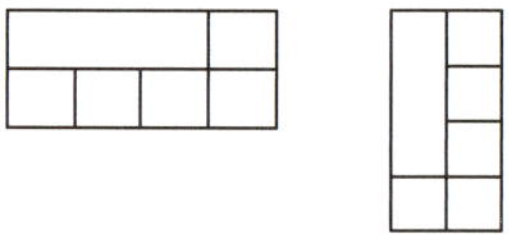

图 31.2

如果已经不能再剪下更多的块,那么下方或右方的 4 张邮票中至少有 1 张属于其他被剪下的块. 规定每一块控制如图 31.2 所示的 8 张邮票中的 7 张(去掉属于其他块的 1 张). 如果这版邮票的每张邮票都被控制了,那么就有

$$7b(n)\geqslant n^2 \qquad ①$$

而最上面的两行与最左面的两列可能有未被控制的.

这些邮票不超过 $4n$ 张,只需将不等式 ① 改为

$$7b(n)\geqslant n^2-4n \qquad ②$$

如果其他地方有 1 张邮票 A 未被控制,那么 A 的上方 B,左方 C 及左上方 D 都不属于任何一块,如图 31.3 所示.

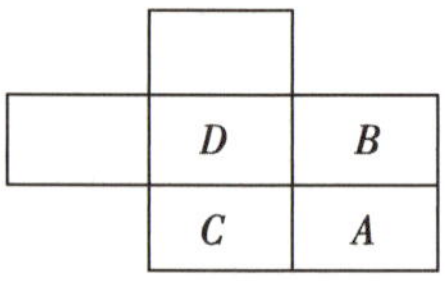

图 31.3

这时 D 的上方必属于一块,而 D 的左方又属于另一块. D 受到双重控制,将 D 改为只受一块控制,A 改为受另一块控制.

这样处置后,除去第一、二行与第一、二列,每张邮票都受到控制. 所以不等式 ② 成立,即

$$\frac{1}{7}n^2-\frac{4}{7}n\leqslant b(n)$$

综上,$\frac{1}{7}n^2-\frac{4}{7}n\leqslant b(n)\leqslant\frac{1}{5}n^2+\frac{4}{5}n$. 命题得证.

第 32 届美国数学奥林匹克

1 证明：对每个正整数 n，存在一个可以被 5^n 整除的 n 位正整数，它的每一位上的数字都是奇数.

证明 当 $n=1$ 时，$5 \mid 5$.

设 $n=m$ 时，$5^m \mid \overline{a_1a_2\cdots a_m}$，其中 $a_i(i=1,2,\cdots,m)$ 为一位奇数.

当 $n=m+1$ 时，考查 $\overline{1a_1a_2\cdots a_m}$，$\overline{3a_1a_2\cdots a_m}$，$\cdots$，$\overline{9a_1a_2\cdots a_m}$.

因为它们的差 2×10^m，4×10^m，6×10^m，8×10^m 不能被 5^{m+1} 整除，故这五个数被 5^{m+1} 整除的余数两两不等，所以，这五个数中存在一个能被 5^{m+1} 整除的数.

2 一个凸多边形 P 被它所有的对角线分成一些小凸多边形. 且 P 满足：它的所有的边和对角线的长度都为有理数. 证明：所有小凸多边形的边长都是有理数.

证明 (1) 当 P 是凸四边形时，由已知，AB,BC,CD,DA 都是有理数. 如图 32.1 所示，设 AC,BD 交于点 E，延长 DA,CB 交于点 I，作 $AF\perp BC$，$DG\perp BC$，垂足分别为 F,G，作 $AH\perp DG$ 于点 H.

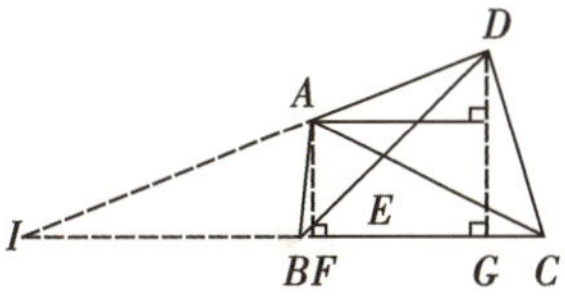

图 32.1

在 $\triangle ABC$ 中，设 $AB=c$，$BC=a$，$CA=b$. 则

$$BF+FC=BC=a$$

$$BF^2-FC^2=(AB^2-AF^2)-(AC^2-AF^2)=AB^2-AC^2=c^2-b^2$$

两式相除得

$$BF-FC=\frac{c^2-b^2}{a}$$

由于 $a,b,c\in\mathbf{Q}$，故 $(BF+FC)\in\mathbf{Q}$，$(BF-FC)\in\mathbf{Q}$. 从而

$$BF,FC\in\mathbf{Q}$$

同理

$$BG,GC\in\mathbf{Q}$$

又 $AF+DH=DC$，所以

$$\sqrt{AB^2-BF^2}+\sqrt{AD^2-AH^2}=\sqrt{CD^2-CG^2}$$

设

$$AB^2 - BF^2 = p, AD^2 - AH^2 = q, CD^2 - CG^2 = r$$

则$\sqrt{p} + \sqrt{q} = \sqrt{r}$,其中 $p,q,r \in \mathbf{Q}$. 两边平方,得

$$p + q + 2\sqrt{pq} = r$$

于是,$\sqrt{pq} \in \mathbf{Q}$. 同理,$\sqrt{qr} \in \mathbf{Q}$. 进而,$\frac{\sqrt{p}}{\sqrt{r}} = \frac{\sqrt{pq}}{\sqrt{qr}} \in \mathbf{Q}$. 因为

$$\sqrt{p} = AF, \sqrt{r} = DG$$

故$\frac{AF}{DG} \in \mathbf{Q}$. 又$\frac{IA}{ID} = \frac{IF}{IG} = \frac{AF}{DG}$,从而

$$\frac{IA}{ID} \in \mathbf{Q}, \frac{IF}{IG} \in \mathbf{Q}$$

由于 $AD, FG \in \mathbf{Q}$,且

$$\frac{IA}{ID} = 1 - \frac{AD}{ID}, \frac{IF}{IG} = 1 - \frac{FG}{IG}$$

故 $ID, IG \in \mathbf{Q}$. 进而,$IA, IB, IC \in \mathbf{Q}$.

因为直线 CEA 截 $\triangle IBD$,由梅涅劳斯定理,有$\frac{IC}{CB} \cdot \frac{BE}{ED} \cdot \frac{DA}{AI} = 1$.
所以,$\frac{BE}{ED} \in \mathbf{Q}, BE, ED \in \mathbf{Q}$. 同理,$AE, EC \in \mathbf{Q}$.

(2) 对凸 n 边形 $A_1A_2\cdots A_n$ 的任一条对角线 A_iA_j,设 A_iA_j 被其他对角线截得的点为 $B_1, B_2, \cdots, B_m$,只需证 $A_iB_1, B_1B_2, \cdots, B_mA_j$ 都是有理数,即 $A_iB_1, A_iB_2, \cdots, A_iA_j$ 都是有理数.

设 B_k 是 A_iA_j 与 A_xA_y 的交点. 则四边形 $A_iA_xA_jA_y$ 的各边及各对角线的长度都是有理数,由(1) 知 $A_iB_k \in \mathbf{Q}$.

又 k 是$\{1,2,\cdots,m\}$ 中的任意数,所以,$A_iB_1, A_iB_2, \cdots, A_iA_j$ 都是有理数,即小凸多边形的各边长都是有理数.

3 n 是正整数. 对每个满足 $0 \leqslant a_i \leqslant i, i = 0,1,\cdots,n$ 的正整数数列 $A = \{a_0, a_1, \cdots, a_n\}$,定义另一个数列 $t(A) = \{t(a_0), t(a_1), \cdots, t(a_n)\}$. 其中 $t(a_i)$ 为 A 数列中位于 a_i 项之前的与 a_i 不等的数的个数. 证明:从任意一个上述数列 A 开始,在少于 n 次 t 变化后,总能得到一个数列 B,满足 $t(B) = B$.

证明 (1) 设 b_i 是 B 中的某一项. 若 $b_i \neq b_{i-1}$,分以下两种情形:

(i) $b_1, b_2, \cdots, b_{i-1}$ 中存在一项与 b_i 相等,设为 b_k. 则 b_i 之前与 b_i 不等的数比 b_k 之前与 b_k 不等的数至少多了一个 b_{i-1}. 则 $t(b_i) > t(b_k)$, 与 $b_i = b_k$ 矛盾.

（ⅱ）$b_1, b_2, \cdots, b_{i-1}$ 均不与 b_i 相等，则

$$t(b_i) = i \Rightarrow b_i = i > b_{i-1}$$

故满足 $t(B) = B$ 的数列的充分必要条件是：B 是非减的，且 $b_i = i$ 或 b_{i-1}，$b_0 = 0$，$i = 1, 2, \cdots, n$.

（2）若 $a_i = a_{i-1}$，则依定义知 $t(a_i) = t(a_{i-1})$.

（3）若 $a_i = i$，则依定义知 $t(a_i) = i$.

（4）设 $a_l = k$，且 a_l 前面有 a 个 k.

因为 $i \leqslant k - 1$ 时，$a_i < k$，所以

$$a \leqslant l - k$$

故

$$t(a_l) = l - a \geqslant k = a_l$$

（ⅰ）当 $t(a_l) = a_l$ 时，$a = l - k$，则

$$a_k = a_{k+1} = \cdots = a_l = k$$

由（1）知，a_l 满足成为 B 中第 l 项的条件，又由（2），（3）知，a_l 将在 t 变化后保持不变.

（ⅱ）当 $t(a_l) \neq a_l$ 时，因为 $a_l \geqslant 0$，B 中 l 项的值不大于 n，所以，至多 n 次 t 变化后，a_l 将满足成为 B 中第 l 项的条件.

于是，对 A 中每一项，在至多 n 次 t 变化后都将满足成为 B 中该项的条件，此时得到的数列 A_0 满足 $t(A_0) = A_0$.

4 $\triangle ABC$ 是一个三角形. 一个过 A，B 的圆交边 AC，BC 于点 D，E. AB，DE 交于点 F，BD，CF 交于点 M. 求证：$MF = MC$ 的充要条件是 $MB \cdot MD = MC^2$.

证明　如图 32.2 所示，因为 A，B，E，D 四点共圆，所以，$\angle CBD = \angle EAD$. 又 AC，BM，FE 交于点 D，由塞瓦定理有

$$\frac{FA}{AB} \cdot \frac{BE}{EC} \cdot \frac{CM}{MF} = 1$$

因此

$$MF = MC \Leftrightarrow \frac{FA}{AB} \cdot \frac{BE}{EC} = 1$$

$$\Leftrightarrow AE \parallel CF \Leftrightarrow \angle FCA = \angle EAC = \angle MBC$$

$$\Leftrightarrow \triangle MCD \backsim \triangle MBC \Leftrightarrow MB \cdot MD = MC^2$$

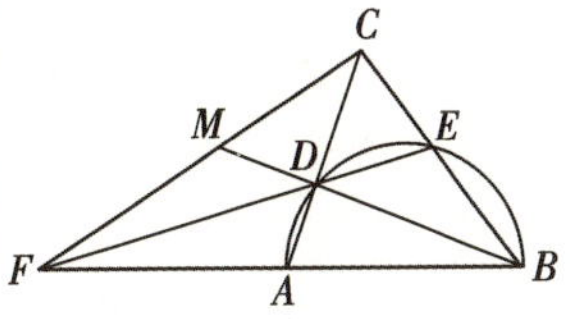

图 32.2

5 a，b，c 是正实数. 求证

$$\frac{(2a+b+c)^2}{2a^2+(b+c)^2} + \frac{(2b+c+a)^2}{2b^2+(c+a)^2} + \frac{(2c+a+b)^2}{2c^2+(a+b)^2} \leqslant 8$$

证明　不妨设 $a + b + c = 1$，则原不等式即

$$\sum \frac{a^2+2a+1}{3a^2-2a+1} \leqslant 8 \qquad ①$$

下面首先证

$$\frac{a^2+2a+1}{3a^2-2a+1} \leqslant 4a+\frac{4}{3} \qquad ②$$

$$②\Leftrightarrow 36a^3-15a^2-2a+1 \geqslant 0$$

$$\Leftrightarrow (3a-1)^2(4a+1) \geqslant 0$$

最后一式显然成立.

从而

$$\sum \frac{a^2+2a+1}{3a^2-2a+1} \leqslant \sum\left(4a+\frac{4}{3}\right)=4\sum a+4=8$$

从而原不等式得证.

6 在一个正六边形的顶点上写着 6 个和为2 003 的非负整数. 伯特可以做如下操作:他可以选出一个顶点,把它上面的数擦去,然后写上相邻两个顶点上数的差的绝对值. 证明:伯特可以进行一系列操作,使得最后每个顶点的数都为 0.

证明 用 $A\begin{smallmatrix}B & C\\ F & E\end{smallmatrix}D$ 表示操作过程中的某个状态,这里 A,B,C,D,E,F 为 6 个点上所写的数字. 用 $A\begin{smallmatrix}B & C\\ F & E\end{smallmatrix}D \pmod 2$ 表示所写的数字模 2,s 表示某一状态时的所有数字的和,M 表示其中的最大值. 我们将证明,从任何 s 为奇数的状态出发,都可以变到各顶点数字全为零的状态. 构造下面两个步骤,交替操作:

(1) 从一个 s 为奇数的状态变到只有一个奇数的状态;

(2) 从只有一个奇数的状态变到 s 为奇数且 M 变小或 6 个数字全为 0 的状态.

注意到任何操作都不会增加 M,而每次操作(2) 都使得 M 至少减少 1,所以,上面的步骤一定会结束,且只能结束在各顶点数字全为零的状态. 下面给出每一步的操作.

首先,对某个 s 为奇数的状态 $A\begin{smallmatrix}B & C\\ F & E\end{smallmatrix}D$,$A+C+E$ 和 $B+D+F$ 有一个是奇数. 不妨设 $A+C+E$ 是奇数. 若 A,C,E 中只有一个是奇数,比如 A,则可按下面的顺序操作

$$1\begin{smallmatrix}B & 0\\ F & 0\end{smallmatrix}D \to 1\begin{smallmatrix}\mathbf{1} & 0\\ \mathbf{1} & 0\end{smallmatrix}\mathbf{0} \to \mathbf{0}\begin{smallmatrix}1 & 0\\ 1 & 0\end{smallmatrix}0 \to 0\begin{smallmatrix}1 & 0\\ \mathbf{0} & \mathbf{0}\end{smallmatrix}0 \pmod 2$$

注 黑体字表示在该点进行了操作. 若操作的点互不影响,为了简洁,把它们写作一步.

因此,可以变到只有一个奇数的状态. 类似地,若 A,C,E 全是奇数,则可按下面的顺序操作

$$\begin{array}{ccc} & B\ 1 & \\ 1 & & D \\ & F\ 1 & \end{array} \to \begin{array}{ccc} & \mathbf{0}\ 0 & \\ 1 & & \mathbf{0} \\ & \mathbf{0}\ 0 & \end{array} \to \begin{array}{ccc} & 0\ \mathbf{0} & \\ \mathbf{1} & & \\ & 0\ \mathbf{0} & \end{array} \pmod 2$$

我们已经证明了(1)是可行的. 下面不妨考虑只有 A 是奇数,其他都是偶数的状态 $\begin{array}{ccc} & B\ C & \\ A & & D \\ & F\ E & \end{array}$. 我们希望变到某个使 M 更小的状态. 记 M_0 为该状态的 M,根据 M_0 的奇偶性,分两种情况讨论.

(ⅰ)M_0 是偶数,即 B,C,D,E,F 中的某一个是最大值,且 $A < M_0$. 我们断言,按照 B,C,D,E,F 的顺序操作,则 s 是奇数且 $M < M_0$. 下面的顺序

$$\begin{array}{ccc} & 0\ 0 & \\ 1 & & 0 \\ & 0\ 0 & \end{array} \to \begin{array}{ccc} & \mathbf{1}\ 0 & \\ 1 & & 0 \\ & 0\ 0 & \end{array} \to \begin{array}{ccc} & 1\ \mathbf{1} & \\ 1 & & 0 \\ & 0\ 0 & \end{array} \to \begin{array}{ccc} & 1\ 1 & \\ 1 & & \mathbf{1} \\ & 0\ 0 & \end{array} \to \begin{array}{ccc} & 0\ 0 & \\ 1 & & 1 \\ & 0\ \mathbf{1} & \end{array} \to \begin{array}{ccc} & 1\ 1 & \\ 1 & & 1 \\ & \mathbf{0}\ 1 & \end{array} \pmod 2$$

表明数字在每次操作后奇偶性的改变. 称这个新的状态为 $\begin{array}{ccc} & B'\ C' & \\ A' & & D' \\ & F'\ E' & \end{array}$,则 s 是奇数,且 A',B',C',D',E' 都小于 M_0(因为它们是奇数,而 M_0 是偶数),同时,$F' = |A' - E'| \leqslant \max\{A',E'\} < M_0$,所以,$M$ 变小了.

(ⅱ)M_0 是奇数,即 $M_0 = A$,其余的数都小于 M_0. 若 $C > 0$,则按照 B,F,A,F 的顺序操作

$$\begin{array}{ccc} & 0\ 0 & \\ 1 & & 0 \\ & 0\ 0 & \end{array} \to \begin{array}{ccc} & \mathbf{1}\ 0 & \\ 1 & & 0 \\ & 0\ 0 & \end{array} \to \begin{array}{ccc} & 1\ 0 & \\ 1 & & 0 \\ & \mathbf{1}\ 0 & \end{array} \to \begin{array}{ccc} & 1\ 0 & \\ \mathbf{0} & & 0 \\ & 1\ 0 & \end{array} \to \begin{array}{ccc} & 1\ 0 & \\ 0 & & 0 \\ & \mathbf{0}\ 0 & \end{array} \pmod 2$$

称这一状态为 $\begin{array}{ccc} & B'\ C' & \\ A' & & D' \\ & F'\ E' & \end{array}$,则 s 是奇数. 而 M 只在 $B' = A$ 时才不减少;但这是不可能的,因为 $B' = |A - C| < A$,而 $0 < C < M_0 = A$,这样又变到了一个 s 为奇数而 M 较小的状态.

若 $E > 0$,因为 C 和 E 是对称的,可类似讨论.

若 $C = E = 0$,可以按照下面的顺序操作把数字变到全是 0 的状态

$$\begin{array}{ccc} & B\ 0 & \\ A & & D \\ & F\ 0 & \end{array} \to \begin{array}{ccc} & A\ 0 & \\ A & & \mathbf{0} \\ & A\ 0 & \end{array} \to \begin{array}{ccc} & A\ 0 & \\ \mathbf{0} & & 0 \\ & A\ 0 & \end{array} \to \begin{array}{ccc} & \mathbf{0}\ 0 & \\ 0 & & 0 \\ & \mathbf{0}\ 0 & \end{array}$$

这里的 0 表示数字 0,而非偶数.

这样,我们展示了怎样操作(2),证明了所需的结论. 作为一个特例,2 003 是奇数,当然满足结论.

第 33 届美国数学奥林匹克

1 设 $ABCD$ 是一个有内切圆的凸四边形,它的每个内角和外角都不小于 60°. 证明

$$\frac{1}{3}|AB^3-AD^3| \leqslant |BC^3-CD^3| \leqslant 3|AB^3-AD^3|$$

等号何时成立?

证明 如图 33.1 所示,利用余弦定理,知

$$BD^2=AD^2+AB^2-2AD\cdot AB\cos A=$$
$$CD^2+BC^2-2CD\cdot BC\cos C$$

由条件知 $60° \leqslant A,C \leqslant 120°$,故

$$-\frac{1}{2} \leqslant \cos A \leqslant \frac{1}{2},\ -\frac{1}{2} \leqslant \cos C \leqslant \frac{1}{2}$$

于是

$$3BD^2-(AB^2+AD^2+AB\cdot AD)=$$
$$2(AB^2+AD^2)-AB\cdot AD(1+6\cos A) \geqslant$$
$$2(AB^2+AD^2)-4AB\cdot AD=$$
$$2(AB-AD)^2 \geqslant 0$$

即

$$\frac{1}{3}(AB^2+AD^2+AB\cdot AD) \leqslant BD^2=$$
$$CD^2+BC^2-2CD\cdot BC\cos C \leqslant$$
$$CD^2+BC^2+CD\cdot BC$$

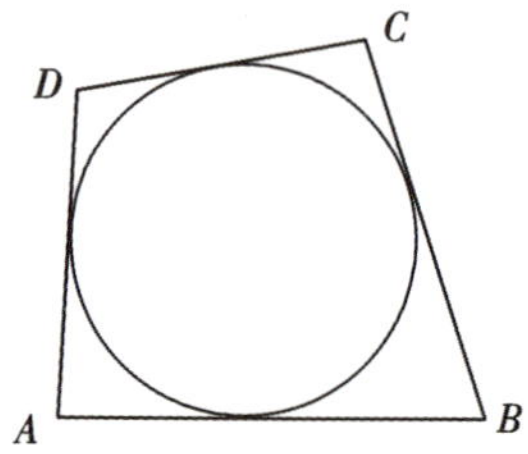

图 33.1

再由 $ABCD$ 为圆外切四边形,可知 $AD+BC=AB+CD$,所以,$|AB-AD|=|CD-BC|$. 结合上式,就有

$$\frac{1}{3}|AB^3-AD^3| \leqslant |BC^3-CD^3|$$

等号成立的条件为 $\cos A=\frac{1}{2}$;$AB=AD$;$\cos C=-\frac{1}{2}$ 或者 $|AB-AD|=|CD-BC|=0$. 所以,等号成立的条件是 $AB=AD$ 且 $CD=BC$.

同理可证另一个不等式成立,等号成立的条件同上.

② 设 $a_1,a_2,\cdots,a_n$ 是整数，它们的最大公约数等于 1. 设 S 是具有下述性质的一个由整数组成的集合：

(1) $a_i\in S, i=1,2,\cdots,n$；

(2) $a_i-a_j\in S, 1\leqslant i,j\leqslant n$ (i,j 可以相同)；

(3) 对任意整数 $x,y\in S$，若 $x+y\in S$，则 $x-y\in S$.

证明：S 等于由所有整数组成的集合.

证明 将命题加强：我们证明对任意 $t\in\mathbf{Z}$，数 $(a_1,a_2,\cdots,a_n)t\in S$，这里 $(a_1,a_2,\cdots,a_n)$ 表示 $a_1,\cdots,a_n$ 的最大公约数，在 $n=1$ 时，$(a_1)=a_1$. ①

对 n 归纳予以处理. 当 $n=1$ 时，先证对任意 $t\in\mathbf{N}^*$，均有 $a_1t\in S$. 事实上，在条件(2)中令 $i=j=1$，就有 $0\in S$，结合 $a_1\in S$ 及条件(3)可知 $-a_1\in S$；现在设 $-a_1,0,a_1,2a_1,\cdots,(t-1)a_1$ 都属于 $S(t\in\mathbf{N}^*)$，则由 $(t-1)a_1\in S$, $-a_1\in S$ 及 $(t-2)a_1\in S$，利用条件(3)可知 $(t-1)a_1-(-a_1)=ta_1\in S$. 所以，对任意 $t\in\mathbf{N}^*$，数 $ta_1\in S$. 进一步，由 $0\in S$, $ta_1\in S$ 知 $0-ta_1\in S$，即 $-ta_1\in S$，所以，对任意 $t\in\mathbf{Z}$，均有 $ta_1\in S$，命题①对 $n=1$ 成立.

当 $n=2$ 时，由前已证：对任意 $x,y\in\mathbf{Z}$，均有 $xa_1\in S$, $ya_2\in S$. 下证：对任意 $k_1,k_2\in\mathbf{Z}$，均有 $k_1a_1+k_2a_2\in S$. ②

为此对 $k=|k_1|+|k_2|$ 予以归纳. 当 $k=0$ 时，$k_1=k_2=0$，命题②显然成立；当 $k=1$ 时，由 $\pm a_1\in S$, $\pm a_2\in S$ 知②成立；当 $k=2$ 时，由条件(2)知 $a_1-a_2\in S$，结合 a_1, $-a_2\in S$ 及条件(3)可知 $a_1-(-a_2)=a_1+a_2\in S$，再由 $0,a_1+a_2\in S$ 知 $0-(a_1+a_2)=-a_1-a_2\in S$，结合 $-2a_1\in S$, $-2a_2\in S$ 可知②成立. 现在设②对 $0,1,2,\cdots,k-1$ 都成立，考虑 $(k\geqslant 3)$ 的情形. 这时 $|k_1|+|k_2|\geqslant 3$，故 $|k_1|$ 与 $|k_2|$ 中必有一个不小于2，不妨设 $|k_1|\geqslant 2$. 若 $k_1\geqslant 2$，由归纳假设知 $(k_1-1)a_1+k_2a_2\in S$, $(k_1-2)a_1+k_2a_2\in S$，结合 $-a_1\in S$ 及条件(3)知 $(k_1-1)a_1+k_2a_2-(-a_1)=k_1a_1+k_2a_2\in S$，若 $k_1\leqslant -2$，由归纳假设知 $(k_1+1)a_1+k_2a_2\in S$, $(k_1+2)a_1+k_2a_2\in S$，结合 $a_1\in S$ 及条件(3)知 $(k_1+1)a_1+k_2a_2-a_1=k_1a_1+k_2a_2\in S$. 从而命题②对 k 成立. 这表明命题②是正确的.

由命题②及裴蜀定理，知对任意 $t\in\mathbf{Z}$，均有 $(a_1,a_2)t\in S$，即命题①对 $n=2$ 成立.

现在我们设命题①对 $1,2,\cdots,n-1$ 都成立，考虑 $n(\geqslant 3)$ 的情形. 此时，记 $(a_1,a_2,\cdots,a_n)=d$，$(a_2,a_3,\cdots,a_n)=d_1$，$(a_1,$

$a_3,\cdots,a_n)=d_2$，$(a_1,a_2,a_4,\cdots,a_n)=d_3$. 由归纳假设可知，对任意 $t_1,t_2,t_3\in\mathbf{Z}$，都有 $d_1t_1\in S$，$d_2t_2\in S$，$d_3t_3\in S$.

由 d 及 d_1,d_2,d_3 的定义知 $d=(d_1,d_2)=(d_1,d_3)=(d_2,d_3)$，设 $d_i=x_id$，$i=1,2,3$，则 x_1,x_2,x_3 两两互质，故 x_1,x_2,x_3 中必有一个为奇数，不妨设 x_3 为奇数，下证：对任意 $t\in\mathbf{Z}$，存在 $m_1,m_2,m_3\in\mathbf{Z}$，使得

$$d_1m_1+d_2m_2=d_3m_3 \text{ 且 } d_1m_1-d_2m_2=dt \qquad ③$$

事实上，对任意 $t\in\mathbf{Z}$，由 $(x_1,x_2)=1$，可知存在 $y\in\mathbf{Z}$，使得 $x_1y=t(\bmod x_2)$，于是，令 $l=2x_1y-t$，就有 $l+t\equiv 0(\bmod 2x_1)$，$l-t\equiv 0(\bmod 2x_2)$. 而由 x_3 为奇数，及 x_1,x_2,x_3 两两互质，可知 $(x_3,2x_1x_2)=1$，于是存在 $m_3\in\mathbf{Z}$，使得 $m_3x_3\equiv l(\bmod 2x_1x_2)$，因此，令 $m_1=\dfrac{m_3x_3+t}{2x_1}$，$m_2=\dfrac{m_3x_3-t}{2x_2}$，则 $m_1,m_2\in\mathbf{Z}$，且 m_1,m_2,m_3 满足 ③.

由归纳假设及 ③ 中的结论，知 $d_1m_1\in S$，$d_2m_2\in S$，$d_1m_1+d_2m_2=d_3m_3\in S$，从而结合条件(3)，知 $dt=d_1m_1-d_2m_2\in S$. 所以，命题 ① 对 n 成立.

综上可知，对任意 $t\in\mathbf{Z}$，数 $(a_1,a_2,\cdots,a_n)t\in S$，这样，由题给条件 $(a_1,\cdots,a_n)=1$，故每个整数 t 都属于 S. 命题获证.

3 求所有的实数 $k>0$，使得可以将 $1\times k$ 的矩形分割为两个相似但不全等的多边形.

解 结论是：$k>0$，$k\neq 1$.

先证明：1×1 的正方形不能作出满足条件的分割.

考虑分割折线的端点，如果这两个端点分属于正方形的两条对边（包括正方形的顶点），那么所分成的两个多边形是最长的边相等的，结合它们是相似的，可知这两个多边形必是全等的. 如果两个端点中恰有一个为正方形的顶点，则这两个多边形的边数相差1（注意：此时另一个端点在与该顶点不相邻的边上）；如果两个端点在正方形相邻的两条边上，则两个多边形的边数相差 2. 都不可能成为相似的两个多边形. 故当 $k=1$ 时，不存在符合要求的分割.

再证：当 $k>0$，$k\neq 1$，$1\times k$ 的矩形可作出满足条件的分割.

只需证 $k>1$ 的情形（当 $k\in(0,1)$ 时，把 k 当作 1 个单位，转到 $\dfrac{1}{k}\times 1$ 的情形），取 $n\in\mathbf{N}^*$，使 $k>\dfrac{n+1}{n}$，如图 33.2 所示，考虑两个相似的台阶形状，将它们拼为一个 $1\times k$ 的矩形，其中 $\lambda(>1)$ 与 x 待定.

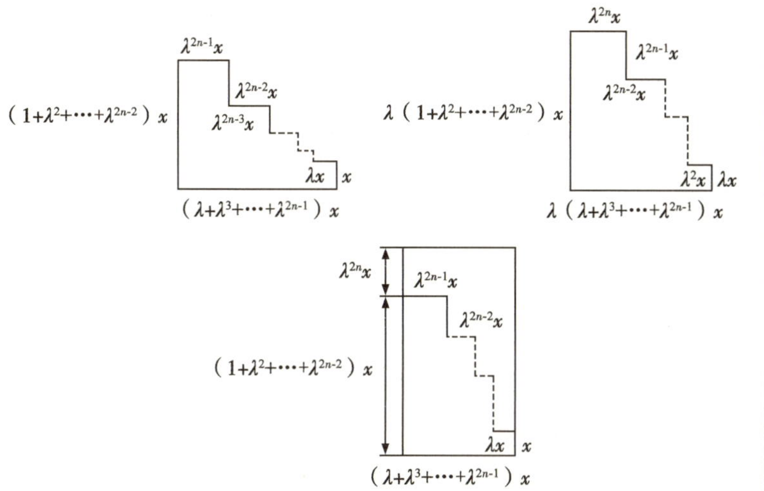

图 33.2

这样我们只需证明 λ 与 x 的存在性,即可说明符合条件的分割存在, 事实上, 记 $f(\lambda)=\dfrac{1+\lambda^2+\cdots+\lambda^{2n}}{\lambda+\lambda^3+\cdots+\lambda^{2n-1}}$, 则 $f(1)=\dfrac{n+1}{n}<k$,而当 $\lambda\to+\infty$ 时,$f(\lambda)\to+\infty$,故存在 $\lambda>1$,使得 $f(\lambda)=k$,对此 λ,取 x,使得 $(\lambda+\lambda^3+\cdots+\lambda^{2n-1})x=1$,那么上述分割符合要求.

综上,所求 k 为不等于 1 的正实数.

4 爱丽丝和鲍勃在一个 6×6 的方格表上玩一种游戏,每次在某个空格内写上一个有理数,要求该数与已写在表格中的数都不相同,爱丽丝先写,然后两人交替进行. 当每个格子中都写上数后,将每一行中最大的数所在的方格染为黑色. 爱丽丝如果能够从表格的最上端到最下端作一条直线,使该直线一直在黑格内,则她赢,否则鲍勃赢(这里若两个黑格有公共点就可作一条直线,使该直线一直在这两个黑格中). 问哪一个玩家有必胜策略?

解 鲍勃有必胜策略.

注意到鲍勃总可以使每一行中最大的数在他希望的3个方格中,因为他每次只需填入的数与爱丽丝在同一行中,并调节与已填数的大小即可保证每行中最大的数落在他希望的 3 个方格中.

现在鲍勃有策略使得前 3 行中,每行的最大数都在阴影格中,如图 33.3 所示,这时爱丽丝作不出符合要求的直线(事实上,折线都作不出). 故鲍勃有必胜策略.

图 33.3

5 设 a,b,c 为正实数,证明

$$(a^5-a^2+3)(b^5-b^2+3)(c^5-c^2+3)\geqslant(a+b+c)^3$$

证明 注意到,当 $a>0$ 时,有

$$(a^5-a^2+3)-(a^3+2)=a^5-a^3-a^2+1=$$
$$a^3(a^2-1)-(a^2-1)=(a^3-1)(a^2-1)=$$
$$(a-1)^2(a+1)(a^2+a+1)\geqslant 0$$

所以
$$a^5-a^2+3\geqslant a^3+2$$

依此,我们只需证明

$$(a^3+2)(b^3+2)(c^3+2)\geqslant(a+b+c)^3$$

为此,我们证明更一般的结论:对任意正实数 $x_i,y_i,z_i(i=1,2,3)$,均有

$$(x_1+y_1+z_1)(x_2+y_2+z_2)(x_3+y_3+z_3)\geqslant$$
$$(\sqrt[3]{x_1x_2x_3}+\sqrt[3]{y_1y_2y_3}+\sqrt[3]{z_1z_2z_3})^3 \quad ①$$

事实上,由于

$$\frac{\sqrt[3]{x_1x_2x_3}}{\sqrt[3]{(x_1+y_1+z_1)(x_2+y_2+z_2)(x_3+y_3+z_3)}}=$$
$$\sqrt[3]{\frac{x_1}{x_1+y_1+z_1}}\cdot\sqrt[3]{\frac{x_2}{x_2+y_2+z_2}}\cdot\sqrt[3]{\frac{x_3}{x_3+y_3+z_3}}\leqslant$$
$$\frac{1}{3}\left(\frac{x_1}{x_1+y_1+z_1}+\frac{x_2}{x_2+y_2+z_2}+\frac{x_3}{x_3+y_3+z_3}\right)$$

同理

$$\frac{\sqrt[3]{y_1y_2y_3}}{\sqrt[3]{(x_1+y_1+z_1)(x_2+y_2+z_2)(x_3+y_3+z_3)}}\leqslant$$
$$\frac{1}{3}\left(\frac{y_1}{x_1+y_1+z_1}+\frac{y_2}{x_2+y_2+z_2}+\frac{y_3}{x_3+y_3+z_3}\right)$$
$$\frac{\sqrt[3]{z_1z_2z_3}}{\sqrt[3]{(x_1+y_1+z_1)(x_2+y_2+z_2)(x_3+y_3+z_3)}}\leqslant$$
$$\frac{1}{3}\left(\frac{z_1}{x_1+y_1+z_1}+\frac{z_2}{x_2+y_2+z_2}+\frac{z_3}{x_3+y_3+z_3}\right)$$

上述 3 个不等式相加可知式 ① 成立. 所以

$$(a^3+2)(b^3+2)(c^3+2)=$$
$$(a^3+1+1)(1+b^3+1)(1+1+c^3)\geqslant$$
$$(a+b+c)^3$$

6 凸四边形 $ABCD$ 有内切圆 ω,设 I 为 ω 的圆心,且

$$(AI+DI)^2+(BI+CI)^2=(AB+CD)^2$$

证明:$ABCD$ 是一个等腰梯形.

证明 如图 33.4 所示,设 ω 分别切四边形 $ABCD$ 的边 AB, BC, CD, DA 于点 E, F, G, H. 记 $\angle AIE=\alpha$, $\angle BIF=\beta$, $\angle CIG=\gamma$, $\angle DIH=\delta$,圆 ω 的半径为 R,则 $\alpha,\beta,\gamma,\delta$ 都是锐角,且 $\alpha+\beta+\gamma+\delta=\pi$. 进一步

$$AI=\frac{R}{\cos\alpha},BI=\frac{R}{\cos\beta},CI=\frac{R}{\cos\gamma},DI=\frac{R}{\cos\delta}$$

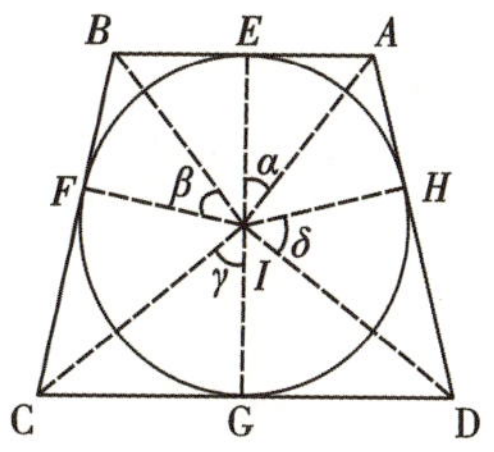

图 33.4

而

$$AB+CD=AE+EB+CG+GD=$$
$$R(\tan\alpha+\tan\beta+\tan\gamma+\tan\delta)$$

所以,由条件可知

$$\left(\frac{1}{\cos\alpha}+\frac{1}{\cos\delta}\right)^2+\left(\frac{1}{\cos\beta}+\frac{1}{\cos\gamma}\right)^2=$$
$$(\tan\alpha+\tan\beta+\tan\gamma+\tan\delta)^2$$

上式展开后,整理得

$$2\tan\alpha\tan\delta+2\tan\beta\tan\gamma+2(\tan\alpha+\tan\delta)(\tan\beta+\tan\gamma)-$$
$$\frac{2}{\cos\alpha\cos\delta}-\frac{2}{\cos\beta\cos\gamma}=4$$

记 $\alpha+\delta=\theta$,则 $\beta+\gamma=\pi-\theta$,上式变形为

$$\frac{\sin\alpha\sin\delta-1}{\cos\alpha\cos\delta}+\frac{\sin\beta\sin\gamma-1}{\cos\beta\cos\gamma}+\frac{\sin^2\theta}{\cos\alpha\cos\beta\cos\gamma\cos\delta}=2\Leftrightarrow$$

$$\frac{\sin^2\theta}{\cos\alpha\cos\beta\cos\gamma\cos\delta}=\frac{\cos\theta+1}{\cos\alpha\cos\delta}+\frac{1-\cos\theta}{\cos\beta\cos\gamma}\Leftrightarrow$$

$$\sin^2\theta=\sin^2\frac{\theta}{2}\cos\alpha\cos\delta+2\cos^2\frac{\theta}{2}\cos\beta\cos\gamma\Leftrightarrow$$

$$\sin^2\theta=\sin^2\frac{\theta}{2}(\cos(\alpha-\delta)+\cos(\alpha+\delta))+$$

$$\cos^2\frac{\theta}{2}(\cos(\beta-\gamma)+\cos(\beta+\gamma))\Leftrightarrow$$

$$\sin^2\theta=\cos\theta\left(\sin^2\frac{\theta}{2}-\cos^2\frac{\theta}{2}\right)+\sin^2\frac{\theta}{2}\cos(\alpha-\delta)+$$

$$\cos^2\frac{\theta}{2}\cos(\beta-\gamma)\Leftrightarrow$$

$$\sin^2\frac{\theta}{2}\cos(\alpha-\delta)+\cos^2\frac{\theta}{2}\cos(\beta-\gamma)=1\Leftrightarrow$$

$$\sin^2\frac{\theta}{2}(1-\cos(\alpha-\delta))+\cos^2\frac{\theta}{2}(1-\cos(\beta-\gamma))=0$$

注意到,$\sin^2\frac{\theta}{2}>0,\cos^2\frac{\theta}{2}>0$,所以,$\cos(\alpha-\beta)=1,\cos(\beta-\gamma)=1$,于是,$\alpha=\delta,\beta=\gamma$. 进而 $AB=R(\tan\alpha+\tan\beta)=R(\tan\gamma+\tan\delta)=CD$,并且 $\angle BAD=\pi-2\alpha=\pi-2\delta=\angle CDA$,同理 $\angle ABC=\angle BCD$,故有 $\angle BAD+\angle ABC=\pi$,即 $BC/\!/AD$.

所以,$ABCD$ 是以 BC,AD 为上、下底的等腰梯形.

第 34 届美国数学奥林匹克

1 求所有的正整数 n，使得 n 为合数，并且可以将 n 的所有大于 1 的正约数排成一圈，其中任意两个相邻的数不互质.

解 只要合数 n 不是两个不同质数的乘积，n 就符合要求.

当 $n=pq$，p,q 为不同质数时，n 的大于 1 的正约数只有 p,q 和 pq，任何排列中 p 与 q 都相邻，它们互质，故此时不存在符合要求的排列.

对其余的 n，分别就 n 的质因子个数分类予以讨论.

若 $n=p^\alpha$，p 为质数，$\alpha(\geqslant 2)$ 为正整数，则 n 的大于 1 的正约数为 $p,p^2\cdots,p^\alpha$，任何排列都符合要求.

若 $n=p_1^{\alpha_1}\cdots p_k^{\alpha_k}$，$p_1<p_2<\cdots<p_k$ 为质数，$\alpha_1,\cdots,\alpha_k\in\mathbf{N}^*$，这里 $k>2$ 或者 $k=2$，而 $\max\{\alpha_1,\alpha_2\}>1$. 记 $D_n=\{d\mid d\in\mathbf{N}^*,d\mid n$，且 $d>1\}$，先将 $n,p_1p_2,p_2p_3,\cdots,p_{k-1}p_k$ 如图 34.1 所示的排列. 然后，将 D_n 中所有最小质因子为 p_1 的数随意放置在 n 与 p_1p_2 之间；将所有最小质因子为 p_2 的数随意放置在 p_1p_2 与 p_2p_3 之间；依此类推；最后将 $p_k,p_k^2,\cdots,p_k^{\alpha_k}$ 放在 $p_{k-1}p_k$ 与 n 之间. 这样，D_n 中的每个数都恰在该排列中出现一次，且任意相邻两个数不互质. 所以，n 符合要求.

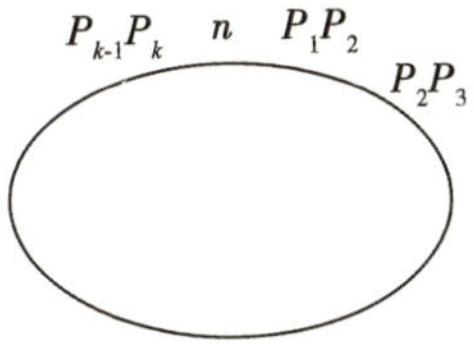

图 34.1

2 证明：方程组

$$\begin{cases}x^6+x^3+x^3y+y=147^{157}\\x^3+x^3y+y^2+y+z^9=157^{147}\end{cases}$$

没有整数解.

证法 1 将两式相加后两边都加上 1，得

$$(x^3+y+1)^2+z^9=147^{157}+157^{147}+1 \qquad ①$$

对比费马小定理，我们对上式两边 mod 19，可知 $z^{18}\equiv 0$ 或 $1\pmod{19}$，故 $z^9\equiv -1,0$ 或 $1\pmod{19}$.

而对任意 $a\in\mathbf{Z}$，有 $a\equiv 0,\ \pm1,\ \pm2,\cdots,\ \pm9\pmod{19}$，从而 $a^2\equiv 0,1,4,9,-3,6,-2,-8,7,5\pmod{19}$.

对比上述两个结论，可知式①左边满足

$$(x^3+y+1)^2+z^9 \not\equiv -6,\ -5 \pmod{19}$$

而再由费马小定理，可知式①右边满足

$$147^{157}+157^{147}+1 \equiv 14^{18\times 8+13}+5^{18\times 8+3}+1 \equiv$$
$$14^{13}+5^3+1 \equiv -5^{13}+12 \equiv -5\times 6^5+12 \equiv$$
$$-5\times(-2)^3+12 \equiv 52 \equiv -5 \pmod{19}$$

所以，式①左右两边不能相等.

从而，原方程没有整数解.

证法 2 获得证法 1 中的式①后，也可选择两边模 13. 这时，利用费马小定理：对任意 $a \in \mathbf{N}^*$，若 $13 \nmid a$，则 $a^{12} \equiv 1 \pmod{13}$，知 $147^{157} \equiv 4^1 \equiv 4 \pmod{13}$，而 $157^{147} \equiv 1^{147} \equiv 1 \pmod{13}$，故

$$(x^3+y+1)^2+z^9 \equiv 6 \pmod{13} \quad ②$$

另一方面，由条件式中的第一个式子，知

$$(x^3+1)(x^3+y)=147^{157} \equiv 4 \pmod{13} \quad ③$$

而立方数 $\equiv 0,\ \pm 1$ 或 $\pm 5 \pmod{13}$，结合上式，可知 $x^3 \not\equiv -1 \pmod{13}$，所以，$x^3=0,1,5$ 或 -5，对比同余式③可知对应地有 $x^3+y \equiv 4,2,5,-1 \pmod{13}$，从而

$$(x^3+y+1)^2 \equiv 12,9,10 \text{ 或 } 0 \pmod{13} \quad ④$$

再利用 z^9 是一个立方数，故 $z^3 \equiv 0,1,5,8$ 或 $12 \pmod{13}$，结合同余式④就有

$$(x^3+y+1)^2+z^9 \not\equiv 3 \text{ 或 } 6 \pmod{13}$$

这与式②矛盾.

说明 这个解法表明将 z^9 改为 z^3 后，命题仍然成立.

3 设 $\triangle ABC$ 是一个锐角三角形，P,Q 是边 BC 上的点. 取点 C_1，使得凸四边形 $APBC_1$ 有外接圆，且 $QC_1 /\!/ CA$，且 C_1 与 Q 在直线 AB 的异侧. 取点 B_1，使得凸四边形 $APCB_1$ 有外接圆，且 $QB_1 /\!/ BA$，且 B_1 与 Q 在直线 AC 的异侧. 证明：B_1,C_1,P,Q 四点共圆.

证明 如图 34.2 所示，连 C_1A 并延长交过点 A,P,C 的圆于点 B_2，联结 PC_1，PB_2.

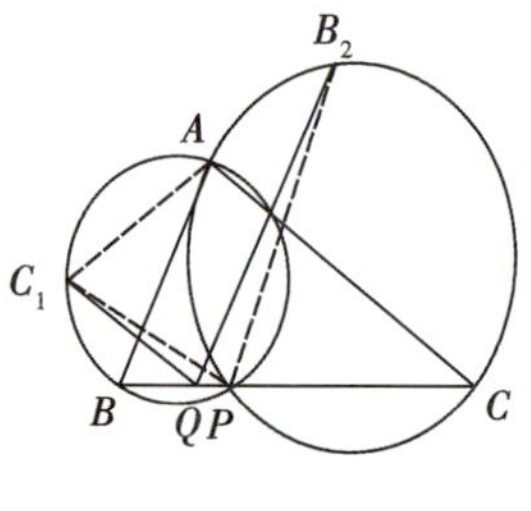

图 34.2

注意到

$$\angle PC_1A=\angle PBA,\ \angle PB_2C_1=\angle ACB$$

所以，$\triangle PB_2C_1 \backsim \triangle ACB$. 进而，由 $QC_1 /\!/ AC$ 知，$\angle PQC_1+\angle ACB=180^\circ$，故 P,Q,C_1,B_2 四点共圆. 因此，为证命题成立，只需证明 B_2 与 B_1 重合.

由 P, Q, C_1, B_2 四点共圆, 可知 $\angle C_1QB_2 = \angle C_1PB_2 = \angle BAC$. 而由 $QC_1 \parallel AC$ 及 $QB_1 \parallel AB$,可知 $\angle C_1QB_1 = \angle BAC$,故 Q, B_1,B_2 三点共线,再由 B_1, B_2 都在过 A,P,C 的圆上,可得 B_1 与 B_2 重合.

命题获证.

4 设 L_1,L_2,L_3,L_4 是一个正方形桌子的四只脚,它们的高度都是正整数 n. 问:有多少个有序四元非负整数数组(k_1, k_2,k_3,k_4),使得将每只脚 L_i 锯掉长为 k_i 的一段后(从地面开始锯),$i=1,2,3,4$. 桌子仍然是稳定的? 这里当且仅当可以将桌子的 4 只脚同时放在地面上时,称桌子是稳定的.

解 利用空间坐标表述,不妨设四只脚的坐标分别为(1,0,0),(0,1,0),(-1,0,0),(0,-1,0). 则问题转为求非负整数组(k_1, k_2, k_3,k_4) 的组数, 使得点 $F_1(1,0,k_1)$, $F_2(0,1,k_2)$, $F_3(-1,0,k_3)$ 和 $F_4(0,-1,k_4)$ 四点共面,这里 $0 \leqslant k_i \leqslant n$,$i=1,2,3,4$.

点 F_1, F_2,F_3,F_4 共面的充要条件是直线 F_1F_3 与 F_2F_4 相交,这等价于 F_1F_3 的中点与 F_2F_4 的中点重合(事实上,F_1,F_2,F_3,F_4 共面, 则 $F_1F_2F_3F_4$ 为平行四边形). 即转为求满足: $\frac{k_1+k_3}{2} = \frac{k_2+k_4}{2}$ 的非负整数组(k_1,k_2,k_3,k_4) 的组数.

注意到,当 $m \leqslant n$ 时,满足 $x+y=m$ 的非负整数解 $(x,y)=(j, m-j)$,$0 \leqslant j \leqslant m$,共 $m+1$ 组;而 $n \leqslant m \leqslant 2n$ 时,解为 $(x,y)=(j, m-j)$,$m-n \leqslant j \leqslant n$,共 $2n-m+1$ 组解.

所以,满足 $\frac{1}{2}(k_1+k_3)=\frac{1}{2}(k_2+k_4)$ 的非负整数组共有

$$1^2+2^2+\cdots+n^2+(n+1)^2+n^2+\cdots+1^2=$$
$$2\times\frac{1}{6}n(n+1)(2n+1)+(n+1)^2=$$
$$\frac{1}{3}(n+1)(2n^2+4n+3)$$

综上,所求答案为 $\frac{1}{3}(n+1)(2n^2+4n+3)$.

5 设n是大于1的正整数，平面上有$2n$个点，其中任意3点不共线. 将其中的n个点染为蓝色，其余n个点染为红色. 如果一条直线过一个蓝点和一个红点，且该直线的每一侧的蓝点数与红点数都相同，那么称该直线为平衡的. 证明：至少存在两条平衡直线.

证明 取这$2n$个点的凸包Ω，我们证明：Ω上的每个顶点都在一条平衡直线上. ①

如果上述命题得证，则由条件知Ω上至少有3个不同的顶点，而每一条平衡直线至多过Ω的两个顶点，所以，平衡直线至少有两条.

现在来证①成立，对Ω的任意一个顶点A，不妨设A为红点，过A作一直线l，使Ω在l的一侧，然后，将l绕A逆时针旋转，每次过一个蓝点，得n条直线$AB_1,AB_2,\cdots,AB_n$，则直线AB_i的左侧的蓝点数$b_i=i-1$，这一侧的红点数设为r_i，则$0\leqslant r_1\leqslant r_2\leqslant\cdots\leqslant r_n\leqslant n-1$.

下证：存在$i\in\{1,2,\cdots,n\}$，使得$b_i=r_i$（从而，①成立）. ②

事实上，记$d_i=r_i-b_i,i=1,2,\cdots,n$，则$d_1=r_1\geqslant 0,d_n=r_n-(n-1)\leqslant 0$，因此，数列$d_1,\cdots,d_n$从一个不小于零的数开始，以一个不大于零的数结束. 进一步，还有

$$d_i-d_{i+1}=(r_i-r_{i+1})+(b_{i+1}-b_i)\leqslant 0+1=1$$

所以，从d_1到d_n每次至多减少1. 所以②成立.

命题获证.

6 对正整数m，用$s(m)$表示m的各数码之和. 当$n\geqslant 2$时，用$f(n)$表示满足下述条件的最小正整数k：存在一个由n个正整数组成的集合S，对S的任意一个非空子集X，都有$s(\sum\limits_{x\in X}x)=k$. 证明：存在常数$0<C_1<C_2$，使得

$$C_1\lg n<f(n)<C_2\lg n$$

证明 熟悉下述命题的读者更容易找到一个恰当的解法：当且仅当$M\in\{1\}\cup\{10^r-1\mid r\in\mathbf{N}^*\}$时，对任意$k\in\{1,2,\cdots,M\}$都有$s(kM)=s(M)$.

对右边的不等式，只需构造一个例子. 取$p\in\mathbf{N}^*$，使得p为满足$10^p\geqslant\frac{n(n+1)}{2}$的最小正整数，考察下面的集合

$$S=\{10^p-1,2(10^p-1),\cdots,n(10^p-1)\}$$

则对 S 的非空子集 X，$\sum_{x\in X}x$ 是形如 $k(10^p-1)$ 的数，这里 $1\leqslant k\leqslant\frac{1}{2}n(n+1)$. 此时

$$\sum_{x\in X}x=k(10^p-1)=(k-1)10^p+[(10^p-1)-(k-1)]$$

于是，$s(\sum_{x\in X}x)=s(k-1)+s[(10^p-1)-(k-1)]=s(k-1)+s(10^p-1)-s(k-1)=s(10^p-1)=9p$. 这个例子表明

$$f(n)\leqslant 9p<9\lg 5n(n+1)$$

注意，这里用到 $10^{p-1}<\frac{n(n+1)}{2}$（即 p 的最小性）.

又当 $n\geqslant 2$ 时，$5(n+1)<n^4$（这个不等式可对 n 归纳予以证明），所以

$$f(n)<9\lg n^5=45\lg n$$

因此，取 $c_2=45$，可知右边的不等式成立.

对左边的不等式，考察满足：对任意 S 的非空子集 $s(\sum_{x\in X}x)=f(n)$ 的正整数集 S.

注意到，对任意 $m\in\mathbf{N}^*$，都有 $s(m)\equiv m(\bmod 9)$，所以，对任意非空集 $X\subseteq S$，都有 $\sum_{x\in X}x\equiv f(n)(\bmod 9)$，这表明：$S$ 中的每个数都是 9 的倍数（这里用到 $n\geqslant 2$），并且 $f(n)\geqslant 9$.

现在取最大的正整数 q，使得 $10^q-1\leqslant n$. 下面的引理 1 表明：$(10^q-1)\mid f(n)$；而引理 2 表明：$f(n)\geqslant s(10^q-1)=9q$. 于是，由 g 的最大性，知 $10^{q+1}-1>n$，从而 $q+1>\lg n$，因此

$$f(n)\geqslant\frac{1}{2}(9q+9)=\frac{9}{2}(q+1)>\frac{9}{2}\lg n$$

取 $c_1=\frac{9}{2}$ 可知左边的不等式成立.

引理 1 任意 m 元正整数集有一个非空子集，其元素和为 m 的倍数.

引理 1 的证明 对任意 m 元正整数集 $T=\{a_1,a_2,\cdots,a_m\}$，如果 $a_1,a_2,\cdots,a_m$ 中任意两个数模 m 同余，那么，$a_1+\cdots+a_m\equiv 0(\bmod m)$；否则，不妨设 $a_1\not\equiv a_2(\bmod m)$，考察下面的 $m+1$ 个数

$$a_1,a_2,a_1+a_2,a_1+a_2+a_3,\cdots,a_1+\cdots+a_m$$

其中必有两个数对模 m 同余，依此可知引理 1 成立.

引理 2 对 10^q-1 的任意一个正整数倍数 M，都有 $s(M)\geqslant s(10^q-1)=9q$.

引理 2 的证明 如果命题不成立，设 M 是符合条件但使得 $s(M)<9q$ 成立的最小正整数. 则由 $10^q-1\mid M$ 知 $M\neq 10^q-1$，因此，$M>10^q-1$，即 M 是一个至少 $q+1$ 位的正整数.

设M是一个$m+1$位数,则$m\geqslant q$,令$N=M-10^{m-q}(10^q-1)$,则$10^q-1\mid N$,且$N<M$. 写$M=10^{m-q}x+y$,这里$0\leqslant y\leqslant 10^{m-q}-1$,则$s(M)=s(x)+s(y)$,其中$10^{q+1}>x\geqslant 10^q$. 现在有$s(N)=s(x-(10^q-1))+s(y)=s((x-10^q)+1)+s(y)\leqslant s(x)+s(y)$,即$s(N)\leqslant s(M)<9q$,这与$M$的最小性矛盾. 引理2获证.

综上可知,命题成立.

第 35 届美国数学奥林匹克

1 已知 p 为一质数,$0 < s < p$ 且 $s \in \mathbf{N}^*$. 证明:存在整数 m,n ($0 < m < n < p$) 使得

$$\left\{\frac{sm}{p}\right\} < \left\{\frac{sn}{p}\right\} < \frac{s}{p}$$

的充分条件是 $p-1$ 能被 s 整除.(其中 $\{x\} = x - [x]$,$[x]$ 表示不超过实数 x 的最大整数)

证明 我们证明原题的等价命题:当 p 为一质数,$s \in \mathbf{N}^*$ 且 $0 < s < q$ 时,如下两个结论是等价的:

(1)$s \mid (p-1)$;

(2) 若整数 $m,n(0 < m < p, 0 < n < p)$ 满足 $\left\{\frac{sm}{p}\right\} < \left\{\frac{sn}{p}\right\} < \frac{s}{p}$,则

$$0 < n < m < p$$

由 p 是质数且 $0 < s < p$,知 $(s, p) = 1$ 且集合 $S = \{s, 2s, \cdots, (p-1)s, ps\}$ 是模 p 的一个完全剩余系. 特别地,我们有:

(ⅰ) 存在一个唯一的整数 $d(0 < d < p)$ 使得 $sd \equiv -1 \pmod p$;

(ⅱ) 对所有 $k(0 < k < p)$,存在唯一的整数对$(m_k, a_k)(0 < m_k < p)$,使得 $m_k s + a_k p = k$.

考查如下 s 个方程

$$m_1 s + a_1 p = 1, m_2 s + a_2 p = 2, \cdots, m_s s + a_s p = s$$

得

$$\left\{\frac{m_k s}{p}\right\} = \frac{k}{p} \quad (1 \leqslant k \leqslant s)$$

一方面,(2) 成立当且仅当 $0 < m_s < m_{s-1} < \cdots < m_1 < p$. 对 $1 \leqslant k \leqslant s-1$,$m_k s - m_{k+1} s = (a_{k+1} - a_k)p - 1$,即

$$(m_k - m_{k+1})s \equiv -1 \pmod p$$

而由 $0 < m_{k+1} < m_k < p$ 和(1),知 $m_k - m_{k+1} = d$. 从而我们有(2) 成立当且仅当 $m_s, m_{s-1}, \cdots, m_1$ 成一公差为 d 的等差数列.

显然 $m_s = 1, m_1 = 1 + (s-1)d = jp - d$(其中 $j \in \mathbf{N}^*$),于是

$j=1$(这是因为 m_1 和 d 均为小于 p 的正整数),故 $sd=p-1$,亦即(1)成立.

另一方面,若(1)成立,则 $sd=p-1$ 且

$$m_k \equiv -dsm_k \equiv -dk \pmod p$$

于是 $m_k=p-dk\ (1\leqslant k\leqslant s)$,从而 $m_s,m_{s-1},\cdots,m_1$ 成一公差为 d 的等差数列,(2)成立.

综上所述,结论成立.

2 对于给定的正整数 k,试求正整数 N 的最小值,使得存在一个 $2k+1$ 元正整数集,其元素和大于 N,但是其任意 k 元子集的元素和至多为 $\frac{N}{2}$.

解 所求的最小的 $N=2k^3+3k^2+3k$. 事实上,考虑集合

$$\{k^2+1,k^2+2,\cdots,k^2+2k+1\}$$

它的所有元素的和为

$$2k^3+3k^2+3k+1=N+1>N$$

而其中最大的 k 个数之和为

$$\frac{2k^3+3k^2+3k}{2}=\frac{N}{2}$$

所以,$N=2k^3+3k^2+3k$ 满足条件.

假设当 $N<2k^3+3k^2+3k$ 时,存在正整数 $a_1<a_2<\cdots<a_{2k+1}$ 满足 $a_1+a_2+\cdots+a_{2k+1}>N$,且 $a_{k+2}+\cdots+a_{2k+1}\leqslant\frac{N}{2}$,则

$$(a_{k+1}+1)+(a_{k+1}+2)+\cdots+(a_{k+1}+k)\leqslant$$
$$a_{k+2}+\cdots+a_{2k+1}\leqslant\frac{N}{2}<\frac{2k^3+3k^2+3k}{2}$$

于是 $2ka_{k+1}\leqslant N-k^2-k$ 且 $a_{k+1}<k^2+k+1$. 从而 $a_{k+1}\leqslant k^2+k$.

这样,我们有

$$2(k+1)a_{k+1}\leqslant N+k^2+k$$

另一方面,我们亦有

$$(a_{k+1}-k)+\cdots+(a_{k+1}-1)+a_{k+1}\geqslant$$
$$a_1+\cdots+a_{k+1}>\frac{N}{2}$$

即 $2(k+1)a_{k+1}>N+k^2+k$. 这与前面的结论矛盾. 故不存在集合满足 $N<2k^3+3k^2+3k$.

综上,所求的最小 $N=2k^3+3k^2+3k$.

3 设函数 $p(m)$ 表示整数 m 的最大质因子(规定 $p(\pm1)=1, p(0)=\infty$). 试求所有的整系数多项式 $f(x)$ 使得数列 $\{p(f(n^2))-2n\}_{n\geq0}$ 有上界(特别地,这里要求对 $n\geq0$, $f(n^2)\neq0$).

解 多项式 $f(x)$ 满足条件当且仅当

$$f(x)=c(4x-a_1^2)(4x-a_2^2)\cdots(4x-a_k^2) \quad ①$$

其中 $a_1, a_2, \cdots, a_k$ 为正奇数,c 为非零整数.

容易验证形如式①的多项式满足条件. 事实上,若 p 是 $f(n^2)$ 的素因子而非 c 的素因子,则对某些 $j\leq k$,有 $p\mid(2n-a_j)$ 或 $p\mid(2n+a_j)$. 于是

$$p-2n\leq\max\{a_1, a_2, \cdots, a_k\}$$

而 c 的素因子个数有限且对给定的数列是否有上界不产生影响.

下面我们将证明所有使得 $\{p(f(n^2))-2n\}_{n\geq0}$ 有上界的多项式 $f(x)$ 均为式①中给出的多项式.

用 $\mathbf{Z}[x]$ 表示所有的整系数多项式. 对给定的 $f(x)\in\mathbf{Z}[x]$,用 $P(f)$ 表示至少整除数列 $\{f(n)\}_{n\geq0}$ 中某一项的素数构成的集合. 先证明如下引理.

引理 若 $f(x)\in\mathbf{Z}[x]$, $f(x)$ 不是常数多项式,则 $P(f)$ 是一个无限集.

引理的证明 我们将反复使用如下事实:

若 a, b 是不同的整数,$f(x)\in\mathbf{Z}[x]$,则

$$a-b\mid f(a)-f(b)$$

若 $f(0)=0$,则对所有的素数 p,均有 $p\mid f(p)$,因此 $P(f)$ 是无限集.

若 $f(0)=1$,则 $f(n!)$ 的所有素因子 p 满足 $p>n$. (否则有 $p\mid n!$,于是 $f(n!)-f(0)=f(n!)-1$. 这将导致 $p\mid 1$,矛盾.) 从而当 $f(0)=1$ 时 $P(f)$ 也是无限集.

令 $g(x)=\dfrac{f(f(0)x)}{f(0)}$,则 $g(x)\in\mathbf{Z}[x]$ 且 $g(0)=1$. 类似前面讨论可知 $P(g)$ 是无限集,从而 $P(f)$ 也是无限集.

下面求解原题.

假设 $f(x)\in\mathbf{Z}[x]$ 是一个非常数的整系数多项式,且存在实数 M 对所有非负整数 n 均有

$$p(f(n^2))-2n\leq M$$

对 $f(x^2)$ 使用引理知,存在一个无穷素数数列 $\{p_j\}$ 和一个对应的无穷非负整数数列 $\{k_j\}$,使得对所有的 $j\geq1$,有 $p_j\mid f(k_j^2)$.

考虑数列 $\{r_j\}$,其中

$$r_j = \min\{k_j(\bmod p_j), p_j - k_j(\bmod p_j)\}$$

则 $0 \leqslant r_j \leqslant \dfrac{(p_j-1)}{2}$ 且 $p_j \mid f(k_j^2)$. 于是 $2r_j + 1 \leqslant p_j \leqslant p(f(r_j^2)) \leqslant M + 2r_j$,所以对所有的 $j \geqslant 1$ 均有 $1 \leqslant p_j - 2r_j \leqslant M$.

这表明存在整数 a_1,满足 $1 \leqslant a_1 \leqslant M$,并且对无穷多个 j,有 $a_1 = p_j - 2r_j$.

令 $m = \deg f(x)$. 则 $p_j \mid 4^m f\left(\left(\dfrac{p_j - a_1}{2}\right)^2\right)$ 且 $4^m f\left(\left(\dfrac{x - a_1}{2}\right)^2\right) \in \mathbf{Z}[x]$. 反之,若对无穷多个 j,$p_j \mid f\left(\left(\dfrac{a_1}{2}\right)^2\right)$,则 $\left(\dfrac{a_1}{2}\right)^2$ 是多项式 $f(x)$ 的一个根. 由对任何非负整数 n,$f(n^2) \neq 0$ 知,a_1 必为奇数. 从而 $f(x) = (4x - a_1^2)g(x)$,这里 $g(x) \in \mathbf{Z}[x]$(注意:这个结论要用到一个关于本原多项式的高斯引理). 显然 $\{p(g(n^2)) - 2n\}_{n\geqslant 0}$ 有上界.

若 $g(x)$ 是零次多项式,则问题已解决;若 $g(x)$ 不是零次多项式,类似前面讨论,满足条件的多项式都具有式 ① 的形式.

4 试求所有的正整数 n,使得存在 $k(k \geqslant 2)$ 个正有理数 $a_1, a_2, \cdots, a_k$,使得

$$a_1 + a_2 + \cdots + a_k = a_1 \cdot a_2 \cdot \cdots \cdot a_k = n$$

解 所求的所有 n 为 $n = 4$ 或 $n \geqslant 6$.

(1)我们首先证明 $n \in \{4,6,7,8,9,\cdots\}$ 满足题设.

(ⅰ)当 n 为不小于 4 的偶数时,设 $n = 2k$,设

$$(a_1, a_2, a_3, \cdots, a_k) = (k, 2, 1, \cdots, 1)$$

$$a_1 + a_2 + \cdots + a_k = k + 2 + 1 \cdot (k-2) = 2k = n$$

且

$$a_1 \cdot a_2 \cdot \cdots \cdot a_k = 2k = n$$

(ⅱ)若 n 为不小于 9 的奇数时,设 $n = 2k + 3$,设

$$(a_1, a_2, a_3, \cdots, a_k) = \left(k + \frac{3}{2}, \frac{1}{2}, 4, 1, \cdots, 1\right)$$

则

$$a_1 + a_2 + \cdots + a_k = k + \frac{3}{2} + \frac{1}{2} + 4 + (k-3) = 2k + 3 = n$$

且

$$a_1 \cdot a_2 \cdot \cdots \cdot a_k = \left(k + \frac{3}{2}\right) \times \frac{1}{2} \times 4 = 2k + 3 = n$$

(ⅲ)特别地,当 $n = 7$ 时,考虑 $(a_1, a_2, a_3) = \left(\dfrac{4}{3}, \dfrac{7}{6}, \dfrac{9}{2}\right)$. 显然满足

$$a_1 + a_2 + a_3 = a_1 \cdot a_2 \cdot a_3 = 7 = n$$

(2) 下证 $n \in \{1,2,3,5\}$ 不满足条件.

假设存在 $k(k \geqslant 2)$ 个正有理数,它们的和与积均匀为 $n \in \{1,2,3,5\}$,根据均值不等式,有

$$n^{\frac{1}{k}} = \sqrt[k]{a_1 \cdot a_2 \cdot \cdots \cdot a_k} \leqslant \frac{a_1 + a_2 + \cdots + a_k}{k} = \frac{n}{k}$$

即
$$n \geqslant k^{\frac{k}{k-1}} = k^{1+\frac{1}{k-1}}$$

下证当 $k \geqslant 3$ 时,均有 $n > 5$

$$k = 3 \Rightarrow n \geqslant 3\sqrt{3} > 5$$

$$k = 4 \Rightarrow n \geqslant 4\sqrt[3]{4} > 5$$

$$k = 5 \Rightarrow n \geqslant 5^{1+\frac{1}{k-1}} > 5$$

这表明 1,2,3,5 均不能表示成不少于 3 个正实数的和或积.

当 $k = 2$ 时,假设存在有理数 a_1, a_2,使得

$$a_1 + a_2 = a_1 a_2 = n \in \{1,2,3,5\}$$

则 $n = \frac{a_1^2}{(a_1 - 1)}$,于是

$$a_1^2 - na_1 + n = 0$$

由于 a_1 为有理数,故 $n^2 - 4n$ 是完全平方数. 而对 $n \in \{1,2,3,5\}$,$n^2 - 4n$ 均不是完全平方数,矛盾.

综上,所求的所有 n 为 $n = 4$ 或 $n \geqslant 6$.

5 一只青蛙从 1 开始在数轴上按如下规则跳动:若该青蛙位于 n,则下一步跳向 $n + 1$ 或 $n + 2^{m_n+1}$(2^{m_n} 为能整除 n 的最大的2 的方幂). 求证:对正整数 $k(k \geqslant 2)$ 和非负整数 i,跳至 $2^i \cdot k$ 所需的步数的最小值大于跳至 2^i 所需的步数的最小值.

证明 设点 $x_0 = 1, x_1, \cdots, x_t = 2^i \cdot k$ 为青蛙从 1 向 $2^i \cdot k, k \geqslant 2$ 跳跃过程中所经过的所有的点.

令 $s_j = x_j - x_{j-1}$ 为每次跳跃的"步长". 我们定义序列 y_j 为

$$y_j = \begin{cases} y_{j-1} + s_j & (\text{若 } y_{j-1} + s_j \leqslant 2^i) \\ y_{j-1} & (\text{其他情形}) \end{cases}$$

我们称第二种情形中的跳跃 s_j 是多余的. 下面我们将证明 y_j 中的不同整数可以给出一条从 1 到 2^i 的更短路径.

显然,对任何 i,均有 $y_j \leqslant 2^i$,设

$$2^i - 2^{r+1} < y_j \leqslant 2^i - 2^r \quad (0 \leqslant r \leqslant i - 1)$$

则 y_j 之前的每一个多余的跳跃步长必超过 2^r,因此,其中必有一个为 2^{r+1} 的倍数. 则

$$y_j \equiv x_j (\bmod 2^{r+1})$$

若 $y_{j+1} > y_j$，且 $s_{j+1}=1$，则依规则可以作一次从 y_j 到 y_{j+1} 的跳跃.

若 $\frac{s_{j+1}}{2}=2^m$，2^m 为整除 x_j 的最高的2的幂次，则由 $s_{j+1}+y_j \leqslant 2^i$，知 $2^r \geqslant s_{j+1} > 2^m$.

结合 $y_j \equiv x_j \pmod{2^{r+1}}$ 知 y_j 的质因数分解式中2的幂次也为 m，因此，可作从 y_j 到 y_{j+1} 的跳跃. 所以结论成立.

进一步，在前面的讨论中，取 $j=t$，同余式显示

$$y_t \equiv x_t \equiv 0 \pmod{2^{r+1}}$$

这与 $2^i-2^{r+1} < y_t \leqslant 2^i-2^r$ 是矛盾的. 故 $y_t=2^i$，从而上述跳跃以 2^i 结束.

最后，由于 $2^i < 2^i \cdot k$，因此 x_j 中至少去掉1次跳动，命题得证.

6 在四边形 $ABCD$ 中，点 E 和 F 分别在边 AD 和 BC 上，且 $\frac{AE}{ED}=\frac{BF}{FC}$，射线 FE 分别交线段 BA 和 CD 延长线于 S 和 T.

求证：$\triangle SAE$，$\triangle SBF$，$\triangle TCF$ 和 $\triangle TDE$ 的外接圆有一个公共点.

证法1 如图35.1所示，记 P 是 $\triangle TCF$ 和 $\triangle TDE$ 的外接圆的第二个交点.

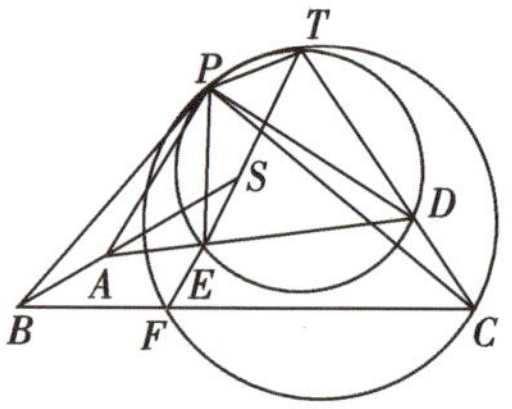

图 35.1

由 P,E,D,T 四点共圆，得 $\angle PET=\angle PDT$，由 P,F,C,T 四点共圆，得

$$\angle PFE=\angle PFT=\angle PCT=\angle PCD$$

所以

$$\triangle PEF \backsim \triangle PDC$$

从而 $\angle FPE=\angle CPD$ 且 $\frac{PF}{PE}=\frac{PC}{PD}$.

注意到

$$\angle FPC=\angle FPE+\angle EPC=\angle CPD+\angle EPC=\angle EPD$$

故 $\triangle EPD \backsim \triangle FPC$. 所以 $\frac{PF}{PE}=\frac{ED}{FC}$，又 $\frac{AE}{ED}=\frac{BF}{FC}$，故 $\frac{PF}{PE}=\frac{AE}{BF}$.

又在 $\triangle PAE$ 和 $\triangle PBF$ 中，有

$$\angle AEP=180^\circ-\angle PED=180^\circ-\angle PFC=\angle PFB$$

故 $\triangle PAE \backsim \triangle PBF$，则

$$\angle BPF=\angle APE,\frac{PF}{PE}=\frac{PB}{PA}$$

故 $\angle BPA=\angle FPE$，从而 $\triangle BPA \backsim \triangle FPE$.

从而 $\angle PBA=\angle PFE$，所以 P,B,F,S 四点共圆.

同理,有 P,A,E,S 四点共圆.

综上,$\triangle SAE$,$\triangle SBF$,$\triangle TCF$ 和 $\triangle TDE$ 的外接圆有一个公共点 P.

证法 2 用复数法证明本题. 首先证明如下引理:

引理 设 $s,t \in \mathbf{R}$, $x,y,z \in \mathbf{C}$,过复平面上 x, $x+ty$ 和 $x+(s+t)z$ 对应的点的圆过与 t 无关的点 $x+\dfrac{syz}{y-z}$.

引理的证明 复平面上 z_1,z_2,z_3,z_4 所对应的四点共圆当且仅当比值

$$cr(z_1,z_2,z_3,z_4)=\frac{(z_1-z_3)(z_2-z_4)}{(z_1-z_4)(z_2-z_3)}\in \mathbf{R}$$

而

$$cr\left(x,x+ty,x+(s+t)z,x+\frac{syz}{y-z}\right)=$$

$$\frac{-(s+t)z\cdot\left(ty-\dfrac{syz}{y-z}\right)}{-\dfrac{syz}{y-z}\cdot[ty-(s+t)z]}=\frac{s+t}{s}\in \mathbf{R}$$

故引理得证.

下面证明原题. 用点所在字母表示该点对应的复数,令 $S=0$ 为原点建立复平面,使得点 E 和 F 位于实轴的正半轴上.

故存在实数 r_1,r_2 和 R,使得 $B=r_1A,F=r_2E,D=E+R(A-E)$.

于是由条件$\dfrac{AE}{ED}=\dfrac{BF}{FC}$,得

$$C=F+R(B-F)=r_2(1-R)E+r_1RA$$

直线 CD 包含所有形如 $sC+(1-s)D(s\in\mathbf{R})$ 的点,而点 T 在直线 CD 上且其虚部为 0. 而 $\operatorname{Im}(sC+(1-s)D)=(sr_1R+(1-s)R)\operatorname{Im}(A)$,故可得点 T 对应的 $s=-\dfrac{1}{r_1-1}$,从而

$$T=\frac{r_1D-C}{r_1-1}=\frac{(r_2-r_1)(R-1)E}{r_1-1}$$

在引理中,令 $x=E,y=A-E,z=\dfrac{(r_2-r_1)E}{r_1-1}$ 且 $s=(r_2-1)\cdot(r_1-r_2)$.

当 $t=1$ 时,有

$$(x,x+y,x+(s+1)z)=(E,A,S=0)$$

当 $t=R$ 时,有

$$(x,x+Ry,x+(s+R)z)=(E,D,T)$$

从而 $\triangle SAE$ 和 $\triangle TDE$ 有公共点.

$$x+\frac{syz}{y-z}=\frac{AE(r_2-r_1)}{(1-r_1)E-(1-r_2)A}=\frac{AF-BE}{A+F-B-E}$$

该点只与点 A,B,E,F 有关.

同理可证,$\triangle SBF$ 和 $\triangle TCF$ 亦交于该点. 从而结论得证.

第 36 届美国数学奥林匹克

1 设n是一个正整数. 定义数列$\{a_k\}$：$a_1=n$，对每一个$k>1$，设a_k为满足$0\leqslant a_k\leqslant k-1$，且$k\mid(a_1+a_2+\cdots+a_k)$的唯一整数. 例如$n=9$时，得到数列为$9,1,2,0,3,3,3,\cdots$. 求证：对任意正整数$n$，数列$a_1,a_2,a_3,\cdots$最终变为常数.

证法 1　对于$k\geqslant 1$，令$S_k=a_1+a_2+\cdots+a_k$，则

$$\frac{S_{k+1}}{k+1}<\frac{S_{k+1}}{k}=\frac{S_k+a_{k+1}}{k}\leqslant\frac{S_k+k}{k}=\frac{S_k}{k}+1$$

另一方面，对每一个k，$\frac{S_k}{k}$是一个正整数，因此$\frac{S_{k+1}}{k+1}\leqslant\frac{S_k}{k}$，商数列$\left\{\frac{S_k}{k}\right\}$最终变为一个常数.

若$\frac{S_{k+1}}{k+1}=\frac{S_k}{k}$，则$a_{k+1}=S_{k+1}-S_k=\frac{(k+1)S_k}{k}-S_k=\frac{S_k}{k}$，这说明数列$\{a_k\}$最终变为一个常数.

证法 2　对于$k\geqslant 1$，令$S_k=a_1+a_2+\cdots+a_k$，$\frac{S_k}{k}=q_k$.

因为$k\geqslant 2$时，$a_k\leqslant k-1$，有

$$S_k=a_1+a_2+\cdots+a_k\leqslant n+1+2+\cdots+(k-1)=n+\frac{k(k-1)}{2}$$

设m是一个正整数，使得$n\leqslant\frac{m(m+1)}{2}$（这样的整数显然存在），则

$$q_m=\frac{S_m}{m}\leqslant\frac{n}{m}+\frac{m-1}{2}\leqslant\frac{m+1}{2}+\frac{m-1}{2}=m$$

则必有

$$q_m=a_{m+1}=a_{m+2}=a_{m+3}=a_{m+4}=\cdots$$

这是因为数列$a_1,a_2,a_3,\cdots$是唯一确定的，对任意的$i\geqslant 1$，选取$a_{m+i}=q_m$，使之满足条件

$$0\leqslant a_{m+i}=q_m\leqslant m\leqslant m+i-1$$

且满足

$$S_{m+i}=S_m+iq_m=mq_m+iq_m=(m+i)q_m$$

证法3 对于 $k\geqslant 1$，令 $S_k=a_1+a_2+\cdots+a_k$，必有某个 m 使 $S_m=m(m-1)$.

对于其后的项，考虑 $S_k-k(k-1)$ 的差，例如，第 k 项是 $S_k-k(k-1)$. 注意到这个数列第一项是正的，等于 n.

又因为

$$[S_k-k(k-1)]-[S_{k+1}-(k+1)k]=$$
$$2k-a_{k+1}\geqslant 2k-k=k\geqslant 1$$

所以 $\{S_k-k(k-1)\}$ 严格递减. 进而，一个负项不可能紧跟在一个正项后面. 不然，假设 $S_k>k(k-1)$ 且 $S_{k+1}<(k+1)k$. 因为 S_k 和 S_{k+1} 分别被 k 和 $k+1$ 整除，故上述不等式可紧缩为 $S_k\geqslant k^2$，$S_{k+1}\leqslant(k+1)(k-1)=k^2-1$. 但这意味着 $S_k>S_{k+1}$. 矛盾. 故差数列 $\{S_k-k(k-1)\}$ 最终必有一项等于零.

设 m 是一个正整数，使得 $S_m=m(m-1)$. 必有

$$m-1=a_{m+1}=a_{m+2}=a_{m+3}=a_{m+4}=\cdots$$

这说明数列 $\{a_k\}$ 是唯一确定的. 对于 $i\geqslant 1$，适当选取 $a_{m+i}=m-1$，使之满足条件

$$0\leqslant a_{m+i}=m-1\leqslant m+i-1$$

从而

$$S_{m+i}=S_m+i(m-1)=$$
$$m(m-1)+i(m-1)=(m+i)(m-1)$$

2 欧几里得平面上的正方形方格组成了所有的格点 (m,n)，其中 m,n 都是整数. 是否可能用有限个半径不小于 5 的圆面无重叠地覆盖所有格点?

解 不可以. 用反证法证明. 假设这样的覆盖 $\mathscr{F}$ 存在. 设 $D(P,\rho)$ 表示圆心为 P，半径为 ρ 的圆面. 从与 $\mathscr{F}$ 中与任何圆面均不重叠的任意一个圆面 $D(O,r)$ 开始，则 $D(O,r)$ 没有覆盖格点. 选取 $D(O,r)$ 为这样的最大的圆面，即任意再增大都会与不重叠的条件相违背. 则 $D(O,r)$ 必至少与 $\mathscr{F}$ 中三个圆面相切. 注意到三个相切的圆面中必存在两个，记为 $D(A,a)$ 和 $D(B,b)$，使 $\angle AOB\leqslant 120°$.

在 $\triangle ABO$ 中由余弦定理

$$(a+b)^2\leqslant(a+r)^2+(b+r)^2+(a+r)(b+r)$$

从而
$$ab\leqslant 3(a+b)r+3r^2$$

因此
$$12r^2\geqslant(a-3r)(b-3r)$$

注意到 $r<\dfrac{1}{\sqrt{2}}$，因为 $D(O,r)$ 不覆盖任何格点及 $(a-3r)\times$

$(b-3r)\geqslant(5-3r)^2$，因为$\mathscr{F}$中每一个圆面半径至少为 5，因此

$$2\sqrt{3}r\geqslant(5-3r)$$

所以 $$5\leqslant(3+2\sqrt{3})r<\frac{(3+2\sqrt{3})}{\sqrt{2}}$$

所以 $$5\sqrt{2}<3+2\sqrt{3}$$

对不等式两边平方，得 $50<21+12\sqrt{3}<21+12\times2=45$. 矛盾. 结论得证.

注 上述结论说明，不存在半径大于$\frac{3+2\sqrt{3}}{\sqrt{2}}\approx4.571$的圆盘覆盖族. 另一方面，存在半径为$\frac{\sqrt{13}}{2}\approx1.802$的圆盘覆盖族. 用圆心在$\left(2m+4n+\frac{1}{2},3m+\frac{1}{2}\right)$ $(m,n\in\mathbf{Z})$ 的这一半径的圆面来覆盖，则任何格点都到其中一个圆心距离小于$\frac{\sqrt{13}}{2}$，而且任何两个圆的圆心距不小于$\sqrt{13}$. 这样的圆面覆盖族的极大半径目前未知.

3 设 S 为含有 n^2+n-1 个元素的一个集合，n 为正整数. 设 S 的 n 元子集族被分拆为两类. 求证：至少存在 n 对不交子集在同一类中.

证明 为用数学归纳法，将结论一般化如下：

命题：集合 S 有 $(n+1)m-1$ 个元素，把它的所有 n 元子集分拆为两类，那么至少有 m 对不交子集在同一类.

固定 n，对 m 用数学归纳法. 当 $m=1$ 时，无意义. 假设命题对 $m-1(m>1)$ 时成立. 设$\mathscr{P}$是将 n 元子集分成两类的分划. 如果所有的 n 元子集都属于同一组，结论显然. 否则，从两个不同类中分别选取子集 A 和 B，使它们的交集含有最多元素. 易见 $|A\cap B|=n-1$. (如果 $|A\cap B|=k<n-1$，则从 B 中构造集合 C：用在 A 中但仍不在 B 中的一个元素，替换掉某些不在 $A\cap B$ 中元素得到集合 C，则 $|A\cap C|=k+1$，且 $|B\cap C|=n-1$，而不论 A 与 C，或 B 与 C 都不在同一类中.) 从 S 中去掉 $A\cup B$ 后，剩余 $(n+1)(m-1)-1$ 个元素. 在这个集合$\frac{S}{A\cup B}$中，由分划$\mathscr{P}$，根据归纳假设，有 $m-1$ 对不相交子集在同一类中. 适当增加 A 或 B 于这一类中，就可得到 m 对不交子集在同一类中.

注 本题条件中 n^2+n-1 很关键. 一个具有 n^2+n-2 个元素的集合 S 能被分成一个 n^2-1 元集合 A 与一个 $n-1$ 元集合 B.

设一类由 A 的所有 n 元子集构成,另一类由所有与 B 相交的 n 元子集构成,则任何一类都不包含 n 对不交集合.

4 一个具有 n 个胞腔的动物,它是由 n 个全等正方形胞腔构成的一个连通图①. 如图 36.1 所示,为一个 8 - 胞腔动物.

恐龙是一种有至少2 007 个胞腔的动物. 据说如果某种动物的胞腔不能被分成两块或更多的胞腔,则它是原始的.

试求原始的恐龙具有的胞腔的最小数目,并给出证明.

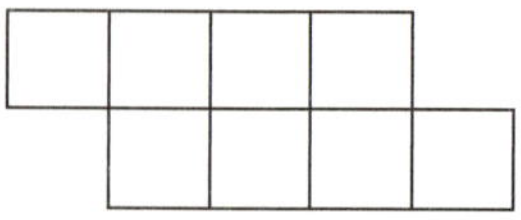

图 36.1

解 设 s 表示恐龙具有的胞腔的最小数目,今年这个数 $s=2\ 007$.

断言:原始恐龙的最大胞腔数是 $4(s-1)+1$.

首先,一个原始恐龙能包含多达 $4(s-1)+1$ 个胞腔. 鉴于此,考虑由交叉处一个中心胞腔和 4 个分支(每个分支有 $s-1$ 个胞腔)构成的胞腔结构. 如果不把它断开,就无法拿走至少 s 个胞腔的连通图.

下证有至少 $4(s-1)+2$ 个胞腔的恐龙,都不是原始的.

引理 设 D 是有至少 $4(s-1)+2$ 个胞腔的恐龙,设 R(红色)和 B(黑色)为 D 中的两个互补的子动物,即 $R\cap B=\varnothing$. $R\cup B=D$. 设 $|R|\leqslant s-1$,则 R 可被扩充为扩展动物 $\widetilde{R}$:$\widetilde{R}\supset R$, $\widetilde{B}=D\setminus\widetilde{R}$,且至少满足下述性质之一:

(1) $|\widetilde{R}|\geqslant s$,且 $|\widetilde{B}|\geqslant s$;

(2) $|\widetilde{R}|=|R|+1$;

(3) $|R|<|\widetilde{R}|\leqslant s-1$.

引理的证明 如果有一个黑色胞腔与 R 邻接,则 R 可被染成红色而无需断开 B,则(2)成立. 否则,有一个黑色胞腔 c 与 R 邻接,移走 R 可使 B 不连通. 与 c 邻接的方块中,至少有一块是红色的,至少有一块是黑色的,否则 B 就是不连通的. 则在移去 c 后,B 被分为至多三个部分 $\mathscr{C}_1,\mathscr{C}_2,\mathscr{C}_3$. 不失一般性,可设 $\mathscr{C}_3$ 是剩下的最大的部分($\mathscr{C}_1,\mathscr{C}_2$ 可能为空). 那么 $\mathscr{C}_3$ 有至少 $\left[\frac{3s-2}{3}\right]=s$(个)胞腔. 令 $\widetilde{B}=\mathscr{C}_3$,则 $|\widetilde{R}|=|R|+|c_1|+|c_2|+1$. 如果 $|\widetilde{B}|\leqslant 3s-2$,则 $|\widetilde{R}|\geqslant s$ 且(1)成立. 如果 $|\widetilde{B}|\leqslant 3s-1$,则(2)或(3)成立(这

①动物也可称为聚合物,它们可用归纳法方式定义. 如果两个胞腔共用一条完整的边,则称它们是邻接的. 一个单胞腔动物和一个给定的 n 胞腔动物,可通过把一个新的胞腔与一个或几个已有的胞腔邻接起来而得到一个 $n+1$ 胞腔动物.

取决于 $|\widetilde{R}|\geqslant s$ 是否成立). 证毕.

从 $|R|=1$ 开始,反复应用引理,由于(1),(2), $|R|$ 递增但始终不超过 s,最终(1) 必能满足. 这就表明,含有至少 $4(s-1)+2$ 个胞腔的恐龙都不是原始的.

5 求证:对任何非负整数 n,数 $7^{7^n}+1$ 是至少 $2n+3$ 个(不必互异)的素数的乘积.

证明 用数学归纳法证明. 当 $n=0$ 时,$7^{7^0}+1=7^1+1=8=2^3$ 成立. 为证明"归纳递推"步骤,只需证:"若 $x=7^{2m-1}(m\in\mathbf{N}^*)$,则 $\frac{x^7+1}{x+1}$ 是一个合数."由此可知,除 $x+1$ 外,x^7+1 还有两个以上的素因子.

为证明 $\frac{x^7+1}{x+1}$ 是一个合数,注意到

$$\frac{x^7+1}{x+1}=\frac{(x+1)^7-[(x+1)^7-(x^7+1)]}{x+1}=$$

$$(x+1)^6-\frac{7x(x^5+3x^4+5x^3+5x^2+3x+1)}{x+1}=$$

$$(x+1)^6-7x(x^4+2x^3+3x^2+2x+1)=$$

$$(x+1)^6-7^{2m}(x^2+x+1)^2=$$

$$[(x+1)^3-7^m(x^2+x+1)][(x+1)^3+7^m(x^2+x+1)]$$

且每一个因子都大于 1. 只需检验较小者: $\sqrt{7x}\leqslant x$,从而

$$(x+1)^3-7^m(x^2+x+1)=$$

$$(x+1)^3-\sqrt{7x}(x^2+x+1)\geqslant$$

$$x^3+3x^2+3x+1-x(x^2+x+1)=$$

$$2x^2+2x+1\geqslant 113>1$$

因此,$\frac{x^7+1}{x+1}$ 是合数. 证毕.

6 设 $\triangle ABC$ 是锐角三角形. ω,Ω 和 R 分别为它的内切圆、外接圆和外接圆半径. 圆 ω_A 与圆 Ω 内切于点 A,与圆 ω 相外切. 圆 Ω_A 与圆 Ω 内切于点 A,与圆 ω 相内切. 设 P_A,Q_A 分别为圆 ω_A,Ω_A 的圆心. 类似定义点 P_B,Q_B,P_C,Q_C. 求证:$8P_AQ_A\cdot P_BQ_B\cdot P_CQ_C\leqslant R^3$,等号成立当且仅当 $\triangle ABC$ 为等边三角形时.

证法 1 设内切圆分别与边 AB,BC 和 CA 相切于 C_1,A_1,B_1. 设 $AB=c,BC=a,CA=b$. 由切线长相等,设 $AB_1=AC_1=x,BC_1=BA_1=y,CA_1=CB_1=z$,则 $a=y+z,b=z+x,c=x+y$. 由算术 -

几何平均值不等式,有 $a\geqslant 2\sqrt{yz}$,$b\geqslant 2\sqrt{zx}$,$c\geqslant 2\sqrt{xy}$.

三个不等式两边分别相乘,得

$$abc\geqslant 8xyz \tag{①}$$

(等号成立当且仅当 $x=y=z$,即 $\triangle ABC$ 为等边三角形时).

记 $\triangle ABC$ 的面积为 k. 由正弦定理的推论 $c=2R\sin C$,因此

$$k=\frac{1}{2}ab\sin C=\frac{abc}{4R} \text{ 或 } R=\frac{abc}{4k} \tag{②}$$

若有

$$P_AQ_A=\frac{xa^2}{4k} \tag{③}$$

同理,可得如下循环对称形式的结论

$$P_BQ_B=\frac{yb^2}{4k},P_CQ_C=\frac{zc^2}{4k}$$

上面三个等式两边相乘,得

$$P_AQ_A\cdot P_BQ_B\cdot P_CQ_C=\frac{xyza^2b^2c^2}{64k^3}$$

结合式①,②,有

$$8P_AQ_A\cdot P_BQ_B\cdot P_CQ_C=\frac{8xyza^2b^2c^2}{64k^3}\leqslant\frac{a^3b^3c^3}{64k^3}=R^3$$

等号成立当且仅当 $\triangle ABC$ 是等边三角形时.

因而,只需证明式③. 设 r,r_A,r'_A 分别表示 ω,ω_A,Ω_A 的半径. 考虑以 A 为中心、半径为 x 的反演变换 I. 显然 $I(B_1)=B_1$,$I(C_1)=C_1$,$I(\omega)=\omega$. 设射线 AD 分别交 ω_A,Ω_A 于 S,T. 不难看出 $AT>AS$,因为圆 ω 与 ω_A 外切,而与圆 Ω 内切. 设 $S_1=I(S)$,$T_1=I(T)$. 设 l 表示过 A 与圆 Ω 相切的直线,则在反演变换下,圆 ω_A 的像为过点 S_1 且平行于 l 的直线 l_1,圆 Ω_A 的像为过点 T_1 且平行于 l 的直线 l_2. 又因为圆 ω 与圆 ω_A,Ω_A 均相切,所以 l_1,l_2 也与 ω 的像(即它本身)也相切. 因此,这两条直线间的距离为 $2r$,即 $S_1T_1=2r$. 因此,如图 36.2 所示(加粗的圆为 ω_A,它的像为粗线 l_1).

由反演变换的定义,有 $AS_1\cdot AS=AT_1\cdot AT=x^2$. 注意到 $AS=4r_A$,$AT=2r'_A$,$S_1T_1=2r$,有

$$r_A=\frac{x^2}{2AS_1},r'_A=\frac{x^2}{2AT_1}=\frac{x^2}{2(AS_1-2r)}$$

因此,$P_AQ_A=AQ_A-AP_A=r'_A-r_A=\dfrac{x^2}{2}\left(\dfrac{1}{AS_1-2r}+\dfrac{1}{AS_1}\right)$.

设 H_A 为从 A 到边 BC 引垂线的垂足. 易见

$$\angle BAS_1=\angle BAO=90^\circ-\angle C=\angle CAH_A$$

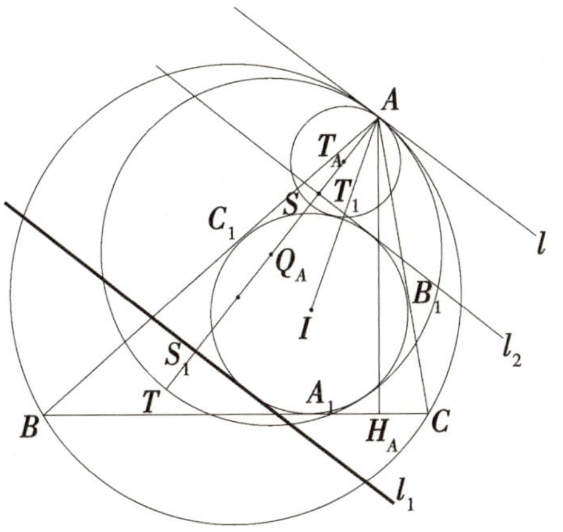

图 36.2

因为射线 AI 平分 $\angle BAC$,所以射线 AS_1 与 AH_A 关于射线 AI 对称. 进而注意到直线 l_1(过点 S_1)与直线 BC(过点 H_A)都与圆 ω 相切,可得 $AS_1=AH_A$. 鉴于此,由 $2k=AH_A\cdot BC=(AB+BC+CA)r$,计算 P_AQ_A 如下

$$P_AQ_A=\frac{x^2}{2}\left(\frac{1}{AH_A-2r}-\frac{1}{AH_A}\right)=\frac{x^2}{4k}\left(\frac{2k}{AH_A-2r}-\frac{2k}{AH_A}\right)=$$

$$\frac{x^2}{4k}\left(\frac{1}{\dfrac{1}{BC}-\dfrac{2}{AB+BC+CA}}-BC\right)=$$

$$\frac{x^2}{4k}\left[\frac{1}{\dfrac{1}{y+z}-\dfrac{1}{x+y+z}}-(y+z)\right]=$$

$$\frac{x^2}{4k}\left[\frac{(y+z)(x+y+z)}{x}-(y+z)\right]=\frac{x(y+z)^2}{4k}=\frac{xa^2}{4k}$$

式③得证. 证毕.

证法2[①] 如图36.3设圆 I,Q_A,P_A 半径为 r,x,y,$\triangle ABC$ 边角依次为 a,b,c,A,B,C,面积为 S,由对称性不妨设 $C>B$,$R=1$,设圆 Q_A,P_A 分别交 AB,AC 于 B',C' 及 B'',C''.

圆 I 与 AB,AC 切于 J,K,JK 交 AI 于 I',$AD\perp BC$ 于 D. 则由曼海姆定理知 I' 为 $\triangle ABC$ 内心、$\triangle AB''C''$ 的 A 旁心,设此圆半径为 r'.

显然 $\triangle AB'C'$ 及 $\triangle AB''C''$ 均与 $\triangle ABC$ 位似.

从而得到

$$x=\frac{x}{R}=\frac{AI'}{AI}=\cos^2\frac{A}{2}$$

① 此证法属于金磊.

$$\frac{P_AQ_A}{x}=\frac{P_AQ_A}{AQ_A}=1-\frac{AP_A}{AQ_A}=1-\frac{AD''}{AD'}=\frac{2r'}{AD'}=\frac{2r}{AD}=$$
$$\frac{4S}{a+b+c}\frac{a}{2S}=\frac{2a}{a+b+c}$$

则

$$P_AQ_A=\frac{2ax}{a+b+c}=\frac{2a}{a+b+c}\cos^2\frac{A}{2}$$

同理可以得到 P_BQ_B,P_CQ_C. 故

$$8P_AQ_A\cdot P_BQ_B\cdot P_CQ_C=8\frac{8abc}{(a+b+c)^3}\left(\cos\frac{A}{2}\cos\frac{B}{2}\cos\frac{C}{2}\right)\leqslant$$
$$\frac{64abc}{27abc}\left(\frac{\cos\frac{A}{2}\cos\frac{B}{2}\cos\frac{C}{2}}{3}\right)\leqslant$$
$$\frac{64}{27}\left(\cos\frac{A+B+C}{6}\right)^6=1=R^3$$

即

$$8P_AQ_A\cdot P_BQ_B\cdot P_CQ_C\leqslant R^3$$

(当且仅当 ABC 为正三角形时取等号)

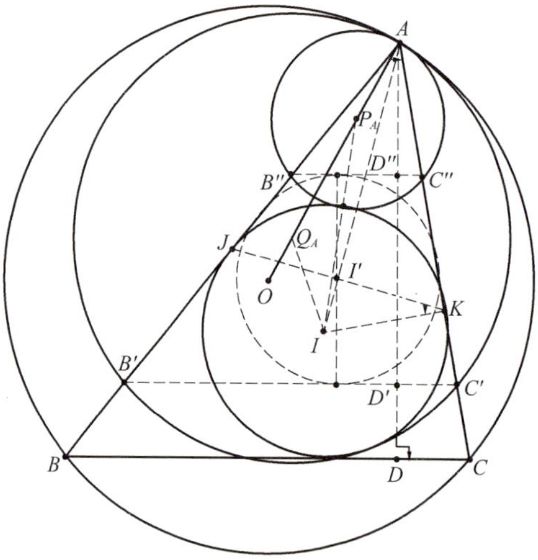

图 36.3

注 曼海姆(Manheim)定理一般叙述为:如图 36.4,若圆 I 与 $\triangle AB'C'$ 外接圆相内切,且与 AB,AC 切于 J,K,JK 交 AI 于 I',则 I' 为 $\triangle AB'C'$ 内心;对旁心也有类似结论,即圆 I 与 $\triangle AB''C''$ 外接圆相切,且与 AB,AC 切于 J,K,JK 交 AI 于 I',则 I' 为 $\triangle AB''C''$ 的 A 旁心. 且反之亦然. 曼海姆定理另一种等价叙述为:定点 A 在定圆 O 外,B,C 分别在圆 O 切线 AJ,AK 上,且 BC 与圆 O 切于 D,则 $\triangle ABC$ 的外接圆与某定圆相切,即点 D 运动时,$\triangle ABC$ 的外接圆的包络为圆,显然此时外心轨迹为双曲线.

证法 3 如图 36.3，设圆 I,Q_A,P_A 的半径为 r,x,y，$\triangle ABC$ 边角依次为 a,b,c,A,B,C，面积为 S，由对称性不妨设 $C>B,R=1$，则

$$r=\frac{2S}{a+b+c}=\frac{bc\sin A}{2(\sin A+\sin B+\sin C)}=$$
$$\frac{2\sin A\sin B\sin C}{2\sin\frac{A+B}{2}\cos\frac{A-B}{2}+2\sin\frac{C}{2}\cos\frac{C}{2}}=$$
$$\frac{\sin A\sin B\sin C}{2\cos\frac{C}{2}\cos\frac{A}{2}\cos\frac{B}{2}}=$$
$$4\sin\frac{A}{2}\sin\frac{B}{2}\sin\frac{C}{2}$$

显然 P_A,Q_A 在 OA 上，则

$$\angle OAI=\angle OAC-\angle CAI=90^\circ-\angle B-\frac{1}{2}\angle A=\frac{1}{2}(\angle C-\angle B)$$

$$AI=\frac{r}{\sin\frac{A}{2}}$$

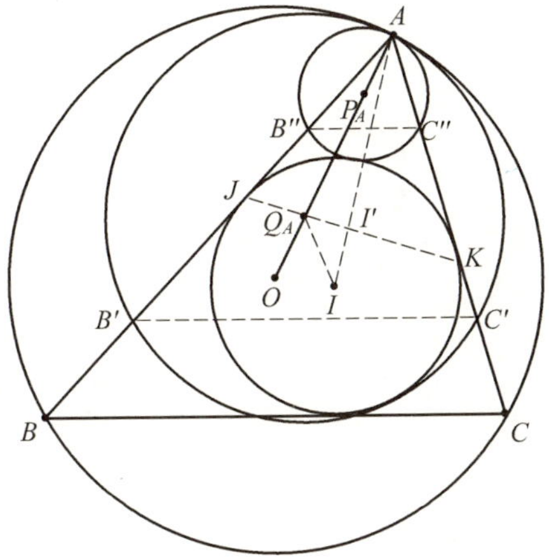

图 36.4

由圆 Q_A 与圆 O,I 内切及在 $\triangle AIQ_A$ 中，由余弦定理得

$$x^2+\frac{r^2}{\sin^2\frac{A}{2}}-2x\frac{r}{\sin\frac{A}{2}}\cos\frac{C-B}{2}=(x-r)^2=x^2-2xr+r^2$$

$$2x\frac{\cos\frac{C-B}{2}-\sin\frac{A}{2}}{\sin\frac{A}{2}}=r\cot^2\frac{A}{2}$$

$$x=r\frac{\cos^2\frac{A}{2}}{4\sin\frac{A}{2}\sin\frac{B}{2}\sin\frac{C}{2}}=\cos^2\frac{A}{2}$$

同理有

$$y^2+\frac{r^2}{\sin^2\frac{A}{2}}-2y\frac{r}{\sin\frac{A}{2}}\cos\frac{C-B}{2}=(y+r)^2=y^2+2yr+r^2$$

$$y=r=\frac{\cos^2\frac{A}{2}}{4\sin\frac{A}{2}\cos\frac{B}{2}\cos\frac{C}{2}}=\cos^2\frac{A}{2}\tan\frac{B}{2}\tan\frac{C}{2}$$

从而

$$P_AQ_A=\cos^2\frac{A}{2}-\cos^2\frac{A}{2}\tan\frac{B}{2}\tan\frac{C}{2}=\frac{\sin\frac{A}{2}\cos^2\frac{A}{2}}{\cos\frac{B}{2}\cos\frac{C}{2}}$$

同理

$$P_BQ_B=\frac{\sin\frac{B}{2}\cos^2\frac{B}{2}}{\cos\frac{A}{2}\cos\frac{C}{2}},P_CQ_C=\frac{\sin\frac{C}{2}\cos^2\frac{C}{2}}{\cos\frac{A}{2}\cos\frac{B}{2}}$$

从而

$$8P_AQ_A\cdot P_BQ_B\cdot P_CQ_C=8\frac{\sin\frac{A}{2}\cos^2\frac{A}{2}\sin\frac{B}{2}\cos^2\frac{B}{2}\sin\frac{C}{2}\cos^2\frac{C}{2}}{\cos\frac{B}{2}\cos\frac{C}{2}\cos\frac{A}{2}\cos\frac{C}{2}\cos\frac{A}{2}\cos\frac{B}{2}}=$$

$$8\sin\frac{A}{2}\sin\frac{B}{2}\sin\frac{C}{2}\leqslant$$

$$8\left(\frac{\sin\frac{A}{2}+\sin\frac{B}{2}+\sin\frac{C}{2}}{3}\right)^3\leqslant$$

$$8\sin^3\frac{A+B+C}{6}=1=R^3$$

即

$$8P_AQ_A\cdot P_BQ_B\cdot P_CQ_C\leqslant R^3$$

(当且仅当 $\triangle ABC$ 为正三角形时取等号)

第 37 届美国数学奥林匹克

1 求证：对任意正整数 n，存在两两互素且大于 1 的整数 $k_0,k_1,\cdots,k_n$，使得 $k_0k_1\cdots k_n-1$ 为等于两个相邻整数的乘积.

证法 1 用数学归纳法证明.

当 $n=1$ 时，取 $k_0=3,k_1=7$，结论显然成立.

假设对给定的 n，存在两两互素的整数 $1<k_0<k_1<\cdots<k_n$ 及正整数 a_n 使得 $k_0k_1\cdots k_n-1=a_n(a_n-1)$. 取 $k_{n+1}=a_n^2+a_n+1$，则

$$k_0k_1\cdots k_{n+1}=(a_n^2-a_n+1)(a_n^2+a_n+1)=a_n^4+a_n^2+1$$

所以 $k_0k_1\cdots k_{n+1}-1$ 是两个相邻整数 a_n^2 和 a_n^2+1 的乘积，且

$$(k_0k_1\cdots k_n,k_{n+1})=(a_n^2-a_n+1,a_n^2+a_n+1)=1$$

因此 $k_0,k_1,\cdots,k_{n+1}$ 两两互素，从而结论成立.

证法 2① 利用恒等式

$$(x^2-x+1)(x^2+x+1)=(x^2+1)^2-x^2=x^4+x^2+1$$

任取整数 $a>1$，令 $k_0=a^2+a+1,k_i=a^{2^i}-a^{2^{i-1}}+1(i\geqslant 1)$. 显然每个 $k_i>1$，对任意 $n\in\mathbf{N}$，有

$$\prod_{i=0}^{n}k_i=a^{2^{n+1}}+a^{2^n}+1,\prod_{i=0}^{n}k_i-1=a^{2^n}(a^{2^n}+1)$$

又因为 $k_m+2a^{2^{m-1}}=\prod_{i=0}^{m-1}k_i,(k_i,2a)=1$，故 k_m 与所有 $k_i(i<m)$ 互素，从而 k_i 两两互素. 命题得证.

证法 3 我们只需证明：对任意正整数 n，存在正整数 x，使得 x^2+x+1 至少含有 n 个不同的素因子.

下面证明更一般的结论.

命题 设 $P(x)=a_dx^d+\cdots+a_1x+1$ 为整系数多项式，$d\geqslant 1$. 则对任意正整数 n，存在正整数 x，使得 $P(x)$ 至少含有 n 个不同的素因子.

① 本解答属于林常（福建教育学院）.

命题的证明由下面两个引理给出.

引理1 集合 $Q=\{p\mid p$ 是素数,存在整数 x,使得 p 整除 $P(x)\}$ 是无限集.

引理1的证明 假设集合 Q 仅存在有限个素数 $p_1,p_2,\cdots,p_k$,则对任一整数 m,$P(mp_1p_2\cdots p_k)$ 是个不存在素因子的整数,因此 $P(mp_1p_2\cdots p_k)$ 等于1或 -1. 然而 $P(x)$ 为 d 次多项式,故 $P(x)$ 最多出现 d 个1和 d 个 -1. 矛盾!

引理2 设 $p_1,p_2,\cdots,p_n(n\geqslant 1)$ 为属于集合 Q 的 n 个素数,则存在正整数 x,使得 $P(x)$ 被 $p_1p_2\cdots p_n$ 整除.

引理2的证明 对于 $i=1,2,\cdots,n$,因为 $p_i\in Q$,所以存在 c_i,使得 $P(x)$ 被 p_i 整除,其中 $x\equiv c_i(\bmod p_i)$,根据中国剩余定理,一次同余方程组 $x\equiv c_i(\bmod p_i)$,$i=1,2,\cdots,n$ 有正整数解. 因此,对每个正整数解 x,都有 $P(x)$ 被 $p_1p_2\cdots p_n$ 整除.

2 设 $\triangle ABC$ 是一个不等边的锐角三角形,M,N,P 分别为 BC,CA,AB 边上的中点. AB,AC 边上的中垂线分别交射线 AM 于点 D,E,直线 BD 和 CE 交于 $\triangle ABC$ 内一点 F. 求证:A,N,F,P 四点共圆.

证法1 设 O 为 $\triangle ABC$ 的外心,如果

$$\angle APO=\angle ANO=\angle AFO=90^\circ$$

则 A,P,O,F,N 五点在以 AO 为直径的圆上. 事实上,因为 OP,ON 分别为 AB 和 AC 的中垂线,故 $\angle APO=\angle ANO=90^\circ$. 因此我们只需证明 $\angle AFO=90^\circ$.

不失一般性,设 $AB>AC$(图37.1). 因为 PO 为 AB 的中垂线,所以 $\triangle ADB$ 为等腰三角形,且 $AD=BD$. 同理,$\triangle AEC$ 为等腰三角形且 $AE=CE$. 设 $x=\angle ABD=\angle BAD$,$y=\angle CAE=\angle ACE$,则 $x+y=\angle BAC$.

在 $\triangle ABM$ 和 $\triangle ACM$ 中应用正弦定理,得

$$\frac{BM}{\sin x}=\frac{AB}{\sin\angle BMA},\frac{CM}{\sin y}=\frac{AC}{\sin\angle CMA}$$

再由 $\sin\angle BMA=\sin\angle CMA$ 可得

$$\frac{BM}{CM}\cdot\frac{\sin y}{\sin x}=\frac{AB}{AC}\cdot\frac{\sin\angle CMA}{\sin\angle BMA}=\frac{AB}{AC}$$

因为 $BM=MC$,所以

$$\frac{\sin x}{\sin y}=\frac{AC}{AB} \quad ①$$

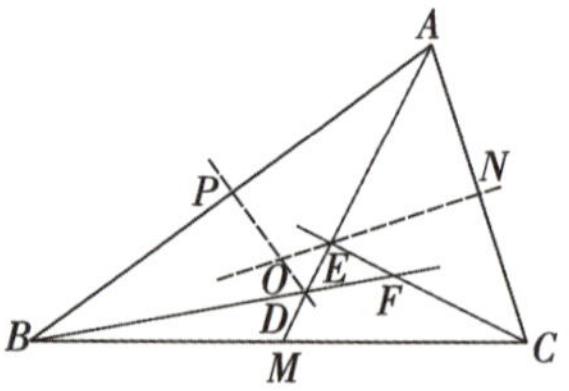

图37.1

在 $\triangle ABF$ 和 $\triangle ACF$ 中应用正弦定理,得

$$\frac{AF}{\sin x}=\frac{AB}{\sin\angle AFB},\frac{AF}{\sin y}=\frac{AC}{\sin\angle AFC}$$

两式相比可得

$$\frac{\sin x}{\sin y}=\frac{AC}{AB}\cdot\frac{\sin\angle AFB}{\sin\angle AFC}$$

再由式①有

$$\sin\angle AFB=\sin\angle AFC \qquad ②$$

因为 $\angle ADF$ 是 $\triangle ADB$ 的一个外角，所以 $\angle EDF=2x$，类似地，$\angle DEF=2y$. 则

$$\angle EFD=180^\circ-2x-2y=180^\circ-2\angle BAC$$

因此 $\angle BFC=2\angle BAC=\angle BOC$，故 B,O,F,C 四点共圆. 而

$$\angle AFB+\angle AFC=360^\circ-2\angle BAC>180^\circ$$

由式②有

$$\angle AFB=\angle AFC=180^\circ-\angle BAC$$

由 B,O,F,C 四点共圆，$\triangle BOC$ 为等腰三角形及顶角 $\angle BOC=2\angle BAC$，可得 $\angle OFB=\angle OCB=90^\circ-\angle BAC$. 因此

$$\angle AFO=\angle AFB-\angle OFB=(180^\circ-\angle BAC)-(90^\circ-\angle BAC)=90^\circ$$

证法 2[①] 由正弦定理，有

$$\frac{\sin\angle BAM}{\sin\angle CAM}=\frac{\sin\angle ABC}{\sin\angle ACB}=\frac{AC}{AB}=\frac{\frac{AC}{AF}}{\frac{AB}{AF}}=\frac{\sin\angle AFC}{\sin\angle ACF}\cdot\frac{\sin\angle ABF}{\sin\angle AFB}$$

注意到

$$\angle ABF=\angle ABD=\angle BAD=\angle BAM$$

$$\angle ACF=\angle ACE=\angle CAE=\angle CAM$$

则

$$\sin\angle AFC=\sin\angle AFB$$

显然有 $\angle AFC+\angle AFB>180^\circ$，从而 $\angle AFC=\angle AFB$. 从而

$$\angle FAB+\angle ABF=\angle FAC+\angle ACF \qquad ③$$

又

$$\angle ABF+\angle ACF=\angle BAD+\angle CAE=\angle FAC+\angle ACF \qquad ④$$

③，④两式相加，并化简，得

$$\angle ABF=\angle FAC$$

即有 $\triangle ABF\backsim\triangle CAF$. 而 P,N 分别为两三角形对应边的中点，从而有

$$\angle FNC=\angle FPA$$

因此，A,N,F,P 四点共圆.

① 本解答属于文心(《数学竞赛之窗》编辑部).

证法3 我们在 $\triangle APN$ 的外接圆上取一点 K,使得 $\angle KAN = \angle BAM$. 下面证明 $K = F$. 如图 37.2 所示.

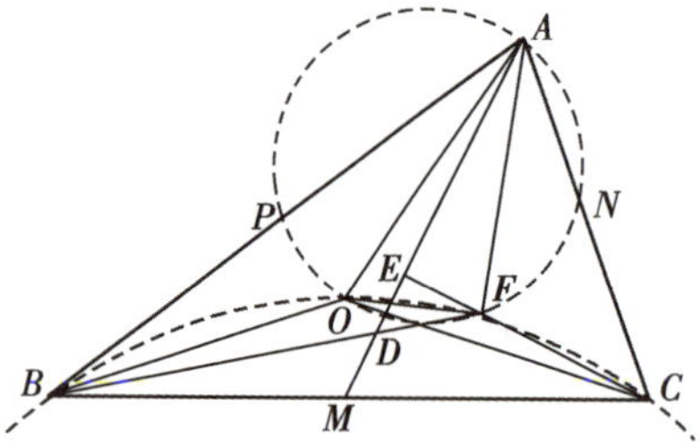

图 37.2

由 A,P,K,N 四点共圆知 $\angle AKN = \angle APN = \angle ABM$, 又 $\angle KAN = \angle BAM$, 则 $\triangle AKN \backsim \triangle ABM$(这是以 A 为中心的位似旋转变换).

因此 $\triangle AKB \backsim \triangle ANM$. 又 $MN // AB$,故

$$\angle ABK = \angle AMN = \angle MAB \quad ⑤$$

而 D 在 AB 的中垂线上,则

$$\angle ABD = \angle DAB = \angle MAB \quad ⑥$$

由式⑤,⑥有

$$\angle ABK = \angle ABD$$

故 B,D,K 共线.

同理,C,E,K 共线(取 $\angle KAN = \angle BAM$ 同时蕴含着 $\angle KAP = \angle CAM$).

故 K 是 BD 与 CE 的交点,即 $K = F$.

3 设 n 是正整数. 定义 S_n 为满足

$$|x| + \left|y + \frac{1}{2}\right| < n$$

的整点 (x, y) 的集合. 若 S_n 中不同点的序列 $(x_1,y_1),(x_2,y_2),\cdots,(x_l,y_l)$ 满足对任意 $i = 2,3,\cdots,l$,点 (x_i,y_i) 与 (x_{i-1},y_{i-1}) 之间的距离均为 1,则称之为 S_n 中的一条路径.

求证:S_n 中的点不能划分成少于 n 条路径.

证明 由 S_n 的定义,易知 S_n 中 $-n \leqslant y \leqslant n-1$,对每个 $0 \leqslant y \leqslant n-1$, $|x| \leqslant n-y-1$. 而对 $-n \leqslant y \leqslant -1$, $|x| \leqslant n-|y|$.

将每条水平线上的点交替地染成黑、白两色,两端点染黑色. 即 $y \geqslant 0$ 时 (x,y) 染黑色当且仅当 $x+y+n$ 为奇数,而 $y<0$ 时 (x,y) 染黑色当且仅当 $x+y+n$ 为偶数. 这样,每条水平线上黑色点比白色点多一个,故 S_n 中黑色点比白色点多 $2n$ 个. 除直线 $y=0,1$

上有 n 个相邻黑点对和 $n-1$ 个相邻白点对外,其他相邻点都是一黑一白,如图 37.3 所示.

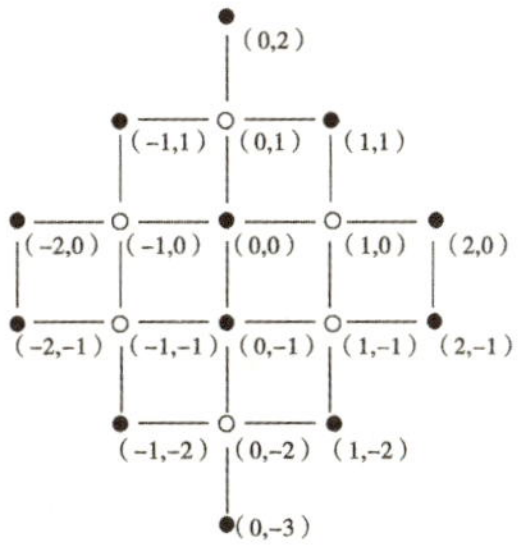

图 37.3

现在设 S_n 的点划分成 m 条路径,其中共有 k 个相邻黑点对. 将每个相邻黑点对断开,成为 $m+k$ 条路径. 每条新路径上的相邻点或为一黑一白或为两白. 故每条新路径上黑色点至多比白色点多一个. 于是应有 $m+k\geqslant 2n$,但 $k\leqslant n$,故 $m\geqslant n$. 即 S_n 中的点划分成的路径不少于 n 条.

4 P 为凸 n 边形,任意 $n-3$ 条不在 P 内相交的对角线把 P 剖分成 $n-2$ 个三角形. 如果 P 是正 n 边形且存在三角形剖分,使得其中所有三角形都是等腰三角形,求 n 的所有可能值.

解 答案是 $n=2^{m+1}+2^k$,其中 m,k 均为非负整数.

首先证明下面的引理.

引理 设圆内接多边形 $Q=Q_0Q_1\cdots Q_t$ 中,$Q_0Q_1=Q_1Q_2=\cdots=Q_{t-1}Q_t$,且 Q 的外接圆圆心不在 Q 内. 若 Q 可剖分成等腰三角形,则 $t=2^a$,其中 a 为正整数.

引理的证明 我们称一条弧为劣弧如果它的度数小于等于 $180°$. 由题意,点 $Q_1,\cdots,Q_{t-1}$ 在 Q 的外接圆的劣弧 $\overset{\frown}{Q_0Q_t}$ 上,所以没有一个 $\angle Q_iQ_jQ_k(0\leqslant i<j<k\leqslant t)$ 为锐角. 易知边 Q_0Q_t 在 Q 的所有边及对角线中是最长的,因此 Q_0Q_t 必为 Q 的三角分划后一个等腰三角形的底边,故 t 为偶数. 令 $t=2s$,则 $Q_0Q_sQ_t$ 为 Q 的三角分划后的一个等腰三角形. 用同样的方法考虑多边形 $Q_0Q_1\cdots Q_s$ 可得 s 是偶数. 这样进行下去即可得 $t=2^a$,a 为正整数. ($a=0$ 时,Q_0Q_1 为一边,算是退化情形)

回到原题. 设 $P=P_1P_2\cdots P_n$ 为正 n 边形,P 的等腰三角形剖分中必存在某个三角形包含外接圆圆心. 不失一般性,不妨设 $\triangle P_1P_iP_j$,$P_1P_i=P_1P_j$(即 $P_j=P_{n-i+2}$),为该三角形. 分别对多边形 $P_1\cdots P_i,P_i\cdots P_j,P_j\cdots P_1$ 应用引理可得,劣弧 $\overset{\frown}{P_1P_i},\overset{\frown}{P_iP_j},\overset{\frown}{P_jP_1}$ 内所含 P 的边数为 $2^m,2^k,2^m$(其中 m,k 为非负整数). 因此

$$n=2^m+2^k+2^m=2^{m+1}+2^k$$

其中 m,k 为非负整数. 上述证明实际上已给出剖分方法,故满足条件的所有 n 就是 $n=2^{m+1}+2^k$.

5 黑板上写着 3 个非负实数 r_1,r_2,r_3 满足存在三个不全为 0 的整数 a_1,a_2,a_3 使 $a_1r_1+a_2r_2+a_3r_3=0$. 称以下运算为一次操作:对于黑板上的两个数 x,y,其中 $x\leqslant y$,将 y 用 $y-x$ 替换. 求证:可经过有限次操作使黑板上至少出现一个 0.

证明 若 r_1,r_2,r_3 中有0,结论已成立.若有两个相等,相减即得.故下设 $0<r_1<r_2<r_3$.

若 a_1,a_2,a_3 中有两个为0(比如 $a_1=a_2=0$),则由 $a_3\neq 0$ 得 $a_3=0$,矛盾.

若 a_1,a_2,a_3 中有一个为0(比如 $a_3=0$),则 $\frac{r_2}{r_1}\in \mathbf{Q}_+$,可设 $r_1=mr,r_2=nr(m,n\in \mathbf{N}^*)$.依 m,n 辗转相除的过程对 r_1,r_2 作辗转相减最后必只剩下 r 和0.

从而我们只需考虑 a_1,a_2,a_3 都不为0的情况.由于可以用 $-a_1,-a_2,-a_3$ 代替 a_1,a_2,a_3,不妨设 $a_3>0$,此时由于

$$a_1r_1+a_2r_2=-a_3r_3=-\frac{a_3}{2}r_3-\frac{a_3}{2}r_3<-\frac{a_3}{2}r_1-\frac{a_3}{2}r_2$$

故 a_1,a_2 中必有一个小于 $-\frac{a_3}{2}$.

不妨设 $a_1<-\frac{1}{2}a_3$,对 r_1,r_3 操作,得到新数组 (r_1,r_2,r_3-r_1) 和新的相关系数 (a_1+a_3,a_2,a_3).由于

$$a_1<a_1+a_3<\frac{1}{2}a_3<-a_1$$

所以 $$|a_1+a_3|+|a_2|+|a_3|<|a_1|+|a_2|+|a_3|$$

由无穷递降原理,经过有限次操作一定变为前述情形(有 r_i 为0,或有 r_i 相等,或有 a_i 为0),从而得到结论.

6 某次数学家大会上,每两个数学家或互为朋友或互为陌生人.会场提供两个餐厅,且用餐的时候,每一位到会的数学家都坚持要和偶数个朋友在同一个餐厅.求证:符合所有数学家的要求的就餐位置的安排方法数是2的正整数次幂.

证明 设参加会议的数学家有 n 人,下面对 n 进行归纳.

当 $n=1$ 时,这位数学家可被任意安排在两个餐厅之一,安排的办法数为 $2=2^1$.

设 $n\geqslant 2$.如果存在某位数学家 P 没有朋友,则 P 可被任意安排在两个餐厅之一,这时安排的方法数为去掉 P 后剩下 $n-1$ 位数学家时安排方法的两倍,而由归纳假设,$n-1$ 位数学家安排就餐的方法数为 2^k,因此在这种情况下 n 位数学家的安排方法数为 $2\times 2^k=2^{k+1}$.故下面我们只需考虑参加会议的每位数学家至少有一个朋友.

下面分两种情形进行讨论:存在某种数学家有奇数个朋友和每位数学家都有偶数个朋友.

情形1:某位数学家Z有奇数个朋友.

先去掉Z,再改变Z的每一朋友对(X,Y)的关系(即若X和Y是朋友,则变为陌生人,若X和Y是陌生人,则变为朋友). 先证明下面的命题.

命题 去掉Z,再改变Z的每一朋友对(X,Y)的关系不改变就餐安排方法数.

命题的证明 根据假设,在Z就餐的餐厅里有偶数个Z的朋友,不妨设为a个.

如果$a=0$,去掉Z后的安排仍然满足题目的要求.

如果$a>0$,设X为和Z同一餐厅的Z的任意一个朋友. 根据假设,X在该餐厅里也有偶数个朋友. 去掉Z后,X变为有奇数个朋友,而Z在餐厅里有奇数个不包含X的朋友,则改变X和Z的每一个朋友的关系后,X在该餐厅里仍然有偶数个朋友. 在另一个餐厅里,Z有奇数个朋友,则他们中的第一人改变关系偶数次,在这个餐厅里他们仍然有偶数个朋友.

此外,因为在这种情形下只有一个餐厅含有Z的偶数个朋友,所以不包含Z的每一个合理安排都由包含Z的一安排唯一导出. 命题得证.

因此,在这种情形下n位数学家合理的安排方法数为$n-1$位数学家时的两倍,而由归纳假设,$n-1$位数学家时的合理安排方法数为2的幂次,故n位数学家时的合理安排方法也是2的幂次.

情形2:每一位数学家都有偶数个朋友.

在这种情形下,对于每一个合理的安排,每一位数学家在两个餐厅里的朋友数都为偶数.

设(A,B)为一对朋友,进行下面操作:去掉(A,B),考虑(C,D),如果C为A的朋友且D为B的朋友,则改变C和D的关系;如果C为B的朋友且D为A的朋友,也改变C和D的关系. 这样,如果C和D为A和B的共同朋友,C和D的关系改变两次,即不变.

现在考虑除A和B外的任意一个数学家X及选择一个餐厅. (在该情形下,参加会议的数学家至少有三位,所以这样的三元组(A, B, X)是存在的.) 设A和B在所选的餐厅里分别有m和n个朋友,m和n都为偶数. 当去掉(A,B)后,X将与n,或m,或$m+n-2k$(k为该餐厅里A和B的公共朋友数),或0个数学家的关系发生改变(这依赖于X仅是A的朋友,仅是B的朋友,是A和B的公共朋友,或不是A和B的朋友). 因为m和n都为偶数,所以改变后X在该餐厅的朋友数仍然是偶数.

此外,不包含A和B的每一个合理安排都由包含A和B的一安排唯一导出. 而对于不包含A和B的每一个合理安排,把A和B安排进含有他的奇数个朋友的餐厅里得到含A和B的一个安排.

这样,我们建立了去掉(A,B)前和去掉(A,B)后一个一一对应.

因此,这种情形下n位数学家合理的安排方法数为$n-2$位数学家的两倍,而由归纳假设,$n-2$位数学家时的合理安排方法数为2的幂次,故n位数学家时的合理安排方法数也是2的幂次.

第 38 届美国数学奥林匹克

1 设圆 ω_1 和 ω_2 交于点 X,Y. 过 ω_1 的圆心的直线 l_1 交圆 ω_2 于点 P,Q,过 ω_2 的圆心的直线 l_2 交 ω_1 于点 R,S. 证明:若 P,Q,R,S 四点共圆,则该圆的圆心在直线 XY 上.

证明 设 O_i 为 ω_i 的圆心($i=1,2$),联结 O_1O_2,过 O_1 作 RS 的垂线 l_3,过 O_2 作 PQ 的垂线 l_4,设 $l_3\cap l_4=O$(图 38.1). 记 P,Q,R,S 所共的圆为 ω,则 O 为 ω 的圆心.

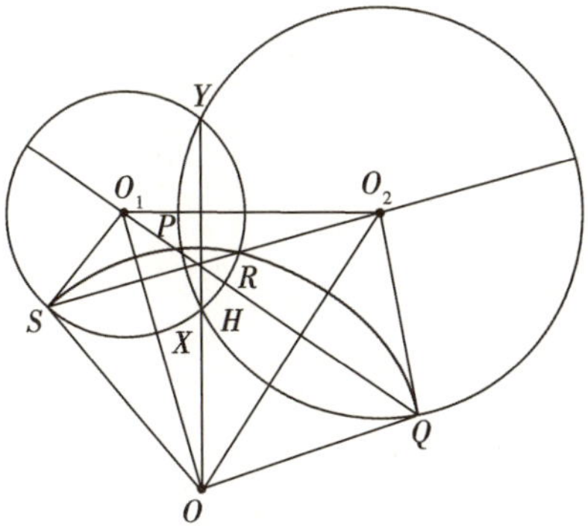

图 38.1

注意到 PQ,RS,XY 分别是圆对(ω,ω_2),(ω,ω_1) 和(ω_1,ω_2)的根轴,于是,直线 PQ,RS,XY 共点,设为 H(当 PQ,RS,XY 两两平行时视 H 为无穷远点).

由 $O_1O\perp RS$ 知 $O_1O\perp O_2H$,类似地,$O_2O\perp O_1H$. 所以,O 为 $\triangle O_1O_2H$ 的垂心(当 H 为无穷远点时,O 在 O_1O_2 上),因此 $OH\perp O_1O_2$. 又 H 为 XY 上一点,而 $XY\perp O_1O_2$,故 O 在直线 XY 上. 命题得证.

2 设 n 是一个正整数,求集合$\{-n,-(n-1),\cdots,n-1,n\}$ 的满足下述条件的子集元素个数的最大值:在该子集中不存在三个元素 a,b,c(不必不同) 使得 $a+b+c=0$.

解 所求最大值当 n 是偶数时为 n，n 是奇数时为 $n+1$. 达到最大值的例子如下

$$\left\{-n,-(n-1),\cdots,-\left(\left[\frac{n}{2}\right]-1\right),\left[\frac{n}{2}\right]+1,\cdots,n\right\}$$

这里 $[x]$ 表示不超过 x 的最大整数.

设 S 是 $\{-n,\cdots,n\}$ 的一个符合条件的子集，首先证明：$|S|\leqslant n+1$.

为清晰起见，引入一个引理：设 A,B 都是 $\mathbf{Z}$ 的非空有限子集，有

$$A+B=\{a+b\mid a\in A,b\in B\}$$

则

$$|A+B|\geqslant|A|+|B|-1$$

事实上，设 A 中的元素为 $a_1<a_2<\cdots<a_m$，B 中的元素为 $b_1<b_2<\cdots<b_k$，则

$$a_1+b_1,\cdots,a_1+b_k,a_2+b_k,a_3+b_k,\cdots,a_m+b_k$$

是 $m+k-1$ 个从小到大的数，故

$$|A+B|\geqslant|A|+|B|-1$$

引理获证.

现在对 S 而言，显然有 $0\notin S$，记

$$A=S\cap\{-n,\cdots,-1\}$$
$$B=S\cap\{1,2,\cdots,n\}$$

则由题意可知 $A+B$ 与 $-S=\{-s\mid s\in S\}$ 是 $\{-n,\cdots,n\}$ 的两个不交的子集，结合引理可知

$$2n+1\geqslant|A+B|+|-S|\geqslant |A|+|B|-1+|S|= 2|S|-1 \quad ①$$

所以 $|S|\leqslant n+1$.

最后，我们证明：当 n 为偶数时，$|S|=n+1$ 不能成立. 事实上，若 $|S|=n+1$，则式 ① 中的不等号取等号，而

$$A+B\subseteq\{-(n-1),\cdots,(n-1)\}$$

结合

$$|A+B|+|-S|=2n+1$$

知 $-n,n\in -S$，即 $n,-n\in S$. 而由 $-n\in S$，知集合 $\{1,n-1\}$，$\{2,n-2\}$，$\cdots$，$\left\{\frac{n}{2}-1,\frac{n}{2}+1\right\}$，$\left\{\frac{n}{2}\right\}$ 的每一个中都有一个元素不属于 B，故 $|B|\leqslant\frac{n}{2}$. 类似地，$|A|\leqslant\frac{n}{2}$. 导致

$$|S|=|A|+|B|\leqslant n$$

矛盾.

3 定义一个满足下述条件的多边形为“棋盘多边形”：该多边形的边都在形如 $x=a$ 或 $y=b$ $(a,b\in \mathbf{Z})$ 的直线上，并且这样的直线将该“棋盘多边形”的内部分割为若干个单位正方形，这些单位正方形被黑白间隔染色，使得任意两个有公共边的单位正方形的颜色不同. 现在用 1×2 的多米诺骨牌对一个“棋盘多边形”作无重叠格的完全覆盖（多米诺骨牌不能超出边界），我们称不出现图 38.2 中的(a)中两个形式的相邻骨牌的覆盖是“有趣的”，例如对 3×4 的长方形而言图38.2 中的(b)第一种覆盖是“有趣的”，而第二种覆盖就是“无趣的”.

(1) 证明：如果一个“棋盘多边形”存在多米诺骨牌覆盖，那么必存在一个“有趣的”覆盖；

(2) 证明这样的“有趣的”覆盖是唯一的.

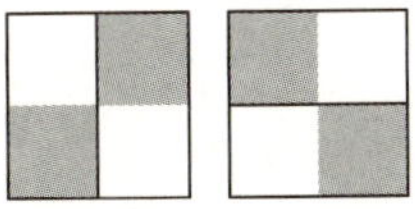

(a)

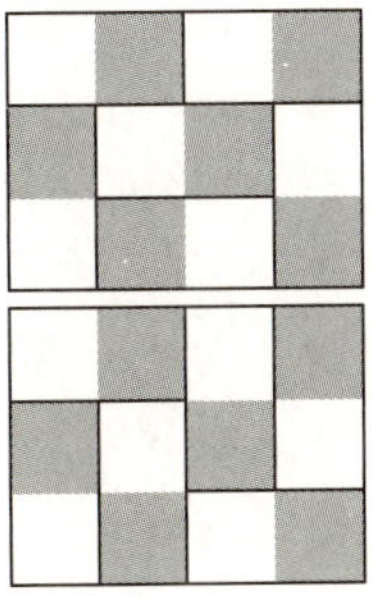

(b)

图 38.2

证明 (1) 给“棋盘多边形”内的每个白格赋以其左下顶点的横坐标的值，而每个黑格赋以其左下顶点的纵坐标的值，现在定义目标函数 f 为覆盖此“棋盘多边形”的每块多米诺骨牌中两格所赋值的乘积之和.

设 x_1,x_2 分别是所有白格的最大和最小赋值，y_1,y_2 为所有黑格的最大和最小赋值（这里可设 $x_2>0,y_2>0$），而覆盖“棋盘多边形”的骨牌数为 n，则 $nx_2y_2\leqslant f\leqslant nx_1y_1$，因此，$f$ 的不同取值只有有限个.

如果“棋盘多边形”的一个多米诺骨牌覆盖不是“有趣的”，那么该覆盖中必有两块相邻骨牌构成“无趣的结构”（如图 38.2 所示）的某一块，将此结构中间的黑线段逆时针旋转 $90°$（绕中心）变为该棋盘的另一个多米诺覆盖，现在 f 的值的变化为

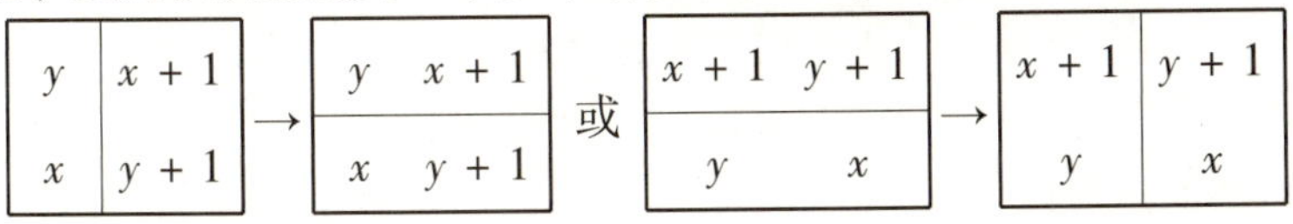

其中 f 的值的改变 $=y(x+1)+x(y+1)-xy-(x+1)(y+1)=-1$. 而 f 有下界，因此，这样的操作至多进行有限次，从而，存在一个“有趣的”覆盖.

(2) 若存在两个“有趣的”覆盖，将这两个覆盖重叠，则“棋盘多边形”内的每一个方格分别被这两个覆盖的一块骨牌所覆盖，依此可以得到若干条由相交的多米诺骨牌组成的封闭链. 例如长度（指该链中属于某个“有趣”覆盖中的骨牌数，注意每条链的骨牌总是从一个“有趣”覆盖到另一个交替连接的）为1 的链是指两个覆盖中重叠的骨牌. 我们说不会出现长度为2 的链，否则将有一个 2×2 的长方形，在一个覆盖中是由骨牌水平覆盖，而另一个中

是垂直覆盖,这导致某覆盖中会出现一个无趣的结构.

由于这两个"有趣"覆盖是不同的,因此,必存在长度不小于3的链,设 R 是一条这样的链连同其内部组成的区域(注意,有可能该链完全占据某个区域,而该链中只有部分骨牌与 R 外部的方格相邻). 注意到,该链最下面一行中必出现一块某个覆盖中的水平骨牌,如果出现两块相交的水平骨牌,那么必有一块是 WB 型(左边是白格,右边是黑格)的骨牌,否则另一个覆盖中必有两块垂直骨牌与此水平骨牌相交,由于不出现无趣的结构,因此,该水平骨牌必为 WB 型的.

从这块 WB 型水平骨牌出发,在含此骨牌的覆盖中讨论. 由于它处在链的最下面一行,故此 WB 型骨牌上面的两个方格必在 R 中,不能由一块水平骨牌同时覆盖这两个方格,也不能由两块相邻垂直骨牌盖住它们,否则将出现无趣的结构,从而必有一块水平骨牌恰盖住这两格中的一格,它也是 WB 型的,这表明倒数第二行上也有一块 WB 型水平骨牌. 依次向前一行讨论,直至有一块 WB 型水平骨牌的上面两个方格不都在 R 中,它是 R 边界上的一块骨牌.

现在设想从 R 中最下面那行的 WB 型水平骨牌的白格出发,沿着 R 的边界形成的链行走. 在含有起始骨牌的覆盖中,第一步从起始骨牌的白格走向黑格,依次走入链中的相邻方格,在经过每一块骨牌上标一个沿行走方向的箭头,由方格是黑白相间的,可知每一个箭头的方向都是白格指向黑格. 进一步,由于 R 的内部在我们出发时在我们的左侧,故沿边界绕行时,R 的内部始终在左侧.

矛盾在此已经产生了,因为前面的推导中,有一块 WB 型水平骨牌在 R 的边界上,当然也在边界形成的链上,该骨牌的上面有一格不在 R 中,故在上面的行走过程中必定是从右到左穿过该骨牌(因为沿边界绕行时 R 的内部总是在左侧),这要求该骨牌是 BW 型(因为箭头是从白格指向黑格).

综上可知,"有趣"覆盖是唯一的.

4 设 $n \geqslant 2, a_1, a_2, \cdots, a_n$ 是 n 个正实数,满足

$$(a_1 + \cdots + a_n)\left(\frac{1}{a_1} + \frac{1}{a_2} + \cdots + \frac{1}{a_n}\right) \leqslant \left(n + \frac{1}{2}\right)^2$$

证明:$\max\{a_1, \cdots, a_n\} \leqslant 4\min\{a_1, \cdots, a_n\}$.

证明 不妨设

$$m = a_1 \leqslant a_2 \leqslant \cdots \leqslant a_n = M$$

要证 $M \leqslant 4m$.

当 $n=2$ 时，条件为

$$(m+M)\left(\frac{1}{m}+\frac{1}{M}\right)\leqslant\frac{25}{4}$$

等价于

$$4(m+M)^2\leqslant 25mM$$

即

$$(4M-m)(M-4m)\leqslant 0$$

而

$$4M-m\geqslant 3M>0$$

故 $M\leqslant 4m$.

当 $n\geqslant 3$ 时，利用柯西不等式可知

$$\begin{aligned}\left(n+\frac{1}{2}\right)^2 &\geqslant (a_1+\cdots+a_n)\left(\frac{1}{a_1}+\cdots+\frac{1}{a_n}\right)=\\ &(m+a_2+\cdots+a_{n-1}+M)\times\\ &\left(\frac{1}{M}+\frac{1}{a_2}+\cdots+\frac{1}{a_{n-1}}+\frac{1}{m}\right)\geqslant\\ &\left(\sqrt{\frac{m}{M}}+\underbrace{1+\cdots+1}_{n-2\text{个}}+\sqrt{\frac{M}{m}}\right)^2\end{aligned}$$

故

$$n+\frac{1}{2}\geqslant\sqrt{\frac{m}{M}}+\sqrt{\frac{M}{m}}+n-2$$

于是

$$\sqrt{\frac{M}{m}}+\sqrt{\frac{m}{M}}\leqslant\frac{5}{2}$$

从而

$$2(m+M)\leqslant 5\sqrt{mM}$$

同 $n=2$ 的情形可得 $M\leqslant 4m$. 命题获证.

5 设梯形 $ABCD(AB /\!/ CD)$ 内接于圆 ω，G 为 $\triangle BCD$ 内一点，射线 AG，BG 分别交圆 ω 于点 P，Q. 过 G 作 AB 的平行线分别交线段 BD，BC 于点 R 和 S. 证明：当且仅当 BG 为 $\angle CBD$ 的平分线时，点 P，Q，R，S 共圆.

证明 先证：BG 为 $\angle CBD$ 的平分线时，点 P，Q，R，S 共圆.

思路是去证：$\angle RPS=\angle RQS$.

如图 38.3 所示，由 $ABCD$ 为圆内接梯形可知 $ABCD$ 为等腰梯形. 于是

$$\angle APC=\frac{\overset{\frown}{AC}}{2}=\frac{\overset{\frown}{BD}}{2}=\angle SCD$$

$$\angle APD=\frac{\overset{\frown}{AD}}{2}=\frac{\overset{\frown}{BC}}{2}=\angle RDC$$

利用 $RS \parallel DC$,得

$$180^\circ=\angle GRD+\angle RDC=\angle GRD+\angle GPD$$

$$180^\circ=\angle GSC+\angle SCD=\angle GSC+\angle GPC$$

因此 $GSCP$ 和 $GRDP$ 都四点共圆,故

$$\angle RPG=\angle RDG,\angle SPG=\angle SCG$$

从而

$$\angle RPS=\angle RDG+\angle SCG=\angle BDG+\angle BCG \qquad ①$$

现在设 K 为 BQ 与 CD 的交点,由 BG 为 $\angle DBC$ 的平分线可知 $\angle CBK=\angle DBQ$,而 $\angle BCK=\angle BQD$,故 $\triangle BCK \backsim \triangle BQD$. 再由 $RG \parallel DK$,可知$\frac{BR}{BD}=\frac{BG}{BK}$,故

$$\frac{BR}{BG}=\frac{BD}{BK}=\frac{BQ}{BC}$$

结合 $\angle RBQ=\angle CBG$,知 $\triangle BRQ \backsim \triangle BGC$,从而 $\angle BCG=\angle RQB$.

同理可证:$\angle BDG=\angle BQS$. 于是

$$\angle RQS=\angle BQS+\angle BQR=\angle BDG+\angle BCG \qquad ②$$

对比式 ①,② 即可得 P,Q,R,S 共圆.

再证:若 P,Q,R,S 共圆,则 BG 为 $\angle CBD$ 的平分线.

采用反证法来处理(本质上是要利用前面已证的结论去处理).

设 G_1 为 RS 上的点,且 BG_1 为 $\angle DBC$ 的平分线,并设射线 AG_1,BG_1 分别交 $ABCD$ 的外接圆 ω 于点 P_1,Q_1. 于是,由前所证可知 P_1Q_1RS 共圆,记它为 γ_1.

现设 $PQRS$ 所共圆为 γ,则 RS,PQ,P_1Q_1 分别是圆对(γ,γ_1),$(\omega,\gamma)$$(\omega,\gamma_1)$ 的根轴,又显然 P_1Q_1 与 CD 不平行,故 P_1Q_1 与 RS 相交,因此,RS,PQ,P_1Q_1 交于一点 X(圆 ω,γ,γ_1 的根心)如图 38.4 所示,这时直线 PQ 只有两种可能情形,如图38.4 中的粗黑线.

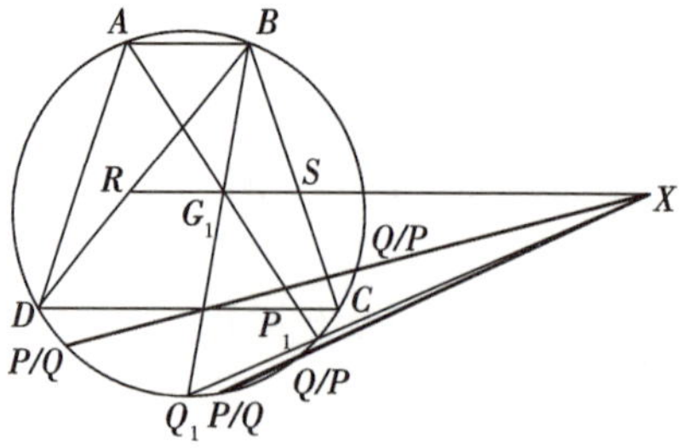

图 38.4

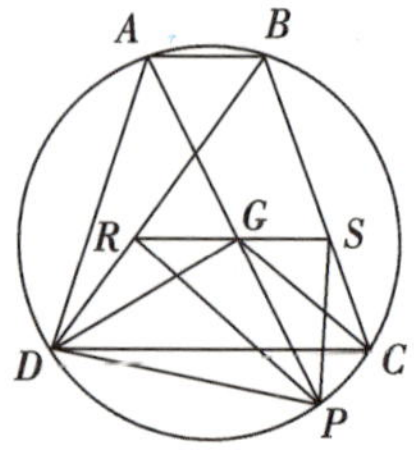

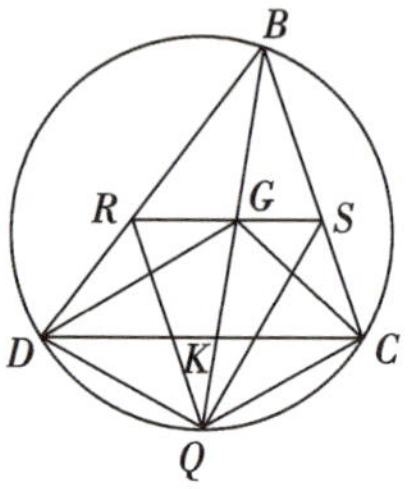

图 38.3

(1) 点 P,Q 都在劣弧$\overset{\frown}{P_1Q_1}$内，但此时 $AP\cap RS$ 在线段 RG_1 内，但 $BQ\cap RS$ 在 SG_1 内，矛盾.

(2) 点 P,Q 一个在劣弧$\overset{\frown}{DQ_1}$内，另一个在劣弧$\overset{\frown}{P_1B}$内，与(1)类似可知 AP,BQ 与 RS 的交点在 G_1 的异侧，亦矛盾.

所以，BG 必为 $\angle DBC$ 的平分线.

6 设 $s_1,s_2,s_3,\cdots$ 是一个非常数的无穷项有理数数列，即 $s_1=s_2=s_3=\cdots$ 不成立. 而 $t_1,t_2,t_3,\cdots$ 也是一个非常数的无穷项有理数数列，并且对任意 $i,j\in\mathbf{N}^*$，数 $(s_i-s_j)(t_i-t_j)$ 为整数. 证明：存在有理数 r，使得对任意 $i,j\in\mathbf{N}^*$，数 $(s_i-s_j)r$ 和 $\frac{t_i-t_j}{r}$ 都为整数.

证明 我们先证明：存在 $i,j\in\mathbf{N}^*$，使得 $(s_i-s_j)(t_i-t_j)\neq 0$.

事实上，由 $\{s_n\}_{n=1}^{+\infty}$ 是一个非常数数列，故存在 $i\neq j$，使得 $s_i-s_j\neq 0$，对应的 $t_i-t_j\neq 0$ 时，结论已成立. 若 $t_i=t_j$，则由 $\{t_n\}_{n=1}^{+\infty}$ 也是一个非常数数列，可知存在 $k\in\mathbf{N}^*$，使得 $t_k\neq t_i$，这时若 $s_k\neq s_i$，则结论亦已获得. 而若 $s_k=s_i$，则 $(s_j-s_k)(t_j-t_k)=(s_j-s_i)\times(t_i-t_k)\neq 0$，故结论总成立.

由于改变数列 $\{s_n\}$ 和 $\{t_n\}$ 的各项的次序不影响题目的条件和结论，故可设 $(s_2-s_1)(t_2-t_1)\neq 0$. 进一步，对有理数 a,b 而言，用 $\{s_n-a\}$，$\{t_n-b\}$ 分别代替数列 $\{s_n\}$ 和 $\{t_n\}$ 也不改变条件和结论（即平移不变），因此，我们可设 $s_1=t_1=0$，而 $s_2t_2\neq 0$.

现在我们称正有理数数对 (A,B) 为“好的”，如果 $AB\in\mathbf{N}^*$，并且对任意 $j\in\mathbf{N}^*$，数 As_j 和 Bt_j 都为整数.

我们先证明：存在一个“好的”数对 (A,B).

由条件，知对 $i\geqslant 2$，$(s_i-s_1)(t_i-t_1)=s_it_i\in\mathbf{Z}$，结合 $i,j\geqslant 2$ 时 $(s_i-s_j)(t_i-t_j)=s_it_i-s_it_j-s_jt_i+s_jt_j\in\mathbf{Z}$，可知 $s_it_j+s_jt_i\in\mathbf{Z}$.

现设 $s_j=\frac{p_j}{q_j}$，$t_j=\frac{u_j}{v_j}$，这里 $p_j,q_j,u_j,v_j\in\mathbf{Z}$，并且 $(p_j,q_j)=(u_j,v_j)=1$，$j\geqslant 2$. 由 $s_jt_j\in\mathbf{Z}$，知 $\frac{p_ju_j}{q_jv_j}\in\mathbf{Z}$，结合 $(u_j,v_j)=1$，知 $v_j\mid p_j$，设 $p_j=d_jv_j$，$d_j\in\mathbf{Z}$，则由

$$s_2t_j+s_jt_2=\frac{p_2u_j}{q_2v_j}+\frac{p_ju_2}{q_jv_2}=\frac{p_2u_jq_jv_2+p_ju_2q_2v_j}{q_2v_jq_jv_2}\in\mathbf{Z}$$

可知 $q_j\mid(p_2u_jq_jv_2+p_ju_2q_2v_j)$，得 $q_j\mid p_ju_2q_2v_j$，结合 $(p_j,q_j)=(d_jv_j,$

$q_j)=1$ 及 $p_ju_2q_2v_j=d_jv_j^2u_2q_2$ 知 $q_j\mid u_2q_2$. 现在取 $A=\mid u_2q_2\mid$,就可知 $As_j\in\mathbf{Z}$. 类似可证 B 的存在性(B 为正整数).

最后,取一个"好的"数对(A,B),使得 AB 最小,我们去证 $AB=1$.

事实上,若 $AB>1$. 取 AB 的一个质因子 p,若对 $i\in\mathbf{N}^*$ 都有 As_i 中的倍数,则$\left(\frac{A}{p},B\right)$ 也是一个"好的"数对,与 AB 最小矛盾. 故存在 $i\in\mathbf{N}^*$,使得 $P\nmid As_i$,此时,由$(As_i)(Bt_i)=(AB)(s_it_i)$ 是 P 的倍数,可知 $p\mid Bt_i$. 同理可证:存在 $j\in\mathbf{N}^*$,使得 $P\nmid Bt_j$,对应地有 $p\mid As_j$. 于是,导致

$$(AB)(s_it_j+s_jt_i)-(As_j)(Bt_i)=(As_i)(Bt_j)$$

左边是 p 的倍数,而右边不是. 矛盾.

现在我们对这组使 AB 最小的"好的"数对,令 $r=A$,则对任意 $j\in\mathbf{N}^*$,有 $rs_j\in\mathbf{Z}$ 且 $\frac{t_j}{r}\in\mathbf{Z}$. 当然可得:对 $i,j\in\mathbf{N}^*$,有 $r(s_i-s_j)$ 和 $\frac{1}{r}(t_i-t_j)$ 都为整数.

命题获证.

第 39 届美国数学奥林匹克

1 设凸五边形 $AXYZB$ 内接于以 AB 为直径的圆. 记 P,Q,R,S 分别为 Y 在直线 AX,BX,AZ,BZ 上的投影.

证明:直线 PQ 与 RS 所成的锐角等于 $\angle XOZ$ 的一半,这里 O 为 AB 的中点.

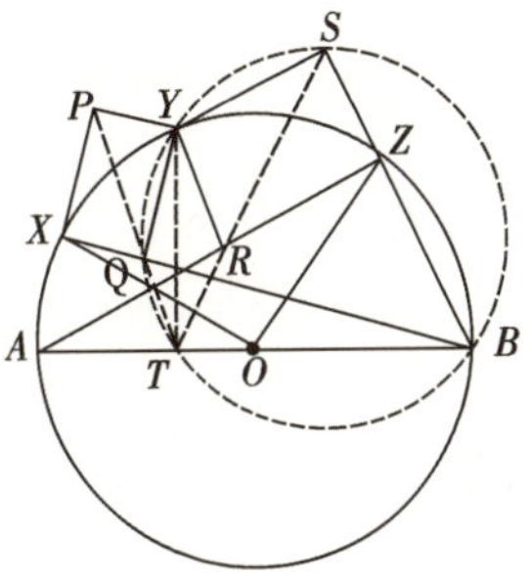

图 39. 1

证明 如图 39. 1 所示,过 Y 作 AB 的垂线,垂足为 T.

由西姆松定理,P,Q,T;S,R,T 分别三点共线. 由

$$\angle YQB=\angle YTB=\angle YSB=90^\circ$$

得到 S,Y,Q,T,B 五点共圆. 于是

$$\angle PTS=\angle QBS=\angle XBZ=\frac{1}{2}\angle XOZ$$

2 n 个身高互不相同的学生一个接一个站在圆周上. 他们身高为 $h_1<h_2<\cdots<h_n$,若身高为 h_k 的学生直接站在身高小于等于 h_{k-2} 的学生的后面,则可将这两个学生的位置互换.

求证:至多可以进行 C_n^3 次这样的互换.

证明 先证明引理:对任意 $1\leqslant i<j\leqslant n$,$h_j$ 与 h_i 至多可进行 $j-i-1$ 次互换位置.

引理的证明:对 $j-i$ 用归纳法.

当 $j-i=1$ 时,命题成立,因为 h_j 与 h_{j-1} 不能进行位置互换.

假设命题对小于等于 $j-i-1$ 的情形成立,考虑对 $j-i$ 的情形.

首先,h_j 与 h_i 进行一次位置互换,由于 h_{j-1} 与 h_j 不能位置互换,要再对 h_j 与 h_i 进行位置互换,必先对 h_{j-1} 与 h_i 进行位置互换,由归纳假设,h_{j-1} 与 h_i 至多进行 $(j-1)-i-1$ 次位置互换,从而,一共至多进行

$$1+(j-1)-i-1=j-i-1$$

次位置互换.

故引理获证. 下面回到原题.

位置互换总数小于或等于

$$\sum_{1\leqslant i<j\leqslant n}(j-i-1)=\sum_{i=1}^{n-1}\sum_{j=0}^{n-i-1}j=$$
$$\sum_{i=1}^{n-1}\mathrm{C}_{n-i}^{2}=\sum_{i=1}^{n-1}(\mathrm{C}_{n-i+1}^{3}-\mathrm{C}_{n-i}^{3})=\mathrm{C}_{n}^{3}$$

从而问题得证!

3 2 010 个正实数 $a_1,a_2,\cdots,a_{2\,010}$ 满足对任意 $1\leqslant i<j\leqslant 2\,010$,有 $a_ia_j\leqslant i+j$.

试求 $a_1a_2\cdots a_{2\,010}$ 的最大值.

解 所求的最大值为 $\prod_{i=1}^{1\,005}(4i-1)$.

一方面,依题设

$$a_{2i-1}a_{2i}\leqslant 4i-1\quad(i=1,2,\cdots,1\,005)$$

于是

$$\prod_{i=1}^{2\,010}a_i=\prod_{i=1}^{1\,005}(a_{2i-1}a_{2i})\leqslant\prod_{i=1}^{1\,005}(4i-1)$$

另一方面,取 $a_{2i-1}=\frac{4i-1}{2\sqrt{i}},a_{2i}=2\sqrt{i}(i=1,2,\cdots,1\,005)$.

下面我们证明对上述 $a_1,a_2,\cdots,a_{2\,010}$,任取 $1\leqslant i<j\leqslant 2\,010$,满足 $a_ia_j\leqslant i+j$.

事实上,取 $a_k,a_l(1\leqslant k,l\leqslant 2\,010,k\neq l)$.

(1) 若 k,l 均为奇数,不妨设 $k=2i-1,l=2j-1,1\leqslant i<j\leqslant 1\,005$.

只需证明

$$(4i-1)(4j-1)\leqslant 8\sqrt{ij}(i+j-1)$$

这等价于

$$64(i^2+j^2)ij\geqslant 128i^2j^2+16(i^2+j^2)-8(i+j)+1$$

只需证

$$64ij(j-i)^2\geqslant 16(i^2+j^2)\qquad①$$

令 $j-i=t$,则 $t\geqslant 1$,有 $4i^2t^2>2i^2+t^2$ 及 $4it^3>2it$. 这两式相加即得式①.

(2) 若 k,l 均为偶数,不妨设 $k=2i,l=2j,1\leqslant i<j\leqslant 1\,005$. 由均值不等式,$4\sqrt{ij}<2i+2j$,即证.

(3) 若 k,l 一个奇数,一个偶数,不妨设 $k=2i,l=2j-1$. 只需证

$$2\sqrt{i}\cdot\frac{4j-1}{2\sqrt{j}}\leqslant 2i+2j-1$$

这等价于

$$(j-i)[4j(j-i-1)+1]\geqslant 0$$

而这不管是 $j>i$，还是 $j\leqslant i$，都是成立的.

故我们给出的 $a_1,a_2,\cdots,a_{2\,010}$ 是满足题设条件的.

综上所述，所求的最大值为 $\prod\limits_{i=1}^{1\,005}(4i-1)$.

4 在 $\triangle ABC$ 中，$\angle A=\frac{\pi}{2}$. D,E 分别在边 AC,AB 上满足 $\angle ABD=\angle DBC$，$\angle ACE=\angle ECB$. BD 与 CE 的交点为 I.

试问：线段 AB,AC,BI,ID,CI,IE 的长度能否都为整数.

解 答案是否定的.

事实上，我们可以证明更强一点的结论：不存在这样的直角三角形，使得线段 AB,AC,IB,IC 的长度都为有理数.

用反证法，假设线段 AB,AC,IB,IC 的长度都为有理数.

一方面，由勾股定理，$BC^2=AB^2+AC^2$ 为有理数.

另一方面，由条件

$$\angle BIC=\frac{\pi}{2}+\frac{1}{2}\angle A=\frac{3}{4}\pi$$

在 $\triangle BIC$ 中，由余弦定理

$$BC^2=BI^2+CI^2+\sqrt{2}BI\cdot IC$$

为无理数. 这是矛盾的.

故线段 AB,AC,IB,IC 的长度不可能都为有理数.

5 设 $q=\frac{3p-5}{2}$，其中 p 为奇素数，记

$$S_q=\frac{1}{2\times3\times4}+\frac{1}{5\times6\times7}+\cdots+\frac{1}{q(q+1)(q+2)}$$

求证：若 $\frac{1}{p}-2S_q=\frac{m}{n}$，其中 m,n 为整数，则 $p\mid(m-n)$.

证明 注意到

$$\frac{2}{k(k+1)(k+2)}=\frac{1}{k(k+1)}-\frac{1}{(k+1)(k+2)}=$$

$$\left(\frac{1}{k}-\frac{1}{k+1}\right)-\left(\frac{1}{k+1}-\frac{1}{k+2}\right)=$$

$$\frac{1}{k}+\frac{1}{k+1}+\frac{1}{k+2}-\frac{3}{k+1}$$

则

$$2S_q=\left(\frac{1}{2}+\frac{1}{3}+\cdots+\frac{1}{q}+\frac{1}{q+1}+\frac{1}{q+2}\right)-$$

$$3\left(\frac{1}{3}+\frac{1}{6}+\cdots+\frac{1}{q+1}\right)=$$
$$\left(\frac{1}{2}+\frac{1}{3}+\cdots+\frac{1}{\frac{3p-1}{2}}\right)-$$
$$\left(1+\frac{1}{2}+\cdots+\frac{1}{\frac{p-1}{2}}\right)$$

从而

$$\frac{n-m}{n}=1-\frac{m}{n}=$$
$$1+2S_q-\frac{1}{p}=$$
$$\frac{1}{\frac{p+1}{2}}+\cdots+\frac{1}{p-1}+\frac{1}{p+1}+\cdots+\frac{1}{\frac{3p-1}{2}}=$$
$$\left(\frac{1}{\frac{p+1}{2}}+\frac{1}{\frac{3p-1}{2}}\right)+\cdots+\left(\frac{1}{p-1}+\frac{1}{p+1}\right)=$$
$$\frac{p}{\left(\frac{p+1}{2}\right)\left(\frac{3p-1}{2}\right)}+\cdots+\frac{p}{(p-1)(p+1)}$$

上式各分式中,每个分母都与 p 互素,于是 $p\mid(m-n)$.

6 黑板上有 68 对非零整数,且对每一个整数 k,(k,k) 与 $(-k,-k)$ 至多有一对出现在黑板上. 一个学生擦去这 136 个整数中的某一些,满足擦去的数中,任两个数的和不为零. 我们规定:若这 68 对整数中的某一对至少有一个数被擦去,则这个学生就得一分.

求:这个学生得分的最大值.

解 这个学生得分的最大值为 43.

首先我们证明一定可以得到 43 分.

设黑板上所有数的绝对值构成的集合为 $\{a_1,a_2,\cdots,a_n\}$.

不妨设黑板上没有形如 $(-a_i,-a_i)$ 的数对,否则,将所有的 $-a_i$ 用 a_i 代替,而条件和结论均不影响.

考虑 2^n 种不同的策略(擦数方式),满足在每一种策略中,要么将所有的 a_i 擦去,要么将所有的 $-a_i$ 擦去. 对 $1\leqslant i\leqslant n$,注意到所有形如 $(a_i,-a_j)$ 或 $(-a_j,a_i)$ 的数对用 (a_i,a_i) 代替后 $(1\leqslant i\leqslant j\leqslant n)$,上述 2^n 种策略中的每一种,其最终得分不增加. 故不妨设所有的数对都具有 (a_i,a_i) 或 $(-a_j,-a_k)$ $(j\neq k)$ 的形式.

令 $\alpha = \frac{\sqrt{5}-1}{2}$，则 $\alpha^2 + \alpha = 1$.

那么上述每一种策略均可用 n 元有序数组 $s = (s_1, s_2, \cdots, s_n)$ 来表示，其中 $s_i = \alpha$ 或 α^2，满足若擦去所有的 a_i，则 $s_i = \alpha$；若擦去所有的 $-a_i$，则 $s_i = \alpha^2$.

定义 $\omega(s) = \prod_{i=1}^{n} s_i$，则

$$\sum_s \omega(s) = \prod_{i=1}^{n} (\alpha + \alpha^2) = 1$$

对于黑板上的每一对数 P 和某一种策略 s，定义

$$c(P, s) = \begin{cases} \omega(s) & (\text{如果 } s \text{ 在数对 } P \text{ 中得 1 分}) \\ 0 & (\text{否则}) \end{cases}$$

下面计算 $\sum_s c(P, s)$ 的值.

若 P 具有 (a_i, a_i) 的形式，则

$$\sum_s c(P, s) = \sum_{\substack{s \\ s_i = \alpha}} \omega(s) = \sum_s s_i \prod_{j \neq i} s_j = \alpha \prod_{j \neq i} (\alpha + \alpha^2) = \alpha$$

若 P 具有 $(-a_j, -a_k)$ 的形式，则

$$\sum_s c(P, s) = \sum_{(s_j - \alpha^2)(s_k - \alpha^2) = 0} \omega(s) =$$
$$\sum_{(s_j - \alpha^2)(s_k - \alpha^2) = 0} s_j s_k \cdot \prod_{i \neq j, k} s_i =$$
$$(\alpha^2 \cdot \alpha + \alpha \cdot \alpha^2 + \alpha^2 \cdot \alpha^2) \cdot \prod_{i \neq j, k} (\alpha + \alpha^2) = \alpha$$

于是

$$T = \sum_P \sum_s c(P, s) = \sum_P \alpha = 68\alpha > 42$$

若前面 2^n 种策略中每一种至多得 42 分，则

$$T = \sum_P \sum_s c(P, s) = \sum_s \sum_P c(P, s) \leqslant$$
$$\sum_s 42\omega(s) = 42 \sum_s \omega(s) = 42$$

这是矛盾的. 故一定有一个策略至少可得 43 分.

其次，我们构造 68 对数，使得至多得 43 分，构造如下：对于每一个 $l = 1, 2, \cdots, 8$，构造 5 对数 (l, l)，这样得到 40 对数，称为第 ① 类数对；

然后再构造形如 $(-l, -m)$ 的数对各一对，其中 $1 \leqslant l < m \leqslant 8$，共 $C_8^2 = 28$(对)，称为第 ② 类数对.

对于任意一种擦数方式，设 $1, 2, \cdots, 8$ 中擦去了 k 个数，则在第 ① 类数对中至多得 $5k$ 分，在第 ② 类数对中至多得 $28 - C_k^2$ 分.

一共至多得

$$q = 5k + 28 - C_k^2 = -\frac{1}{2}k^2 + \frac{11}{2}k + 28(\text{分})$$

容易得到在 $k = 5$ 或 6 时，q 取得最大值 43.

综上，得分的最大值为 43.

第 40 届美国数学奥林匹克

1 设正实数 a,b,c 满足 $a^2+b^2+c^2+(a+b+c)^2\leqslant 4$,证明

$$\frac{ab+1}{(a+b)^2}+\frac{bc+1}{(b+c)^2}+\frac{ca+1}{(c+a)^2}\geqslant 3$$

证法 1 由已知得

$$2a^2+2b^2+2c^2+2ab+2bc+2ca\leqslant 4\Rightarrow$$
$$a^2+b^2+c^2+ab+bc+ca\leqslant 2$$

要证

$$\frac{ab+1}{(a+b)^2}+\frac{bc+1}{(b+c)^2}+\frac{ca+1}{(c+a)^2}\geqslant 3$$

只要证

$$\frac{2ab+2}{(a+b)^2}+\frac{2bc+2}{(b+c)^2}+\frac{2ca+2}{(c+a)^2}\geqslant 6$$

事实上

$$\frac{2ab+2}{(a+b)^2}\geqslant\frac{2ab+a^2+b^2+c^2+ab+bc+ca}{(a+b)^2}=\frac{(a+b)^2+(c+a)(c+b)}{(a+b)^2}=1+\frac{(c+a)(c+b)}{(a+b)^2}$$

则

$$\sum\frac{2ab+2}{(a+b)^2}\geqslant 3+\sum\frac{(c+a)(c+b)}{(a+b)^2}\geqslant 3+3\sqrt[3]{\frac{(c+a)(c+b)(b+a)(b+c)(a+b)(a+c)}{(a+b)^2(b+c)^2(c+a)^2}}=6$$

即

$$\sum\frac{ab+1}{(a+b)^2}\geqslant 3$$

当且仅当 $a=b=c=\frac{\sqrt{3}}{3}$ 时,上式等号成立.

证法2[①] 设 $2x=a+b,2y=b+c,2z=c+a$. 则

$$a=z+x-y,b=x+y-z,c=y+z-x$$

故

$$\frac{ab+1}{(a+b)^2}=\frac{(z+x-y)(x+y-z)+1}{4x^2}=$$
$$\frac{x^2+2yz-y^2-z^2+1}{4x^2}$$

另一方面,由已知得

$$a^2+b^2+c^2+(a+b+c)^2=$$
$$2a^2+2b^2+2c^2+2ab+2bc+2ca=$$
$$(a+b)^2+(b+c)^2+(c+a)^2\leqslant 4\Rightarrow$$
$$x^2+y^2+z^2\leqslant 1\Rightarrow$$
$$1-y^2-z^2\geqslant x^2$$

则

$$\frac{ab+1}{(a+b)^2}=\frac{x^2+2yz-y^2-z^2+1}{4x^2}\geqslant\frac{2x^2+2yz}{4x^2}=\frac{1}{2}+\frac{yz}{2x^2}$$

故

$$\sum\frac{ab+1}{(a+b)^2}\geqslant\frac{3}{2}+\frac{1}{2}\left(\frac{yz}{x^2}+\frac{zx}{y^2}+\frac{xy}{z^2}\right)\geqslant$$
$$\frac{3}{2}+\frac{1}{2}\cdot 3\sqrt[3]{\frac{yz\cdot zx\cdot xy}{x^2\cdot y^2\cdot z^2}}=3$$

当且仅当 $a=b=c=\frac{\sqrt{3}}{3}$ 时,上式等号成立.

2 在一个正五边形的五个顶点处各放一个整数,使五个数的和为2 011,称之为一个初始状态. 一次操作是指:选择两个相邻的顶点及任意的一个整数 m,将这两点上的数都减去 m,并将与这两点都不相邻的顶点的数加上 $2m$. 证明:对任意给定的一个初始状态,存在唯一的顶点(由初始状态决定),使得可以经过有限次操作,将这个顶点上的数变成2 011,且将另外四个顶点上的数变为0.

证法1 设五边形为 $ABCDE$,每个顶点上对应的数为 a,b,c,d,e.

考虑 $a+2b+3c+4d+5e$,由操作规则知:这个量模5是不变的,由于

$$2\ 011,2\ 011\times 2,2\ 011\times 3,2\ 011\times 4,2\ 011\times 5$$

① 冯祖鸣提供.

被 5 除的余数互不相同，所以至多只有一个顶点能满足题目要求.

下证一定有一个顶点能满足题目要求. 不妨设初始时 $5 \mid a + 2b + 3c + 4d + 5c$，则只有点 E 可能满足题目要求，以下构造一种操作方法.

设 $a + 2b + 3c + 4d = 5k$，分四步操作：

(1) $m = -a - k$，C，D 为相邻两顶点，即

$$\begin{pmatrix} a \\ b \\ c \\ d \\ e \end{pmatrix} \to \begin{pmatrix} a + 2(-k - a) \\ b \\ c + a + k \\ d + a + k \\ e \end{pmatrix} = \begin{pmatrix} -2k - a \\ b \\ c + a + k \\ d + a + k \\ e \end{pmatrix}$$

(2) $m = c + d - 2k$，D，E 为相邻两顶点，即

$$\begin{pmatrix} -2k - a \\ b \\ c + a + k \\ d + a + k \\ e \end{pmatrix} \to \begin{pmatrix} -2k - a \\ b + 2(c + d - 2k) \\ c + a + k \\ d + a + k - (c + d - 2k) \\ e - (c + d - 2k) \end{pmatrix} = \begin{pmatrix} -2k - a \\ b + 2c + 2d - 4k \\ c + a + k \\ a - c + 3k \\ e - c - d + 2k \end{pmatrix}$$

(3) $m = 2d + c + b - 3k$，E，A 为相邻两顶点，即

$$\begin{pmatrix} -2k - a \\ b + 2c + 2d - 4k \\ c + a + k \\ a - c + 3k \\ e - c - d + 2k \end{pmatrix} \to \begin{pmatrix} -2k - a - (2d + c + b - 3k) \\ b + 2c + 2d - 4k \\ c + a + k + 2(2d + c + b - 3k) \\ a - c + 3k \\ e - c - d + 2k - (2d + c + b - 3k) \end{pmatrix} = \begin{pmatrix} k - a - b - c - 2d \\ -4k + b + 2c + 2d \\ -5k + a + 2b + 3c + 4d \\ a - c + 3k \\ 5k + e - 3d - 2c - b \end{pmatrix}$$

(4) $m=b+2c+2d-4k$, A, B 为相邻两顶点，即

$$\begin{pmatrix} k-a-b-c-2d \\ -4k+b+2c+2d \\ -5k+a+2b+3c+4d \\ a-c+3k \\ 5k+e-3d-2c-b \end{pmatrix} \to$$

$$\begin{pmatrix} k-a-b-c-2d-(b+2c+2d-4k) \\ -4k+b+2c+2d-(b+2c+2d-4k) \\ -5k+a+2b+3c+4d \\ a-c+3k+2(b+2c+2d-4k) \\ 5k+e-3d-2c-b \end{pmatrix} =$$

$$\begin{pmatrix} 5k-a-2b-3c-4d \\ 0 \\ -5k+a+2b+3c+4d \\ a+2b+3c+4d-5k \\ 5k+(a+b+c+d+e)-a-2b-3c-4d \end{pmatrix} =$$

$$\begin{pmatrix} 0 \\ 0 \\ 0 \\ 0 \\ 2\ 011 \end{pmatrix}$$

综上所述，原命题得证.

证法2 设 $a_i(i=1,2,3,4,5)$ 是游戏开始时顶点 V_i 上的赋值整数(按五边形顶点依次赋值).

首先证明：游戏仅在其中某个顶点处获胜.

经观察，$a_1+2a_2+3a_3+4a_4$ 模 5 的余数不变.

事实上，如 (a_5,a_1,a_3) 经一次变换为 (a_5-m,a_1-m,a_3+2m)，则

$$\begin{aligned} &a_1-m+2a_2+3(a_3+2m)+4a_4= \\ &a_1+2a_2+3a_3+4a_4+5m\equiv \\ &a_1+2a_2+3a_3+4a_4 \pmod 5 \end{aligned}$$

对于其他顶点处的变换亦同理.

假设游戏在顶点 V_j 处获得胜利. 则 $a_1+2a_2+3a_3+4a_4$ 对应的数为 $2\ 011j$.

若最初的数字确定的 $a_1+2a_2+3a_3+4a_4$ 为 n，则

$$2\ 001j\equiv n \pmod 5 \Rightarrow j\equiv n \pmod 5$$

故游戏必定仅在顶点 $V_j(j\equiv n \pmod 5)$ 处获胜.

对于本题假设：游戏在顶点 V_5 处获胜.

假设经 4 次变换后游戏结束，在第 $j(j=1,2,3,4)$ 次变换时，顶点 V_j 处的整数加上 $2m_j$（m_j 是与 V_j 相对的两顶点处减去的整数），故得方程组

$$\begin{cases}2m_1-m_3-m_4=-a_1 & ①\\ 2m_2-m_4=-a_2 & ②\\ 2m_3-m_1=-a_3 & ③\\ 2m_4-m_1-m_2=-a_4 & ④\\ -m_2-m_3=-a_5+2\ 011 & ⑤\end{cases}$$

游戏在顶点 V_5 处获胜，当且仅当此方程组有整数解.

由 ① + ② + ③ + ④ 得到式 ⑤，故将式 ⑤ 去掉.

由 ① ×（−1）+ ② × 3 + ③ ×（−3）+ ④ × 1 得

$$5m_2-5m_3=a_1-3a_2+3a_3-a_4$$

若 V_5 是游戏获胜点，则

$$a_1-3a_2+3a_3-a_4\equiv a_1+2a_2+3a_3+4a_4\equiv n\equiv 5\equiv 0\pmod 5$$

于是

$$5\mid(a_1-3a_2+3a_3-a_4)$$

从而

$$m_2-m_3=\frac{a_1-3a_2+3a_3-a_4}{5} \quad ⑥$$

由式 ⑤ 得

$$m_2+m_3=a_5-2\ 011 \quad ⑦$$

由式 ⑥，⑦ 知 m_2,m_3 必有唯一一组整数解.

故代入式 ②，③ 也能唯一解出 m_1,m_4.

因此，方程组必有整数解，即游戏必在顶点 V_5 处有获胜策略.

3 设 $ABCDEF$ 为非凸的、不自交的六边形，对边都不平行. 其内角满足 $\angle A=3\angle D,\angle E=3\angle B,\angle C=3\angle F$. 证明：若 $AB=DE,BC=EF,CD=FA$，则直线 AD,BE,CF 三线共点.

证法 1 设 $\angle B=\alpha,\angle D=\beta,\angle F=\gamma$，作 $\triangle A_1C_1E_1$ 使 $\angle E_1=\alpha,\angle A_1=\beta,\angle C_1=\gamma$，且 $A_1C_1=\sin\alpha,E_1C_1=\sin\beta,A_1E_1=\sin\gamma$.

作 $\angle A_1C_1B_1=\gamma$ 且 $C_1B_1=\sin\beta$，B_1,E_1 在直线 A_1C_1 异侧. 适当旋转 $\triangle A_1C_1E_1$ 使 $C_1B_1\parallel CB$，联结 A_1B_1.

易知，$\triangle A_1C_1E_1$ 与 $\triangle A_1C_1B_1$ 全等，所以 $\angle B_1=\alpha$，由此推出 $B_1A_1\parallel BA$.

同理，作 $\angle E_1A_1F_1=\beta$ 且 $A_1F_1=\sin\alpha$，C_1,F_1 在直线 A_1E_1 异侧. 作 $\angle C_1E_1D_1=\alpha$ 且 $E_1D_1=\sin\gamma$，A_1,D_1 在直线 E_1C_1 异侧，则

$F_1A_1 \,/\!/\, FA, F_1E_1 \,/\!/\, FE, E_1D_1 \,/\!/\, ED, D_1C_1 \,/\!/\, DC$.

由上述作法可知：$A_1B_1 = A_1E_1 = D_1E_1, B_1C_1 = C_1E_1 = E_1F_1, C_1D_1 = A_1C_1 = F_1A_1$. 设点 A,B,C,D,E 对应的复数分别为 a,b,c,d,e,f；点 A_1,B_1,C_1,D_1,F_1 对应的复数 a_1,b_1,c_1,d_1,e_1,f_1. 设 $x = e_1 - d_1 + b_1 - a_1, y = f_1 - e_1 + c_1 - b_1, z = a_1 - f_1 + d_1 - c_1$，则 $x + y + z = 0$.

由已知，x,y,z 均不为 0 且两两不共线，由 $A_1B_1 = D_1E_1, AB = DE, B_1A_1 \,/\!/\, BA, E_1D_1 \,/\!/\, ED$ 知：存在 $l \neq 0$ 使得 $lx = e - d + b - a$，同理，存在 $m,n \neq 0$，使得 $my = f - e + c - b, nz = a - f + d - c$，所以 $lx + my + nz = 0$. 由 $x + y + z = 0$ 及 x,y,z 均不为 0 且两两不共线得：$l = m = n$.

因此，六边形 $ABCDEF$ 与六边形 $A_1B_1C_1D_1E_1F_1$ 相似，由于直线 A_1D_1, B_1E_1, C_1F_1 交于 $\triangle A_1C_1E_1$ 的垂心，所以直线 AD,BE,CF 也共点，命题得证.

证法 2 分三步证明本题.

第一步：首先给出一种满足题目要求的六边形的构造方法.

如图 40.1，设 $\triangle ACE$ 是一个三角形，每个内点，F 是点 C 关于 EA 的对称点，B 是点 E 关于 AC 的对称点. 则

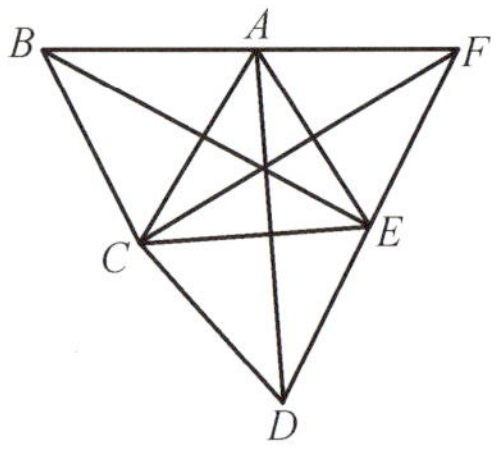

图 40.1

$$\angle BAF = \angle BAC + \angle CAE + \angle EAF = 3\angle CAE = 3\angle CDE$$

类似地

$$\angle BCD = 3\angle AFE, \angle DEF = 3\angle ABC$$

注意到

$$AB = AE = DE, BC = CE = EF, CD = AC = FA$$

从而，此六边形 $ABCDEF$ 满足题目要求，对角线 AD,BE,CF 分别垂直于对边 CE,AC,AE. 故三条对角线 AD,BE,CF 交于一点，此正是 $\triangle ACE$ 的垂心.

第二步：对于一个满足题目条件的六边形 $ABCDEF$，设 β,δ,φ 分别是 $\angle B, \angle D, \angle F$ 的大小.

接下来通过计算证明命题成立. 设

$$AB = DE = x, BC = EF = y, CD = FA = z$$

其目的是想通过已知给出的角度确定边的长度.

设 $\boldsymbol{a},\boldsymbol{b},\boldsymbol{c},\boldsymbol{d},\boldsymbol{e},\boldsymbol{f}$ 分别是 $\overrightarrow{AB}, \overrightarrow{BC}, \overrightarrow{CD}, \overrightarrow{DE}, \overrightarrow{EF}, \overrightarrow{FA}$ 上的单位向量. 则得到恒等式

$$x(\boldsymbol{a} + \boldsymbol{b}) + y(\boldsymbol{b} + \boldsymbol{e}) + z(\boldsymbol{c} + \boldsymbol{f}) = \boldsymbol{0} \quad ①$$

注意到

$$4(\beta + \delta + \varphi) = \angle A + \angle B + \angle C + \angle D + \angle E + \angle F$$

由对边均不平行得

$$\pi + 2\beta = \angle D + \angle E + \angle F \neq 2\pi$$

于是，$\beta \neq \frac{\pi}{2}$.

同理，$\delta \neq \frac{\pi}{2}$，$\varphi \neq \frac{\pi}{2}$.

假设六边形 $ABCDEF$ 各顶点是按逆时针标注，且可以应用恒等式

$$\beta + \delta + \varphi = \pi$$

则可以算出 $\boldsymbol{b}, \boldsymbol{c}, \boldsymbol{d}, \boldsymbol{e}, \boldsymbol{f}$ 关于 $\boldsymbol{a}$ 模 2π 相对于逆时针的方向，即

$$\boldsymbol{b}: \pi - \beta, \boldsymbol{c}: -\beta - 3\varphi, \boldsymbol{d}: -2\varphi$$

$$\boldsymbol{e}: \pi + 2\delta - \beta, \boldsymbol{f}: 2\delta - \varphi - \beta$$

对于与 $\boldsymbol{a}$ 夹角分别为 θ, φ 的两个单位向量，其和要么和与 $\boldsymbol{a}$ 夹角为 $\frac{\theta + \varphi}{2}$ 的向量同向，要么和与 $\boldsymbol{a}$ 夹角为 $\frac{\theta + \varphi}{2} + \pi$ 的向量同向.

从而，$\boldsymbol{a} + \boldsymbol{b}, \boldsymbol{b} + \boldsymbol{e}, \boldsymbol{c} + \boldsymbol{f}$ 都是非零向量，且模 π

$$\boldsymbol{a} + \boldsymbol{b}: \varphi, \boldsymbol{b} + \boldsymbol{e}: \delta - \beta, \boldsymbol{c} + \boldsymbol{f}: \delta - 2\varphi - \beta$$

注意到，$\beta + \delta + \varphi = \pi$，且 β, δ, φ 均不为 $\frac{\pi}{2}$，于是 $\boldsymbol{a} + \boldsymbol{b}, \boldsymbol{b} + \boldsymbol{e}, \boldsymbol{c} + \boldsymbol{f}$ 中任两个都不共线，也没有两个模 π 同余.

因此，$\boldsymbol{a} + \boldsymbol{b}, \boldsymbol{b} + \boldsymbol{e}, \boldsymbol{c} + \boldsymbol{f}$ 均为非零向量，且任两个向量均不共线.

从而，式 ① 中的 x, y, z 唯一确定.

第三步：第一步给出的是满足题意的六边形的一种构造方法.

用 $\triangle A_1C_1E_1$ 和 β, δ, φ 按第一步的方法向对边作对称可构造六边形 $A_1B_1C_1D_1E_1F_1$.

因此，六边形 $A_1B_1C_1D_1E_1F_1$ 满足题目给出的条件，则

$$\angle B_1 = \beta, \angle D_1 = \delta, \angle F_1 = \varphi$$

故由第二步，知六边形 $A_1B_1C_1D_1E_1F_1$ 相似于六边形 $ABCDEF$.

4 判断下述命题的真假：对任意整数 $n \geq 2$，2^{2^n} 被 $2^n - 1$ 除了余数为 4 的非负整数次幂. 若为真命题，请给出证明；若为假命题，请举例说明.

解法 1 这是假命题. 例子如下：

令 $n = 25$，由

$$2^{25} = (2^{10})^2 \times 32 \equiv (-1)^2 \times 32 \equiv 7 \pmod{25}$$

知，可设 $2^{25} = 25t + 7$，其中 t 为正整数.

所以 $2^{2^{25}} = 2^{25t+7} \equiv 1^t \cdot 2^7 \equiv 2^7 \pmod{2^{25} - 1}$，而 2^7 不是 4 的

非负整数次幂,故原命题为假命题.

解法 2 命题为假命题.

当 n 最小取到 25 时,命题错误.

已知 $n \geqslant 2(n \in \mathbf{N}^*)$,设 r 是 2^n 除以 n 的余数,即

$$2^n = kn + r \quad (k \in \mathbf{N}^*, r \in \mathbf{Z}, 0 \leqslant r < n)$$

则

$$2^{2n} = 2^{kn+r} \equiv 2^r (\mathrm{mod}(2^n - 1))(2^r < 2^n - 1)$$

若 2^{2n} 模 $2^n - 1$ 余 4 的幂,则当且仅当 r 是偶数,即 r 为奇数时,命题为假.

反例如下.

如果 n 是偶数,则 $r = 2^n - kn$ 为偶数.

如果 n 是奇质数,则由费马小定理得

$$2^n \equiv 2(\mathrm{mod}\ n)$$

故

$$r \equiv 2^n \equiv 2(\mathrm{mod}\ n) \quad (r = 2)$$

因此,可以推算出 n 的值.

对于奇合数 $n = 9, 15, 21$,命题成立.

当 $m = 9$ 时,由 $2^6 \equiv 1(\mathrm{mod}\ 9)$,有

$$2^9 = 2^6 \times 2^3 \equiv 8(\mathrm{mod}\ 9)$$

当 $m = 15$ 时,由 $2^4 \equiv 1(\mathrm{mod}\ 15)$,有

$$2^{15} = (2^4)^3 \times 2^3 \equiv 8(\mathrm{mod}\ 15)$$

当 $m = 21$ 时,由 $2^6 \equiv 1(\mathrm{mod}\ 21)$,有

$$2^{21} = (2^6)^3 \times 2^3 \equiv 8(\mathrm{mod}\ 21)$$

但当 $n = 25$ 时,由

$$2^{10} = 1\ 024 \equiv -1(\mathrm{mod}\ 25)$$

有

$$2^{25} = (2^{10})^2 \times 2^5 \equiv 2^5 \equiv 7(\mathrm{mod}\ 25)$$

故 $2^{2^{25}}$ 模 $2^{25} - 1$ 余 2^7,2^7 不是 4 的幂.

5 设 P 为四边形 $ABCD$ 内给定一点,点 Q_1, Q_2 也在四边形内且满足 $\angle Q_1BC = \angle ABP$, $\angle Q_1CB = \angle DCP$, $\angle Q_2AD = \angle BAP$, $\angle Q_2DA = \angle CDP$. 证明:$Q_1Q_2 /\!/ AB$ 当且仅当 $Q_1Q_2 /\!/ CD$.

证法 1 注意到 $Q_1Q_2 /\!/ AB$ 当且仅当 Q_1, Q_2 到直线 AB 的距离相等,即

$$|Q_1B| \sin \angle ABQ_1 = |Q_2A| \sin \angle BAQ_2$$

$Q_1Q_2 /\!/ CD$,当且仅当 Q_1, Q_2 到直线 CD 的距离相等,即

$$|Q_1C|\sin\angle DCQ_1=|Q_2D|\sin\angle CDQ_2$$

令 $S=\dfrac{|Q_1B|\sin\angle ABQ_1}{|Q_2A|\sin\angle BAQ_2}\cdot\dfrac{|Q_2D|\sin\angle CDQ_2}{|Q_1C|\sin\angle DCQ_1}$，我们只需证明 $S=1$ 即可.

由正弦定理

$$\frac{|Q_1B|}{|Q_1C|}=\frac{\sin\angle Q_1CB}{\sin\angle Q_1BC},\frac{|Q_2D|}{|Q_2A|}=\frac{\sin\angle Q_2AD}{\sin\angle Q_2DA}$$

所以

$$S=\frac{\sin\angle ABQ_1}{\sin\angle BAQ_2}\cdot\frac{\sin\angle CDQ_2}{\sin\angle DCQ_1}\cdot\frac{\sin\angle BCQ_1}{\sin\angle CBQ_1}\cdot\frac{\sin\angle DAQ_2}{\sin\angle ADQ_2}$$

进而由已知得

$$S=\frac{\sin\angle PBC}{\sin\angle PAD}\cdot\frac{\sin\angle PDA}{\sin\angle PCB}\cdot\frac{\sin\angle PCD}{\sin\angle PBA}\cdot\frac{\sin\angle PAB}{\sin\angle PDC}=$$

$$\frac{\sin\angle PBC}{\sin\angle PCB}\cdot\frac{\sin\angle PDA}{\sin\angle PAD}\cdot\frac{\sin\angle PCD}{\sin\angle PDC}\cdot\frac{\sin\angle PAB}{\sin\angle PBA}=$$

$$\frac{|PC|}{|PB|}\cdot\frac{|PA|}{|PD|}\cdot\frac{|PD|}{|PC|}\cdot\frac{|PB|}{|PA|}=1$$

命题得证.

证法 2 只需证明要么 $AB\parallel CD\parallel Q_1Q_2$，要么 AB,CD,Q_1Q_2 三线共点.

设 X,Y 分别是点 P 关于直线 AB,CD 的对称点.

下面证明：$XQ_1=YQ_1,XQ_2=YQ_2$.

事实上，设 Z 是点 Q_1 关于 BC 的对称点. 则

$$XB=PB,BQ_1=BZ$$

且

$$\angle XBQ_1=\angle XBA+\angle ABQ_1=\angle ABC=\angle PBC+\angle CBZ=\angle PBZ$$

故

$$\triangle XBQ_1\cong\triangle PBZ\Rightarrow XQ_1=PZ$$

类似地，$YQ_1=PZ$. 从而 $XQ_1=YQ_1$. 同理 $XQ_2=YQ_2$.

若 $AB\parallel CD$，则

$$XY\perp AB\Rightarrow Q_1Q_2\parallel AB$$

若 $AB\nparallel CD$，设 R 是两直线的交点.

由 $RX=RP=RY$，知点 R 在 XY 的中垂线上. 因此，R,Q_1,Q_2 三点共线.

故命题得证.

证法 3 用同角共轭的方法证明.

若 $\angle SAB=\angle CAT,\angle SBC=\angle ABT$，则 $\angle SCA=\angle BCT$，并且

任取其中的两个等式,都能得到第三个等式. 此时,称 S 和 T 为关于 $\triangle ABC$ 成等角的共轭点.

如果 $AB /\!/ CD$,则命题得证. 否则,假设 AB 与 CD 交于点 R. 则 Q_1 和 P 为关于 $\triangle RBC$ 成等角的共轭点. 故 $\angle Q_1RB = \angle CRP$.

类似地,Q_2 和 P 为关于 $\triangle RAD$ 成等角的共轭点. 于是,$\angle Q_2RA = \angle DRP$. 因此,$\angle Q_1RB = \angle Q_2RA = \angle Q_2RB$.

所以,AB,CD,Q_1Q_2 三线共点于 R.

6 设 A 是一个 255 元集,$A_1,A_2,\cdots,A_{11}$ 为 A 的 11 个 45 元子集,满足对任意的 $1 \leqslant i < j \leqslant 11$,$|A_i \cap A_j| = 9$. 证明:$|A_1 \cup A_2 \cup \cdots \cup A_{11}| \geqslant 165$,并给出一个例子使等号成立.

证法 1 设 $X = A_1 \cup A_2 \cup \cdots \cup A_{11}$

$$f_i(x) = \begin{cases} 1 & (\text{若 } x \in A_i) \\ 0 & (\text{若 } x \notin A_i) \end{cases}$$

$1 \leqslant i \leqslant 11$. 显然,$f_i(x) = f_i^2(x)$.

设 $d(x) = \sum_{i=1}^{11} f_i(x)$,则 $d(x)$ 表示 x 在 $A_1,A_2,\cdots,A_{11}$ 中出现的次数. 一方面

$$\begin{aligned}\sum_{x\in X} d^2(x) = {} & \sum_{x\in X}\sum_{i=1}^{11} f_i^2(x) + \sum_{x\in X}\sum_{1\leqslant i<j\leqslant 11} f_i(x)f_j(x) = \\ & \sum_{i=1}^{11}\sum_{x\in X} f_i(x) + 2\sum_{1\leqslant i<j\leqslant 11}\sum_{x\in X} f_i(x)f_j(x) = \\ & \sum_{i=1}^{11} |A_i| + 2\sum_{1\leqslant i<j\leqslant 11} |A_i \cap A_j| = \\ & 11 \times 45 + 2 \times \mathrm{C}_{11}^2 \times 9 = 1\ 485\end{aligned}$$

另一方面

$$\begin{aligned}\sum_{x\in X} d^2(x) \geqslant {} & \frac{1}{|X|}\Big(\sum_{x\in X} d(x)\Big)^2 = \frac{1}{|X|}\Big(\sum_{x\in X}\sum_{i=1}^{11} f_i(x)\Big)^2 = \\ & \frac{1}{|X|}\Big(\sum_{i=1}^{11} |A_i|\Big)^2 = \frac{(11 \times 45)^2}{|X|}\end{aligned}$$

所以 $1\ 485 \geqslant \dfrac{(11 \times 45)^2}{|X|}$,即 $|X| \geqslant 165$.

使等号成立的例子如下:

设 A 的元素为:$\{1,2,\cdots,11\}$ 的所有三元子集及其他任意 60 个元素,一共 $\mathrm{C}_{11}^3 + 60 = 225$(个)元素.

对于 $1 \leqslant i \leqslant 11$,设 A_i 的元素为:$\{1,2,\cdots,11\}$ 的所有含 i 的三元子集,则 $|A_i| = \mathrm{C}_{10}^2 = 45$. 对任意的 $1 \leqslant i < j \leqslant 11$,$|A_i \cap A_j| = \mathrm{C}_9^1 = 9$. 此时

$$|A_1 \cup A_2 \cup \cdots \cup A_{11}| = C_{11}^3 = 165$$

证法 2 设 S 是集合 A 中 $A_1 \cup A_2 \cup \cdots \cup A_{11}$ 的补集.

接下来证明：$|S| \leqslant 60$.

对于 $l \geqslant 0$，定义

$$\varphi(l) = \left(1 - \frac{l}{2}\right)\left(1 - \frac{l}{3}\right) = 1 - \frac{2l}{3} + \frac{1}{3}C_l^2$$

则 $\varphi(0) = 1$.

对于任意正整数 l，$\varphi(l) \geqslant 0$. 对于 $n \in A$，设 $l(n)$ 是集合 A_1，A_2，$\cdots$，A_{11} 中包含 n 的集合数. 则 S 是每个 A_i 补集的交集，可得

$$|S| \leqslant \sum_{n \in A} \varphi(l(n))$$

另一方面，有

$$\sum_{n \in A} \varphi(l(n)) = \sum_{n \in A} 1 - \frac{2}{3}l(n) + \frac{1}{3}C_{l(n)}^2 = |A| - \frac{2}{3}\sum_i |A_i| + \frac{1}{3}\sum_{i<j} |A_i \cap A_j|$$

故

$$|S| \leqslant \left|225 - \frac{2}{3} \times 11 \times 45 + \frac{1}{3}C_{11}^2 \times 9\right| = 60$$

于是，$|A_1 \cup A_2 \cup \cdots \cup A_{11}| \geqslant 165$.

下面给出等号成立的例子.

设 $p_1, p_2, \cdots, p_{11}$ 是 11 个不同的正整数，A' 是任意三个之积构成的集合，$A'' = \{q_1, q_2, \cdots, q_{60}\}$ 是由 60 个不同的正整数组成的集合且 $A' \cap A'' = \varnothing$.

设 $A = A' \cup A''$，定义

$$A_i = \{n \in A' \mid p_i \mid n\}$$

则

$$|A_i| = C_{10}^2 = 45, \ |A_i \cap A_j| = C_9^1 = 9$$

$$|A_1 \cup A_2 \cup \cdots \cup A_{11}| = |A'| = C_{11}^1 = 165$$

故

$$|A| = |A'| + |A''| = 165 + 60 = 225$$

因此，A 和 $A_1, A_2, \cdots, A_{11}$ 是一组满足题意的集合.

第 41 届美国数学奥林匹克

1 求一切满足下述条件的大于 2 的整数 n：在任意满足 $\max\{a_1,a_2,\cdots,a_n\} \leqslant n \cdot \min\{a_1,a_2,\cdots,a_n\}$ 的 n 个正实数 $a_1,a_2,\cdots,a_n$ 中，必存在以 $a_i,a_j,a_k(i,j,k$ 互不相同) 为边长的锐角三角形.

解法 1 不妨设 $a_1 \leqslant a_2 \leqslant \cdots \leqslant a_n$，则 $a_i,a_j,a_k(i<j<k)$ 组成锐角三角形，当且仅当 $a_i^2+a_j^2>a_k^2$.

设 $F_1=F_2=1,F_{n+2}=F_{n+1}+F_n(n \geqslant 1)$，记 $a_1=a,a_2=b$. 若某个 n 不满足条件，则

$$a_3 \geqslant \sqrt{a^2+b^2},a_4 \geqslant \sqrt{a_2^2+b_2^2} \geqslant \sqrt{a^2+2b^2}$$

设

$$a_k \geqslant \sqrt{F_{k-2}a^2+F_{k-1}b^2},a_{k+1} \geqslant \sqrt{F_{k-1}a^2+F_kb^2} \quad (k \geqslant 3)$$

则

$$a_{k+2} \geqslant \sqrt{a_{k+1}^2+a_k^2} \geqslant \sqrt{(F_{k-1}a^2+F_kb^2)+(F_{k-2}a^2+F_{k-1}b^2)}=\sqrt{F_ka^2+F_{k+1}b^2}$$

由数学归纳法知

$$a_n \geqslant \sqrt{F_{n-2}a^2+F_{n-1}b^2}$$

因此

$$na \geqslant a_n \geqslant \sqrt{F_{n-2}a^2+F_{n-1}b^2} \geqslant \sqrt{F_{n-2}a^2+F_{n-1}a^2}=a\sqrt{F_n}$$

即 $n^2 \geqslant F_n$.

而 $F_{13}=233>13^2,F_{14}=377>14^2$，由数学归纳法易知，对任意 $n \geqslant 13,F_n>n^2$，因此 $n \geqslant 13$ 均满足条件.

对 $n \leqslant 12$，令 $(a_1,a_2,\cdots,a_n)=(\sqrt{F_1},\sqrt{F_2},\cdots,\sqrt{F_n})$，容易验证

$$\max\{a_1,a_2,\cdots,a_n\} \leqslant n \cdot \min\{a_1,a_2,\cdots,a_n\}$$

成立，而对于任意的 $i<j<k,F_i+F_j \leqslant F_{k-2}+F_{k-1}=F_k$. 因此 $(\sqrt{F_i},\sqrt{F_j},\cdots,\sqrt{F_k})$ 不能组成锐角三角形，所以 $n \leqslant 12$ 不满足条件.

综上所述，所求的一切整数 n 为大于 12 的所有整数.

解法 2 对于任意 $n \leqslant 12$，在序列 $1,1,\sqrt{2},\sqrt{3},\sqrt{5},\sqrt{8},\sqrt{13},$

$\sqrt{21}$, $\sqrt{34}$, $\sqrt{55}$, $\sqrt{89}$, 12 中取前 n 个数,都有 $\max\{a_1,a_2,\cdots,a_n\}\leqslant n\cdot\min\{a_1,a_2,\cdots,a_n\}$,但任意三个数都不能构成锐角三角形的三条边.所以满足条件的 $n\geqslant 13$.

下面我们用反证法证明 $n\geqslant 13$ 时,都满足条件.

我们给 n 个正实数从小到大排序为 $a_1\leqslant a_2\leqslant\cdots\leqslant a_n$,若其中任意三个数,都不能构成一个锐角三角形的三条边,则有 $a_1^2\leqslant a_2^2$, $a_k^2+a_{k+1}^2\leqslant a_{k+2}^2$,其中 $1\leqslant k\leqslant n-2$.于是知 $a_n^2\geqslant f_n\cdot a_1^2$,即 $a_n\geqslant\sqrt{f_n}\cdot a_1$,其中 f_n 为斐波那契数列的第 n 项.又当 $n\geqslant 13$ 时,根据数学归纳法易知都有 $\sqrt{f_n}>n$,此时则有 $a_n\geqslant\sqrt{f_n}\cdot a_1>na_1$,与 $\max\{a_1,a_2,\cdots,a_n\}\leqslant n\cdot\min\{a_1,a_2,\cdots,a_n\}$ 矛盾.所以当 $n\geqslant 13$ 时,都满足条件.

综上所述知,满足条件的 n 为所有不小于 13 的自然数.

2 将一个圆周 432 等分,并将 432 个分点染上红、绿、蓝、黄中的一种颜色,使每种颜色的点各有 108 个.证明:对满足条件的任一染色方法,均可在每种颜色中选出 3 个点,使得同色的 3 点组成的 4 个三角形全等.

证法 1 称以圆心为旋转中心,旋转角为 $\frac{2\pi}{432}$ 的逆时针旋转为"转动一格".

设所有绿点转动 k 格($k=1,2,\cdots,431$)后与 a_k 个红点重合,则 $a_1+a_2+\cdots+a_{431}=108$,因此,由 $\frac{108^2}{431}>27$ 知,存在某个 $a_k\geqslant 28$.考虑这其中的 28 个红点,设这些红点转动 k 格($k=1,2,\cdots,431$)后与 b_k 个蓝点重合,则 $b_1+b_2+\cdots+b_{431}=108\times 28$.因此,由 $\frac{28\times 108}{431}>7$ 知,存在某个 $b_t\geqslant 8$.考虑这其中的 8 个蓝点,设这些蓝点转动 k 格($k=1,2,\cdots,431$)后与 c_k 个黄点重合,则 $c_1+c_2+\cdots+c_{431}=108\times 8$,因此,由 $\frac{108\times 8}{431}>2$ 知,存在某个 $c_s\geqslant 3$.考虑这其中的 3 个黄点,则将其转动 $-s$ 格所得的 3 个点均为蓝点,再转动 $-t$ 格所得的 3 个点均为红点,再转动 $-k$ 格所得的 3 个点均为绿点,选出这 12 个点即可,命题得证.

证法 2 我们记 $f(n)$ 表示 m 除以 432 的余数,其中 $0\leqslant f(n)\leqslant 431$.

我们从某点开始,按顺时针方向依次给 432 个点排序为 0,1,2,3,…,431.设 108 个红点所在位置依次为 $a_1,a_2,\cdots,a_{108}$,108 个

绿点依次为 $b_1,b_2,\cdots,b_{108}$,108 个蓝点依次为 $c_1,c_2,\cdots,c_{108}$,108 个黄点依次为 $d_1,d_2,\cdots,d_{108}$.

记 $X_i=\{f(a_1+i),f(a_2+i),\cdots,f(a_{108}+i)\}\cap\{b_1,b_2,\cdots,b_{108}\}(i=1,2,\cdots,431)$. 由于 $\mathrm{card}\{f(a_j+1),f(a_j+2),\cdots,f(a_j+431)\}\cap\{b_1,b_2,\cdots,b_{108}\}=108(j=1,2,\cdots,108)$,所以

$$\sum_{i=1}^{431}\mathrm{card}(X_i)=\sum_{j=1}^{108}\mathrm{card}\{f(a_j+1),f(a_j+2),\cdots,f(a_j+431)\}\cap\{b_1,b_2,\cdots,b_{108}\}=108\times108$$

根据抽屉原理知,存在一个 $\mathrm{card}(X_p)\geqslant\left|\frac{108\times108}{431}\right|+1=28$. 也就是说存在 28 个红点和 28 个绿点相对位置关系是相同的. 我们设这 28 个点依次为 $a_{k_1},a_{k_2},\cdots,a_{k_{22}}$.

记 $Y_i=\{f(a_{k_1}+i),f(a_{k_2}+i),\cdots,f(a_{k_{22}}+i)\}\cap\{c_1,c_2,\cdots,c_{108}\}(i=1,2,\cdots,431)$. 由于 $\mathrm{card}\{f(a_{k_j}+1),f(a_{k_j}+2),\cdots,f(a_{k_j}+431)\}\cap\{c_1,c_2,\cdots,c_{108}\}=108(j=1,2,\cdots,28)$,所以

$$\sum_{i=1}^{431}\mathrm{card}(Y_i)=\sum_{j=1}^{28}\mathrm{card}\{f(a_{k_j}+1),f(a_{k_j}+2),\cdots,f(a_{k_j}+431)\}\cap\{c_1,c_2,\cdots,c_{108}\}=108\times28$$

根据抽屉原理知,存在一个 $\mathrm{card}(Y_q)\geqslant\left|\frac{108\times28}{431}\right|+1=8$. 也就是说存在 8 个红点和 8 个绿点及 8 个蓝点的相对位置关系是相同的. 我们设这 28 个点依次为 $a_{t_1},a_{t_2},\cdots,a_{t_8}$.

记 $Z_i=\{f(a_{t_1}+i),f(a_{t_2}+i),\cdots,f(a_{t_8}+i)\}\cap\{d_1,d_2,\cdots,d_{102}\}(i=1,2,\cdots,431)$. 由于 $\mathrm{card}\{f(a_{t_j}+1),f(a_{t_j}+2),\cdots,f(a_{t_j}+431)\}\cap\{d_1,d_2,\cdots,d_{108}\}=108(j=1,2,\cdots,108)$,所以

$$\sum_{i=1}^{431}\mathrm{card}(Z_i)=\sum_{j=1}^{8}\mathrm{card}\{f(a_{t_j}+1),f(a_{t_j}+2),\cdots,f(a_{t_j}+431)\}\cap\{d_1,d_2,\cdots,d_{108}\}=108\times8$$

根据抽屉原理知,存在一个 $\mathrm{card}(Z_p)\geqslant\left|\frac{108\times8}{431}\right|+1=3$. 也就是说存在3个红点,3个绿点,3个蓝点及3个黄点的相对位置关系是相同的. 这四组同色点,由于相对位置都相同,即可构成四个同色三角形.

3 求一切满足下述性质的大于 1 的整数 n:存在无穷整数列 $a_1,a_2,a_3,\cdots$,每项均不为 0,使得对任意正整数 k,都有 $a_k+2a_{2k}+\cdots+na_{nk}=0$ 成立.

解法 1 当 $n=2$ 时,由已知易得:$a_{2^k}=\frac{a_1}{2^k}$ 对任意正整数 k 成

立,这与 $a_1,a_2,a_3,\cdots$ 为整数列矛盾!因此 $n=2$ 不满足要求.

对 $n=3$,令 $a_1=a_2=-a_3=-1$,设 $a_{ij}=a_ia_j$ 对任意 i,j 成立,则

$$a_k+2a_{2k}+3a_{3k}=a_k(a_1+2a_2+3a_3)=0$$

对 $n=4$,令 $a_1=1,a_2=2,a_3=-7,a_1=4$,设 $a_{ij}=a_ia_j$ 对任意 i,j 成立,则

$$a_k+2a_{2k}+3a_{3k}+4a_{4k}=a_k(a_1+2a_2+3a_3+4a_4)=0$$

对 $n=5$,令 $a_1=a_2=a_3=a_4=1,a_5=-2$,设 $a_{ij}=a_ia_j$ 对任意 i,j 成立,则

$$a_k+2a_{2k}+3a_{3k}+4a_{4k}+5a_{5k}=$$
$$a_k(a_1+2a_2+3a_3+4a_4+5a_5)=0$$

对 $n=9$,令 $a_t=1(t=1,2,\cdots,9),a_5=-8$,设 $a_{ij}=a_ia_j$ 对任意 i,j 成立,则

$$a_k+2a_{2k}+\cdots+9a_{9k}=a_k(a_1+2a_2+\cdots+9a_9)=0$$

对 $n\geqslant 18$,由 Bertrand-Chebyshev 定理知,存在素数 p,q 使得

$$\frac{\left[\frac{n}{2}\right]}{2}<p\leqslant\left[\frac{n}{2}\right],\frac{n}{2}<q\leqslant n$$

其中$[x]$表示不超过 x 的最大整数.

显然 $p<q,q\geqslant 7,p\geqslant 4$ 且 $2q>n$,由 $2p>\left[\frac{n}{2}\right]$ 知,$2p\geqslant\left[\frac{n}{2}\right]+1$,因此

$$4p=2\cdot 2p\geqslant 2\cdot\left(\left[\frac{n}{2}\right]+1\right)>2\cdot\frac{n}{2}=n$$

我们分如下两种情形:

情形 1:$3p>n$. 显然,$2p\leqslant n$. 此时,对 $t\in\{1,2,\cdots,n\}\backslash\backslash\{p,2p,q\}$,令 $a_t=1$,设 $a_{ij}=a_ia_j$ 对任意 i,j 成立,则

$$\begin{aligned}a_k+2a_{2k}+\cdots+na_{nk}=a_k(a_1+2a_2+\cdots+na_n)=&\\ a_k(pa_p+2pa_2a_p+qa_q+&\\ (1+2+\cdots+n)-(p+2p+q))=&\\ a_k(3pa_p+qa_q+(1+2+\cdots+n)-&\\ (p+2p+q))&\end{aligned}$$

由于$(3p,q)=1$. 由 Bezout 定理知,必存在非零整数 x,y 满足 $3px+qy=1$,因此,必存在非零整数 a_p,a_q 使得

$$3pa_p+qa_q=-(1+2+\cdots+n)+(p+2p+q)$$

从而 $a_k+2a_{2k}+\cdots+na_{nk}=0$,故 n 满足条件.

情形 2:$3p\leqslant n$. 此时,对 $t\in\{1,2,\cdots,n\}\backslash\backslash\{p,2p,3p,q\}$,令 $a_t=1$, 设 $a_{ij}=a_ia_j$ 对任意 i,j 成立,则

$$a_k+2a_{2k}+\cdots+na_{nk}=a_k(a_1+2a_2+\cdots+na_n)=$$

$$a_k(pa_p+2pa_2a_p+3pa_3a_p+qa_q+(1+2+\cdots+n)-(p+2p+3p+q))=a_k(6pa_p+qa_q+(1+2+\cdots+n)-(p+2p+3p+q))$$

由于$(6p,q)=1$. 由 Bezout 定理知,必存在非零整数x,y满足$6px+qy=1$,因此,必存在非零整数a_p,a_q使得

$$6pa_p+qa_q=-(1+2+\cdots+n)+(p+2p+3p+q)$$

从而$a_k+2a_{2k}+\cdots+na_{nk}=0$,故$n$满足条件.

因此,当$n\geqslant 18$时满足条件.

当$n=6,7,8$时,令$p=3,q=5$;当$n=10,11,12,13$时,令$p=5,q=7$;当$n=14,15,16,17$时,令$p=7,q=13$. 此时的p,q满足$\frac{\left[\frac{n}{2}\right]}{2}<p\leqslant\left[\frac{n}{2}\right]$,$\frac{n}{2}<q\leqslant n$,$3p>n$,$(3p,q)=1$,由情形1的讨论知,$n$满足条件.

综上所述,所求的一切整数n为所有大于2的整数.

注 Bertrand-Chebyshev 定理:对于任意一个大于等于1的实数x,在区间$(x,2x]$内必至少有一个素数.

解法2 首先我们证明$n=2$不满足条件. 否则,对于任意正整数t,都有$a_{2^t}=-2a_{2^{t-1}}$,于是知$a_{2^t}=\left(-\frac{1}{2}\right)^t a_1$对任意正整数$t$都成立. 然而当$t\to+\infty$时,$\left(-\frac{1}{2}\right)^t a_1\to 0$,我们总可以找到一个足够大的$t$,使得$|a_{2^t}|=\left|\left(-\frac{1}{2}\right)^t a_1\right|<1$,与$a_{2^t}$为整数矛盾.

当$n\geqslant 3$时,我们按如下规则定义无穷非零整数数列

$$\{a_m\}:\begin{cases}a_1=1\\ a_m\text{ 的值待定} & (\text{当 } m \text{ 为不大于 } n \text{ 的素数时})\\ a_m=1 & (\text{当 } m \text{ 为大于 } n \text{ 的素数时})\\ a_{r3}=a_r\cdot a_3 & (r,s\text{ 为任意正整数})\end{cases}$$

根据对该数列的定义知$a_k+2a_{2k}+\cdots+na_{nk}=a_k(a_1+2a_2+\cdots+na_n)$. 于是知,如果我们可以定义一组合适的$a_m$($m$为不大于$n$的素数),使得$a_1+2a_2+\cdots+na_n=0$,则对任意正整数$k$,都有$a_k+2a_{2k}+\cdots+na_{nk}=0$. 上述定义的数列,即是一个满足条件的数列.

下面我们证明,对于任意的$n\geqslant 3$,都可以通过定义一组合适的a_m(m为不大于n的素数),使得$a_1+2a_2+\cdots+na_n=0$,从而找到满足条件的无穷非零整数数列.

(1) 当 n 为素数时. 由于 $n \geqslant 3$,所以 n 为奇数. 我们令 $a_m = 1$(m 为小于 n 的素数),$a_n = -\frac{n-1}{1}$,则 $a_1 + 2a_2 + \cdots + na_n = 1 + 2 + 3 + \cdots + (n-1) + n\left(-\frac{n-1}{2}\right) = 0$. 所以当 n 为不小于 3 的素数时,我们都可以找到满足条件的数列.

(2) 当 n 为合数时.

(ⅰ) 当 $n = 4$ 时,我们定义 $a_2 = 2, a_3 = -7$,此时 $a_1 + 2a_2 + 3a_3 + 4a_4 = 0$, 所以 $n = 4$ 时,可以找到满足条件的数列;

(ⅱ) 当 $n = 6$ 时,我们定义 $a_2 = 1, a_3 = -3, a_5 = 4$,此时 $a_1 + 2a_2 + 3a_3 + 4a_4 + 5a_5 + 6a_6 = 0$, 所以 $n = 6$ 时,可以找到满足条件的数列;

(ⅲ) 当 $n \geqslant 8$ 时,我们给所有素数从小到大排序为 $p_1, p_2, p_3, \cdots$, 显然 $p_1 = 2, p_2 = 3, p_3 = 5, p_4 = 7, \cdots$. 由于 n 为不小于 8 的合数,所以 n 必落在两个素数之间,假设 $p_i < n < p_{i+1}, i \geqslant 4$. 根据 Bertrand 公设知 $p_{i-1} < p_i < n < p_{i+1} < 2p_i < 4p_{i-1}$,即 $2p_i > n$, $4p_{i-1} > n$. 令 $a_{p_j} = 1 (j \leqslant i-2)$,则

① 当 $3p_{i-1} \leqslant n < 4p_{i-1}$ 时

$$
\begin{aligned}
&a_1 + 2a_2 + \cdots + na_n = \\
&(1 + 2 + \cdots + n) - (p_{i-1} + 2p_{i-1} + 3p_{i-1} + p_i) + \\
&(p_{i-1} \cdot a_{p_{i-1}} + 2p_{i-1} \cdot a_{2p_{i-1}} + 3p_{i-1} \cdot a_{3p_{i-1}} + p_i \cdot a_{p_i}) = \\
&\frac{n(n+1)}{2} - (6p_{i-1} + p_i) + (6p_{i-1} \cdot a_{p_{i-1}} + p_i \cdot a_{p_i}) = \\
&\frac{n(n+1)}{2} + 6p_{i-1}(a_{p_{i-1}} - 1) + p_i(a_{p_i} - 1)
\end{aligned}
$$

由于 $(6p_{i-1}, p_i) = 1$,根据裴蜀定理知可以找到一组整数 (x_1, y_1),使得

$$
6p_{i-1} \cdot x_1 + p_i \cdot y_1 = -\frac{n(n+1)}{2}
$$

令 $a_{p_{i-1}} = x_1 + 1, a_{p_i} = y_1 + 1$,则

$$
\begin{aligned}
&a_1 + 2a_2 + \cdots + na_n = \\
&\frac{n(n+1)}{2} + 6p_{i-1}(a_{p_{i-1}} - 1) + p_i(a_{p_i} - 1) = \\
&\frac{n(n+1)}{2} + 6p_{i-1} \cdot x_1 + p_i \cdot y_1 = 0
\end{aligned}
$$

此时可以找到满足条件的数列.

② 当 $2p_{i-1} \leqslant n < 3p_{i-1}$ 时

$$
\begin{aligned}
a_1 + 2a_2 + \cdots + na_n = &(1 + 2 + \cdots + n) - (p_{i-1} + 2p_{i-1} + p_i) + \\
&(p_{i-1} \cdot a_{p_{i-1}} + 2p_{i-1} \cdot a_{2p_{i-1}} + p_i \cdot a_{p_i}) = \\
&\frac{n(n+1)}{2} - (3p_{i-1} + p_i) +
\end{aligned}
$$

$$(3p_{i-1}\cdot a_{p_{i-1}}+p_i\cdot a_{p_i})=$$
$$\frac{n(n+1)}{2}+3p_{i-1}(a_{p_{i-1}}-1)+p_i(a_{p_i}-1)$$

由于$(3p_{i-1},p_i)=1$，根据裴蜀定理知可以找到一组整数(x_2,y_2)，使得

$$3p_{i-1}\cdot x_2+p_i\cdot y_2=-\frac{n(n+1)}{2}$$

令$a_{p_{i-1}}=x_2+1,a_{p_i}=y_2+1$，则

$$a_1+2a_2+\cdots+na_n=\frac{n(n+1)}{2}+3p_{i-1}(a_{p_{i-1}}-1)+p_i(a_{p_i}-1)=$$
$$\frac{n(n+1)}{2}+3p_{i-1}\cdot x_2+p_i\cdot y_2=0$$

此时可以找到满足条件的数列.

③ 当$p_{i-1}\leqslant n<2p_{i-1}$时

$$a_1+2a_2+\cdots+na_n=(1+2+\cdots+n)-(p_{i-1}+p_i)+$$
$$(p_{i-1}\cdot a_{p_{i-1}}+p_i\cdot a_{p_i})=$$
$$\frac{n(n+1)}{2}-p_{i-1}(a_{p_{i-1}}-1)+p_i(a_{p_i}-1)$$

由于$(p_{i-1},p_i)=1$，根据裴蜀定理知可以找到一组整数(x_3,y_3)，使得

$$p_{i-1}\cdot x_3+p_i\cdot y_3=-\frac{n(n+1)}{2}$$

令$a_{p_{i-1}}=x_3+1,a_{p_i}=y_3+1$，则

$$a_1+2a_2+\cdots+na_n=\frac{n(n+1)}{2}+p_{i-1}(a_{p_{i-1}}-1)+p_i(a_{p_i}-1)=$$
$$\frac{n(n+1)}{2}+p_{i-1}\cdot x_3+p_i\cdot y_3=0$$

此时可以找到满足条件的数列.

综上所述知，当$n\geqslant 3$时，都存在满足条件的无穷非零整数数列.

4 求一切函数$f:\mathbf{Z}_+\to\mathbf{Z}_+$，使得对任意正整数$n$，成立$f(n!)=f(n)!$；对任意不相等的正整数$m,n$，满足$m-n$整除$f(m)-f(n)$.（$\mathbf{Z}_+$为正整数集）

解 结论是$f(n)=1$或$f(n)=2$或$f(n)=n$.

注意到$f(1!)=f(1)=f(1)!,f(2!)=f(2)=f(2)!$. 因此$f(1)$和$f(2)$均只能取1或2. 我们分如下四种情况讨论：

(1)$f(1)=f(2)=1$.

此时，对任意$k>2$，有$k!-2\mid f(k)!-f(2)$，即$k!-2\mid$

$f(k)!-1$. 注意到 $k!-2$ 为偶数,因此 $f(k)!$ 为奇数,由此推出 $f(k)!=f(k)=1$. 因此 $f(n)=1$.

(2) $f(1)=f(2)=2$.

此时,由 $3!-1\mid f(3)!-f(1)$ 知,$5\mid f(3)!-2$,模 5 得 $f(3)!=f(3)=22$.

对任意 $k>3$,由 $k!-3\mid f(k)!-f(3)$ 知,$k!-3\mid f(k)!-2$. 由于 $k!-3$ 为 3 的倍数,因此 3 整除 $f(k)!-2$,即 $f(k)!$ 模 3 余 2,由此推出 $f(k)=2$.

(3) $f(1)=2,f(2)=1$.

此时,由 $3!-1\mid f(3)!-2$ 知,$5\mid f(3)!-2$. 由 $3!-2\mid f(3)!-f(2)$ 知,$4\mid f(3)!-1$. 由 $5\mid f(3)!-2$ 推出 $f(3)!=2$,这与 $4\mid f(3)!-1$ 矛盾. 因此,这种情况无解.

(4) $f(1)=1,f(2)=2$.

此时,由 $3!-1\mid f(3)-1$ 知,$5\mid f(3)!-1$. 由 $3!-2\mid f(3)!-f(2)$ 知,$4\mid f(3)!-2$. 由 $5\mid f(3)!-1$ 知,$f(3)!=1$ 或 6,这两者中仅有 $f(3)!=6$ 满足 $4\mid f(3)!-2$. 因此 $f(3)=3$. 结合条件知 $f(3!)=3!$,$f((3!)!)=(3!)!$,$f(((3!)!)!)=((3!)!)!,\cdots$,因此,存在任意大的整数 m 满足 $f(m)=m$. 对任意 $k>3$,取充分大的 m 使得 $m>k$ 且 $f(m)=m$,由条件知 $m-k\mid f(m)-f(k)$,由此推出 $m-k\mid m-f(k)$ 即 $k\equiv m\equiv f(k)\pmod{m-k}$. 由于 m 可以任意大,所以必成立 $k=f(k)$. 因此 $f(n)=n$.

5 设点 P 为 $\triangle ABC$ 所在平面内一点,γ 为一条过 P 的直线. 设点 A',B',C' 分别为直线 PA,PB,PC 关于 γ 的对称直线与直线 BC,AC,AB 的交点,证明:A',B',C' 三点共线.

证法 1 不妨设点 P 及 A,B,C 的位置如图 41.1 所示,并在直线 γ 上取 M,N 两点,其他情况均同理可知.

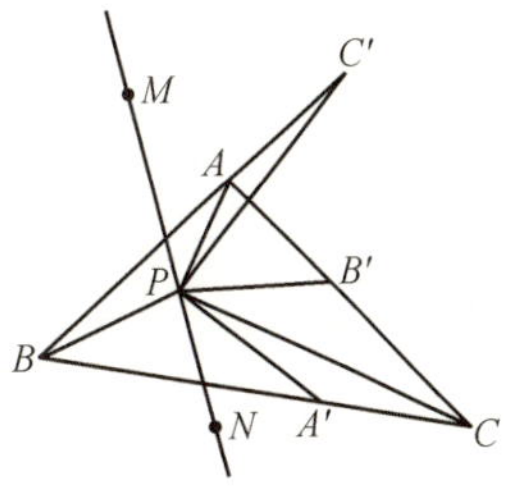

图 41.1

由已知得

$$\frac{BA'}{A'C}=\frac{S_{\triangle BPA'}}{S_{\triangle A'PC}}=\frac{BP\cdot PA'\cdot\sin\angle BPA'}{CP\cdot PA'\cdot\sin\angle CPA'}=\frac{BP\cdot\sin\angle BPA'}{CP\cdot\sin\angle CPA'}$$

类似地有

$$\frac{CB'}{B'A}=\frac{CP\cdot\sin\angle CPB'}{AP\cdot\sin\angle APB'}$$

$$\frac{AC'}{C'B}=\frac{AP\cdot\sin\angle APC'}{BP\cdot\sin\angle BPC'}$$

因此

$$\frac{BA'}{A'C}\cdot\frac{CB'}{B'A}\cdot\frac{AC'}{C'B}=\left(\frac{BP}{PC}\cdot\frac{CP}{PA}\cdot\frac{AP}{BP}\right)\cdot\left(\frac{\sin\angle BPA'}{\sin\angle CPA'}\cdot\frac{\sin\angle CPB'}{\sin\angle APB'}\cdot\frac{\sin\angle APC'}{\sin\angle BPC'}\right)=\frac{\sin\angle BPA'}{\sin\angle CPA'}\cdot\frac{\sin\angle CPB'}{\sin\angle APB'}\cdot\frac{\sin\angle APC'}{\sin\angle BPC'}$$

由直线关于γ的对称性知

$$\angle BPA'+\angle APB'=\angle BPN+\angle A'PN+\angle APB'=\angle BPN+\angle APM+\angle APB'=\angle BPN+\angle B'PM=\angle BPN+\angle BPM=\pi$$

$$\angle CPA'=\angle CPN-\angle NPA'=\angle C'PM-\angle MPA=\angle APC'$$

$$\angle BPC'+\angle CPB'=\angle BPM+\angle C'PM+\angle CPB'=\angle BPM+\angle CPN+\angle CPB'=\angle BPM+\angle B'PN=\angle BPM+\angle BPN=\pi$$

因此 $\sin\angle PBA'=\sin\angle APB'$，$\sin\angle CPA'=\sin\angle APC'$，$\sin\angle CPB'=\sin\angle BPC'$，故

$$\frac{BA'}{A'C}\cdot\frac{CB'}{B'A}\cdot\frac{AC'}{C'B}=1$$

由 Menelaus 定理逆定理知，A'，B'，C' 三点共线，命题得证.

证法2 如图41.2，以P为原点，γ为y轴，建立直角坐标系. 设$A(x_A,y_A)$，$B(x_B,y_B)$，$C(x_C,y_C)$. 则A,B,C关于y轴的对称点坐标分别为$A''(-x_A,y_A)$，$B''(-x_B,y_B)$，$C''(-x_C,y_C)$. 我们知道A'，B'，C'分别为直线PA''与BC的交点，PB''与AC的交点和PC''与AB的交点.

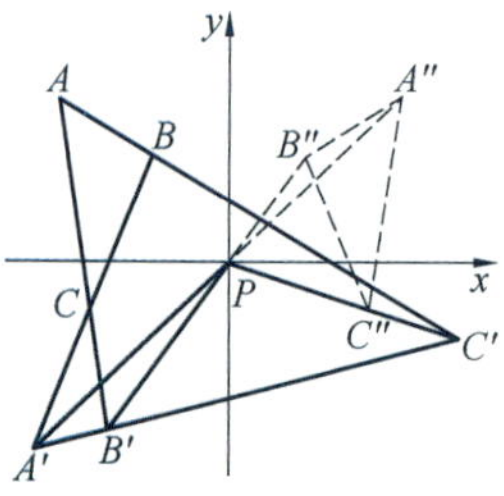

图41.2

易知直线PA''的解析式为$y=-\frac{y_A}{x_A}\cdot X$，直线$BC$的解析式为

$$y=\frac{y_C-y_B}{x_C-x}\cdot x+\frac{x_Cy_B-x_By_C}{x_C-x_B}$$

解得点A'的坐标为

$$\left(\frac{x_A(x_By_C-x_Cy_B)}{x_A(y_C-y_B)+y_A(x_C-x_B)},-\frac{y_A(x_By_C-x_Cy_B)}{x_A(y_C-y_B)+y_A(x_C-x_B)}\right)$$

于是知

$$\frac{BA'}{A'C}=\frac{y_B-y_{A'}}{y_{A'}-y_C}=\frac{y_B+\dfrac{y_A(x_By_C-x_Cy_B)}{x_A(y_C-y_B)+y_A(x_C-x_B)}}{-\dfrac{y_A(x_By_C-x_Cy_B)}{x_A(y_C-y_B)+y_A(x_C-x_B)}-y_C}=\frac{x_Ay_B+x_By_A}{x_Ay_C+x_Cy_A}$$

同理可知

$$\frac{CB'}{B'A}=-\frac{x_By_C+x_Cy_B}{x_By_A+x_Ay_B},\frac{AC'}{C'B}=-\frac{x_Cy_A+x_Ay_C}{x_Cy_B+x_By_C}$$

于是知

$$\frac{BA'}{A'C}\cdot\frac{CB'}{B'A}\cdot\frac{AC'}{C'B}=\left(-\frac{x_Ay_B+x_By_A}{x_Ay_C+x_Cy_A}\right)\cdot\left(-\frac{x_By_C+x_Cy_B}{x_By_A+x_Ay_B}\right)\cdot\left(-\frac{x_Cy_A+x_Ay_C}{x_Cy_B+x_By_C}\right)=1$$

根据梅涅劳斯定理逆定理知 A',B',C' 共线.

6 给定整数 $n\geqslant 2$,设 $x_1,x_2,\cdots,x_n$ 为满足 $x_1+x_2+\cdots+x_n=0$,$x_1^2,x_2^2,\cdots,x_n^2=1$ 的 n 个实数. 对任意集合 $A\subseteq\{1,2,\cdots,n\}$,定义 $S_A=\sum_{i\in A}x_i$(若 A 为空集,则定义 $S_A=0$). 证明:对任意正数 λ,满足 $S_A\geqslant\lambda$ 的集合 A 的个数不超过$\frac{2^{n-3}}{\lambda^2}$,并求达到$\frac{2^{n-3}}{\lambda^2}$ 的一切 $x_1,x_2,\cdots,x_n$ 和 λ.

证法 1 设 P 为 $\{1,2,\cdots,n\}$ 所有子集所成的集合,则 $|P|=2^n$. 令

$$f_A(i)=\begin{cases}1 & (\text{若 } i\in A)\\ 0 & (\text{若 } i\notin A)\end{cases}$$

约定以下对 i 或 j 的求和均为 i 或 j 取遍 $\{1,\cdots,n\}$ 的求和.

由上述定义知,$S_A=\sum_i f_A(i)x_i$,则

$$\sum_{A\in P}S_A^2=\sum_{A\in P}\left(\sum_i f_A(i)x_i\right)\left(\sum_j f_A(j)x_j\right)=\sum_i\sum_j\left(\sum_{A\in P}f_A(i)f_A(j)\right)x_ix_j$$

注意到 $\sum_{A\in P}f_A(i)x_if_A(j)$ 表示同时包含 i 和 j 的集合的个数. 当 $i=j$ 时, 这样的集合有 2^{n-1} 个;当 $i\neq j$ 时,这样的集合有 2^{n-2} 个. 因此

$$\begin{aligned}\sum_{A\in P}S_A^2&=2^{n-2}\left(2\sum_i x_i^2+\sum_{i\neq j}x_ix_j\right)=\\&2^{n-2}\left(\sum_i x_i^2+\sum_i\sum_j x_ix_j\right)=\\&2^{n-2}\left(\sum_i x_i^2+\left(\sum_i x_i\right)^2\right)=\\&2^{n-2}(1+0)=2^{n-2}\end{aligned}$$

定义 $B_\lambda=\{A\in P\mid S_A\geqslant\lambda\}$,$B_\lambda^*=\{A\in P\mid S_A\leqslant-\lambda\}$. 由于所有 x_i 的和为 0,因此 $A\in B_\lambda$ 当且仅当 A 的补集在 B_λ^* 中,这说明

B_λ 和 B_λ^* 不交且 $|B_\lambda^*|=|B_\lambda|$.

当 $A\in B_\lambda\cup B_\lambda^*$ 时,令 $g(A)=\lambda^2$,对其他的 A,令 $g(A)=0$. 注意 $g(A)\leqslant S_A^2$ 对任意 A 成立,因此

$$\lambda^2|B_\lambda\cup B_\lambda^*|=\sum_{A\in P}g(A)\leqslant\sum_{A\in P}S_A^2=2^{n-2}$$

由此即推出 $|B_\lambda|\leqslant\frac{2^{n-3}}{\lambda^2}$,命题得证.

若等号成立,则 $g(A)=S_A^2$ 对任意 A 成立,这说明对任意 $A\in B_\lambda$,$S_A=\lambda$;对任意不属于 B_λ 和 B_λ^* 的 A,$S_A=0$. 因此,$(x_1,x_2,\cdots,x_n)$ 为 $(\lambda,-\lambda,0,0,\cdots,0)$ 或其某个排列,再由

$$x_1^2,x_2^2,\cdots,x_n^2=1$$

知 $\lambda=\frac{1}{\sqrt{2}}$.

证法 2 记全集 $U=\{1,2,\cdots,n\}$. 若 $S_A\geqslant\lambda$,则

$$S_{\complement_U A}=\sum_{i=1}^{n}x_i-S_A=0-S_A\leqslant-\lambda$$

对于任意正实数 λ,设满足 $S_A\geqslant\lambda$ 的集合 A 的个数为 m,以这些集合为元素组成的集合为 $M=\{A_1,A_2,\cdots,A_m\}$,则

$$2m\lambda^2=m\lambda^2+m(-\lambda)^2\leqslant\sum_{A\in M}S_A^2+\sum_{A\in M}S_{\complement_U A}^2\leqslant\sum_{A\subseteq\{1,2,\cdots,n\}}S_A^2$$

而

$$\sum_{A\subseteq\{1,2,\cdots,n\}}S_A^2=2^{n-1}\cdot\sum_{i=1}^{n}x_i^2+2^{n-2}\cdot\sum_{1\leqslant i<j\leqslant n}2x_ix_j=$$

$$2^{n-2}\cdot\sum_{i=1}^{n}x_i^2+2^{n-2}\cdot(\sum_{i=1}^{n}x_i^2+\sum_{1\leqslant i<j\leqslant n}2x_ix_j)=$$

$$2^{n-2}\cdot\sum_{i=1}^{n}x_i^2+2^{n-2}\cdot(\sum_{i=1}^{n}x_i)^2=2^{n-2}$$

所以 $2m\lambda^2\leqslant2^{n-2}$,解得 $m\leqslant\frac{2^{n-3}}{\lambda^2}$.

根据前面分析知道,等号成立的条件为:对于任意 $S_A\geqslant\lambda$ 的集合 A,都有 $S_A=\lambda$,$S_{\complement_U A}=-\lambda$,且

$$\sum_{A\in M}S_A^2+\sum_{A\in M}S_{\complement_U A}^2=\sum_{A\subseteq\{1,2,\cdots,n\}}S_A^2$$

也即

$$\sum_{x_i>0}x_i=\lambda,\sum_{x_i<0}x_i=-\lambda \quad ①$$

且对于任意 $-\lambda<S_A<\lambda$,都有

$$S_A=0 \quad ②$$

根据 ①,② 知,$x_1,x_2,\cdots,x_n$ 取值为 $\lambda,-\lambda,\underbrace{0,0,\cdots,0}_{n-2\text{个}}$. 又

$\lambda^2+(-\lambda)^2=1$，解得 $\lambda=\frac{\sqrt{2}}{2}$. 所以当且仅当 $x_1,x_2,\cdots,x_n$ 取值为 $\frac{\sqrt{2}}{2},-\frac{\sqrt{2}}{2},\underbrace{0,0,\cdots,0}_{n-2个}$. λ 取值为 $\frac{\sqrt{2}}{2}$ 时等号成立.

第 42 届美国数学奥林匹克

1 如图 42.1,在 $\triangle ABC$ 中,点 P,Q,R 分别位于边 BC,CA,AB 上,$\omega_A,\omega_B,\omega_C$ 分别是 $\triangle AQR,\triangle BRP,\triangle CPQ$ 的外接圆,线段 AP 与 $\omega_A,\omega_B,\omega_C$ 分别相交于 X,Y,Z,证明:$\frac{YX}{XZ}=\frac{BP}{PC}$.

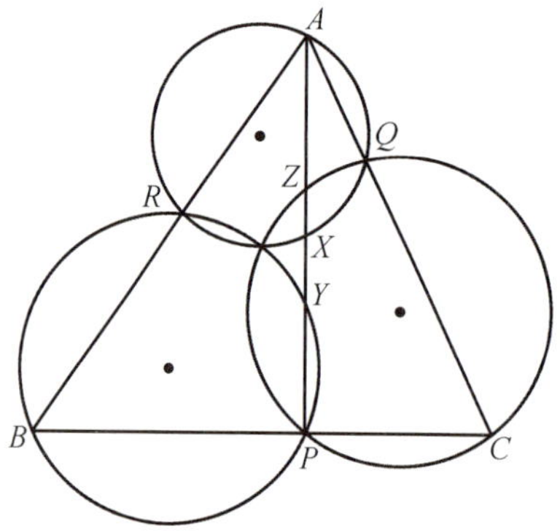

图 42.1

证法 1 如图 42.2,设圆 ω_A 和 ω_B 交于异于点 R 的点 N,则

$$\begin{aligned}\angle PNQ&=2\pi-\angle QNR-\angle RNP=\\&2\pi-(\pi-\angle QAR)-(\pi-\angle RBP)=\\&\angle QAR+\angle RBP=\pi-\angle QCP\end{aligned}$$

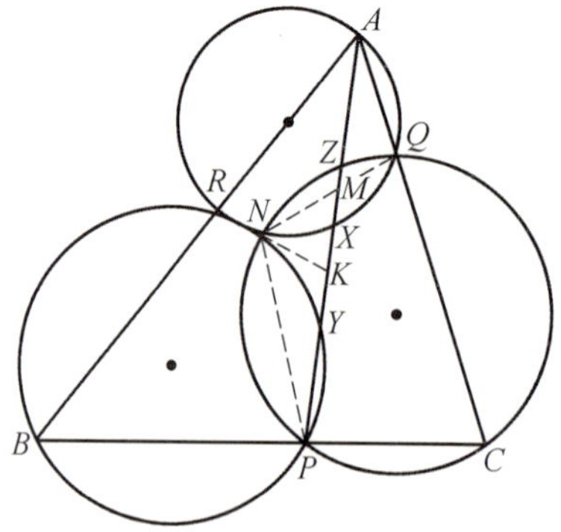

图 42.2

所以 P,N,Q,C 四点共圆,即 $\omega_A,\omega_B,\omega_C$ 交于一点 N(若圆 ω_A

和 ω_B 相切于点 R,则

$$\angle QRP = \angle RAQ + \angle RBP = \pi - \angle PCQ$$

此时,$\omega_A,\omega_B,\omega_C$ 也交于一点). 设直线 AP 与直线 RN 交于点 K,直线 AP 与直线 QN 交于点 M,设

$$\angle NPX = \angle NRY = \alpha, \angle NXA = \angle BRK = \beta$$

由于

$$\frac{MP}{MX} = \frac{S_{\triangle MNP}}{S_{\triangle MNX}} = \frac{NP \cdot \sin \angle MNP}{NX \cdot \sin \angle MNX} = \frac{\sin \beta}{\sin \alpha} \cdot \frac{\sin C}{\sin \angle PAQ}$$

$$\frac{KY}{AK} = \frac{S_{\triangle KRY}}{S_{\triangle ARK}} = \frac{RY \cdot \sin \angle KRY}{RA \cdot \sin \angle ARK} = \frac{\sin \angle PAB}{\sin B} \cdot \frac{\sin \alpha}{\sin \beta}$$

我们有

$$\frac{KY}{AK} \cdot \frac{MP}{MX} = \frac{\sin \angle PAB}{\sin B} \cdot \frac{\sin C}{\sin \angle PAQ} = \frac{\sin \angle PAB}{\sin \angle PAQ} \cdot \frac{AB}{AC} = \frac{BP}{CP}$$

另一方面,由 $PK \cdot KY = KN \cdot KR = AK \cdot KX$,得

$$AP \cdot KY = (AK + KP) \cdot KY = AK \cdot KY + KP \cdot KY = AK \cdot KY + AK \cdot XK = AK \cdot XY$$

同理,由 $MZ \cdot MP = MN \cdot MQ = MX \cdot MA$,得

$$MP \cdot XZ = MP \cdot (XM + MZ) = MP \cdot XM + MP \cdot MZ = MP \cdot XM + MA \cdot MX = MX \cdot AP$$

因此$\frac{XY}{XZ} = \frac{KY}{AK} \cdot \frac{MP}{MX}$,由此推出$\frac{YX}{XZ} = \frac{BP}{PC}$,证毕.

证法2 如图42.3,设圆 ω_A,ω_B 交于点 M,联结 MP,MQ,MR,则

$$\angle MPC = \angle MRB = \angle MQA$$

所以 P,C,Q,M 四点共圆,所以点 M 在圆 ω_C 上. 联结 XM,YM,ZM,PM,BM,CM. 因为

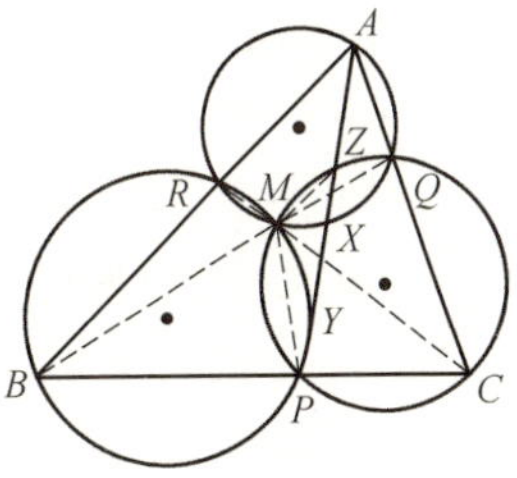

图 42.3

$$\angle MBC = \angle MYZ, \angle MZY = \angle MCB$$

所以

$$\triangle MBC \backsim \triangle MYZ$$

又

$$\angle MPB = \angle MRA = \angle MXY$$

所以

$$\triangle MBP \backsim \triangle MYX, \triangle MCP \backsim \triangle MZX$$

所以

$$\frac{BP}{YX} = \frac{MP}{MX} = \frac{CP}{ZX} \Rightarrow \frac{YX}{XZ} = \frac{BP}{PC}$$

2 已知整数 $n \geqslant 3$,在圆周上等距地取 n 个点,一次操作是指将放在某点处的一枚棋子按顺时针方向移动至下一个点或再下一个点(n 个点一共有 $2n$ 种可能的操作). 设 A 是其中一定点,在点 A 处有一枚棋子,记 a_n 为棋子从点 A 开始经若干次操作后恰好绕圆周两圈并回到点 A 的不同方式的个数,其中每种操作至多用一次,证明:$n \geqslant 4$ 时,$a_{n-1} + a_n = 2^n$.

证法 1 分别称一枚棋子按顺时针方向移动至下一个点和再下一个点为“走一格” 和“走两格”.

记 A_n 为棋子从点 A 开始经若干次操作后恰好绕含 n 个点的圆周两圈并回到点 A 的不同方式所对应的“1,2 - 序列” 全体构成的集合,显然 $|A_n| = a_n$.

将 n 个点每点写上 x 或 y,这样的写法共有 2^n 种. 规定棋子第一次经过某点时,若这点上写 x,则下一步走一格,若写 y,则下一步走两格;棋子第二次经过某点时,若这点上写 x,则下一步走两格,若写 y,则下一步走一格. 按此规则移动棋子直至绕圆周两圈回到点 A 或点 C(图 42.4). 这样得到一些 n 项的“x,y - 序列”,记回到点 A 的“x,y - 序列” 全体组成的集合为 X_n,回到点 C 的“x,y - 序列” 全体组成的集合为 Y_n. 由于绕圆周两圈必回到 A,C 两点之一,所以 $|X_n| + |Y_n| = 2^n$.

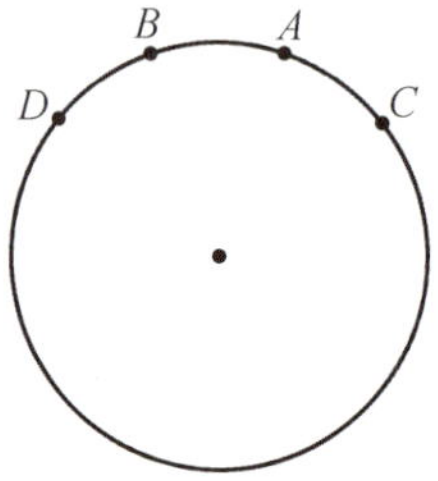

图 42.4

由于在绕两圈的过程中,每个点都会走到(否则会出现两次从这个点的前一个点直接走到这个点后一个点的操作,与条件矛盾!),所以 A_n 中的每个“1,2 - 序列” 一一对应于 X_n 中的每个“x,y - 序列”(每个 A_n 中的“1,2 - 序列” 对应 X_n 中不同的“x,y - 序列”,反之亦然).

对 Y_n 中的每个“x,y - 序列”,我们去掉点 B,这样得到一个新的 $n - 1$ 项的“x,y - 序列”.

若 B 上写的是 x,则由于最后一步是从 B 走两格到 C,所以第一圈的时候也经过 B,且下一步是走一格到 A. 所以去掉点 B 后,第一圈原来走到 B 的那步现在走到了 A,之后的步骤没有变化,最后第二圈本来到 B 的那步现在走到了 A,故最终回到了点 A.

若 B 上写的是 y,则第一圈没有走到过 B,所以必为从 D 直接走两步到 A,且下一步是走一格到 C. 去掉点 B 后,第一圈从 D 直接走两步到 C,之后的步骤没有变化,最后第二圈本来到 B 的那步现在走到了 A,故最终回到了点 A.

由上述讨论我们得到,每个由 Y_n 中“x,y - 序列” 产生的新的 $n - 1$ 项的“x,y - 序列” 对应 A_{n-1} 中的一个“1,2 - 序列”,且显然不同的 $n - 1$ 项的“x,y - 序列” 对应的 A_{n-1} 中的“1,2 - 序列” 是不同的.

反之,对 A_{n-1} 中的任一个"1,2 - 序列",必唯一对应了一个 X_{n-1} 中的"x,y - 序列",此时,在点 A 前加上一个点 B,且在 B 上写上与原来的点 A 前的点 D 一样的字母.

若 D 上写的是 x,且第一圈不走到 D,则第一圈必走到 B 且第二圈必走到 D,此时,下一步必为走一格到 B,再下一步为走两格到 C;若第一圈走到 D,则下一步为走一格到 B,再下一步为走一格到 A,这与原来 $n-1$ 个点时的第一圈结果一样(最终回到了 A),所以之后的步骤没有变化,由于本来第二圈要回到 A,所以现在回到 B,下一步为走两格到 C.

若 D 上写的是 y,且原来 $n-1$ 个点时第一圈不走到 D,则原来第二圈必走到 D,这样下一步为走两格到 C,与回到 A 矛盾! 所以原来第一圈必走到 D,故加上点 B 后第一圈仍走到 D,下一步为走两格到 A,所以第一圈不走到 B,因此第二圈必走到 B,且下一步为走两格到 C.

由上述讨论我们得到,每个 A_{n-1} 中的"1,2 - 序列"必唯一对应了一个 Y_n 中的一个"x,y - 序列",且不同的"1,2 - 序列"对应的"x,y - 序列"显然是不同的.

综上所述,我们有 $a_n + a_{n-1} = |A_n| + |A_{n-1}| = |X_n| + |Y_n| = 2^n$,证毕.

证法 2 为方便起见,沿顺时针方向将这 n 个点依次记为 P_0, $P_1, \cdots, P_{n-1}$,并令 $p_{i+n} = p_i$. 我们用 $2 \times (n+1)$ 的矩阵

$$\boldsymbol{A} = \{a_{ij}\} \quad (i = 0, 1; j = 0, 1, \cdots, m)$$

表示卡片的移动方案. 其中

$$a_{ij} = \begin{cases} 1 & (\text{卡片经过 } P_{ni+j}) \\ 0 & (\text{卡片未经过 } P_{ni+j}) \end{cases}$$

这样的矩阵对应的移动方案满足要求,当且仅当 $a_{00} = a_{1n} = 1$(移动的起点和终点均为 $\boldsymbol{A}$),$a_{0n} = a_{10}$(P_n 处的移动自洽),并且没有如下形式的子矩阵

$$(0 \quad 0), \begin{pmatrix} 0 \\ 0 \end{pmatrix}, \begin{pmatrix} 1 & 1 \\ 1 & 1 \end{pmatrix}$$

(分别对应于长度大于 2 的操作,长度为 2 的操作重复出现,长度为 1 的操作重复出现). 例如,当 $n=3$ 时,符合条件的移动方案对应于如下矩阵

$$\begin{pmatrix} 1 & 0 & 1 & 0 \\ 0 & 1 & 0 & 1 \end{pmatrix}, \begin{pmatrix} 1 & 0 & 1 & 0 \\ 0 & 1 & 1 & 1 \end{pmatrix}, \begin{pmatrix} 1 & 1 & 0 & 1 \\ 1 & 0 & 1 & 1 \end{pmatrix}$$

$$\begin{pmatrix} 1 & 1 & 1 & 0 \\ 0 & 1 & 0 & 1 \end{pmatrix}, \begin{pmatrix} 1 & 0 & 1 & 1 \\ 1 & 1 & 0 & 1 \end{pmatrix}$$

根据对应原理,满足要求的 $2\times(n+1)$ 的矩阵总数为 a_n.

对于一个满足题条件的 $2\times(n+1)$ 的矩阵,根据题设条件要求,$a_{10}=0$ 或 1,有两种选择,故子矩阵 $\begin{pmatrix}a_{00}\\a_{10}\end{pmatrix}$ 有两种状态,对于每一种确定的状态,$\begin{pmatrix}a_{0n}\\a_{1n}\end{pmatrix}$ 也是确定的. 又对于每一列确定的子矩阵 $\begin{pmatrix}a_{0k}\\a_{1k}\end{pmatrix}$,容易知道 $\begin{pmatrix}a_{0(k+1)}\\a_{1(k+1)}\end{pmatrix}$ 也恰有两种相应的状态. 事实上,若 $\begin{pmatrix}a_{0k}\\a_{1k}\end{pmatrix}=\begin{pmatrix}1\\1\end{pmatrix}$,则 $\begin{pmatrix}a_{0(k+1)}\\a_{1(k+1)}\end{pmatrix}=\begin{pmatrix}1\\0\end{pmatrix}$ 或 $\begin{pmatrix}0\\1\end{pmatrix}$;若 $\begin{pmatrix}a_{0k}\\a_{1k}\end{pmatrix}=\begin{pmatrix}1\\0\end{pmatrix}$,则 $\begin{pmatrix}a_{0(k+1)}\\a_{1(k+1)}\end{pmatrix}=\begin{pmatrix}1\\1\end{pmatrix}$ 或 $\begin{pmatrix}0\\1\end{pmatrix}$;若 $\begin{pmatrix}a_{0k}\\a_{1k}\end{pmatrix}=\begin{pmatrix}0\\1\end{pmatrix}$,则 $\begin{pmatrix}a_{0(k+1)}\\a_{1(k+1)}\end{pmatrix}=\begin{pmatrix}1\\1\end{pmatrix}$ 或 $\begin{pmatrix}1\\0\end{pmatrix}$. 于是知 $2\times(n+1)$ 的矩阵的前 n 列,每一列都恰有两种可能的状态,故共有 2^n 种可能的矩阵. 然而其中有一种矩阵是不满足题目条件的,即该矩阵的第 n 列与第 $n+1$ 列完全相同,此时,将最后一列去掉,即是一个满足题设条件的 $2\times n$ 的矩阵,故此种矩阵恰有 a_{n-1} 种. 于是知 $a_{n-1}+a_n=2^n$.

注 又易知 $a_1=1,a_2=3$,于是可解得 $a_n=\frac{1}{3}[2^{n+1}+(-1)^n]$.

3 设 n 为正整数,有 $\frac{n(n+1)}{2}$ 个棋子,每个棋子一面黑一面白,把它们放进一个等边三角形中(图 42.5),该三角形的三边上都有 n 个棋子,初始状态是每个棋子黑面朝上. 一次操作是指:选择一条与三角形的一边平行的直线,并将该直线上所有的棋子翻面. 如果一种黑白状态可以通过初始状态经有限次操作后形成,则称这一状态为"可操作的" 对于每一个可操作的状态 C,令 $f(C)$ 为从初始状态变成 C 所需的最小操作次数,求当 C 取遍所有可操作的状态时,$f(C)$ 的最大值.

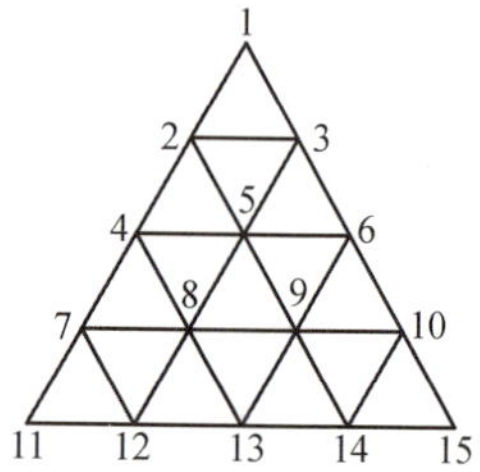

图 42.5

解 设 $f(C)$ 的最大值为 T_n,显然 $T_1=1$,下设 $n\geqslant 2$.

注意到一共有 $3n$ 种可能的操作,取同一直线操作两次相当于不操作,因此可以将每个可操作的状态表示为一个 $3n$ 元数组 $(a_1,a_2,\cdots,a_n;b_1,b_2,\cdots,b_n;c_1,c_2,\cdots,c_n)$,其中每个数为 0 或 1(0 表示不操作,1 表示操作),a_i 对应于恰有 i 个棋子的水平线,b_i 对应于恰有 i 个棋子的斜率为 $\sqrt{3}$ 的线,c_i 对应于恰有 i 个棋子的斜率为 $-\sqrt{3}$ 的线. 记 A 为所有这样的 $3n$ 元数组组成的集合,则 $|A|=2^{3n}$.

设 B 为所有可操作状态组成的集合,令 $N=\frac{n(n+1)}{2}$,将 B 中每个元素按如下规则表示为一个 N 元数组:

把 N 个点按任意固定的方式编上 $1,2,\cdots,N$ 号(例如图 42.5 即为一种编号方式),定义

$$z_i=\begin{cases}0 & (i\text{ 号棋子为黑色})\\ 1 & (i\text{ 号棋子为白色})\end{cases},i=1,2,\cdots,N$$

对任意 $a\in A$,令 $b=f(a)$ 表示 B 中由初始状态经操作 a 得到的可操作状态. 显然对任意的 $a,a'\in A$,$f(a+a')=f(a)+f(a')$,其中加法在模 2 的意义下进行.

设 K 为 A 中所有满足 $f(a)$ 为全黑状态的操作构成的集合,以下 8 个元素显然是 K 中的元素

$$(0,0,\cdots,0;0,0,\cdots,0;0,0,\cdots,0)=id$$
$$(0,0,\cdots,0;1,1,\cdots,1;1,1,\cdots,1)=x$$
$$(1,1,\cdots,1;1,1,\cdots,1;0,0,\cdots,0)=y$$
$$(1,1,\cdots,1;0,0,\cdots,0;1,1,\cdots,1)=x+y$$
$$(0,1,0,1,\cdots;0,1,0,1,\cdots;0,1,0,1,\cdots)=z$$
$$(0,1,0,1,\cdots;1,0,1,0,\cdots;1,0,1,0,\cdots)=x+z$$
$$(1,0,1,0,\cdots;1,0,1,0,\cdots;0,1,0,1,\cdots)=y+z$$
$$(1,0,1,0,\cdots;0,1,0,1,\cdots;1,0,1,0,\cdots)=x+y+z$$

我们证明 K 中仅有这 8 个元素.

设 $L=(a_1,a_2,\cdots,a_n;b_1,b_2,\cdots,b_n;c_1,c_2,\cdots,c_n)\in K$,则当 $i+j+k=2n+1$ 时,$a_i+b_j+c_k=0$,这是因为每点对应的三条直线共经过恰 $2n+1$ 个点. 适当把 L 加上若干个 x 或 y,我们不妨假设 $b_n=c_n=0$,由于

$$a_2+b_{n-1}+c_n=a_2+b_n+c_{n-1}$$

我们得到 $b_{n-1}=c_{n-1}$,此时,有两种可能:

(1)$b_{n-1}=c_{n-1}=0$,则由

$$a_3+b_{n-2}+c_n=a_3+b_{n-1}+c_{n-1}=a_3+b_n+c_{n-2}$$

得

$$b_{n-2}=c_{n-2}=0$$

依次考虑含 $a_4,a_5,\cdots$ 的类似等式易知,所有 b_i 和 c_i 均为 0,所以 $L=id$.

(2)$b_{n-1}=c_{n-1}=1$,则由

$$a_3+b_{n-2}+c_n=a_3+b_{n-1}+c_{n-1}=a_3+b_n+c_{n-2}$$

得

$$b_{n-2}=c_{n-2}=0$$

依次考虑含 $a_4,a_5,\cdots$ 的类似等式易知

$$(b_1,b_2,\cdots,b_n)=(c_1,c_2,\cdots,c_n)=(\cdots,1,0,1,0)$$

所以 $L=z$ 或 $L=x+z$.

因此 L 为以上 8 个元素之一,所以 2^{3n} 个元素的集合 A 被划分为了 2^{3n-3} 个集合的无交并 $\bigcup\limits_{a\in A}(a+K)(a+K=\{a+k\mid k\in K\})$,每个 $a+K$ 对应 B 中一个元素.

对每个 $a\in A$,令 x_1 为 $a_1,a_3,\cdots$ 中 1 的个数;x_2 为 $a_2,a_4,\cdots$ 中 1 的个数;y_1 为 $b_1,b_3,\cdots$ 中 1 的个数;y_2 为 $b_2,b_4,\cdots$ 中 1 的个数;z_1 为 $c_1,c_3,\cdots$ 中 1 的个数;z_2 为 $c_2,c_4,\cdots$ 中 1 的个数,设

$$T(a)=x_1+x_2+y_1+y_2+z_1+z_2$$

若 $T(a)\leqslant T(a+x)$,则

$$y_1+y_2+z_1+z_2\leqslant n$$

若 $T(a)\leqslant T(a+y)$,则

$$x_1+x_2+y_1+y_2\leqslant n$$

若 $T(a)\leqslant T(a+x+y)$,则

$$x_1+x_2+z_1+z_2\leqslant n$$

若 $T(a)\leqslant T(a+z)$,则

$$x_2+y_2+z_2\leqslant\left[\frac{3\left[\frac{n}{2}\right]}{2}\right]=V \quad ①$$

若 $T(a)\leqslant T(a+x+z)$,则

$$x_2+y_1+z_1\leqslant\left[\frac{2\left[\frac{n}{2}\right]+\left[\frac{n}{2}\right]}{2}\right]=W \quad ②$$

若 $T(a)\leqslant T(a+y+z)$,则

$$x_1+y_1+z_2\leqslant\left[\frac{2\left[\frac{n}{2}\right]+\left[\frac{n}{2}\right]}{2}\right]=W \quad ③$$

若 $T(a)\leqslant T(a+x+y+z)$,则

$$x_1+y_2+z_1\leqslant\left[\frac{2\left[\frac{n}{2}\right]+\left[\frac{n}{2}\right]}{2}\right]=W \quad ④$$

所以 $T(a)$ 在 $a+K$ 中最小当且仅当上述 7 个不等式成立.

由 ① + ② + ③ + ④ 得

$$T(a)\leqslant\left[\frac{V+3W}{2}\right]$$

下证存在 a 使等号成立. 分以下四种情况:

(1) $n=4k$,则 $V=W=3k$,所以 $T(a)\leqslant 6k$,取 $x_1=x_2=y_1=y_2=z_1=z_2=k$ 即等号成立;

(2) $n=4k+1$,则 $V=3k$,$W=3k+1$,所以 $T(a)\leqslant 6k+1$,取 $x_1=x_2=y_1=y_2=z_2=k$,$z_1=k+1$ 即等号成立;

(3) $n=4k+2$,则 $V=W=3k+1$,所以 $T(a)\leqslant 6k+2$,取

$x_1=x_2=y_1=y_2=k,z_1=z_2=k+1$ 即等号成立；

(4) $n=4k+3$，则 $V=3k+1,W=3k+2$，所以 $T(a)\leqslant 6k+3$，取 $x_1=x_2=y_2=k,y_1=z_1=z_2=k+1$ 即等号成立.

综上所述

$$T_n=\begin{cases}6k & (n=4k)\\ 6k+1 & (n=4k+1)\\ 6k+2 & (n=4k+2)\\ 6k+3 & (n=4k+3)\end{cases}$$

4 求所有实数 $x,y,z\geqslant 1$，满足

$$\min\{\sqrt{x+xyz},\sqrt{y+xyz},\sqrt{z+xyz}\}=\sqrt{x-1}+\sqrt{y-1}+\sqrt{z-1}$$

解 设 $x=1+k^2,y=1+l^2,z=1+m^2$，不妨设 $0\leqslant k\leqslant l,m$，则已知式即为

$$\sqrt{1+k^2+(1+k^2)(1+l^2)(1+m^2)}=k+l+m$$

两边平方得

$$k^2l^2m^2+k^2l^2+k^2m^2+l^2m^2+k^2-2kl-2km-2lm+2=0$$

整理得

$$(k^2+1)(lm-1)^2+(km+kl-1)^2=0$$

所以

$$ml=1,m+l=\frac{1}{k}$$

故

$$l\neq 0,m=\frac{1}{l},k=\frac{l}{l^2+1},l=\sqrt{y-1}$$

所以

$$x=k^2+1=\left(\frac{l}{l^2+1}\right)^2+1=\frac{l^2}{y^2}+1=\frac{y^2+y-1}{y^2}$$

$$z=m^2+1=\frac{l^2+1}{l^2}=\frac{y}{y-1}$$

由 $x\leqslant y$，得

$$y^2+y-1\leqslant y^3$$

即

$$y^3-y^2-y+1=(y-1)^2(y+1)\geqslant 0$$

这是恒成立的；

由 $x\leqslant z$，得

$$(y^2+y-1)(y-1)\leqslant y^3$$

化简得

$$2y-1\geqslant 0$$

由 $y\geqslant 1$ 知这也是恒成立的.

综上所述,满足条件的解为

$$\{x,y,z\}=\left\{1+\left(\frac{l}{l^2+1}\right)^2,1+l^2,1+\frac{1}{l^2}\right\}$$

及其轮换,其中 $l>0$.

5 给定正整数 m,n,证明:存在正整数 c,使得数 cm 与 cn 在十进制表示下每个非零数字出现次数相同.

证法1 若 n 与 10 不互质,设 $n=n_1\cdot 2^{\alpha}\cdot 5^{\beta}$,$(n_1,10)=1$,取 b 使 $bn=n_1\cdot 2^{\alpha+\beta}\cdot 5^{\alpha+\beta}$,将 bm 与 n_1 看作原来的 m,n,因此可以不妨设 $(n,10)=1$. 此时,我们可以取到正整数 c,k,r,s 满足

$$c=10^t+\frac{10^sn+k}{m}=10^t+\frac{10^rk+m}{n}$$

为此,我们首先取正整数 r 满足 $10^rm-n>n^2$ 且 $10^r>m$,由于 $(n,10)=1$,故 10 与 10^rm-n 互质,因此我们可以取到 10 的某个幂次,被 10^rm-n 除余 1,将这个幂次记为 10^{s+2r},由

$$n\equiv 10^rm\pmod{10^rm-n}$$

知

$$10^sn^2\equiv 10^{s+2r}m^2\equiv m^2\pmod{10^rm-n}$$

所以 $k=\dfrac{10^sn^2-m^2}{10^rm-n}$ 为正整数,再取正整数

$$t>\max\{10^sn+k,10^rk+m\}$$

令

$$c=10^t+\frac{10^sn+k}{m}\left(=10^t+\frac{10^rk+m}{n}\right)$$

此时

$$cm=10^t\cdot m+10^sn+k$$
$$cn=10^t\cdot n+10^rk+m$$

由于

$$10^rm-n>n^2$$

所以

$$10^s(10^rm-n)>10^sn^2>10^sn^2-m^2$$

即

$$k=\frac{10^sn^2-m^2}{10^rm-n}<10^s$$

所以 cm 由 m 的数字接若干 0 再接 n 的数字接若干 0 再接 k 的数字构成,cn 由 n 的数字接若干 0 再接 k 的数字接若干 0 再接 m 的数字构成,显然在十进制表示下每个非零数字出现次数相同,证毕.

证法 2 对给定的正整数 k,设

$$10^k m - n = 2^r 5^s t \qquad ①$$

其中 $(10,t)=1$. 对足够大的正整数 k,式①左边 2 和 5 的幂次不超过 n 中 2 和 5 的幂次,从而,当 k 足够大时,t 可以任意地大,适当地选取 k,使得 t 比 m,n 都大.

因为 $(t,10)=1$,设 10 关于模 t 的阶为 b,并设 $10^b - 1 = tc$,则 $\frac{1}{t}$ 的循环节的长度为 b,且其循环节为 c 的 b 位十进制表示(必要时,可在 c 的前面添加若干个 0). 由于 t 比 m,n 都大,故在 $\frac{m}{t}$ 和 $\frac{n}{t}$ 的十进制小数表示中的循环节分别为 cm 和 cn 的十进制表示. 又式 ① 可表示为

$$10^k \cdot \frac{m}{t} = 2^r 5^s + \frac{n}{t} \qquad ②$$

这表明,$\frac{n}{t}$ 的十进制表示可由 $\frac{m}{t}$ 的十进制表示的小数部分右移 k 位并移动整数部分得到. 因此,cm 和 cn 的 b 位十进制表示可彼此平移得到. 因此,它们有相同数目的非零数字(因为在它们的 b 位十进制表示中前面的 0 的数目未必相同,所以它们的十进制表示中 0 的数目不一定相同).

综上所述,命题得证.

6 如图 42.6,给定 $\triangle ABC$,求线段 BC 上满足下列条件的所有的点 P:如果 X,Y 是直线 PA 与 $\triangle PAB$,$\triangle PAC$ 外接圆的两条外公切线的交点,则

$$\left(\frac{PA}{XY}\right)^2 + \frac{PB \cdot PC}{AB \cdot AC} = 1$$

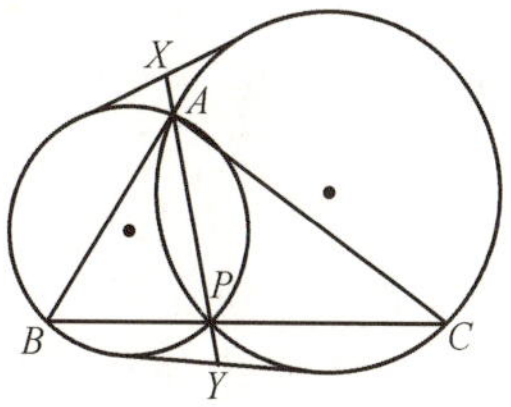

图 42.6

解法 1 设 O_B,O_C 分别为 $\triangle PAB$,$\triangle PAC$ 外接圆圆心,ST 为过点 X 的外公切线,M 为 XY 与 O_BO_C 的交点(图 42.7),由对称性知,M 为 AP 和 XY 的公共中点,且 O_BO_C 为 AP 和 XY 的中垂线.

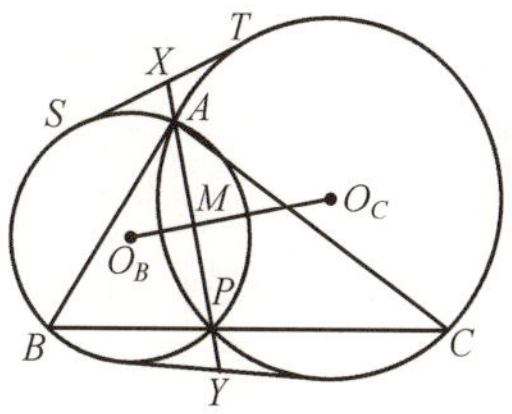

图 42.7

由 $XS^2 = XA \cdot XP = XT^2$ 知,点 X 为线段 ST 的中点.

注意到

$$\angle ABC = \angle MO_BA = \angle O_CO_BA$$
$$\angle ACB = \angle MO_CA = \angle O_BO_CA$$

所以 $\triangle ABC$ 与 $\triangle AO_BO_C$ 相似,故

$$\frac{AB}{AO_B} = \frac{BC}{O_BO_C} = \frac{AC}{AO_C}$$

设 $AB=c$,$BC=a$,$CA=b$,由 $XS^2 = XA \cdot XP$ 得

$$1 - \left(\frac{PA}{XY}\right)^2 = \frac{XY^2 - PA^2}{XY^2} = \frac{(XY+PA)(XY-PA)}{XY^2} =$$

$$\frac{4XA \cdot XP}{XY^2}=\frac{4XS^2}{XY^2}=\frac{ST^2}{XY^2}$$

设点 S_1,T_1 为点 S,T 在直线 O_BO_C 上的投影，点 U 是点 O_C 在直线 O_BS 上的投影，如图 42.8 所示. 易知三个 $\mathrm{Rt}\triangle O_BSS_1$，$\mathrm{Rt}\triangle O_CTT_1$，$\mathrm{Rt}\triangle O_BO_CU$ 相似，注意到 XM 为直角梯形 S_1STT_1 的中位线，所以

$$\frac{ST}{O_BO_C}=\frac{UO_C}{O_BO_C}=\frac{S_1S}{O_BS}=\frac{T_1T}{O_CT}=\frac{S_1S+T_1T}{O_BS+O_CT}=\frac{2XM}{O_BS+O_CT}=\frac{XY}{O_BS+O_CT}$$

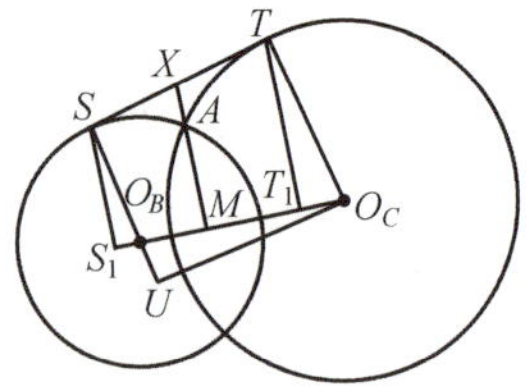

图 42.8

故

$$\frac{ST}{XY}=\frac{O_BO_C}{O_BS+O_CT}=\frac{O_BO_C}{O_BA+O_CA}=\frac{BC}{AB+AC}=\frac{a}{b+c}$$

因此

$$1-\left(\frac{PA}{XY}\right)^2=\frac{XY^2-PA^2}{XY^2}=\frac{ST^2}{XY^2}=\left(\frac{a}{b+c}\right)^2$$

结合题设条件即得

$$PB \cdot PC=\frac{a^2bc}{(b+c)^2}$$

注意到

$$PB \cdot PC=PB(a-PB)$$

所以 PB 至多只有两个解，即满足条件的点 P 至多两个，又由于确实有两个点满足要求：设 P_1 为 $\angle BAC$ 内角平分线与 BC 的交点；P_2 为 P_1 关于 BC 中点的对称点，则

$$P_2C=P_1B=\frac{ac}{b+c},P_2B=P_1C=\frac{ab}{b+c}$$

所以 P_1,P_2 满足条件.

综上所述，所求的所有点 P 即为点 P_1,P_2.

解法 2 如图 42.9，设 $\triangle PAB$ 和 $\triangle PAC$ 的外接圆分别为圆 O_1 和圆 O_2，圆 O_1，圆 O_2 的两条外公切线分别为 ST,MN. 设 $AB=c$，$AC=b$，$BC=a$. 易知 $\triangle AO_1O_2 \backsim \triangle ABC$.

联结 O_1O_2 交 AP 于 K，则点 K 为线段 XY 中点，也为线段 AP 中点. 又 $XS^2=XA \cdot XP=XT^2$，故 X 为线段 ST 中点. 同理可知点 Y 为线段 MN 中点. 于是知

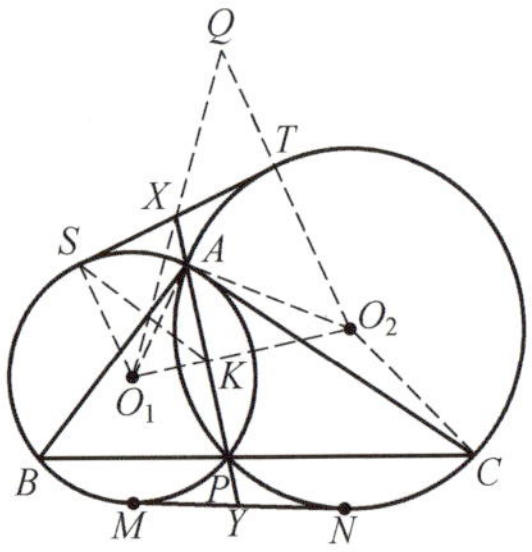

图 42.9

$$1-\left(\frac{PA}{XY}\right)^2=1-\left(\frac{KA}{KX}\right)^2=\frac{(KX-KA)(KX+KA)}{KX^2}=\frac{XA \cdot XP}{XK^2}=\left(\frac{XS}{XK}\right)^2 \quad ①$$

联结 SO_1,SK,TO_2. 延长 O_1X 到点 Q，使得

$$XQ=XO_1$$

则

$$\triangle QXT \cong \triangle O_1XS$$

进而知 Q,T,O_2 三点共线. 注意到 O_1,S,X,K 四点共圆,O_2,T,X,K 四点共圆,故

$$\angle XSK = \angle O_2O_1Q$$

$$\angle KXS = \angle QO_2O_1$$

于是知

$$\triangle KXS \backsim \triangle QO_2O_1$$

故

$$\frac{XS}{XK} = \frac{O_2O_1}{O_2Q} = \frac{O_2O_1}{O_1S + O_2T} = \frac{O_2O_1}{O_1A + O_2A} = \frac{BC}{AB + AC} = \frac{a}{b + c}$$

代入 ① 即知

$$1 - \left(\frac{PA}{XY}\right)^2 = \frac{a^2}{(b + c)^2} \qquad ②$$

设 $PB = x, PC = y$,则

$$x + y = a$$

我们即要求 x,y,满足

$$\frac{xy}{bc} = \frac{a^2}{(b + c)^2}$$

也即

$$xy = \frac{a^2bc}{(b + c)^2}$$

结合

$$\begin{cases} x + y = a \\ xy = \dfrac{a^2bc}{(b + c)^2} \end{cases}$$

解得

$$\begin{cases} x = \dfrac{ac}{b + c} \\ y = \dfrac{ab}{b + c} \end{cases} \text{或} \begin{cases} x = \dfrac{ab}{b + c} \\ y = \dfrac{ac}{b + c} \end{cases}$$

当 $\begin{cases} x = \dfrac{ac}{b + c} \\ y = \dfrac{ab}{b + c} \end{cases}$ 时,$\dfrac{PB}{PC} = \dfrac{c}{b} = \dfrac{AB}{AC}$,此时 AP 为 $\angle BAC$ 平分线,设此时满足条件的 P 为 P_1;当 $\begin{cases} x = \dfrac{ac}{b + c} \\ y = \dfrac{ab}{b + c} \end{cases}$ 时,设满足条件的 P 为 P_2,则 P_2 为 P_1 关于线段 BC 中心的对称点.

第 43 届美国数学奥林匹克

1 设 $a,b,c,d\in\mathbf{R}$,其中 $b-d\geqslant 5$,且多项式

$$P(x)=x^4+ax^3+bx^2+cx+d$$

的根 x_1,x_2,x_3,x_4 均为实数,求乘积

$$(x_1^2+1)(x_2^2+1)(x_3^2+1)(x_4^2+1)$$

能取得的最小值.

解法 1 注意到

$$\begin{aligned}&(x_1^2+1)(x_2^2+1)(x_3^2+1)(x_4^2+1)=\\&(x_1-\mathrm{i})(x_1+\mathrm{i})(x_2-\mathrm{i})(x_2+\mathrm{i})\cdot\\&(x_3-\mathrm{i})(x_3+\mathrm{i})(x_4-\mathrm{i})(x_4+\mathrm{i})=P(\mathrm{i})P(-\mathrm{i})=\\&((1-b+d)-(a-c)\mathrm{i})((1-b+d)+(a-c)\mathrm{i})=\\&(1-b+d)^2+(a-c)^2\geqslant 16\end{aligned}$$

当且仅当

$$x_1=x_2=x_3=x_4=1$$

时等号可取到,所以要求的最小值为 16.

解法 2 根据韦达定理知

$$\begin{cases}b=x_1x_2+x_1x_3+x_1x_4+x_2x_3+x_2x_4+x_3x_4\\d=x_1x_2x_3x_4\end{cases}$$

于是知

$$b-d=x_1(x_2+x_3+x_4-x_2x_3x_4)+(x_2x_3+x_2x_4+x_3x_4)\geqslant 5$$

故根据柯西不等式知

$$\begin{aligned}&(x_1^2+1)(x_2^2+1)(x_3^2+1)(x_4^2+1)=\\&(x_1^2+1)[(x_2+x_3+x_4-x_2x_3x_4)^2+(x_2x_3+x_2x_4+x_3x_4-1)^2]\geqslant\\&[x_1(x_2+x_3+x_4-x_2x_3x_4)+(x_2x_3+x_2x_4+x_3x_4-1)]^2\geqslant 16\end{aligned}$$

另一方面,当 $x_1=x_2=x_3=x_4=1$ 时,即有

$$(x_1^2+1)(x_2^2+1)(x_3^2+1)(x_4^2+1)=16$$

注 有恒等式

$$(a^2+k)(b^2+k)(c^2+k)=k(ab+bc+ca-k^2)+[k(a+b+c)-abc]^2$$

2 求所有的函数 $f:\mathbf{Z}\to\mathbf{Z}$，使得对任意 $x,y\in\mathbf{Z}$，$x\neq 0$，有

$$xf(2f(y)-x)+y^2f(2x-f(y))=\frac{f^2(x)}{x}+f(yf(y))$$

解　取 $x=p$ 为质数代入知

$$p\mid f^2(p)\Rightarrow p\mid f(p)\Rightarrow p\mid \frac{f^2(p)}{p}$$

再令 $y=0$，知 $p\mid f(0)$. 由 p 的任意性可知 $f(0)=0$，从而

$$xf(-x)=\frac{f^2(x)}{x}$$

即对任意 x，有

$$x^2f(-x)=f^2(x)$$

我们再用 $-x$ 代替之前的 x，可得

$$x^2f(x)=f^2(-x)$$

通过这两式可知

$$x^6f(x)=f^4(x)$$

所以对任意 x，$f(x)=0$ 或 x^2.

显然，$f(x)=0$ 或者 $f(x)=x^2$ 满足题意，下面我们证明仅有这两个解. 否则，我们假设存在一个 $a\neq 0$，使得 $f(a)=0$，存在一个 $m\neq 0$，使得

$$f(m)=m^2$$

我们取 $y=a$ 代入原函数方程可得

$$xf(-x)+a^2f(2x)=\frac{f^2(x)}{x}$$

而

$$xf(-x)=\frac{f^2(x)}{x}$$

所以

$$a^2f(2x)=0$$

由于 $a\neq 0$，所以对任意 x，有 $f(2x)=0$，故 m 只能为奇数. 现在我们取

$$x=2k\quad(k\neq 0)$$

$$y=m$$

代入原函数方程，可得

$$2kf(2f(m)-k)+m^2f(4k-f(m))=\frac{f^2(2k)}{2k}+f(mf(m))$$

即

$$m^2f(4k-m^2)=f(m^3)$$

注意到这个等式的值要么为0,要么为 m^6,我们证明只可能为0. 否则

$$m^2(4k-m^2)^2=m^6$$

由于 $m\neq 0$,所以

$$4k-m^2=\pm m^2$$

这与 m 为奇数矛盾,所以只能

$$m^2f(4k-m^2)=f(m^3)=0$$

注意到 $k\neq 0$ 的任意性,所以对任何

$$x\equiv 3 \pmod 4, x\neq -m^2$$

我们有 $f(x)=0$.

另一方面

$$x^2f(-x)=f^2(x)$$

所以 $f(x)=0$ 可推出 $f(-x)=0$,从而对任何

$$x\equiv 1 \pmod 4, x\neq m^2$$

我们有 $f(x)=0$,综合这两点,我们可知

$$f(x)=0 \quad (x\neq \pm m^2)$$

注意到

$$f(m)=m^2\neq 0$$

所以只能 $m=\pm m^2$,从而 $m=m^3$,而前面已说明 $f(m^3)=0$,故 $f(m)=0$,与 m 的取法矛盾.

所以,所有的解为 $f(x)=0$ 或者 $f(x)=x^2$.

3 证明:存在一个无穷点集

$$\cdots,P_{-3},P_{-2},P_{-1},P_0,P_1,P_2,\cdots$$

它们在同一平面,且满足如下性质:

对任意3个不同整数 a,b,c,点 P_a,P_b,P_c 共线当且仅当

$$a+b+c=2\ 014$$

证法1 为了叙述方便,我们将每个点的下标平移671位,即

$$P_{a'}=P_{a-671}$$

从而条件

$$a+b+c=2\ 014$$

可化为

$$a'+b'+c'=1$$

下面为了书写方便,我们均去掉撇号.

我们记

$$P_i=(f(i),g(i))$$

点 P_a,P_b,P_c 共线,我们可以用斜率方程等价地表示为

$$(g(a)-g(c))(f(b)-f(c))=$$

$$(g(b)-g(c))(f(a)-f(c))$$

展开后,记

$$F(a,b,c)=f(a)g(b)+f(b)g(c)+f(c)g(a)-(f(a)g(c)+f(b)g(a)+f(c)g(b))$$

所以原命题等价于构造 f,g,使得

$$F(a,b,c)=0\Leftrightarrow a+b+c=1$$

由于

$$a=b,b=c,c=a$$

是 $F(a,b,c)=0$ 的解,所以若 f,g 为多项式,也应该有

$$(a-b)(b-c)(c-a)\mid F(a,b,c)$$

所以最简单的情形莫过于就设

$$F(a,b,c)=(a+b+c-1)(a-b)(b-c)(c-a)$$

展开整理后可知只需找到多项式 f,g,使得

$$f(a)g(b)-f(b)g(a)=ab^3-a^3b+a^2b-ab^2=a(b^3-b^2)-b(a^3-a^2)$$

我们只需令

$$f(x)=x,g(x)=x^3-x^2$$

即可,所以原题中,我们构造

$$P_i=(i-671,(i-671)^3-(i-671)^2)$$

即能满足题意.

注 本题的背景来自于椭圆曲线,在现代数学中,将形如 E

$$y^2=x^3+ax+b$$

的代数曲线称为椭圆曲线. 如果我们定义无穷远点 ∞ 为椭圆曲线 E 上的一点. 定义"+"运算:取 E 上的两点 P,Q,若两者相异,$P+Q$ 表示穿过 P 和 Q 的弦和椭圆曲线相交的第三点,再经 x 轴反射的镜像点;若两者是同一点,$P+P=2P$ 表示以 P 为切点和椭圆曲线相交的点再经 x 轴反射的镜像点. 若 P 和 Q 的弦与 y 轴平行,$P+Q=\infty$. 这样,"+"定义了一个 E 上的交换群,这个群以 ∞ 为零元,即 $\infty+\infty=\infty$.

现在数论研究中,椭圆曲线的有理点是一个很重要的方向,由于椭圆曲线本质上是一亏格 1 的代数曲线,所以研究椭圆曲线也是代数几何的基础. Siegel 定理说明椭圆曲线上的整点只有有限多个,而 Mordell-Weil 定理是说:椭圆曲线上有理点构成的群是有限生成的,其可以直和分解为一个有限子群与一个有限元生成的自由交换群,这个自由交换群的秩便称为该椭圆曲线的秩,现在寻找秩较大的椭圆曲线是一个热门的前沿问题,也是加密领域的重要工具.

椭圆曲线不仅在费马大定理的证明中起到了作用,它还是 BSD 猜想(Birchand Swinnerton-Dyer 猜想)中重要的元素,相关的

推论可涉及很多问题,如同余数问题:模 8 余 5,6,7 的平方自由的正整数一定可以成为某个有理边长直角三角形的面积.

Hardy 的《数论导引》是一本非常著名的著作,其逝世后,Silverman 也帮助修订,添加了现在热门的椭圆曲线内容,相关的进一步的内容,还可以参考他的著作 *The Arithmetic of Elliptic Curves* 和 *Advanced Topics in the Arithmetic of Ellliptic Curves*.(详见附录 B)

证法 2 三个点$(x_1,y_1),(x_2,y_2),(x_3,y_3)$共线的充要条件为

$$\begin{vmatrix} x_1 & y_1 & 1 \\ x_2 & y_2 & 1 \\ x_3 & y_3 & 1 \end{vmatrix}=0$$

为简单起见,取$P_x=(x,f(x))(x\in\mathbf{Z})$. 我们即要求一个合适的$f(x)$,使得对任意整数$a,b,c$,当且仅当$a+b+c=2\ 014$时

$$\begin{vmatrix} a & f(a) & 1 \\ b & f(b) & 1 \\ c & f(c) & 1 \end{vmatrix}=0$$

设

$$F(a,b,c)=\begin{vmatrix} a & f(a) & 1 \\ b & f(b) & 1 \\ c & f(c) & 1 \end{vmatrix}=(af(b)+bf(c)+cf(a))-(af(c)+bf(a)+cf(b))$$

若$f(x)$为多项式,则$F(a,b,c)$也为多项式,且显然有

$$(a-b)(b-c)(c-a)\mid F(a,b,c)$$

为此,取

$$F(a,b,c)=(a+b+c-2\ 014)(a-b)(b-c)(c-a)$$

即$f(x)=x^3-2\ 014x^2$,既满足条件.

事实上,取$P_n=(n,n^3-2\ 014n^2)$时

$$\begin{vmatrix} a & a^3-2\ 014a^2 & 1 \\ b & b^3-2\ 014b^2 & 1 \\ c & c^3-2\ 014c^2 & 1 \end{vmatrix}=\begin{vmatrix} a & a^3 & 1 \\ b & b^3 & 1 \\ c & c^3 & 1 \end{vmatrix}-2\ 014\begin{vmatrix} a & a^2 & 1 \\ b & b^2 & 1 \\ c & c^2 & 1 \end{vmatrix}=$$
$$(a+b+c)(a-b)(b-c)(c-a)-2\ 014(a-b)(b-c)(c-a)=$$
$$(a+b+c-2\ 014)(a-b)(b-c)(c-a)$$

故当且仅当$a+b+c=2\ 014$时,$\begin{vmatrix} a & a^3-2\ 014a^2 & 1 \\ b & b^3-2\ 014b^2 & 1 \\ c & c^3-2\ 014c^2 & 1 \end{vmatrix}=0$,也

即 P_a, P_b, P_c 三点共线.

4 设 k 为正整数,A,B 两人在一个无限大的正六边形的网格里玩游戏,最初所有的格子里均为空的. A,B 两人轮流操作且 A 首先操作. A 每次可选两个相邻的空的格子,并分别放入一个筹码,B 每次选择一个有筹码的格子并移走其中的筹码. 在任何时刻,若存在连续 k 个在同一直线上的格子中均分别有一个筹码,则 A 获胜. 求 k 的最小值,使得 A 无在有限步操作下的获胜策略,或者证明这样的最小值不存在.

解法 1 我们将先证明 $k=6$ 时,B 有使 A 不胜的策略,再证明当 $k=5$ 时,A 有必胜策略.

当 $k=6$ 时,如图 43.1,我们用 1,2,3 三种颜色给网格染色,使得相邻两格颜色互不相同,那么无论 A 怎么操作,B 的策略为拿出颜色为 1 的格子中的筹码. 由于 A 每次选择相邻格子,故至多在 1 个颜色为 1 的格子里放筹码,所以 B 采取这样的策略后,任何时刻,至多有 1 个颜色为 1 的格子中有筹码,所以至多 5 个相邻的共线的格子中有筹码,故 A 无法取胜.

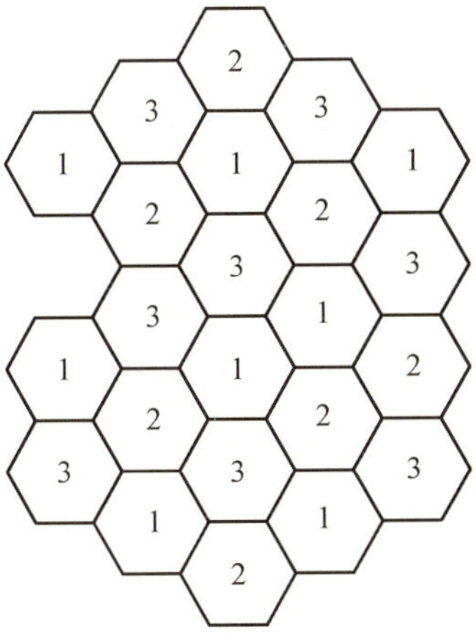

图 43.1

当 $k=5$ 时,我们给出 A 的一个必胜策略. 如图 43.2,我们在网格上建立坐标系,选择一个六边形作为原点 $(0,0)$,它的正上方的六边形依次记为 $(0,1)$,$(0,2)$,$(0,3)$,…,正下方的六边形依次记为 $(0,-1)$,$(0,-2)$,…,右上方的六边形记为 $(1,0)$,则该六边形的正上方依次记为 $(1,1)$,$(1,2)$,$(1,3)$,…,正下方依次为 $(1,-1)$,$(1,-2)$,…,左上方的六边形记为 $(-1,0)$,其正上方、正下方的格子也依次这样标记.

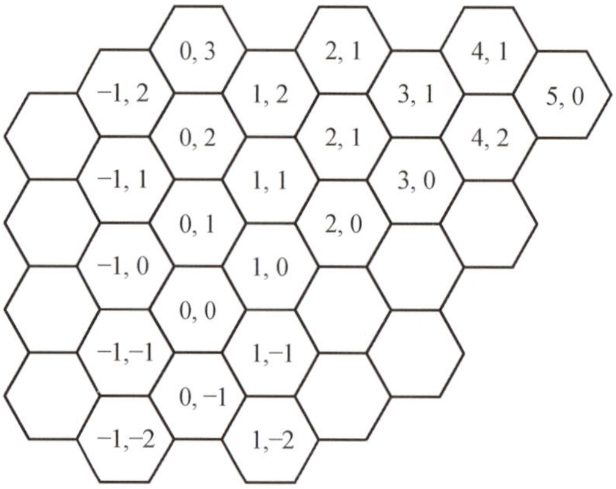

图 43.2

我们首先锁定区域:(x,y),其中

$$0 \leqslant x \leqslant 4, 0 \leqslant y \leqslant 1$$

一共 10 个格子,分布在两列中. 轮到 A 操作时,若有一列中有 4 个筹码,则 A 直接在这一列中的第五个格子中放入筹码即可获胜,故我们不妨假设轮到 A 时,这 10 个格子中至多有 6 个中有筹码. 将这 10 个格子作一个划分,$\{(0,0),(0,1),(1,0)\}$;$\{(1,1),(2,0),(2,1)\}$;$\{(3,0),(3,1),(4,0)\}$;$\{(4,1)\}$. 由于前三个集合中,任何两个格子均彼此相邻,故轮到 A 时,可保证每个集合中至少有 2 个格子有筹码(否则若仅有 1 个,则 A 可在另两个格子中放入筹码,而 B 至多在下一轮去掉其中的 1 个,从而 A 能在轮到自己前保证该集合至少有 2 个格子中有筹码). 同样地,将这 10 个格子作另一个划分:$\{(0,0)\}$;$\{(0,1),(1,0),(1,1)\}$;$\{(2,0),(2,1),(3,0)\}$;$\{(3,1),(4,0),(4,1)\}$. 同理可知,轮到 A 操作时,后 3 个集合中,每个集合至少有 2 个格子中有筹码. 而由于至多只能有 6 个筹码,所以唯一一种让 A 无法获胜的可能就是这两种划分中,3 个三元集合中,恰有 2 个格子有筹码,且两个单元集的格子中无筹码.

解法 2 首先证明,当 $k \geqslant 6$ 时,A 无法获胜.

我们可以用 a,b,c 三种颜色给网格染色,使得任意相邻的两个网格异色. 任意选定一种颜色 c,玩家 B 每次均拿掉染有颜色 c 的格子中的筹码. 若玩家 A 没有在染有颜色 c 的格子中放置筹码,则玩家 B 任意拿掉一个筹码即可. 因为玩家 A 不能同时在两个染有颜色 c 的格子中放置筹码,所以玩家 B 可以保证,在任意时刻,最多只有一个染有颜色 c 的格子中有筹码. 注意到,任意六个相连且共线的网格中均有两个染有颜色 c 的方格,所以玩家 A 无法获胜.

接下来,我们证明 $k=5$ 时,玩家 A 可以获胜.

选择如图 43.3 的网格,玩家 A 只在这组网格中放置筹码,直到无法放下为止. 因为玩家 A 每次可以放置两个筹码,而玩家 B 只能取走一个筹码,所以筹码的总数会一直增加,直至玩家 A 不能再放筹码. 此时,图 43.4 中每两个相邻的网格中均至少有一个放置了筹码.

此时,若第一行存在两个空格中间只隔有一个筹码,如图 43.4,则第二行中必有相邻四个格子中都有筹码. 此时,玩家 A 可以在第二行中放置一次筹码,使得产生五个相连的筹码. 若第一行不存在两个空格中间只隔有一个筹码,则任两个空格之间至少隔有两个筹码(图 43.5),此时,在第一行两组筹码之间放置一次筹码,则可产生五个相连的筹码.

综上所述,所求的 k 的最小值为 6.

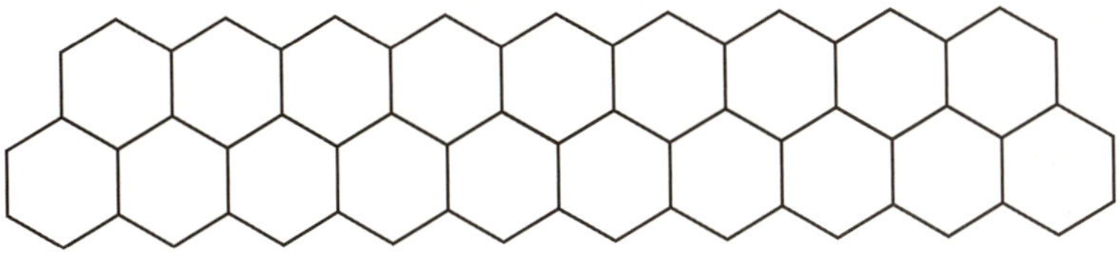

图 43.3

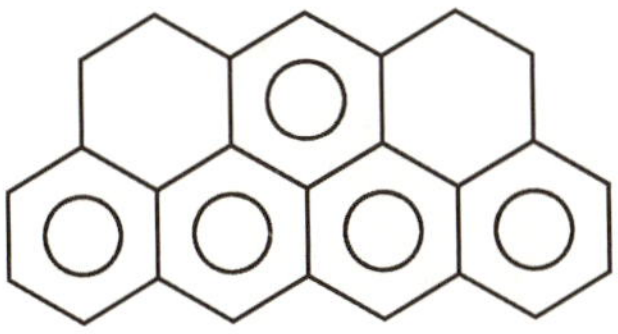

图 43.4

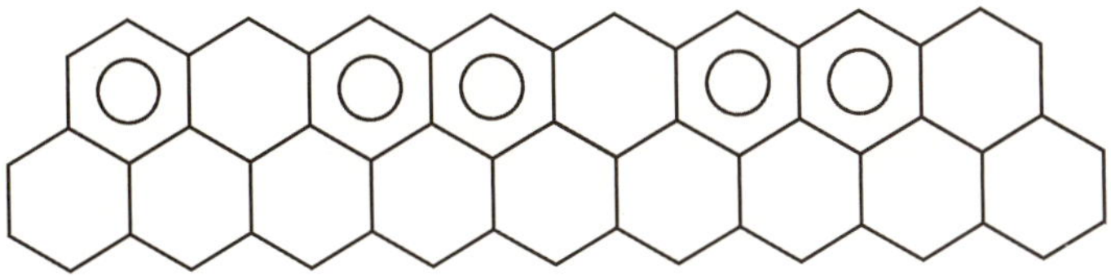

图 43.5

5 如图 43.6,$\triangle ABC$ 的垂心为 H,记 P 为 $\triangle AHC$ 的外接圆与 $\angle BAC$ 的平分线的第二个交点(不同于点 A),X 为 $\triangle APB$ 的外心,Y 为 $\triangle APC$ 的垂心. 证明:线段 XY 的长度与 $\triangle ABC$ 的外接圆半径相等.

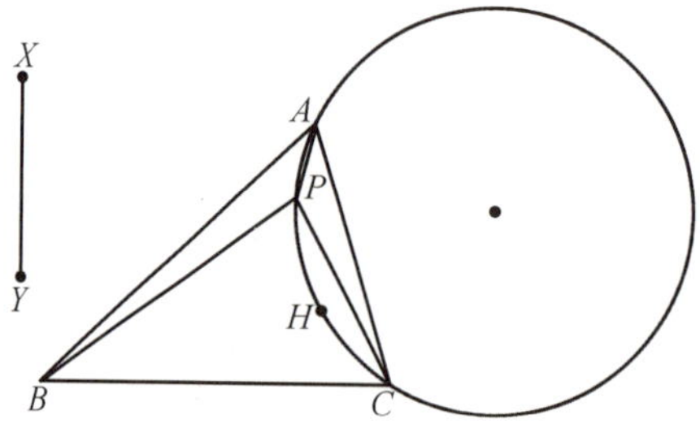

图 43.6

证法 1 如图 43.7,显然,垂心 H 关于边 AC 的对称点 H' 在 $\triangle ABC$ 的外接圆上,即 A,B,C,H' 四点共圆.

因为点 H' 与 H 关于边 AC 对称,所以,$\triangle AHC$ 与 $\triangle AH'C$ 关于边 AC 对称.

于是,$\triangle AHC$ 的外接圆圆 O' 与 $\triangle AH'C$ 的外接圆圆 O 关于边 AC 对称.

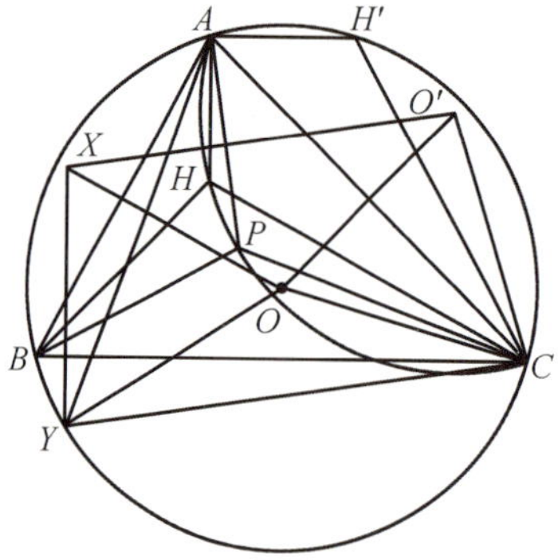

图 43.7

又 A,H,P,C 四点共圆,且 H,Y 分别为 $\triangle ABC,\triangle APC$ 的垂心,则

$$\angle ABC = 180° - \angle AHC = 180° - \angle APC = \angle AYC$$

记 R 为 $\triangle ABC$ 的外接圆半径.

因为点 Y 在 $\triangle ABC$ 的外接圆上,所以

$$OC = OY = R$$

另一方面,注意到直线 OX,XO',OO' 分别垂直平分线段 AB, AP,AC. 由

$$\angle OXO' = \angle BAP = \angle PAC = \angle XO'O$$

则 $OO' = OX$.

故 XO',YC 均与 AP 垂直,有 $XO' /\!/ YC$,且 $OC = OY$.

于是,四边形 $XYCO'$ 为等腰梯形.

从而,$XY = O'C = OC = R$.

注 若 $\triangle ABC$ 是 $\angle A$ 为直角的直角三角形,此时,$\triangle APB$ 的外心 X 应为 AB 的中点,而 $\triangle APC$ 的垂心 Y 应为 AC 的中点,则

$$XY=\frac{1}{2}BC=R$$

证法2 如图43.8,作$\triangle ABC$的外接圆圆O,则圆O与圆Q的半径相等.因为

$$\angle AYC=180^\circ-\angle APC=180^\circ-\angle AHC=\angle ABC$$

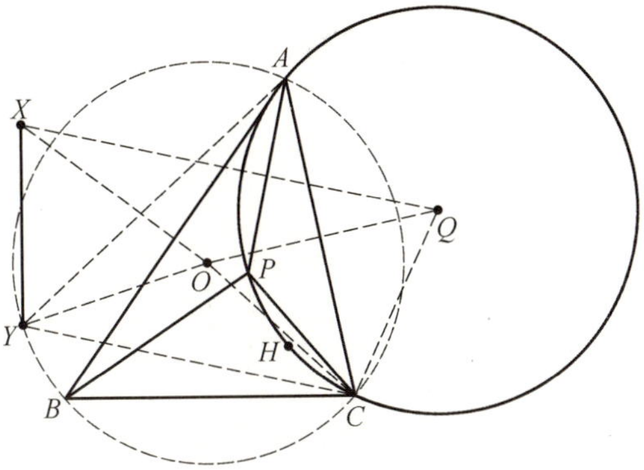

图 43.8

所以点Y在圆O上,所以$OY=OC$.因为AP平分$\angle BAC$,$XQ\perp AP$,$OX\perp AB$,$OQ\perp AC$,所以

$$\angle OXQ=\angle PAB=\angle PAC=\angle OQX$$

所以$OX=OQ$.又因为$XQ\perp AP$,$YC\perp AP$,所以$XQ\parallel YC$,所以四边形$YCQX$为等腰梯形,所以$XY=QC=OC$.命题得证.

6 证明:存在一个常数$c>0$满足以下性质:

若正整数a,b,n,使得对所有的

$$i,j\in\{0,1,2,\cdots,n\}$$

有

$$\gcd(a+i,b+j)>1$$

(其中$\gcd(x,y)$表示整数x,y的最大公约数),则

$$\min\{a,b\}>c^n n^{\frac{n}{2}}$$

(其中$\min\{x,y\}$表示x,y中较小的数).

证明 依题意知$a,b,n\in\mathbf{Z}_+$.

设P_n表示不超过n的所有素数组成的集合.

首先证明一个引理.

引理 存在正整数n_0,对于任意的$n\geqslant n_0$,均有

$$\sum_{p\in P_n}\left(\frac{n}{p}+1\right)^2<\frac{2}{3}n^2 \quad ①$$

引理的证明 由于$|P_n|\leqslant n$,要证式①只要证

$$\sum_{p\in P_n}\frac{1}{p^2}+\frac{2}{n}\sum_{p\in P_n}\frac{1}{p}+\frac{1}{n}<\frac{2}{3}$$

因为 $\frac{2}{n}\sum_{p\in P_n}\frac{1}{p} < \frac{2}{n}\sum_{i=2}^{n}\frac{1}{i} < \frac{2}{n}\ln n$，且

$$\sum_{p\in P_n}\frac{1}{p^2} \leqslant \frac{1}{4}+\frac{1}{9}+\sum_{k=1}^{n}\frac{1}{(2k+1)(2k+3)} =$$

$$\frac{1}{4}+\frac{1}{9}+\frac{1}{2}\sum_{k=1}^{n}\left(\frac{1}{2k+1}-\frac{1}{2k+3}\right) =$$

$$\frac{1}{4}+\frac{1}{9}+\frac{1}{2}\left(\frac{1}{3}-\frac{1}{2n+3}\right) <$$

$$\frac{1}{4}+\frac{1}{9}+\frac{1}{6}=\frac{19}{36}<\frac{2}{3}$$

并注意到当 $n\to+\infty$ 时

$$\frac{2}{n}\ln n+\frac{1}{n}\to 0$$

所以，只需 n_0 足够大.

当 $n\geqslant n_0$ 时，引理成立.

回到原题.

注意到，对于任意的 $p\in P_n$，至多有 $\frac{n}{p}+1$ 个 $i\in\{0,1,\cdots,n-1\}$，使得 $p\mid(a+i)$，至多有 $\frac{n}{p}+1$ 个 $j\in\{0,1,\cdots,n-1\}$，使得 $p\mid(b+j)$.

因此，至多有 $\left(\frac{n}{p}+1\right)^2$ 个数对 (i,j)，使得 $p\mid(a+i,b+j)$.

由引理，知有少于 $\frac{2}{3}n^2$ 个数对 $(i,j)(i,j\in\{0,1,\cdots,n-1\})$，使得

$$p\mid(a+i,b+j)(p\in P_n)$$

设 N 为大于或等于 $\frac{n^2}{3}$ 的最小整数. 则至少有 N 个数对 $(i,j)(i,j\in\{0,1,\cdots,n-1\})$，使得对于任意 $p\in P_n$，均有

$$p\nmid(a+i,b+j)$$

设满足如上条件的数对为 $(i_s,j_s)(s=1,2,\cdots,N)$.

对于每一个数对 (i_s,j_s)，由假设

$$(a+i_s,b+j_s)>1$$

不妨设 $p_s\mid(a+i_s,b+j_s)$，则 $p_s>n$.

显然，这样的 p_s 是互不相等的. 否则，若 $p_s=p_{s'}$，则 $p_s\mid(i_s-i_{s'})$，这表明，$i_s=i_{s'}$，即 $s=s'$.

由 $\prod_{i=0}^{n-1}(a+i)$ 为 $\prod_{s=1}^{N}p_s$ 的倍数，且 p_s 为大于 n 的素数，则

$$(a+n)^n>\prod_{i=0}^{n-1}(a+i)\geqslant\prod_{s=1}^{N}p_s\geqslant\prod_{i=1}^{N}(n+2i-1)$$

设 $X = \prod_{i=1}^{N}(n+2i-1)$. 则

$$X^2 = \prod_{i=1}^{N}\{(n+2i-1)[n+2(N+1-i)-1]\} > \prod_{i=1}^{N}(2Nn) = (2Nn)^N$$

其中

$$(n+2i-1)[n+2(N+1-i)-1] > n[2(N+1-i)-1]+(2i-1)n = 2Nn$$

综上, $(a+n)^n > (2Nn)^{\frac{N}{2}} \geqslant \left(\frac{2n^3}{3}\right)^{\frac{n^2}{6}}$.

所以 $a \geqslant \left(\frac{2}{3}\right)^{\frac{1}{6}n} n^{\frac{n}{2}} - n$.

显然,只要取常数 $c < \left(\frac{2}{3}\right)^{\frac{1}{6}}$,当 n 足够大时

$$a \geqslant \left(\frac{2}{3}\right)^{\frac{1}{6}n} n^{\frac{n}{2}} - n > c^n n^{\frac{n}{2}}$$

类似地,当 n 足够大时,存在常数 c,使得 $b > c^n n^{\frac{n}{2}}$.

综上, $\min\{a,b\} > c^n n^{\frac{n}{2}}$. 同时,只要充分地缩小 c 的值,就可保证不等式对于任意的 $n \in \mathbf{Z}_+$ 成立.

第 44 届美国数学奥林匹克

1 试求方程

$$x^2+xy+y^2=\left(\frac{x+y}{3}+1\right)^3$$

的所有整数解.

解法 1 设 $x+y=3k(k\in\mathbf{Z})$,则

$$x^2+x(3k-x)+(3k-x)^2=(k+1)^3$$

化简得

$$x^2-3kx-(k^3-6k^2+3k+1)=0$$

其判别式为

$$\Delta=9k^2+4(k^3-6k^2+3k+1)=4k^3-15k^2+12k+4$$

注意到上式右边多项式有(二重)根 $k=2$,可得

$$\Delta=(4k+1)(k-2)^2$$

于是有 $4k+1=(2t+1)^2$(t 为非负整数),即 $k=T^2+t$,故

$$x=\frac{1}{2}(3(T^2+t)\pm(2t+1)(T^2+t-2))$$

因此,原方程的所有正整数解为$(x,y)=(T^3+3T^2-1,-T^3+3t+1)$或$(-T^3+3t+1,T^3+3T^2-1)$,$t\in\{0,1,2,\cdots\}$.

解法 2 设 $k=\frac{x+y}{3}+1$,得

$$x^2-3xk+3x=k^3-9k^2+18k-9$$

考虑$(k-3)^3$的展开式,并设 $s=k-3$,可得

$$x^2-3xs-6x=s^3-9s-9$$

进一步,设 $x-3=u$,则上式变为

$$u^2-3su-s^3=0$$

这是一个关于 u 的一元二次方程,其判别式为 $s^2(9+4s)$,从而 $9+4s$ 是完全平方数. 而 $9+4s$ 是奇数,故 $9+4s=(4t+1)^2$(t 为非负整数). 由此可得 $s=T^2+t-2$,则 $k=T^2+t+1$,从而可得前述原方程的解.

2 在圆 ω 的内接四边形 $APBQ$ 中，$\angle P=\angle Q=90°$，$AP=AQ<BP$. 点 X 是线段 PQ 上的动点，直线 AX 与圆 ω 交于点 $S(S\neq A)$. 点 T 在圆 ω 的 $\overparen{AQB}$ 上，且使得直线 XT 与 AT 垂直. 记弦 ST 的中点为 M，证明：当 X 在线段 PQ 上移动时，点 M 沿某个圆周移动.

证法 1 设圆 ω 的圆心为 O，线段 AO 的中点为 W. 记以 W 为圆心，以 WP 为半径的圆为圆 Ω. 我们将证明 $WM=WP$，于是点 M 始终在圆 Ω 上，从而结论得证.

如图 44.1 所示，设圆 Ω 的半径为 r，在 $\triangle APO$，$\triangle SWT$，$\triangle ASO$，$\triangle ATO$ 中分别使用中线长公式，得

$$4WP^2=2AP^2+2OP^2-AO^2=2AP^2+r^2$$
$$4WM^2=2WS^2+2WT^2-ST^2$$
$$2WS^2=AS^2+OS^2-\frac{AO^2}{2}=AS^2+\frac{r^2}{2}$$
$$2WT^2=AT^2+OT^2-\frac{AO^2}{2}=AT^2+\frac{r^2}{2}$$

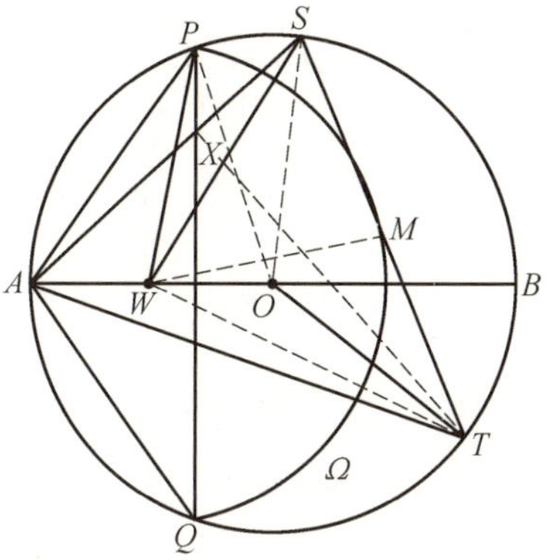

图 44.1

将后三个等式相加，得

$$4WM^2=AS^2+AT^2-ST^2+r^2$$

从而只需证明 $4WP^2=4WM^2$，即

$$AS^2+AT^2-ST^2=2AP^2 \quad ①$$

由 $XT\perp AS$，知

$$AT^2-ST^2=AX^2-SX^2=(AX+XS)(AX-XS)=AS(AX-XS)$$

于是

$$AS^2+AT^2-ST^2=AS^2+AS(AX-XS)=AS^2+AS(2AX-AS)=2AS\cdot AX$$

从而式 ① 等价于 $AP^2=AS\cdot AX$. 事实上，由

$$\angle PAX = \angle SAP, \angle APX = \frac{\overset{\frown}{AO}^\circ}{2} = \frac{\overset{\frown}{AP}^\circ}{2} = \angle ASP$$

可知 $\triangle APX \backsim \triangle ASP$,因此 $AP^2 = AS \cdot AX$. 从而结论成立.

证法 2 设圆 ω 的圆心为 O,线段 AO 的中点为 W. 记以 W 为圆心,以 WP 为半径的圆为圆 Ω. 我们将证明 $WM = WP$,于是点 M 始终在圆 Ω 上,从而结论得证.

在本证法中,我们用有向距离和有向角进行讨论,以避免对图形的依赖. 例如,线段$\overline{ST}$和$\overline{PQ}$可能相交,也可能不相交,如图 44.2 所示.

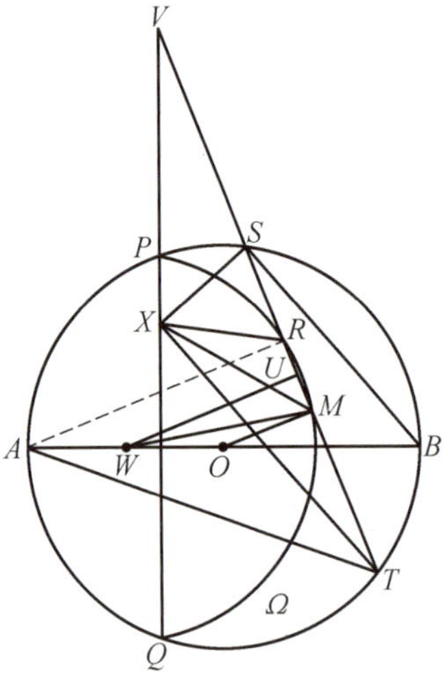

图 44.2

过点 A 作直线 ST 的垂线,垂足为 R. 注意到 $OM \perp ST$,则四边形 $ARMO$ 是直角梯形. 设线段$\overline{RM}$的中点为 U,则 WU 是梯形 $ARMO$ 的中位线. 特别地,我们有$\overline{WU} \perp \overline{RM}$,于是 WU 是线段$\overline{RM}$的垂直平分线. 又易知 AW 是线段$\overline{PQ}$的垂直平分线,从而 W 是线段$\overline{RM}$和线段$\overline{PQ}$的垂直平分线的交点. 于是只需证明四边形 $PQMR$ 是圆内接四边形,这样 W 一定是其圆心,因此有 $WP = WM$.(这一部分的解答当 $ST \parallel PQ$ 时是不成立的,这是因为此时 $R = M$,不存在线段 RM 的垂直平分线. 事实上,这种情形仅在点 X 位于某个特定位置时发生,而上述证明对任意的其他点 X 均成立,由连续性可以保证在此情形之下,M 亦位于圆 Ω 上)

设直线 PQ 与 ST 相交于点 V. 根据圆幂定理的逆定理,只需证明 $VP \cdot VQ = VR \cdot VM$. 另一方面,由 P,Q,T,S 四点共圆,根据圆幂定理,得 $VP \cdot VQ = VS \cdot VT$. 因此,我们只需证明

$$VS \cdot VT = VR \cdot VM \quad ①$$

注意到点 M 是线段 ST 的中点，则式 ① 等价于

$$2VS \cdot VT = VR \cdot 2VM = VR \cdot (VS + VT)$$

即

$$VS \cdot VT - VS \cdot VR = VT \cdot VR - VT \cdot VS$$

亦即

$$VS \cdot RT = VT \cdot ST \Leftrightarrow \frac{VS}{SR} = \frac{VT}{RT} \quad ②$$

我们断言 XS 平分 $\angle VXR$. 事实上，直线 AB 是筝形 $APBQ$ 的对称轴，$AB \perp PQ$，故

$$\angle VXS = \angle QXA = 90^\circ - \angle XAO = 90^\circ - \angle SAO$$

又由点 O 是 $\triangle AST$ 的外心，知

$$\angle VXS = 90^\circ - \angle SAO = \angle ATS$$

而 $\angle AXT = \angle ART = 90^\circ$，知 A, X, R, T 四点共圆，故 $\angle SXR = \angle ATR = \angle ATS$. 从而，$\angle VXS = \angle SXR$，故 XS 平分 $\angle VXR$.

由 SX 平分 $\angle VXR$，结合 $XS \perp XT$，知 XS, XT 分别是 $\angle VXR$ 的内、外角平分线. 从而由三角形内角和外角平分线定理，知式 ② 成立. 而式 ② 与式 ① 等价的，故 P, Q, M, R 四点共圆. 因此结论成立.

3 设集合 $S = \{1, 2, \cdots, n\}$ $(n \in \mathbf{N}^*)$. 将 S 的所有 2^n 个子集染成红蓝二色之一（这里是将集合本身染色而不是将集合中的元素染色）. 对任意 $T \subseteq S$，记 T 的蓝色子集数为 $f(T)$.

如果对 S 的任意两个子集 T_1, T_2，都有

$$f(T_1)f(T_2) = f(T_1 \cup T_2)f(T_1 \cap T_2)$$

试求这样的染色方法数.

解 本题的答案是 $3^n + 1$.

显然，将 S 的所有子集都染为红色的方案是符合要求的.

若存在蓝色子集，设元素个数最少的蓝色子集为 A，则 $f(A) = 1$.

首先证明，不存在 S 的其他蓝色子集，其元素个数与 A 相同. 事实上，若存在 S 的蓝色子集 $A'(A' \neq A)$ 满足 $|A'| = A$，则由条件可知

$$f(A)f(A') = f(A \cup A')f(A \cap A')$$

此时 $f(A), f(A'), f(A \cup A')$ 均大于 0，故 $f(A \cap A') > 0$，即存在 $A \cap A'$ 的子集 C 为蓝色子集，而 $|C| \leqslant |A \cap A'| < |A|$，矛盾. 因此，不存在 S 的其他蓝色子集，其元素个数与 A 相同.

其次证明，S 的任意蓝色子集均包含 A. 事实上，若 S 的蓝色子集 A'' 不包含 A，则由条件可知

$$f(A)f(A'')=f(A\cup A'')f(A\cap A'')$$

此时$f(A)$,$f(A'')$,$f(A\cup A'')$均大于0,故$f(A\cap A'')>0$,即存在$A\cap A''$的子集D为蓝色子集,而$|D|\leqslant|A\cap A''|<|A|$,矛盾.因此,$S$的任意蓝色子集均包含$A$.

对S的任意包含A的子集T,任取$i,j\in T\backslash A(i\neq j)$,由条件可知

$$f(A\cup\{i\})f(A\cup\{j\})=f(A)f(A\cup\{i,j\})=f(A\cup\{i,j\})$$

从而经归纳易得

$$f(T)=\prod_{i\in T\backslash A}f(A\cup\{i\}) \quad ①$$

这里

$$f(A\cup\{i\})=\begin{cases}1 & (\text{若 } A\cup\{i\} \text{ 是红色子集})\\ 2 & (\text{若 } A\cup\{i\} \text{ 是蓝色子集})\end{cases}$$

设集合$B=\{i\in S\backslash A\mid f(A\cup\{i\})=2\}$,由式①得

$$f(A\cup B)=\prod_{i\in B}f(A\cup\{i\})=2^{|B|}$$

而在$A\cup B$的子集中,包含A的恰有$2^{|B|}$个,因此,$A\cup B$的所有包含A的子集都是蓝色子集.另一方面,对$i\in S\backslash(A\cup B)$,有$f(A\cup\{i\})=1$,由式①,得

$$f(S)=\prod_{i\in S\backslash A}f(A\cup i)=\prod_{i\in B}f(A\cup\{i\})\prod_{i\in S\backslash(A\cup B)}f(A\cup\{i\})=2^{|B|}$$

因此,S恰有$2^{|B|}$个子集,即当且仅当S的子集U满足$A\subseteq U\subseteq A\cup B$时,$U$为蓝色子集.

综上,存在蓝色子集时的满足要求的染色方案等价于将S写成三个两两不交的子集的并(三个子集分别对应于$A,B,S\backslash(A\cup B)$),这样的划分方式有3^n种,加上全部染成红色的方案,符合条件的染色方案共有3^n+1种.

4 斯蒂夫将$m(m\geqslant 1)$块相同的石子堆放在一个$n\times n$的棋盘上,每个单元格都可放入任意多块石子.当所有的石子都放到棋盘上后,他可按如下方式移动这些石子:对棋盘中任意一个矩形子棋盘的四个角处的单元格,即形如(i,k),(i,l),(j,k),(j,l)(其中,$1\leqslant i,j,k,l\leqslant n,i<j,k<l$)的四个单元格,可从$(i,k)$和$(j,l)$处各拿走一块石子并分别移至$(i,l)$和$(j,k)$,或从$(i,l)$和$(j,k)$处各拿走一块石子并分加紧移至$(i,k)$和$(j,l)$.

如果经过若干次上述移动,可从一种堆放方式变为另一种堆放方式,那么就认为这两种堆放方式是等价的.问:一共有多少种互不等价的堆放方式?

解 在一个 $n\times n$ 的方格表的每个单元格中填入棋盘上对应的单元格上所对应的石子的数目，显然，该方格表中所有单元格所填的数之和为 m. 设方格表第 i 行所填的数之和为 a_i，第 k 列所填的数之和为 $b_k(i,k\in\{1,2,\cdots,n\})$，则

$$\sum_{i=1}^{n}a_i=\sum_{k=1}^{n}b_k=m$$

并且对符合要求的任意一次移动，$a_i,b_k(i,k\in\{1,2,\cdots,n\})$ 均为不变量. 因此，在互相等价的两种堆放方式对应的方格表中，各行各列所填的数之和分别对应相等.

引理 1 设非负整数 $a_1,a_2,\cdots,a_n,b_1,b_2,\cdots,b_n(n\in\mathbf{N}^*)$ 满足

$$\sum_{i=1}^{n}a_i=\sum_{k=1}^{n}b_k=m$$

则可在 $n\times n$ 的方格表中的每个单元格填入一个非负整数，使得第 i 行所填的数之和为 a_i，第 k 列所填的数之和为 $b_k(i,k\in\{1,2,\cdots,n\})$.

引理 1 的证明 对 m 应用数学归纳法，并将归纳的起点前移至 $m=0$.

当 $m=0$ 时，结论显然成立.

假设当 $m=m_0$ 时结论成立. 当 $m=m_0+1$ 时，由

$$\sum_{i=1}^{n}a_i=\sum_{k=1}^{n}b_k=m_0+1>0$$

知存在 $(r,s)(r,s\in\{1,2,\cdots,n\})$，使得 $a_r>0,b_s>0$. 令 $a'_r=a_r-1,b'_s=b_s-1,a'_i=a_i(1\leqslant i\leqslant n,i\neq r),b'_k=b_k(1\leqslant k\leqslant n,k\neq s)$，则

$$\sum_{i=1}^{n}a'_i=\sum_{k=1}^{n}b'_k=m_0$$

根据归纳假设，可以在 $n\times n$ 的方格表中的每个单元格填入一个非负整数，使得第 i 行所填的数为 a'_i，第 k 列所填的数为 $b'_k(i,k\in\{1,2,\cdots,n\})$. 因此，只需将位于第 r 行第 s 列的单元格中所填的数加 1，即可得到满足要求的方格表. 根据数学归纳法原理，引理 1 得证.

引理 2 如果两个 $n\times n$ 的方格表中各行各列所填的数之和分别对应相等，那么这两个方格表所对应的堆放方式是等价的.

引理 2 的证明 设方格表 $P=(p_{ik})_{1\leqslant i,k\leqslant n}$ 与 $Q=(q_{ik})_{1\leqslant i,k\leqslant n}$ 中各行各列所填的数之和分别对应相等，记

$$\delta(P,Q)=\sum_{i=1}^{n}\sum_{k=1}^{n}|p_{ik}-q_{ik}|$$

下面证明，经过有限次操作后，可使 $\delta(P,Q)=0$.

若$\delta(P,Q)\neq 0$,设P与Q在第i行所填的数不全相同,由这两行所填的数之和相等,知一定存在两列$k,l(k\neq l)$,使得$p_{ik}>q_{ik}$,$p_{il}<q_{il}$.又由P与Q的第l列所填的数之和相等,知存在$j(j\neq i)$,使得$p_{jl}>q_{jl}$.对P对应的堆放方式进行一次移动,从(i,k)和(j,l)处各拿走一块石子,分别移至(i,l)和(j,k)处,得到新的方格表$P'=(p'_{ik})_{1\leqslant i,k\leqslant n}$,其中

$$p'_{ik}=p_{ik}-1,p'_{jl}=p_{jl}-1,p'_{il}=p_{il}+1,p'_{jk}=p_{jk}+1$$

其余单元格所填的数与P相同.此时

$$|p'_{ik}-q_{ik}|=|p_{ik}-q_{ik}|-1$$
$$|p'_{jl}-q_{jl}|=|p_{jl}-q_{jl}|-1$$
$$|p'_{il}-q_{il}|=|p_{il}-q_{il}|-1$$

而$|p'_{jk}-q_{ik}|=|p_{jk}-q_{jk}|\pm 1$,故

$$\delta(P',Q)=\delta(P,Q)-2\text{ 或 }\delta(P,Q)-4$$

若$\delta(P',Q)$仍不为0,则可继续进行上述过程,至多$\frac{\delta(P,Q)}{2}$步后即可使差为0,即从P可经过有限次移动变为Q,从而P与Q对应的堆放方式是等价的.

因此,所求的互不等价的堆放方式数等于关于$a_1,a_2,\cdots,a_n$,$b_1,b_2,\cdots,b_n$的不定方程$\sum\limits_{i=1}^{n}a_i=\sum\limits_{k=1}^{n}b_k=m$的非负整数解的个数.由熟知的结论,$\sum\limits_{i=1}^{n}x_i=m$的非负整数解共有$C_{m+n-1}^{n-1}$组,从而互不等价的堆放方式一共有$(C_{m+n-1}^{n-1})^2$种.

5 设互不相同的正整数a,b,c,d,e满足条件

$$a^4+b^4=c^4+d^4=e^5$$

证明:$ac+bd$是一个合数.

证明 用反证法,假设$p=ac+bd$是素数.由对称性,不妨设$\max\{a,b,c,d\}=a$,则由$a^4+b^4=c^4+d^4$,知$\min\{a,b,c,d\}=b$.注意到$ac\equiv -bd\pmod p$,可得$a^4c^4\equiv b^4d^4\pmod p$,于是

$$b^4d^4+b^4c^4\equiv a^4c^4+b^4c^4\equiv c^8+c^4d^4\pmod p$$

从而$(c^4+d^4)(b^4-c^4)\equiv 0\pmod p$.因此,$p$至少整除$b-c,b+c,b^2+c^2,c^4+d^4$中的一个.又$p=ac+bd>a^2+b^2$,而$-(b^2+c^2)<b-c<0$(这是因为$b\neq c$),从而$p$一定整除$c^4+d^4=e^5$.因此,$p^5=(ac+bd)^5$一定整除$c^4+d^4$,这与$(ac+bd)^5>c^4+d^4$矛盾.

6 已知 $0<\lambda<1$，A 是一个多重正整数集. 设 $A_n=\{a\in A\mid a\leqslant n\}$，且对任意 $n\in\mathbf{N}^*$，集合 A_n 至多含有 $n\lambda$ 个数. 证明：存在无穷多个正整数 n，使得 A_n 中的所有元素的和至多为 $\frac{n(n+1)}{2}\lambda$.

注：所谓多重集，是指这样的一组元素，其元素是无序的，但其元素可以重复，并且其元素的重数是有意义的. 例如，多重集 $\{1,2,3\}$ 与 $\{2,1,3\}$ 相等，而 $\{1,1,2,3\}$ 与 $\{1,2,3\}$ 则不相等.

证明 设 $b_n=|A_n|$，$a_n=n\lambda-b_n\geqslant 0$. 于是，$A_n$ 中恰有 b_i-b_{i-1} 个元素等于 i，从而 A_n 中的所有元素的和为

$$\sigma_n=\sum_{i=1}^{n}i(b_i-b_{i-1})=nb_n-\sum_{i=1}^{n}b_i$$

而 $b_n=n\lambda-a_n$，代入上式可得

$$\sigma_n=\lambda\cdot\frac{n(n+1)}{2}-na_n+\sum_{i=1}^{n}a_i$$

假设题中结论不成立，那么，存在正整数 n_0，使得对任意 $n\geqslant n_0$，A_n 的元素和大于 $\frac{n(n+1)}{2}\lambda$，则 $na_n<a_{n-1}+a_{n-2}+\cdots+a_1$，于是

$$a_n<\frac{a_{n-1}+a_{n-2}+\cdots+a_1}{n}<\frac{M_n\cdot(n-1)}{n} \quad ①$$

其中，$M_n=\max\{a_1,a_2,\cdots,a_{n-1}\}$. 这样，$a_n<\frac{(n-1)M_n}{n}<M_n$，从而

$$M_{n+1}=\max\{a_1,a_2,\cdots,a_n\}=\max\{a_1,a_2,\cdots,a_{n-1}\}=M_n$$

记这个值为 M，有 $M=M_{n_0}$.

将实数 x 的小数部分记为 $\{x\}$，即 $\{x\}=x-[x]$. 注意到 $\{a_{k+1}-a_k\}=\lambda$，则

$$\{(M-a_k)-(M-a_{k+1})\}=\lambda$$

我们断言

$$(M-a_k)-(M-a_{k+1})\geqslant\min\{\lambda,1-\lambda\} \quad ②$$

事实上，我们有 $M-a_k\geqslant 0$，$M-a_{k+1}\geqslant 0$. 如果 $M-a_k\geqslant 1$ 或 $M-a_{k+1}\geqslant 1$，那么结论显然成立. 以下假设 $0<M-a_k$，$M-a_{k+1}<1$，则 $-1<(M-a_k)-(M-a_{k+1})<1$，从而 $(M-a_k)-(M-a_{k+1})=\lambda-1$ 或 $(M-a_k)-(M-a_{k+1})=\lambda$. 在前一种情形中，我们有 $M-a_{k+1}>1-\lambda$；在后一种情形中，我们有 $M-a_k>\lambda$. 两种情形中均有式 ② 成立.

由式②可得 $a_k + a_{k+1} \leqslant 2M - \mu$,其中 $\mu = \min\{\lambda, 1-\lambda\}$. 结合式①,可知 $n \geqslant n_1 = n_0 + 1$,有

$$a_n \leqslant M - \frac{\mu}{2} \tag{3}$$

设 $\delta = \frac{\mu}{3}$. 我们对 k 用数学归纳法证明,对任意正整数 $k \geqslant 1$ 和 $n \geqslant n_k(n_k = n_0 + k)$,有

$$a_n \leqslant M - k\delta \tag{4}$$

当 $k=1$ 时,我们已经证明结论成立. 假设式④对给定的正整数 k 成立,则由式③,我们有

$$a_k + a_{k+1} \leqslant 2M - 2k\delta - \mu = 2M - (2k+3)\delta$$

(注意到 $\delta \leqslant \frac{1}{6}$,则 $\min\{\delta, 1-\delta\} = \delta$). 此时,取 $n > (2k+3)n_k$,可得

$$a_n \leqslant \frac{n_kM + (n - n_k)\left(M - \left(k + \frac{3}{2}\right)\delta\right)}{n} \leqslant M - (k+1)\delta$$

因此由归纳法原理可知式④成立. 但当 $k > \frac{M}{\delta}$ 时,会有 $a_n < 0$,矛盾. 因此结论成立.

第 45 届美国数学奥林匹克

1 设 $X_1,X_2,\cdots,X_{100}$ 是集合 S 的两两不同的非空子集. 对任意 $i\in\{1,2,\cdots,99\}$,均有 $X_i\cap X_{i+1}=\varnothing$,$X_i\cup X_{i+1}\neq S$. 求集合 S 元素个数的最小值.

解 记集合 S 的元素个数为 $|S|$,我们证明 $|S|$ 的最小值为 8.

设 $|S|=n$,则 S 有 2^n 个互不相同的子集,故 $2^n\geqslant 100$,因而 $n\geqslant 7$.

若 $|S|=7$,则 S 有 7 个一元集,21 个二元集,35 个三元集.

由于 $X_i\cap X_{i+1}=\varnothing$ 且 $X_i\cup X_{i+1}\neq S$,因此

$$|X_i|+|X_{i+1}|=|X_i\cup X_{i+1}|\leqslant|S|-1=6$$

设 $X_1,X_2,\cdots,X_{100}$ 中所有元素个数不少于 4 的集合依次为

$$X_{i_1},X_{i_2},\cdots,X_{i_m}\quad(i_1<i_2<\cdots<i_m)$$

由于 $|X_i|+|X_{i+1}|\leqslant 6$,故 $|X_{i_2-1}|,|X_{i_3-1}|,\cdots,|X_{i_m-1}|$ 均不超过 2,所以 $m-1\leqslant 7+21=28$,即 $m\leqslant 29$,由此推出

$$100\leqslant 7+21+35+m\leqslant 7+21+35+29<100$$

矛盾!

因此 $|S|\geqslant 8$.

下证 $|S|=8$ 时存在 $X_1,X_2,\cdots,X_{100}$ 满足题设要求.

我们证明下述命题:对 $|S|=n(n\geqslant 5)$,可以找到 $7\cdot 2^{n-4}$ 个子集 $X_1,X_2,\cdots,X_{7\cdot 2^{n-4}}$,对任意 $i\in\{1,2,\cdots,7\cdot 2^{n-4}-1\}$,都有 $X_i\cap X_{i+1}=\varnothing$,$X_i\cup X_{i+1}\neq S$. 由此即可推出 $n=8$ 时,有 $7\cdot 2^4=112$ 个子集满足题设要求,取其中前 100 个即可.

对 n 用数学归纳法,不妨设 $S=\{1,2,\cdots,n\}$. $n=5$ 时,$\{1,5\}$,$\{3,4\}$,$\{2,5\}$,$\{1,4\}$,$\{3,5\}$,$\{1,2\}$,$\{4\}$,$\{5\}$,$\{1\}$,$\{3,4,5\}$,$\{2\}$,$\{1,4,5\}$,$\{3\}$,$\{1,2,5\}$ 满足要求.

设 $n=k\geqslant 5$ 时,$X_1,X_2,\cdots,X_m\subsetneqq\{1,2,\cdots,k\}$ 满足要求,其中 $m=7\cdot 2^{k-4}$. 对 $n=k+1$,考虑 $Y_1,Y_2,\cdots,Y_{2m}\subsetneqq\{1,2,\cdots,k+1\}$,其中

$$Y_{2i-1}=X_{2i-1}\cup\{k+1\}\quad\left(i=1,2,\cdots,\frac{m}{2}\right)$$

$$Y_{2i}=X_{2i}\quad\left(i=1,2,\cdots,\frac{m}{2}\right)$$

$$Y_{m+1}=\{k+1\}$$

$$Y_{m+1+2i-1}=X_{2i-1}\quad\left(i=1,2,\cdots,\frac{m}{2}\right)$$

$$Y_{m+1+2i}=X_{2i}\cup\{k+1\}\quad\left(i=1,2,\cdots,\frac{m}{2}-1\right)$$

此时，容易验证 $Y_1,Y_2,\cdots,Y_{2m}$ 两两不同，且 $Y_i\cap Y_{i+1}=\varnothing$，$Y_i\cup Y_{i+1}\neq\{1,2,\cdots,k+1\}$，故可找到 $7\cdot 2^{k-3}$ 个子集满足题设要求，由数学归纳法知命题成立.

综上所述，$|S|$ 的最小值为 8.

2 求证：对任意正整数 k，$(k^2)!\cdot\prod\limits_{j=0}^{k-1}\dfrac{j!}{(j+k)!}$ 是一个整数.

证明 设

$$N=(k^2)!\cdot\prod_{j=0}^{k-1}\frac{j!}{(j+k)!}=\frac{(k^2)!}{1^1\cdot 2^2\cdot\cdots\cdot k^k\cdot(k+1)^{k-1}\cdot\cdots\cdot(2k-1)^1}$$

设 $d\in\mathbf{N}^*$，对(可重)集合

$$M_1=\{1,2,\cdots,k^2\}$$

$$M_2=\{1,2,2,3,3,3,\cdots,\underbrace{k,k,\cdots,k}_{k\text{个}},\underbrace{k+1,k+1,\cdots,k+1}_{k-1\text{个}},\cdots,2k-2,2k-2,2k-1\}$$

记 $l_d(M_i)(i=1,2)$ 为 M_i 中 d 的倍数的个数，则 $l_d(M_1)=\left[\dfrac{k^2}{d}\right]$.

设 $k=rd+s(r,s\in\mathbf{N},s<d)$，若 $r=0$，则 $k=s<d$，$2k-1<2d$，M_2 中出现 $\max\{2s-d,0\}$ 个 d，所以

$$l_d(M_2)=\max\{2s-d,0\} \quad ①$$

若 $r>0$，则 $k<(r+1)d$，$2k-1<(2r+2)d$，M_2 中出现 td 个 $td(t=1,2,\cdots,r)$，$k+s-td$ 个 $(r+t)d(t=1,2,\cdots,r)$，$\max\{2s-d,0\}$ 个 $(2r+1)d$，所以

$$l_d(M_2)=\sum_{t=1}^{r}td+\sum_{t=1}^{r}(k+s-td)+\max\{2s-d,0\}=r(k+s)+\max\{2s-d,0\} \quad ②$$

结合 ①，② 知

$$l_d(M_2)=r(k+s)+\max\{2s-d,0\}$$

注意到

$$l_d(M_1)=\left[\frac{k^2}{d}\right]=\left[\frac{(rd+s)^2}{d}\right]=r^2d+2rs+\left[\frac{s^2}{d}\right]=r(k+s)+\left[\frac{s^2}{d}\right]$$

而显然$\frac{s^2}{d} \geqslant 2s-d, \frac{s^2}{d} \geqslant 0$,所以$\left[\frac{s^2}{d}\right] \geqslant \max\{2s-d, 0\}$,故对任意正整数 d,有

$$l_d(M_1) \geqslant l_d(M_2) \quad ③$$

对任意质数 p

$$N_1 = (k^2)! = \prod_{x \in M_1} x$$

中 p 的幂次 $v_p(N_1)$ 为 $\sum_{t=1}^{+\infty} l_{p^t}(M_1)$

$$N_2 = 1^1 \cdot 2^2 \cdot \cdots \cdot k^k \cdot (k+1)^{k-1} \cdot \cdots \cdot (2k-1)^1 = \prod_{x \in M_2} x$$

中 p 的幂次 $v_p(N_2)$ 为 $\sum_{t=1}^{+\infty} l_{p^t}(M_2)$,由③知 $v_p(N_1) \geqslant v_p(N_2)$,由 p 的任意性知 $N_2 \mid N_1$,故 $N = \frac{N_1}{N_2}$ 是一个整数. 证毕.

注:与一般的集合相比较,可重集的元素也有无序性,但不再具有元素互异性,其每个不同的元素均记重数. 例如,{1,2,3} 与 {2,1,3} 是同一个集合,但{1,1,2,3} 与{1,2,3} 不同.

3 设点 O, I_B, I_C 分别是锐角 $\triangle ABC$ 的外接圆圆心、角 B 内的旁切圆圆心和角 C 内的旁切圆圆心. 在 AC 边上取点 E 和 Y 使得 $\angle ABY = \angle CBY, BE \perp AC$. 在 AB 边上取点 F 和 Z 使得 $\angle ACZ = \angle BCZ, CF \perp AB$. 直线 I_BF 和 I_CE 交于点 P. 求证: $PO \perp YZ$.

证明 如图 45.1,设 I_A 为 $\triangle ABC$ 在角 A 内的旁心,易知 I_C, A, I_B 共线,I_B, C, I_A 共线,I_A, B, I_C 共线,$AI_A \perp I_BI_C$.

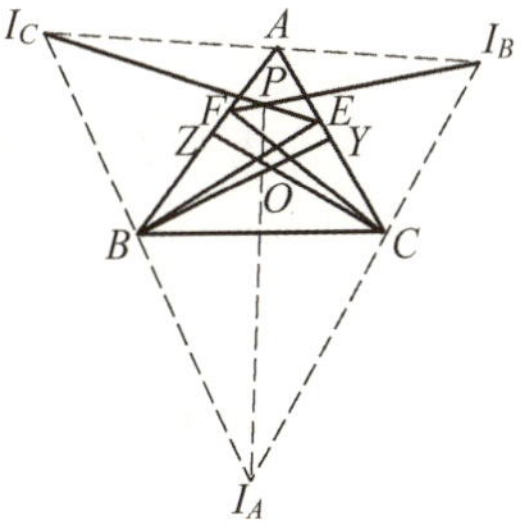

图 45.1

用 A, B, C 表示 $\triangle ABC$ 三个内角,注意到

$$\angle OCI_A = \left(\frac{\pi}{2} - A\right) + \left(\frac{\pi}{2} - \frac{C}{2}\right)$$

$$\angle OBI_A = \left(\frac{\pi}{2} - A\right) + \left(\frac{\pi}{2} - \frac{B}{2}\right)$$

$$\angle FAI_B = \frac{\pi + A}{2}$$

$$\angle FCI_B = \left(\frac{\pi}{2} - A\right) + \left(\frac{\pi}{2} - \frac{C}{2}\right)$$

由上述角度关系及正弦定理得

$$\frac{\sin \angle CI_AO}{\sin \angle OI_AB} = \frac{\sin \angle CI_AO}{CO} \cdot \frac{BO}{\sin \angle OI_AB} =$$

$$\frac{\sin \angle OCI_A}{OI_A} \cdot \frac{OI_A}{\sin \angle OBI_A} =$$

$$\frac{\sin\left(A+\frac{C}{2}\right)}{\sin\left(A+\frac{B}{2}\right)}$$

$$\frac{\sin\angle I_CI_BF}{\sin\angle FI_BI_A}=\frac{\sin\angle I_CI_BF}{FA}\cdot\frac{FC}{\sin\angle FI_BI_A}\cdot\frac{FA}{FC}=$$

$$\frac{\sin\angle FAI_B}{FI_B}\cdot\frac{FI_B}{\sin\angle FCI_B}\cdot\frac{FA}{FC}=$$

$$\frac{\sin\frac{\pi+A}{2}}{\sin\left(A+\frac{C}{2}\right)}\cdot\cot A$$

同理

$$\frac{\sin\angle EI_CI_B}{\sin\angle I_AI_CE}=\frac{\sin\frac{\pi+A}{2}}{\sin\left(A+\frac{B}{2}\right)}\cdot\cot A$$

即

$$\frac{\sin\angle I_AI_CE}{\sin\angle EI_CI_B}=\frac{\sin\left(A+\frac{B}{2}\right)}{\sin\frac{\pi+A}{2}}\cdot\tan A$$

故

$$\frac{\sin\angle I_CI_BF}{\sin\angle FI_BI_A}\cdot\frac{\sin\angle CI_AO}{\sin\angle OI_AB}\cdot\frac{\sin\angle I_AI_CE}{\sin\angle EI_CI_B}=1$$

由 $\triangle ABC$ 为锐角三角形知，I_CE，I_BF，I_AO 分别在 $\angle I_AI_CI_B$，$\angle I_CI_BI_A$，$\angle I_BI_AI_C$ 内，故由角元塞瓦(Ceva)定理得，I_AO，I_CE，I_BF 三线共点.

如图45.2，设 I_A，O 在 AB 上的射影分别为 T，M，点 O 在 BY 上的射影为 N.

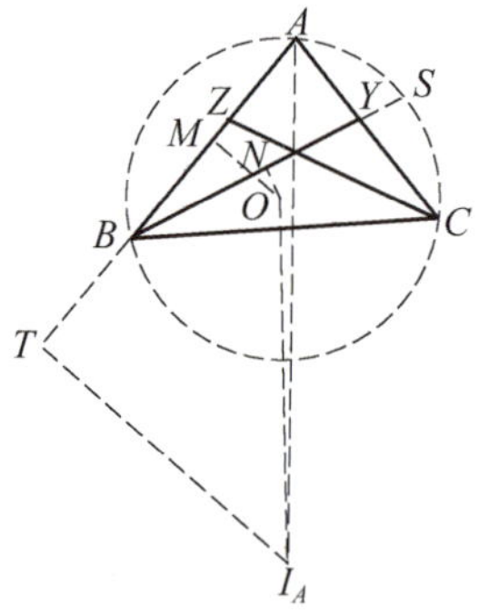

图45.2

由 I_AO，I_CE，I_BF 三线共点于 P 知，只需证明 $I_AO\perp YZ$ 即可，这等价于证明

$$\overrightarrow{I_AO}\cdot\overrightarrow{YZ}=0$$

注意到 $I_AB\perp BY$，故

$$\overrightarrow{I_AO}\cdot\overrightarrow{ZY}=\overrightarrow{I_AO}\cdot\overrightarrow{ZB}+(\overrightarrow{I_AB}+\overrightarrow{BO})\cdot\overrightarrow{BY}=$$

$$\overrightarrow{I_AO}\cdot\overrightarrow{ZB}+\overrightarrow{BO}\cdot\overrightarrow{BY}=$$

$$\overrightarrow{TM}\cdot\overrightarrow{ZB}+\overrightarrow{BN}\cdot\overrightarrow{BY}=$$

$$\overrightarrow{BN}\cdot\overrightarrow{BY}-\overrightarrow{TM}\cdot\overrightarrow{BZ}$$

设 BY 与 $\triangle ABC$ 外接圆的另一个交点为 S，则 N 为 BS 的中点，且易知 $\triangle ABY$ 与 $\triangle SBC$ 相似，故 $\frac{AB}{SB}=\frac{BY}{BC}$，所以

$$BN\cdot BY=\frac{1}{2}BS\cdot BY=\frac{1}{2}BA\cdot BC$$

设 $BC=a, AC=b, AB=c$，则

$$TB=\frac{1}{2}(a+b-c), MB=\frac{1}{2}c$$

故

$$TM=TB+MB=\frac{1}{2}(a+b)$$

由 $\frac{BZ}{ZA}=\frac{BC}{CA}$ 及 $BZ+ZA=AB$ 知，$BZ=\frac{ac}{a+b}$，故

$$TM\cdot BZ=\frac{ac}{2}=BN\cdot BY$$

从而 $\overrightarrow{I_AO}\cdot\overrightarrow{YZ}=0$，证毕.

4 求所有的函数 $f:\mathbf{R}\to\mathbf{R}$，满足对任意实数 x,y，都有

$$(f(x)+xy)\cdot f(x-3y)+(f(y)+xy)\cdot f(3x-y)=(f(x+y))^2 \quad ①$$

解 在①中取 $x=y=0$ 得，$f(0)=0$，由此知在①中取 $x=0$ 可得 $f(x)f(-y)=f^2(y)$，因而

$$f(y)f(-y)=f(-y)f(y)=f^2(-y)$$

若 $f(y)=0$，则由上式知 $f(-y)=0$；

若 $f(y)\neq 0$，则由 $f(y)f(-y)=f^2(y)$ 知，$f(y)=f(-y)$，故

$$f(y)=f(-y) \quad ②$$

对任意 y 均成立.

在①中取 $y=-x$，结合②知，$2(f(x)-x^2)f(4x)=0$，所以，对任意 x，$f(x)=x^2$ 或 $f(4x)=0$.

在①中取 $x=3y$ 知

$$(f(y)+3y^2)f(8y)=f^2(4y) \quad ③$$

故 $f(8y)=0$ 可以推出 $f(4y)=0$，因而若 $f(4x)=0$，则 $f(2x)=0$，进而 $f(x)=0$.

所以，对任意实数 x，$f(x)=x^2$ 或 $f(x)=0$.

若存在 x 使 $f(x)\neq 0$，由②及 $f(0)=0$，不妨设 $x>0$，此时，$f(x)=x^2>0$.

在③中取 $y=\frac{x}{4}$，则

$$\left(f\left(\frac{x}{4}\right)+\frac{3}{16}x^2\right)f(2x)=f^2(x)>0$$

故 $f(2x)\neq 0$，因而 $f(2x)=4x^2$，由此可知，若存在 $x>0$ 使 $f(x)=x^2$，则对任意 $N>0$，存在 $x>N$ 使 $f(x)=x^2$.

我们证明如下论断：若 $m>0$ 且 $f(m)=m^2$，则对任意 $x\in(0,m)$，$f(x)=x^2$.

若此论断成立,则对任意 $y>0$,由于存在 $x>0$ 使 $f(x)=x^2$,故存在 $x>y$ 使 $f(x)=x^2$,进而由上述论断知 $f(y)=y^2$.

再结合 ② 及 $f(0)=0$ 得,对任意实数 x,$f(x)=x^2$.

设 ① 中 $x\in\left(\frac{3m}{4},m\right)$,$y=m-x$,则 ① 右边 $=f^2(m)=m^4$,而由于 $x,y>0$,故

$$\text{①左边}\leqslant(x^2+xy)\cdot(x-3y)^2+(y^2+xy)\cdot(3x-y)^2=(x+y)^4=m^4$$

所以特别地,$f(x-3y)=(x-3y)^2$ 时不等式等号成立,而 $x-3y=4x-3m$ 取遍所有 $(0,m)$ 中的数,所以对任意 $x\in(0,m)$,$f(x)=x^2$.

由上述讨论知,$f(x)=x^2(x\in\mathbf{R})$ 或 $f(x)=0(x\in\mathbf{R})$. 经检验,均满足 ①.

5 设 $\triangle ABC$ 的外接圆圆心和内切圆圆心分别为 O,I,点 M 和点 Q 分别在边 AB 和 AC 上,点 N 和点 P 均在边 BC 上(N 在线段 BP 内),使得五边形 $AMNPQ$ 的五条边长度相等. 记点 S 为直线 MN 和 QP 的交点,l 为 $\angle MSQ$ 的角平分线. 求证:直线 OI 与 l 平行.

证明 如图 45.3,设 U 为 PM 的中点,V 为 QN 的中点,W 为 QM 的中点,I 在 BC 上的投影为 T. 由于 UW,VW 分别为 $\triangle PQM$,$\triangle QMN$ 的中位线,故 $\frac{1}{2}\overrightarrow{PQ}=\overrightarrow{UW}$,$\frac{1}{2}\overrightarrow{NM}=\overrightarrow{VW}$,因为 $PQ=MN$ 所以 $UW=VW$,由此得到

$$\overrightarrow{UV}\cdot(\overrightarrow{WU}+\overrightarrow{WV})=0$$

因此 $\overrightarrow{UV}\cdot(\overrightarrow{QP}+\overrightarrow{MN})=0$,所以 $l\perp UV$.

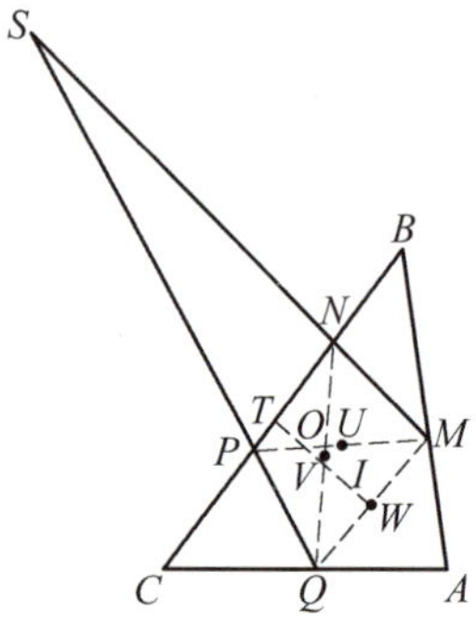

图 45.3

下证 $OI\perp UV$,即有 $OI\parallel l$. 这只需证明

$$OU^2-IU^2=OV^2-IV^2 \quad ①$$

即可.

由中线长公式

$$2OU^2=OP^2+OM^2-\frac{1}{2}PM^2 \quad ②$$

$$2IU^2=IP^2+IM^2-\frac{1}{2}PM^2 \quad ③$$

$$2OV^2=OQ^2+ON^2-\frac{1}{2}QN^2 \quad ④$$

$$2IV^2=IQ^2+IN^2-\frac{1}{2}QN^2 \quad ⑤$$

由 AI 为 $\angle BAC$ 平分线且 $AQ = AM$ 知，$\triangle AMI$ 与 $\triangle AQI$ 全等，故

$$IQ = IM \quad ⑥$$

设 $\triangle ABC$ 外接圆半径为 R，由圆幂定理知

$$OP^2 = R^2 - CP \cdot PB, ON^2 = R^2 - CN \cdot NB$$

故

$$OP^2 - ON^2 = (CP + PN) \cdot NB - CP \cdot (PN + NB) = (NB - CP) \cdot PN$$

同理

$$OM^2 - OQ^2 = AQ \cdot QC - AM \cdot MB = NP \cdot (QC - MB) = NP \cdot (AC - AB)$$

因而

$$OP^2 - ON^2 + OM^2 - OQ^2 = NP \cdot (NB - CP + AC - AB) \quad ⑦$$

而

$$IP^2 - IN^2 = PT^2 - TN^2 = \overrightarrow{PT}^2 - \overrightarrow{TN}^2 = (\overrightarrow{PT} + \overrightarrow{TN}) \cdot (\overrightarrow{PT} - \overrightarrow{TN}) = \overrightarrow{PN} \cdot (\overrightarrow{CT} - \overrightarrow{CP} - \overrightarrow{BN} + \overrightarrow{BT}) = PN \cdot (CT - CP + NB - TB) \quad ⑧$$

由于 I 为内心，故 $CT - TB = AC - AB$，结合 ⑦ 得

$$OP^2 - ON^2 + OM^2 - OQ^2 = IP^2 - IN^2 \quad ⑨$$

由 ②，③，④，⑤，⑥，⑨ 即得 ① 成立，证毕.

6 给定整数 $n \geqslant k \geqslant 2$. 你和一个邪恶的巫师玩这样一个游戏：巫师有 $2n$ 张卡片，每张卡片的正面写有一个整数. 对任意 $i \in \{1,2,\cdots,n\}$，都恰有两张卡片正面写着 i. 初始时，巫师将卡片正面朝下分别放置在从左到右编号为 $1,2,\cdots,2n$ 的位置上，而你不知道卡片放置的顺序. 你可以重复进行如下操作：选择其中 k 张卡片，并把它们翻成正面朝上. 如果其中有两张卡片上的整数相同，则你获得游戏的胜利；否则，你闭上眼睛，由巫师将这 k 张卡片在这 k 个位置上重新排列顺序并将它们翻回正面朝下(其余位置卡片不动). 然后你可以进行下一次操作.

我们称数对 (n,k) 是“可胜数对”，如果存在一个正整数 m，使得无论巫师如何操作，你都能确保在 m 次操作内获胜. 求所有的“可胜数对” (n,k).

解 我们先证明：若 $2 \leqslant k < n$，我们可以在 $n+3$ 次操作内获胜.

我们采用如下策略：

第 $i(i=1,2,\cdots,n+2)$ 次选取 $i,i+1,\cdots,i+k-1$（其中 $i+k-1\leqslant 2n$）这 k 个位置的卡片.

不妨假设在 $n+2$ 次操作后未获胜，由于第一次选取 $1,2,\cdots,k$ 这 k 个位置的卡片，第二次选取 $2,3,\cdots,k+1$ 这 k 个位置的卡片，则第二次翻开的第 $2,3,\cdots,k$ 个位置上的 $k-1$ 张卡片就是第一次翻开的 k 张卡片中的 $k-1$ 张，因此我们能够确定第一次翻开的 k 张卡片中剩下的那张写的数是多少，而那张卡片就在位置 1，由于在第二次操作后巫师无法改变位置 1 上的卡片，此即说明通过这两次操作，我们可以确定位置 1 上卡片的数.

同理，第三次选取 $3,4,\cdots,k+2$ 这 k 个位置的卡片，结合第二次选取的卡片，我们可以确定位置 2 上卡片的数，……，第 $n+2$ 次选取 $n+2,n+3,\cdots,n+k+1$ 这 k 个位置的卡片，结合第 $n+1$ 次选取的卡片，我们可以确定位置 $n+1$ 上卡片的数.

至此，我们已经确定了位置 $1,2,\cdots,n+1$ 上卡片的数，其中必有两个相同，第 $n+3$ 次就选取这两个位置及其他任意 $k-2$ 个位置上的卡片即可.

其次，我们证明 $k=n$ 时无法确保获胜.

反证法，假设存在某种策略使得确保在第 m 次操作后获胜且 m 最小，则在第 m 次操作前必确定了一个位置集合 X，X 中有两张卡片是相同的数且 $|X|\leqslant n$，设 X 是所有使 m 最小的策略在第 m 次操作前所确定的位置集合中元素个数最少的集合.

设第 $m-1$ 次选取的位置集合为 Y，$|Y|=n$.

若 $Y\supseteq X$，则第 $m-1$ 次操作后已获胜，与 m 的最小性矛盾.

若 $Y\subseteq\bar{X}$（$\bar{X}$ 为 X 的补集），则由于 X 中有两张卡片是相同的数，故 $\bar{X}$ 中至多只有 $n-1$ 个不同的数，而 $|Y|=n$，所以 Y 中有两张卡片是相同的数，即第 $m-1$ 次操作后已获胜，与 m 的最小性矛盾.

若上述情况均不成立，则 $Y\cap X=T$，由于第 $m-1$ 次操作后未获胜，故第 $m-1$ 次操作翻开的数为 $1,2,\cdots,n$ 各一个，即 T 中元素为 $1,2,\cdots,n$ 中随机的 $|T|$ 个元素，由于 $T\neq\varnothing$，$T\neq X$，故 $0<|T|<n$，因而我们无法知道哪些数在里面. 所以，确定的两张相同数的卡片均在 $X\backslash T$ 中，因而在第 m 次操作前必确定了一个位置集合 $X\backslash T$，$X\backslash T$ 中有两张卡片是相同的数且 $|X\backslash T|<|X|$，与 $|X|$ 的最小性矛盾.

由上述讨论即知 $k=n$ 时无法确保获胜.

综上所述，所有的“可胜数对”为满足 $2\leqslant k<n$ 的 (n,k).

第 46 届美国数学奥林匹克

1 证明:存在无穷多对互质的整数对(a,b). 满足 $a>1$, $b>1$ 且

$$a+b\mid a^b+b^a$$

证明 我们证明对任意整数 $n>1$, $a=2n-1$, $b=2n+1$ 满足要求.

显然,此时 a,b 互质且 $a>1$, $b>1$. 由 $a+b=4n$, $b-a=2$ 且 $a^2-1=4n^2-4n$ 知, $a+b\mid a^{b-a}-1$; 由 a 为奇数知, $a+b\mid a^a+b^a$, 故

$$a+b\mid a^a(a^{b-a}-1)+a^a+b^a=a^b+b^a$$

命题得证.

2 设 $m_1,m_2,\cdots,m_n$ 为 n 个给定的正整数(不必不同),对任意的整数序列 $A=(a_1,\cdots,a_n)$ 和 $m_1,m_2,\cdots,m_n$ 的任意排列 $w_1,w_2,\cdots,w_n$,定义 i,j(其中 $i<j$) 为一个 A - 逆序对如果 (1) $a_i\geqslant w_i\geqslant w_j$; (2) $w_j>a_i\geqslant w_i$; (3) $w_i>w_j>a_i$ 中有一个成立.

证明:对任意两个序列 A 和 B,以及任意正整数 k,恰好有 k 个 A - 逆序对的排列个数等于恰好有 k 个 B - 逆序对的排列个数.

证明 令

$$g_n(x)=1(1+x)(1+x+x^2)\cdots(1+x+\cdots+x^{n-1})=\frac{\prod_{i=1}^{n}(x^i-1)}{(x-1)^n}$$

我们先证明当 m_i 两两不等时,恰好有 k 个 A - 逆序对的元素个数为 g_n 中 k 次项的系数. 归纳基础为 $n=1$,易检验.

当 $n>1$ 时,假设 $m_1,m_2,\cdots,m_n$ 和 a_1 的顺序关系为

$$m_{t_k}<m_{t_{k-1}}<\cdots<m_{t_1}\leqslant a_1<m_{t_n}<m_{t_{n-1}}<\cdots<m_{t_{k+1}}$$

易检验,如果 $w_1=m_{t_r}$,则恰好有 $n-r$ 个 $j>1$ 使得$(1,j)$ 满足 (1) ~ (3). 在这种情况下, $w_1\cdots w_n$ 恰好有 k 个 A - 逆序对,当且仅当 $w_2,\cdots,w_n$ 有 $k-(n-r)$ 个 A - 逆序时,由归纳假设,这样的逆

序对个数和$(a_2,\cdots,a_n)$无关，为g_{n-1}中$x^{k-(n-r)}$的系数. 考虑$r=1,\cdots,n$，所以恰好有k个A－逆序对的排列的个数为

$$g_{n-1}(x)(1+x+\cdots+x^{n-1})=g_n(x)$$

中x^k的系数.

当m_i中有重复元素时，设其中不相等的值分别为$x_1<x_2<\cdots<x_t$，其中x_i出现了n_i次，$\sum n_i=n$. 将$[n]$(前n个正整数构成的集合)的所有排列分类，两个排列在同一组中当且仅当对所有的i，x_i在两个排列中出现的n_i个位置相同. 这样每组有$\prod n_i!$个排列，共$\frac{n!}{\prod n_i!}$组.

从定义看显然每组中逆序对的个数是相同的，设其中有k个A－逆序对的组数有$f_A(k)$个，从而有k个A－逆序对的排列有$f_A(k)\prod n_i!$个.

设

$$h(x)=\sum_{k\geqslant 0}f_A(k)x^k$$

不妨设$|x_{i+1}-x_i|$的最小值为δ. 观察(1)～(3)可知当a_i在任意$[x_i,x_{i+1})$或$[x_t,\infty)$内部变化时逆序对的统计不变，所以我们可以假设任意a_i离任意x_t的距离至少为$\frac{\delta}{2}$. 下面对每个x_i，定义新的n_i个数

$$X_i=\left\{x_i+0,x_i+\frac{\delta}{2n},\cdots,x_i+\frac{(n_i-1)\delta}{2n}\right\}$$

这样得到的n个数记为$m'=(m'_1,\cdots,m'_n)$.

回到上面的分组，每组中的$\prod n_s!$个排列对于m来说逆序对个数都相同，记为T；考虑该组中的任何一个排列π，及其任意两个位置，对于m'来说，如果这两个位置属于不同的X_i，由我们的构造，这两个位置上元素之间的大小关系以及和a_i的大小关系和在m意义下相同，这类位置关系产生的逆序对恰好为T；对于同一个X_i，无论X_i在排列中处于哪n_i个位置，由第一部分的结论，这n_i个位置产生k'个逆序对的排列数和a_i们无关，为g_{n_i}中$x^{k'}$的系数. 由此，下式两边系数的组合意义相同，故

$$h(x)\prod_{i=1}^{t}g_{n_i}(x)=g_n(x)$$

即

$$h(x)=\frac{(x-1)(x^2-1)\cdots(x^n-1)}{(x-1)\cdots(x^{n_1}-1)(x-1)\cdots(x^{n_2}-1)\cdots(x-1)\cdots(x^{n_t}-1)}$$

$f_A(k)$为$h(x)$的k次系数，和A无关，命题得证.

注 本题解答由陈晓敏老师提供,陈老师做本题时的想法:由题意,逆序对的个数分布和 A 无关,可以先尝试在 A 比较简单的时候的情况. 显然一个简单的情形是当所有的 a_i 都非常大,大于所有的 m_j 时,此时 A - 逆序对的定义只有(1)有意义,并且和通常置换中逆序对的定义一致. 所以我们可以先求通常意义下有 k 个逆序对的排列的个数.

一个更简单的情形是所有 m_i 两两不等,这样我们可以假设它们构成$[n]$. 设 $f(n,k)$ 为$[n]$ 的排列中恰好有 k 个逆序对的排列个数,对 $w_1=1,2,\cdots,n$ 分情况讨论,可得

$$f(n,k)=f(n-1,k)+f(n-1,k-1)+\cdots+f(n-1,0)$$

用生成函数更清楚地可以写出,令

$$g_n(x)=\sum_{k\geqslant 0}f(n,k)x^k$$

我们有

$$g_n(x)=g_{n-1}(x)(1+x+\cdots+x^{n-1})$$

显然 $g_1(x)=1=1x^0$,所以

$$g(x)=1(1+x)(1+x+x^2)\cdots(1+x+\cdots+x^{n-1})=\frac{\prod_{i=1}^{n}(x^i-1)}{(x-1)^n}$$

再考虑 m_i 有重复的情况,举例假设 7 重复了 4 遍,考虑它们在 m_i 中从前到后,分别设新的 m'_i 为 7.01,7.02,7.03,7.04,将所有 m 的排列按照 4 个 7 的位置组成的集合分组,24 个一组. 每组中排列在原来的 m 下逆序对的个数相同,对于新的 m',恰好有 $f(4,k)$ 个加了 k 对. 所以 m' 的生成函数满足

$$g'_n(x)g_4(x)=g_n(x)$$

一般地,如果 m_i 中有 t 个不同的值,重复度分别为 $n_1,n_2,\cdots,n_t$,则其生成函数为

$$h(x)=\frac{g_n(x)}{\prod_{i=1}^{t}g_{n_i}(x)}$$

如果命题成立,我们知道具体的生成函数应该就是这样的. 原题的证明基本和上面的两个步骤相同,当然避开生成函数而只用多项式的系数也可以说清楚. 另外要通过试验感觉到(1),(2),(3)具体的作用,a_i 在这里起了一个 ∞ 的作用.

3 不等腰 $\triangle ABC$ 的外接圆为 Ω，内心为 I，射线 AI 与 BC 交于 D，与 Ω 交于除 A 以外的另一点 M，以 DM 为直径的圆与 Ω 交于除 M 以外的另一点 K，直线 MK 与 BC 交于点 S，设 N 为 IS 的中点，$\triangle KID$ 的外接圆与 $\triangle MAN$ 的外接圆交于 L_1，L_2 两点，证明：Ω 过 IL_1 或 IL_2 的中点.

证明 如图 46.1，设 W 是 BC 的中点，X 为 M 关于圆 Ω 的对径点，由 $\angle MKD = 90° = \angle MKX$ 知，K，D，X 三点共线，故 BC，MK，XA 三线共点于 $\triangle DMX$ 的心（即为 S）. 设 $\triangle ABC$ 中 $\angle A$ 所对的旁心为 I_A.

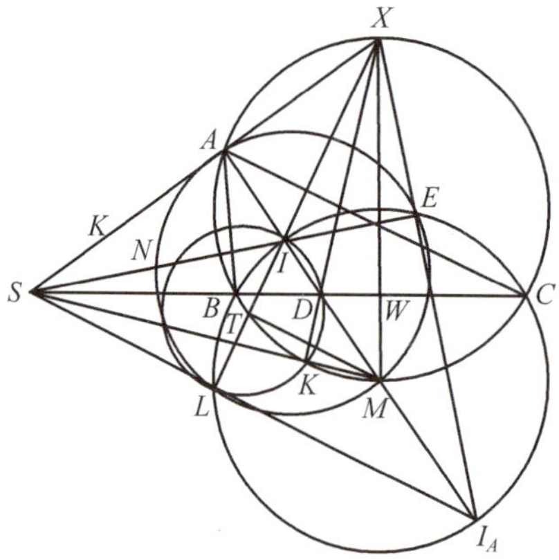

图 46.1

设 E 为 I 在 XI_A 上的射影，注意到 E 在以 II_A 为直径的圆 ω 上，由 $\angle IBI_A = \angle ICI_A = 90°$ 知，ω 过 B，C，而

$$\angle MBI = \frac{\angle ABC + \angle BAC}{2} = \angle MIB$$

$$\angle MCI = \frac{\angle ACB + \angle BAC}{2} = \angle MIC$$

故 $MB = MI = MC$. 所以，ω 为以 M 为圆心，MI 为半径的圆. 由于 ω，Ω 及以 IX 为直径的三个圆的两两根轴 AX，IE，BC 共点，且 AX，BC 交于点 S，故 IE 也过点 S. 由 $SE \perp XI_A$，$AI_A \perp SX$ 知，I 为 $\triangle XSI_A$ 的垂心，故 $XI \perp SI_A$，设 L 为 X 在 SI_A 上的射影，则 X，I，L 三点共线且 L 在 ω 上.

一方面，L，M，A，N 四点共圆（$\triangle XSI_A$ 的九点圆）；另一方面，由

$$MI^2 = MB^2 = MW \cdot MX$$

知，$\triangle MWI$ 与 $\triangle MIX$ 相似，由此得到

$$\angle IWM = \angle MIX = 180° - \angle LIM = 180° - \angle MLI$$

故 M，W，I，L 四点共圆，而 IL，DK，WM 三线共点于 X；K，D，W，M 也

四点共圆,因此

$$XD \cdot XK = XW \cdot XM = XI \cdot XL$$

故 L,I,D,K 四点共圆,所以点 L 为 $\triangle KID$ 的外接圆与 $\triangle MAN$ 的外接圆的一个交点.

设 T 为 IL 的中点,由 $TM /\!/ LI_A$ 知,$\angle MTX = \angle I_A LI = 90°$,故 T 在 Ω 上,命题得证.

4 在单位圆 $x^2 + y^2 = 1$ 上给定 $2n$ 个不同的点 $P_1,P_2,\cdots,P_{2n}$(不同于点(1,0)). 这 $2n$ 个点中恰有 n 个点被染成红色,另 n 个点被染成蓝色. 将 n 个红点按任意顺序标上 $R_1,R_2,\cdots,R_n$. 设 B_1 是从 R_1 出发沿着圆周按逆时针方向行进时遇到的第一个蓝点,在余下的蓝点中,B_2 是从 R_2 出发沿着圆周按逆时针方向行进时遇到的第一个蓝点,以此类推直到每个蓝点都被标上 $B_1,B_2,\cdots,B_n$ 之一. 求证:无论给定的 n 个红点按什么顺序标上 $R_1,R_2,\cdots,R_n$,在所有按逆时针方向从 R_i 指向 B_i 的弧 $R_i \to B_i$ 中,包含点(1,0) 的弧的个数是定值.

证明 我们从(1,0)开始逆时针对 $2n$ 个点进行编号:初始值为0,每经过一个蓝点就将现有值减1并将得到的值标记在这个蓝点上,每经过一个红点就将现有值加 1 并将得到的值标记在这个红点上,如图46.2所示为一个 $n=4$ 的例子. 我们用数学归纳法证明下述断言:无论如何编号,在所有按逆时针方向从 R_i 指向 B_i 的弧 $R_i \to B_i$ 中,包含点(1,0) 的弧的个数即为所有点中标记过的最小数的相反数(因此,与编号方式无关).

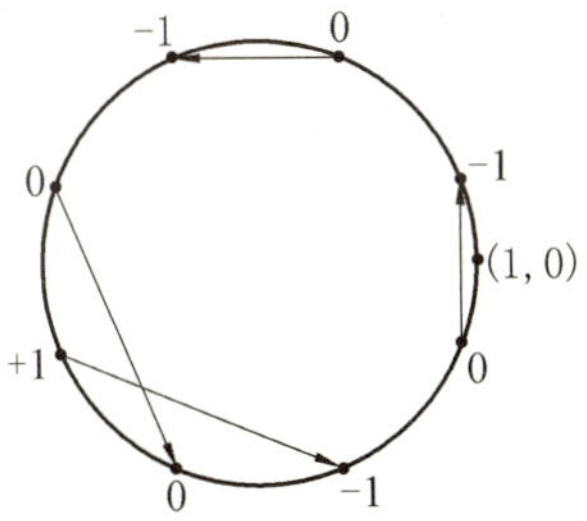

图 46.2

当 $n=1$ 时,若从(1,0) 开始逆时针先红后蓝,则标记过的最小数为 0,按逆时针方向从 R_i 指向 B_i 的弧 $R_i \to B_i$ 中,包含点(1,0) 的弧的个数也是 0;若从(1,0) 开始逆时针先蓝后红,则标记过的最小数为 -1,按逆时针方向从 R_i 指向 B_i 的弧 $R_i \to B_i$ 中,包含点(1,0) 的弧的个数是 1,故断言成立.

若结论对 $k \leqslant n$ 均成立,对 $k=n+1$,我们考虑弧 $R_1 \to B_1$,若

其不包含点(1,0)，我们去掉 R_1,B_1，不改变包含点(1,0) 的弧 $R_i\to B_i$ 的个数. 此时，按前述规则标数，由归纳假设，包含点(1,0) 的弧 $R_i\to B_i$ 的个数应等于所标记的 $2n$ 个数中最小数的相反数 t，我们将 R_1,B_1 放回，重新按规则标数时，由于先标 R_1 再标 B_1，且 R_1,B_1 之间没有蓝点，因此在新的标数过程中，R_1 之前的点所标的数不变，$R_1>-t$，R_1,B_1 之间所有的点(如果有的话，且均为红点)所标的数比原来大 1，$B_1\geqslant -t$，B_1 之后的点所标的数不变，由于最小数必在某个蓝点处取到，而 B_1 之前的点，R_1 之后的点所标的数不变，由于最小数必在某个蓝点处取到，故最小数仍为 $-t$，其相反数等于包含点(1,0) 的弧的个数，断言成立.

若弧 $R_1\to B_1$ 包含点(1,0)，我们去掉 R_1,B_1，则包含点(1,0) 的弧 $R_i\to B_i$ 的个数减少 1，此时，按前述规则标数，由归纳假设，包含点(1,0) 的弧 $R_i\to B_i$ 的个数应等于所标记的 $2n$ 个数中最小数的相反数 t，我们将 R_1,B_1 放回，重新按规则标数时，由于先标 B_1 再标 R_1，且弧 $R_1\to B_1$ 之间没有蓝点，因此在新的标数过程中，B_1 之前的点所标的数不变，$B_1\geqslant -t-1$，B_1,R_1 之间所有的点所标的数比原来小 1，R_1 之后的点所标的数不变，由于最小数必在某个蓝点处取到，而 B_1 之前的点，R_1 之后的点均不为蓝点，故标记 $2n$ 个数时得到的最小数必在 B_1 到 R_1 之间，在重新标数时，这个数被标记为 $-t-1$ 且别的点上所标的数均不小于 $-t-1$. 所以，将 R_1,B_1 放回，重新标数后，最小数为 $-t-1$，包含点(1,0) 的弧的个数为 $t+1$，断言仍成立.

综上所述，原命题成立.

5 设 $\mathbf{Z}$ 为所有整数所组成的集合. 求所有的正实数 c，使得可以在每个整点处标一个正整数同时满足下面两个条件：

(1) 只用到了有限多种不同的标数；

(2) 任意两个标数都为 i 的点之间的距离至少是 c^i.

解 若 $c<\sqrt{2}$，则 $\frac{c}{\sqrt{2}}<1$，取正整数 $n>1$ 使 $\left(\frac{c}{\sqrt{2}}\right)^n<\frac{1}{\sqrt{2}}$. 将所有整点黑白间隔染色(距离为 1 的点之间不同色)，并将所有黑点标上 1，则任意两个标数都为 1 的点之间的距离至少是 $\sqrt{2}(>c^1)$；将剩下的点重新黑白间隔染色(距离为 $\sqrt{2}$ 的点之间不同色)并将所有黑点标上 2，则任意两个标数都为 2 的点之间的距离至少是 $\sqrt{2}^2(>c^2)$；一直重复这样的操作，直至第 $n-1$ 次操作，将剩下的点重新黑白间隔染色(距离为 $(\sqrt{2})^{n-2}$ 的点之间不同色)并将所有黑点标上 $n-1$，则任意两个标数都为 $n-1$ 的点之间的距离至少是 $(\sqrt{2})^{n-1}(>c^{n-1})$；将剩下的所有点均标为 n，此时，由于

$\left(\frac{c}{\sqrt{2}}\right)^n < \frac{1}{\sqrt{2}}$，故任意两个标数都为 n 的点之间的距离至少是 $(\sqrt{2})^{n-1}(>c^n)$. 所以 $c<\sqrt{2}$ 均满足要求.

下证 $c \geqslant \sqrt{2}$ 不满足要求，只需证明 $c=\sqrt{2}$ 不满足要求即可.

若 $c=\sqrt{2}$，为了论述方便起见，我们以每个整点为中心，作边平行于坐标轴且边长为 1 的正方形，这样就把整个平面划分为无穷多个单位正方形的并，定义两个正方形的距离为其中心的距离，并将中心标数为 i 的正方形称为 i 色格. 我们证明如下命题：$2^n \times 2^n$ 个单位正方形组成的大正方形（称之为 $2^n \times 2^n$ 格纸）中，至少标了 $2n+1$ 个不同的数.

对 n 用数学归纳法，$n=1$ 时 2×2 格纸中，1 色格至多两个，2 色格至多一个，所以至少标了 3 个不同的数.

若任意 $2^{n-1}\times 2^{n-1}$ 格纸中，至少标了 $2n-1$ 个不同的数，下列任意 $2^n \times 2^n$ 格纸中，至少标了 $2n+1$ 个不同的数. 反证法，否则，存在某个 $2^n \times 2^n$ 格纸中，至多标了 $2n$ 个不同的数，可不妨认为这些数在 $1,2,\cdots,2n$ 中.

将这个 $2^n \times 2^n$ 格纸划分成四块 $2^{n-1}\times 2^{n-1}$ 格纸（图 46.3 中为一个 $n=3$ 的例子），我们首先假设四块中均有 $2n$ 色格. 由于 $2n$ 色格之间的距离不小于 2^n，故由假设知，边长为 2^n-1 的正方形内部及边界上存在四个点 A,B,C,D，两两距离不小于 2^n. 设正方形的中心为 O，且不妨设射线 OA,OB,OC,OD 按逆时针依次排列，则 $\angle AOB,\angle BOC,\angle COD,\angle DOA$ 中必有一个不大于 $\frac{\pi}{2}$，不妨设 $\angle AOB \leqslant \frac{\pi}{2}$，则由 $OA \leqslant \frac{2^n-1}{\sqrt{2}}$，$OB \leqslant \frac{2^n-1}{\sqrt{2}}$ 知

$$AB \leqslant \sqrt{OA^2+OB^2} \leqslant 2^n-1 < 2^n$$

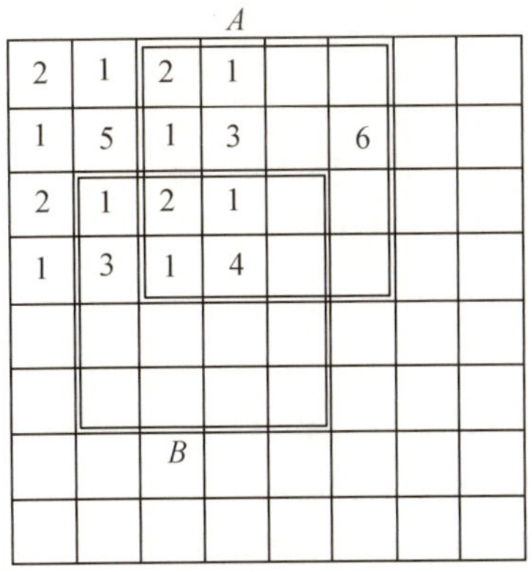

图 46.3

矛盾！故假设不成立，即必有一块（不妨设是左上角那块）没

有 $2n$ 色格. 由归纳假设,这块 $2^{n-1}\times 2^{n-1}$ 格纸至少标了 $2n-1$ 个不同的数,所以必有 $2n-1$ 色格. 此时,考虑一个 $2^{n-1}\times 2^{n-1}$ 格纸,其上边所在直线与原 $2^n\times 2^n$ 格纸上边所在直线重合,其左边所在直线与上述 $2n-1$ 色格右边所在直线重合. 由于 $2n-1$ 色格右边那格落在这个 $2^{n-1}\times 2^{n-1}$ 格纸中,所以 $2n-1$ 色格与这个 $2^{n-1}\times 2^{n-1}$ 格纸中任何一格的横向距离不大于 2^{n-1},纵向距离小于 2^{n-1},故 $2n-1$ 色格与这个 $2^{n-1}\times 2^{n-1}$ 格纸中任何一格的距离小于

$$\sqrt{(2^{n-1})^2+(2^{n-1})^2}=(\sqrt{2})^{2n-1}$$

故这个 $2^{n-1}\times 2^{n-1}$ 格纸中没有 $2n-1$ 色格,而其中至少标了 $2n-1$ 个不同的数,所以必有 $2n$ 色格(当然,这个 $2n$ 色格必在右上角那块 $2^{n-1}\times 2^{n-1}$ 格纸中).

此时,从纵坐标方向看,有如下两种情形:

(1) $2n-1$ 色格不比 $2n$ 色格低. 此时,考虑一个以 $2n-1$ 色格下边所在直线与 $2n$ 色格左边所在直线交点为其右上顶点的 $2^{n-1}\times 2^{n-1}$ 格纸,由于 $2n-1$ 色格下面那格落在这个 $2^{n-1}\times 2^{n-1}$ 格纸中,所以 $2n-1$ 色格与这个 $2^{n-1}\times 2^{n-1}$ 格纸中任何一格的横向距离小于 2^{n-1},纵向距离不大于 2^{n-1},故 $2n-1$ 色格与这个 $2^{n-1}\times 2^{n-1}$ 格纸中任何一格的距离小于

$$\sqrt{(2^{n-1})^2+(2^{n-1})^2}=(\sqrt{2})^{2n-1}$$

由于 $2n$ 色格左下方那格落在这个 $2^{n-1}\times 2^{n-1}$ 格纸中,所以 $2n$ 色格与这个 $2^{n-1}\times 2^{n-1}$ 格纸中任何一格的横向距离不大于 2^{n-1},纵向距离不大于 2^{n-1},故 $2n$ 色格与这个 $2^{n-1}\times 2^{n-1}$ 格纸中任何一格的距离不大于

$$\sqrt{(2^{n-1})^2+(2^{n-1})^2}=(\sqrt{2})^{2n-1}$$

故小于 2^n. 所以,这个 $2^{n-1}\times 2^{n-1}$ 格纸中既不能有 $2n-1$ 色格也不能有 $2n$ 色格.

(2) $2n-1$ 色格比 $2n$ 色格低. 此时,考虑一个以 $2n-1$ 色格右边所在直线与 $2n$ 色格下边所在直线交点为其左上顶点的 $2^{n-1}\times 2^{n-1}$ 格纸,由于 $2n-1$ 色格右边那格落在这个 $2^{n-1}\times 2^{n-1}$ 格纸中,所以 $2n-1$ 色格与这个 $2^{n-1}\times 2^{n-1}$ 格纸中任何一格的横向距离不大于 2^{n-1},纵向距离小于 2^{n-1},故 $2n-1$ 色格与这个 $2^{n-1}\times 2^{n-1}$ 格纸中任何一格的距离小于

$$\sqrt{(2^{n-1})^2+(2^{n-1})^2}=(\sqrt{2})^{2n-1}$$

由于 $2n$ 色格下方那格落在这个 $2^{n-1}\times 2^{n-1}$ 格纸中,所以 $2n$ 色格与这个 $2^{n-1}\times 2^{n-1}$ 格纸中任何一格的横向距离小于 2^{n-1},纵向距离不大于 2^{n-1},故 $2n$ 色格与这个 $2^{n-1}\times 2^{n-1}$ 格纸中任何一格的距离小于

$$\sqrt{(2^{n-1})^2+(2^{n-1})^2}=(\sqrt{2})^{2n-1}<2^n$$

所以,这个 $2^{n-1}\times 2^{n-1}$ 格纸中既不能有 $2n-1$ 色格也不能有 $2n$ 色格.

所以,不论哪种情形,这个 $2^{n-1}\times 2^{n-1}$ 格纸中既不能有 $2n-1$ 色格也不能有 $2n$ 色格,这与其中至少标了 $2n-1$ 个不同的数矛盾! 故任意 $2^{n}\times 2^{n}$ 格纸中,至少标了 $2n+1$ 个不同的数. 由数学归纳法,命题成立. 因此,当 $c=\sqrt{2}$ 时,不可能只用到了有限多种不同的标数,从而 $c\geqslant\sqrt{2}$ 不满足要求.

综上所述,满足要求的 c 为所有小于 $\sqrt{2}$ 的正数.

6 对满足 $a+b+c+d=4$ 的非负实数 a,b,c,d,求 $\frac{a}{b^3+4}+\frac{b}{c^3+4}+\frac{c}{d^3+4}+\frac{d}{a^3+4}$ 的最小值.

解 我们先证明:对任意 $x\geqslant 0$, $\frac{1}{x^3+4}\geqslant\frac{1}{4}-\frac{1}{12}x$.

事实上,这等价于证明 $x(x-2)^2(x+1)\geqslant 0$,显然成立.

因此

$$\text{原式}\geqslant\frac{1}{4}(a+b+c+d)-\frac{1}{12}(ab+bc+cd+da)=$$

$$1-\frac{1}{12}(a+c)(b+d)\geqslant$$

$$1-\frac{1}{12}\left(\frac{a+c+b+d}{2}\right)^2=\frac{2}{3}$$

故 $a=b=2$, $c=d=0$ 时等号成立,故 $\frac{a}{b^3+4}+\frac{b}{c^3+4}+\frac{c}{d^3+4}+\frac{d}{a^3+4}$ 的最小值为 $\frac{2}{3}$.

第 47 届美国数学奥林匹克

1 正实数 a,b,c 满足 $a+b+c=4\sqrt[3]{abc}$，证明

$$2(ab+bc+ca)+4\min\{a^2,b^2,c^2\}\geqslant a^2+b^2+c^2$$

证明 由特征式的齐次性，不妨设 $abc=1$（否则用 $\frac{a}{\sqrt[3]{abc}}$，$\frac{b}{\sqrt[3]{abc}}$，$\frac{c}{\sqrt[3]{abc}}$ 代替原来的 a,b,c），则 $a+b+c=4$，不妨设 $\min\{a^2,b^2,c^2\}=a^2$.

由 $(2a-1)^2\geqslant 0$ 知，$4(4-a)-\frac{1}{a}\leqslant 12$，此即 $8b+8c-2bc\leqslant 24$，这等价于

$$b^2+c^2-(4-b-c)^2\leqslant 8$$

故

$$2(b^2+c^2-a^2)\leqslant 16=(a+b+c)^2$$

由此推出

$$2(ab+bc+ca)+4a^2\geqslant a^2+b^2+c^2$$

命题得证.

2 求一切函数 $f:(0,+\infty)\to(0,+\infty)$，使得对任意满足 $xyz=1$ 的正数 x,y,z 均有

$$f\left(x+\frac{1}{y}\right)+f\left(y+\frac{1}{z}\right)+f\left(z+\frac{1}{x}\right)=1$$

解 对任意 $s>0$，由

$$f\left(\frac{s}{2}+\frac{s}{2}\right)+f\left(\frac{2}{s}+1\right)+f\left(1+\frac{2}{s}\right)=1$$

知，$f(s)\in(0,1)$. 设 $x=\frac{b}{c}$，$y=\frac{c}{a}$，$z=\frac{a}{b}$（$a,b,c>0$），则

$$f\left(\frac{b+c}{a}\right)+f\left(\frac{c+a}{b}\right)+f\left(\frac{a+b}{c}\right)=1$$

记 $g(s)=f\left(\frac{1}{s}-1\right)$，即 $f(t)=g\left(\frac{1}{1+t}\right)$，故

$$g\left(\frac{a}{a+b+c}\right)+g\left(\frac{b}{a+b+c}\right)+g\left(\frac{c}{a+b+c}\right)=1$$

易知 $g:(0,1)\to(0,1)$，且由 a,b,c 的任意性知，对任意满足 $a+b+c=1$ 的正数 a,b,c 有

$$g(a)+g(b)+g(c)=1$$

下证 $g(x)$ 为线性函数.

对任意满足 $a+b<1$ 的正数 a,b，有

$$g(a)+g(b)=1-g(1-a-b)=2g\left(\frac{a+b}{2}\right)$$

定义 $h:[0,1]\to\mathbf{R}$，则

$$h(t)=g\left(\frac{2t+1}{8}\right)-(1-t)\cdot g\left(\frac{1}{8}\right)-t\cdot g\left(\frac{3}{8}\right)$$

容易验证对任意 $a,b\in[0,1]$

$$h(a)+h(b)=2h\left(\frac{a+b}{2}\right)$$

且 $h(0)=h(1)=0$，故 $h\left(\frac{1}{2}\right)=0$，由此可得对 $0\leqslant t<\frac{1}{2}$，有

$$h(t)=h(t)+h\left(\frac{1}{2}\right)=2h\left(\frac{t}{2}+\frac{1}{4}\right)=$$

$$h\left(t+\frac{1}{2}\right)+h(0)=h\left(t+\frac{1}{2}\right)$$

定义 $h_1:\mathbf{R}\to\mathbf{R}$，$h_1(t)=h(t-[t])$，其中 $[t]$ 为不超过 t 的最大整数. 记 $\{t\}=t-[t]$，则

$$h_1(a)+h_1(b)=h(\{a\})+h(\{b\})=2h\left(\frac{\{a\}+\{b\}}{2}\right)=$$

$$2h\left(\left\{\frac{a+b}{2}\right\}\right)=2h_1\left(\frac{a+b}{2}\right)$$

其中倒数第二个等号是利用了

$$h(t)=h\left(t+\frac{1}{2}\right)$$

及

$$\frac{\{a\}+\{b\}}{2}-\left\{\frac{a+b}{2}\right\}=\left[\frac{a+b}{2}\right]-\frac{[a]+[b]}{2}$$

为 $\frac{1}{2}$ 的整数倍.

由 $h_1(0)=0$ 知

$$h_1(a)+h_1(b)=2h_1\left(\frac{a+b}{2}\right)=h_1(a+b)+h_1(0)=$$

$$h_1(a+b)$$

故 $h_1(x)$ 在实数集上满足柯西方程，因而对任意有理数 q，$h_1(qx)=qh_1(x)$. 特别地，有 $h_1(q)=qh_1(1)$.

定义 $h_2(x)=h_1(x)-xh_1(1)$，则易知 h_2 也在实数集上满足柯西方程，且对任意有理数 q，$h_2(q)=0$. 由 g 的有界性易得 h,h_1 的有

界性,设 $x \in [0,1]$ 时,$|h_1(x)| \leqslant M$,则 $x \in [0,1]$ 时,$|h_2(x)| \leqslant 2M$,进而对任意实数 x,取有理数 q 使 $x-q \in [0,1]$,故

$$|h_2(x)|=|h_2(x-q)+h_2(q)|=|h_2(x-q)| \leqslant 2M$$

即 h_2 在实数集上有界.

若存在 x 使 $h_2(x) \neq 0$,则必存在正整数 n,使

$$|h_2(nx)|=n|h_2(x)|>2M$$

矛盾. 因此,对任意实数 x,$h_2(x)=0$,即 $h_1(x)=xh_1(1)=0$,亦即对任意 $t \in [0,1]$

$$g\left(\frac{2t+1}{8}\right)=(1-t) \cdot g\left(\frac{1}{8}\right)+t \cdot g\left(\frac{3}{8}\right)$$

由此得到对 $x \in \left[\frac{1}{8}, \frac{3}{8}\right]$,$g(x)=kx+l$,其中 k,l 为常数,注意到 $3g\left(\frac{1}{3}\right)=1$,故 $k+3l=1$.

利用上述结论,对 $0<x \leqslant \frac{1}{8}$,由 $\frac{3}{10}-x \in \left[\frac{1}{8}, \frac{3}{8}\right]$ 得

$$\begin{aligned} g(x)=2g\left(\frac{3}{20}\right)-g\left(\frac{3}{10}-x\right)= \\ 2\left(\frac{3}{20}k+l\right)-\left(k\left(\frac{3}{10}-x\right)+l\right)= \\ kx+l \end{aligned}$$

对 $\frac{3}{8} \leqslant x<1$,由 $\frac{1-x}{2} \leqslant \frac{5}{16}<\frac{3}{8}$ 得

$$\begin{aligned} g(x)=1-2g\left(\frac{1-x}{2}\right)=1-2\left(k \cdot \frac{1-x}{2}+l\right)= \\ kx+1-k-2l=kx+l \end{aligned}$$

综上所述,对 $x \in (0,1)$

$$g(x)=kx+l=kx+\frac{1-k}{3}$$

由 $0 \leqslant g(0), g(1) \leqslant 1$ 知,$k \in \left[-\frac{1}{2}, 1\right]$,故

$$f(x)=\frac{k}{x+1}+\frac{1-k}{3}$$

其中 $k \in \left[-\frac{1}{2}, 1\right]$. 经检验,均满足条件.

3 给定整数 $n \geqslant 2$,设 $a_1, a_2, \cdots, a_m$ 为所有小于 n 且与 n 互质的正整数,证明:若 m 的每个质因子均为 n 的质因子,则对任意正整数 k,均有 $m \mid a_1^k+a_2^k+\cdots+a_m^k$.

证明 将 $a_1,a_2,\cdots,a_m$ 改写为所有不超过 n 且与 n 互质的正整数不影响 $n\geqslant 2$ 时的结果. 由已知得,$m=\varphi(n)$. 我们的证明将包括 $n=1$ 的情形,此时,$m=a_1=1$,结论成立. 若 $\varphi(n)$ 的每个质因子均为 n 的质因子,称 n 为"好的". 我们先处理 n 的标准分解为 $n=p_1\cdots p_t$(包括 $n=1$)的情形. $n=1$ 时结论成立,我们证明下述结论:若 n 为"好的"且题中结论成立,质数 p 不整除 n 且使 pn 为"好的",则对 pn,题中结论也成立.

设 $a_1,\cdots,a_m$ 为不超过 n 且与 n 互质的所有正整数,由于

$$\varphi(pn)=(p-1)m$$

设 $b_1,\cdots,b_{(p-1)m}$ 为不超过 pn 且与 pn 互质的所有正整数,已知对任意正整数 k,均有 $m\mid a_1^k+\cdots+a_m^k$,下证对任意正整数 k,均有

$$(p-1)m\mid b_1^k+\cdots+b_{(p-1)m}^k$$

注意到 $b_1,\cdots,b_{(p-1)m}$ 即为下列

$$\begin{matrix} a_1 & a_2 & \cdots & a_m \\ a_1+n & a_2+n & \cdots & a_m+n \\ \vdots & \vdots & \ddots & \vdots \\ a_1+(p-1)n & a_2+(p-1)n & \cdots & a_m+(p-1)n \end{matrix}$$

中除去 $pa_1,\cdots,pa_m$ 外的所有数,故

$$\sum_{i=1}^{(p-1)m} b_i^k=\sum_{i=1}^{m}\sum_{j=0}^{p-1}(a_i+jn)^k-p^k\sum_{i=1}^{m}a_i^k$$

记 $s_k=a_1^k+\cdots+a_m^k$,则

$$\sum_{i=1}^{(p-1)m} b_i^k=\sum_{i=1}^{m}\sum_{j=0}^{p-1}(a_i+jn)^k-p^ks_k$$

对任意质数 $q\mid(p-1)m$,由于 pn 为"好的",所以 $q\mid pn$. 若 $q\mid p$,则 $q=p$,从而 q 不整除 $p-1$,故 $q\mid m$,进而利用 n 为"好的",得到 $q\mid n$,这与 p 不整除 n 矛盾. 因而 q 不整除 p,所以 $q\mid n$.

记 $\nu_q(n)$ 为 n 中含有的质数 q 的幂次,下证对任意质数 $q\mid(p-1)m$

$$\nu_q\left(\sum_{i=1}^{m}\sum_{j=0}^{p-1}(a_i+jn)^k-p^ks_k\right)\geqslant\nu_q((p-1)m)$$

若 q 不整除 $p-1$,则 $q\mid m$,故对任意非负整数 l,有 $\nu_q(s_l)\geqslant\nu_q(m)$.

注意到 $\sum\limits_{i=1}^{m}\sum\limits_{j=0}^{p-1}(a_i+jn)^k-p^ks_k$ 可以表示为 $s_0,s_1,\cdots,s_k$ 的整线性组合,故

$$\nu_q\left(\sum_{i=1}^{m}\sum_{j=0}^{p-1}(a_i+jn)^k-p^ks_k\right)\geqslant\nu_q(m)=\nu_q((p-1)m)$$

若 $q\mid p-1$,我们来证明

$$\sum_{i=1}^{m}\sum_{j=0}^{p-1}(a_i+jn)^k-p^ks_k=\sum_{i=1}^{m}\sum_{j=0}^{p-1}(a_i+jn)^k-(p^k-1)s_k$$

是 $q^{\nu_q(p-1)+\nu_q(m)}$ 的倍数.

一方面,$(p-1)m \mid (p^k-1)s_k$,即 $(p^k-1)s_k$ 是 $q^{\nu_q(p-1)+\nu_q(m)}$ 的倍数.

另一方面

$$\sum_{i=1}^{m}\sum_{j=0}^{p-1}(a_i+jn)^k=\sum_{i=1}^{m}\sum_{j=0}^{p-1}(a_i^k+C_k^1a_i^{k-1}jn+\cdots+C_k^k(jn)^k)=$$
$$\sum_{j=1}^{p-1}(s_k+C_k^1s_{k-1}jn+\cdots+C_k^ks_0(jn)^k)$$

我们证明对 $r=0,1,\cdots,k$

$$C_k^rs_{k-r}(1^r+\cdots+(p-1)^r)n^r$$

均为 $q^{\nu_q(p-1)+\nu_q(m)}$ 的倍数.

由于 s_{k-r} 是 m 的倍数,故只需证明

$$\nu_q(1^r+\cdots+(p-1)^r)+\nu_q(n^r)\geqslant\nu_q(p-1)$$

$r=0$ 时显然成立,对 $r\geqslant1$,设 $\nu_q(p-1)=a$,则 $a\geqslant1$.

我们对 a 用数学归纳法证明:对任意非负整数 k

$$q^{a-1}\mid 1^k+2^k+\cdots+(q^a)^k$$

$a=1$ 时显然成立,设 $q^{a-1}\mid 1^k+2^k+\cdots+(q^a)^k$,注意到 $(i+mq^a)^k\equiv i^k(\bmod q^a)$,故

$$\sum_{i=1}^{q^{a+1}}i^k=\sum_{i=1}^{q^a}\sum_{j=0}^{q-1}(i+jq^a)^k\equiv\sum_{i=1}^{q^a}\sum_{j=0}^{q-1}i^k=$$
$$q\left(\sum_{i=1}^{q^a}i^k\right)\equiv0(\bmod q^a)$$

由数学归纳法知,上述结论成立,结合 $q^a\mid p-1$,我们得到

$$\nu_q(1^r+\cdots+(p-1)^r)\geqslant\nu_q(p-1)-1$$

结合 $q\mid n$,即有

$$\nu_q(1^r+\cdots+(p-1)^r)+\nu_q(n^r)\geqslant$$
$$\nu_q(p-1)-1+r\geqslant\nu_q(p-1)$$

从而 $\sum_{i=1}^{m}\sum_{j=1}^{p-1}(a_i+jn)^k$ 也是 $q^{\nu_q(p-1)+\nu_q(m)}$ 的倍数,所以 $q\mid p-1$ 时

$$\nu_q\left(\sum_{i=1}^{m}\sum_{j=1}^{p-1}(a_i+jn)^k-p^ks_k\right)\geqslant\nu_q((p-1)m)$$

也成立.

综上所述,当 $n=p_1\cdots p_t$(包括 $n=1$)时,对任意正整数 k,均有

$$(p-1)m\mid b_1^k+\cdots+b_{(p-1)m}^k$$

下面证明:若 n 为"好的"且题中结论成立,质数 $p\mid n$(此时,由于 $\varphi(pn)=pm$,故 pn 必为好的),则对 pn,题中结论也成立.

设 $a_1,\cdots,a_m$ 为不超过 n 且与 n 互质的所有正整数,$b_1,\cdots,b_{pm}$ 为不超过 pn 且与 pn 互质的所有正整数,已知对任意正整数 k,均有 $m\mid a_1^k+\cdots+a_m^k$,下证对任意正整数 k,均有 $pm\mid b_1^k+\cdots+b_{pm}^k$.

设 $n=pt$，注意到 $b_1,\cdots,b_{pm}$ 即为下列

$$\begin{matrix} a_1 & a_2 & \cdots & a_m \\ a_1+pt & a_2+pt & \cdots & a_m+pt \\ \vdots & \vdots & \ddots & \vdots \\ a_1+(p-1)pt & a_2+(p-1)pt & \cdots & a_m+(p-1)pt \end{matrix}$$

中的所有数，故

$$\sum_{i=1}^{pm} b_i^k=\sum_{i=1}^{m}\sum_{j=0}^{p-1}(a^i+jpt)^k$$

注意到

$$\sum_{i=1}^{m}\sum_{j=0}^{p-1}(a_i+jpt)^k=\sum_{i=1}^{m}\sum_{j=0}^{p-1}[a_i^k+\mathrm{C}_k^1a_i^{k-1}jpt+\cdots+\mathrm{C}_k^k(jpt)^k]=$$
$$\sum_{j=0}^{p-1}[s_k+\mathrm{C}_k^1s_{k-1}jpt+\cdots+\mathrm{C}_k^ks_0(jpt)^k]=$$
$$ps_k+\sum_{j=1}^{p-1}[\mathrm{C}_k^1s_{k-1}jpt+\cdots+\mathrm{C}_k^ks_0(jpt)^k]$$

由 $pm\mid ps_k$ 及 $pm\mid \mathrm{C}_k^rs_{k-r}(jpt)^r(1\leqslant r\leqslant k)$ 即知 $pm\mid b_1^k+\cdots+b_{pm}^k$.

由上述讨论即知，对任意“好的”n，题中结论均成立.

4 设 p 为质数，$a_1,a_2,\cdots,a_p$ 为整数，证明：存在整数 k，使得 $a_1+k,a_2+2k,\cdots,a_p+pk$ 被 p 除的余数至少有 $\frac{p}{2}$ 种.

证明 对 $k=0,1,\cdots,p-1$，我们定义图 G_k 如下：其顶点集为 $\{1,2,\cdots,p\}$，顶点 i,j 之间连边当且仅当 $a_i+ik\equiv a_j+jk(\bmod p)$，注意到对给定的 $i\neq j$，有 $(i-j,p)=1$，所以存在唯一的 $k\in\{0,1,\cdots,p-1\}$ 使得 $k(i-j)\equiv a_j-a_i(\bmod p)$，故图 $G_0,G_1,\cdots,G_{p-1}$ 共 C_p^2 条边.

若 p 为奇质数，则由抽屉原理，必有一个图 G_k 中至多 $\frac{1}{p}\mathrm{C}_p^2=\frac{p-1}{2}$ 条边. 由于一个 n 个点的连通图至少有 $n-1$ 条边，所以 G_k 中至少有 $p-\frac{p-1}{2}=\frac{p+1}{2}$ 个连通分支.

若 $p=2$，必有一个图 G_k 中至多 $\left[\frac{1}{2}\mathrm{C}_2^2\right]=0$ 条边(即没有边)，所以 G_k 中至少有 2 个连通分支.

综上所述，对任意一种情况，均存在图 G_k 至少有 $\frac{p}{2}$ 个连通分支，此即说明存在整数 k，使得 $a_1+k,a_2+2k,\cdots,a_p+pk$ 被 p 除的余数至少有 $\frac{p}{2}$ 种，命题得证.

5 设 $ABCD$ 为圆内接凸四边形,直线 AC,BD 交于点 E,直线 AB,CD 交于点 F,直线 BC,DA 交于点 G,设 $\triangle ABE$ 的外接圆与直线 CB 交于 B,P 两点,$\triangle ADE$ 的外接圆与直线 CD 交于 D,Q 两点,其中 C,B,P,G 与 C,Q,D,F 均依次排列,证明:若直线 FP,GQ 交于点 M,则 $\angle MAC = 90°$.

证明 如图 47.1,由 $CQ \cdot CD = CA \cdot CE = CB \cdot CP$ 知,P,B,Q,D 四点共圆.

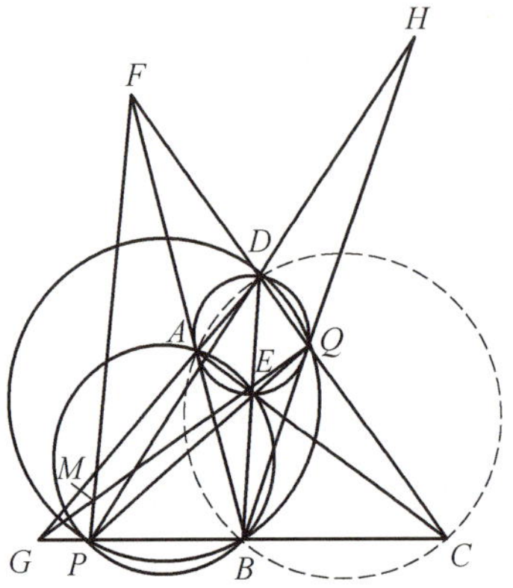

图 47.1

由 $\angle AEP = \angle ABP = \angle ADC = \angle ADQ = \pi - \angle AEQ$ 知,点 E 在 PQ 上.

我们需要下述引理:

引理 圆内接完全四边形 $ABCD(EF)$ 的密克点($\triangle EBC$,$\triangle EAD$,$\triangle FCD$,$\triangle FAB$ 外接圆的公共点)为 M,AC 与 BD 交于点 G,则 $GM \perp EF$,其中,记号 $ABCD(EF)$ 指的是四边形 $ABCD$,E,F 分别为直线 AB,CD 及 AD,BC 的交点.

引理的证明 如图 47.2,设 $ABCD$ 的外接圆 ω 的圆心为 O,记点 A 关于 ω 的幂为 $P(A)$. 由 $\angle EMC + \angle FMC = \angle CBA + \angle CDA = \pi$ 知,M 在 EF 上.

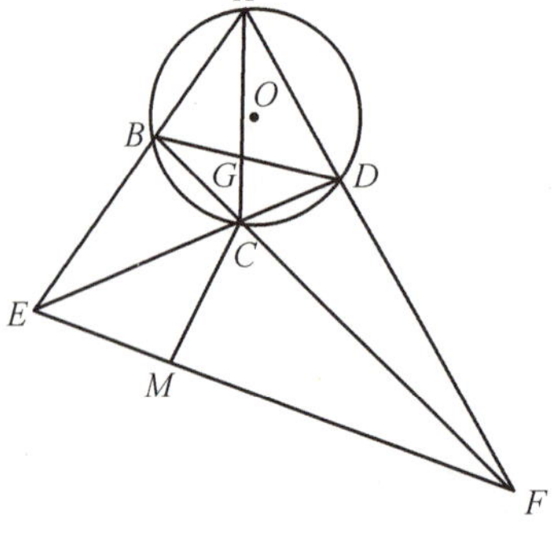

图 47.2

一方面,由于点 G 既在 E 关于 ω 的极线上,又在 F 关于 ω 的极线上,故 EF 即为点 G 关于 ω 的极线,因而 $OG \perp EF$,由此得到

$$EG^2 - FG^2 = EO^2 - FO^2 = P(E) - P(F)$$

另一方面

$$\begin{aligned}EM^2 - FM^2 = &\frac{1}{EF^2}[(EM \cdot EF)^2 - (FM \cdot EF)^2] = \\ &\frac{1}{EF^2}[(EC \cdot ED)^2 - (FC \cdot FB)^2] = \\ &\frac{1}{EF(EM + FM)}[P^2(E) - P^2(F)] = \\ &\frac{P^2(E) - P^2(F)}{P(E) + P(F)} = \\ &P(E) - P(F)\end{aligned}$$

故

$$EG^2 - FG^2 = EM^2 - FM^2$$

即 $GM \perp EF$,引理得证.

注 四边形 $ABCD$ 不一定是凸的,也可以是折线四边形,证明只需将上述角度及线段换为有向角与有向线段即可.

回到原题,考虑圆内接完全四边形 $PQDB(EC)$,其密克点为 A,设直线 PD 与 QB 的交点为 H,则由引理知 $AH \perp EC$.

注意到 B,P,G 共线,D,Q,F 共线,由帕普斯定理知,BQ 与 PD 的交点 H,BF 与 GD 的交点 A,PF 与 GQ 的交点 M 三点共线,故 $AM \perp EC$, 即 $\angle MAC = 90°$,命题成立.

6 设 p_n 为 $1,2,\cdots,n$ 的排列 $x_1,x_2,\cdots,x_n$ 中,满足对 $1 \leqslant k \leqslant n$,$\frac{x_k}{k}$ 均不相同的排列个数,证明:对任意整数 $n \geqslant 1$,p_n 均为奇数.

证明 $n=1$ 时结论显然成立,下设 $n \geqslant 2$,称满足题目条件的排列为好的排列,不满足条件的排列为坏的排列,由于总的排列个数为偶数,所以只需证明坏的排列共奇数个即可.

为方便起见,我们将一个排列为 $1,2,\cdots,n$ 到自身的一个双射用 π 来表示.

若一个排列为坏的,则存在 $i \neq j$ 使 $\frac{\pi(i)}{i} = \frac{\pi(j)}{j}$,故

$$\frac{\pi^{-1}(\pi(i))}{\pi(i)} = \frac{i}{\pi(i)} = \frac{j}{\pi(j)} = \frac{\pi^{-1}(\pi(j))}{\pi(j)}$$

结合 $\pi(i) \neq \pi(j)$ 知,π^{-1} 也是坏的,因而,只需证明满足 $\pi = \pi^{-1}$(称这样的排列为对合的)的坏的排列有奇数个即可.

记满足 $\pi = \pi^{-1}$(即对任意 $i=1,2,\cdots,n$,$\pi(\pi(i))=i$)的排列

有$f(n)$个，其中至多只有一个i满足$\pi(i)=i$的排列（称为最大对合）有$g(n)$个. 易知$f(2)=2$,$f(3)=4$,$g(1)=1$.

对$n\geqslant 4$，将对合的π分为如下两种情形：$\pi(1)=1$及$\pi(1)\neq 1$. 对前一种，有$f(n-1)$个；对后一种，由$\pi(\pi(1))=1$及$\pi(1)$有$n-1$种取法知，有$(n-1)f(n-2)$个，故

$$f(n)=f(n-1)+(n-1)f(n-2)$$

因而对$n\geqslant 2$,$f(n)$均为偶数.

以下考虑最大对合，对$n\geqslant 2$，若n为奇数，则存在唯一的i使$\pi(i)=i$，由i有n种选法知，$g(n)=ng(n-1)$；若n为偶数，设$\pi(n)=i(\neq n)$，则$\pi(i)=n$，去掉n并重新定义$\pi(i)=i$，我们得到了一个$1,2,\cdots,n-1$的最大对合，显然上述$1,2,\cdots,n$的最大对合到$1,2,\cdots,n-1$的最大对合的对应是一个一一映射，故$g(n)=g(n-1)$. 由上述讨论，结合$g(1)=1$知，对任意n,$g(n)$均为奇数. 因此，$n\geqslant 2$时，非最大的对合（即存在$i\neq j$使$\frac{\pi(i)}{i}=\frac{\pi(j)}{j}=1$的对合，一定是坏的）有奇数个，所以，只需证明坏的最大对合有偶数个.

在一个对合中，若$i<j$使$\pi(i)=j$（则$\pi(j)=i$），我们称$\frac{i}{j}$为这对i,j的特征. 将特征相同的对归为一类.

注意到任意一个坏的最大对合π中必有（至少）一类特征中有两对i,j，设为i_1,j_1和$i_2,j_2(i_1<i_2)$，定义$\pi'(i_1)=i_2$,$\pi'(j_1)=j_2$，对其他i,$\pi'=\pi$.

由$\frac{i_1}{j_1}=\frac{i_2}{j_2}$知，$\frac{i_1}{i_2}=\frac{j_1}{j_2}$，且至多只有一个$i$满足$\pi'(i)=i$，故$\pi'$也是坏的最大对合. 将上述由$\pi$到$\pi'$的定义称为一个对$\pi$的操作. 显然，由$\pi$通过一个操作得到$\pi'$，则必可由$\pi'$通过一个操作得到$\pi$.

将每个坏的最大对合看作一个点，两个不同点π和π'之间连线当且仅当可以由π同时通过若干个对π的操作得到π'，这样得到一个（无向）图.

对任意一个坏的最大对合π，记其类中对的数目为$a_1\geqslant a_2\geqslant\cdots\geqslant a_m$，则$a_1\geqslant 2$，由于不同类中的操作是独立的，考虑对的数目为$a_t$的类，对该类中的对进行操作的方式共$f(a_t)$种（相当于$1,\cdots,a_t$的一个对合），故能得到的$\pi'$共$\prod_{i=1}^{m}f(a_i)-1$种（减去的一种为$\pi$本身）. 由于$f(a_1)$为偶数，故$\prod_{i=1}^{m}f(a_i)-1$为奇数，因而每点的度数均为奇数，由于度数和必为偶数，所以共有偶数个顶点，即坏的最大对合有偶数个，从而命题得证.

第 48 届美国数学奥林匹克

1 设 $\mathbf{N}^*$ 为正整数集，函数 $f:\mathbf{N}^* \to \mathbf{N}^*$ 满足：对任意正整数 n

$$\underbrace{f(f(\cdots f}_{f(n)\text{个}f}(n)\cdots))=\frac{n^2}{f(f(n))}$$

求 $f(1\ 000)$ 的一切可能值.

解 $f(1\ 000)$ 的一切可能值为全体正偶数.

若 $f(n)=n$，称 n 为 f 的不动点或 f 保持 n 不动，并记

$$f^k(n)=\underbrace{f(f(\cdots f}_{k\text{个}f}(n)\cdots))$$

由 $f^{f(1)}(1)f(f(1))=1$ 知

$$f^{f(1)}(1)=f(f(1))=1$$

设 $f(1)=t$，则

$$f(t)=f(f(1))=1, f(f(t))=f(1)=t$$

由 $f^{f(t)}(t)f(f(t))=t^2$ 知，$t=t^2$，故 $t=1$，即 $f(1)=1$.

对任意给定的正偶数 m，令 $f(1\ 000)=m, f(m)=1\ 000$，且 f 保持其他 n 不动，这样的 f 显然满足

$$\underbrace{f(f(\cdots f}_{f(n)\text{个}f}(n)\cdots))=\frac{n^2}{f(f(n))}$$

故 $f(1\ 000)$ 可以取到全体正偶数.

为了证明 $f(1\ 000)$ 不可能取正奇数，我们先证明如下两个断言.

断言 1：f 是单射.

这是因为若 $f(a)=f(b)$，则

$$a^2=f^{f(a)}(a)f(f(a))=f^{f(b)}(b)f(f(b))=b^2$$

故 $a=b$.

由此可知，若 f 保持 $f(m)$ 不动，即 $f(f(m))=f(m)$，则 $f(m)=m$，即 f 保持 m 不动. 进而可知对任意正整数 k，若 k 保持 $f^k(m)$ 不动，则 f 保持 m 不动.

断言 2：f 保持所有正奇数不动.

用数学归纳法. 我们已经证明了 f 保持 1 不动，设奇数 $n>1$ 且 f 保持 $1,3,\cdots,n-2$ 不动，若 $f(f(n))\neq n$，则由于 $f^{f(n)}(n)$ 与 $f(f(n))$ 之积为 n^2，故 $f^{f(n)}(n)$ 与 $f(f(n))$ 必有一个为小于 n 的奇

数,因而 f 保持 $f^{f(n)}(n)$ 或 $f(f(n))$ 不动,由此得到 f 保持 n 不动,这与 $f(f(n)) \neq n$ 矛盾! 故 $f(f(n)) = n$.

设 $y = f(n)$,则 $f(y) = n$,由此得到

$$y^2 = f^{f(y)}(y) \cdot f^2(y) = f^n(y) \cdot y = ny$$

(其中最后一个等号用到了 n 为奇数) 故 $n = y$,即 f 保持 n 不动,由归纳法知,断言 2 成立.

回到原题,若 $f(1\ 000)$ 取正奇数,则 f 保持 $f(1\ 000)$ 不动,即 $f(1\ 000) = f(f(1\ 000))$,由 f 是单射知 $f(1\ 000) = 1\ 000$,矛盾!

综上所述,$f(1\ 000)$ 的一切可能值为全体正偶数.

2 圆内接四边形 $ABCD$ 中,$AD^2 + BC^2 = AB^2$,对角线 AC,BD 的交点为 E,点 P 在边 AB 上且 $\angle APD = \angle BPC$,证明:直线 PE 平分 CD.

证明 首先说明在线段 AB 上只可能有一个点 P 满足 $\angle BPC = \angle APD$. 这是因为点 P 从 A 向 B 移动时,$\angle APD$ 递减而 $\angle BPC$ 递增. 因此,若能在线段 AB 上找到一个点 P,满足 $\angle BPC = \angle APD$ 且直线 PE 平分 CD,则命题得证.

如图 48.1,由 $AD^2 + BC^2 = AB^2$ 知,在线段 AB 上存在一点 P,使 $AD^2 = AP \cdot AB$ 且

$$BC^2 = BP \cdot BA$$

故 $\frac{AP}{AD} = \frac{AD}{AB}$ 且 $\frac{BP}{BC} = \frac{BC}{BA}$.

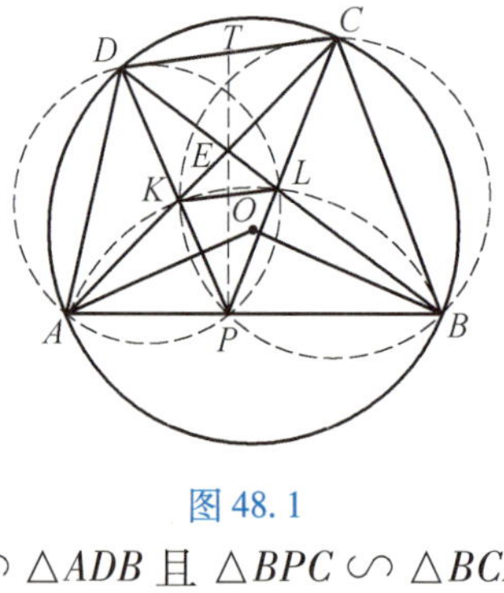

图 48.1

因此 $\triangle APD \backsim \triangle ADB$ 且 $\triangle BPC \backsim \triangle BCA$,故

$$\angle APD = \angle ADB = \angle ACB = \angle BPC$$

设 $K = AC \cap PD$,$L = BD \cap PC$,由

$$\angle ADL = \angle ACB = \angle BPC = \pi - \angle APL$$

知,A,P,L,D 四点共圆,类似可得 $\angle KCB = \pi - \angle KPB$,故 B,P,K,C 四点共圆. 由

$$\angle AKB = \pi - \angle CKB = \pi - \angle CPB = \pi - \angle APD = \pi - \angle ALD = \angle ALB$$

知，A,K,L,B 四点共圆，故

$$\angle KCD=\angle ABD=\angle LAB=\pi-\angle AKL=\angle CKL$$

因此 $CD /\!/ KL$.

设直线 PE 与 CD 交于点 T，由塞瓦定理即知 $\dfrac{DT}{TC}=\dfrac{DK}{KP}\cdot\dfrac{PL}{LC}=1$，命题得证.

3 设 K 为所有在十进制表示中不含有数字 7 的正整数构成的集合. 求所有系数为非负整数的多项式 $f(x)$，使得只要 $n\in K$，就有 $f(n)\in K$.

解 对任意正整数 x，用 $l(x)$ 来表示其在十进制表示下的位数，显然 $f(x)=c(c\in K)$；$f(x)=ax$（a 为 10 的非负整数次幂）；$f(x)=ax+b$（a 为 10 的非负整数次幂，$b\in K$ 且 $l(b)<l(a)$）均为解，下证这些解即为所有的解.

引理 1 设 $x\in K$，对任意 $y\in K$ 均有 $xy\in K$，则 x 为 10 的非负整数次幂.

反证法，若 x 不是 10 的非负整数次幂，由条件易知对任意正整数 n，$x^n\in K$. 我们证明存在整数 $j,k\geqslant 0$，使 $7\times 10^k<x^j<8\times 10^k$，即推出矛盾.

只需找到 $j,k\geqslant 0$ 满足

$$k+\lg 7<j\lg x<k+\lg 8$$

即满足 $\lg 7<\{j\lg x\}<\lg 8$ 即可. 取整数 M 使 $\dfrac{1}{M}<\lg 8-\lg 7$，将 $[0,1]$ 区间 M 等分，考虑 $t\lg x(t=1,2,\cdots,M+1)$，注意到 $\lg x$ 是无理数，由抽屉原理，存在 t',t 使 $0<\{(t'-t)\lg x\}\leqslant\dfrac{1}{M}$. 若 $t'>t$，考虑

$$r\cdot\{(t'-t)\lg x\}\quad(r=1,2,\cdots)$$

必有 r 使

$$\lg 7<r\cdot\{(t'-t)\lg x\}<\lg 8$$

取 $j=r(t'-t)$ 即可.

若 $t'<t$，类似地，必有 r 使

$$1-\lg 8<r\cdot\{(t'-t)\lg x\}<1-\lg 7$$

取 $j=r(t-t')$ 即可.

引理 1 得证.

设 $f(x)=a_dx^d+\cdots+a_1x+a_0$，我们先证明对任意 $i\in\mathbf{N}$，$a_i\in$

$K \cup \{0\}$.

由已知，$f(10^n)=\sum_{j=0}^{d}a_j10^{jn}\in K$，取 $n>\max\limits_{j}l(a_j)$，则 $f(10^n)$ 由所有 a_i 的十进制数码及一些 0 组成，故 $a_i\in K\cup\{0\}$.

运用类似的手法，我们可以证明下面的引理 2.

引理 2 对 $0\leqslant r\leqslant s\leqslant d$，$a_s\neq 0$ 及任意 $k\in K$，有 $a_sk^{s-r}C_s^r\in K$.

事实上，固定 $k\in K$，取

$$n>\max_{0\leqslant r\leqslant d}l\left(\sum_{s=r}^{d}a_sk^{s-r}C_s^r\right)$$

由

$$f(10^n+k)=\sum_{j=0}^{d}a_j(10^n+k)^j=\sum_{j=0}^{d}a_j\sum_{i=0}^{j}10^{ni}k^{j-i}C_j^i=\sum_{r=0}^{d}10^{nr}\sum_{s=r}^{d}a_sk^{s-r}C_s^r$$

知，$\sum_{s=r}^{d}a_sk^{s-r}C_s^r\in K$，用 10^pk 代替原来的 k，故 $\sum_{s=r}^{d}a_s10^{(s-r)p}k^{s-r}C_s^r\in K$，取 p 充分大即得 $a_sk^{s-r}C_s^r\in K$.

回到原题，若 $d>1$，在引理 2 中取 $s=d$，r 分别取 $d-1$，$d-2$ 得对任意 $k\in K$，$da_dk\in K$，$C_d^2a_dk^2\in K$. 取 p 充分大使 $10^p+k\in K$，故 $C_d^2a_d(10^p+k)^2\in K$，p 充分大时有 $2C_d^2a_dk\in K$.

由引理 1 知，da_d 和 $2C_d^2a_d$ 均为 10 的非负整数次幂，故 $d-1$ 也是 10 的非负整数次幂，这只可能 $d=2$（否则 $(d,10)=1$，这不可能），因此，$da_d=2a_d$ 为 10 的非负整数次幂，$C_d^2a_dk^2=a_dk^2\in K$，由此得到 $2a_d\cdot 5k^2\in K$，故 $5k^2\in K$，取 $k=12$ 即矛盾！故 $d\leqslant 1$.

当 $d=0$ 时，显然 $f(x)=c(c\in K)$. 对 $d=1$，若 $a_0=0$，则对任意 $x\in K$，$a_1x\in K$，故 a_1 为 10 的非负整数次幂；若 $a_0\neq 0$，则 a_0，$a_1\in K$，在引理 2 中取 $r=0$，$s=1$ 知，对任意 $k\in K$，$a_1k\in K$，故 a_1 为 10 的非负整数次幂. 若 $l(a_0)\geqslant l(a_1)$，设 $a_1=10^f$，则 $a_0\geqslant 10^f$，故存在 $e\geqslant f$ 使 a_0 在其十进制展开式中 10^e 的系数 $g>0$. 以 $x=10^{e-f}(17-g)$，则 a_1x+a_0 在其十进制展开式中 10^e 的系数为 7，矛盾！故 $l(a_0)<l(a_1)$.

综上所述，满足要求的所有解为 $f(x)=c(c\in K)$；$f(x)=ax$（a 为 10 的非负整数次幂）；$f(x)=ax+b$（a 为 10 的非负整数次幂，$b\in K$ 且 $l(b)<l(a)$）.

4 设 n 为非负整数,求 $(n+1)^2$ 个子集 $S_{i,j}\subseteq\{1,2,\cdots,2n\}$ 的选取方法数,其中 $0\leqslant i,j\leqslant n$ 为整数,且同时满足以下两个条件:

(1) 对所有的 $0\leqslant i,j\leqslant n$,集合 $S_{i,j}$ 有 $i+j$ 个元素;

(2) 如果 $0\leqslant i\leqslant k\leqslant n,0\leqslant j\leqslant l\leqslant n$,则有 $S_{i,j}\subseteq S_{k,l}$.

解 称一种 $S_{i,j}$ 的选取方法为"好的",若其满足题中两个条件(为了叙述方便起见,只要所选出的 $S_{i,j}$ 满足题中两个条件,我们均称之为"好的",并不要求所有 $(n+1)^2$ 个 $S_{i,j}$ 均选出).

首先考虑选取所有 $S_{0,j}$ 和 $S_{j,n}$ 成为"好的"选法的方法数. 注意到

$$\varnothing=S_{0,0}\subseteq S_{0,1}\subseteq S_{0,2}\subseteq\cdots\subseteq S_{0,n}\subseteq S_{1,n}\subseteq$$
$$S_{2,N}\subseteq\cdots\subseteq S_{n,n}=\{1,2,\cdots,2n\}$$

及 $|S_{i,j}|=i+j$,故 $S_{0,j}$ 和 $S_{j,n}$ 的选法相当于从空集开始每次添加一个 $\{1,2,\cdots,2n\}$ 中的元素,直至 $S_{n,n}=\{1,2,\cdots,2n\}$,因此 $S_{0,j}$ 和 $S_{j,n}$ 成为"好的"选法的方法数为 $(2n)!$.

其次,对任意 $0\leqslant i,j<n$,考虑 $S_{i,j},S_{i+1,j},S_{i,j+1}$ 和 $S_{i+1,j+1}$,则由 $S_{i,j}\subseteq S_{i+1,j+1}$ 及

$$|S_{i+1,j+1}|=i+j+2=|S_{i,j}|+2$$

知

$$S_{i+1,j+1}\backslash S_{i,j}=\{x,y\}(x,y\in\{1,2,\cdots,2n\})$$

故 $S_{i+1,j},S_{i,j+1}$ 为 $S_{i,j}\cup\{x\}$ 或 $S_{i,j}\cup\{y\}$. 若 $S_{i+1,j},S_{i,j+1}$ 相同,我们称有序对 (i,j) 为重叠的;若 $S_{i+1,j},S_{i,j+1}$ 不同,称有序对 (i,j) 为互补的. 将 n^2 个 (i,j) 随机定义成重叠的或互补的,共有 2^{n^2} 种方式.

显然,对任意满足要求的 $(n+1)^2$ 个 $S_{i,j}$ 均对应一个 $S_{0,j}$ 和 $S_{j,n}$ 成为"好的"选法的方法及将 n^2 个 (i,j) 定义成重叠或互补的方式. 最后,我们证明:对任意一个 $S_{0,j}$ 和 $S_{j,n}$ 成为"好的"选法的方法及将 n^2 个 (i,j) 定义成重叠或互补的方式,均存在满足要求的 $(n+1)^2$ 个 $S_{i,j}$ 与之对应.

$S_{0,j}$ 和 $S_{j,n}$ 已经确定,我们按照下表逐行从左到右确定其余的 $S_{i,j}$

$$\begin{matrix} S_{1,n-1} & S_{1,n-2} & \cdots & S_{1,0} \\ S_{2,n-1} & S_{2,n-2} & \cdots & S_{2,0} \\ \vdots & \vdots & & \vdots \\ S_{n,n-1} & S_{n,n-2} & \cdots & S_{n,0} \end{matrix}$$

上述选择顺序保证了我们在选取 $S_{i,j}$ 时,$S_{i-1,j},S_{i-1,j+1}$ 与 $S_{i,j+1}$ 均已确定,我们可以由 $(i-1,j)$ 是重叠或互补来确定 $S_{i,j}$,事实上,

若$(i-1,j)$是重叠的,则$S_{i,j}=S_{i-1,j+1}$;若$(i-1,j)$是互补的,则

$$S_{i,j}=S_{i-1,j}\cup(S_{i,j+1}\setminus S_{i-1,j+1})$$

显然,这样确定的$S_{i,j}$必满足$|S_{i,j}|=i+j$. 而由$S_{i-1,j}\subseteq S_{i,j}\subseteq S_{i,j+1}$及

$$S_{0,0}\subseteq S_{0,1}\subseteq S_{0,2}\subseteq\cdots\subseteq S_{0,n}\subseteq S_{1,n}\subseteq S_{2,n}\subseteq\cdots\subseteq S_{n,n}$$

即知,对$0\leqslant i\leqslant k\leqslant n,0\leqslant j\leqslant l\leqslant n$,有$S_{i,j}\subseteq S_{k,l}$.

综上所述,满足要求的$(n+1)^2$个$S_{i,j}$的选法有$(2n)!\cdot 2^{n^2}$种.

5 在黑板上写有两个有理数$\frac{m}{n}$和$\frac{n}{m}$,其中m,n为互素的正整数. 每次 Evan 都可以从黑板上已有的数中选取 2 个数x,y,并将它们的算术平均值$\frac{x+y}{2}$或者调和平均值$\frac{2xy}{x+y}$写在黑板上. 求所有的正整数对(m,n),使得 Evan 可以在有限步之内将数 1 写在黑板上.

解 若存在素数$p>2$使$p\mid m+n$,我们证明对黑板上任意写的$\frac{a}{b}$,必有$p\mid a+b$. 事实上,若$p\mid s+t,p\mid u+v$,考虑$\frac{s}{t}$和$\frac{u}{v}$的算术平均$\frac{sv+tu}{2tv}$,注意到

$$sv+tu+2tv\equiv sv+tu+tv+su\equiv$$
$$(s+t)(u+v)\equiv 0(\bmod p)$$

由于$t,v,2$均不被p整除,故$\frac{sv+tu}{2tv}$化为既约分数后分子分母的和仍被p整除. 类似地,$\frac{s}{t}$和$\frac{u}{v}$的调和平均$\frac{2su}{sv+tu}$化为既约分数后分子分母的和也被p整除.

若最终 1 写在黑板上,则$p\mid 1+1$,矛盾! 故$m+n$必为 2 的正整数次幂.

下证只要$m+n$为 2 的正整数次幂,则有限步内必可将 1 写在黑板上(事实上,我们证明只需使用取算术平均的操作即可).

令

$$c=\frac{n-m}{mn},d=\frac{m}{n},f(x)=cx+d$$

则

$$f(0)=\frac{m}{n},f(m+n)=\frac{n}{m},f(m)=1$$

注意到$f(x)$和$f(y)$的算术平均为$f\left(\frac{x+y}{2}\right)$,我们只需证明如

下命题：黑板上写着 0 和 $m+n=2^k$，每次可以取其中任两个，将它们的算术平均写在黑板上，则 0 到 $m+n$ 之间所有的整数均可以在有限步内写到黑板上.

对 k 使用数学归纳法. $k=1$ 时显然成立，设 k 时成立，则对 0 和 2^{k+1}，先在黑板上写上 2^k，由归纳假设，0 到 2^k 之间所有的整数及 2^k 到 2^{k+1} 之间所有的整数均可以在有限步内写到黑板上，命题成立.

由上述论证即知，从 $f(0)=\frac{m}{n}$ 和 $f(m+n)=\frac{n}{m}$ 出发，必能在有限步内将 $f(m)(=1)$ 写到黑板上.

综上所述，(m,n) 满足条件，当且仅当 $m+n$ 为 2 的正整数次幂.

6 求所有的实系数多项式 $P(x)$，使得对所有满足 $2xyz=x+y+z$ 的非零实数 x,y,z 成立

$$\frac{P(x)}{yz}+\frac{P(y)}{zx}+\frac{P(z)}{xy}=P(x-y)+P(y-z)+P(z-x)$$

解 我们首先验证对任意实数 c，$P(x)=c(x^2+3)$ 满足要求. 事实上，这等价于验证在 $2xyz=x+y+z$ 时

$$x(x^2+3)+y(y^2+3)+z(z^2+3)=$$
$$xyz((x-y)^2+(y-z)^2+(z-x)^2+9)$$

由

$$(x^3+y^3+z^3)+3(x+y+z)=$$
$$3xyz+(x+y+z)(x^2+y^2+z^2-xy-yz-zx)+$$
$$3(x+y+z)=$$
$$xyz(9+(x-y)^2+(y-z)^2+(z-x)^2)$$

即知成立（最后一个等号利用了 $x+y+z=2xyz$）.

其次，我们证明所有解均为此形式.

若 $P(x)=c$，则原式左边等于$\frac{c(x+y+z)}{xyz}=2c$，原式右边等于 $3c$，故 $c=0$. 因此，若 $P(x)$ 不恒为 0，则 $P(x)$ 的次数必大于 0.

对 $x\neq 0$，取 $y=\frac{1}{x}$，$z=x+\frac{1}{x}$ 满足 $2xyz=x+y+z$，原式等价于

$$xP(x)+\frac{1}{x}P\left(\frac{1}{x}\right)+\left(x+\frac{1}{x}\right)P\left(x+\frac{1}{x}\right)=$$
$$\left(x+\frac{1}{x}\right)\left(P\left(x-\frac{1}{x}\right)+P(-x)+P\left(\frac{1}{x}\right)\right) \quad ①$$

将上式的 x 替换为$\frac{1}{x}$，上式左边不变，故

$$P\left(x-\frac{1}{x}\right)+P(-x)+P\left(\frac{1}{x}\right)=P\left(\frac{1}{x}-x\right)+P\left(\frac{1}{x}\right)+P(x)$$

令

$$Q(x)=P(x)-P(-x)$$

则

$$Q\left(x-\frac{1}{x}\right)=Q(x)+Q\left(-\frac{1}{x}\right)$$

由于 $Q(0)=P(0)-P(0)=0$,故当 $x\to\infty$ 时

$$Q(x)-Q\left(x-\frac{1}{x}\right)=-Q\left(-\frac{1}{x}\right)\to 0$$

设

$$Q(x)=a_nx^n+a_{n-1}x^{n-1}+\cdots+a_0\quad(a_n\neq 0)$$

若 $n\geqslant 2$,则 $Q(x)-Q\left(x-\frac{1}{x}\right)$ 中 x 的最高次项为 na_nx^{n-2},故当 $x\to\infty$ 时,$Q(x)-Q\left(x-\frac{1}{x}\right)$ 不趋于0,矛盾!因此,$Q(x)$ 至多一次,又由 $Q(0)=0$ 可设 $Q(x)=2ax$,即

$$P(x)-P(-x)=2ax$$

由此可知,存在实系数多项式 f 使 $P(x)=ax+f(x^2)$.

将上式代入①,化简知

$$ax^2+xf(x^2)+\frac{a}{x^2}+\frac{1}{x}f\left(\frac{1}{x^2}\right)+a\left(x^2+2+\frac{1}{x^2}\right)+$$
$$\left(x+\frac{1}{x}\right)f\left(x^2+2+\frac{1}{x^2}\right)=$$
$$\left(x+\frac{1}{x}\right)\left(f\left(x^2-2+\frac{1}{x^2}\right)+f(x^2)+f\left(\frac{1}{x^2}\right)\right)\qquad ②$$

两边同乘 x,移项后得到 $2ax\left(x^2+1+\frac{1}{x^2}\right)$ 为有限个 x 的偶数次幂的线性组合,因此 $a=0$.

令 $t=x^2$,结合 $a=0$,② 化为

$$f(t)+tf\left(\frac{1}{t}\right)=(t+1)\left(f\left(t+2+\frac{1}{t}\right)-f\left(t-2+\frac{1}{t}\right)\right)\qquad ③$$

设 $f(t)=b_nt^n+\cdots+b_0(b_n\neq 0)$,若 $n>1$,则③左边 t 的最高次项为 b_nt^n,③右边 t 的最高次项与 $t(f(t+2)-f(t-2))$ 中 t 的最高次项相同,为 $4nb_nt^n$,矛盾!故 $f(t)$ 为线性函数.

设 $f(x)=cx+d$,代入③知,$d=3c$,故 $f(x)=c(x+3)$,因而

$$P(x)=f(x^2)=c(x^2+3)$$

第 49 届美国数学奥林匹克

1 给定锐角 $\triangle ABC$,其外接圆为 ω,外心为 O. 点 X 为 ω 劣弧 $\overset{\frown}{AB}$ 上的一个动点,线段 CX 与 AB 交于点 D,分别记 $\triangle ADX$ 和 $\triangle BDX$ 的外心为点 O_1 和 O_2,求一切使 $\triangle OO_1O_2$ 面积最小的点 X.

解 如图49.1,易知 $XA \perp OO_1$,$XB \perp OO_2$,$XD \perp O_1O_2$. 由有向角的计算知

$$\angle(\overline{O_1O_2}, \overline{O_1O}) = \angle(\overline{XA}, \overline{XD}) = \angle CXA = \angle CBA$$

$$\angle(\overline{O_2O}, \overline{O_2O_1}) = \angle(\overline{XB}, \overline{XD}) = \angle BXC = \angle BAC$$

因此 $\triangle OO_1O_2 \backsim \triangle CBA$. 故要使 $\triangle OO_1O_2$ 面积最小,只需 O_1O_2 最短即可.

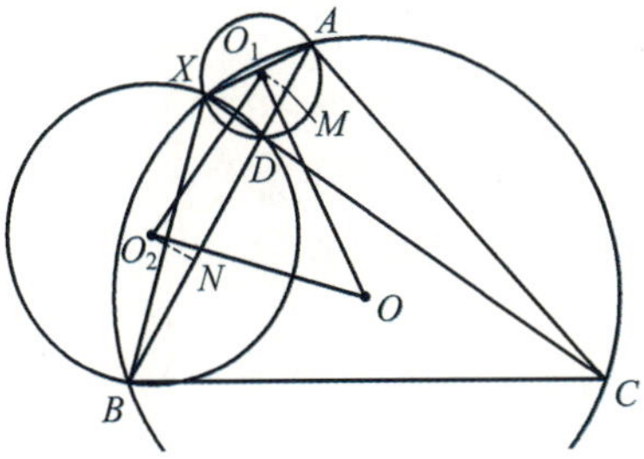

图 49.1

分别作 O_1M,O_2N 垂直 AB 于点 M,N,则 $O_1O_2 \geqslant MN$,当且仅当 $O_1O_2 \parallel MN$ 时,O_1O_2 取到最小值 MN(为定值). 此时,由 $O_1O_2 \perp XD$ 及 $O_1O_2 \parallel MN$ 知,$XC \perp AB$,故使 $\triangle OO_1O_2$ 面积最小的点 X 为劣弧 $\overset{\frown}{AB}$ 上满足 $XC \perp AB$ 的点(存在且唯一).

2 给定一个空心的 $2\,020 \times 2\,020 \times 2\,020$ 的正方体,将其六个面均分割成 $2\,020 \times 2\,020$ 个单位小正方形,一块"积木"指的是一个 $1 \times 1 \times 2\,020$ 的实心长方体,若干块积木放置在正方体内且同时满足以下要求:

(1) 每块积木的两个 1×1 的面与正方体一组相对面上的两个单位正方形重合(因此,放置一块积木共有 $3 \times 2\,020^2$ 种方式);

(2) 任两块积木没有公共的内点;

(3) 每块积木的四个 $1\times 2\ 020$ 的面要么与正方体的某个面有公共的内点,要么与另一块积木的某个 $1\times 2\ 020$ 的面有公共的内点.

求所放置积木块数的最小可能值.

注:积木的内点指的是积木中不在面和棱上的点,面的内点指的是面中不在面的边界上的点.

解 将正方体分割成 $2\ 020\times 2\ 020\times 2\ 020$ 个单位小正方体并放置在空间直角坐标系内,使每个小正方体的中心点坐标为整点 (x,y,z), $1\leqslant x,y,z\leqslant 2\ 020$.

由(1)知,每块积木包含的 2 020 个单位小正方体有两个坐标分量保持不变,故任一块积木可以表示为 $(x,y,*)$, $(*,y,z)$, $(x,*,z)$ 之一.

考虑如下 3 030 块积木:

$(1,1,*)$	$(3,3,*)$	$(5,5,*)$	$\cdots$	$(2\ 019,2\ 019,*)$
$(*,2,1)$	$(*,4,3)$	$(*,6,5)$	$\cdots$	$(*,2\ 020,2\ 019)$
$(2,*,2)$	$(4,*,4)$	$(6,*,6)$	$\cdots$	$(2\ 020,*,2\ 020)$

注意到第一行与第二行的 y 分量不同,第二行与第三行的 z 分量不同,第三行与第一行的 x 分量不同,第一行的 x 分量均不同,第二行的 y 分量均不同,第三行的 z 分量均不同,故这些积木中的任两块没有公共的内点.

积木 $(1,1,*)$ 的四个 $1\times 2\ 020$ 的面中的两个分别与正方体的两个面有公共的内点,另两个分别与 $(*,2,1)$, $(2,*,2)$ 的面有公共的内点.

积木 $(*,2,1)$ 的四个 $1\times 2\ 020$ 的面中的一个与正方体的面有公共的内点,另三个分别与 $(1,1,*)$, $(2,*,2)$, $(3,3,*)$ 的面有公共的内点.

积木 $(2\ 020,*,2\ 020)$ 的四个 $1\times 2\ 020$ 的面中的两个分别与正方体的两个面有公共的内点,另两个分别与 $(*,2\ 020,2\ 019)$, $(2\ 019,2\ 019,*)$ 的面有公共的内点.

积木 $(*,2\ 020,2\ 019)$ 的四个 $1\times 2\ 020$ 的面中的一个与正方体的面有公共的内点,另三个分别与 $(2\ 020,*,2\ 020)$, $(2\ 019,2\ 019,*)$, $(2\ 018,*,2\ 018)$ 的面有公共的内点.

对其余的积木块,每列第一行积木的四个 $1\times 2\ 020$ 的面分别与本列的另两块积木及前一列后两行积木的面有公共的内点;每列第二行积木的四个 $1\times 2\ 020$ 的面分别与本列的另两块积木、前一列第三行积木及后一列第一行积木的面有公共的内点;每列第

三行积木的四个 $1\times 2\ 020$ 的面分别与本列的另两块积木及后一列前两行积木的面有公共的内点.

因此,我们验证了这 3 030 块积木满足要求.

下证至少要放 3 030 块积木.

若没有 $(x,y,*)$ 的积木(没有 $(*,y,z)$,$(x,*,z)$ 同理),则积木块 $(*,b,c)$ 在 $z=c$ 这层只能与积木块 $(*,b\pm 1,c)$ 的面有公共的内点,故这层全部铺满,进而正方体的每一层均被铺满. 此时,需要 $2\ 020^2(>3\ 030)$ 块积木.

因此,不妨设积木块 $(a,b,*)$,$(*,c,d)$,$(e,*,f)$ 均出现.

此时,由于有 x 分量为 a 的积木块,由(3)知,必有 x 分量为 $a\pm 1$ 的积木块,因此,积木块的 x 分量中 $1,2,3,\cdots,2\ 020$ 均出现. 同理,积木块的 y,z 分量中 $1,2,3,\cdots,2\ 020$ 也均出现,而一个积木块出现两个分量,因此,积木块至少有 $\frac{2\ 020\times 3}{2}=3\ 030$ 块.

综上所述,放置积木块数的最小可能值为 3 030.

3 设 p 为奇素数,整数 x 称为非平方剩余,若对任意整数 t,$x-t^2$ 不是 p 的倍数. 集合 A 表示所有满足 $1\leqslant a<p$ 且 a 和 $4-a$ 均为非平方剩余的整数 a 所成的集合,求 A 中所有元素之积被 p 除的最小正余数.

解 用 $x\neq qr$ 表示 x 为非平方剩余,$x=qr$ 表示 x 为平方剩余,即存在整数 t 使 $x-t^2$ 是 p 的倍数,记 $\mathscr{F}_p=\{0,1,\cdots,p-1\}$.

下证 $\prod\limits_{a\in A}a\equiv 2(\bmod p)$ 对任意奇素数 p 成立.(以下计算在 $\bmod p$ 意义下进行.)

记

$$A=\{a\in\mathscr{F}_p\mid a,4-a\neq qr\}$$

$$B=\{b\in\mathscr{F}_p\mid b,4-b=qr,b\neq 0,b\neq 4\}$$

显然

$$a\in A\Leftrightarrow 4-a\in A,b\in B\Leftrightarrow 4-b\in B$$

因此

$$\prod_{b\in B}b=\prod_{b\in B}(4-b)=\prod_{\substack{1\leqslant y\leqslant(p-1)/2\\ y\neq 2\\ 4-y^2=qr}}(4-y^2)=$$

$$\prod_{\substack{1\leqslant y\leqslant(p-1)/2\\ y\neq 2\\ 4-y^2=qr}}(2+y)\cdot\prod_{\substack{1\leqslant y\leqslant(p-1)/2\\ y\neq 2\\ 4-y^2=qr}}(2-y)=$$

$$\prod_{\substack{1\leq y\leq (p-1)/2\\ y\neq 2\\ 4-y^2=qr}}(2+y)\cdot\prod_{\substack{(p+1)/2\leq y\leq p-1\\ y\neq p-2\\ 4-y^2=qr}}(2+y)=$$

$$\prod_{\substack{1\leq y\leq p-1\\ y\neq 2,P-2\\ 4-y^2=qr}}(2+y)=\prod_{\substack{3\leq z\leq p+1\\ z\neq 4,p\\ z(4-z)=qr}}z=\prod_{\substack{0\leq z\leq p-1\\ z\neq 0,4,2\\ z(4-z)=qr}}z$$

由此得到

$$\prod_{\substack{0\leq z\leq p-1\\ z\neq 0,4\\ z(4-z)=qr}}z=2\cdot\prod_{b\in B}b$$

注意到 $z(4-z)$ 为非零平方剩余当且仅当 $z\in A\cup B$,故

$$\prod_{a\in A}a\cdot\prod_{b\in B}b=\prod_{\substack{0\leq z\leq p-1\\ z\neq 0,4\\ z(4-z)=qr}}z=2\cdot\prod_{b\in B}b$$

此即

$$\prod_{a\in A}a\equiv 2(\bmod p)$$

4 设 $(a_1,b_1),(a_2,b_2),\cdots,(a_{100},b_{100})$ 为互不相同的有序非负整数对,求其中满足 $1\leq i<j\leq 100$ 且 $|a_ib_j-a_jb_i|=1$ 的 (i,j) 对的个数的最大值.

解 $|a_ib_j-a_jb_i|=1$ 等价于点 $(a_i,b_i),(a_j,b_j),(0,0)$ 构成的三角形面积等于 $\frac{1}{2}$.

设 (a_i,b_i) 为点 $A_i(i=1,2,\cdots,100)$,当 $A_1,A_2,\cdots,A_{100}$ 分别取 $(0,1),(1,0),(1,1),\cdots,(1,98)$ 时,易知 $\triangle OA_1A_j(j=2,3,\cdots,100)$ 及 $\triangle OA_jA_{j+1}(j=2,3,\cdots,99)$ 的面积均为 $\frac{1}{2}$,此时有 197 对 (i,j) 满足要求.

下用数学归纳法证明若将 100 换为 $N(>1)$,则至多有 $2N-3$ 对 (i,j) 满足要求.

$N=2$ 时显然成立. 若 $N=k$ 时结论成立,对 $N=k+1$,设点 P 为其中离 O 最远的一点,我们证明另外 k 个点中至多只有两点与 O,P 构成的三角形面积等于 $\frac{1}{2}$.

反证法. 假如有三点 Q_1,Q_2,Q_3 与 O,P 构成的三角形面积等于 $\frac{1}{2}$,则必有两点,不妨设为 Q_1,Q_2,在直线 OP 的同侧,由于

$Q_1Q_2 /\!/ OP$，故 O,Q_1,Q_2 不共线. 不妨设 $\angle POQ_1=\alpha>\beta=\angle POQ_2$，故 $\triangle OQ_1Q_2$ 的面积为$\frac{OQ_1\cdot OQ_2\cdot\sin(\alpha-\beta)}{2}$，注意到 $OQ_2\leqslant OP$，$0<\alpha-\beta<\alpha<\frac{\pi}{2}$，因而 $\sin(\alpha-\beta)<\sin\alpha$，且

$$\frac{OQ_1\cdot OQ_2\cdot\sin(\alpha-\beta)}{2}<\frac{OQ_1\cdot OP\cdot\sin\alpha}{2}=\frac{1}{2}$$

但由整点三角形面积的行列式表达式可知，整点三角形的面积至少为$\frac{1}{2}$，矛盾！故另外 k 个点中至多只有两点与 O,P 构成的三角形面积等于$\frac{1}{2}$.

我们去掉点 P，由归纳假设，剩下的 k 个点至多有 $2N-3$ 对 (i,j) 满足要求，加回点 P 至多增加两对，即 $N=k+1$ 时结论也成立.

综上所述，满足 $1\leqslant i<j\leqslant 100$ 且 $|a_ib_j-a_jb_i|=1$ 的 (i,j) 对的个数的最大值为 197.

5 平面直角坐标系中的有限点集 S 称为超定的，若 $|S|\geqslant 2$ 且存在非零的、次数不大于 $|S|-2$ 的实系数多项式 $P(t)$ 满足：对任意的 $(x,y)\in S$，有 $P(x)=y$.

对给定的整数 $n\geqslant 2$，求最大的整数 k（用 n 表示），使存在一个 n 点的非超定点集，有 k 个超定的子集.

解 我们将证明最大的整数 $k=2^{n-1}-n$. 首先证明下述引理.

引理：设 S 为平面直角坐标系中的一个有限点集，则至多存在一个次数不超过 $|S|-1$ 的实系数多项式，其图像通过 S 中所有的点.

引理的证明：若有两点 x 坐标相同，则显然不存在多项式图像通过 S 中所有的点；若任两点的 x 坐标不同，且存在不同的多项式 f,g 满足要求，则由于 $f-g$ 次数不超过 $|S|-1$ 且有 $|S|$ 个不同实根，故 $f-g$ 为零多项式，矛盾！故引理得证.

回到原题，设点集 $A=\{(1,a),(2,b),(3,b),(4,b),\cdots,(n,b)\}$，其中 a,b 为两个不同的非零实数. 一方面，$n-1$ 次多项式 $f(x)=\frac{a-b}{(-1)^{n-1}(n-1)!}(x-2)\cdots(x-n)+b$ 的图像通过 A 中所有的点，故由引理知，不存在次数不大于 $n-2$ 的多项式满足要求，即 A 是非超定的；另一方面，$\{(2,b),(3,b),(4,b),\cdots,(n,b)\}$ 的任何一个不少于两个元素的子集均为超定的（因为存在零

次非零多项式 $g(x)=b$ 满足要求),故 k 可以取到 $2^{n-1}-n$.

下面证明 k 不能大于 $2^{n-1}-n$. 对 n 点的非超定点集 T,将其 m 元子集简称为 m 集. 我们断言:若 S 是 T 的非超定 m 集($m\geqslant 3$),则 S 至多有一个 $m-1$ 元子集是超定的.

事实上,设 $S=\{p_1,\cdots,p_m\}$,若 $S-\{p_i\}$ 和 $S-\{p_j\}$ 都是超定的,则存在次数不超过 $m-3$ 的多项式 f,g 分别过 $S-\{p_i\}$ 和 $S-\{p_j\}$,因而 f,g 均过 $S-\{p_i,p_j\}$(这是一个 $m-2$ 元集),由引理即知 $f=g$,故 f 过 S 的所有点,与 S 非超定矛盾!

我们进一步断言:对 $m=2,3,\cdots,n$,T 至少有 C_{n-1}^{m-1} 个非超定 m 集.

对 m 用数学归纳法,$m=n$ 时显然成立,设断言对 $m(\geqslant 3)$ 成立,即 T 至少有 C_{n-1}^{m-1} 个非超定 m 集. 由前述断言知,每个非超定 m 集至少有 $m-1$ 个 $m-1$ 元子集是非超定的. 而每个 $m-1$ 元非超定子集恰包含于 $n-(m-1)$ 个 m 集中,故非超定 $m-1$ 集的个数至少为

$$\frac{m-1}{n-(m-1)}C_{n-1}^{m-1}=C_{n-1}^{m-2}$$

由数学归纳法知,断言成立.

由上述断言即知,超定集的个数至多为

$$\sum_{m=2}^{n}(C_n^m-C_{n-1}^{m-1})=(2^n-n-1)-(2^{n-1}-1)=2^{n-1}-n$$

综上所述,所求最大的整数 $k=2^{n-1}-n$.

6 设整数 $n\geqslant 2$,实数 $x_1\geqslant x_2\geqslant\cdots\geqslant x_n$,$y_1\geqslant y_2\geqslant\cdots\geqslant y_n$ 满足

$$0=x_1+x_2+\cdots+x_n=y_1+y_2+\cdots+y_n$$
$$1=x_1^2+x_2^2+\cdots+x_n^2=y_1^2+y_2^2+\cdots+y_n^2$$

证明:$\sum_{i=1}^{n}(x_iy_i-x_iy_{n+i-1})\geqslant\frac{2}{\sqrt{n-1}}$.

证明 先证明一个引理:

引理:设实数 $a_1,a_2,\cdots,a_n\in[m,M]$,$\mu=\frac{a_1+a_2+\cdots+a_n}{n}$,则

$$\frac{1}{n}\cdot\sum_{i=1}^{n}(a_i-\mu)^2\leqslant\frac{1}{4}(M-m)^2$$

引理的证明:事实上,将每个 a_i 同时加上常数 a 或者同时乘非零常数 k 均不影响结论,故不妨设 $m=0$,$M=1$,此时,注意到 $a_i^2\leqslant$

a_i,所以

$$\begin{aligned}\frac{1}{n}\cdot\sum_{i=1}^{n}(a_i-\mu)^2=\frac{1}{n}\cdot\sum_{i=1}^{n}(a_i^2-2\mu a_i+\mu^2)=\\ \frac{1}{n}\cdot\left(-n\mu^2+\sum_{i=1}^{n}a_i^2\right)\leqslant\\ -\mu^2+\frac{1}{n}\sum_{i=1}^{n}a_i=\\ -\mu^2+\mu\leqslant\frac{1}{4}\end{aligned}$$

引理证毕.

对$\{1,2,\cdots,n\}$的任一排列σ,记$S_\sigma=\sum_{i=1}^{n}x_iy_{\sigma(i)}$,则

$$\sum_\sigma S_\sigma=(x_1+x_2+\cdots+x_n)\cdot(y_1+y_2+\cdots+y_n)\cdot(n-1)!=0$$

且对固定的i

$$\sum_\sigma y_{\sigma(i)}^2=(n-1)!\,(y_1^2+y_2^2+\cdots+y_n^2)=(n-1)!$$

注意到$\sum_{i<j}2y_iy_j=-1$及对固定的$i<j$

$$\sum_\sigma y_{\sigma(i)}y_{\sigma(j)}=(n-2)!\sum_{i<j}2y_iy_j=-(n-2)!$$

故

$$\begin{aligned}\sum_\sigma S_\sigma^2=\sum_\sigma\left(\sum_{i=1}^{n}x_iy_{\sigma(i)}\right)^2=\\ \sum_\sigma\sum_{i=1}^{n}x_i^2y_{\sigma(i)}^2+2\cdot\sum_\sigma\sum_{i<j}x_ix_jy_{\sigma(i)}y_{\sigma(j)}=\\ \sum_{i=1}^{n}\sum_\sigma x_i^2y_{\sigma(i)}^2+2\cdot\sum_{i<j}\sum_\sigma x_ix_jy_{\sigma(i)}y_{\sigma(j)}=\\ \sum_{i=1}^{n}x_i^2\sum_\sigma y_{\sigma(i)}^2+2\cdot\sum_{i<j}x_ix_j\sum_\sigma y_{\sigma(i)}y_{\sigma(j)}=\\ (n-1)!+(n-2)!=\\ n\cdot(n-2)!\end{aligned}$$

注意到

$$\sum_{i=1}^{n}x_iy_{n+i-1}\leqslant S_\sigma\leqslant\sum_{i=1}^{n}x_iy_i$$

故由引理知

$$\frac{1}{n!}\cdot\sum_\sigma(S_\sigma-0)^2\leqslant\frac{1}{4}\left(\sum_{i=1}^{n}(x_iy_i-x_iy_{n+i-1})\right)^2$$

即

$$\sum_{i=1}^{n}(x_iy_i-x_iy_{n+i-1})\geqslant\frac{2}{\sqrt{n-1}}$$

第 50 届美国数学奥林匹克

1 如图 50.1，以锐角 $\triangle ABC$ 三边为边，向外作矩形 BCC_1B_2，CAA_1C_2，ABB_1A_2，且满足 $\angle BC_1C + \angle CA_1A + \angle AB_1B = 180°$，证明：直线 B_1C_2，C_1A_2，A_1B_2 三线共点.

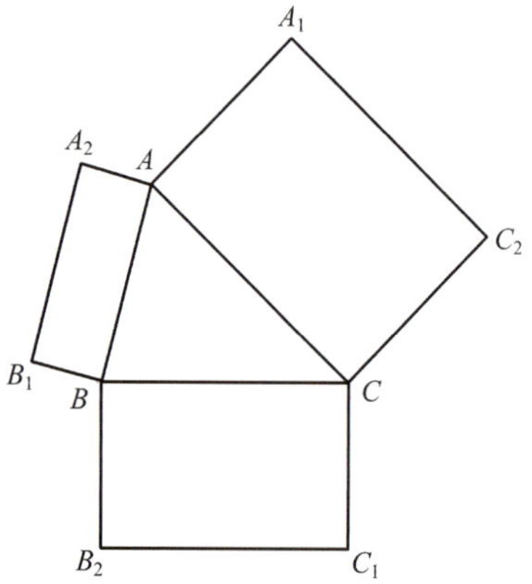

图 50.1

证明 如图50.2，设矩形 ABB_1A_2 的外接圆与矩形 BCC_1B_2 的外接圆交于异于 B 的点 P（若两圆相切于点 P，则 $\angle ABC = \angle AB_1B + \angle BC_1C = 180° - \angle AA_1C > 90°$，矛盾！），由于

$$\begin{aligned}\angle APC &= 360° - \angle APB - \angle BPC \\ &= \angle AB_1B + \angle BC_1C \\ &= 180° - \angle AA_1C\end{aligned}$$

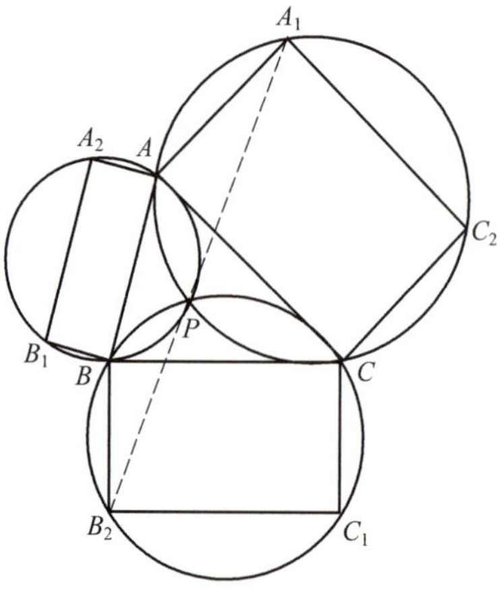

图 50.2

可知 P 在矩形 ACC_2A_1 的外接圆上. 由

$$\angle B_1PB + \angle BPC + \angle CPC_2 =$$
$$90° - \angle AB_1B + 180° - \angle BC_1C + 90° - \angle CA_1A =$$
$$360° - 180° = 180°$$

可知 B_1, P, C_2 共线, 同理, C_1, P, A_2 共线, A_1, P, B_2 共线, 故直线 B_1C_2, C_1A_2, A_1B_2 三线共点.

2 "平面国家公园"由欧氏平面上的若干条小路及若干个路口组成,每条小路以两个不同的路口为端点,每个路口恰好为三条小路的端点,两条小路只可能在路口处有交点(如图 50.3 为一种满足条件的布局).

一位游客按照以下步骤在公园散步:她从一个路口开始,沿着小路行走,在第一条路的尽头,她进入路口并向左转,行走到下一路口向右转,以此类推,在每个路口交替左转和右转,直至回到起始的路口. 问在公园所有可能的布局中,游客在散步的过程中进入同一个路口的最大次数是多少?

注:如图 50.4,我们定义当 XA, XB, XC 顺时针排列时, $A \to X \to B$ 为左转, $A \to X \to C$ 为右转.

图 50.3

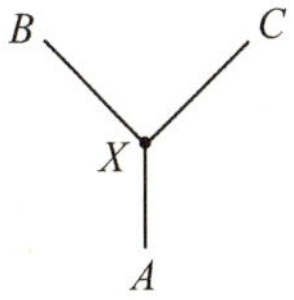

图 50.4

解 我们考虑如图 50.5 布局的公园,游客从路口 1 出发,走到路口 2,则接着依次走到路口 3,4,5,6,7,8,9,10,11,6,5,12,13,14,15,16,17,12,5,4,18,19,最终回到路口 1,这个过程中,进入路口 5 三次.

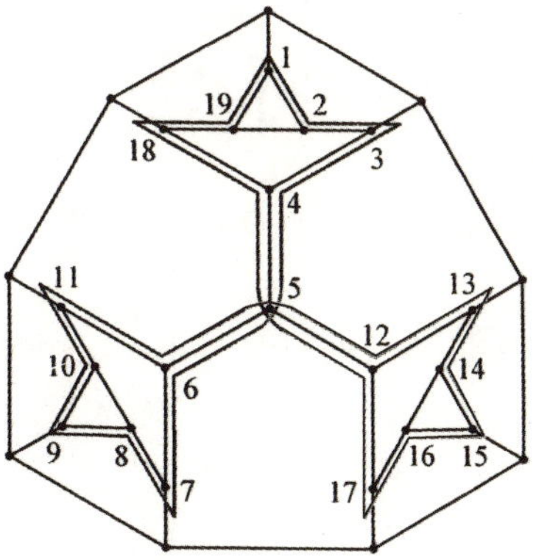

图 50.5

下证无论公园怎么布局,游客进入任意一个路口至多三次.

我们先注意到如下两个显然的事实:

(1) 对于两条在路口处有交点的小路 a, b,游客从 a 到 b 与从

b 到 a 的转向是相反的；

(2) 游客经过的任意连续 3 个路口唯一确定了整条回路（这是因为 3 个路口确定了中间那个路口的转弯方向，进而确定了之前、之后所有的转弯方向）.

若游客的行走路线出现形如 $\cdots \to x \to y \to z \to \cdots \to x \to y \to z \to \cdots$ 的情况（字母表示路口），设后一次“$x \to y \to z$”后再经过 k 个路口回到起始路口，则由(2)知，前一次“$x \to y \to z$”后再经过 k 个路口也会回到起始路口. 显然，该路口在整个路线中的位置不在开头与结尾，但起始路口只在整个路线的开头与结尾处出现，矛盾！

若游客的行走路线出现形如 $\cdots \to x \to y \to z \to \cdots \to z \to y \to x \to \cdots$ 的情况（字母表示路口），则由(2)知，在两个 z 之间的路线必形如 $z \to w_1 \to w_2 \to \cdots \to w_2 \to w_1 \to z$，因此在这期间必会出现 $w_{i-1} \to w_i \to w_{i-1}$ 的情况，这是不可能的！

由上述论述可知，如图 50.4，对路线中任意一个不在开头与结尾的路口 X，游客经过 X 的所有可能情况为 $A \to X \to B$，$B \to X \to A$，$B \to X \to C$，$C \to X \to B$，$C \to X \to A$，$A \to X \to C$，其中每个路口至多出现一次且第一、第二种情况不同时出现，第三、第四种情况不同时出现，第五、第六种情况不同时出现. 因此，游客经过路口 X 至多三次.

综上所述，游客在散步的过程中进入同一个路口的最大次数是 3.

3 设整数 $n \geqslant 2$，一个 $n \times n$ 的棋盘初始时刻每格上都是空的，每次可以进行以下三种操作之一：

(a) 若棋盘上如图 50.6 所示的 L 型的三格区域（不可旋转）内没有石头，可以在三格内各放一块石头；

(b) 若某行的每格内均有石头，则可以将这行的所有石头移除；

(c) 若某列的每格内均有石头，则可以将这列的所有石头移除.

求一切 n，使可以经过若干次（至少一次）操作后，棋盘上没有石头.

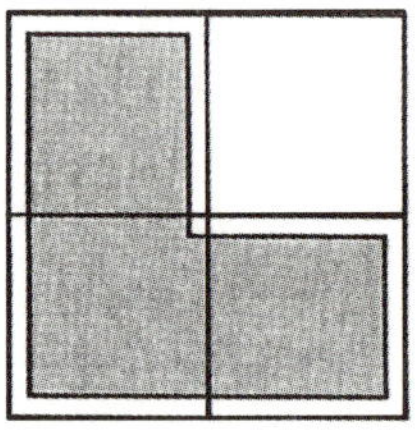

图 50.6

解 将棋盘从下到上依次记作第 $0,1,\cdots,n-1$ 行，从左到右依次记作第 $0,1,\cdots,n-1$ 列.

当 n 是 3 的倍数时，将棋盘分为 $\frac{n^2}{9}$ 个 3×3 小棋盘，将 L 型三

格区域的中间格称为其“中心”,并进行以下操作:

首先,对每个小棋盘做两次操作(a),其中取的三格区域的中心分别为小棋盘的中心格及左下格;

其次,对第 1,4,…,$n-2$ 行进行操作(b);

再次,对每个小棋盘做一次操作(a),其中取的三格区域的中心为小棋盘第一列的中间格;

最后,对第 0,1,3,4,…,$n-3$,$n-2$ 列进行操作(c).

此时,棋盘上没有石头(图 50.7 为 $n=6$ 时的操作示意图).

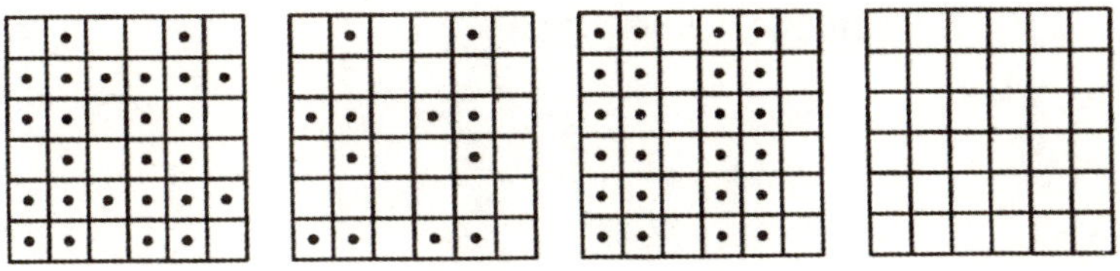

图 50.7

当 n 不是 3 的倍数时,若经过了若干次操作后,棋盘上没有石头,设期间将第 i 行第 j 列作为三格区域的中心进行了 a_{ij} 次操作(a);对第 i 行进行了 r_i 次操作(b);对第 j 列进行了 c_j 次操作(c). 引进变量 x,y,将第 i 行第 j 列中的石头赋值 x^iy^j,由赋值的定义知:

(1) 每次将第 i 行第 j 列作为三格区域的中心进行操作(a),所有石头的赋值的和增加 $x^iy^j(1+x+y)$ 且易知 i,j 均小于 $n-1$;

(2) 每次对第 i 行进行操作(b),所有石头赋值的和减少 $x^i(1+y+\cdots+y^{n-1})$;

(3) 每次对第 j 列进行操作(c),所有石头赋值的和减少 $y^i(1+x+\cdots+x^{n-1})$.

由于整个过程中放上的石头与移除的石头数量相同,故

$$(1+x+y)\left(\sum_{i,j=0}^{n-2}a_{ij}x^iy^j\right)=\sum_{k=0}^{n-1}r_kx^k(1+y+\cdots+y^{n-1})+\sum_{k=0}^{n-1}c_ky^k(1+x+\cdots+x^{n-1})=\left(\sum_{k=0}^{n-1}r_kx^k\right)\cdot\frac{y^n-1}{y-1}+\left(\sum_{k=0}^{n-1}c_ky^k\right)\cdot\frac{x^n-1}{x-1}$$

记

$$P(x,y)=\sum_{i,j=0}^{n-2}a_{ij}x^iy^j,\ Q(x)=\sum_{k=0}^{n-1}r_kx^k,\ R(y)=\sum_{k=0}^{n-1}c_ky^k$$

因此

$$(1+x+y)P(x,y)=Q(x)\cdot\frac{y^n-1}{y-1}+R(y)\cdot\frac{x^n-1}{x-1}$$

在上式中令 $y=-x-1$ 得

$$Q(x)\cdot\frac{(-x-1)^n-1}{-(x+2)}+R(-(x+1))\cdot\frac{x^n-1}{x-1}=0$$

即

$$(x-1)Q(x)\cdot((-x-1)^n-1)=$$
$$(x+2)R(-(x+1))\cdot(x^n-1) \quad ①$$

若 α 为 $x^n-1=0$ 和 $(-x-1)^n-1=0$ 的公共根,则 $|\alpha|=|-\alpha-1|=1$, 由此得到

$$\alpha=-\frac{1}{2}\pm\frac{\sqrt{3}}{2}\mathrm{i}$$

因此 $\alpha^n=1$ 当且仅当 n 是3 的倍数,与 n 不是3 的倍数的假设矛盾! 因此,$x^n-1=0$ 和 $(-x-1)^n-1=0$ 没有公共根,即多项式 x^n-1 和 $(-x-1)^n-1$ 互质.

由 ① 知,$x^n-1\mid(x-1)Q(x)\cdot((-x-1)^n-1)$,由 x^n-1 和 $(-x-1)^n-1$ 互质知,$x^n-1\mid(x-1)Q(x)$,注意到棋盘的右上格永远不会放入石头,故对第 $n-1$ 行永远不可能进行操作(b),对第 $n-1$ 列永远不可能进行操作(c),即 $r_{n-1}=c_{n-1}=0$,因而 $\deg Q,\deg R\leqslant n-2$,故 $(x-1)Q(x)$ 至多 $n-1$ 次,因此 $Q(x)=0$. 同理,$R(y)=0$,即从未做过移除石头的操作,这是不可能的,因此当 n 不是3 的倍数时,不可能经过若干次(至少一次)操作后,棋盘上没有石头.

综上所述,当且仅当 n 是3 的倍数时,可以经过若干次(至少一次)操作后,棋盘上没有石头.

4 一个有限整数集 S 满足:对任意 $s\in S$ 及 s 的任意一个正因子 d,存在唯一的 $t\in S$ 使 $\gcd(s,t)=d$(s 和 t 可以相同). 求集合 S 元素个数的一切可能值.

注:$\gcd(s,t)$ 表示 s 和 t 的最大公因数.

解 我们证明:$|S|$ 的所有可能值为0 及2 的非负整数次幂.

$|S|=0,1$ 显然成立,对 $|S|=2^k$(k 为正整数),设 $\{p_1,\cdots,p_k,q_1,\cdots,q_k\}$ 为 $2k$ 个不同质数组成的集合,记 $[k]=\{1,\cdots,k\}$,令

$$S=\{(\prod_{i\in E}p_i)(\prod_{j\in[k]-E}q_j):E\subseteq[k]\}$$

显然,$|S|=2^k$, 设 $s\in S$, 则存在 $E\subseteq[k]$, 使 $s=(\prod_{i\in E}p_i)(\prod_{j\in[k]-E}q_j)$. 记 $F=[k]-E$,则对 s 的任意一个正因子 d,存在 $A\subseteq E,B\subseteq F,d=(\prod_{i\in A}p_i)(\prod_{j\in B}q_j)$. 设 $t=(\prod_{i\in C}p_i)(\prod_{j\in D}q_j)$($D=$

$[k]-C)$,则 $\gcd(s,t)=d$ 当且仅当 $A\subseteq C,B\subseteq D$,且对任意 $i\in E-A$ 有 $i\in D$;对任意 $i\in F-B$ 有 $i\in C$,此即 $C=A\cup(F-B)$, $D=B\cup(E-A)$,故存在唯一的 $t\in S$ 使 $\gcd(s,t)=d$,即 $|S|=2^k$ 满足条件.

下证 $|S|$ 只可能为 0 及 2 的非负整数次幂.

一方面,对任意满足条件的集合 S,设 $|S|\geqslant 2,s\in S,s\neq 1$. 若质数 p 使 $p^2\mid s$,则对 s 的因子 $\frac{s}{p}$,存在 $t_1\in S$ 使 $\gcd(s,t_1)=\frac{s}{p}$(由此可知 $s\neq t_1$);对 t_1 的因子 1,存在 $t_2\in S$ 使 $\gcd(t_1,t_2)=1$. 若存在质数 $q\mid \gcd(s,t_2)$,则 $q\mid s$,由于 $p^2\mid s$,故无论 q 是否为 p,均有 $q\left|\frac{s}{p}\right.$. 但 $\left.\frac{s}{p}\right|t_1$,故 $q\mid t_1$,进而 $q\mid\gcd(t_1,t_2)$,与 $\gcd(t_1,t_2)=1$ 矛盾!故 $\gcd(s,t_2)=1$,而这导致了对 $t_2\in S$,存在 S 中两个不同的元素 s,t_1,使 $\gcd(t_2,t_1)=\gcd(t_2,s)=1$,与条件矛盾!因此 S 的任意元素均无平方因子.

另一方面,对任意 $s\in S$,s 的任意一个正因子 d 唯一对应了 S 中的一个元素 t,且反之亦然,故 $|S|$ 等于 s 的正因子个数. 由于 s 无平方因子,故其正因子个数为 2 的幂次.

综上所述,$|S|$ 的所有可能值为 0 及 2 的非负整数次幂.

5 设整数 $n\geqslant 4$,求下列 $2n$ 元方程组的所有正实数解:

$$a_1=\frac{1}{a_{2n}}+\frac{1}{a_2},a_2=a_1+a_3$$
$$a_3=\frac{1}{a_2}+\frac{1}{a_4},a_4=a_3+a_5$$
$$a_5=\frac{1}{a_4}+\frac{1}{a_6},a_6=a_5+a_7$$
$$\vdots$$
$$a_{2n-1}=\frac{1}{a_{2n-2}}+\frac{1}{a_{2n}},a_{2n}=a_{2n-1}+a_1$$

解 由已知得(以下求和中 k 均为从 1 到 n 且下标均取 mod $2n$ 的最小正余数)

$$\sum a_{2k-1}=\sum\frac{1}{a_{2k-2}}+\frac{1}{a_{2k}}=2\sum\frac{1}{a_{2k}}=2\sum\frac{1}{a_{2k-1}+a_{2k+1}}\leqslant$$

$$\frac{1}{2}\sum\left(\frac{1}{a_{2k-1}}+\frac{1}{a_{2k+1}}\right)=\sum\frac{1}{a_{2k-1}}=$$

$$\sum\frac{1}{\frac{1}{a_{2k-2}}+\frac{1}{a_{2k}}}\leqslant\sum\frac{a_{2k-2}+a_{2k}}{4}=$$

$$\frac{1}{2}\sum a_{2k}=\sum a_{2k-1}$$

故以上两处不等式的等号均成立，因此 $a_1=a_3=\cdots=a_{2n-1}, a_2=a_4=\cdots=a_{2n}$，代入原式知 $a_1=\frac{2}{a_2}, a_2=2a_1$，故 $a_{2i-1}=1, a_{2i}=2(1\leqslant i\leqslant n)$，经检验，确实是方程组的解.

6 凸六边形 $ABCDEF$ 满足 $AB /\!/ DE, BC /\!/ EF, CD /\!/ FA$ 且 $AB\cdot DE=BC\cdot EF=CD\cdot FA$，设 X,Y,Z 分别为 AD,BE,CF 的中点，证明：$\triangle ACE$ 的外心、$\triangle BDF$ 的外心和 $\triangle XYZ$ 的垂心三点共线.

解 如图 50.8，设直线 XY 与 BD,AE 分别交于点 N_1,M_3；直线 YZ 与 BF,CE 分别交于点 N_3,M_2；直线 ZX 与 DF,AC 分别交于点 N_2,M_1. 设 $\triangle ACE$ 和 $\triangle BDF$ 的外心分别为 O_1,O_2，$\triangle XYZ$ 的垂心为 H，外心为 O.

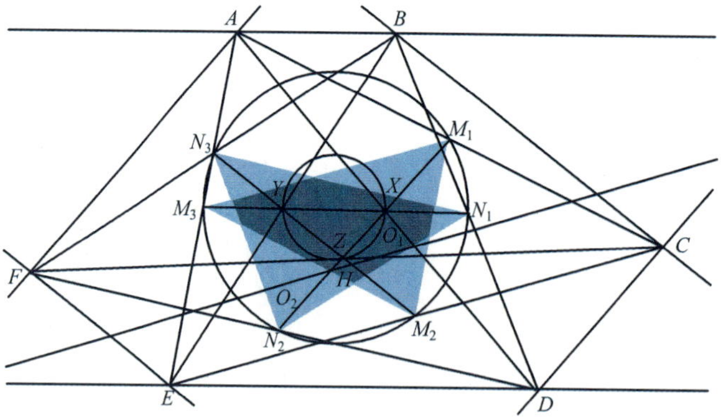

图 50.8

由

$$\overrightarrow{XY}=\overrightarrow{AY}-\overrightarrow{AX}=\frac{1}{2}(\overrightarrow{AB}+\overrightarrow{AE}-\overrightarrow{AD})=\frac{1}{2}(\overrightarrow{AB}+\overrightarrow{DE})$$

可知 $AB /\!/ XY$，故 N_1,M_3 分别为 BD,AE 的中点，同理 N_3,M_2 分别

为 BF,CE 的中点;N_2,M_1 分别为 DF,AC 的中点. 由

$$N_3Z \cdot ZM_2 = \frac{1}{4}BC \cdot EF = \frac{1}{4}AF \cdot CD = N_2Z \cdot ZM_1$$

可知 M_1,M_2,N_2,N_3 四点共圆,而 $N_3Y = ZM_2$,$M_1X = ZN_2$,故 N_3M_2 的中垂线与 YZ 的中垂线重合,N_2M_1 的中垂线与 XZ 的中垂线重合,因此 $\triangle XYZ$ 的外心 O 与 M_1,M_2,N_2,N_3 所共之圆的圆心垂合,同理 M_2,M_3,N_3,N_1 四点共圆且圆心为 O,M_3,M_1,N_1,N_2 四点共圆且圆心为 O,故 M_1,M_2,M_3,N_1,N_2,N_3 六点共圆且圆心为 O.

由于三角形的外心为其中点三角形的垂心,故 O_1,O_2 分别为 $\triangle M_1M_2M_3$ 及 $\triangle N_1N_2N_3$ 的垂心.

取 O 为原点,以每个点对应的小写字母表示该点所对应的复数,注意到 O 为 $\triangle XYZ$,$\triangle M_1M_2M_3$ 及 $\triangle N_1N_2N_3$ 的公共外心,因此

$$\begin{aligned}
h &= x + y + z = \\
&\frac{1}{2}(a + d) + \frac{1}{2}(b + e) + \frac{1}{2}(c + f) = \\
&\frac{1}{2}(a + b + c + d + e + f)
\end{aligned}$$

$$\begin{aligned}
o_1 &= m_1 + m_2 + m_3 = \\
&\frac{1}{2}(a + c) + \frac{1}{2}(c + e) + \frac{1}{2}(e + a) = \\
&a + c + e
\end{aligned}$$

$$\begin{aligned}
o_2 &= n_1 + n_2 + n_3 = \\
&\frac{1}{2}(b + d) + \frac{1}{2}(d + f) + \frac{1}{2}(f + b) = \\
&b + d + f
\end{aligned}$$

故 $h = \frac{1}{2}(o_1 + o_2)$,即 H,O_1,O_2 三点共线.

第 51 届美国数学奥林匹克

1 设a,b为正整数,在一张$(a+b+1)\times(a+b+1)$的方格纸中,每一格染上红、黄两色之一,使得至少a^2+ab-b个格染上红色,至少b^2+ab-a个格染上黄色,证明:必存在a个红格,b个黄格,使这$a+b$个格既不同行也不同列.

证明 将方格纸从上到下依次记作第$0,1,\cdots,n-1$行,从左到右依次记作第$0,1,\cdots,n-1$列,其中第i行第j列的方格记为(i,j).

我们先证明:存在a个红格,既不同行也不同列.

在方格(i,j)内写上$i+j(\mathrm{mod}\ a+b+1)$(取最小非负剩余),显然每行、每列写的数均为$0,1,2,\cdots,a+b$这$a+b+1$个数的一个排列. 注意到$a^2+ab-b=(a+b+1)(a-1)+1$,故存在a个红格里写了同样的数,因此这a个红格既不同行也不同列. 同理,存在b个黄格,既不同行也不同列.

对任意$0,1,2,\cdots,a+b$的排列$\pi=(\pi(0),\pi(1),\cdots,\pi(a+b))$,定义$S(\pi)$为$(0,\pi(0)),(1,\pi(1)),\cdots,(a+b,\pi(a+b))$中红格的个数. 显然,若$\pi$通过一次"对换"(即交换排列中的某两个数)得到$\pi'$,则$|S(\pi)-S(\pi')|\leqslant 2$. 由于存在$a$个红格,既不同行也不同列,故存在排列$\pi_1$,$S(\pi_1)\geqslant a$;由于存在$b$个黄格,既不同行也不同列,故存在排列$\pi_2$,$S(\pi_2)\leqslant(a+b+1)-b=a+1$. 注意到排列$\pi_1$可以通过一系列对换得到排列$\pi_2$,由离散介值原理,在对换的过程中,必存在某个排列$\pi$,使

$$S(\pi)\in\{a,a+1\}$$

若$S(\pi)=a$,则在$(0,\pi(0)),(1,\pi(1)),\cdots,(a+b,\pi(a+b))$中去掉一个黄格,即可得到$a$个红格,$b$个黄格,使这$a+b$个格既不同行也不同列.

若$S(\pi)=a+1$,则在$(0,\pi(0)),(1,\pi(1)),\cdots,(a+b,\pi(a+b))$中去掉一个红格,即可得到$a$个红格,$b$个黄格,使这$a+b$个格既不同行也不同列.

综上所述,原命题得证.

2 给定整数 b,w,且 $b\geqslant 2,w\geqslant 2$,设 $n=b+w$. 用 $2b$ 根完全相同、长度为1的黑色木棒和 $2w$ 根完全相同、长度为1的白色木棒拼出一个正 $2n$ 边形,使得平行的边颜色相同. 然后,通过平移黑色木棒得到一个凸 $2b$ 边形 B,通过平移白色木棒得到一个凸 $2w$ 边形 W(如图51.1是一个 $b=3,w=2$ 的例子). 证明:B 和 W 的面积之差只和 b,w 的选取有关,与正 $2n$ 边形中黑棒、白棒的分布情况无关.

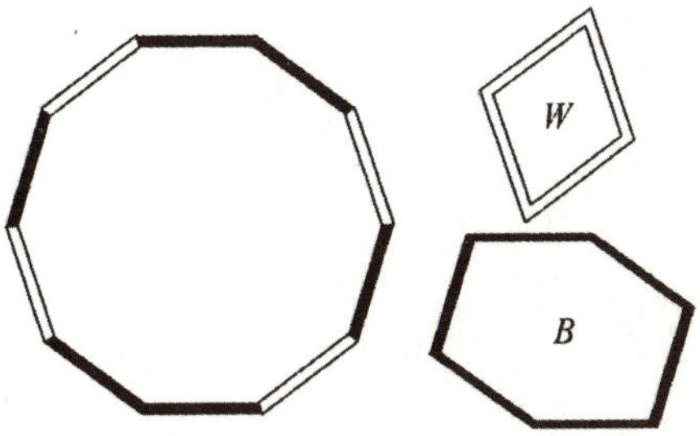

图 51.1

证明 如图51.2,我们考虑更一般的 $2n$ 边形 $A_1A_2\cdots A_{2n}$,其各边长度为1且对边平行. 设向量 $\overrightarrow{A_1A_2},\overrightarrow{A_2A_3},\cdots,\overrightarrow{A_nA_{n+1}}$,分别为 $\boldsymbol{v}_1,\boldsymbol{v}_2,\cdots,\boldsymbol{v}_n$,则向量 $\overrightarrow{A_{n+1}A_{n+2}},\overrightarrow{A_{n+2}A_{n+3}},\cdots,\overrightarrow{A_{2n}A_1}$ 分别为 $-\boldsymbol{v}_1,-\boldsymbol{v}_2,\cdots,-\boldsymbol{v}_n$.

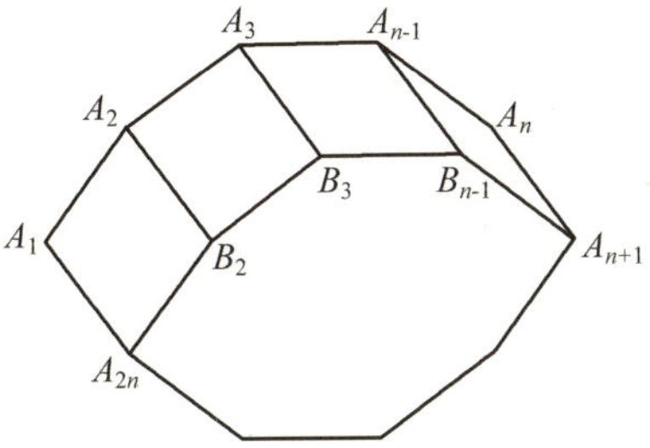

图 51.2

我们先证明如下命题:$A_1A_2\cdots A_{2n}$ 的面积等于 $\left|\sum_{1\leqslant i<j\leqslant n}\boldsymbol{v}_i\times\boldsymbol{v}_j\right|$.

当 $n=2$ 时,四边形 $A_1A_2A_3A_4$ 是平行四边形,由向量积模长的定义即知命题成立.

假设 $n>2$ 且命题对小于 n 的正整数均成立,对 $2n$ 边形 $A_1A_2\cdots A_{2n}$,作向量 $\overrightarrow{A_iB_i}=\boldsymbol{v}_n(i=2,\cdots,n-1)$,则四边形 $A_1A_2B_2A_{2n}$,$A_2A_3B_3B_2,\cdots,A_{n-1}A_nA_{n+1}B_{n-1}$ 均为菱形,它们的面积分别为 $|\boldsymbol{v}_1\times\boldsymbol{v}_n|,|\boldsymbol{v}_2\times\boldsymbol{v}_n|,\cdots,|\boldsymbol{v}_{n-1}\times\boldsymbol{v}_n|$.

注意到 $2n-2$ 边形 $B_2\cdots B_{n-1}A_{n+1}\cdots A_{2n}$ 各边长度为1且对边平行,其各边对应的向量为 $\boldsymbol{v}_1,\boldsymbol{v}_2,\cdots,\boldsymbol{v}_{n-1},-\boldsymbol{v}_1,-\boldsymbol{v}_2,\cdots,-\boldsymbol{v}_{n-1}$,由

归纳假设知，其面积等于 $\left|\sum_{1\leqslant i<j\leqslant n-1}\boldsymbol{v}_i\times\boldsymbol{v}_j\right|$. 因此，$A_1A_2\cdots A_{2n}$ 的面积等于

$$\left|\sum_{1\leqslant i<j\leqslant n-1}\boldsymbol{v}_i\times\boldsymbol{v}_j\right|+|\boldsymbol{v}_1\times\boldsymbol{v}_n|+\cdots+|\boldsymbol{v}_{n-1}\times\boldsymbol{v}_n|=\left|\sum_{1\leqslant i<j\leqslant n}\boldsymbol{v}_i\times\boldsymbol{v}_j\right|$$

由数学归纳法，命题得证.

回到原题，对任意两种黑棒、白棒的分布情况，我们可以通过有限次交换相邻两边(其对边也对应地交换)，使一种分布变成另一种分布. 若交换的相邻两边同为黑棒或同为白棒，显然 B 和 W 的面积之差不变. 若交换的相邻两边为一黑棒一白棒，不妨设黑棒 A_1A_2 与白棒 A_2A_3 互换(对应地，黑棒 $A_{n+1}A_{n+2}$ 与白棒 $A_{n+2}A_{n+3}$ 也互换)，设交换前 B 和 W 的面积分别为 S_1,S_2，交换后新的 B 和 W 的面积分别为 S'_1,S'_2，设集合 X 是交换前满足 A_iA_{i+1} 为黑棒 ($A_{2n+1}=A_1$) 的所有 i 所成集，集合 Y 是交换前满足 A_iA_{i+1} 为白棒 ($A_{2n+1}=A_1$) 的所有 i 所成集，则由前述已证命题得

$$\begin{aligned}(S_1-S_2)-(S'_1-S'_2)=(S_1-S'_1)-(S_2-S'_2)=&\\ \left|(\boldsymbol{v}_1-\boldsymbol{v}_2)\times\left(\sum_{i\in X,i\neq 1}\boldsymbol{v}_i\right)\right|-&\\ \left|(\boldsymbol{v}_2-\boldsymbol{v}_1)\times\left(\sum_{j\in X,j\neq 2}\boldsymbol{v}_j\right)\right|=&\\ \left|(\boldsymbol{v}_1-\boldsymbol{v}_2)\times\left(\sum_{i=3}^{n}\boldsymbol{v}_i\right)\right|=0&\end{aligned}$$

其中，最后一个等号是因为向量 $\boldsymbol{v}_1-\boldsymbol{v}_2$ 与 $\angle A_1A_2A_3$ 的平分线平行，向量 $\sum_{i=3}^{n}\boldsymbol{v}_i$ 与直线 A_3A_{n+1} 平行，而 $\angle A_1A_2A_3$ 的平行线与直线 A_3A_{n+1} 平行，故向量 $\boldsymbol{v}_1-\boldsymbol{v}_2$ 与向量 $\sum_{i=3}^{n}\boldsymbol{v}_i$ 平行，它们的向量积为0.

因此，$S_1-S_2=S'_1-S'_2$，即若交换的相邻两边为一黑棒一白棒，B 和 W 的面积之差也不变.

综上所述，我们得到，交换相邻两边(其对边也对应地交换)，B 和 W 的面积之差始终不变. 故原命题得证.

3 设 $\mathbf{R}_+$ 为正实数集，求一切函数 $f:\mathbf{R}_+\to\mathbf{R}_+$，使得对任意 $x,y\in\mathbf{R}_+$，满足

$$f(x)=f(f(f(x))+y)+f(xf(y))f(x+y) \qquad ①$$

解 记 $\underbrace{f(f(\cdots f}_{m个f}(x)))=f^{(m)}(x)$，由式①得

$$f(x)>f(f^{(2)}(x)+y)$$

这说明了：对任意的正实数 C,x，若 $C>f^{(2)}(x)$，则

$$f(C)<f(x) \qquad (*)$$

若存在 $x > f^{(2)}(x)$，令 $(*)$ 中 $C = x$，得 $f(x) < f(x)$，矛盾！因此，对任意 $x \in \mathbf{R}_+$，$f^{(2)}(x) \geqslant x$. 由此得到对任意 $x \in \mathbf{R}_+$

$$f^{(2)}(x) \leqslant f^{(4)}(x) \leqslant f^{(6)}(x) \leqslant \cdots$$

及

$$f(x) \leqslant f^{(3)}(x) \leqslant f^{(5)}(x) \leqslant \cdots$$

由 $(*)$ 知，对任意的正实数 C, x，若 $f(C) \geqslant f(x)$，则

$$C \leqslant f^{(2)}(x) \qquad (**)$$

由于 $f^{(5)}(x) \geqslant f(x)$，令 $(**)$ 中 $C = f^{(4)}(x)$，得 $f^{(4)}(x) \leqslant f^{(2)}(x)$，而 $f^{(4)}(x) \geqslant f^{(2)}(x)$，故 $f^{(4)}(x) = f^{(2)}(x)$ 对任意 $x \in \mathbf{R}_+$ 成立.

下面用反证法证明 f 是单射. 若 $f(a) = f(b)$，且 $b > a$，在式 ① 中令 $x = f^{(2)}(n)$，利用 $f^{(4)}(n) = f^{(2)}(n)$，得

$$\begin{aligned} f^{(3)}(n) &= f(f^{(4)}(n) + y) + f(f^{(2)}(n) \cdot f(y)) \cdot f(f^{(2)}(n) + y) = \\ & f(f^{(2)}(n) + y) \cdot [1 + f(f^{(2)}(n) \cdot f(y))] \end{aligned}$$

上式中分别令 $y = a$ 及 $y = b$，由 $f(a) = f(b)$，我们得到

$$f(f^{(2)}(n) + a) = f(f^{(2)}(n) + b)$$

在式 ① 中令 $x = n$，得

$$f(n) = f(f^{(2)}(n) + y) + f(nf(y))f(n + y)$$

上式中分别令 $y = a$ 及 $y = b$，结合

$$f(f^{(2)}(n) + a) = f(f^{(2)}(n) + b)$$

及

$$f(a) = f(b)$$

我们得到 $f(n + a) = f(n + b)$. 由 n 的任意性知，对任意 $x \in \mathbf{R}_+$，$f(x + a) = f(x + b)$，由此可得

$$f(x + a) = f(x + a + (b - a)) = f(x + a + 2(b - a)) = \cdots$$

因此，可取 B 充分大，使 $x + B > f^{(2)}(x + a)$ 且 $f(x + a) = f(x + B)$. 而由 $(*)$ 知，当 $x + B > f^{(2)}(x + a)$ 时，$f(x + B) < f(x + a)$，矛盾！因此 f 是单射. 故由 $f^{(4)}(x) = f^{(2)}(x)$ 可得 $f^{(2)}(x) = x$，代入式 ① 得

$$f(x) = f(x + y)[1 + f(xf(y))] \qquad ②$$

在式 ② 中令 $x = 1$，利用 $f^{(2)}(y) = y$，得

$$f(y + 1) = \frac{f(1)}{y + 1}$$

故对 $x > 1$，存在正常数 C 使 $f(x) = \dfrac{C}{x}$.

固定 $t \leqslant 1$，在式 ② 中令 $y = f(t)$，$x > \dfrac{1}{t}$，得

$$\begin{aligned} f(x) &= f(x + f(t))[1 + f(xf(f(t)))] = \\ & f(x + f(t))[1 + f(xt)] \end{aligned}$$

由于 $x > \frac{1}{t} \geqslant 1, x + f(t) > 1, xt > 1$,故

$$\frac{C}{x} = \frac{C}{x + f(t)} \cdot \left(1 + \frac{C}{xt}\right)$$

由此得到 $f(t) = \frac{C}{t}$.

因此,对任意 $x \in \mathbf{R}_+, f(x) = \frac{C}{x}$. 经检验,这确实满足式 ①.

综上所述,$f(x) = \frac{C}{x}$.

4 求一切质数对 (p,q),使 $p-q$ 和 $pq-q$ 均为完全平方数.

解 若 $q=2$,则 $p-2$ 和 $2(p-1)$ 均为完全平方数,故它们都不能被 3 除余 2,因而 $p\equiv 0 \pmod 3$,由此得到 $p=3$,经检验得到一组满足要求的

$$(p,q)=(3,2)$$

若 $q>2$,设 $p-q=a^2$,则 $p\geqslant q$,由 p,q 均为质数知 p,q 均为奇数. 设 $pq-q=q(p-1)=b^2$,由 $q\neq p-1$ 得 $q\neq b$,由 $q\mid b^2$ 得 $q\mid b$,故 $b\geqslant 2q$,由此得到 $b\leqslant \frac{p-1}{2}$,因此 $p-1\geqslant 4q$. 注意到

$$(b+a)(b-a)=b^2-a^2=pq-p=p(q-1)$$

故 $p\mid(b-a)$ 或 $p\mid(b+a)$,无论是哪种情况,均可推出 $b+a\geqslant p$,由此得到

$$\sqrt{q}+1=\frac{\sqrt{pq}+\sqrt{p}}{\sqrt{p}}\geqslant\frac{\sqrt{pq-q}+\sqrt{p-q}}{\sqrt{p}}=$$

$$\frac{b+a}{\sqrt{p}}\geqslant\frac{p}{\sqrt{p}}=\sqrt{p}\geqslant\sqrt{4q+1}$$

故 $2\sqrt{q}\geqslant 3q$,矛盾! 因此 $q>2$ 时无解.

综上所述,所求的质数对 $(p,q)=(3,2)$.

5 函数 $f:\mathbf{R}\to\mathbf{R}$ 称为本质增函数,满足对任意 $f(s)f(t)\neq 0$ 的 $s\leqslant t$,均有 $f(s)\leqslant f(t)$. 求最小的正整数 k,使得对任意 2 022 个实数 $x_1,x_2,\cdots,x_{2\,022}$,存在 k 个本质增函数 $f_1,\cdots,f_k$,满足

$$f_1(n)+f_2(n)+\cdots+f_k(n)=x_n\quad(n=1,2,\cdots,2\,022)$$

解 若存在 $t(t\leqslant 10)$ 个本质增函数 $f_1,\cdots,f_t$ 满足要求,对

$n=1,2,\cdots,2\ 022$,设 $x_n=2\ 023-n$,令 $v(n)=(f_1(n),\cdots,f_t(n))$. 对任意 $1\leqslant i\leqslant t$,若 $f_i(n)\neq 0$,将该分量对应为1;若 $f_i(n)=0$,将该分量对应为0. 于是 $v(n)$ 对应了一个 t 元0-1数组,这样的0-1数组共 2^t 个. 由于 $2^t\leqslant 2^{10}<2\ 022$,故存在 $n_1<n_2$,使 $v(n_1)$ 和 $v(n_2)$ 对应相同的0-1数组. 设

$$I=\{i\in[1,t]\mid v(n_1)[i]\neq 0\}$$

其中 $v(n_1)[i]$ 表示 $v(n_1)$ 的第 i 个分量. 由于 $x_{n_1}>0$,故 $I\neq\varnothing$. 对 $i\in I$,由于 $f_i(n_1)\neq 0$,且 $f_i(n_2)\neq 0$,故 $f_i(n_1)\leqslant f_i(n_2)$,因此得到

$$\sum_{i=1}^{t}f_i(n_1)=\sum_{i\in I}f_i(n_1)\leqslant\sum_{i\in I}f_i(n_2)=\sum_{i=1}^{t}f_i(n_2)$$

因此 $x_{n_1}\leqslant x_{n_2}$,即 $2\ 023-n_1\leqslant 2\ 023-n_2$,这与 $n_1<n_2$ 矛盾! 我们用数学归纳法证明下面的命题:对任意 2^m-1 个实数 $x_1,x_2,\cdots,x_{2^m-1}$ 存在 m 个本质增函数 $f_1,\cdots,f_m$,满足

$$f_1(n)+f_2(n)+\cdots+f_m(n)=x_n\quad(n=1,2,\cdots,2^m-1)$$

取 $m=11$ 即可得到,对任意2 022个实数 $x_1,x_2,\cdots,x_{2\ 022}$,存在11个本质增函数 $f_1,\cdots,f_{11}$,满足

$$f_1(n)+f_2(n)+\cdots+f_{11}(n)=x_n\quad(n=1,2,\cdots,2\ 022)$$

当 $m=1$ 时,命题显然成立.

当 $m\geqslant 2$ 时,假设结论对 $m-1$ 成立,对任意 2^m-1 个实数 $x_1,x_2,\cdots,x_{2^m-1}$,由归纳假设,存在本质增函数 $\tilde{f}_1,\cdots,\tilde{f}_{m-1}$,满足

$$\tilde{f}_1(n)+\tilde{f}_2(n)+\cdots+\tilde{f}_{m-1}(n)=x_n\quad(n=1,2,\cdots,2^{m-1}-1)$$

对 $i\in\{1,\cdots,m-1\}$,$n\in\{1,2,\cdots,2^{m-1}-1\}$,令 $f_i(n)=\tilde{f}_i(n)$.

令 $f_m(n)=0(n=1,2,\cdots,2^{m-1}-1)$.

对 $n\in\{2^{m-1},\cdots,2^m-1\}$,设 $2^m-1-n=\sum\limits_{i=0}^{m-2}\alpha_i\cdot 2^i$,$\alpha_i\in\{0,1\}$,$i=0,\cdots,m-2$,由二进制表示的唯一性知,上述 α_i 是唯一确定的.

令 $f_i(n)=\alpha_{i-1}\cdot 2^{i-1}A$,$i=1,\cdots,m-1$;$f_m(n)=x_n-(2^m-1-n)A$.

易知,当 $A>\sum\limits_{\substack{i\in\{1,\cdots,m-1\}\\ n\in\{1,\cdots,2^{m-1}-1\}}}|f_i(n)|+\sum\limits_{i=2^{m-1}}^{2^m-1}|x_i|$ 时,$f_1,\cdots,f_m$ 是本质增函数且

$$f_1(n)+f_2(n)+\cdots+f_m(n)=x_n\quad(n=1,2,\cdots,2^m-1)$$

故结论对 m 成立(表1是 $m=4$ 时的示例),由数学归纳法知命题成立.

综上所述,所求的最小正整数 $k=11$.

表 1

n	x_n	$f_1(n)$	$f_2(n)$	$f_3(n)$	$f_4(n)$
1	x_1				0
2	x_2				0
3	x_3				0
4	x_4				0
5	x_5				0
6	x_6				0
7	x_7				0
8	x_8	A	$2A$	$4A$	$-7A+x_8$
9	x_9	0	$2A$	$4A$	$-6A+x_9$
10	x_{10}	A	0	$4A$	$-5A+x_{10}$
11	x_{11}	0	0	$4A$	$-4A+x_{11}$
12	x_{12}	A	$2A$	0	$-3A+x_{12}$
13	x_{13}	0	$2A$	0	$-2A+x_{13}$
14	x_{14}	A	0	0	$-A+x_{14}$
15	x_{15}	0	0	0	x_{15}

6 一个名为 Mathbook 的社交网站有 2 022 个用户，开始时，有若干对人互为好友(在 Mathbook 上，好友关系是相互且永久的). 之后，Mathbook 规定：在 Mathbook 上有至少两个共同好友的陌生人才能互相加好友. 问：开始时至少要有多少对好友关系，才能使每个用户最终可能和其他所有用户成为好友？

解 将 2 022 个用户记为 $v_1,v_2,\cdots,v_{2\,022}$，若两人互为好友则在两顶点间连边. 显然，Mathbook 的规定是可以将长为 4 的圈 C_4 变成 4 阶完全图 K_4.

考虑如下由一些 C_4 构成的图：$v_1-v_2-v_3-v_4-v_1$，$v_1-v_2-v_5-v_6-v_1$，$\cdots$，$v_1-v_2-v_{2\,021}-v_{2\,022}-v_1$，此图共 1 010 个 C_4，共 $1\,010\times3+1=3\,031$ 条边. 首先，可将这些 C_4 变成 K_4，而后，对任意的 $3\leqslant i<j\leqslant 2\,022$，由于 v_i,v_j 均与 v_1,v_2 相连，故 v_i,v_j 之间可连边，由此得到 $K_{2\,022}$.

将 2 022 改为 $n(n>1)$，我们证明如下命题：开始时至少要连 $f(n)=\left[\frac{3}{2}n-2\right]$ 条边，才可能最终得到 K_n.

当 $n=2,3,4$ 时,命题显然成立.

假设 $n\geqslant 5$ 且命题对小于 n 的正整数均成立.

设 G 是有 n 个顶点的图,可以依次通过将 m 个长为 4 的圈 $C_4^{(1)},\cdots,C_4^{(m)}$ 变成4 阶完全图的操作,最终变成 K_n,且 G 的边数最少. 下证 G 的边数不小于 $f(n)$.

基于上述 $C_4^{(1)},\cdots,C_4^{(m)}$,我们对图 G 做如下一系列新的操作:

第一步,将 G 的边染成红色,并把 G 的边为红色的 K_2 子图记为一个"团",由此得到一个"团" 的列表$(T_1,\cdots,T_l)$,规定后续操作过程中添加的边均为蓝色.

第二步,考虑圈 $C_4^{(1)}=a-b-c-d-a$,此时,$C_4^{(1)}$ 中含有上述列表中的4 个团,对 $C_4^{(1)}$ 进行操作使之变成完全图 $K_4^{(1)}$,并将列表中原来的4 个团删去,加上团$K_4^{(1)}$(记为 T_{l+1}). 注意,对更新后的列表,里面的每个团都是 G 的完全子图且其中不可能有两个团具有包含关系(否则,若 $T_i\subseteq T_j$,则 $T_j=K_4^{(1)}$,T_i 为某个 K_2. 在做第二步前,去掉 T_i 的边,不会影响整个过程的可操作性;而去掉 T_i 的边会导致红边减少,与 G 边数的最少性矛盾).

第三步,设 $j>1$,若对 $C_4^{(j-1)}$ 的操作及对列表的更新已完成,考虑

$$C_4^{(j)}=s-t-u-v-s$$

若 s,t,u,v 四点已经是列表中一个团的4 个顶点了,则跳过这步操作,考虑下一个圈 $C_4^{(j+1)}$.

若 s,t,u,v 四点中存在两点没有连边,则在边 st,tu,uv,vs 中不可能有连续3 条在列表的同一个团中,因此,有如下三种可能的情况:

情况 1 边 st,tu 在一个团中(设这个团的所有顶点所成集为 X);边 uv,vs 在一个团中(设这个团的所有顶点所成集为 Y). 此时,任意

$$x\in X-\{s,u\},y\in Y-\{s,u\}$$

对圈 $x-s-y-u-x$ 进行操作可以连出边 xy,经过这样一系列的操作,可以将这两个团合并成一个团(也是 G 的完全子图),其顶点所成集为$X\cup Y$. 将列表中原来的2 个团删去,加上这个新的团. 注意,对更新后的列表,里面的每个团都是 G 的完全子图且其中不可能有两个团具有包含关系(否则,若 $T_i\subseteq T_j$,则将 T_i 及产生 T_i 的团均从之前的各个列表中删去,不会影响整个过程的可操作性;而去掉最初列表中与 T_i 有关的团会导致红边减少,与 G 边数的最少性矛盾).

情况 2 边 st,tu 在一个团中(设这个团的所有顶点所成集为 X);边 uv 在一个团中(设这个团的所有顶点所成集为 Y);边 vs 在一个团中(设这个团的所有顶点所成集为 Z). 此时,任意 $x\in X-$

$\{s,u\}$,对圈 $x-s-v-u-x$ 进行操作可以连出边 xv;任意 $x\in X-\{s\}$,$z\in \mathbf{Z}-\{v,s\}$,对圈 $x-s-z-v-x$ 进行操作可以连出边 xz;任意 $x\in X-\{u\}$,$y\in Y-\{v,u\}$,对圈 $x-u-y-v-x$ 进行操作可以连出边 xy;任意

$$y\in Y-\{v,u\},z\in \mathbf{Z}-\{v\}$$

对圈 $z-u-y-v-z$ 进行操作可以连出边 yz. 经过这样一系列的操作,可以将这三个团合并成一个团(也是 G 的完全子图),其顶点所成集为 $X\cup Y\cup Z$. 将列表中原来的 3 个团删去,加上这个新的团. 与情况 1 一样,对更新后的列表,里面的每个团都是 G 的完全子图且其中不可能有两个团具有包含关系.

情况 3 边 st 在一个团中(设这个团的所有顶点所成集为 X);边 tu 在一个团中(设这个团的所有顶点所成集为 Y);边 uv 在一个团中(设这个团的所有顶点所成集为 Z);边 vs 在一个团中(设这个团的所有顶点所成集为 W). 此时,对圈 $s-t-u-v-s$ 进行操作可以连出边 su,tv;任意 $x\in X-\{s,t\}$,对圈 $x-s-v-t-x$ 进行操作可以连出边 xv,对圈 $x-s-u-t-x$ 进行操作可以连出边 xu. 同理,任意 $y\in Y-\{t,u\}$,可以连出边 yv,ys;任意 $z\in \mathbf{Z}-\{u,v\}$,可以连出边 zs,zt;任意 $w\in W-\{v,s\}$,可以连出边 wt,wu. 因此,经过这样一系列的操作,可以将 $X\cup Y\cup Z\cup W$ 中除 s,t,u,v 外的任意两点均与 s,t,u,v 连边,故这两点也能连边,即可以将这四个团合并成一个团(也是 G 的完全子图),其顶点所成集为 $X\cup Y\cup Z\cup W$.

执行完以上三种情况之一的这一系列操作后,考虑下一个圈 $C_4^{(j+1)}$. 将列表中原来的 4 个团删去,加上这个新的团. 与情况 1 一样,对更新后的列表,里面的每个团都是 G 的完全子图且其中不可能有两个团具有包含关系.

这样一个一个圈操作下去,直至对圈 $C_4^{(m)}$ 完成操作.

在对圈 $C_4^{(j)}$ 的操作及列表的更新结束时,由更新列表的方式可知,每条红边在且仅在一个团里. 由此得到:

若出现情况 1,则合并后新团的红边数至少是 $f(x)+f(y)$,其中 $x=|X|$,$y=|Y|$. 注意到 $|X\cup Y|\leqslant x+y-2$ 及 $\lceil a\rceil+\lceil b\rceil\geqslant\lceil a+b\rceil$,有

$$\begin{aligned}f(x)+f(y)&=\left\lceil\frac{3}{2}x-2\right\rceil+\left\lceil\frac{3}{2}y-2\right\rceil\geqslant\\&\left\lceil\frac{3}{2}x-2+\frac{3}{2}y-2\right\rceil\geqslant\\&f(x+y-2)\geqslant f(k)\end{aligned}$$

其中,$k=|X\cup Y|$;证明了新团的顶点数为 k 时,其红边数不少于 $f(k)$.

若出现情况 2,则合并后新团的红边数至少是$f(x)+f(y)+f(z)$,其中$x=|X|$,$y=|Y|$,$z=|Z|$. 注意到$|X\cup Y\cup Z|\leqslant x+y+z-3$及$\lceil a\rceil+\lceil b\rceil\geqslant\lceil a+b\rceil$,与情况 1 类似,有

$$f(x)+f(y)+f(z)\geqslant f(x+y+z-3)\geqslant f(k)$$

其中,$k=|X\cup Y\cup Z|$.

若出现情况 3,则合并后新团的红边数至少是$f(x)+f(y)+f(z)+f(w)$,其中$x=|X|$,$y=|Y|$,$z=|Z|$,$w=|W|$. 注意到

$$|X\cup Y\cup Z\cup W|\leqslant x+y+z+w-4$$

及$\lceil a\rceil+\lceil b\rceil\geqslant\lceil a+b\rceil$,与情况 1 类似,有

$$f(x)+f(y)+f(z)+f(w)\geqslant f(x+y+z+w-4)\geqslant f(k)$$

其中,$k=|X\cup Y\cup Z\cup W|$.

由上述讨论,我们证明了新团的顶点数为k时,其红边数不少于$f(k)$. 因此,当最终合并成一个团时,其红边数不少于$f(n)$,命题得证.

综上所述,开始时至少要有 3 031 对好友关系,才能使每个用户最终可能和其他所有用户成为好友.

附　　录

附　录　A

附录1　费　马　数

§1　引　　言

始于1972年的美国数学奥林匹克(简记为USAMO)是目前美国中学生所参加的四种竞赛(AHSME AIME USAMO AJHSME)中水平最高的一种.代表美国参加IMO的六名选手就在其优胜者中遴选,在国际上有一定影响.1982年举行的第11届USAMO中有一道初等数论的试题为:

试题　证明存在一个正整数 k,使得对各个正整数 n,$k\cdot 2^n+1$ 都是合数.

熟悉数论的读者马上会看出,这是以费马(Fermat)数为背景的试题.因为费马数的素因子都形如 $k\cdot 2^n+1$.这种形式的数在费马数的研究中占有极重要的地位,下面我们将对费马数及 $k\cdot 2^n+1$ 型数作一介绍.

§2　费马数与费马断言

1640年法国数学家费马在给侣僧Mersenne的一封信中,提到了一种现在以他的名字命名的数——费马数.

$$F_n=2^{2^n}+1\quad(n=0,1,2,\cdots)$$

基于 F_0,F_1,F_2,F_3,F_4 都是素数,费马宣称对所有的自然数 n,F_n 都是素数.但没过100年,到了1732年瑞士大数学家欧拉(Euler)就指出,F_5 是合数,它可分解为

$$F_5=4\ 294\ 967\ 297=641\times 6\ 700\ 417$$

对此人们一直怀疑费马作为伟大的数学家似乎不可能仅凭这5个数就做出这样的断言.美国著名的趣味数学家R. Honsberger在1973年出版的《Mathematical Gems》中提出了一个令人较为信服的解释,他指出,早在2 500年前中国古人就通过数值检验而确信了这样一条定理:"若正整数 $n>1$,且 $n\mid 2^n-2$,则 n 一定为素数."这可以看做是费马小定理——若 p 是素数,$a\in\mathbf{Z}$,则 $p\mid(a^p-a)$,当 $a=2$ 时的逆命题.现在通过计算已经证明,当 $1<n<300$ 时我国古人得出的这个命题是正确的.但对超过这个范围的数就不一定了.例如 $n=341$ 就是一个反例,我们将满足 $n\mid 2^n-2$ 的合数称为假素数,我们还能用341构造出无穷多个奇假素数.1950年美国数论专家D. H. Lehmer还找了偶假素数161 038,紧接着1951年Amsterdam的N. G. W. H. Beeger证明了偶假素数也有无穷多个.

但这些都是后话,当时就连 Leibniz 这样的大数学家在研究了《易经》的这一记载之后都相信了这一结果. 所以费马很可能也知道这个中国最古老的数论定理并也信以为真,用它来检验 F_n.

实际上我们不难推断出 $F_n \mid 2^{F_n}-2$,只要注意到 $n>1$ 时,$n+1<2^n$,所以 $2^{n+1}\mid 2^{2^n}$. 设 $2^{2^n}=2^{n+1}\cdot k$(k 是自然数),那么

$$2^{F_n}-2=2^{2^{2^n}+1}-2=2(2^{2^{n+1}\cdot k}-1)=$$
$$2[(2^{2^{n+1}})^k-1]$$

所以,$2^{2^{n+1}}-1\mid 2^{F_n}-2$. 而

$$2^{2^{n+1}}-1=(2^{2^n})^2-1=(2^{2^n}+1)\cdot(2^{2^n}-1)=$$
$$F_n\cdot(2^{2^n}-1)$$

于是有 $F_n\mid 2^{F_n}-2$.

这就不难理解费马为什么会做出这样的断言.

需要指出的是,用 $n\mid 2^n-2$ 来检验 n 的素性虽然可能出错,但出错的可能性是相当小的. 有人计算过在 $n<2\times10^{10}$ 的范围内,出错的概率小于 $\frac{19\ 865}{(882\ 206\ 716+19\ 865)}=0.000\ 002\ 5$. 因为隆德大学的 Bohman 教授曾证明了小于 $10^{10}\times2$ 的素数有882 206 716 个,而 Selfridge 和 Wagstaff 计算出底为 2 的伪素数在 $1\sim2\times10^{10}$ 之间只有19 865 个. 所以华罗庚先生在其《数论导引》中称:"此一推测实属不幸之至."

§3 费马数与 $k\cdot2^n+1$ 型数

1732 年大数学家欧拉成功的分解了 F_5 后,直到 1747 年才在一篇论文中向世人公布了他所使用的方法. 主要基于以下的定理:

定理 1 若费马数 $2^{2^n}+1$ 不为素数,则其素因数一定形如 $2^{n+1}\cdot k+1(k\in\mathbf{Z})$.

卓越的法国数论专家 Edward Lucas 于 1877 年改进了欧拉的结果,他证明了 $2^{n+1}\cdot k+1$ 中的 k 总是偶数. 即:

定理 2 F_n 的每个因子 p 都具有形状 $2^{n+2}\cdot k+1(k\in\mathbf{Z})$.

这样 F_n 的每个因子都在等差级数 $1,2^{n+2}+1,2\cdot2^{n+2}+1,3\cdot2^{n+2}+1,\cdots$ 中了. 对于给定的 n,我们只需计算出上述级数的每一项,并检验其是否为 F_n 的因子即可. 以 $n=5$ 为例,可能的因子序列为 1,129,257,385,513,641,769,…. 但我们注意到其最小的非平凡因子一定是素数,所以复合数129,385,513 都不在试验之列. 另外由于任意两个不同的 F_n 都是互素的(后面将给出证明),所以 $F_3=257$ 也不在试验之列. 所以试除的第一个便是 641,一试即中. 另一个因子6 700 417 可写成 $2^{5+2}\times52\ 347+1$.

正是利用以上有效的方法,1880 年 Landry 发现了 F_6 的复合性质. 即

$$F_6=274\ 177\times67\ 280\ 421\ 310\ 721$$

这时 $2^{n+2}=2^8=256$,F_6 的两个素因子可表为274 177 = 1 071 × 256 + 1,则

$$67\ 280\ 421\ 310\ 721=262\ 814\ 145\ 745\times256+1$$

又如 1878 年苏联数学家Ivan Miheevic Pervushin 证明了 F_{12} 能被 $7\times2^{14}+1=114\ 689$ 整除,

F_{23} 能被 $5\times 2^{25}+1=167\ 772\ 161$ 整除. 这是非常不易的,因为 $2^{2^{23}}+1$ 写成十进制数共有 2 525 223 位. 若用普通铅字将其排印出来,将会是长达 5 千米的一行. 倘若印成书将会是一部1 000 页的巨册. (Pervushin 是靠在教会学校里自学而成为数学家的. 1883 年他还证明了 $2^{61}-1$ 是素数. 这个数被人称为Pervushin 数.) 更令人吃惊的是1886 年 Selhoff 否定了 F_{36} 是素数,他证明了 F_{36} 能被

$$10\times 2^{38}+1=2\ 748\ 779\ 069\ 441$$

整除. 为了帮助我们想象数字 F_{36} 的巨大,Lucas 计算出 F_{36} 的位数比220 亿还多,印成一行铅字的话,将比赤道还长.

§4　费马数的素性判别法

欧拉和 Lucas 定理的作用仅限于当 F_n 是合数时去寻找它的因子,那么如何去判断 F_n 是素数还是合数呢? 下面我们介绍三种方法.

判别法 1(康继鼎)　费马数 $F_m=2^{2^m}+1$ 是素数的充要条件是

$$\sum_{k=1}^{F_m-1} k^{F_m-1}+1\equiv 0(\mathrm{mod}\ F_m)$$

利用解析数论中的 von Staudt – Clansen 定理及 Bernoulli 数还可以得到如下的判断法:

判别法2　F_m 是素数的充要条件是 $F_m \nmid T_{F_{m-2}}$,其中 T_n 称为正切数(tangential number),它是下述级数 $\tan Z=\sum\limits_{n=0}^{\infty} T_n\dfrac{Z^n}{n!}$ 的系数.

现在人们所使用的判别法是 1877 年由 T. Pepin 提出的.

判别法 3　F_n 是素数的充要条件是 F_n 整除 $3^{\frac{F_n-1}{2}}+1$.

利用这一判别法, 到目前为止我们所知道的费马素数仅仅是费马宣布的那五个——F_0,F_1,F_2,F_3,F_4,此外还发现了 84 个费马型合数.

需要说明的是,对于一些 F_n 我们可以得到其标准分解式,如 F_5,F_6,F_7;但对另一些我们仅知道其部分因子,如 $F_{1\ 945}$. F_8 也早在 1909 年就知道它是合数,但直到 1975 年才找出它的一个因子. 甚至还有至今都没能找到其任一个因子的,如 F_{14},尽管早在 1963 就已经知道它是合数.

§5　关于 $k\cdot 2^m+1$ 型数

研究 $k\cdot 2^m+1$ 型素数,其意义主要有两个. 一是它对分解费马数有重要作用. 如前面定理 2 所示,F_n 的每个素因子都具有形状 $k\cdot 2^m+1$,其中 $m\geqslant n+1$,$k\in \mathbf{Z}$,所以一旦知道了某些 $k\cdot 2^m+1$ 是素数时,便可用它们去试除 $F_n(n\leqslant m-2)$,这样就有可能找到一些费马数的因子. 另外,当验证了某个 $k\cdot 2^m+1$ 是素数后,如再能判断出 $k\cdot 2^m-1$ 也是素数,则可能找出一对孪生素数来,例如孪生素数$(297\times 2^{548}+1,297\times 2^{548}-1)$ 就是这样找到的.

为了解决 $k\cdot 2^m+1$ 的素性判别问题,Proth 首先给出了一个充要条件,这就是下面的定理:

定理3　给定 $N=k\cdot 2^m+1,k<2^m$,先寻找一个整数 D,使得 Jacobi 符号$\left(\dfrac{D}{k}\right)=-1$,则

N 是素数的充要条件是

$$D^{\frac{N-1}{2}} \equiv -1 (\mathrm{mod}\ N)$$

利用 Proth 定理,Baillie, Robinson, Williams 等人对一些奇数 k 和 m 决定的数 $k \cdot 2^m + 1$ 作了系统的考察. 他们的工作包括三个部分:一是对 $1 \leqslant k \leqslant 150, 1 \leqslant m \leqslant 1\ 500$ 找出了所有 $k \cdot 2^m + 1$ 型的素数;二是对 $3 \leqslant k \leqslant 29$ 和 $1\ 500 < m \leqslant 4\ 000$ 列出了所有的 $k \cdot 2^m + 1$ 型的素数;三是他们顺便得到了 7 个新的费马数的因子.

目前对 $k \cdot 2^m + 1$ 型素数还有许多有趣的问题. 1837 年 Dirichlet 利用高深的方法解决了著名的素数在算术级数中的分布问题. 设 $\pi(x,k,l)$ 表示以自然数 l 为首项,以自然数 $k(\geqslant l)$ 为公差的算术级数中不超过 x 的素数的个数. 则有:如果 $(l,k) = 1$,那么当 $x \to +\infty$ 时, $\pi(x,k,l) \to +\infty$.

显然当 m 固定时,序列 $\{k \cdot 2^m + 1\}$ 满足 Dirichlet 定理的条件,故它含有无限多个素数. 人们自然会问,当 k 固定时,情况又将怎样呢? 是否仍含有无穷多个素数呢? Stark 证明了对某些固定的 k,上述结论不成立,他举例说,当 $k = 293\ 536\ 331\ 541\ 925\ 531$ 时,序列 $\{k \cdot 2^m + 1\}$ 中连一个素数都没有. 事实上这正是本附录引言中那个第 11 届 USAMO 试题所要证明的结论. 关于这一问题的结论最先是由波兰的数论专家 Sierpinski 得到的,他论证了当 $k \equiv 1(\mathrm{mod}\ 641 \times (2^{32} - 1))$ 或 $k \equiv -1(\mathrm{mod}\ 6\ 700\ 417)$ 时,序列 $\{k \cdot 2^m + 1\}$ 中的每一项都能被 3,5,17,257,641,65 537,6 700 417 中的某一个整除. 他还注意到,对某些其他的 k 值,序列 $\{k \cdot 2^m + 1\}$ 中的每一项都能被 3,5,7,13,17,241 中的某一个整除.

另一方面,设 $N(x)$ 表示不超过 x 的并且对某些正整数 m 使 $k \cdot 2^m + 1$ 为素数的奇正数 k 的个数,Sierpinski 证明了 $N(x)$ 随 x 趋于无穷. 匈牙利数学家 Erdös 和 Odlyzko 还进一步证明了存在常数 C_1, C_2,使得 $\left(\frac{1}{2} - C_1\right) x \geqslant N(x) \geqslant C_2 x$.

目前有一个尚未解决的问题是,对于所有的正整数 m,使 $k \cdot 2^m + 1$ 都为合数的最小的 k 值是什么. 现在的进展是,Selfridge 发现 2,5,7,13,19,37,73 中的一个永远能整除 $\{78\ 557 \times 2^m + 1\}$ 中的每一项,他还注意到对每一个小于 383 的 k 值 $\{k \cdot 2^m + 1\}$ 中都至少有一个素数存在,以及对所有 $m < 2\ 313$ 的 m 值 $383 \times 2^m + 1$ 都是合数. N. S. Mendelsohn 和 B. Wolk 将其加强为 $m \leqslant 4\ 017$. 看来 383 有希望成为这最小的 k 值,但不幸的是最近 Hugh Williams 发现,$383 \times 2^{6\ 393} + 1$ 是素数. 这一希望破灭了. 看起来最小 k 值的确可由电子计算机找到,进一步的计算结果已由 Baillie, Cormack 和 Williams 做出. 当发现了以下几个 $k \cdot 2^m + 1$ 型的素数

$$k = 2\ 897, 6\ 313, 7\ 493, 7\ 957, 8\ 543, 9\ 323$$
$$n = 9\ 715, 4\ 606, 5\ 249, 5\ 064, 5\ 793, 3\ 013$$

后,他们得到了 k 值小于78 557 的 118 个备选数. 这些数中的前 8 个是当

$$k = 3\ 061, 4\ 847, 5\ 297, 5\ 359, 7\ 013, 7\ 651, 8\ 423$$
$$n \leqslant 16\ 000, 8\ 102, 8\ 070, 8\ 109, 8\ 170, 8\ 105, 8\ 080, 8\ 000$$

时各自都没有素数存在. 但真正满足要求的 k 值还没有被确定. 还有两点需要指出:

(1) 一般说来,同一个 $k \cdot 2^m + 1$ 型素因子不可能在 F_n 中出现两次. 因为有一个至今未被证明但看起来成立可能性很大的猜想:不存在素数 q,使 $q^2 \mid F_n$. 1967 年 Warren 证明了:如果素数 q 满足 $q^2 \mid F_n$,则必有 $2^{q-1} \equiv 1(\mathrm{mod}\ q^2)$. 而这个同余式在 $q < 100\ 000$ 时仅有1 093

和3 511 能够满足.

(2) 若 $k \cdot 2^m + 1$ 是 F_n 的素因子中最大的一个，则 C. L. Stewart 用数论中深刻的 Diophantus 逼近论方法证明了：存在常数 $A > 0$ 使 $k \cdot 2^m + 1 > An2^n, n = 1, 2, \cdots$. 但常数 A 的具体值还没有给出.

下面，我们将引言中的那道 USAMO 试题的证明转录于下以飨读者. 这道试题的证法目前仅有一种. 而且很间接，显露出很浓的"人工"味道.

证明　设 $F_r = 2^{2^r} + 1$，容易计算出

$$F_0 = 3, F_1 = 5, F_2 = 17, F_3 = 257, F_4 = 65\ 537$$

不难验证 $F_i(0 \leqslant i \leqslant 4)$ 是素数. 但 $F_5 = 641 \times 6\ 700\ 417$ 是合数. 注意到这一点，我们令 $n = 2^r \cdot t$，其中 r 为非负整数，t 为奇数，建立如下的同余式组

$$\begin{cases} K \equiv 1 \pmod{2^{32} - 1} \\ K \equiv 1 \pmod{641} \\ K \equiv -1 \pmod{6\ 700\ 417} \quad (\text{将}6\ 700\ 417\text{记为}p) \end{cases}$$

因为 $2^{32} - 1, 641, p$ 两两互素，由孙子定理知此同余式组一定有解 K，满足

$$K = 1 + m(2^{32} - 1), K = 1 + 641u, K = pv - 1$$

下面分三种情况讨论 $n = 2^r \cdot t$ 的情形：

(1) 当 $r = 0, 1, 2, 3, 4$ 时

$$g(n) = K \cdot 2^n + 1 = K(2^{2^r \cdot t} + 1) - (K - 1) = K(2^{2^r \cdot t} + 1) - m(2^{32} - 1)$$

显然 $2^{2^r} + 1 \mid 2^{2^r \cdot t} + 1, 2^{2^r} + 1 \mid 2^{32} - 1$，从而 $2^{2^r} + 1 \mid g(n)$，且 $1 < 2^{2^r} + 1 < g(n)$，所以 $g(n)$ 为合数.

(2) 当 $r = 5$ 时

$$g(n) = K(2^{2^r \cdot t} + 1) - (K - 1) = K(2^{32t} + 1) - 641u$$

因为 $641 \mid 2^{32} + 1, 2^{32} + 1 \mid 2^{32t} + 1$，故 $641 \mid 2^{32t} + 1$，且 $1 < 641 < g(n)$，所以 $g(n)$ 为合数.

(3) 当 $r \geqslant 6$ 时

$$g(n) = K(2^{2^r \cdot t} - 1) + (K + 1) = (pv - 1)(2^{2^r \cdot t - 1}) + pv = pv(2^{2^r \cdot t} - 1) - (2^{2^r \cdot t} - 1) + pv$$

因为 $2^{32} + 1 \mid 2^{2^r \cdot t} - 1, p \mid 2^{32} + 1$，所以 $p \mid g(n)$，又 $1 < p < g(n)$，所以 $g(n)$ 为合数.

综合(1),(2),(3)知，不论 n 为何自然数，对满足上述同余式组的 k，$g(n) = k \cdot 2^n + 1$ 都是合数.

§6　费马数的分解与电子计算机的应用

对费马数的研究基本上是属于素数判定与大数分解问题，这类问题在数论中占有重要地位，人们很早就重视它的研究，近年来由于计算机科学的发展，使这一古老的问题焕发了青春，形成了数论中的新分支 —— 计算数论.

利用电子计算机分解费马数最先是从 F_7 开始的，F_7 是一个 39 位数，早在 1905 年

J. C. Morehead 和 A. E. Western 就运用 Proth 检验法证明了它是复合数,然而直到 1971 年 Brillhart 和 Morrison 才在加利福尼亚大学洛杉矶分校的一台 IBM 360 – 91 型的电子计算机上使用 Lehmer 和 Powers 的连分数法计算了 1.5 小时. 分解的结果表明,它是两个分别具有 17 位和 22 位的素因子之积. 即

$$F_7 = 59\,649\,589\,127\,497\,217 \times 5\,704\,689\,200\,685\,129\,054\,721$$

随即 Pomenrance 利用高深的算法分析得到这种连分数法的平均渐近工作量是

$$O\left(\sqrt[n]{\frac{0.5\log_2 1\mathrm{og}_2 n}{\log_2 n}}\right)$$

与 F_7 类似,1909 年还是由 J. C. Morehead 和 A. E. Western 用同样的方法证明了 78 位的 F_8 也是合数. 72 年后,Brent 和 Pollard 使用 Pollard 的灵巧方法,在通用电子计算机(Universal Automatic Computer)1100 型上计算了 2 个小时才发现了第一个 16 位的素因子,但他们未能证明另一个 62 位的因子是素数. 随后,Hugh Williams 解决了这一问题,得到

$$F_8 = 1\,238\,926\,361\,552\,897 \times$$
$$93\,461\,639\,715\,357\,977\,769\,163\,558\,199\,606\,896\,584\,051\,237\,541\,638\,188\,580\,280\,321$$

今天,人们在大型机上证明了 $F_{1\,945}$ 是合数. $F_{1\,945}$ 是非常巨大的,光是它的位数本身就是一个 580 位数,但它同用来检验它的大数 $m = 3^{2^{1\,945}-1} + 1$ 来比真是小巫见大巫了. 1957 年 R. M. Robinson 发现,$5 \times 2^{1\,947} + 1$ 是它的一个因子. 目前人们所发现的最大的费马合数是 $F_{23\,471}$,它约有 $3 \times 10^{7\,067}$ 位.

但计算机的能力并非是无限的. 目前就连 F_9 和 F_{13} 这样的数计算机都不能进行完全分解,尽管已经知道 F_9 有素因子242 483 且 F_{13} 也有一个 13 位的因子. 正是基于大数分解的极端困难性,1977 年,Adleman, Shamir 和 Rumely 发明了一个公开密钥密码体制(简称 RSA 体制). 美国数学家 J. Pollard 和 H. 兰斯特拉最近发现了一种大数的因子分解方法,利用这种方法经过全世界几百名研究人员和 100 台电子计算机长达三个月的工作,成功地将一个过去被认为几乎不可能分解的155 位长的大数分解为三个分别长为7,49 和99 位的因子. 这使美国的保密体制受到严重威胁,意味着许多银行、公司、政府和军事部门必须改变编码系统,才能防止泄密. 因为在一年半前,人们只解决了 100 位长的自然数因子分解,所以目前绝大多数保密体系还在使用 150 位长的大数来编制密码.

§7 推广的费马数

由于计算机的介入,使得我们有能力将费马数推广为关于 x 的多项式

$$F_n(x) = x^{2^n} + 1 \quad (n = 0,1,2,\cdots)$$

显然通常的费马数是其当 $x = 2$ 时的特例.

1983 年 John Brillhart, D. H. Lehmer, J. L. Selfridge, Bryant Tuckerman, S. S. Wagstaff 五位美国数学家联合研究了 $x = 2,3,5,6,7,10,11,12$ 时的情形,并进行了素因子分解.

1986 年 1 月,日本上智大学理工学部的森本光生教授利用 PC9801 型微机对 $F_n(x)$,当 $n = 0,1,2,3,4,5,6,7$,$x = 2,3,4,5,\cdots,1\,000$ 时是否为素数进行了研究. 由于当 x 是奇数时,$F_n(x)$ 为偶数,所以他同时观察了 $\frac{F_n(x)}{2}$ 的情形.

设 $A_n=\{x\mid 2\leqslant x\leqslant 1\ 000$,且 $F_n(x)$ 是素数$\}$,$B_n=\{x\mid 2\leqslant x\leqslant 1\ 000$,且$\frac{F_n(x)}{2}$是素数$\}$,则 A_n,B_n 中元素的个数 $|A_n|$,$|B_n|$ 如表 1 所示:

表 1

n	$F_n(x)$	$\|A_n\|$	$\|B_n\|$
0	$x+1$	167	95
1	x^2+1	111	129
2	x^4+1	110	110
3	x^8+1	40	41
4	$x^{16}+1$	48	40
5	$x^{32}+1$	22	20
6	$x^{64}+1$	8	16
7	$x^{128}+1$	7	3
8	$x^{256}+1$	4	4

当 x 值超过1 000时,早在1967年赖尔就计算并列出了 $F_2=x^4+1,2\leqslant x\leqslant 4\ 004$ 的376个素数,他得到的最大素数不超过$4\ 002^4+1=P_{15}$(15位的素数).他是在3台1960年生产的IBM1620上进行的.森本光生利用先进的PC 9801发现了9个300位以上的广义费马素数,它们是

$F_7(234)$,304 位;$F_7(506)$,347 位
$F_7(532)$,349 位;$F_7(548)$,351 位
$F_7(960)$,382 位;$F_8(278)$,626 位
$F_8(614)$,714 位;$F_8(892)$,756 位
$F_8(898)$,757 位

§8 费马数与费马大定理

我们知道真正使费马闻名于世的是他提出的所谓费马大定理.

Diophantus 方程 $x^n+y^n=z^n,n>2$ 没有正整数解.自1637年提出到现在已过去300多年,直到1995年英国的 Wiles 才真正证明了它.

由于 $n>2$,故必有 $4\mid n$ 或 $p\mid n$,这里 p 为奇素数.于是只需证明 $n=4$ 或 $n=p$ 就够了.由于欧拉和费马已分别对 $n=3,4$ 时给出了证明,所以只需证方程

$$x^p+y^p=z^p\quad (p>3\text{ 是素数})\qquad ①$$

无解就足够了.

1940年,德国著名数学家Fürtwängler(1869—1940)用简单同余法证明了:若方程①有解,则同余式 $2^{p-1}\equiv 1\pmod{p^2}$ 一定成立.据此,1974年Perisatri首先建立起费马数与费马大定理间的关系,给出了如下定理:

定理 4 设 $p=2^{2^n}+1$ 是费马素数,则方程①没有 $p\nmid xyz$ 的解.

§9　费马数在几何作图中的应用

由于在给定圆周内作正 h 边形可归结为元素 $2\cos\frac{2\pi}{h}=\xi+\xi^{-1}$ 的构造,其中 ξ 表示 h 位单次根. 所以由分圆域内的 Galois 理论,它可构造的条件是:$\phi(h)$ 是 2 的幂,对于 $h=2^{\alpha}p_1^{\beta_1}p_2^{\beta_2}\cdots p_r^{\beta_r}$($p_i$ 是奇素数,$i=1,\cdots,r$),有 $\phi(h)=2^{\alpha-1}p_1^{\beta_1-1}\cdots p_r^{\beta_r-1}(p_1-1)\cdots(p_r-1)$. 所以 $\phi(h)$ 要想是2 的幂,必须有:奇素数因子在 h 中只能出现一次方($\beta_i=1,i=1,\cdots,r$),并且对于每个在 h 中出现的奇素数 p_i,数 p_i-1 必是2 的幂,即每个 p_i 必是 2^k+1 型素数. 显然 k 不能被奇数 $h>1$ 整除,因为由 $k=\mu\gamma$,μ 为奇数,$\mu>1$ 可以推出 $(2^{\gamma}+1)\mid(2^{\gamma})^{\mu}+1$,这样 p_i 便不是素数了. 所以每个 p_i 都是型如 $2^{2^n}+1$ 的素数,即费马素数.

这一杰作是年轻的 Gauss 在其《算术研究》(*Disquistiones Arithmeticae*) 中给出的. 此外 Gauss 还提出了逆命题,是由 Wantzel 证明的:

正 h 边形可以用尺规作图的必要条件是 $h=2^{\alpha}p_1\cdots p_r$,这里 $\alpha\geqslant 0$,诸 p_i 是不同的费马素数.

对于正 3 边形、正 5 边形已早有人做出,而正 17 边形的作图问题则困扰了人们几百年,最后由 Gauss 做出. 随即 1898 年由 Richelot 和 Schwendenheim 和 O. Hermes 相继作出了正 257 和正65 537 边形. 前一个作图的作法写满了 80 页稿纸,而后一个则装了一皮箱,现存哥廷根大学,堪称最烦琐的几何作图.

§10　费马数与数论变换

在利用电子计算机进行信息处理时经常遇到所谓的卷积. 设两个长为 N 的序列 x_n 和 $h_n(n=0,\cdots,N-1)$,其卷积是指

$$y_n=\sum_{k=0}^{N-1}x_k h_{n-k}=\sum_{k=0}^{N-1}x_{n-k}h_k\quad(n=0,\cdots,N-1)\tag{①}$$

其中假定 $x_n=h_n=0(n<0)$.

直接计算式 ① 通常需要 N^2 次乘法和 N^2 次加法,当 N 很大时,其计算量超出我们的能力,为此人们寻求快速算法以节省运算时间.

通常人们是通过循环卷积来计算的. 所谓两个序列 $x_n(n=0,1,\cdots,N-1)$ 和 $h_n(n=0,1,\cdots,N-1)$ 的循环卷积是指

$$y_n=\sum_{k=0}^{N-1}x_k h_{\langle n-k\rangle N}=\sum_{k=0}^{N-1}x_{\langle n-k\rangle N}h_N\quad(n=0,1,\cdots,N-1)$$

其中$\langle k\rangle_N$ 表示整数 k 模 N 的最小非负剩余. 而计算循环卷积一般采用离散的傅里叶变换(Discrete Fourier Transform,简记为 DFT). 1965 年 Cooley 和 Tukcy 提出了 DFT 的快速算法(Fast Fourier Transform,简记为 FFT),使所需工作量及处理时间都在很大程度上得到了改进.

近年来,国外又出现了以数论为基础的计算循环卷积的方法,称为数论变换(NTT). 特别引人注目的是,其中有一种以费马数为基础的费马数变换(FNT). 这种变换只需加减法及移位操作而不用乘法,从而提高了运算速度. 最近在通用电子计算机上的运算结果证明了这一点.

对于实现长度不超过 256 的序列的循环卷积,FNT 比 FFT 缩短时间达 $\frac{1}{3} \sim \frac{1}{5}$. 1975 年R. C. Agarwal 和 C. S. Burras 在 IBM370/155 计算机上证实了这一点.

另外 FNT 还消除了 FFT 带来的舍入误差,故能得到高精度的卷积,并且还不需要基函数的存贮,从而节省了存储器空间.

§11 与费马数相关的两个问题

一位佚名学者 Hnnales de Mathematique,Gergonne 主编在 1828 年提出一个猜测

$$2+1, 2^2+1, 2^{2^2}+1, 2^{2^{2^2}}+1, 2^{2^{2^{2^2}}}+1, \cdots$$

即 3,5,257,65 537,⋯ 形式的自然数都是素数.

到 1879 年 E. Glin 对此提出了质疑. 同年比利时数学家 E. C. Catalan(1814—1894) 回答说只有前五个是正确的. 后来人们发现第六个就不是素数, 例如 $2^{19}\times 1\ 575+1=825\ 753\ 661 \mid 2^{2^{16}}+1$.

上一世纪中,美国数论专家 T. M. Apostal 在其名著《解析数论导引》(本书有中译本,2011 年由哈工大出版社出版) 中提出关于素数分布的十二个问题. 其中一个即为存在无穷多个费马素数.

附录 2 佩 尔 方 程

§1 利用佩尔方程解一道 USAMO 试题

在 1986 年举行的美国数学奥林匹克(USAMO) 中有如下试题:

试题 A 求使前 n 个自然数($n>1$) 的平方的平均数是一个整数的平方的最小正整数 n.

如下解法是基于奇偶性的讨论以及按模分类进行的.

解 设

$$\frac{1^2+2^2+\cdots+n^2}{n}=m^2(m\in\mathbf{N})\Rightarrow\frac{1}{6}(n+1)(2n+1)=$$

$$m^2\Rightarrow(n+1)(2n+1)=6m^2$$

因为 $6m^2$ 为偶数,$2n+1$ 是奇数,所以 $n+1$ 是偶数,从而 n 是奇数.

将 n 按模 6 分类,设 $n=6p\pm1$ 或 $n=6p+3$.

(1) 当 $n=6p+3$ 时

$$6m^2=(6p+4)(12p+7)=72p^2+90p+28$$

由于 $6\mid 72, 6\mid 90, 6\nmid 28$,故此时无解.

(2) 当 $n=6p-1$ 时

$$6m^2=6p(12p-1)$$

因为$(p,12p-1)=1$,故欲使上式成立,p 和 $12p-1$ 必须均为完全平方数. 设 $p=s^2$,$12p-1=t^2$, 于是有 $t^2=12s^2-1$. 因为完全平方数只能为 $4k$ 或 $4k+1$ 型, 所以 $12s^2-1=4(3s^2)-1$ 不是完全平方数. 故此时无解.

(3) 当 $n=6p+1$ 时

$$6m^2=(6p+2)(12p+3)\Rightarrow m^2=(3p+1)(4p+1)$$

由于 $(3p+1,4p+1)=1$，则 $3p+1$ 与 $4p+1$ 必同时为完全平方数. 设 $3p+1=u^2$, $4p+1=v^2\Rightarrow 4u^2-3v^2=1$. 显然 $u=v=1$ 是其中的一组解，此时 $p=0$, $n=1$，这与 $n>1$ 矛盾. 对 $u=2,3,4,\cdots,11,12$ 逐一检验，v 均不是整数. 当 $u=13$ 时，解得 $v=15$，此时 $p=56$, $m=195$, $n=337$. 因此所求的最小正整数 n 为 337.

这里有一个问题是：n 的求出是逐一试验得到的，那么假若再要求一个 n 的话，会使试验的次数大大增加. 尽管除此之外还可以利用分析的方法求得 n，但对下一个 n 的求解也没带来多大方便. 另一种办法是：

由 $4u^2-3v^2=1$ 知 v 为奇数. 设 $v=2q+1$，则方程化为 $u^2-3q(q+1)-1=0$.

由 $q(q+1)$ 是偶数知 u 为奇数. 设 $u=2j+1$，则方程化为 $4j(j+1)=3q(q+1)$. 左边为 8 的倍数. 为使右边为 8 的倍数，且求出的 n 最小，可设 $q+1=8$，此时 $q=7$, $j=6$, $j+1=7$. 于是 $u=2j+1=13$, $v=2q+1=15$，所以 $n=337$.

在第 31 届 IMO 上冰岛提供了一道预选题：

试题 B 试证：有无穷多个自然数 n，使平均数 $\dfrac{1^2+2^2+\cdots+n^2}{n}$ 为完全平方数. 第一个这样的数当然是 1，请写出紧接在 1 后面的两个这样的自然数.

显然这个结论包容了前述试题 A，但此题若用前题的方法显然是不容易行得通的. 一是有无穷多个自然数 n 这点难以证明，二是除 1 和 337 外的第 3 个 n 值很难找到，因为它是 65 521 这样巨大的数. 下面我们利用数论中的著名的 Pell 方程求解此问题. 先介绍几个有关 Pell 方程的概念及定理.

定义 设 $d\in\mathbf{N}$，且 d 不是一个整数的平方，形如 $x^2-dy^2=1$ 的不定方程称为 Pell 方程.

定理 1 Pell 方程 $x^2-dy^2=1$ 有无穷多组整数解.

定理 2 如果 (x_1,y_1) 是 Pell 方程 $x^2-dy^2=1$ 的最小正解，则方程的所有其他正解 (x_n,y_n) 可以通过依次设 $n=1,2,3,\cdots$，而由 $x_n+y_n\sqrt{d}=(x_1+y_1\sqrt{d})^n$ 比较系数而得到.

下面我们解释一下什么叫最小正解. 若 $x=u$, $y=v$ 是满足 $x^2-dy^2=1$ 的整数，我们把 $u+v\sqrt{d}$ 称为方程的一个解. 对于方程的两个解 $u+v\sqrt{d}$ 和 $u'+v'\sqrt{d}$，如果 $u=u'$, $v=v'$，则称两解相等；如果 $u+v\sqrt{d}>u'+v'\sqrt{d}$，则称第一个解大于第二个解. 所以最小正解即为 $\min\{u+v\sqrt{d}\mid u^2-dv^2=1,u>0,v>0\}$. 由定理 2 可见解 Pell 方程的关键是求出其最小正解. 最小正解的求法有观察法和连分数法. 所谓观察法就是观察当 y 为何值时，dy^2+1 为完全平方数，因为一旦找到了这个数 y，就可以通过 $x=\sqrt{dy^2+1}$ 求出 x.

下面我们用 Pell 方程法解冰岛提供的候选题.

证明 因为

$$\frac{1^2+2^2+\cdots+n^2}{n}=\frac{1}{6}(2n^2+3n+1)$$

问题即是要求出一切自然数对 (n,m)，使

$$2n^2+3n+1=6m^2$$

成立. 将上式两边乘 8，配成完全平方后，得

$$(4n+3)^2-3(4m)^2=1$$

设 $x=4n+3$, $y=4m$,则可将其视为 Pell 方程 $x^2-3y^2=1$ 在 $x\equiv3 \pmod 4$ 和 $y\equiv0 \pmod 4$ 的特殊情况. 由观察知 $x_1+y_1\sqrt{3}=2+\sqrt{3}$ 为其最小正解,由定理 2 知其他解可以通过将 $(2+\sqrt{3})^k(k\in\mathbf{N})$ 写成 $x+y\sqrt{3}$ 的形式得到

$k=0$	$x_0=1$	$y_0=0$
$k=1$	$x_1=2$	$y_1=\sqrt{3}$
$k=2$	$x_2=7$	$y_2=4$
$k=3$	$x_3=26$	$y_3=15$
$k=4$	$x_4=97$	$y_4=56$;
$k=5$	$x_5=362$	$y_5=209$
$k=6$	$x_6=1\ 351$	$y_6=780$
$k=7$	$x_7=5\ 042$	$y_7=2\ 911$
$k=8$	$x_8=18\ 817$	$y_8=10\ 861$
$k=9$	$x_9=70\ 226$	$y_9=40\ 545$
$k=10$	$x_{10}=262\ 087$	$y_{10}=151\ 316$

我们只需在表中选出适合 $x\equiv3 \pmod 4$ 与 $y\equiv0 \pmod 4$ 的解即可,不难发现 $k=2,6,10$ 时符合要求,此时 $n=1\ 337$ 及65 521.

§2 两个其他例子

为了利用 Pell 方程解决更多的问题,我们再给出如下的几个例子:

定理 3 设 D 是一个正整数且不是平方数,如果 Pell 方程

$$x^2-Dy^2=-1 \qquad ①$$

有解,且设 $x_1^2-Dy_1^2=-1, x_1>0, y_1>0$ 是所有 $x>0, y>0$ 的解中使 $x+y\sqrt{D}$ 最小的那组解,(x_1,y_1) 称为方程 ① 的基本解,则方程 ① 的全部解 x,y(有无穷多组) 由

$$x+y\sqrt{D}=\pm(x_1+y_1\sqrt{D})^{2n+1}$$

表出.

例 1 证明:存在无限多对正整数(k,n) 使得

$$1+2+\cdots+k=(k+1)+(k+2)+\cdots+n \qquad ②$$

证明 上式可化为

$$2k(k+1)=n(n+1)$$

即

$$2(2k+1)^2=(2n+1)^2+1$$

令 $x=2n+1, y=2k+1$,则可得到 Pell 方程

$$x^2-2y^2=-1 \qquad ③$$

显然$(1,1)$ 是方程 ③ 的最小解. 故由定理 3 知,② 有无穷多组解

$$x_n=\frac{1}{2}[(1+\sqrt{2})^{2n+1}+(1-\sqrt{2})^{2n+1}]$$

$$y_n=\frac{1}{2\sqrt{2}}[(1+\sqrt{2})^{2n+1}-(1-\sqrt{2})^{2n+1}]$$

都是方程③的解. 又因为方程③的解必为奇数. 若 x,y 中至少有一个偶数时,$x^2-2y^2=0,1,2 \pmod 4$,方程③两端不同余,$x=2n+1,y=2k+1,(n,k)$ 是方程②的解,它也有无穷多.

例 2 证明:不定方程 $x^2+(x+1)^2=y^2$ 的解为

$$x=\frac{1}{4}[(1+\sqrt{2})^{2n+1}+(1-\sqrt{2})^{2n+1}-2]$$

$$y=\frac{1}{2\sqrt{2}}[(1+\sqrt{2})^{2n+1}-(1-\sqrt{2})^{2n+1}]$$

且无其他解.

证明 设 x,y 是 $x^2+(x+1)^2=y^2$ 的任意一组解,原方程可变形为

$$(2x+1)^2-2y^2=-1$$

由定理 3 知,$X_0+Y_0\sqrt{2}=1+\sqrt{2}$ 是 $X^2-2Y^2=-1$ 的基本解,那么

$$X+Y\sqrt{2}=\pm(1+\sqrt{2})^{2n+1}$$

就是它的全部解,因此

$$(2x+1)^2-2y^2=-1$$

的所有解由下面两式所确定

$$(2x+1)+y\sqrt{2}=(1+\sqrt{2})^{2n+1} \quad ④$$

$$(2x+1)+y\sqrt{2}=-(1+\sqrt{2})^{2n+1} \quad ⑤$$

由方程④得

$$(2x+1)-y\sqrt{2}=(1-\sqrt{2})^{2n+1} \quad ⑥$$

将方程④,⑥联立求解得

$$\begin{cases} x=\dfrac{1}{4}[(1+\sqrt{2})^{2n+1}+(1-\sqrt{2})^{2n+1}-2] \\ y=\dfrac{1}{2\sqrt{2}}[(1+\sqrt{2})^{2n+1}-(1-\sqrt{2})^{2n+1}] \end{cases} \quad ⑦$$

由方程⑤得

$$(2x+1)-y\sqrt{2}=-(1-\sqrt{2})^{2n+1} \quad ⑧$$

将方程⑤,⑧联立求解得

$$\begin{cases} x=-\dfrac{1}{4}[(1+\sqrt{2})^{2n+1}+(1-\sqrt{2})^{2n+1}+2] \\ y=\dfrac{1}{2\sqrt{2}}[-(1+\sqrt{2})^{2n+1}+(1-\sqrt{2})^{2n+1}] \end{cases} \quad ⑨$$

将式⑦代人原方程的左、右两端得

$$\begin{aligned} x^2+(x+1)^2=2x^2+2x+1= \\ &2\left\{\frac{1}{4}[(1+\sqrt{2})^{2n+1}+(1-\sqrt{2})^{2n+1}-2]\right\}^2+ \\ &2\times\frac{1}{4}[(1+\sqrt{2})^{2n+1}+(1-\sqrt{2})^{2n+1}-2]+1= \\ &\frac{1}{8}[(1+\sqrt{2})^{4n+2}+(1-\sqrt{2})^{4n+2}+4-2- \\ &4(1+\sqrt{2})^{2n+2}-4(1-\sqrt{2})^{2n+1}]+ \end{aligned}$$

$$\frac{1}{2}[(1+\sqrt{2})^{2n+1}+(1-\sqrt{2})^{2n+1}-2]+1=$$

$$\frac{1}{8}[(1+\sqrt{2})^{4n+2}+(1-\sqrt{2})^{4n+2}]$$

$$y^2=\left\{\frac{1}{2\sqrt{2}}[(1+\sqrt{2})^{2n+1}-(1-\sqrt{2})^{2n+1}]\right\}^2=$$

$$\frac{1}{8}[(1+\sqrt{2})^{4n+2}+(1-\sqrt{2})^{4n+2}+2]$$

故有

$$x^2+(x+1)^2=y^2$$

将式⑨代入原方程,左右两端不等,所以

$$x^2+(x+1)=y^2$$

的解为

$$\begin{cases}x=\dfrac{1}{4}[(1+\sqrt{2})^{2n+1}+(1-\sqrt{2})^{2n+1}-2]\\ y=\dfrac{1}{2\sqrt{2}}[(1+\sqrt{2})^{2n+1}-(1-\sqrt{2})^{2n+1}]\end{cases}$$

且无其他解.

§3 用 Pell 方程解一道中国台湾数学奥林匹克试题

试题 C 求证:有无限多个正整数 n 具有下述性质,对每个具有 n 项的整数等差数列 $a_1,a_2,\cdots,a_n$,集合 $\{a_1,a_2,\cdots,a_n\}$ 的算术平均值与标准方差都是整数.

(1994 年中国台湾数学奥林匹克)

注 对任何实数集合 $\{x_1,x_2,\cdots,x_n\}$ 的算术平均值定义为 $\bar{x}=\frac{1}{n}(x_1+x_2+\cdots+x_n)$,集合的标准方差定义为 $x^*=\sqrt{\frac{1}{n}\sum_{j=1}^{n}(x_j-\bar{x})^2}$.

证明 设正整数 n 满足题目条件,对于任意一个整数等差数列 $\{a_1,a_2,\cdots,a_n\}$,记公差为 d,d 为整数,有

$$a_1+a_2+\cdots+a_n=\frac{1}{2}n(a_1+a_n)=$$

$$\frac{n}{2}[a_1+a_1+(n-1)d]=$$

$$na_1+\frac{1}{2}n(n-1)d \qquad ①$$

于是记

$$\bar{a}=\frac{1}{n}(a_1+a_2+\cdots+a_n) \qquad ②$$

由式①和②有

$$\bar{a}=a_1+\frac{1}{2}(n-1)d\quad (d\text{ 是任意整数}) \qquad ③$$

由式③立即有 $\bar{a}$ 为整数,当且仅当 n 为奇数,现在来分析标准方差的情况

$$\sum_{j=1}^{n}(a_j-\bar{a})^2=\sum_{j=1}^{n}\left[a_j-a_1-\frac{1}{2}(n-1)d\right]^2 \tag{4}$$

由于

$$a_j-a_1=(j-1)d \tag{5}$$

将式⑤代入④,当 n 为奇数时,有

$$\begin{aligned}\sum_{j=1}^{n}(a_j-\bar{a})^2&=\sum_{j=1}^{n}\left[j-\frac{1}{2}(n+1)\right]^2d^2=\\&2d^2\left\{1^2+2^2+3^2+\cdots+\left[\frac{1}{2}(n-1)\right]^2\right\}=\\&2d^2\cdot\frac{1}{6}\cdot\frac{1}{2}(n-1)\cdot\frac{1}{2}(n+1)n=\\&\frac{1}{12}d^2(n^2-1)n\end{aligned} \tag{6}$$

于是,相应的方差为

$$a^*=\sqrt{\frac{1}{n}\sum_{j=1}^{n}(a_j-\bar{a})^2}=\sqrt{\frac{1}{12}(n^2-1)d} \tag{7}$$

要满足题目条件,应当存在非负整数 m,使得

$$\frac{1}{12}(n^2-1)=m^2 \tag{8}$$

$$n^2-12m^2=1 \tag{9}$$

从方程⑧或⑨可以知道 $m=0,n=1;m=2,n=7$ 是两组非负整数组解,下面证明

$$\begin{cases}m_k=\dfrac{1}{4\sqrt{3}}[(7+4\sqrt{3})^k-(7-4\sqrt{3})^k]\\n_k=\dfrac{1}{2}[(7+4\sqrt{3})^k+(7-4\sqrt{3})^k]\quad(k\in\mathbf{N})\end{cases} \tag{10}$$

是满足方程⑨的全部正整数组解.

首先,对于任意正整数 k,有

$$\begin{aligned}n_k^2-12m_k^2&=\frac{1}{4}[(7+4\sqrt{3})^k+(7-4\sqrt{3})^k]^2-\\&\frac{1}{4}[(7+4\sqrt{3})^k-(7-4\sqrt{3})^k]^2=\\&[(7+4\sqrt{3})(7-4\sqrt{3})]^k=1\end{aligned} \tag{11}$$

方程⑪表明式⑩的确满足方程⑨. 由式⑩,利用二项式展开公式,有

$$\begin{aligned}m_k&=\frac{1}{2\sqrt{3}}\left[C_k^1(4\sqrt{3})7^{k-1}+C_k^3(4\sqrt{3})^37^{k-3}+\cdots+\begin{cases}(4\sqrt{3})^{k-1},k\text{ 为奇数}\\C_k^{k-1}7(4\sqrt{3})^{k-1},k\text{ 为偶数}\end{cases}\right]=\\&2\left[C_k^17^{k-1}+C_k^3(4\sqrt{3})^27^{k-3}+\cdots+\begin{cases}(4\sqrt{3})^{k-1},k\text{ 为奇数}\\C_k^{k-1}7(4\sqrt{3})^{k-2},k\text{ 为偶数}\end{cases}\right]\end{aligned} \tag{12}$$

显然 m_k 是正整数,而

$$n_k=7^k+C_k^27^{k-2}(4\sqrt{3})^2+\cdots+\begin{cases}C_k^{k-1}7(4\sqrt{3})^{k-1},k\text{ 为奇数}\\(4\sqrt{3})^k,k\text{ 为偶数}\end{cases} \tag{13}$$

显然也是正整数.

由于 m_k, n_k 满足方程 ⑨,则 n_k 必为奇数. 证毕.

下面说明式 ⑩ 中 $n_k(k \in \mathbf{N})$ 及 $n = 1$(即式 ⑩ 中 n_0)给出了满足本题的全部的正整数 n,显然这是有意义的工作.

设正整数 m^*, n^* 满足

$$n^{*2} - 12m^{*2} = 1 \tag{14}$$

因为

$$(1, +\infty) = \bigcup_{k-1}^{+\infty} [(7+4\sqrt{3})^{k-1}, (7+4\sqrt{3})^k] \tag{15}$$

由于 $n^* + 2\sqrt{3}m^* > 4$,则存在正整数 k,使得

$$(7+4\sqrt{3})^{k-1} < n^* + 2\sqrt{3}m^* \leqslant (7+4\sqrt{3})^k \tag{16}$$

由于

$$(7+4\sqrt{3})(7-4\sqrt{3}) = 1 \tag{17}$$

及 $7 - 4\sqrt{3} > 0$,式 ⑯ 两端乘以 $(7-4\sqrt{3})^{k-1}$,有

$$1 < (n^* + 2\sqrt{3}m^*)(7-4\sqrt{3})^{k-1} \leqslant 7 + 4\sqrt{3} \tag{18}$$

利用式 ⑩,有

$$\begin{aligned}&(n^* + 2\sqrt{3}m^*)(7-4\sqrt{3})^{k-1} = \\ &(n^* + 2\sqrt{3}m^*)(n_{k-1} - 2\sqrt{3}m_{k-1})(\text{令 } m_0 = 0, n_0 = 1) = \\ &(n^* n_{k-1} - 12m^* m_{k-1}) + 2\sqrt{3}(m^* n_{k-1} - n^* m_{k-1})\end{aligned} \tag{19}$$

利用式 ⑩,有

$$\begin{aligned}&(n^* - 2\sqrt{3}m^*)(7+4\sqrt{3})^{k-1} = \\ &(n^* - 2\sqrt{3}m^*)(n_{k-1} + 2\sqrt{3}m_{k-1}) = \\ &(n^* n_{k-1} - 12m^* m_{k-1}) - 2\sqrt{3}(m^* n_{k-1} - n^* m_{k-1})\end{aligned} \tag{20}$$

令

$$\overline{m} = m^* n_{k-1} - n^* m_{k-1}, \overline{n} = n^* n_{k-1} - 12m^* m_{k-1} \tag{21}$$

由式 ⑰,⑲,⑳ 和 ㉑,有

$$\begin{aligned}&(\overline{n} + 2\sqrt{3}\,\overline{m})(\overline{n} - 2\sqrt{3}\,\overline{m}) = \\ &(n^* + 2\sqrt{3}m^*)(7-4\sqrt{3})^{k-1} \cdot \\ &(n^* - 2\sqrt{3}m^*)(7+4\sqrt{3})^{k-1} = \\ &n^{*2} - 12m^{*2} = 1 \quad (\text{利用 ⑭})\end{aligned} \tag{22}$$

于是,有

$$\overline{n}^2 - 12\overline{m}^2 = 1 \tag{23}$$

这表明式 ㉑ 也是满足式 ⑩ 的一组整数解.

由式 ⑱,⑲ 和 ㉑,有

$$1 < \overline{n} + 2\sqrt{3}\,\overline{m} \leqslant 7 + 4\sqrt{3} \tag{24}$$

由式 ㉔ 和 ㉒,可以看到

$$\overline{n}+2\sqrt{3}\,\overline{m}>1>\overline{n}-2\sqrt{3}\,\overline{m}>0 \quad ㉕$$

于是

$$\overline{m}>0,\overline{n}>0 \quad ㉖$$

即 $\overline{m},\overline{n}$ 都是正整数. 由于 $m=2,n=7$ 是满足方程⑨的最小的正整数组解,那么,满足方程⑨的所有正整数解 (m,n) 中,对应的所有 $n+2\sqrt{3}m$ 中,$7+4\sqrt{3}$ 为最小. 利用式㉔. 应当有

$$\overline{m}=2,\overline{n}=7 \quad ㉗$$

由式⑲,㉑和㉗,有

$$(n^{*}+2\sqrt{3}m^{*})(7-4\sqrt{3})^{k-1}=7+4\sqrt{3} \quad ㉘$$

上式两端乘以 $(7+4\sqrt{3})^{k-1}$,利用方程⑧,有

$$n^{*}+2\sqrt{3}m^{*}=(7+4\sqrt{3})^{k} \quad ㉙$$

由式⑫,⑬和⑳,兼顾 m^{*},n^{*} 是正整数,有

$$m^{*}=m_k,n^{*}=n_k \quad ㉚$$

所以满足本题的全部正整数 n 为 $n=1$ 及满足式⑩的 $n_k(k\in\mathbf{N})$. 当然这样的 n 有无限多个.

§4 几个特殊 Pell 方程的有关结果

为了方便地使用 Pell 方程,下面我们再介绍几个特殊的 Pell 方程的有关结果.

定理 4 Pell 方程 $x^2-my^2=4$ 的整数解 $x=u,y=v$ 是正整数解的必要充分条件是

$$\frac{u+\sqrt{m}v}{2}>1$$

证明 如果 $x=u,y=v$ 是 $x^2-my^2=4$ 的正整数解,那么 $u\geqslant 1,v\geqslant 1$. 而 $\sqrt{m}>1$,所以

$$\frac{u+\sqrt{m}v}{2}>1$$

反之,如果 $\frac{u+v\sqrt{m}}{2}>1$,那么由于 u,v 是方程的整数解,故 $u^2-mv^2=4$. 于是

$$\frac{u+v\sqrt{m}}{2}\cdot\frac{u-v\sqrt{m}}{2}=1$$

因此当 $\frac{u+v\sqrt{m}}{2}>1$ 时,就有

$$1>\frac{u-v\sqrt{m}}{2}>0$$

所以将 $\frac{u+v\sqrt{m}}{2}>1$ 与 $\frac{u-v\sqrt{m}}{2}>0$ 相加,就有 $u>1$ 从而 $u\geqslant 2$. 这时如果 $u\leqslant -1$,那么就有

$$\frac{u-v\sqrt{m}}{2}>\frac{2+\sqrt{m}}{2}>1$$

这与 $1>\frac{u-v\sqrt{m}}{2}>0$ 矛盾,所以 $v\geqslant 0$. 如果 $v=0$,那么就有 $u=2$,但这与 $\frac{u+v\sqrt{m}}{2}>1$ 矛盾,故 $v>0$,即 $v\geqslant 1$.

定理 5 设 Pell 方程

$$x^2 - my^2 = 4$$

的两个整数解是 $x = x_1, y = y_1$ 和 $x = x_2, y = y_2$，而 u, v 由

$$\frac{x_1 + \sqrt{m}y_1}{2} \cdot \frac{x_2 + \sqrt{m}y_2}{2} = \frac{u + v\sqrt{m}}{2}$$

确定，则 $x = u, y = v$ 也是该方程的整数解.

证明 首先证明 u, v 是整数. 由 u, v 的定义知

$$u = \frac{1}{2}(x_1x_2 + my_1y_2)$$

$$v = \frac{1}{2}(x_1y_2 + x_2y_1)$$

由于 $x_1^2 - my_1^2 = 4, x_2^2 - my_2^2 = 4$，故 $x_1^2 \equiv my_1^2 \pmod 4, x_2^2 \equiv my_2^2 \pmod 4$，因此

$$x_1^2x_2^2 \equiv m^2y_1^2y_2^2 \pmod 4$$

$$x_1^2y_2^2 \equiv x_2^2y_1^2 \pmod 4$$

又

$$\begin{aligned} x_1^2x_2^2 - m^2y_1^2y_2^2 = {} & (x_1x_2 + my_1y_2)(x_1x_2 - my_1y_2) = \\ & (x_1x_2 + my_1y_2)^2 - 2my_1y_2(x_1x_2 + my_1y_2) \equiv \\ & 0 \pmod 4 \end{aligned}$$

因此必有

$$x_1x_2 + my_1y_2 \equiv 0 \pmod 2$$

又由于

$$\begin{aligned} x_1^2y_2^2 - x_2^2y_1^2 = {} & (x_1y_2 + x_2y_1)(x_1y_2 - x_2y_1) = \\ & (x_1y_2 + x_2y_1)^2 - 2x_2y_1(x_1y_2 + x_2y_1) \equiv \\ & 0 \pmod 4 \end{aligned}$$

同时有

$$x_1y_2 + x_2y_1 \equiv 0 \pmod 2$$

因此 u, v 是整数. 而

$$\begin{aligned} \frac{u - u\sqrt{m}}{2} = {} & \frac{1}{2}\left[\frac{1}{2}(x_1x_2 + my_1y_2) - \frac{1}{2}\sqrt{m}(x_1y_2 + x_2y_1)\right] = \\ & \frac{1}{4}[x_1x_2 - \sqrt{m}(x_1y_2 + x_2y_1) + my_1y_2] = \\ & \frac{x_1 - \sqrt{m}y_1}{2} \cdot \frac{x_2 - \sqrt{m}y_2}{2} \end{aligned}$$

将上式与

$$\frac{u + v\sqrt{m}}{2} = \frac{x_1 + \sqrt{m}y_1}{2} \cdot \frac{x_2 + \sqrt{m}y_2}{2}$$

等号左右两边相乘，就有

$$\frac{u^2 - mv^2}{4} = \frac{x_1^2 - my_1^2}{4} \cdot \frac{x_2^2 - my_2^2}{4} = 1$$

所以

$$u^2 - mv^2 = 4$$

因此 $x=u,y=v$ 是 $x^2-my^2=4$ 的整数解.

定理 6 设 $x=u_1,y=v_1$ 是 Pell 方程 $x^2-my^2=4$ 的 y 值最小的正整数解，如果 u_n 和 v_n 由

$$\frac{u_n+\sqrt{m}v_n}{2}=\left(\frac{u_1+\sqrt{m}v_1}{2}\right)^n \quad (n=1,2,\cdots)$$

确定，则由 Pell 方程 $x^2-my^2=4$ 的一切正整数解为

$$x=u_n,y=v_n \quad (n=1,2,\cdots)$$

证明 $x=u_n,y=v_n(n=1,2,\cdots)$ 是 Pell 方程 $x^2-my^2=4$ 的正整数解，这已由定理 5 指明. 现在只需证明，除 $x=u_n,\ y=v_n(n=1,2,\cdots)$ 外，该方程无其他正整数解. 也就是如设 $x=a,y=b$ 是 $x^2-my^2=4$ 的任一正整数解，则必存在正整数 n，使 $a=u_n,b=v_n$.

由于 $b\geqslant v_1$，故

$$a^2-u_1^2=(4+mb^2)-(4+mv_1^2)=m(b^2-v_1^2)\geqslant 0$$

所以 $a\geqslant u_1$，从而

$$\frac{a+\sqrt{m}b}{2}\geqslant\frac{u_1+\sqrt{m}v_1}{2}>1$$

上面第二个不等式(即大于 1)是因为 u_1,v_1 是正整数解的缘故. 由于

$$\frac{u_1+\sqrt{m}v_1}{2}<\frac{u_2+\sqrt{m}v_2}{2}<\frac{u_3+\sqrt{m}v_3}{2}<\cdots<\frac{u_n+\sqrt{m}v_n}{2}<\cdots$$

从而存在正整数 n，使得

$$\left(\frac{u_1+\sqrt{m}v_1}{2}\right)^{n+1}>\frac{a+\sqrt{m}b}{2}\geqslant\left(\frac{u_1+\sqrt{m}v_1}{2}\right)^n=\frac{u_n+\sqrt{m}v_n}{2}$$

可以证明，上式第二个关系中等号必成立，即必有

$$\frac{a+\sqrt{m}b}{2}=\left(\frac{u_1+\sqrt{m}v_1}{2}\right)^n=\frac{u_n+\sqrt{m}v_n}{2}$$

从而有 $a=u_n,b=v_n$. 事实上，如果等号不成立，则

$$\frac{u_1+\sqrt{m}v_1}{2}=\frac{u_n^2-mv_n^2}{3}\cdot\frac{u_1+\sqrt{m}v_1}{2}=$$

$$\frac{u_n+\sqrt{m}v_n}{2}\cdot\frac{u_n-\sqrt{m}v_n}{2}\cdot\frac{u_1+\sqrt{m}v_1}{2}=$$

$$\left(\frac{u_1+\sqrt{m}v_1}{2}\right)^n\frac{u_2-\sqrt{m}v_n}{2}\cdot\frac{u_1+\sqrt{m}v_1}{2}=$$

$$\left(\frac{u_1+\sqrt{m}v_1}{2}\right)^{n+1}\frac{u_n-\sqrt{m}v_n}{2}>$$

$$\frac{a+\sqrt{m}b}{2}\cdot\frac{u_n-\sqrt{m}v_n}{2}>$$

$$\left(\frac{u_1+\sqrt{m}v_1}{2}\right)^n\frac{u_n-\sqrt{m}v_n}{2}=$$

$$\frac{u_n+\sqrt{m}v_n}{2}\cdot\frac{u_n-\sqrt{m}v_n}{2}=1$$

另一方面,设

$$\frac{a+\sqrt{m}b}{2}\cdot\frac{u_n-\sqrt{m}v_n}{2}=\frac{s+\sqrt{m}t}{2}$$

由于 $x=a,y=b$ 和 $x=u_n,y=-v_n$ 均为 $x^2-my^2=4$ 的整数解,故由定理 5 知 $x=s,y=t$ 也是该方程的整数解. 再由上述不等式知

$$\frac{s+\sqrt{m}t}{2}=\frac{a+\sqrt{m}b}{2}\cdot\frac{u_n-\sqrt{m}v_n}{2}>1$$

因此由定理 4 知,$x=s,y=t$ 是正整数解. 从而 $t\geqslant v$. 于是

$$s^2-u_1^2=(4+mt^2)-(4+mv_1^2)=m(t^2-v_1^2)\geqslant 0$$

故 $s\geqslant u$. 从而有

$$\frac{s+\sqrt{m}t}{2}\geqslant\frac{u_1+\sqrt{m}v_1}{2}$$

这与上述不等式矛盾.

注 与方程 $x^2-my^2=1$ 一样,先用试验法求出 $x^2-my^2=4$ 的 y 值最小的正整数解 $x=u_1,y=v_1$ 来,那么该方程的一切正整数解 $x=u_n,y=v_n$ 便由

$$\frac{u_n+\sqrt{m}v_n}{2}=\left(\frac{u_1+\sqrt{m}v_1}{2}\right)^n\quad(n=1,2,\cdots)$$

确定,再冠以正、负号,即得一切整数解.

例如求 $x^2-3y^2=4$ 的一切整数解. 当 $y=1$ 时,$x^2=7$;当 $y=2$ 时,$x^2=16$,故 $x=u_1=4$,$y=v_1=2$ 便是 y 最小的正整数解. 于是由

$$\frac{u_n+\sqrt{3}v_n}{2}=\left(\frac{4+2\sqrt{3}}{2}\right)^n\quad(n=1,2,\cdots)$$

确定的 $x=u_n,y=v_n$ 便是 $x^2-3y^2=4$ 的一切正整数解. 例如 $u_2=14,v_2=8;u_3=52,v_3=30,\cdots$, 该方程的一切整数解便是 $x=\pm u_n,y=\pm v_n$.

§5 涉及大数的 Pell 方程

值得指出的是,有时用观察法求最小解 n 是不可能的. 例如波兰数学家 W. Sirpinski 给出了方程 $x^2-991y^2=1$ 的最小正整数解 $x_1=379\ 516\ 400\ 906\ 811\ 930\ 638\ 014\ 896\ 080$, $y_1=12\ 055\ 735\ 790\ 331\ 359\ 447\ 442\ 538\ 767$. 这意味着$\sqrt{991y^2+1}$ 对于 y 的小于 y_1 的任意正整数值,必为无理数. 仅当 $y=y_1$ 时得到最小的一个有理数 x_1(1 除外). 为了说明 x_1,y_1 是多么大的数,我们指出,如果对 $y=1,2,\cdots$ 来求$\sqrt{991y^2+1}$ 的话,假定 1 秒钟算一个,我们要算 100 亿亿(10^{18})年,还不能求得这个值. 但决不能由此得出结论说$\sqrt{991y^2+1}$ 对任何自然数 y 永远是无理数,将试验期限扩大 400 倍,达到 y_1,我们就会发现$\sqrt{991y_1^2+1}$ 是有理数!

另一个涉及较大数目的 Pell 方程的例子是一个古老的问题,在 18 世纪末找到的一份手稿说,Archimedes 求解了 Alexander 数学家提出的一个古算题. 在题目中要求确定正在晒太阳的牝牛和牡牛的数目. 由用诗句给出的第一部分条件推出,如果以(U,X,Y,Z) 和$(u,x,y,$

z）分别表示白、黑、褐及杂色牝牛和牡牛的数目，那么有

$$U=\frac{5}{6}X+Y, X=\frac{9}{20}Z+Y, Z=\frac{13}{42}U+Y$$

$$u=\frac{7}{12}(X+x), x=\frac{9}{20}(Z+X)$$

$$z=\frac{11}{30}(Y+y), y=\frac{13}{42}(U+u)$$

数学爱好者可以求得：

$U=10\ 366\ 482t, u=7\ 206\ 360t$；

$X=7\ 460\ 514t, x=4\ 893\ 246t$；

$Y=7\ 358\ 060t, y=3\ 515\ 820t$；

$Z=4\ 149\ 387t, z=5\ 439\ 213t$（$t$ 取任意正整数）.

但是问题原文的第二部分告诉打算解本题的人们，题目的主要困难是由于附加了条件：

"如果数清那所有牲畜，
有多少肉牛在草地放牧，
奶牛和不同毛色牛各是多少，
那么谁也不能说你不学无术！
但若不告诉牡牛的习性，
任何聪明人，包括你，也数不清."

在列举了牡牛习性之后，问题原文说：

"如果你以敏锐的目光把这些看清，
算出了牲畜数目，并公布于众，
你就可自夸巨大胜利，昂首前行，
须知，你聪明无比，胜过众人."

如果你估计到牡牛的习性，那么上述公式应这样选敢，以使得：

(1) $U+X=17\ 826\ 996t$ 为完全平方数，为此，应取 $t=4\ 456\ 749s^2$，s 为任意自然数；

(2) $Y+Z=11\ 507\ 447t$ 是三角形数，即形如$\frac{n(n+1)}{2}$ 的数.

把(1) 中求得的 t 代人(2) 中，即得方程

$$51\ 285\ 803\ 969\ 803s^2=\frac{n(n+1)}{2}$$

方程两边乘 8，再各加 1，记 $2n+1$ 为 w，就得 Pell 方程

$$w^2-410\ 286\ 423\ 278\ 424s^2=1$$

如果以 N 表示整个畜群的牲畜数（取其最小值），在考虑到补充条件后，就有（1880 年阿姆图罗解得）

$$N\approx 77\times 10^{206\ 543}$$

对于许多数学问题而言，当数字一大，便很难处理. 好多年以前，在《科学美国人》的 4 月号上，Martin Gardner. 该杂志的数学游戏的专栏作者，推出了一个《四月愚人》特刊，他罗列了好多科学上的骗局，其中有一个惊人的结论是 $N=e^{\pi\sqrt{163}}$ 是一个整数. 事实上

$$N\approx 262\ 537\ 412\ 640\ 768\ 743.\ 999\ 999\ 999\ 999\ 250$$

它同一个整数的差别大致只是 10^{-12}. 所以我们用一般的计算工具很难判断它的真伪.

§6 几个未解决的问题

未解决的问题：

(1) 若 $d \in \mathbf{N}$，且 d 不是完全平方数，则 $x^2 - dy^2 = -1$，不一定总有正整数解，那么什么时候即 d 适合怎样的条件时，方程才能有正整数解呢？

(2) 有人证明若 x_0, y_0 是方程 $x^2 - dy^2 = 1$ 的基本解，那么 $x_0 + y_0\sqrt{d} < d\sqrt{d}$. 但对于 $d \in \mathbf{N}$（d 不是完全平方数），使 $x_0 + y_0\sqrt{d} < d^{\alpha}$ 成立的最小实数 α 是什么？

(3) Pell 方程 $x^2 - D_1y^2 = 1$ 和 $y^2 - D_2z^2 = 1$ 对于具体的 D_1, D_2，上述两个方程的公解是什么？

附录 3 背 景 法

数学竞赛作为一种选拔具有特殊数学才能的学生的活动，其试题较其他一般试题来说至少应具备以下几个特点：第一，构思独特，避免雷同；第二，解法精巧，不落俗套；第三，背景深刻，富有余味. 本附录的目的是通过若干具体竞赛试题来探讨数学竞赛试题的高等数学背景及高等数学对初等数学居高临下的关系. 我们先来考察一下一道好的有背景的竞赛题的产生途径.

§1 高等数学中某些结果的特例

编写数学竞赛试题的一个最常用的方法是将高等数学中的某一结果的非一般特例直接拿来，看其是否有好的初等证法，如有便可作为试题. 例如著名数学家 Andre Gisona 用一种高深方法得到了不等式

$$\sum_{i=1}^{n} \frac{\alpha_i^u}{1 + s - \alpha_i} + \prod_{i=1}^{n} (1 - x_i)^v \leqslant 1$$

这里 $0 \leqslant x_i \leqslant 0, u, v \geqslant 1$ 且 $x_1 + x_2 + \cdots + x_n = s$.

后来加拿大的 Alberta 大学的 M. S. Klamkin 和 Meis 各自独立地得到了更为简单的证法. 于是由 Klamkin 将 Gisonx 不等式取 $n = 3, u = v = 1$ 的特殊情形提供给美国 1980 年数学奥林匹克委员会，这便是我们今天所见到的试题：

若 $0 \leqslant a, b, c \leqslant 1$，则

$$\frac{a}{b + c + 1} + \frac{b}{c + a + 1} + \frac{c}{a + b + 1} + (1 - a)(1 - b)(1 - c) \leqslant 1$$

再如在匈牙利数学奥林匹克试题中有一题为：

求证方程

$$\frac{1}{x} + \frac{1}{x - a} + \frac{1}{x + b} = 0 \quad (a, b \text{ 为正数}) \qquad ①$$

有两个实数根，且一根在 $\frac{a}{3}$ 和 $\frac{2a}{3}$ 之间，另一根在 $-\frac{2b}{3}$ 和 $-\frac{b}{3}$ 之间.

事实上上述分式方程可看成是方程

$$\frac{1}{x - a_1} + \frac{1}{x - a_2} + \cdots + \frac{1}{x - a_n} = 0 \qquad ②$$

的特殊情形，而对于方程 ②，法国数学家 E. Laguerre 早在 19 世纪中叶就已经解决了如下更

为深刻的问题:不失一般性,可设 $a_1 < a_2 < \cdots < a_n$,能否给出方程②的根 $\alpha_i(i=1,2,\cdots,n-1)$ 在区间 (a_i,a_{i+1}) 内的分布情况. Laguerre 得到如下结论:如果把区间 (a_i,a_{i+1}) 分成 n 个相等的部分,那么方程②的包含在 a_i 与 a_{i+1} 之间的根 α_i 永远也不会落到区间端点的两个部分的任何一个之中.并且具体的有当 $n \geqslant 3$ 时,对于 $k=1,2,\cdots,n-1$,都有

$$\frac{1}{n-k+1}(a_{k+1}-a_k) < \alpha_k - a_k < \frac{k}{k+1}(a_{k+1}-a_k)$$

于是方程①不过是方程②的最简单的情况:$n=3$,$a_1=-b$,$a_2=0$,$a_3=a$. 由 Laguerre 定理不难得到

$$\frac{b}{3} < \alpha_1 + b < \frac{b}{2}, \frac{a}{3} < a - \alpha_2 < \frac{a}{2}$$

即

$$\frac{-2b}{3} < \alpha_1 < \frac{-b}{3}, \frac{a}{3} < \alpha_2 < \frac{2a}{3}$$

然而更一般的问题又被提出[4]:在复数域中,如果设 $P(z)=\prod\limits_{i=1}^{n}(z-z_i)$,其中 z_i 与 z_j 不同 $(i \neq j)$,方程②可看成方程

$$\frac{P'(z)}{P(z)} = \sum_{i=1}^{n} \frac{1}{z-z_i} = 0 \qquad ③$$

的特例. 1950 年美国哈佛大学 J. L. Walsh 教授提出:方程③的根 $\alpha_k(k=1,2,\cdots,n-1)$ 分布如何?它能否任意靠近 z_i 呢?如此看来这道匈牙利数学奥林匹克试题果真余味十足.

近年来我国的数学竞赛命题也开始采取这种特例法,在为选拔参加国际数学奥林匹克竞赛选手而举办的首届中学生冬令营考试中有一个不等式的题目:

若 $z_1,z_2,\cdots,z_n \in \mathbf{C}$,满足 $|z_1|+|z_2|+\cdots+|z_n|=1$,求证:上述 n 个复数中必存在若干个复数,它们的和的模不大于 $\frac{1}{6}$.

其实它是以下几个不等式的减弱形式[5].

1966 年 Rudin 给出:设 $z_1,z_2,\cdots,z_n \in \mathbf{C}$,则存在 $\{1,2,\cdots,n\}$ 的一个子集 M,使得 $\left|\sum\limits_{R\in M} z_k\right| \geqslant \frac{1}{4\sqrt{2}}\sum\limits_{k=1}^{n}|z_k|$.

后来 Djokovic 又给出了更强的不等式:若 $\alpha_k \in E^n(k=1,\cdots,m)$,则存在 $\{1,\cdots,m\}$ 的一个子集 I,使得 $\left|\sum\limits_{K\in I}\alpha_k\right| \geqslant \frac{1}{2nK_n}\sum\limits_{k=1}^{m}|\alpha_k|$,其中 $K_n=\int_0^{\frac{a}{2}}\cos^n\theta \mathrm{d}\theta$,即 $K_{2r}=\frac{(2r-1)!!}{(2r)!!}\cdot\frac{\pi}{2}$,$K_{2r+1}=\frac{(2r)!!}{(2r+1)!!}$.

1970 年 W. W. Bledsoe 又将其加强为:若 $z_1,\cdots,z_m$ 是复数,则存在 $\{1,\cdots,m\}$ 的子集 I,使

$$\left|\sum_{K\in I} z_K\right| \geqslant \frac{1}{\pi}\sum_{k=1}^{m}|z_k|$$

若至少有一个 $z_k \neq 0$,则有严格不等式成立,即常数 $\frac{1}{\pi}$ 是最好的.

§2 高等数学中某一重要结论的演变

在 1986 年全国高中数学竞赛中的二试第一题为:已知实数列 $a_0,a_1,a_2,\cdots$ 满足 $a_{i-1}+$

$a_{i+1}=2a_i(i=1,2,3,\cdots)$,求证:对于任何自然数 n,有

$$P(x)=\sum_{i=0}^{n}a_iC_n^ix^i(1-x)^{n-i}$$

是 x 的一次多项式.

在证明中,只需用到高中的等差数列的通项公式、组合公式 $iC_n^i=nC_{n-1}^{i-1}$ 以及二项式定理,然而它却有较深刻的背景,具体说来它是由函数逼近论中的 Bernstein 多项式的一个性质演变而来的.

令 f 为实值函数,定义在区间 $[0,1]$ 上,由 $B_n(f,x)=\sum_{p=0}^{n}\binom{n}{p}f\left(\frac{p}{n}\right)x^p(1-x)^{n-p},x\in[0,1]$ 定义的函数 $B_n(f)$ 叫作函数 f 的 n 阶 Bernstein 多项式.

Bernstein 多项式对于函数 f 是线性的,即若 α_1 与 α_2 为常数,并且 $f=\alpha_1f_1+\alpha_2f_2$,则 $B_n(f)=\alpha_1B_n(f_1)+\alpha_2B_n(f_2)$. 而特别地,一次函数的任何 Bernstein 多项式都是一次多项式. 即对任一 $n\in\mathbf{N}$,$B_n(ax+b,x)=ax+b$,而此题目恰好附带地证明了它. 顺便指出在证明过程中我们用到了两个有用的式子

$$\sum_{i=0}^{n}\binom{n}{i}x^i(1-x)^{n-i}=1,\sum_{i=0}^{n}i\binom{n}{i}x^i(1-x)^{n-i}=nx$$

如果再加上

$$\sum_{i=0}^{n}i(i-1)\binom{n}{i}x^i(1-x)^{n-i}=n(n-1)x^2$$

则可导致一个重要的不等式

$$\sum_{p=0}^{n}(p-nx)^2\binom{n}{p}x^p(1-x)^{n-p}\leqslant\frac{n}{4}\quad(x\in\mathbf{R})$$

而这一不等式则是证明著名的 Bernstein 定理(对于 $[0,1]$ 上任意的连续函数 f,在 $[0,1]$ 上一致地有 $B_n(f_1\to f)$)所必需的. Bernstein 定理是 Bernstein 在 1912 年继 Weierstrass 于 1885 年、Iandan 于 1908 年证明了 Weierstrass 定理(若函数 $f(x)$ 在区间 $[a,b]$ 上连续,则一定存在这样的多项式 $P(x)$,使得对任意的 $\varepsilon>0$,及任意的 $x\in[a,b]$,不等式 $|f(x)-P(x)|<\varepsilon$ 成立)之后给出的又一证明. 这三个证明都是以正算子的利用为基础的,我们也可将 Bernstein 多项式看成是一个正算子,且它对 f 是线性的,因此我们还可以给此竞赛题一个算子证法.[6]

定义位移算子为 $Ea_i=a_{i+1}(i=0,1,2,\cdots)$,定义 $E^ja_i=E(E^{j-1}a_i)\ (j=1,2,\cdots;i=0,1,\cdots)$,$E^0$ 为恒等算子,显然在我们这样定义之下位移算子与单位算子是可交换的,即 $IE=EI$,利用算子 I 与 E 我们可将 $P(x)$ 写为

$$\begin{aligned}P(x)=&\sum_{i=0}^{n}\binom{n}{i}x^i(1-x)^{n-i}(E^ia_0)=\\&\sum_{i=0}^{n}\binom{n}{i}(xE)^i[(1-x)I]^{n-i}a_0=\\&[(1-x)I+xE]^na_0=[I+x(E-I)]^na_0\end{aligned}$$

定义 $\Delta=E-I$,则

$$\Delta a_i=(E-I)a_i=Ea_i-Ia_i=a_{i+1}-a_i$$

故 Δ 为差分算子,于是

$$P(x)=(I+x\Delta)^n a_0=\sum_{i=0}^{n}\binom{n}{i}(\Delta^i a_i)^i$$

由条件知 $\Delta a_i=\Delta a_{i+1}(i=0,1,\cdots)$,故 $\Delta^r a_i=\Delta^r a_{i+1}=0$,故

$$P(x)=\binom{n}{0}\Delta^0 a_0+\binom{n}{1}(\Delta a_0)x=$$

$$Ia_0+n(\Delta a^0)=a^0+n(a_1-a_0)x$$

故 $P(x)$ 为一次函数.

1987 年的全国竞赛试题中的二试第二题为:

在坐标平面上,纵横坐标都是整数的点称为整点. 试证:存在一个同心圆的集合,使得:

(1) 每个整点都在此集合的某一圆周上;

(2) 此集合的每个圆周上,有且只有一个整点.

它是由 Steinhaus 定理演变而来,因为此命题的一个简单推论是:对于每个自然数 n,平面上存在一个圆,其内部刚好含有 n 个整点. 而这一推论又恰为 Steinhaus 定理的一个较弱结论. Hugo Steinhaus 证明了:对每个自然数 n,存在一个面积为 n 的圆,其内部刚好有 n 个整点[7].

那么一个自然的问题是:除了圆以外的图形是否也有类似的性质. 1957 年 George Browkin 证明了:对于每个自然数 n,平面上有一个正方形,其内部刚好含有 n 个整点. 事实上,对于三角形、正五边形、椭圆及其他图形我们也有相同的结论. Schinzel 和 Kulikowski 甚至证明了:任意的非空有界凸形 C,对于每个自然数 n,平面上有一个图形,具有 C 的形状,其内部刚好含有 n 个整点.

有趣的是 1958 年 Thadec Kulikowski 又将问题的结果推广到了三维空间,他证明了:对于每个自然数 n,三维空间中有一个球面,其表面刚好有 n 个整点. 但不久 Browkin 也证明了:对任何自然数 n,三维空间中存在一个立方体,在它的内部刚好含有 n 个整点.

也许正是由于有如此丰富的背景材料,此题才得以出台. 还有一些题目是将一些著名问题加以改编而得到的.

例如在第 29 届国际数学竞赛中的第一题是:

设正整数 d 不等于 2,5,13,证明在集 $\{2,5,13,d\}$ 中可以找到两个不同元素 a,b,使 $ab-1$ 不是完全平方数.

值得我们注意的是它在所有 80 个候选题中以 30 票名列榜首,这不仅是因为它难度适中(按波兰人的标准,其难度为 C),而且也因为它的背景很丰富.

原来的问题是这样的[8]:显然 1,3,8 和 2,4,12 都是具有下述性质的两个三数组,即每个组中任意两数之积加上 1 后均为平方数,那么,是否存在自然数 N_1 和 N_2 使 1,3,8,N_1 和 2,4,12,N_2 这两个四数组亦具有上述性质呢? A. Baker 和 H. Davenport 于 1969 年、M. Veluppillai 于 1980 年分别证明了 $N_1=120$, $N_2=240$ 是有所述性质的唯一的自然数.

相应的,人们又从另一个角度考虑 1,2,5 和 1,5,10 都是具有下述性质的两个三数组,即每个组中任意两数之积减去 1 后均为平方数,四川大学郑德勋副教授用递推序列法于 1986 年证明了:恰好存在唯一的自然数 $N_1=1$,$N_2=1$,使得由 1,2,5,N_1,和 1,5,10,N_2 做成的两个四数组亦具有所述性质. 由此可见,此题的产生是顺理成章的,只不过将 1,2,5 和 1,5,10 换成了 2,5,13,从而降低了问题的难度.

另一个可能的产生途径则更为有趣,我们知道,荷兰是一个非常喜欢数学难题的国家,

以至在他们的挂历下面都列有数学难题,供人们解答.而有一些则是今天都没有解决的,这些题目大都出自数学名家的手笔,像美籍匈牙利数学家 Erdös 等.在他们的挂历上有这样一道题:求五个正整数 x_1, x_2, x_3, x_4, x_5 使得 $x_ix_j+1(i\neq j)$ 是完全平方数.按照一般的方法应该是先找3个数再往下找,于是我们的问题就相当于:如果前面找到的是2,5,13那么就必须另起炉灶,不要再去找第4个 d 了.西德人从荷兰挂历中得到启发提供了此题,于是此题的产生便在情理之中了.

正如曾多次出任美国和加拿大IMO代表队的教练和领队的 M. S. Klamkin 指出:"为了安全,题目应当是新的,或者是将某些不那么新的数学论文中的漂亮结果加以改造."

§3 当代数学研究中的热点在数学竞赛中的渗透

数学竞赛从某种意义上可以看成是数学研究的缩影与雏形.所以当代数学研究中的某些热点必然要渗透于其中,即从某一竞赛试题出发就可以跟踪到数学的前沿.

1947 年匈牙利数学竞赛中有一试题为:"证明任何六人聚会中,总有三个人彼此认识或者彼此不认识."1953 年在美国著名图论专家 Harary 的建议下,这道试题又被选为美国 Putnam 数学竞赛的试题.一道试题能同时被两大知名数学竞赛选中实属罕见,其原因就在于它涉及了当时正处于新兴学科阶段的图论研究的热点——单色三角形.

我们先将它转化成图论问题.用6个点代表6个人,每两点间都连一条线段,彼此认识连红线,彼此不认识连蓝线,于是原问题可叙述为:任何一个2色完全图 K_6 都含有单色三角形.除此之外,人们还能够证明:

(1)2色完全图 K_6 至少含有2个单色三角形;

(2)2色完全图 K_7 至少含有4个单色三角形.

那么对于一般情形,2色完全图 K_n 中至少有多少个单色三角形呢?1959年 A. W. Goodman 在《美国数学月刊》(第11期)上彻底解决了这个问题,他给出了如下的 Goodman 定理[9]:

任意2色完全图 K_n 中单色三角形的个数 f_n 满足不等式

$$f_n\geqslant\begin{cases}\dfrac{1}{3}m(m-1)(m-2) & \text{当 } n=2m \text{ 时}\\ \dfrac{2}{3}m(m-1)(4m+1) & \text{当 } n=4m+1 \text{ 时}\\ \dfrac{1}{3}m(m+1)(4m-1) & \text{当 } n=4m+3 \text{ 时}\end{cases}$$

而且下界是可以达到的.

其后人们又陆续提出种种关于单色三角形的问题:

(1)当 $n\geqslant 6$ 时,是否存在这样的极值色图,它的单色三角形都是同色的?

(2)单色三角形都同色的极值色图有多少个?

1972 年 Harary 首先给出了2色完全图 K_6 的全部极值色图,其中单色三角形都同色的只有2个.匈牙利著名数学家 Erdös 则首先给出了单色三角形都是同色的极值色图 K_7.对于一般的 n,Goodman 证明了:当 n 为偶数时,单色三角形都同色的极值色图 K_n 是存在的.其后 Sauré 证明了,除 $n=7$ 外,对其他奇数不存在单色三角形都同色的极值色图.

我们以上考虑的是2色完全图,那么3色完全图中单色三角形的个数又怎样呢?在

1964 年 IMO 上,匈牙利数学家又提供了一道试题:17 个科学家中的每一个都和其他科学家通信,在他们的通信中仅讨论三个题目,而且任意两个科学家之间仅讨论一个题目,证明其中至少有三个科学家,他们互相通信时讨论的是同一个题目. 但需要指出的是它的结论是比较弱的,可以改进为:3 色完全图 K_{17} 中单色三角形的个数至少是4. 同时,人们已经找到了只有 5 个单色三角形的完全图 K_{17},但一个尚未解决的问题是:3 色完全图 K_{17} 中单色三角形的个数的最小值是 4 或 5,就一般而言,当 $t \geqslant 3$ 时,确定 t 色完全图 K_n 中单色三角形的个数的最小值问题是相当困难的.

如果我们换一个角度看上述问题,则又引出了另一个现代数学的研究热点 ——Ramsey 数问题:给定正整数 t,求这样的正整数 r_t,使得当 $n \geqslant r$ 时,任何一个 t 色完全图 K_n 中都有单色三角形;而当 $n < r_t$ 时,总存在这样的 t 色完全图 K_n,它不含有单色三角形,数 r_t 称为 Ramsey 数. 开始提到的 1947 年的匈牙利数学竞赛和 1953 年的 Putnum 数学竞赛试题告诉我们 $r_2 = 6$,而随后的 1964 年 IMO 试题给出了 $r_3 = 17$. 关于 r_t 的上界问题,1955 年由 Greenwood 和 Gleason 解决,他们得到如下的 Greenwood-Gleason 定理:

设 t 是正整数,则:

(1) $r_{t+1} \leqslant (t+1)(r_t - 1) + 2$;

(2) 记 $S_t = 1 + \sum\limits_{i=0}^{t} \dfrac{t!}{i!}$,则 $r_t \leqslant S_t$.

值得指出的是,尽管上述定理给出了 r_t 的上界,但具体定出 Ramsey 数 r_t 却相当困难,甚至现在连 r_4 都还没有确定,就是 $r_3 = 17$ 也是 1955 年才由 Greenwood 和 Gleason 给出的.

更全面而深刻的工作早在 1930 年就被英国著名逻辑学家 F. P. Ramsey 所涉及. 为了避免更多的图论术语带来的麻烦,我们改用集合语言叙述 Remsey 定理[10]:

设 S 是一个 N 元集,记 $T_{r(S)} = \{X \subseteq S, | X | = r\}$, $r \geqslant 1$,又设 $T_{r(S)} = \alpha \cup \beta, \alpha \cap \beta = \Phi$ 是 $T_{r(S)}$ 的任一分解,且 $p \geqslant r$, $q \geqslant r$,那么存在最小正整数 $n(p,q,r)$,它只与 p,q,r 有关,与 S 及其分解无关,具有以下性质:当 $N \geqslant n(p,q,r)$ 时,或者存在 S 的一个 p 元子集 S_1,使 $T_r(S_1) \subseteq \alpha$,或者存在 S 的一个 q 元子集 S_2,使 $T(S_2) \subseteq \beta$.

1983 年 R. J. Gould 和 M. S. Jacobson 证明了[11] 对 $m \geqslant 4$,有 $T_m \neq K_1$, $m-1$, $0 \leqslant t \leqslant \left[\dfrac{n-2}{2}\right]$ 时,有

$$R(T_m, k_n - tk_2) = (m-1)(m-t-1) + 1$$

并给出 m,n 和 t 取何值时才使得

$$R(k_1, m, k_n - tk_2) = m(n-t-1) + 1$$

这一结果的得到是源于 1977 年 Chrátal 证明了[12] $R(T_m, k_n) = (m-1)(n-1) + 1$ 后引起了对这一结果推广的兴趣.

然而更有一些竞赛试题所代表的热点不单单是某一专题而是一大类理论、例如不动点原理的渗透.

自 Brouwer 和 Banach 相继提出拓扑不动点定理与压缩不动点定理之后,数学界掀起了一股空前的浪潮,出现了学派林立、理论四起、诸子百家、群雄逐鹿的沸腾景象,使得关于这一理论的专门文献浩如烟海,著作汗牛充栋. 这一热点在竞赛试题中屡次得到反映,据不完全统计,以不动点为背景的数学竞赛题有:

(1) P 为集合 $S_n = \{1,2,\cdots,n\}$ 的一个排列,一个元素 $j \in S_n$,如果满足 $P(j) = j$,则称为

P 的一个不动点. 令 f_n 为 S_n 的无不动点的排列个数, g_n 为恰好有一个不动点的排列的个数. 证明: $|f_n - g_n| = 1$.

(加拿大第 14 届中学生奥林匹克竞赛)

(2) 设 $\{f(n)\}$ 是取正整数值的严格递增序列, 以 Fix(f) 记 f 的不动点集合, 已知 $f(2)=2$, 且当 $(m,n)=1$ 时, $f(m,n)=f(m)f(n)$. 求证: Fix(f) $= N$.

(第 24 届 Putnam 数学竞赛 A - 2)

(3) 已知 $P_1(x)=x^2-2$ 及 $P_j(x)=P_1[P_{j-1}(x)]$, $j=2,3,\cdots$. 求证: 对任何正整数 n, P_n 的不动点(即 $P_n(x)=x$ 的根) 都是实的, 且各不相同.

(第 18 届 IMO 第 2 题)

(4) 令 C 是一个有连续转动的切线的闭凸曲线, 设 O 是 C 内的一点, 对 C 上的每一点 P 定义 C 上的点 $T(P)$ 如下: 在点 P 作 C 的切线, 从 O 作切线的垂线, $T(P)$ 是垂线与曲线 C 的交点, 从 C 上一点 P_0 开始, 用公式 $P_n = T(P_{n-1})\ n \geqslant 1$ 定义 P_n. 证明点列趋于一个极限, 并且序列 P_n 的极限具有这些点的性质. (注: 我们可以证明 T 的任何不动点 Y 是取 $P_n = Y$ 的叙列的极限.)

(1949 年 Putnam 数学竞赛 B - 6)

(5) 设 n 阶行列式主对角线上的元素全为零, 其余元素全不为零. 求证: 它的展开式中不为零的项数等于下式的值

$$n!\left(1-\frac{1}{1!}+\frac{1}{2!}-\frac{1}{3!}+\cdots+\frac{(-1)^n}{n!}\right)$$

(注: 此数即为 n 个元素没有不动点的置换个数 $D(n)$.)

(第 19 届 Putnam 数学竞赛)

(6) 设 $f(n)$ 是定义在所有正整数集上, 并且也在这个集中取值的函数. 试证明: 如果对每个正整数 n, 有 $f(n-1) > f[(n)]$, 则所有的 n 都是 f 的不动点.

(第 19 届 IMO 第 6 题)

(7) 试求定义在正实数集 $\mathbf{R}_+$ 上的函数 f, 其函数值取自 $\mathbf{R}_+$, 并满足下列条件:

① 对于任何正数 x,y, 有 $f[xf(y)] = yf(x)$;

② 当 $x \to +\infty$ 时, $f(x) \to 0$.

(注: $xf(x)$ 是 f 的不动点; 若 a 是 f 的不动点, 则 a^n, a^{-n} 都是 f 的不动点.)

(8) $ABCD$ 和 $A'B'C'D'$ 是一个国家的同一区域的正方形地图, 但是按不同的比例尺画出, 并且重叠, 求证: 小地图上只有一点 O 和大地图上表示同一点的 O' 重合, 再给出点 O 的 Euclid 作图. (Brouwer 不动点原理的二维的例)

(美国第 7 届中学生数学竞赛)

当然还有一些课题是初等数学与高等数学共同感兴趣的, 那么无疑这一课题会在数学竞赛中出现. 例如 Fibonacci 数列, 其定义为 $f_1=f_2=1$, $f_{n+2}=f_n+f_{n+1}(n\geqslant 1)$, 通项公式为 $f_n = \frac{1}{\sqrt{5}}\left[\left(\frac{1+\sqrt{5}}{2}\right)^n - \left(\frac{1-\sqrt{5}}{2}\right)^n\right]$. 由于这个数列的应用极其广泛, 所以美国数学会每三个月就出版一本专门对该数列进行研究的季刊, 称为 *Fibonacci Quarterly*. 特别地, 此数列又与著名的黄金分割联系着. $\lim\limits_{n\to\infty}\frac{f_{n-1}}{f_n}\approx 0.618$ 恰为黄金分割数, 于是以此为背景的竞赛题目层出不穷.

(1) 试确定 m^2+n^2 的最大值,其中 m,n 为整数,且 $m,n\in\{1,2,\cdots,1\,981\}$,$(n^2-nm-m^2)^2=1$.

(第22届IMO第3题)

(2) 对于Fibonacci数列 $\{f_n\}$,证明有唯一一组正整数 a,b,m,使得 $0<a<m$,$0<b<m$,并且对一切正整数 n,f_n-anb^n 都能被 m 整除.

(1983年英国数学奥林匹克)

(3) 设 $\{f_n\}$ 为Fibonacci数列 $\{1,1,2,3,5,\cdots\}$.

① 求出所有的实数对 $(a,\ b)$,使得对于每一个 n,af_n+bf_{n+1} 为数列 $\{f_n\}$ 中的一项;

② 求出所有的正实数对 $(u,\ v)$,使得对每一个 n,$uf_n^2+vf_{n+1}^2$ 为数列 $\{f_n\}$ 中的一项.

(第22届IMO落选题目,加拿大提供)

以上我们讨论了如何得到有背景的数学竞赛试题. 即正如蒋声教授所指出:"某些原来适合大学生或研究生考虑的数学问题,取其特例,加以简化,改头换面,可变成一道初等数学问题." 正是由于这种现象的存在,使得数学家们能够每年都拿出新颖的初等数学难题,来测试数学竞赛参加者的独立思考能力,使他们无范本可循.

下面我们转而讨论高等数学方法在解数学竞赛试题中的地位和作用.

§4 用高等数学方法可以给出统一的处理方法

我们说数学竞赛试题一般都是有背景的,如果我们能用有背景的方法去解有背景的题目,自然会切中要害.

在1983年的全国数学竞赛中有一道题目[13]:

函数 $F(x)=|\cos^2x+2\sin x\cos x-\sin x+Ax+B|$ 在 $0\leqslant x\leqslant\frac{3}{2}\pi$ 上的最大值 M 与参数 A,B 有关,问 A,B 取什么值时 M 为最小? 证明你的结论.

只要了解函数逼近论的人都可看出这就是函数逼近论中的最佳逼近问题.

最佳逼近问题是由Tschebyscheff在1876年首先提出的. 他是从研究Watt蒸汽机上的平行四边形入手,提出如下问题:为了使机械运动的精确度最大,就需要选择一条直线,使得活塞在运动时,离开这条直线的偏差相对于其他直线而言是最小的. 这就是最佳逼近问题.

我们用 H_n 表次数 $\leqslant n$ 的所有实系数多项式的集合,即形如 $P_n(x)=\sum\limits_{i=0}^{n}c_ix^i$ 的多项式的集合,用 $C[a,b]$ 表闭区间 $[a,b]$ 上一切实连续函数所组成的集合. 设 $f(x)\in C[a,b]$,$P_n(x)\in H_n$,则称

$$\Delta(P_n)=\max_{a\leqslant x\leqslant b}|P_n(x)-f(x)|$$

为 $P_n(x)$ 与 $f(x)$ 的偏差,偏差的下确界

$$E_n=E_n(f)=\inf_{P_n\in H_n}\{\Delta(P_n)\}=\inf_{P_n\in H_n}\max_{a\leqslant x\leqslant b}|P_n(x)-f(x)|$$

便叫 H_n 中的多项式对 $f(x)$ 的最佳逼近值. 现在如果存在一个 H_n 中的多项式 $P_n(x)$,使得

$$\max_{a\leqslant x\leqslant b}|P_n(x)-f(x)|=\inf_{P_n\in H_n}\max_{a\leqslant x\leqslant b}|P_n(x)-f(x)|$$

则称此多项式为 $f(x)$ 的最佳逼近多项式.

那么 $C[a,b]$ 中最佳逼近多项式有什么特征呢? 1859年Tschebyscheff证明了如下定理:H_n 中的一个多项式 $P_n(x)$ 成为 $C[a,b]$ 中某给定函数 $f(x)$ 的最佳逼近多项式的充要条

件是 $P_n(x)-f(x)$ 至少在 $[a,b]$ 上 $n+2$ 个点处交错地达到 $\max\limits_{a\leqslant x\leqslant b}|P_n(x)-f(x)|$.

什么叫作交错达到 $\max\limits_{a\leqslant x\leqslant b}|P_n(x)-f(x)|$ 呢？我们记 $E_n=\inf\limits_{P_n\in H_n}\{\Delta(P_n)\}$，如果 $P_n(x)$ 是 $f(x)$ 在 H_n 中的一个最佳逼近多项式时，有 $\max\limits_{a\leqslant x\leqslant b}|P_n^*(x)-f(x)|=E_n$. 因为连续函数在闭区间 $[a,b]$ 上总能达到最大值，所以至少有一点 $x_0\in[a,b]$，使得 $|P_n^*(x_0)-f(x_0)|=E_n$，我们把任何这样的点称为 $P_n^*(x)$ 的 (e) 点. 并按 $P_n^*(x_0)-f(x_0)=E_n$，或 $P_n^*(x_0)-f(x_0)=-E_n$，而将 (e) 点分为 (e^+) 点和 (e^-) 点. 易证对于最佳逼近多项式 $P_n^*(n)$ 来说 (e^+) 和 (e^-) 点都是存在的. 如果 $x_1<x_2<x_3$，且 $x_1\in e^+,x_2\in e^-,x_3\in e^+$ 或 $x_1\in e^-,x_2\in e^+,x_3\in e^-$，则 x_1,x_2,x_3 称为一个交错组.

现在我们可以很轻松地解决开始的问题，因

$$F(x)=\left|\sqrt{2}\sin\left(2x+\frac{\pi}{4}\right)+Ax+B\right|=$$
$$\left|Ax+B-\left[-\sqrt{2}\sin\left(2x+\frac{\pi}{4}\right)\right]\right|$$

视 $f(x)=\sqrt{2}\sin\left(2x+\frac{\pi}{4}\right)$，$x\in\left[0,\frac{3}{2}\pi\right]$，记 $P_1(x)=Ax+B$，当 $A=B=0$ 时，$P_1(x)=0$. 此时

$$F(x)=\sqrt{2}\left|\sin\left(2x+\frac{\pi}{4}\right)\right|$$

故

$$\max_{0\leqslant x\leqslant\frac{3}{2}\pi}F(x)=\max_{0\leqslant x\leqslant\frac{3}{2}\pi}\sqrt{2}\left|\sin\left(2x+\frac{\pi}{4}\right)\right|=\sqrt{2}$$

而 $f\left(\frac{\pi}{8}\right)=\sqrt{2}$，$f\left(\frac{5\pi}{8}\right)=-\sqrt{2}$，$f\left(\frac{9\pi}{8}\right)=\sqrt{2}$，于是 $\frac{\pi}{8},\frac{5\pi}{8},\frac{9\pi}{8}$ 为 $\left[0,\frac{3}{2}\pi\right]$ 上的交错组.

由 Tschebyscheff 定理可知，$P_1(x)=0$ 为 $f(x)=\sqrt{2}\sin\left(2x+\frac{\pi}{4}\right)$ 在 $\left[0,\frac{3}{2}\pi\right]$ 上的最佳逼近多项式. 即 $A=B=0$ 时，$F(x)$ 在 $\left[0,\frac{3}{2}\pi\right]$ 上的最大值以 $\sqrt{2}$ 为最小. 关于 $P^*(x)$ 的存在性与唯一性在逼近论中都有相应的定理.

需要指出的是，背景的深刻程度是相对而言的. 如果有泛函分析的知识我们可将问题提得更一般化：设 E 是一个线性赋范空间，E_0 为由 $x_0,x_1,\cdots,x_n$ 所张成的线性子空间，对任意的 $x\in E$，我们称 $E_n=\inf\limits_{\{c_i\}}\left\|\sum\limits_{i=0}^{n}c_ix_i-x\right\|$ 为 x 用 $x_0,x_1,x_2,\cdots,x_n$ 来逼近时的最佳逼近值，$\sum\limits_{i=0}^{n}c_ix_i$ 为 x 的最佳逼近的广义的多项式.

另外，同一题目也可能有双重的背景，吉首大学的彭明海教授就用高等代数中多项式根的理论，从另一方面得到了如下一般的结论[14]：

设 $f(x)$ 是定义在 $[a,b]$ 上的实函数，$a\leqslant a_1<a_2<\cdots<a_n\leqslant b$，$|f(a_i)|=M(i=1,2,\cdots,n)$ 是 $|f(x)|$ 在 $[a,b]$ 上的最大值，并且 $f(a_i)f(a_{i+1})<0(i=1,2,\cdots,n-1)$. $g(x)$ 是实系数的多项式，$g(x)$ 在 $[a,b]$ 中的根的个数 $\leqslant n-2$，(R 重根按 R 个计算)，且 $g(x)\equiv 0$，则 $F(x)=|f(x)+g(x)|$ 在 $[a,b]$ 上的最大值的最小值是 M.

我们可以立刻将其转化为我们使用起来方便的结论：

设 $f(x)$ 是定义在 $[a,b]$ 上的实函数，在 $[a,b]$ 中至少有 $n(n\geqslant 2)$ 个点 a_i，$a_1<a_2<\cdots<a_n$，使 $|f(a_i)|=M\ (i=1,2,\cdots,n)$ 是 $|f(x)|$ 在 $[a,b]$ 上的最大值，并且

$f(a_i)f(a_{i+1}) < 0, i=1,2,\cdots,n, g(x)$ 是实系数多项式，若 $g(x)$ 次数 $\leqslant n-2$，则当且仅当 $g(x)\equiv 0$ 时，$F(x)=|f(x)+g(x)|$ 在 $[a,b]$ 上的最大值以 M 为最小.

由此可见高等数学的方法不仅能给出统一的处理方法，而且还十分简洁. 又如 1978 年一道全国数学竞赛题：

求当 (x,y) 在以 $A(4,-1)$，$B(-1,-6)$，$C(-3,2)$ 为三个顶点的三角形内变动时，函数 $4x-3y$ 的极大值和极小值.

此题有一个极为简单的解法，即设 $f(x,y)=4x-3y$，而比较 $f(A)$，$f(B)$，$f(C)$ 三个值的大小，则其最大值为 $\max\{f(A), f(B), f(C)\}$，最小值为 $\min\{f(A), f(B), f(C)\}$. 解法固然简洁，但理论基础何在，初等数学无法回答. 事实上，我们可以利用下面凸多边形的性质去证明一个一般性的定理[15].

性质　若 A 是平面上任何凸多边形，设 $A_1,\cdots,A_n$ 是它的顶点，对任何 $P\in A$，必存在实数 $\alpha_1,\cdots,\alpha_n$ 使：

(1) $\alpha_1,\alpha_2,\cdots,\alpha_n\geqslant 0$；

(2) $\alpha_1,\alpha_2,\cdots,\alpha_n$ 中至多 3 个不为 0；

(3) $\alpha_1+\alpha_2+\cdots+\alpha_n=1$；

(4) $P=\alpha_1A_1+\alpha_2A_2+\cdots+\alpha_nA_n$.

利用此性质我们有如下的定理：

设 f 是平面上的线性函数，A 是平面上的任何凸多边形，$A_1,A_2,\cdots,A_n$ 为它的 n 个顶点，则

$$\max\{f(P)\mid P\in A\}=\max\{f(A_1),f(A_2),\cdots,f(A_n)\}$$
$$\min\{f(P)\mid P\in A\}=\min\{f(A_1),f(A_2),\cdots,f(A_n)\}$$

对更一般的平面上的凸集上述结论也成立. 于是我们还可以给出前面提到的 1980 年美国数学竞赛题的一个简单证法. 注意到不等式的左边是关于每一个变量 a,b,c 的凸函数，所以函数只在每一个变量 a,b,c 取得极端值 0 或 1 的时候才达到最大值. 这也就是说，在单位立方体的顶点上，即 (a,b,c) 中的每一个取 0 或 1 时，函数有最大值. 由于在每一个这样的顶点上，函数值都是 1，于是证明完成.

§5　用高等方法可以得到更为一般的结论

因为高等方法较之初等方法来说具有一般性，所以容易得出更深刻更一般的结论. 例如，第 20 届 IMO 试题：

一个国际社团的成员来自六个国家，共有1 978 人，用 1，2，3，…，1 977，1 978 编号，请证明，该社团至少有一个成员的编号数与其他两个同胞的编号数之和相等，或是一个同胞编号的 2 倍.

此问题的解答依赖于抽屉原则的多次使用，如果我们进一步问：题目中的1 978 和 6 的关系是什么？如果不出现题目中的现象，可以有多少人参加几个国家组成的国际社团？

用初等的方法可以证明[16]：对于有 n 个人来自 k 个国家 $(n\geqslant k\geqslant 2)$，如果 $n=\dfrac{3^k-1}{2}$，则原题中的现象不会出现. 即对 $k\geqslant 2$，集合 $S=\left\{1,2,\cdots,\dfrac{3^k-1}{2}\right\}$ 可以分解为 k 个互不相交的子集 $S_1,S_2,\cdots,S_k$，使得每个 S_i 中的任意两数之差不等于 S_i 中的任一数.

但遗憾的是这只是一个存在性的结论，具体如何区分呢？这需给出一个构造性的结论.

这涉及组合数学中的正则组合问题[17].

若一个自然数集合 A 中任意两数之正差 Δ_A,不属于这个集合,则称此集合为正则集合.于是我们的问题可叙述为:k 个正则集合,彼此不相交,其并集 P_k 能包含多少个从 1 开始的连续自然数(其个数记作 H_k).由于 k 个正则集合的形式很多,它包含连续自然数的个数 H_k 就不确定,去掉 P_k 中大于 H_k 的数字,得到 k 个正则子集合 A_k,称之为正则组合.

于是我们有如下构造性结论:

定理 可以找到 k 个互不相交的正则组合 A_k,使其并集恰好包含 H_k 个连续自然数,A_k 可构造为

$$A_k=\begin{cases}C_{1.\,b_k}\\C_{2.\,b_{k-1}}\\C_{s.\,b_{k-s+1}}\\C_{k.\,b_1}\end{cases}$$

$$H_k=\max(C_{1.\,b_k})=\frac{1}{2}\times3^k-\frac{1}{2}$$

如果我们以 C_s 表示第 $s(s=1,2,\cdots,k)$ 个自然数集合

$$C_s=\begin{cases}C_{2l+1}=\{q^l+3\times q^l i-\sum\limits_{j=0}^{l}d_jq^{1-j}\}\\C_{2l+2}=\{eq^l+q^{l+1}i-\sum\limits_{j=0}^{l}d_jq^{1-j}\}\end{cases}$$

其中 $l=0,1,2,\cdots,m;i=0,1,2,\cdots;e=2,3$,有

$$d_j=\begin{cases}0 & l=0,j=0\\1,2,3,4 & l>0,j=1,2,\cdots,l\end{cases}$$

$C_{s.\,b_{n-s+1}}$ 为在上述表示中令 $i=0,1,2,\cdots,b_{k-s+1}$ 时所得到的 C_s 的子集.

关于正则组合还有许多问题没有解决,如:能否找到其他形式的 A_k 包含 H'_k 个连续自然数,使 $H'_k>H_k$?

值得指出的是,以上讨论实质上是求 Schur 数的下界.在组合数学中有一个著名的 Schur 定理:存在正整数 $S(r)$,使得当 $n\geqslant S(r)$ 时,把集合 $N=\{1,2,\cdots,n\}$ 划分为 r 个子集合 $N_1,N_2,\cdots,N_r$,必存在一个子集合 N_i,使得在这个子集合中,方程 $x+y=z$ 有解,其中 $S(r)$ 称为Schur数,它有一个下界为 $S(r)\geqslant\frac{1}{2}(3^r+1)$.与Schur定理相类似,在数论中有van der Waerden 定理:设 k 和 l 是任意自然数,则存在自然数 $n(k,l)$,使得以任意方式分长为 $n(k,l)$ 的任意自然数段成 k 类(其中可能有空类),则至少有一类,含有长为 l 的算术级数.

在第 21 届 IMO 上联邦德国提供了一个十分有趣的题目:

A,E 为正八边形的相对顶点,一只青蛙从点 A 开始跳跃.如果青蛙在任意一个不是 E 的顶点,那么它可以跳向两个相邻顶点中的任一点,当它跳到点 E 时就停在那里.设 e_n 为经过 n 步到达 E 的不同的路径的个数,求证

$$e_{2n-1}=0,e_{2n}=\frac{1}{\sqrt{2}}(x^{n-1}-y^{n-1})\quad(n=1,2,3)$$

其中 $x=2+\sqrt{2},y=2-\sqrt{2}$.

常庚哲、单墫、程龙用初等的递推数列方法[18]，顾可敬用稍高级的矩阵方法[19]都给出了证明. 但这些方法都有一个共同缺点，即不易推广. 周持中通过对循环数列的特征方程的精细分析将这一问题成功地推广到正 $2m$ 边形. 他得到[20]：

设 $A_0A_1A_2\cdots A_{m-1}A_mA'_{m-1}A'_{m-2}\cdots A'_2A'_1$ 是一个正 $2m$ 边形，一只青蛙从点 A_0 开始跳跃. 如果青蛙在任意一个不是 A_m 的顶点，那么它可以跳向两个相邻顶点中的任一点，当它跳到 A_m 点时就停在那里. 设 $e_n(m)$ 为经过 n 步到达 A_m 的不同的路径的个数，则

$$e_n(m)=\frac{[1+(-1)^{n+m}]}{2^{[\frac{m}{2}]-1}}\sum_{k=0}^{[\frac{m}{2}]-1}P_k(2+2\cos\theta_k)^{[\frac{n}{2}]-1}$$

其中 $\theta_k=\dfrac{2k+1}{m}\pi$. $m=2$ 或 3 时，$P_0=1$；当 $m\geqslant 4$ 时，有

$$P_k=\prod_{i\neq k}(\cos\theta_k-\cos\theta_i)^{-1}\quad\left(k=0,1,\cdots,\left[\frac{m}{2}\right]-1\right)$$

而这一结果如用初等方法是难以得到的. 因此有些竞赛题想要推广必须依赖于某些高等结果的发展. 例如在 1976 年第 5 届美国奥林匹克数学竞赛中有一题为：

设一个直角的四面体 $PABC$（即 $\angle APB=\angle BPC=\angle CPA=90^\circ$）的六棱长度的和是 L，试求（并加以证明）它的最大体积.

解此题的关键是建立一个 V 与 L 间的不等式，但这要借助于 Pythagoras 公式和均值不等式，而均值不等式是容易推广到 n 个变数上去的，所以一旦能够建立起 n 维空间中的 Pythagoras 公式就可将问题推广到 n 维空间. 然而直到 1977 年 W. Fleming 才给出 Pythagoras 定理的 n 维推广[21]：设单形 Σ_A 的顶点分别为 $A_0,A_1,A_2,\cdots,A_n$，用 S_i 表示 $A_i(i=0,1,2,\cdots,n)$ 所对侧面的面积（即 $n-1$ 维单形的体积），并记 $S=\sum\limits_{i=0}^{n}S_i$，$V$ 表示 Σ_A 的体积，L 表示 Σ_A 的所有棱长之和，则我们有如下推广了的 Pythagoras 定理：若单形 Σ_A 在顶点 A_v 处的 n 个 $n-1$ 维面两两正交，则成立等式

$$S_0^2=\sum_{i=0}^{n}S_i^2$$

用此定理及均值定理便可得

$$L\geqslant n\left(\prod_{i=1}^{n}a_i\right)^{\frac{1}{n}+\frac{n(n-1)}{\sqrt{2}}}\left(\prod_{i=1}^{n}a_i\right)^{\frac{1}{n}}=$$
$$\frac{n}{\sqrt{2}}(n-1+\sqrt{2})(n!\ V)^{\frac{1}{n}}$$

取 $n=3$，便可得本题的答案 $L\geqslant 3(\sqrt[3]{6}+\sqrt[6]{288})\sqrt[3]{V}$，即 V 的极大值为 $\dfrac{L^3(5\sqrt{2}-7)}{162}$.

无独有偶，1961 年 IMO 将著名的 Weitzenboeck 不等式端出："a,b,c 是三角形的三边，S 是面积，证明：$a^2+b^2+c^2\geqslant 4S\sqrt{3}$，并指出何时等号成立."这个不等式最早是由 Weitzenboeck 在 *Math Zeit* 第 5 期中提出的，后来有很多数学家对其进行了研究，并从各个角度进行了推广. 比较引人注目的是苏化明的工作[22].

推广 1　设 n 维 Euclid 空间的单形 Σ_A 的棱长分别为 $a_{ij}(i,j=1,2,\cdots,n+1)$，它的各侧面面积为 $V_i(i=1,2,\cdots,n+1)$，它的体积为 V，$\alpha_{ij}(i,j=1,2,\cdots,n+1)$ 及 $\beta_i(i=1,2,\cdots,n+1)$ 均为正数，$p>1$ 为给定的实数，则有

$$\sum_{1\leqslant i<j\leqslant n+1}\alpha_{ij}a_{ij}^{p}\geqslant\left[\frac{n(n+1)}{2}\right]^{p}\left(\frac{n!\ ^{2}2^{n}}{n+1}\right)^{-\frac{p}{2n}}\cdot\left(\sum_{1\leqslant i<j\leqslant n+1}\alpha_{ij}^{p(1-p)}\right)^{1-p}V_{n}^{\frac{p}{n}} \quad ①$$

$$\sum_{i=1}^{n+1}\beta_{i}V_{i}^{p}\geqslant(n+1)^{\frac{p(n+1)}{2n}}\left(\frac{n^{3n-2}}{\frac{n-1}{2}}\right)^{\frac{p}{2n}}\cdot\left(\sum_{i=1}^{n+1}\beta_{i}^{\frac{1}{1-p}}\right)^{1-p}V^{\frac{p(n-1)}{n}} \quad ②$$

式①中等号当且仅当 $\alpha_{12}=\alpha_{13}=\cdots=\alpha_{n,n+1}$ 且 Σ_A 为正则单形时成立,式②中等号当且仅当 $\beta_1=\beta_2=\cdots=\beta_{n+1}$ 且 Σ_A 为正则单形时成立.

显然 Weitzenboeck 不等式是上面定理中式①当 $n=2,\alpha_{12}=\alpha_{13}=\alpha_{23}=1,p=2$ 或式②中当 $n=2,\beta_1=\beta_2=\beta_3=1,p=2$ 时的特例.

推广2 设平面上的 n 边形 $A_1A_2\cdots A_n$ 的边长为 $a_1,a_2,\cdots,a_n$,面积为 S_n,$\alpha_1,\alpha_2,\cdots,\alpha_n$ 均为正数,$p>1$ 为给定的实数,则

$$\sum_{i=1}^{n+1}\alpha_i a_i^{p}\geqslant 2^{p}\left(\sum_{i=1}^{n+1}\alpha_i^{\frac{1}{1-p}}\right)^{1-p}\left(n\tan\frac{\pi}{n}S_n\right)^{\frac{p}{2}}$$

等号当且仅当 $a_1=a_2=\cdots=a_n$ 且 $\alpha_1=\alpha_2=\cdots=\alpha_n$ 时成立.

如果取 $p=2,\alpha_1=\alpha_2=\cdots=\alpha_n=1$,得 $\sum\limits_{i=1}^{n}a_i^2\geqslant 4\tan\frac{\pi}{n}S_n$. 此结果刊于1964年的《美国数学月刊》,第796页. 在上式中再令 $n=3$ 便得 Weitzenboeck 不等式.

§6 用高等方法可以化繁为简、化难为易

同一题目有时可以有几种解法,方法与方法之间是有繁简之分、难易之别的,往往高等方法的选用可以使我们化繁为简、化难为易,正所谓"得法者事半功倍". 例如第20届IMO试题:

设 $f\cdot g:\mathbf{Z}_+\to\mathbf{Z}_+$ 为严格递增函数,且 $f(\mathbf{Z}_+)\cup g(\mathbf{Z}_+)=\mathbf{Z}_+,f(\mathbf{Z}_+)\cap g(\mathbf{Z}_+)=\varnothing$,$g(m)=f[f(m)]+1$,求 $f(2m)$,此处 $\mathbf{Z}_+$ 是正整数集合,$\varnothing$ 是空集.

我们必须说明本题无论用什么方法解决都是相当困难的,我们只需查看一下文献[23]便可知,尽管巧妙地引入了 Fibonacci 数列,但其篇幅仍冗长得令我们无法接受,然而在众多的参赛选手中却有两名发现了一条通幽曲径——Beatty 定理!

1926年,多伦多大学的 Sam Beatty 发现了如下的事实:

设 $\alpha,\beta>0$(其中 α 是无理数),满足 $\frac{1}{\alpha}+\frac{1}{\beta}=1$,并设 $A=\{[s\alpha]\},B=\{[t\beta]\},s,t=1,2,\cdots$,则每一个正整数或者属于 A,或者属于 B,但不同时属于两者.

我们现在能见到的证明是1927年由 A. Ostrowski 与 A. C. Aitken 给出的[24]. 下面我们用 Beatty 定理证明此题.

我们取 $\alpha=\frac{1+\sqrt{5}}{2},\beta=\frac{3+\sqrt{5}}{2}$,则显见 α,β 是同时满足 $\frac{1}{\alpha}+\frac{1}{\beta}=1,\beta=\alpha^2$ 的唯一一对正无理数.

我们构造两个函数 $f(m)=[\alpha m],g(m)=[\beta m]$,它们显然满足 $f\cdot g:\mathbf{Z}_+\to\mathbf{Z}_+$ 为严格递增函数,由 Beatty 定理可知它们又满足 $f(\mathbf{Z}_+)\cup g(\mathbf{Z}_+)=\mathbf{Z}_+,f(\mathbf{Z}_+)\cap g(\mathbf{Z}_+)=\varnothing$,所以只需验证 $g(m)=f[f(m)+1]$. 而事实上,一方面,有

$$[\alpha m]<\alpha m\Rightarrow\alpha[\alpha m]<\alpha^2 m\Rightarrow\alpha[\alpha m]<\beta m\Rightarrow[\alpha(\alpha m)]<[\beta m]$$

另一方面,有

$$\alpha = 1 + \frac{1}{\alpha}, \beta = \alpha + 1$$

于是

$$\alpha[\alpha m] = \left(1 + \frac{1}{\alpha}\right)[\alpha m] = [\alpha m] + \frac{1}{\alpha}[\alpha m] >$$

$$[\alpha m] + \frac{1}{\alpha}[\alpha m - 1] = [\alpha m] + m - \frac{1}{\alpha} =$$

$$[\alpha m + m] - \frac{1}{\alpha} = [(\alpha + 1)m] - \frac{1}{\alpha} > [\beta m] - 1$$

所以

$$[\alpha(\alpha m)] \geqslant [\beta m] - 1$$

综合两方面有

$$[\alpha(\alpha m)] = [\beta m] - 1$$

亦即

$$g(m) = f[f(m)] + 1$$

所以,这个问题的最后答案为

$$f(2m) = [\alpha(\alpha m)] = \left[\frac{1 + \sqrt{5}}{2}(2m)\right] =$$

$$[(1 + \sqrt{5})m] = m + [\sqrt{5}m]$$

由此可见解题工具的选取对我们来说是至关重要的,如果数学竞赛的培训者能多掌握一些较为高级的定理,便可居高临下,在不增加学生负担的情况下,指导学生出奇制胜. 例如在第 19 届 IMO 试题中有一题为:

设 n 是给定的大于 2 的整数,用 V_n 表示所有形如 $1 + kn(k = 1,2,\cdots)$ 的整数的集. 一个数 $m \in V_n$,如果不存在数 p, $q \in V_n$,使 $pq = m$,则称 m 为 V_n 中的不可约数. 试证:存在一个数 $r \in V_n$,它可以用不只一种方法表示成 V 中的不可约数之积(但规定只是将 V_n 中的数的顺序不同的表示法当作是一种表示法).

如果我们用初等方法不但烦琐而且不易下手,如果我们采用数论中的一个定理便可化繁为简. 若 $k > 0, l > 0, (k, l) = 1$,则

$$\sum_{\substack{p \leqslant x \\ p \equiv l (\bmod k)}} \frac{\ln p}{p} = \frac{1}{\varphi(k)} \ln x + 0(1)^{[25]}$$

此处 $\sum\limits_{\substack{p \leqslant x \\ p \equiv l (\bmod k)}}$ 表示就所有不超过 x 的形如 $kn + l$ 的素数求和. 与 0 有关的常数仅与 k 有关. 由此我们可以看出:如果 $(s,t) = 1$,则 $sk + t$ 中有无穷多个素数. 现令 $s = n, t = n - 1$,且在数集 $nk + (n - 1)(k = 1,2,\cdots)$ 中任取三个不同的素数,例如

$$a = n(c - 1) + (n - 1) = nc - 1$$

$$b = n(d - 1) + (n - 1) = nd - 1$$

$$e = n(f - 1) + (n - 1) = nf - 1$$

其中 c, d, f 是某些正整数,且 $n > 2$. 所以 $a - 1, b - 1, e - 1$ 不是 n 的倍数. 于是 $a \notin V_n$, $b \notin V_n, e \notin V_n$,但

$$ab=(ncd-c-d)n+1\in V_n$$
$$be=(ndf-d-f)n+1\in V_n$$
$$ae=(ncf-c-f)n+1\in V_n$$
$$e^2=(nf^2-2f)n+1\in V_n$$

这四个数都没有 a,b,e 以外的因子,所以它们都是 V_n 中的不可约数. 最后,因为

$$abe^2=(ae)(be)=(ab)(e^2)$$

故数 abe^2 具备所要求的性质.

在结束全文之前必须说明以上观点仅仅是对数学竞赛这一特殊活动的一点研究,不能类比到中学教学中. 恰如J. Rosanec 所说:"每个人都赞赏数学方法的无比威力,但也都发觉它极端地难以流行."

附录 4 Möbius 问题

§1 引 言

试题 A 一个给定的凸五边形 $ABCDE$ 具有如下性质:五个三角形 ABC, BCD, CDE, DEA,EAB 中的每一个面积都等于 1. 求证:每个具有上述性质的五边形都有相同的面积,计算这个面积,并且有无限多个不全等的具有上述性质的五边形.

(1972 年美国数学竞赛)

证法 1 如图 1 所示,因为

$$S_{\triangle ABC}=S_{\triangle EAB}=1$$

所以 $AB\parallel EC$. 类似地有 $BD\parallel AE$. 故 $ABPE$ 是平行四边形,其中 P 是 BD 和 CE 的交点. $S_{\triangle BPE}=S_{\triangle EAB}=1$.

令 $S_{\triangle BCP}=x$,那么 $S_{\triangle EPD}=x$,$S_{\triangle CDP}=1-x$. 因为

$$\frac{S_{\triangle BCP}}{S_{\triangle CDP}}=\frac{BP}{PD}=\frac{S_{\triangle BPE}}{S_{\triangle PDE}}$$

所以
$$\frac{x}{1-x}=\frac{1}{x},x^2+x-1=0,x=\frac{\sqrt5-1}{2}$$

于是五边形 $ABCDE$ 的面积为

$$S_{\triangle CDE}+2S_{\triangle ABE}+S_{\triangle BCP}=3+\frac{\sqrt5-1}{2}=\frac{5+\sqrt5}{2}$$

任意作一个 $\triangle BCP$,使得 $S_{\triangle BCP}=\dfrac{\sqrt5-1}{2}$,延长 CP 到 E,BP 到 D,使得 $S_{\triangle BPE}=S_{\triangle BCD}=1$. 于是

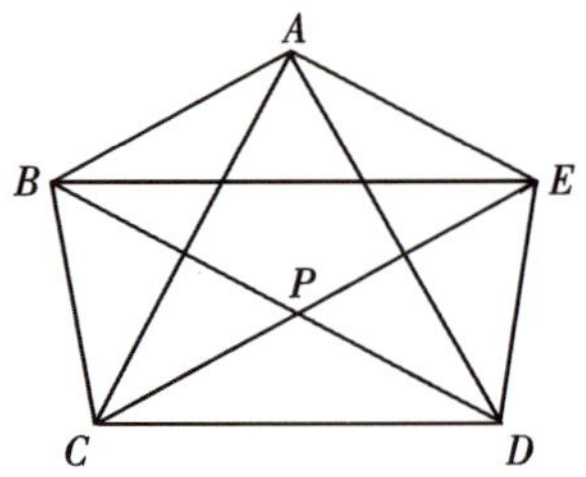

图 1

$$\frac{CP}{PE}=\frac{\sqrt5-1}{2}$$

$$\frac{DP}{PB}=\frac{DB-PB}{PB}=\frac{DB}{PB}-1=\frac{1}{\frac{\sqrt5-1}{2}}-1=\frac{\sqrt5-1}{2}$$

所以
$$\frac{CP}{PE}=\frac{DP}{PB}$$
从而 $BE \parallel CD$，$S_{\triangle CDE}=S_{\triangle BCD}=1$.

作 $EA \parallel BD$，$AB \parallel EC$，它们的交点为 A，那么 $S_{\triangle DEA}=S_{\triangle EAB}=S_{\triangle BPE}=1$，同理 $S_{\triangle ABC}=1$.

因为面积为 $\frac{\sqrt{5}-1}{2}$ 的 $\triangle BCP$ 可作无数多个不全等的，所以如上所得的无数多个不全等的五边形具有上述性质.

证法 2 以凸五边形 $ABCDE$ 的边 AB 为 x 轴，以 A 为原点建立直角坐标系，且设 $AB=a$. 因 $S_{\triangle ABC}=S_{\triangle ABE}=1$，故 C，E 两点的纵坐标为 $\frac{2}{a}$. 设点 C，E 的横坐标为 b，c，点 D 的坐标为 (d,e). 那么五点的坐标就为 $A(0,0)$，$B(a,0)$，$C\left(b,\frac{2}{a}\right)$，$D(d,e)$，$E\left(c,\frac{2}{a}\right)$（如图 2 所示）

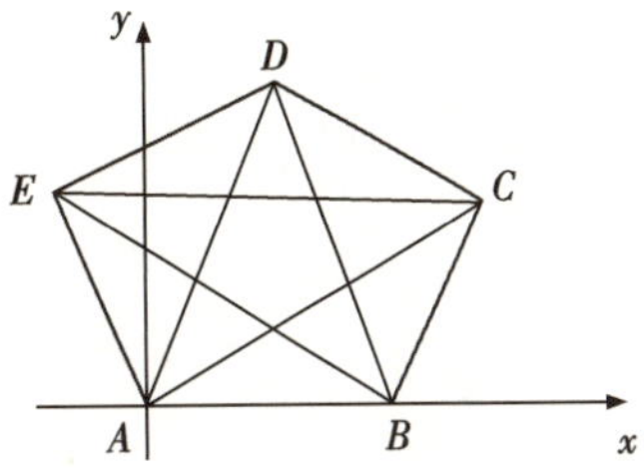

图 2

$$S_{五边形ABCDE}=S_{\triangle ADE}+S_{\triangle BCD}+S_{\triangle ABD}=2+\frac{1}{2}ae$$

因为 $DE \parallel AC$，所以
$$\frac{2}{a}:b=\left(e-\frac{2}{a}\right):(d-c)$$
类似地，由 $EA \parallel BD$，$BC \parallel DA$ 可得
$$e:(d-a)=\frac{2}{a}:c,\ e:d=\frac{2}{a}:(b-a)$$
将它们分别整理后得
$$aeb+2(c-d-b)=0 \quad ①$$
$$aec+2(a-d)=0 \quad ②$$
$$ae(a-b)+2d=0 \quad ③$$
式 ① + ③，② + ③ 分别可得
$$a^2e+2(c-b)=0 \quad ④$$
$$ae+e(c-b)+2=0 \quad ⑤$$
从式 ④，⑤ 中消去 $c-b$，得
$$a^2e^2-2ae-4=0$$
解得
$$ae=\sqrt{5}+1 \quad （负的舍去）$$
所以
$$S_{五边形ABCDE}=2+\frac{1}{2}ae=\frac{5+\sqrt{5}}{2}$$
因此具有题述性质的凸五边形的面积都相同.

将上面的 a，b 设为任意给定的正实数，那么
$$e=\frac{\sqrt{5}+1}{a},\ d=\frac{\sqrt{5}+1}{2}(b-a),\ c=b-\frac{\sqrt{5}+1}{2}a$$
$$A(0,0),B(a,0),C\left(b,\frac{2}{a}\right)$$

$$D\left(\frac{\sqrt{5}+1}{2}(b-a),\frac{\sqrt{5}+1}{a}\right),E\left(b-\frac{\sqrt{5}+1}{2}a,\frac{2}{a}\right)$$

以上述 5 个点为顶点的五边形 $ABCDE$ 对应于不同的正实数 a 与 b,在直角坐标系里凸五边形 $ABCDE$ 具有无限多个且互不相同. 因此我们只需证明以 A,B,C,D,E 为顶点的凸五边形具有题述性质.

显然 $AB\parallel CE$,那么

$$(b-a):\frac{2}{a}=\frac{\sqrt{5}+1}{2}(b-a):\frac{\sqrt{5}+1}{a}$$

所以 $BC\parallel DA$. 类似地可证 $CD\parallel EB,DE\parallel AC,EA\parallel BD$,且

$$S_{\triangle ABC}=\frac{1}{2}a\cdot\frac{2}{a}=1$$

由上所述得

$$S_{\triangle ABC}=S_{\triangle BCD}=S_{\triangle CDE}=S_{\triangle DEA}=S_{\triangle EAB}=1$$

所以具有题述性质的凸五边形 $ABCDE$ 有无限多个.

§2 Möbius 命题

上述试题的一种特殊解法依赖于两个征解问题(1988 年王振,陈计;1989 年上海刘启铭,浙江陈计).

试题 B 已知平面凸五边形 $ABCDE$,求证

$$\max\{S_{\triangle EAB},S_{\triangle ABC},S_{\triangle BCD},S_{\triangle CDE},S_{\triangle DEA}\}\geqslant\frac{2}{5+\sqrt{5}}S_{五边形ABCDE}\qquad ①$$

$$\min\{S_{\triangle EAB},S_{\triangle ABC},S_{\triangle BCD},S_{\triangle CDE},S_{\triangle DEA}\}\leqslant\frac{2}{5+\sqrt{5}}S_{五边形ABCDE}\qquad ②$$

下述试题是 1923 年 Shumacher 在 *Astronomische Nachrichten*(No,42. November. 1823. P61)提出的一个 Möbius 命题:

设 $ABCDE$ 是平面上任意五点,若 $\triangle EAB,\triangle ABC,\triangle BCD,\triangle CDE,\triangle DEA$ 的面积分别为 $\alpha,\beta,\gamma,\delta,\varepsilon$,则五边形 $ABCDE$ 的面积确定.

对此,Gauss 给出一个证明(Carl Friedrich Gauss Werke,Vol 4.2ter Abdruck,1880. 406 ~407).

它导出了一个五边形 A 所满足的方程

$$A^2-(\alpha+\beta+\gamma+\delta+\varepsilon)A+(\alpha\beta+\beta\gamma+\gamma\delta+\delta\varepsilon+\varepsilon\alpha)=0\qquad ③$$

利用它可以统一地证明式①②.

下面我们用向量的语言证明它.

Möbius 定理 在凸五边形 $ABCDE$ 中,$\triangle ABC$, $\triangle BCD,\triangle CDE,\triangle DEA,\triangle EAB$ 的面积分别等于 a,b,c,d,e,以 S 表示五边形的面积,求证

$$S^2-S(a+b+c+d+e)+(ab+bc+cd+de+ea)=0$$

证明 设 $\boldsymbol{x}=x_1\boldsymbol{e}_1+x_2\boldsymbol{e}_2$,那么$[\boldsymbol{e}_1,\boldsymbol{x}]=x_2[\boldsymbol{e}_1,\boldsymbol{e}_2]$,$[\boldsymbol{x},\boldsymbol{e}_2]=x_1[\boldsymbol{e}_1,\boldsymbol{e}_2]$,因此

$$\boldsymbol{x}=\frac{[\boldsymbol{x},\boldsymbol{e}_2]}{[\boldsymbol{e}_1,\boldsymbol{e}_2]}\boldsymbol{e}_1+\frac{[\boldsymbol{e}_1,\boldsymbol{x}]}{[\boldsymbol{e}_1,\boldsymbol{e}_2]}\boldsymbol{e}_2$$

因此

$$[\boldsymbol{x},\boldsymbol{e}_2][\boldsymbol{e}_1,\boldsymbol{y}]+[\boldsymbol{e}_1,\boldsymbol{x}][\boldsymbol{e}_2,\boldsymbol{y}]+[\boldsymbol{e}_2,\boldsymbol{e}_1][\boldsymbol{x},\boldsymbol{y}]=0 \quad ④$$

对任意平面向量 $\boldsymbol{e}_1,\boldsymbol{e}_2,\boldsymbol{x},\boldsymbol{y}$ 成立.

设 $\boldsymbol{e}_1=\overrightarrow{AB},\boldsymbol{e}_2=\overrightarrow{AC},\boldsymbol{x}=\overrightarrow{AD},\boldsymbol{y}=\overrightarrow{AE}$,那么

$$S=a+\frac{1}{2}[\boldsymbol{x},\boldsymbol{e}_2]+d=c+\frac{1}{2}[\boldsymbol{y},\boldsymbol{e}_2]+a=d+\frac{1}{2}[\boldsymbol{x},\boldsymbol{e}_1]+b$$

即

$$[\boldsymbol{x},\boldsymbol{e}_2]=2(S-a-d)$$
$$[\boldsymbol{y},\boldsymbol{e}_2]=2(S-c-a)$$
$$[\boldsymbol{x},\boldsymbol{e}_1]=2(S-d-b)$$

把这些量代人等式 ④,就得

$$-2(S-a-d)\cdot 2e+2(S-c-a)\cdot 2(S-d-b)-2a\cdot 2d=0$$

即
$$S^2-S(a+b+c+d+e)+(ab+bc+cd+de+ea)=0$$

Möbius(August Ferdinand Möbius,1790 年 11 月 17 日—1868 年 9 月 26 日)是德国数学家、天文学家,三岁丧父后由叔父抚养成人,自幼偏爱数学. 1809 年入莱比锡大学学习法律,后改为理科,专修数学、物理学和天文学. 1813 年曾跟随 Gauss 学习天文和数学,1816 年成为教授,1829 年当选为柏林科学院通讯院士,1848 年任莱比锡大学天文台台长 . Möbius 在数学方面的贡献主要是在几何学和拓扑学领域. 1858 年他发现了单侧曲面,其中著名的为 Möbius 带,1840 年他最先提出了四色猜想.

§3 一个加强命题

设 A,B,C,D,E 是平面上任意五点,若记 $\triangle EAB,\triangle ABC,\triangle BCD,\triangle CDE$ 和 $\triangle DEA$ 的面积分别为 $\alpha,\beta,\gamma,\delta,\varepsilon$,则五边形 $ABCDE$ 的面积 A(不要与点 A 混淆)满足 Möbius-Gauss 公式

$$A^2-(\alpha+\beta+\gamma+\delta+\varepsilon)A+(\alpha\beta+\beta\gamma+\gamma\delta+\delta\varepsilon+\varepsilon\alpha)=0 \quad ①$$

以此可证明

$$\min\{\alpha,\beta,\gamma,\delta,\varepsilon\}\leqslant\frac{2A}{5+\sqrt{5}}\leqslant\max\{\alpha,\beta,\gamma,\delta,\varepsilon\} \quad ②$$

最后,又有人提出猜想

$$\sqrt[5]{\alpha\beta\gamma\delta\varepsilon}\leqslant\frac{2A}{5+\sqrt{5}}\leqslant\sqrt{\frac{1}{5}(\alpha^2+\beta^2+\gamma^2+\delta^2+\varepsilon^2)} \quad ③$$

式 ③ 显然是式 ② 的加强,证明自然更为困难. 匡继昌先生在《常用不等式》(第二版)一书中把上述猜测列在“100 个未解决的问题”中的第 3 个问题.

熊斌(华东师范大学数学系)、田廷彦(上海科学技术出版社)给出了式 ③ 的证明.

定理 设五边形 $ABCDE$ 的面积为 A ,$\triangle EAB,\triangle ABC,\triangle BCD,\triangle CDE$ 和 $\triangle DEA$ 的面积分别为 $\alpha,\beta,\gamma,\delta$ 和 ε,则有

$$\frac{2A}{5+\sqrt{5}}\leqslant\sqrt{\frac{1}{5}(\alpha^2+\beta^2+\gamma^2+\delta^2+\varepsilon^2)}$$

其中等号当且仅当 $\alpha=\beta=\gamma=\delta=\varepsilon$ 时成立.

证明 先引进一个二次函数

$$f(x)=x^2-(\alpha+\beta+\gamma+\delta+\varepsilon)x+(\alpha\beta+\beta\gamma+\gamma\delta+\delta\varepsilon+\varepsilon\alpha)$$

易知 $f(x)$ 的对称轴为 $x=\frac{1}{2}(\alpha+\beta+\gamma+\delta+\varepsilon)$. 又由 §1 式⑤知,$A$ 是 $f(x)$ 的根.

若 A 取 $f(x)=0$ 的小根,则

$$A\leqslant\frac{1}{2}(\alpha+\beta+\gamma+\delta+\varepsilon)$$

故

$$\frac{2A}{5+\sqrt{5}}\leqslant\frac{1}{5+\sqrt{5}}(\alpha+\beta+\gamma+\delta+\varepsilon)<$$

$$\frac{1}{5}(\alpha+\beta+\gamma+\delta+\varepsilon)\leqslant\sqrt{\frac{1}{5}(\alpha^2+\beta^2+\gamma^2+\delta^2+\varepsilon^2)}$$

最后一步是算术平均——平方平均不等式.

若 A 取 $f(x)=0$ 的大根,由抛物线的性质知,欲证定理,只需证明

$$f\left[\frac{5+\sqrt{5}}{2}\sqrt{\frac{1}{5}(\alpha^2+\beta^2+\gamma^2+\delta^2+\varepsilon^2)}\right]\geqslant 0$$

即可.

下面用配方法来证明上式.

欲证
$$f\left[\frac{1+\sqrt{5}}{2}\sqrt{(\alpha^2+\beta^2+\gamma^2+\delta^2+\varepsilon^2)}\right]\geqslant 0$$

即证

$$\frac{3+\sqrt{5}}{2}(\alpha^2+\beta^2+\gamma^2+\delta^2+\varepsilon^2)-\frac{1+\sqrt{5}}{2}\sqrt{\alpha^2+\beta^2+\gamma^2+\delta^2+\varepsilon^2}\cdot$$
$$(\alpha+\beta+\gamma+\delta+\varepsilon)+(\alpha\beta+\beta\gamma+\gamma\delta+\delta\varepsilon+\varepsilon\alpha)\geqslant 0$$

将上式左边配方,得

$$\begin{aligned}\text{左边}=&\frac{1+\sqrt{5}}{4}(\alpha^2+\beta^2+\gamma^2+\delta^2+\varepsilon^2)+\\&(\alpha\beta+\beta\gamma+\gamma\delta+\delta\varepsilon+\varepsilon\alpha)-\\&\frac{1+\sqrt{5}}{4\sqrt{5}}(\alpha+\beta+\gamma+\delta+\varepsilon)^2+\\&\frac{25+5\sqrt{5}}{4}\left[\sqrt{\frac{1}{5}(\alpha^2+\beta^2+\gamma^2+\delta^2+\varepsilon^2)}-\right.\\&\left.\frac{\alpha+\beta+\gamma+\delta+\varepsilon}{5}\right]^2=\\&\frac{1}{\sqrt{5}}\left[\varepsilon-\frac{\sqrt{5}+1}{4}(\beta+\gamma)+\frac{\sqrt{5}-1}{4}(\alpha+\delta)\right]^2+\\&\frac{25+5\sqrt{5}}{4}\left[\sqrt{\frac{1}{5}(\alpha^2+\beta^2+\gamma^2+\delta^2+\varepsilon^2)}-\right.\\&\left.\frac{(\alpha+\beta+\gamma+\delta+\varepsilon)}{5}\right]^2+\frac{\sqrt{5}-1}{8}(\beta^2+\gamma^2)+\\&\frac{\sqrt{5}+1}{8}(\alpha^2+\delta^2)-\frac{\sqrt{5}-1}{4}\beta\gamma-\frac{\sqrt{5}+1}{4}\alpha\delta+\end{aligned}$$

$$\frac{1}{2}(\alpha\beta+\gamma\delta)-\frac{1}{2}(\alpha\gamma+\beta\delta)=$$

$$\frac{1}{\sqrt{5}}\left[\varepsilon-\frac{\sqrt{5}+1}{4}(\beta+\gamma)+\frac{\sqrt{5}-1}{4}(\alpha+\delta)\right]^2+$$

$$\frac{\sqrt{5}-1}{8}\left[(\beta-\gamma)+\frac{\sqrt{5}+1}{2}(\alpha-\delta)\right]^2+$$

$$\frac{25+5\sqrt{5}}{4}\left[\sqrt{\frac{1}{5}(\alpha^2+\beta^2+\gamma^2+\delta^2+\varepsilon^2)}-\right.$$

$$\left.\frac{(\alpha+\beta+\gamma+\delta+\varepsilon)}{5}\right]^2\geqslant 0$$

要使该式等于0,则每个平方项均为零. 事实上,最后一项为零,即有 $\alpha=\beta=\gamma=\delta=\varepsilon$. 定理证毕.

附 录 B

附录 1 椭圆曲线理论初步

§1 引 言

日本数学奥林匹克与日本制造一样缺乏原创性,但工于模仿且能推陈出新. 与我国的 CMO 相比虽技巧性稍逊一筹但能紧跟世界数学主流且命题者颇具数学鉴赏力,知道哪些是"好数学",哪些是包装精美的学术垃圾. 随着时间的推移我们越来越能体会到其眼光的独到以及将尖端理论通俗化的非凡能力. 例如,1992 年日本数学奥林匹克预赛题第 3 题为

试题 A 坐标平面上,设方程

$$y^2 = x^3 + 2\ 691x - 8\ 019$$

所确定的曲线为 E,连接该曲线上的两点 $(3,9)$ 和 $(4,53)$ 的直线交曲线 E 于另一点,求该点的坐标.

解 由两点式易得所给直线的方程为 $y = 44x - 123$. 将它代入曲线方程并整理得

$$x^3 - 1\ 936x^2 + (2 \times 44 \times 123 + 2\ 691)x - (123^2 + 8\ 019) = 0$$

由韦达定理得

$$x + 3 + 4 = 1\ 936$$

所以所求点 x 的横坐标为

$$x = 1\ 936 - (3 + 4) = 1\ 929$$

这道貌似简单的试题实际上是一道具有深刻背景的椭圆曲线特例.

§2 牛顿对曲线的分类

笛卡儿早就讨论过一些高次方程及其代表的曲线. 次数高于 2 的曲线的研究变成众所周知的高次平面曲线理论,尽管它是坐标几何的组成部分. 18 世纪所研究的曲线都是代数曲线,即它们的方程由 $f(x,y) = 0$ 给出,其中 f 是 x 和 y 的多项式. 曲线的次数或阶数就是项的最高次数.

牛顿第一个对高次平面曲线进行了广泛的研究. 笛卡儿按照曲线方程的次数来对曲线进行分类的计划深深地打动了牛顿,于是牛顿用适合于各该次曲线的方法系统地研究了各次曲线,他从研究三次曲线着手. 这个工作出现在他的《三次曲线例举》(*Enumeratio Linearum Tertil Ordinis*,简称《例举》)中,这是作为他的 *Opticks*(光学)英文版的附录在 1704 年出版的. 但实际上大约在 1676 年就做出来了,虽然在 La Hire 和 Wallis 的著作中使用了负 x 值,但牛顿不仅用了两个坐标轴和负 x 负 y 值,而且还在所有四个象限中作图.

牛顿证明了怎样能够把一般的三次方程

$$ax^3 + bx^2y + cxy^2 + dy^3 + ex^2 + fxy + gy^2 + hx + jy + k = 0$$

所代表的一切曲线通过坐标轴的变换化为下列四种形式之一:

$(1)\ xy^2 + ey = ax^3 + bx^2 + cx + d$;

$(2)\ xy = ax^3 + bx^2 + cx + d$;

$(3)\ y^2 = ax^3 + bx^2 + cx + d$;

$(4)\ y = ax^3 + bx^2 + cx + d$.

牛顿把第三类曲线叫作发散抛物线(diverging parabolas),它包括如图 1 所示的五种曲线. 这五种曲线是根据右边三次式的根的性质来区分的:全部是相异实根;两个根是复根;都是实根但有两个相等而且复根大于或小于单根;三个根都相等. 牛顿断言,光从一点出发对这五种曲线之一作射影,然后取射影的交线就能分别得到每一个三次曲线.

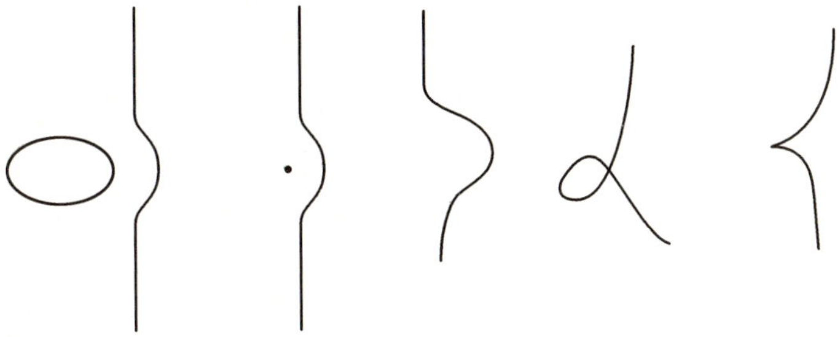

图 1

牛顿对他在《例举》中的许多断言都没有给出证明. 詹姆斯 · 斯特林(James Stirling) 在他的《三次曲线》中证明了或用别的方法重新证明了牛顿的大多数断言,但是没有证明射影定理,射影定理是由法国数学家克莱罗(Clairaut Alexis-Claude. 1715—1763) 和弗朗塞兄弟(Francois Nicole, 1683—1758) 证明的. 其实牛顿识别了七十二种三次曲线. 英国数学家斯特灵(Stirling James, 1692—1770) 加上了四种,修道院院长 Jean-Paul de Gua de Malves 在他 1740 年题为《利用笛卡儿的分析而不借助于微积分去进行发现……》(*Usage de Vanalyse de Descartes pourdécouvrir sans le Secours du calcul differential*…) 的书里又加了两种.

牛顿关于三次曲线的工作激发了关于高次平面曲线的许多其他研究工作. 按照这个或那个原则对三次和四次曲线进行分类的课题继续使 18 和 19 世纪的数学家们感兴趣. 随着分类方法的不同所找到的分类数目也不同.

椭圆曲线是三次的曲线,不过它们是在一个适当的坐标系内的三次曲线. 任一形如

$$y^2 = (x-\alpha)(x-\xi)(x-\gamma)(x-\delta)$$

的四次曲线可以写成

$$\left(\frac{y}{x-\alpha^2}\right) = \left(1-\frac{\beta-\alpha}{x-\alpha}\right)\left(1-\frac{\gamma-\alpha}{x-\alpha}\right)\left(1-\frac{\delta-\alpha}{x-\alpha}\right)$$

因此它在坐标为

$$X = \frac{1}{x-\alpha}, Y = \frac{y}{x-\alpha^2}$$

之中是三次的,特别地,$y^2 = 1 - x^4$ 在坐标 $X = \dfrac{1}{x-\alpha}, Y = \dfrac{y}{(x-\alpha)^2}$ 之下化为三次的:$Y^2 = 4X^3 - 6X^2 + 4X - 1$. 这一变换在数论中尤为重要,因为它使得位于一条曲线上的有理点 (x, y) 对应于另一条上的有理点 (X, Y),这样的坐标变换称为双有理的.

牛顿发现了一个惊人的事实:所有关于 x, y 的三次方程皆可通过双有理坐标变换化为如下形式的方程

$$y^2 = x^3 + ax + b$$

1995 年证明了费马大定理的安德鲁·怀尔斯就是椭圆曲线这一领域的专家. 1975 年安德鲁·怀尔斯开始了他在剑桥大学的研究生生活. 怀尔斯的导师是澳大利亚人约翰·科茨(John Coates),他是伊曼纽尔学院的教授,来自澳大利亚新南威尔士州的波森拉什. 他决定让怀尔斯研究椭圆曲线,这个决定后来证明是怀尔斯职业生涯的一个转折点,为他提供了攻克费马大定理的新方法所需要的工具. 研究数论中的椭圆曲线方程的任务(像研究费马大定理一样)是当它们有整数解时把它算出来,并且如果有解,要算出有多少个解,如 $y^2 = x^3 - 2$ 只有一组整数解 $5^2 = 3^3 - 2$.

§3 椭圆曲线与椭圆积分

"椭圆曲线"这个名称有点使人误解,因为在正常意义上它们既不是椭圆又不弯曲,它们只是如下形式的任何方程

$$y^2 = x^3 + ax^2 + bx + c \quad (a, b, c \in \mathbf{Z})$$

它们之所以有这个名称是因为在过去它们被用来度量椭圆的周长和行星轨道的长度.

在一定意义上说,椭圆积分是不能表为初等函数的积分的最简单者,椭圆函数则以某些椭圆积分的反函数形式出现.

设 R 为 x 与 y 的有理函数. 令 $I = \int R(x, y)\,\mathrm{d}x$. 如果 y^2 为 x 的二次或更低次的多项式,则 I 可用初等函数表示. 如果 y^2 为 x 的三次或四次多项式,则 I 一般不能用初等函数表示,并叫作椭圆积分(elliptic integral)

在椭圆积分中一个重要的贡献是以德国数学家魏尔斯特拉斯名字命名的:用一个适当的变换

$$x' = \frac{ax + b}{cx + d}, ad - bc \neq 0$$

可把椭圆积分 I 化为一个这样的椭圆积分,其中多项式 y^2 具有规范形式(勒让德规范形式和魏尔斯特拉斯典则形式). 其魏尔斯特拉斯典则形式为 $y^2 = 4x^3 - g_2x - g_3$,这里 g_2, g_3 为不变量,是实数或复数. I 恒可表示为有理函数的积分与第一、第二、第三种椭圆积分的线性组合. 在魏尔斯特拉斯典则形式中可表为

$$\int \frac{\mathrm{d}x}{y}, \int \frac{x\mathrm{d}x}{y}, \int \frac{\mathrm{d}x}{(x - c)y}$$

其中 $y = \sqrt{4x^3 - g_2x - g_3}$.

魏尔斯特拉斯生于德国西部威斯特伐利里(Westphalia)的小村落奥斯腾费尔德(Ostenfelde),曾师从以研究椭圆函数著称的古德曼(C. Gudermann).

椭圆积分应用很广. 在几何中,椭圆函数或椭圆积分出现于下列问题的求解之中:

决定椭圆、双曲线或双纽线的弧长,求椭球的面积,求旋转二次曲面上的测地线,求平面三次曲线或更一般的一个亏格 1 的曲线的参数表示,求保形问题等. 在分析中,它们可用于微分方程(拉梅方程,扩散方程等);在数论中则应用于包括费马大定理等各种问题中;在物理科学里,椭圆函数及椭圆积分出现在位势理论中,或者通过保形表示或者通过椭球的位势,出现在弹性理论、刚体运动、热传导或扩散论的格林函数以及其他一些问题中.

§4 阿贝尔、雅可比、艾森斯坦和黎曼

在19世纪20年代，阿贝尔(Abel)和雅可比(Jacobi)终于发现了对付椭圆积分的方法.那就是研究他们的反演.比如说，要研究积分

$$u=g^{-1}(x)=\int_0^x \frac{\mathrm{d}t}{\sqrt{t^3+at+b}}$$

我们转而研究它的反函数 $x=g(u)$，这样一来可将问题大大简化，就如同我们研究函数 $x=\sin u$ 来代替研究 $\arcsin x=\int_0^x \frac{\mathrm{d}t}{\sqrt{1-t^2}}$，特别是这时我们面对的已不是多值积分而是一个周期函数 $x=g(x)$.

$\sin u$ 和 $g(u)$ 之间的差异在于：只有当允许变量取复数值时，才能真正看出 $g(u)$ 的周期性，而且 $g(u)$ 有两个周期，即存在非零的 $w_1,w_2\in\mathbf{C}$，$\frac{w_1}{w_2}\notin\mathbf{R}$，使得

$$g(u)=g(u+w_1)=g(u+w_2)$$

有许多方法可让这两个周期显露出来，一种方法是德国数学家艾森斯坦(Eisenstein Ferdinand Gotthold Max, 1823—1852)最早提出的，今天还在普遍使用，要点是先写出显然具有周期 w_1,w_2 的一个函数

$$g(u)=\sum_{m,n\in\mathbf{Z}}\frac{1}{(u+mw_1+mw_2)^2}$$

然后通过无穷级数的巧妙演算导出其性质.最终你会发现 $g^{-1}(x)$ 正是我们开始时考虑的那类积分.

另一种方法是研究 t 在复平面上变化时被积函数 $\frac{1}{\sqrt{t^3+at+b}}$ 的行为，按照黎曼(Riemann Georg Friedrich Bernhard, 1826—1866)的观点，视双值“函数” $\frac{1}{\sqrt{t^3+at+b}}$ 为 $\mathbf{C}$ 上的双叶曲面，你将发现两个独立的闭积分路径，其上的积分值为 w_1 和 w_2，这种方法更深刻，但要严格化也更困难.

由于 $g(u)=x$，根据基本的微积分知识可知

$$g'(u)=\frac{\mathrm{d}x}{\mathrm{d}u}=\frac{1}{\frac{\mathrm{d}x}{\mathrm{d}u}}=\frac{1}{\frac{1}{\sqrt{x^3+ax+b}}}=\sqrt{x^3+ax+b}=y$$

所以 $x=g(u)$，$y=g'(u)$ 给出了曲线 $y^2=x^3+ax+b$ 的参数化.

椭圆 $\frac{x^2}{a^2}+\frac{y^2}{b^2}=1$ 的弧长的计算可化到椭圆积分.实际上，对应于横坐标自0变到 x 的那一段弧，等于

$$l(x)=\int_0^x\sqrt{1+y'^2}\,\mathrm{d}x=a\int_0^{\frac{x}{a}}\sqrt{\frac{1-k^2t^2}{1-t^2}}\,\mathrm{d}t$$

其中 $t=\frac{x}{a}$，$k^2=\frac{a^2-b^2}{a^2}$，这是勒让德形式的第二种椭圆积分.椭圆的全长可用完全椭圆积分来表示 $l=4a\int\sqrt{\frac{1-k^2t^2}{1-t^2}}\,\mathrm{d}t=4aE(k)$ 这就是我们称其为椭圆积分而称它们的反函数为椭

圆函数的根据.

§5 椭圆曲线的加法

实数域中加法规则的几何描述如图 2 所示.

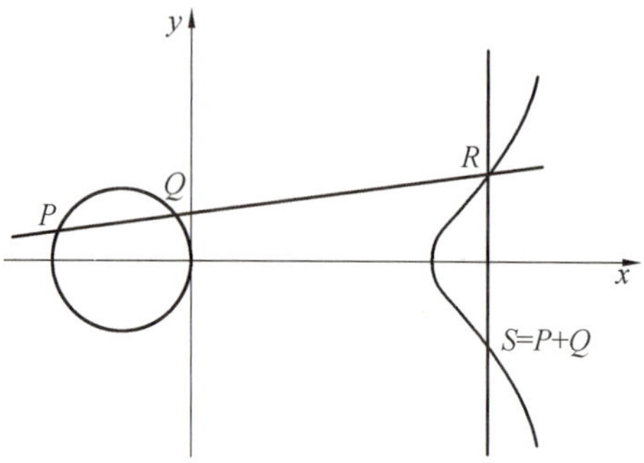

图 2

要对点 $P(x_1,y_1)$ 和 $Q(x_2,y_2)$ 做加法,首先过 P 和 Q 画直线(如果 $P=Q$ 就过点 P 画曲线的切线)与椭圆曲线相交于点 $R(x_3,-y_3)$,再过无穷远点和点 R 画直线(即过点 R 作 x 轴的垂线)与椭圆曲线相交于点 $S(x_3,y_3)$,则点 S 就是 P 和 Q 的和,即 $S=P+Q$.

讨论:情形一:$x_1\neq x_2$.

设通过点 $P(x_1,y_1)$ 和 $Q(x_2,y_2)$ 直线为 L:情形一实际上是点 $P(x_1,y_1)$ 与自己相加,即倍点运算. 这时定义直线 $L:y=\lambda x+\gamma$ 是椭圆曲线 $y^2=x^3+ax+b$ 在点 $P(x_1,y_1)$ 的切线,根据微积分理论可知,直线的斜率等于曲线的一阶导数,即

$$\lambda=\frac{\mathrm{d}y}{\mathrm{d}x}$$

而对该椭圆曲线进行微分的结果是

$$2y\cdot\frac{\mathrm{d}y}{\mathrm{d}x}=3x^2+a$$

联合上面两式,并将点 $P(x_1,y_1)$ 代入有

$$\lambda=\frac{3x_1^2+a}{2y_1}$$

再按照与情形一相同的分析方法,容易得出如下结论:

对于 $x_1=x_2$,且 $y_1=y_2$ 有

$$P(x_1,y_1)+P(x_1,y_1)=2P(x_1,y_1)=S(x_3,y_3)$$

其中,$x_3=\lambda^2-2x_1$,$y_3=\lambda(x_1-x_3)-y_1$,$\lambda=\dfrac{3x_1^2+a}{2y_1}$,即对于情形一和情形三,它们的坐标计算公式 $y=\lambda x+v$,则直线的斜率为

$$\lambda=\frac{y_2-y_1}{x_2-x_1}$$

将直线方程代入椭圆曲线方程 $y^2=x^3+ax+b$,有

$$(\lambda x+v)^2=x_3+ax+b$$

整理得

$$x^3-\lambda^2x^2+(a-2\lambda v)x+b=0$$

该方程的三个根是椭圆曲线与直线相交的三个点的 x 坐标值，而点 $P(x_1,y_1)$ 和 $Q(x_2,y_2)$ 分别对应的 x_1 和 x_2 是该方程的两个根. 这是实数域上的三次方程，具有两个实数根，则第三个根也应该是实数，记为 x_3. 三根之和是二次项系数的相反数，即

$$x_1+x_2+x_3=-(-\lambda^2)$$

因此有 $x_3=\lambda^2-x_1-x_2$.

x_3 是第三点 R 的 x 坐标，设其 y 坐标为 $-y_3$，则点 S 和 y 坐标就是 y_3. 由于点 $P(x_1,y_1)$ 和 $R(x_3,-y_3)$ 均在该直线上，其斜率可表示为

$$\lambda=\frac{-y_3-y_1}{x_3-x_1}$$

即

$$y_3=\lambda(x_1-x_2)-y_1$$

所以，对于 $x_1\neq x_2$，有

$$P(x_1,y_1)+Q(x_2,y_2)=S(x_3,y_3)$$

其中

$$x_3=\lambda^2-x_1-x_2,y_3=\lambda(x_1-x_2)-y_1,\lambda=\frac{y_2-y_1}{x_2-x_1}$$

情形二：$x_1=x_2$，且 $y_1=-y_2$.

此时，定义 $(x,y)+(x,-y)=0$，(x,y) 是椭圆曲线上的点，则 (x,y) 和 $(x,-y)$ 是关于椭圆曲线加法运算互逆的.

情形三：$x_1=x_2$，且 $y_1=y_2$.

设 $y_1\neq 0$，否则就是情形二. 此时相对于本质上是一致的，只是斜率的计算方法不同.

利用上述推导的公式我们可以对开始提到的日本赛题给出一个公式法解答：

因为 $x_1=3,y_1=9,x_2=4,y_2=53$，且 $x_1\neq x_2$ 是属于情形一，则

$$\lambda=\frac{y_2-y_1}{x_2-x_1}=\frac{53-9}{4-1}=44$$

故 $x_3=\lambda^2-x_1-x_2=44^2-3-4=1\,929$.

椭圆曲线上的加法运算从 P 和 Q 两点开始，通过这两点的直线在第三点与曲线相交，该点的 x 轴对称点即为 P 和 Q 之和. 对密码学家来说，对椭圆曲线加法运算真正感兴趣的是一个点与其自身相加的过程. 也就是说，给定点 P，找出 $P+P$(即 $2P$). 点 P 还可以自加 k 次，得到一点 w，且 $w=kP$.

公钥加密法是一种现代加密法，该算法是由 Diffie, Hellmann 于 1976 年提出的. 在这之前所有经典和现代加密法中，一个主要的问题是密钥，它们都只有一个密钥，这个密钥既用来加密，也用来解密. 这看上去很实用也很方便，但问题是，每个有权访问明文的人都必须具有该密钥. 密钥的发布成了这些加密法的一个弱点. 因为如果一个粗心的用户泄漏了密钥，那么就等于泄漏了所有密文. 这个问题被 Diffie, Hellmann 所解决，他们这种加密法有两个不同的密钥：一个用来加密，另一个用来解密. 加密密钥可以是公开的，每个人都可以使用它来加密，只有解密密钥是保密的. 这也称为不对称密钥加密法.

实现公钥有多种方法和算法，大多数都是基于求解难题的. 也就是说，是很难解决的问题. 人们往往把大数字的因子分解或找出一个数的对数之类的问题作为公钥系统的基础. 但是，要谨记的是，有时候并不能证明这些问题就真的是不可解的. 这些问题只是看上去是不

可解的，因为经历了多年后仍未能找到一个简单的解决办法. 一旦找到了一个解决办法，那么基于这个问题的加密算法就不再安全或有用了.

现在最常见的公钥加密法之一是 RSA 体制(以其发明者 Rivest, Shamir 和 Adleman 命名的). 在椭圆曲线中也存在着这样一个类似的难以分解的问题. 描述如下：

给定两点 P 和 W，其中 $W = kP$，求 k 的值，这称为椭圆曲线离散对数问题(elliptic curre discrete logarithm problem). 用椭圆曲线加密可使用较小密钥而提供比 RSA 体制更高的安全级别.

§6 椭圆曲线密码体制

椭圆曲线理论是代数几何、数论等多个数学分支的一个交叉点. 一直被人们认为是纯理论学科，对它的研究已有上百年的历史了. 而椭圆曲线密码体系，即基于椭圆曲线离散对数问题的各种公钥密码体制，最早于 1985 年由 Miller 和 Koblitz 分别独立提出，它是利用有限域上的椭圆曲线有限群代替基于离散对数问题密码体制中的有限循环群所得到的一类密码体制.

在该密码体制提出的当初，人们只能把它作为一种理论上的选择，并未引起太多的注意. 这主要有两个方面的原因，一方面来自它本身，另一方面来自它外部. 对来自它本身的原因有两点：一是因为当时还没有实际有效的计算椭圆曲线有理点个数的算法，人们在选取曲线时遇到了难以克服的障碍；二是因为椭圆曲线上点的加法过于复杂，使得实现椭圆曲线密码时速度较慢. 对于来自外部的原因我们可以这样理解，在椭圆曲线密码提出之时，RSA 算法提出已有数年，并且其技术已逐渐成熟，就当时的大数分解能力而言，使用不太大的模数，RSA 算法就已很安全，这样一来，与 RSA 算法相比，椭圆曲线密码无任何优势可言. 早在椭圆曲线密码提出以前，Schoof 在研究椭圆曲线理论时就已发现了一种有限域上计算椭圆曲线有理点个数的算法，只是在他发现这一算法还可以用来构造一种求解有限域上的平方根的算法时，才将它发表. 从理论上看，Schoof 算法已经是多项式时间的算法了，只是实际实现很复杂，不便于应用. 从 1989 年到 1992 年间，Atikin 和 Elkies 对其做出了重大的改进，后来在 Covergnes, Morain, Lercier 等人的完善下，到 1995 年人们已能很容易地计算出满足密码要求的任意椭圆曲线有理点的个数了. 椭圆曲线上有限群阶的计算，以及进一步的椭圆曲线的选取问题已经不再是椭圆曲线密码实用化的主要障碍了.

自从 1978 年 RSA 体制提出以后，人们对大数分解的问题产生了空前的兴趣，对有限域上离散对数的研究，类似于大数分解问题的研究，它们在本质上具有某种共性，随着计算机应用技术的不断提高，经过人们的不懈努力后，目前人们对这两类问题的求解能力已有大幅度的提高.

椭圆曲线密码理论是以有限域上的椭圆曲线的理论为基础的，其理论的迅速发展有力地推动了椭圆曲线的发展及一门新的学科 —— 计算数论的发展. 此外，它更重要的价值在于应用，一方面，在当今快速发展的电子信息时代，其应用会迅速扩展到银行结算，电子商务、通信领域等. 目前，国外已有大量的厂商已经使用或者计划使用椭圆曲线密码体制. 加拿大的 Certicom 公司把公司的整个赌注都投在椭圆曲线密码体制上，它联合了 HP，NEC 等十多家著名的大公司开发了标准 SEC，其 SEC1.0 版已于 2000 年 9 月发布. 著名的 Motorala 则将 ECC(Elliptic Curve Cryptosystem) 用于它的 Cipher Net，以此把安全性加入应用软件. 总之，它已具有无限的商业价值，另一方面，也具有重大的军事价值.

总之，开始提到的那道竞赛题是我们了解椭圆曲线这一新领域的一个窗口.

附录 2　关于椭圆曲线的 Mordell-Weil 群

曾任北京大学校长的丁石孙教授曾在 1988 年 9 月 26 日,纪念闵嗣鹤教授学术报告会上指出:

椭圆曲线的算术是数论中的一个分支,十几年来,这方面的研究取得了很快的进展,同时也显示出它与数论中其他一些重要问题的密切联系,因而它的重要性日益受到人们的重视. 下面对有关的问题做一简单的介绍.

§1　定　　义

设 K 为一域,定义在域 K 上的一条不可约的、非奇异的亏格为 1 的射影曲线 E. 若在曲线上取定一点 O,它的坐标在 K 中,就称为定义在 K 上的一条椭圆曲线,记为 E/K. 在不致引起混淆的情况下,取定的点 O 就不明确标出了.

根据 Riemann-Roch 定理,椭圆曲线一定有一个平面上的方程

$$y^2 + a_1xy + a_3y = x^3 + a_2x^2 + a_4x + a_6 \tag{①}$$

其中,$a_1, a_2, a_3, a_4, a_6 \in K$,取定的射影坐标为(0,1,0),以上的方程是椭圆曲线的仿射方程. 方程 ① 称为椭圆曲线 E/K 的一个魏尔斯特拉斯方程. 当然,魏尔斯特拉斯方程不是唯一的,它们可以相差一个坐标变换

$$\begin{cases} x = u^2x' + r \\ y = u^3y' + u^2sx' + t \end{cases} \tag{②}$$

其中,$u, r, s, t \in \overline{K}, u \neq 0$.

对于 E 上的我们可以定义一个运算:设 $P_1(x_1, y_1), P_2(x_2, y_2)$ 是 E 上的两点,联结 P_1P_2 的直线必与 E 相交于第三个点 Q(根据 Bézout 定理),直线 OQ 又与 E 交于 P_3,于是定义

$$P_1 + P_2 = P_3$$

不难证明,在这个运算下,E 上点的全体构成一个交换群.

如果 P_1, P_2 的坐标全在 K 中,那么很容易看出 Q 以及 P_3 的坐标也在 K 中. 这就说明 E 的全体在 K 上的有理点构成一个群. 一般地,对于任一域 $L \supset K$,E 在 L 上的有理点也构成一个群,这个群记为 $E(L)$,用群论的记号,从

$$\overline{K} \supset L \supset K$$

有

$$E(K) < E(L) < E(\overline{K})$$

在上面的定义中,也可能 $P_1 = P_2$,这时 P_1, P_2 的连线就取在 $P_1 = P_2$ 处的切线.

由于椭圆曲线 E/K 上的点成一交换群,所以椭圆曲线也就是一个一维的 Abel 簇.

椭圆曲线的某些讨论利用方程 ① 可以化为简单的代数运算,这种方法是有用的. 不过应该指出,方程 ① 只有在没有奇点的情况下,才是椭圆曲线,否则是亏格为 0 的曲线. 至于有无奇点,根据代数曲线的一般理论就归结为方程的判别式是否为零.

§2　Mordell-Weil 群

在数论中,我们有兴趣的只是 K 为代数数域或者与之有联系的有限域与 p 进域. 所谓椭

圆曲线的算术主要是指对 $E(K)$ 的研究，其中 K 为代数数域.

最简单的情形就是 K 为有理数域 $\mathbf{Q}$. 第一个结论是 1922 年 Mordell 证明的：$E(\mathbf{Q})$ 是一有限生成的交换群. 这个结果是 Poincaré 首先猜出的. 到 1928 年，Weil 把 Mordell 的结论推广到 K 是一般代数数域的情形，而且把椭圆曲线也推广到一般 Abel 簇.

因之，现在习惯地称这个结果为 Mordell-Weil 定理，而对于代数数域 K，群 $E(K)$ 称为 Mordell-Weil 群.

根据交换群的基本定理，对于代数数域 K，我们有

$$E(K) \cong E(K)_{tor} \oplus \mathbf{Z}^r$$

其中 $E(K)_{tor}$ 为 $E(K)$ 中全体有限阶元素组成的群，它是一有限群.

当 $K = \mathbf{Q}$ 时，E. Lutz 与 T. Nagell 证明了：

设 $E/\mathbf{Q}$ 为椭圆曲线，它的魏尔斯特拉斯方程为

$$y^2 = x^3 + Ax + B \quad (A, B \in \mathbf{Z})$$

如果 $P \in E(\mathbf{Q})$ 是一非零的有限阶点，那么：

(1) $x(P), y(P) \in \mathbf{Z}$.

(2) $2P = 0$（即 $y(P) = 0$），或者

$$y(P)^2 / (4A^2 + 27B^2)$$

这就说明，$E(\mathbf{Q})_{tor}$ 可以在有限步之内全部决定出来.

当 K 为一般的代数数域时，有限阶点 P 的坐标 $x(P)$ 与 $y(P)$ 也有类似的可除性的条件，因之，原则上容易决定.

1978 年 B. Mazar 证明了：

设 $E/\mathbf{Q}$ 为一椭圆曲线，于是有限阶子群 $E(\mathbf{Q})_{tor}$ 只有以下 15 种可能

$$\mathbf{Z}/N\mathbf{Z} \quad (1 \leqslant N \leqslant 10 \text{ 或 } N = 12)$$

$$\mathbf{Z}/2\mathbf{Z} \times \mathbf{Z}/2N\mathbf{Z} \quad (1 \leqslant N \leqslant 4)$$

每种可能的情形都是存在的.

自然地，人们希望在一般代数数域的情形也有相仿的结果. 至少希望对任一代数数域 K 能有一常数 $N(K)$ 使

$$| E(K)_{tor} | \leqslant N(K)$$

普遍成立. 但是直到现在还没有能证明这一点. Manin 在 1969 年证明了：

设 K 为一代数数域，$p \in \mathbf{Z}$ 是一素数，于是存在一常数 $N = N(K, p)$，对于任一椭圆曲线 E/K，$E(K)$ 的 p - 准素部分的阶能整除 p^N.

至于 Mordell-Weil 群的无限部分，也就是秩 r，则是个谜. 现在还没有有效的方法来确定一条椭圆曲线的秩，即使在有理数域上也如此，虽然在我们见到的椭圆曲线中，绝大部分的秩很小，不过人们普遍相信，在有理数域上，椭圆曲线的秩是无界的，也就是可以有秩任意大的椭圆曲线.

1982 年 Mestre 给出一条秩 $\geqslant 12$ 的椭圆曲线

$$y^2 - 246xy + 35\ 699\ 029y = x^3 - 89\ 199x^2 - 19\ 339\ 780x - 36\ 239\ 244$$

§3 关于 Birch-Swinnerton-Dyer 猜想

在二次型的算术研究中，Hasse-Minkowski 原理（即局部 - 整体原理）是关键性的. 换句话说，二次型在局部域中的性质基本上决定了它在整体域中的性质. 但是对于三次方程，或

者说，对于椭圆曲线，Hasse-Minkowski 原则不成立. 例如

$$3x^3 + 4y^3 + 5z^3 = 0$$

在每个局部域中都有解，但是它没有有理数解.

虽然如此，人们相信，局部性质总在相当程度上反映整体的性质，于是形成下面的猜想.

设 $E/\mathbf{Q}$ 为椭圆曲线，Δ 为 E 的魏尔斯特拉斯方程的判别式（$\Delta = 0$ 的充要条件为方程有奇点）. F_p 为整数模素数 p 的域，F_p 为含有 p 个元素的域.

令 a_p 为 E 在 F_p 中解的个数，再令

$$t_p = 1 + p - a_p$$

定义

$$L_E(S) = \prod_{p \mid \Delta} (1 - t_p p^{-S})^{-1} \prod_{p \nmid \Delta} (1 - t_p p^{-S} + p^{1-2S})^{-1}$$

容易证明，上述无穷乘积当 $\mathrm{Re}(s) > \dfrac{3}{2}$ 时是收敛的.

Birch-Swinnerton-Dyer 猜想简单地说就是：

(1) $L_E(s)$ 可以解析延拓到整个复平面；

(2) $L_E(s)$ 在 $s = 1$ 处零点的阶就等于 $E(\mathbf{Q})$ 的秩.

这个猜想还远远没有证明，不过近二十年来，取得的不少结果使我们愈来愈相信它是对的.

当 $s = 1$ 时，有

$$(1 - t_p p^{-S} + p^{1-2S})^{-1} = \frac{p}{a_p}$$

由此可见，BSD 猜想与局部 - 整体原则是有关的. 同时，如果这个猜想成立，那么我们就有可能用解析的方法来计算 $E(\mathbf{Q})$ 的秩.

在假定 BSD 猜想的前提下，1983 年 J. Tunnell 证明了：设 n 为奇的无平方因子的整数，于是 n 是同余数（即 n 是某一边长为有理数的直角三角形的面积）的充分必要条件为方程 $2x^2 + y^2 + 8z^2 = n$ 的整数解的个数是方程 $2x^2 + y^2 + 32z^2 = n$ 的整数解的个数的二倍.

§4 高　度

在 Mordell-Weil 定理的证明中，要用到“无穷下降法”. 为了刻画点的复杂程度，作为一种度量，人们引入了高度的概念. 例如在射影直线上的有理点

$$P = \left(1, \frac{a}{b}\right) \quad (a, b \in \mathbf{Z})$$

我们定义 P 的高度为

$$H(P) = \max\{|a|, |b|\}$$

对于一般的情形，即 K 为一代数数域，$P^N(K)$ 为 N 上的 N 维射影空间，对于 $P^N(K)$ 中的点 $P = (x_0, x_1, \cdots, x_N)$，我们也可以定义 P 的高度 $H(P)$. 当 E/K 嵌入 $P^N(K)$ 中，可以证明高度小于某一常数 C 的 E/K 上的点的个数总是有限的. 在“无穷下降法”中，高度是一个重要的概念. 不仅如此，在“丢番图几何”中，高度也是一个不可少的概念.

为了使用方便，取高度 $H(P)$ 的对数，即

$$h(P) = \log H(P)$$

可以证明，对于椭圆曲线上的点，高度 $h(P)$ 与一个二次型相差不大. 例如，对于 $P, Q \in$

$E(K)$,可以证明

$$h(P+Q)+h(P-Q)=2h(P)+2h(Q)+O(1)$$

其中 $O(1)$ 表示一个与 P,Q 无关的常数. Nèron 首先提出,能否在 E 上定义出一个二次型,他给出了合适的定义,Tète 也给出了定义,我们称他们定义的高度为标准高度 $\hat{h}$. $\hat{h}$ 在 E 上适合:

(1) 对所有的 $P,Q\in E(\overline{K})$

$$\hat{h}(P+Q)+\hat{h}(P-Q)=2\hat{h}(P)+2\hat{h}(Q)$$

(2) 对所有的 $P\in E(\overline{K})$, $m\in\mathbf{Z}$

$$\hat{h}(mP)=m^2\hat{h}(P)$$

(3) $\hat{h}$ 在 E 上为一个二次型,即

$$\langle P,Q\rangle=\hat{h}(P+Q)-\hat{h}(P)-\hat{h}(Q)$$

是双线性的.

(4) $\hat{h}(P)\geqslant 0$, $\hat{h}(P)=0$ 当且仅当 P 为有限阶点.

(5) 利用线性性,把 $\hat{h}$ 推广到

$$E(K)\otimes_{\mathbf{Z}}\mathbf{R}$$

上是正定的.

如果 $E(K)$ 的秩为 r,那么 $E(K)\otimes_{\mathbf{Z}}\mathbf{R}$ 就是一 r 维欧氏空间(度量为 $\hat{h}$),而 $E(K)$ 的无穷阶点构成 r 维欧氏空间中的一个格.

Nèron 与 Tète 都证明了,对 K 的每个赋值 $v\in M_K$, E 上的点存在一局部高度 $\hat{h}_v$,而标准高度 $\hat{h}$ 可以分解成局部高度之和,这就给出了一个计算 $\hat{h}$ 的方法. 最近 Silvermen 根据 Tète 的想法并做了改进,给出了标准高度 $\hat{h}$ 的一个计算法.

§5 Mordell-Weil 群的生成元

当 $E(K)$ 的秩为 r,即

$$E(K)\cong E(K)_{tor}\oplus\mathbf{Z}^r$$

设 $P_1,\cdots,P_r$ 是 $\mathbf{Z}^r$ 部分的一组生成元. 我们定义,E/K 的椭圆调整子 $R_{E/K}$ 为

$$R_{E/K}=\det(\langle P_i,P_j\rangle)\quad(i,j=1,\cdots,r)$$

它也就是在欧氏空间 $E(K)\otimes\mathbf{R}$ 中格 $E(K)/E(K)_{tor}$ 的基本区域的体积.

$R_{E/K}$ 是椭圆曲线 E/K 的一个重要的算术不变量,在 BSD 猜想中,它出现在

$$\lim_{S\to 1}(S-1)^{-r}L_E(S)$$

当中,因之在决定了椭圆曲线的秩之后,进一步定出 $E(K)/E(K)_{tor}$ 的一组生成元也是有意义的.

在 1983 年,我们证明了椭圆曲线

$$y^2+y=x^3-x^2$$

在 $K=\mathbf{Q}(\sqrt{-206})$ 上的秩为 3,它的一组生成元为

$$P_1=\left(-\frac{15}{8},\frac{7}{32}\sqrt{-206}-\frac{1}{2}\right)$$

$$P_2=\left(-\frac{55}{98},\frac{47}{1\ 372}\sqrt{-206}-\frac{1}{2}\right)$$

$$P_3=\left(-\frac{55}{8},\frac{43}{32}\sqrt{-206}-\frac{1}{2}\right)$$

1989 年张绍伟在他的硕士论文中证明了椭圆曲线

$$y^2=x^3+1\ 217x^2-96\ 135x$$

在有理数域 $\mathbf{Q}$ 上的秩为 5,它的一组生成元为

$$P_1=(-195,4\ 485)$$
$$P_2=(-1\ 105,5\ 525)$$
$$P_3=(-85,-85)$$
$$P_4=(255,10\ 965)$$
$$P_5=(39,2\ 379)$$

张绍伟还找出其他几条秩为 4 的椭圆曲线的生成元.

总之,椭圆曲线的算术的内容极其丰富,大量结果有待于发掘,大量的问题有待于解决,它是数论工作者一个极有希望的工作园地.

附录 3　椭圆曲线的黎曼假设

§1　引　　言

黎曼(Riemann)Zeta 函数 $\zeta(s)$ 对 $\mathrm{Re}(s)>1$ 定义为

$$\zeta(s)=\sum_{n=1}^{\infty}\frac{1}{n^s} \qquad ①$$

利用函数方程可以将它解析延拓到整个平面上. 最开始的黎曼假设是断言黎曼 Zeta 函数 $\zeta(s)$ 的非实零点都在直线 $\mathrm{Re}(s)=\frac{1}{2}$ 上. 在他 1859 年的标志性著作中,黎曼为了导出由 Gauss(高斯),Legendre(勒让德)及其他人对 $\pi(x)$ 估计为 $\frac{x}{\log x}$ 的猜测(这里 $\pi(x)$ 是代表小于或等于 x 的素数个数)作出了上述断言. 黎曼还暗示以后再回来搞这件事,他"目前先将其放在一旁". 显然黎曼有生之年太短,没有足够时间做这个. 直到今日,尽管有无数个例证是符合黎曼假设的,但是没有人能够证明它. 然而,数学家们作出很多黎曼 Zeta 函数的推广及类比,其中 Dirichlet(狄利克雷),Dedekind(戴德金),E. Artin(阿廷),F. K. Schmidt(施密特)以及 Weil(韦尔)等人,而黎曼假设在其中的某些情形下是成立的.

这些情形之一是椭圆曲线的黎曼假设. 这是由 E・阿廷提出,为 Hasse(哈塞)所证明,因此也以哈塞定理之名为人所熟知. 我们将在下面陈述这个结果,然后转向本文的两个主要问题:(i) 简单讲述这两种黎曼假设不仅是近似的类比,而且确实是同一更广的框架下的两个例子;(ii) 关于有限域上椭圆曲线上的黎曼假设的一个初等证明. 这个分别在"整体(域的)Zeta 函数"和"哈塞定理的初等证明"中叙述,而且可以彼此独立地读它们.

我们的证明基于 Manin(马宁)的思想,除了用了"基本恒等式"之外,内容是自我包含的. 这个恒等式是作为一个技巧性的引理出现在式 ⑲. 它的证明虽然比较复杂,但完全是初等的,而且是我们对黎曼假设的证明中极小的说明部分.

§2 陈 述

固定一个素数p. 对每一个$r\geqslant 1$,存在唯一的有限域F_q,它有$q=p^r$(个)元素. 为了简化起见,从现在开始我们假定p不是2或3. 这样,我们的椭圆曲线可以用魏尔斯特拉斯方程来定义

$$y^2=x^3+ax+b\quad (a,b\in F_q) \tag{①}$$

其中$4a^3+27b^2\neq 0$,以使右方三次方程没有重根(这就保证了对应曲线没有奇点).

对于有限域上曲线的黎曼假设有几种等价的表述,我们给出其中的两个. 如果我们将椭圆曲线记为E,我们可以(暂时地)定义它的Zeta函数为

$$Z_E(t)=\frac{1-a_q(E)t+qt^2}{(1-t)(1-qt)} \tag{②}$$

它对E的依赖关系出现在分子中的系数$a_q=a_q(E)$上. 这时$a_q=q-N_q$,其中N_q等于式①在F_q中的解的个数. (在下面的"整体(域的)Zeta函数"中我们将给出一个与黎曼Zeta函数有明显的联系的$Z_E(t)$的等价公式)

对E的黎曼假设是断言:如果$Z_E(q^{-s})=0$,则$\mathrm{Re}(s)=\frac{1}{2}$. 但为了证明这个猜想,我们将黎曼假设改述为关于$a_q$的界的形式.

为什么期望a_q有界是自然的呢?假定在x变化时,x^3+ax+b的值在F_q中是均匀分布的,我们将有E中一个点使x^3+ax+b为0. 因q为奇数,有$\frac{q-1}{2}$个x^3+ax+b的非零值是非平方元,不能给出E上的点. 而对另外$\frac{q-1}{2}$个元素则有$(\pm y)^2=x^3+ax+b$对于某个$y\in F_q$,即对每个x给出两个解. 那么N_q的期望值为$1+2\cdot\frac{q-1}{2}=q$,并且a_q就是N_q与期望值之间的偏差.

沿着这个思路,我们断言,事实上a_q的界

$$|N_q-q|\leqslant 2\sqrt{q} \tag{③}$$

等价于E的黎曼假设.

事实上,若$Z_E(q^{-s})=0$,则我们看到q^s是多项式

$$f(u)=u^2-a_qu+q$$

的一个根. 注意,不等式③成立当且仅当$f(u)$的判别式$a_q^2-4q\leqslant 0$,它的成立当且仅当$f(u)$的两个根u_1,u_2是共轭复数,或相等. 实际上这等价于$|u_1|=|u_2|$. 因为$f(u)$的常数项$q=u_1u_2$,这就是说③成立当且仅当$f(u)$的两根绝对值都是$\sqrt{q}$,也就是当且仅当对所有满足$Z_E(q^{-s})=0$的s,我们有$|q^s|=\sqrt{q}$,因此$\mathrm{Re}(s)=\frac{1}{2}$.

从广义上说,存在这样的几何解释,它允许黎曼假设用代数几何叙述证明,但是对黎曼原来的Zeta函数的情形仍然是十分棘手的.

§3 整体(域的)Zeta函数

上面式②给出了椭圆曲线的Zeta函数,但完全看不出来它与黎曼Zeta函数有任何关

系. 但是两者都是整体域上 Zeta 函数的特殊情形. 整体域是由戴德金与 E. 阿廷分别引入的，是下列两种类型的域之一.

1. 数域，是 **C** 的一个子域，它作为在 **Q** 上向量空间的维数是有限的.（我们记得 **C** 的每一个子域都包含 **Q** 作为子域，所以 **Q** 是最小的数域）

2. 由曲线

$$F(x,y)=0 \qquad ①$$

定义的函数域，$F(x,y)$ 是 q 元有限域 F_q 上（即系数在 F_q 中）的不可约多项式. 作为定义，曲线 ① 定义的函数域是整环 $F_q[x,y]/(F(x,y))$ 的商域.

我们还要补充一句，这两个域乍看起来是完全不相干的，但我们能够给出统一的定义，它们有很多重要的相似的地方，常常是猜想或结果在一个里面解决了就等于在另一个里面也成立. 经典形式的黎曼假设和它在椭圆曲线的形式只是这个现象的很多例子之一而已.

定义戴德金 Zeta 函数最直接、自然的办法就是用整理想的术语定义数域的 Zeta 函数. 但是，由于无穷远点的缘故，这样的定义在曲线的函数域方面变得很棘手，同时对两种情形都能适合马上工作最好的方法是从整体域的赋值做起，下面我们将遵循这条路.

3.1 赋值

假设 K 是一个域，我们记 K 的非零元素集合为 $K^{\times}$. K 上一个（离散）赋值定义为一个映射 $v:K^{\times}\to \mathbf{Z}$，满足以下条件：

(1) $v(xy)=v(x)+v(y)$；

(2) $v(x+y)\geqslant \min\{v(x),v(y)\}$.

根据约定，我们总是令 $v(0)=+\infty$，将赋值 v 扩充为一个映射 $K\to \mathbf{Z}\cup\{+\infty\}$. 本章通篇都不考虑零映射的平凡赋值. K 上两个赋值等价是指它们按比例变化可变为同一个赋值. 注意每个赋值可唯一地正规化为一个等价赋值，使它满射到 **Z** 上. 我们总是在赋值等价类上工作，并总是假定我们的赋值是以上述方法被正规化了的. 我们以 V_K 记 K 的赋值的集合.

例 1（p 进赋值） 假定 $K=\mathbf{Q}$，从 $p=2,3,5,\cdots$ 中固定一个素数. 设 x 是 **Q** 中非零元素，我们写

$$x=p^{v_p(x)}\cdot\frac{a}{b}$$

其中 $v_p(x)\in\mathbf{Z}$ 且 a,b 为满足 $(p,ab)=1$ 的非零整数. 也就是说 $v_p(x)$ 是唯一确定的正整数、负整数或零，它是在有理数 x 展开为不同素因子幂次乘积中出现 p 的幂次. 群同态 $v_p:\mathbf{Q}^{\times}\to\mathbf{Z}$ 给出了 **Q** 上的赋值，叫作 p 进赋值（p-adic valuation）.

3.2 定义

我们的起始点是黎曼 Zeta 函数的欧拉乘积公式表达

$$\zeta(s)=\sum_{n=1}^{\infty}\frac{1}{n^s}=\prod_p\left(1-\frac{1}{p^s}\right)^{-1} \qquad ②$$

式 ② 中乘积是对所有的素数 p 所取的.

我们的任务是将这个公式转换为用纯粹 **Q** 上的赋值术语表达的等价公式. 这样使我们可以考虑整体域上的 Zeta 函数，当这个域就是 **Q** 时，我们就回到了黎曼 Zeta 函数.

第一步是颇为直接的：奥斯特洛夫斯基（Ostrowski）有一个定理说，每一个 **Q** 上赋值都等价于上面所讨论的 p 进赋值 v_p. 于是我们可以对式 ② 中乘积的指标集合加以变换，代替 **Q** 中所有素数，我们可以考虑乘积取在 **Q** 上的赋值集合. 不过，我们还需一些附加的定义.

假定我们有一个域 K,及 K 上的一个赋值 v. 我们可以定义 K 的子集 O_v,p_v 如下

$$O_v := \{x \in K \mid v(x) \geqslant 0\}$$

$$p_v := \{x \in K \mid v(x) > 0\}$$

从赋值定义我们立刻看出,这二者都是 K 的加法子群. 事实上,我们知道 O_v 是 K 的子环,而 p_v 是 O_v 中素理想,但这对我们眼前的目的并不重要,最重要的是我们可以作商 O_v/p_v,当这个商是有限时,我们可以定义 v 的范数 $N_v := \#(O_v/p_v)$.

此时我们断言,对于 p 进赋值 v_p 有 $p = N_{v_p}$.

例 2(再说 p 进赋值) 我们看到 O_{v_p} 是分母与 p 互素的分数集合,而 p_{v_p} 是其中分子是 p 的倍数的分数子集. 我们可以检验 O_{v_p}/p_{v_p},它是由 $0,1,\cdots,p-1$ 的等价类组成,所以我们得到 $N_{v_p} = p$ 这个断言.

我们可以重写黎曼 Zeta 函数为

$$\zeta(s) = \prod_{v \in V_{\mathbf{Q}}} \left(1 - \frac{1}{N_v^s}\right)^{-1} \tag{③}$$

这种形式立刻可以推广到整体域. 实际上关键的事实是整体域中对任一赋值 v,商 O_v/p_v 只有有限多个元素,所以可以定义范数 N_v. 于是给出了整体域 K,我们就可以定义 K 的整体 Zeta 函数 $\zeta_K(s)$ 如下

$$\zeta_K(s) = \prod_{v \in V_K} \left(1 - \frac{1}{N_v^s}\right)^{-1} \tag{④}$$

我们已经看到 $\zeta_{\mathbf{Q}}(s) = \zeta(s)$,因此 $\zeta_K(s)$ 是黎曼 Zeta 函数的合适的推广.

3.3 戴德金 Zeta 函数

黎曼假设在整体域中的各种各样的形式都有一个限定,那就是不能偏离预给的对象的个数. 在椭圆曲线 E 的黎曼假设中,这个限定就是 E 的点数,如 §2 中式③中所展示的. 对经典的黎曼假设,如我们前面所讲的,这个限定就是在给定范围中的素数个数. 这可以推广到数域的情形,这时的黎曼假设对于域的表达是限定为不偏离域中素理想的数值. 我们简要介绍一下,数域中的 Zeta 函数怎样用素理想的术语重新写出来.

对于数域 K,我们有一个自然子环 O_K,叫作 K 的整数环. 它是由 K 中满足 $\mathbf{Z}$ 上首项系数为 1 的方程的根所组成,特别地,高斯引理说 $O_{\mathbf{Q}} = \mathbf{Z}$(注意这绝不是显然的,甚至 O_K 是 K 的子环也不显然). 现在我们转而将 p 进赋值概念扩充到 O_K 上,此时,我们必须用素理想 p 定义,而不是用素数 p. 奥斯特洛夫斯基定理也可以推广为 K 上所有的非平凡赋值都是 p 进赋值 v_p. 进一步,我们还可以稍微容易地验证,虽然 O_{v_p} 远比 O_K 大,我们确有恒等式 $\#(O_K/p) = \#(O_{v_p}/p_{v_p})$,所以我们定义 $N(p) := \#(O_K/p)$,我们可重写 Zeta 函数(这时称之为数域 K 的戴德金 Zeta 函数 $\zeta_K(s)$)如下

$$\zeta_K(s) = \prod_{p} \left(1 - \frac{1}{N(p)^s}\right)^{-1} \tag{⑤}$$

乘积是对 O_K 的所有非零素理想 p 实行的. 我们再次看到黎曼 Zeta 函数与 $\zeta_{\mathbf{Q}}(s)$ 是重合的.

为了做黎曼假设,我们仍需将这种 Zeta 函数扩充到全平面上. 这要借助于函数方程 $\zeta_K(s)$ 来完成. 尽管有由黎曼证明的众所周知的 $\zeta_{\mathbf{Q}}(s)$ 的函数方程,还有为人所熟知的欧拉证明了当 $s = 2,4,6,8$ 时 $\zeta_{\mathbf{Q}}(s) = 0$,并利用 $\zeta_{\mathbf{Q}}(s)$ 对 s 为实的情况,重新证明了欧几里得关于素数无限性的定理. 尽管如此,直到 1917 年赫克(Hecke)才将黎曼 Zeta 函数的函数方程推广到任意数域 K 上. 对于戴德金 Zeta 函数的推广的黎曼假设(GRH)是说 $\zeta_K(s)$ 的非实零点

都位于 $\mathrm{Re}(s)=\frac{1}{2}$ 这条线上，其中 K 是一数域.

3.4 有限域上的曲线及其 Zeta 函数

现在考虑一条曲线 C，由 q 个元素的有限域 F_q 上的不可约多项式

$$F(x,y)=0 \tag{⑥}$$

所定义. 假设 K 是这条平面曲线 C 的函数域，即整环 $F_q[x,y]/(F(x,y))$ 的商域.

这时发现 K 的赋值与 C 上的点密切相关，其中点的坐标允许取自包含 F_q 的任一有限域中的元素. 基本思想是相当简单的：我们可将 K 中元素视为 C 的有理函数，如果两个有理函数 $G_1(x,y)/H_1(x,y)$ 和 $G_2(x,y)/H_2(x,y)$ 的分子与分母都是模 $F(x,y)$ 同余的，这时我们就认为它们定义了 C 上同一函数. 如果我们选一个点 $P\in C$，我们就能定义 K 上一个赋值 v_p，对 K 中一个函数，我们就按着它在 P 上零点或极点的阶来定义赋值. 然而，还有一些应当考虑的细节. 首先 C 必须是完备的，意思就是除了仿射平面上的点 C 以外，我们须将无穷远包括到 C 中来. 第二是 C 必须处处（包括无穷远点）都是非奇异的. 这是为了保证函数零点的阶在各点上都是可以定义的. 为此，我们从现在起永远假定曲线 C 是完备且非奇异的. 最后，也是最本质一点是我们将会看到 C 上不同的点可能给出同一赋值.

在椭圆曲线的情形，前两点都没有问题：我们加上无穷远点一个点，它可以被认为是坐标属于 F_q 的，而且所有点都是非奇异的. 而第三点是真的，而且甚至在直线情形也会发生.

例 3（直线上的赋值） 由于具体的理由，我们考虑 $F(x,y)=y$ 并且 $q=3$ 的情形. 我们有 $F_3[x,y]/(y)\cong F_3[x]$，所以 $K\cong F_3(x)$. 这简单地对应于 F_3 上的仿射直线，看作平面中的 x 轴. 这条曲线上的点由 x 的值唯一定义，在 F_3 中或在 F_3 的任一扩域中.（严格地说，我们也应将单个的无穷远点包括进来，得到完备的非奇异曲线 $P^1_{F_3}$，在 F_3 上的射影直线. 但是这不影响本例子的内容）注意，-1 在 F_3 中无平方根，所以设 i 是 -1 的平方根，我们有 $F_3[\mathrm{i}]\cong F_{3^2}$. 关键是 K 中的有理函数都是系数在 F_3 中的，这意味着如果我们通过考虑在 i 处零点的阶而考察赋值 v_{i}，我们就得到一个很好的赋值（例如 $v_{\mathrm{i}}(x^2+1)=1$），但作为 K 上的赋值，它与 $v_{-\mathrm{i}}$ 是等同的，因为任何一个系数在 F_3 上的有理函数中作为因子出现的 $x+\mathrm{i}$ 与 $x-\mathrm{i}$ 的个数应是相同的.

更一般地，上述正确的叙述对任一曲线 C 都成立，C 上的每一个点可定义一个 K 的赋值，而且每个 K 的赋值都能以这种形式产生. 但需要说明的是如果有一个 $P\in C$，坐标在 F_{q^m} 上，但 F_{q^m} 不是最小的域，则存在 m 个点给出同样的赋值 v_p. 我们能证明对这样的点，有 $N_{v_p}=q^m$.

这样，作为一个简单的习题就得出了用 C 上点的计数所表述的 Zeta 函数的如下的等价公式

$$\zeta_K(s)=\exp\left(\sum_{m=1}^{\infty}N_m(C)\,\frac{q^{-ms}}{m}\right) \tag{⑦}$$

其中 $N_m(C)$ 是 C 中坐标在 F_{q^m} 中的点. 这样一来，计算 C 的 Zeta 函数基本上就等价于计数 C 在各个 F_q 的有限扩张上的点数. 当表达式 $\zeta_K(s)$ 以 C 的点的计数来表述时，习惯上都写为 $Z_C(t)$，$t=q^{-s}$，我们以后将一直遵从此约定.

我们可以用这个定义计算上面考虑过的当 $q=3$ 时，F_q 上的射影直线 $C=P^1_{F_q}$ 的情形. $P^1_{F_q}$ 的坐标在 F_{q^m} 上的点数为 q^m+1，因为每个点或是 x 的值在 F_{q^m} 中，或者无穷远点. 于是在式

⑦ 中 $N_m(C)=q^m+1$，计算中此时的 Zeta 函数是一个容易的习题

$$Z_{P^1_{F_q}}(t)=\frac{1}{(1-t)(1-qt)} \tag{8}$$

我们也能证明由 §2 式 ① 给出的椭圆曲线 E 的 Zeta 函数原来就是 §2 式 ③，即是我们先前给出的定义. 尽管证明不是那么容易的.

一个真实但很难证明的命题是对所有曲线 C，其 Zeta 函数是 q^{-s} 的有理函数，所以我们可以将其扩充成复数域 $\mathbf{C}$ 之上的亚纯函数，而且我们还可以叙述在函数域上的推广的黎曼假设，假设断言 $\zeta_K(s)$ 的所有零点位于 $\mathrm{Re}(s)=\frac{1}{2}$ 这条线上，其中 K 是 F_q 上一条曲线的函数域.

3.5 韦尔猜想

事实上，我们所描绘的蓝图不是只限于曲线的. 其实，我们可以将其推广到 F_q 上的高维的代数簇 V，用式 ⑪ 作为它的 Zeta 函数 $Z_V(t)$ 的定义，用 t 代替 q^{-s}. 在 1948 年，韦尔猜想过：

(1) $Z_V(t)$ 是 t 的有理函数；

(2) $Z_V(t)$ 满足一个预先给定形式的函数方程；

(3) $Z_V(t)$ 有一个清晰的描述方程，使得它蕴含着 $Z_V(q^{-s})$ 的零点位于几条线上，即 $\mathrm{Re}(s)=\frac{(2j-1)}{2}$，$j=1,2,\cdots,\dim V$，也就是说黎曼假设(的类似物)成立.

曲线 Zeta 函数的有理性在 1931 年由 F · K · 施密特建立. 韦尔在 1948 年证明了对于曲线的黎曼假设. $Z_V(t)$ 的有理性是 1960 年由 Dwork 证明的. 格罗登迪克(Grothendieck)发现了一个将代数几何思想应用于抽象代数簇的方法，这导致了韦尔猜想最困难部分 —— 高维代数簇的黎曼假设 ——1974 年由德利哥尼(Deligne)证明，他由于这个结果得到了菲尔兹奖.

§4 哈塞定理的初等证明

现在我们证明哈塞定理(即 §2 不等式 ③)，也就是有限域上椭圆曲线的黎曼假设. 证明基本上是马宁的，他的证明是在哈塞原来工作的基础上做的. 开始我们先假定 k 是任一域，只要不包含 F_2 和 F_3 为子域即可. k 上的椭圆曲线 E 是一个曲线

$$y^2=x^3+ax+b\quad (a,b\in k) \tag{1}$$

满足 $4a^3+27b^2\neq 0$.

设 K 是包含 k 的任一域，则 $E(K)$ 由坐标在 K 中且满足式 ① 的点和点 O(无穷远点)组成，它们形成一个阿贝尔群. 当 $k=\mathbf{Q}$ 且 $K=\mathbf{R}$，并设 x^3+ax+b 仅有一个实根时，这个群可从图 1 看到.

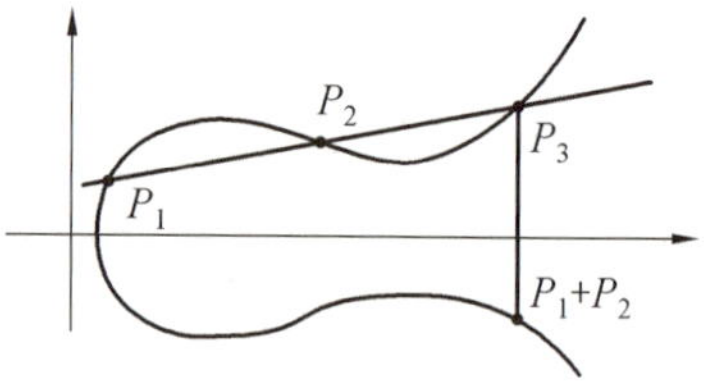

图 1

无穷远点 O 是在每条垂直线的两端. 两点 P_1 和 P_2 的和是 P_1 与 P_2 的连线(如 $P_1=P_2=P$ 就是曲线 ① 过点 P 的切线)与曲线 ① 的第 3 个交点对于 x 轴的反射点. 可以验证 O 是群中的零元素，点 (X,Y) 的逆是 $(X,-Y)$.

4.1 E 的扭曲线

为了证明有限域上椭圆曲线的黎曼假设，即 §2 不等式 ③，我们将在与 E 密切相关的另一椭圆曲线上做些工作. 该曲线在函数域 $K=F_q(t)$ 上由

$$\lambda y^2=x^3+ax+b \tag{2}$$

所定义,其中 $\lambda=\lambda(t)=t^3+at+b$. 由方程②给出的椭圆曲线 E_λ 称为 E 的扭曲线.

设 $x(P)$ 记点 P 的 x - 坐标,我们计算在 $E_\lambda(K)=\{(x,y)\in K^2\mid \lambda y^2=x^3+ax+b\}\cup\{O\}$ 上的两点 P_1 和 P_2 之和的坐标 $x(P_1+P_2)$, $x(P_1+P_2)$ 用 $x(P_1)$ 和 $x(P_2)$ 表示的公式在 §2 不等式③证明中起了主导作用. 我们将某些情形(如 $x(P_1)=x(P_2)$; P_1 或 P_2 为 O 等)先搁置一旁,因为我们在证明中不需要它们.

设 $P_j=(X_j,Y_j)\in E_\lambda(K)$, $j=1,2$. 为计算 $x(P_1+P_2)$,我们写出过 P_1 和 P_2 的直线方程,为

$$y=\left(\frac{Y_1-Y_2}{X_1-X_2}\right)x+l \qquad ③$$

为得到这直线与三次曲线的第三个交点 P_3 的 x - 坐标 X_3,我们将式③代入②,得到

$$x^3-\lambda\left(\frac{Y_1-Y_2}{X_1-X_2}\right)^2x^2+\cdots=0 \qquad ④$$

因为 X_1,X_2,X_3 是方程④的 3 个解,方程④的左方是

$$(x-X_1)(x-X_2)(x-X_3)=x^3-(X_1+X_2+X_3)x^2+\cdots \qquad ⑤$$

比较式④和⑤中 x^2 的系数,可得

$$x(P_1+P_2)=X^3=\lambda\left(\frac{Y_1-Y_2}{X_1-X_2}\right)^2-(X_1+X_2) \qquad ⑥$$

4.2 弗罗贝尼乌斯(Frobenius)映射

证明不等式中的关键步骤是弗罗贝尼乌斯映射 Φ 和它的基本性质. 对于一个固定的 q,设 K 是以 F_q 为子域的任一个域. 我们定义 $\Phi=\Phi_q:K\to K$ 为由 $\Phi(X)=X^q$ 给出的函数.

我们总结了定理中所需要的弗罗贝尼乌斯映射的若干性质.

弗罗贝尼乌斯映射 $\Phi(X)=X^q$ 有下列性质:

(i) $(XY)^q=X^qY^q$;

(ii) $(X+Y)^q=X^q+Y^q$;

(iii) $F_q=\{\alpha\in K\mid \Phi(\alpha)=\alpha\}$;

(iv) 对于 $\phi(t)\in F_q(t)$, $\Phi(\phi(t))=\phi(t^q)$.

虽然在我们证明哈塞不等式中没有用到(iii),但(iii)意味着 $E(F_q)$ 由被 Φ 固定的点所组成. 在其他哈塞不等式的证明中会直接用到这个事实.

证明 (i) 是平凡的.

(ii) 我们对 $r=\log_p q$ 用归纳法. 如果 $r=1$, $q=p$,则

$$(X+Y)^p=\sum_{j=0}^{p}\binom{p}{j}X^jY^{p-j}$$

对于 $0<j<p$,二项系数 $\binom{p}{j}$ 对某个整数 m 满足

$$\binom{p}{j}=\frac{p!}{j!\ (p-j)!}=p\cdot m$$

这是因为在分母中没有一个因子可以消去分子中的 p,而且 $\binom{p}{j}$ 又是整数. 因为对所有 $\alpha\in K$ 有 $p\alpha=0$,就得到 $r=1$ 时(ii)成立. 对于 $r>1$,由归纳假定得

$$(X+Y)^q=((X+Y)^{p^{r-1}})^p=(X^{p^{r-1}}+Y^{p^{r-1}})^p=X^q+Y^q$$

(iii) F_q 是非零元素全体 $F_q^\times$ 构成阶为 $q-1$ 的乘法群,因此由初等群论,有 $\alpha^{q-1}=1$,对 $\alpha\in F_q^\times$. 这就是说 F_q 中每个元素是次数为 q 的多项式 $t^q-t=t(t^{q-1}-1)$ 的根. 由于一个 q 次多项式根的数目不能多于 q,因此 F_q 恰由 K 中为 t^q-t 的根的元素组成. 这就证明了(iii).

(iv) 由(i),(ii) 和(iii) 立刻可得到.

4.3 椭圆曲线的计数

回到 $K=F_q(t)$,我们现在展现如何从弗罗贝尼乌斯映射 Φ_q 的性质并利用椭圆曲线 $E_\lambda(K)$ 去计算方程 $y^2=x^3+ax+b(a,b\in F_q,q=p^r,4a^3+27b^2\neq 0)$ 的解 (x,y) 的个数,其中 $x,y\in F_q$.

显然 $(t,1)$ 和它的加法逆 $-(t,1)=(t,-1)$ 是在 $E_\lambda(K)$ 上的. 利用弗罗贝尼乌斯映射的性质,也很清楚,点

$$P_0=(t^q,(t^3+at+b)^{\frac{q-1}{2}})$$

是属于 $E_\lambda(K)$ 的.

现在定义一个次数函数 d,利用它我们可以最终证明一个二次多项式没有实根. 它的判别式在证明 §2 不等式 ③ 中起关键作用. 对于 $n\in\mathbf{Z}$,设

$$P_n=P_0+n(t,1)$$

加法是在 $E_\lambda(K)$ 中相加. 定义 $d:\mathbf{Z}\to\{0,1,2,\cdots\}$ 如下

$$d(n)=d_n=\begin{cases}0 & (\text{若 } P_n=0)\\ \deg(\mathrm{num}(x(P_n))) & (\text{对其他点})\end{cases}$$

这里 $\mathrm{num}(X)$ 是有理函数 $X\in F_q(t)$ 的分子,取次数要在分式约简后. 3 个相继整数的次数函数值满足下列等式:

基本恒等式

$$d_{n-1}+d_{n+1}=2d_n+2 \qquad ⑦$$

证明 §2 式 ③ 的关键是下列关于次数函数与 N_q 的关系的定理,其中数 N_q 是 $y^2=x^3+ax+b(a,b\in F_q,4a^3+27b^2\neq 0)$ 在 F_q 中的解 (x,y) 的个数.

定理 1

$$d_{-1}-d_0-1=N_q-q \qquad ⑧$$

证明 设 $X_n=x(P_n)$,因为 $P_0\neq(t,1)$,我们有 $P_{-1}\neq O$,所以 $d_{-1}=\deg(\mathrm{num}(X_{-1}))$. 由式 ⑥ 得到

$$X_{-1}=\frac{(t^3+at+b)((t^3+at+b)^{\frac{q-1}{2}}+1)^2}{(t^q-t)^2}-(t^q+t)=\frac{t^{2q+1}+\text{较低次项}}{(t^q-t)^2} \qquad ⑨$$

后一表达式是通过前一式通分,取公分母 $(t^q-t)^2$ 并利用弗罗贝尼乌斯映射的性质(iv) 得到的. 我们希望在最后表达式中消去了任何公因子. 因为 t^q+t 一项是没有分母的,只要消去前式在第一项的公因子就足够了.

从弗罗贝尼乌斯映射的性质(iii) 的证明过程可知,它等价于说 F_q 恰由 t^q-t 的 q 个根组成,因此

$$t^q-t=\prod_{\alpha\in F_q}(t-\alpha)$$

所以为计算 d_{-1} 我们必须消去下列分式中的公因子

$$\frac{(t^3+at+b)((t^3+at+b)^{\frac{q-1}{2}}+1)^2}{\prod_{\alpha\in F_q}(t-\alpha)^2}$$

可从分母中消去的因子只可能是下列两者之一：

(i) $(t-\alpha)^2$ 与 $(\alpha^3+a\alpha+b)^{\frac{q-1}{2}}=-1$;

(ii) $(t-\alpha)$ 与 $\alpha^2+a\alpha+b=0$.

(注意根据假设 t^3+at+b 无重根). 设

$$m = \text{第 1 类因子个数}$$
$$n = \text{第 2 类因子个数}$$

由于第 1 类因子与第 2 类因子是互素的,所以

$$d_{-1}=2q+1-2m-n$$

因为 $d_0=q$,于是给出

$$d_{-1}-d_0-1=q-2m-n \tag{10}$$

若一个 $\alpha\in F_q$ 使 $\alpha^3+a\alpha+b$ 为非零平方元,则给出 $y^2=x^3+ax+b$ 的两个根,当 $\alpha^3+a\alpha+b=0$ 时只能给出 $y^2=x^3+ax+b$ 的一个解. 由欧拉判别法可知 $\alpha^3+a\alpha+b$ 是非平方元,当且仅当 $(\alpha^3+a\alpha+b)^{\frac{q-1}{2}}=-1$,所以 m 是计数的那些不对应 $y^2=x^3+ax+b$ 的任一解的元素个数. 因此

$$N_q=2q-n-2m$$

或者

$$N_q-q=q-2m-n \tag{11}$$

等式 ⑧ 从 ⑩ 和 ⑪ 得出.

定理 2 次数函数 $d(n)$ 是 n 的一个二次多项式,事实上有

$$d(n)=n^2-(d_{-1}-d_0-1)n+d_0 \tag{12}$$

证明 对 n 用归纳法. 对 $n=-1$ 和 0,式 ⑫ 是平凡的. 由基本恒等式和归纳假定

$$\begin{aligned}d_{n+1}=2d_n-d_{n-1}+2&=2(n^2-(d_{-1}-d_0-1)n+d_0)-\\&((n-1)^2-(d_{-1}-d_0-1)(n-1)+d_0)+2=\\&(n+1)^2-(d_{-1}-d_0-1)(n+1)+d_0\end{aligned}$$

另一方向的归纳步骤是类似的.

黎曼假设的证明 我们考虑二次多项式

$$d(x)=x^2-(N_q-q)x+q$$

的两个根 x_1,x_2. 如果 §2 不等式 ③ 不成立,则 x_1,x_2 是两个不同的实根,可设 $x_1<x_2$. 同时,从 $d(x)$ 的构造知它只能在 $\mathbf{Z}$ 上取非负整数值,所以必然存在某个 $n\in\mathbf{Z}$,使得

$$n\leqslant x_1<x_2\leqslant n+1 \tag{13}$$

因为 $d(x)$ 的系数在 $\mathbf{Z}$ 中,我们知 x_1+x_2 和 $x_1\cdot x_2\in\mathbf{Z}$,所以

$$(x_1-x_2)^2=(x_1+x_2)^2-4x_1x_2\in\mathbf{Z}$$

又因式 ⑬ 成立,我们必有 $x_1=n,x_2=n+1$,注意 $x_1x_2=q$ 是一素数的幂,这成立必须 $q=2$, $n=1$ 或 -2,这是矛盾的,因为我们一直假定 $p\neq 2$. 我们的结论是 §2 式 ③ 必须成立,这正是我们所要的.

附录 4 一个椭圆曲线的猜想①

香港中文大学的黎景辉教授曾介绍了一个涉及数论、代数几何和调和分析的著名猜想——Weil 关于椭圆曲线的猜想. 全文分四个部分,分别描述椭圆曲线、模形论、2×2 矩阵群表示理论和 Langlands 猜想. 它的目的是报导上述四个方面的过去十多年中所出现的成果,指出整个理论的一点来龙去脉及提供一些参考文献以便读者阅读和进修. 为了便于阅读,我们把部分定义和一些有关的问题的讨论写在本章最后的附注里.

§1 椭圆曲线

1. 设 K 是一任意的域. 在 K 上的椭圆曲线 E 是指定义在 K 上的一维可换簇. 简单地说,E 是一条亏数为 1 的非奇异代数曲线,同时 E 是一个可换的代数群,群的零点是 K 上的有理点. 每一椭圆曲线都有一个仿射魏尔斯特拉斯模型,这模型是由方程式

$$y^2+a_1xy+a_3y=x^3+a_2x^2+a_4x+a_6 \qquad ①$$

给出的一条代数曲线,其中 $a_i\in K$. 假如 K 的特征不为 2,3 的话,我们可作变换

$$y=x+\frac{a_1^2+4a_2}{12},y'=2y+a_1x+a_3$$

这样式 ① 就变成经典的魏尔斯特拉斯方程

$$(y')^2=4y^3-g_2y-g_3 \qquad ②$$

其中,$g_2,g_3\in K$,这时,E 的群运算"+"就很容易用坐标写出:如果 (x_1,y_1),(x_2,y_2) 是 E 上两点的坐标,(x_3,y_3) 是 $(x_1,y_1)+(x_2,y_2)$ 的坐标,则

$$x_3=-x_1-x_2+\frac{1}{4}\left(\frac{y_2-y_1}{x_2-x_1}\right)^2$$

$$y_3=-\left(\frac{y_2-y_1}{x_2-x_1}\right)(x_3)+\frac{y_2x_1-y_1x_2}{x_2-x_1}$$

假如 K 是复数的话,以上的群运算可以由以下的图 1 表达.

2. 设 $\mathbf{Q}$ 是有理数域,E 是在 $\mathbf{Q}$ 上定义的椭圆曲线,则 E 有一个由方程 ① 所定义的魏尔斯特拉斯模型满足下述条件:

(i) 方程 ① 中的系数 $a_i\in\mathbf{Z}$(整数);

(ii) 对每一个整数 p,判别式

$$\begin{aligned}\Delta=\Delta(a_1,\cdots,a_6)=&-(a_1^2+4a_2)^2[(a_1^2+4a_2)a_6-\\&a_1a_3a_4+a_2a_3^2-a_4^2]-8(a_1a_3+2a_4)^3-\\&27(a_3^2+4a_6)^2+9(a_1^2+4a_2)(a_1a_3+2a_4)\cdot\\&(a^2+4a_6)\end{aligned}$$

的 p - 阶为最小. 对 $a\in\mathbf{Z}$,以 $\bar{a}$ 表示 a 在 $\mathbf{Z}/p\mathbf{Z}$ 的象. 方程

$$y^2+\bar{a}_1xy+\bar{a}_3y=x^3+\bar{a}_2x^2+\bar{a}_4x+\bar{a}_6 \qquad ③$$

---

① 原作者黎景辉.

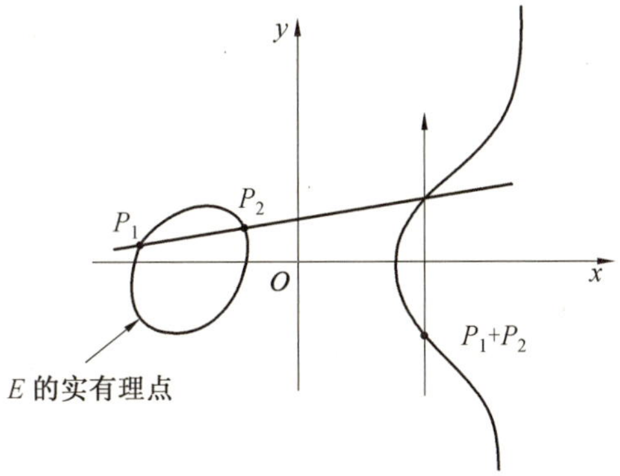

图 1

给出一条定义在 $F_p(=\mathbf{Z}/p\mathbf{Z})$ 上的代数曲线，以 E_p 表示之，称 E_p 为 E 对模 p 的约化(reduction mod p).

如果 $p\nmid\Delta(a_1,\cdots,a_6)$($p$ 不能除尽 Δ)，则 $\overline{E}_p$ 仍然是一条椭圆曲线；否则 $\overline{E}_p$ 是一条只有一个奇点，亏数为零的代数曲线. 设

$$N=N(E)=\prod_{p\mid\Delta}p^{f_p}$$

称 N 为 E 的前导子(conductor)(其中 f_p 为整数，N 的定义可参考 Ogg(Elliptic curves and wild ramification,1967)). N 是用来度量 E 的"坏" 约化(bad reduction) 的程度.

以 $\overline{E}_p(F_p)$ 表示 $\overline{E}_p$ 的 F_p- 有理点，$N_1(p)$ 表示 $\overline{E}_p(F_p)$ 里的元素个数. 这就是说，$N_1(p)$ 是不定方程 ③ 在 F_p 上的解的个数加 1；也可以说成，$N_1(p)$ 是同余方程

$$y^2+a_1xy+a_3y\equiv x^3+a_2x^2+a_4x+a_6\pmod p$$

的解的个数加 1，集 $\{N_1(p)\mid p$ 为素数$\}$ 可以看作 E 的一个算术数据. 我们把这些数据存储在一个解析函数里：E 的 Hasse-Weil ζ- 函数是

$$\zeta(E,s)=\prod_{p<\infty}(1-a_pp^{-s}+\psi(p)\times p^{1-2s})^{-1} \qquad ④$$

其中

$$s\in\mathbf{C},a_p=1+p-N_1(p)$$

$$\psi(p)=\begin{cases}0 & 若\ p\mid N(E)\\ 1 & 若\ p\nmid N(E)\end{cases}$$

设 $p\nmid N(E)$，a_1 和 a_2 为满足以下方程的复数

$$1-a_pu+pu^2=(1-a_1u)(1-a_2u)$$

则根据椭圆曲线的黎曼假设

$$|\alpha_1|=|\alpha_2|=p^{\frac{1}{2}} \qquad ⑤$$

由此容易证明无穷乘积④在右半平面 $\mathrm{Re}(s)>\dfrac{3}{2}$ 上决定一个解析函数. 现在我们可以写下 Weil(Uber die Bestimmung Dirichletsche Reihen durch Funktionalgleichungen,1967) 在 1967 年提出的

猜想甲 设 E 是定义在 $\mathbf{Q}$ 上的椭圆曲线，N 为 E 的前导子；χ 是一个对模 m 之原 Dirichlet 特征标(参看：华罗庚的《数论导引》第 7 章 §3)，其中$(m,N)=1$. 设

$$\zeta(E,s)=\sum_{n=1}^{\infty}c_n n^{-s} \tag{6}$$

为 $\zeta(E,s)$ 的 Dirichlet 级数展开. 定义

$$\zeta(E,\chi,s)=\sum_{n=1}^{\infty}c_n\chi(n)n^{-s} \tag{7}$$

及

$$L(E,\chi,s)=(m^2N)^{\frac{s}{2}}(2\pi)^{-s}\cdot\Gamma(s)\zeta(E,\chi,s) \tag{8}$$

则 $L(E,\chi,s)$ 是一个整函数(其中 $\Gamma(s)$ 是经典的 Γ 函数),在 $\mathbf{C}$ 的垂直带上有界,而且满足以下的函数方程

$$L(E,\chi,s)=w\frac{g(\chi)}{g(\bar{\chi})}\chi(-n)L(E,\bar{\chi},2-s)$$

其中 $g(\chi)=\sum_{y=1}^{m}\chi(y)\mathrm{e}^{\frac{2\pi i}{m}}$(高斯和),及 $w=\pm 1$.

这个看来很简单的猜想,目前还未解决,本附录的目的在于介绍一个解决这个猜想的策略及这个策略和庞大的 Langlands 计划的关系,作为日后介绍这个计划的准备. 另一方面,猜想甲事实上是一个关于任意代数簇的 ζ - 函数之猜想的一个特殊情形,请参看 Serre(Facteurs locaux des functions zeta des variétés algébriques,1970)的文章. 为了叙述简单起见,以后我们假设猜想甲中的 $\chi=1$.

3. 作为以上猜想的一个实验数据,我们介绍一个例子:

设 E 是由方程

$$y^2+y=x^3-x^2 \tag{9}$$

所定义的椭圆曲线,⑨ 的判别式是 -11;E 的前导子是 11. 可以证明 E 与以下的 Fricke 曲线 E' 同演(isogenous)

$$y^2=-44x^3+56x^2-20x+1 \tag{10}$$

因而 $\zeta(E,s)=\zeta(E',s)$. 另一方面,设 G 为上半复平面

$$\Gamma_0(11)=\{\begin{pmatrix}a & b\\ c & d\end{pmatrix}\in SL(2,\mathbf{Z})\mid c\equiv 0 \bmod 11\}$$

则 Fricke 曲线为模簇(modular variety)$\Gamma_0(11)\backslash G$ 之模型(model). 进一步设

$$\sum_{n=1}^{\infty}c_n\mathrm{e}^{2\pi inz},c_1=1 \tag{11}$$

为在 $\Gamma_0(11)$ 上权等于 2 的唯一尖形(cusp form),则

$$\zeta(E,s)=\sum_{n=1}^{\infty}c_n n^{-s}$$

这样根据 Hecke 的理论(参看本附录 §2),猜想甲在 $\chi=1$ 的情形下成立.

§2 模 形 论

F. Klein 曾说过,在他年轻的时候,模函数(modular function)理论是一门热门的学问,但这个理论被遗忘了三十多年,直至最近,由于 Weil,Langlands, Selberg,Shimura 等人的工作,把整个局面完全反转过来,引起许多有为的青年数学工作者的兴趣(如 Deligne,Drinfeld 等),而介绍模形论(modular form)的书更如雨后春笋,一时令人眼花缭乱(如

Gunning(*Lectures on modular forms*,1962),Ogg(*Modular forms and Dirichlet series*), Schimura(*Introduction to the arithmetic theory of automorphic functions*,1971), Schoeneberg(*Elliptic modular functions*,1974),Lehner(*Lectures on modular forms*, *National Bureau of Standards*,1969),Rankin(*Modular forms and functions*,1977),Lang(*Introduction to modular forms*,1976),黎景辉(*Lectures on modular forms*,1975)等).

本小节的目的只是替读者温习一下定义,和指出模形论与前面的猜想甲的关系.

以 $GL_2^+(\mathbf{R})$ 表示如下之群

$$\left\{\boldsymbol{\alpha}=\begin{pmatrix}a & b\\ c & d\end{pmatrix}\in GL_2(\mathbf{R})\mid \det\boldsymbol{\alpha}>0\right\}$$

$GL_2^+(\mathbf{R})$ 作用在上半复平面 G 上

$$\alpha(z)=\frac{az+b}{cz+d},z\in G,\boldsymbol{\alpha}\in GL_2^+(\mathbf{R}) \quad ①$$

设

$$\Gamma_0(N)=\left\{\boldsymbol{\alpha}=\begin{pmatrix}a & b\\ c & d\end{pmatrix}\in SL_2(\mathbf{Z})\mid c\equiv 0 \bmod N\right\}$$

称 $\Gamma_0(N)$ 内之元素 γ 为抛物元,如果 γ 在 $\mathbf{C}\cup\{\infty\}$ 内只有一个不动点,称这不动点为 $\Gamma_0(N)$ 之尖点(cusp);$\Gamma_0(N)$ 之尖点一定在 $\mathbf{R}\cup\{\infty\}$ 内. 称两个尖点对 $\Gamma_0(N)$ 为等价的,如果有一个 $\Gamma_0(N)$ 内之元素把其中的一个尖点变为另一个尖点. 在每个等价类中取一代表,C 为由各代表所组成的集合. 设 $G^*=G\cup C$,则商空间 $\Gamma_0(N)\backslash G^*$ 为一紧致黎曼面. 再者,$\Gamma_0(N)\backslash G^*$ 是一个定义在 $\mathbf{Q}$ 上的射影代数簇 $X_0(N)$ 的 $\mathbf{C}$ - 有理点. 特别在 $\Gamma_0(N)\backslash G^*$ 的亏数为 1 时(如 $N=11,14,15$ 等),$X_0(N)$ 为一椭圆曲线,而且若 $p\nmid N$,则 $X_0(N)$ 对 p 约化仍为一椭圆曲线.

设 $f(z)$ 为 G 上的函数,k 为非负整数,及

$$\begin{pmatrix}a & b\\ c & d\end{pmatrix}\in GL_2^+(\mathbf{R})$$

定义

$$(f\mid_k\alpha)(z)=(ad-bc)^{\frac{k}{2}}(cd+d)^{-k}\times f(\alpha(z)) \quad ②$$

一个在 $\Gamma_0(N)$ 上权为 k 的模形是指一个满足以下条件定义在 G 上的函数 $f(z)$:

(i)$f\mid_k\gamma=f$,对所有 $\gamma\in\Gamma_0(N)$;

(ii)f 是 G 上的解析函数;

(iii)f 在 $\Gamma_0(N)$ 的每一个尖点上为一个解析函数. 因为 $\begin{pmatrix}1 & 1\\ 0 & 1\end{pmatrix}\in\Gamma_0(N)$,(i) 及(iii) 的意思是,在 $\Gamma_0(N)$ 的每一个尖点上,$f(z)$ 有以下的傅里叶展开

$$f(z)=\sum_{n=0}^{\infty}a_n\mathrm{e}^{2\pi\mathrm{i}nz} \quad ③$$

如果对每一个尖点,$f(z)$ 的傅里叶展开 ③ 中的系数 $a_0=0$,则称 $f(z)$ 为尖形(cusp form). 我们以 $S_k(\Gamma_0(N))$ 表示由在 $\Gamma_0(N)$ 上权为 k 的尖形所组成的向量空间.

对每个素数 p,可以定义 $S_k(\Gamma_0(N))$ 上的 Hecke 算子,若

$$f(z)=\sum_{n=1}^{\infty}a_n\mathrm{e}^{2\pi\mathrm{i}nz}\in S_k(\Gamma_0(N))$$

则

$$T(p)f(z)=\sum_{n=1}^{\infty}a_{pn}\mathrm{e}^{2\pi\mathrm{i}nz}+\psi(p)p^{k-1}\sum_{n=1}^{\infty}a_n\mathrm{e}^{2\pi\mathrm{i}pnz}$$

其中$\psi(p)=0$,如果$p\mid N$,否则$\psi(p)=1$. 设r为一正整数,则可以找到$S_k(\Gamma_0(r))$的一个基$\{{}^r g_j\}$,使其中每一个${}^r g_j$同时为算子$T(p)((p,r)=1)$的本征函数. 以$S_k^-(\Gamma_0(N))$代表由所有${}^r g_j(\delta,z)$(其中r为N的任意因子,δ为N/r的任意因子)所生成的$S_k(\Gamma_0(N))$的子空间. $S_k^+(\Gamma_0(N))$代表$S_k^-(\Gamma_0(N))$的正交补——正交关系是对$S_k(\Gamma_0(N))$的Peterson内积而言的

$$(f,g)_k=\iint_{\Gamma_0(N)\backslash G} f(z)\overline{g(z)}y^k\frac{\mathrm{d}x\mathrm{d}y}{y^2}$$

在$S_k^+(\Gamma_0(N))$内可以找到一个由算子集$\{T(p)\mid (p,N)=1\}$的本征函数所组成的一个基. 这基内的每一个元素称之为$\Gamma_0(N)$的原形(primitive form). 如果原形f的傅里叶系数a_1是1,则称f为一标准原形(normalized primitive form). 我们可以写出以下的基本定理:

定理 1 (Hecke(*Über die Bestimmung Dirichletscher Reihen durch ihre Funktionalgleichung*, 1936; *Über Modulfunktionen und die Dirichletschen Reihen mit Eulerscher Produktenwiklung* Ⅰ, Ⅱ, 1973))

若$f\in S_k(\Gamma_0(N))$之傅里叶展开为

$$f(z)=\sum_{n=1}^{\infty}a_n\mathrm{e}^{2\pi inz}, a_1=1$$

设

$$L(f,s,\chi)=(m,N)^{\frac{s}{2}}(2\pi)^{-s}\Gamma(s)\sum_{n=1}^{\infty}\chi(n)a_n n^{-s}$$

其中$(m,N)=1$,χ为一个对模为m的原特征标.

设

$$g(\chi)=\sum_{x=0}^{m-1}\chi(x)\mathrm{e}^{\frac{2\pi ix}{m}}$$

则:

(i)$L(f,s,\chi)$在某个右复半平面收敛而且可解析开拓为一整函数;此整函数在垂直带上有界,并满足以下的函数方程

$$L(f,s,\chi)=\mathrm{i}^k\chi(N)g(\chi)^2m^{-1}L(f\mid_k[\boldsymbol{\sigma}],s,\overline{\chi})$$

其中

$$\boldsymbol{\sigma}=\begin{pmatrix}0&-1\\N&0\end{pmatrix}$$

(ii)$\sum\limits_{n=1}^{\infty}a_n n^{-s}=\prod\limits_{p}(1-c_p p^{-s}+\psi(p)p^{k-1-2s})^{-1}$,当且仅当,对所有$p$,$T(p)f=c_pf$(其中$\psi(p)=U$,如果$(p,N)\neq 1$).

定理 2 (Weil)

给定正整数k,N. 设$a_1,\cdots,a_n,\cdots$为一个满足下列条件之复数序列:

(i) 存在$\sigma>0$,使$|a_n|=O(n^{\sigma})$;

(ii) 存在$k>\delta>0$,使得Dirichlet级数$\sum a_n n^{-s}$在$s=k-\delta$时绝对收敛;

(iii) 对任一个模为m的原特征标χ(其中m为任意与N互素的整数),$L(s,\chi)=(2\pi)^{-s}\Gamma(s)\sum\chi(n)a_n n^{-s}$可解析开拓为一个在垂直带上有界的整函数,并且有以下的函数方程

$$L(s,\chi)=\chi(N)g(\chi)^2m^{-1}(m^2N)^{\frac{k}{2}-s}L(k,s,\overline{\chi})$$

则

$$f(z)=\sum a_n\mathrm{e}^{2\pi inz}\in S_k(\Gamma_0(N))$$

很容易由以上定理看到 L 的猜想甲是和以下的猜想乙等价.

猜想乙 设 E 为一定义在 $\mathbf{Q}$ 上,前导子为 N 的椭圆曲线. $\zeta(E,s)=\sum a_n n^{-S}$ 为 E 的 ξ - 函数,则函数

$$f(z)=\sum_{n=1}^{\infty} a_n \mathrm{e}^{2\pi i n z}$$

是 $S_2(\Gamma_0(N))$ 内的一个标准原形,而且

$$L(f,s)=L(E,s)$$

§3 表 示 论

Jacquet-Langlands(Automorphic forms on GL(2),1970)用群表示论的语言把定理1和定理2写出来;但他们的理论不但能够同时处理所有的权 k 和所有的级 N,而且还包括了非解析的模形论(如Maass(*Über eine neue Art von nicht analytischen automorphan Function und die Bestimmung Dirichletscher Reihen durch Funktionalgleichungen*,1949)的实解析自守形论).

1. 设 H 为一Hilbert空间. 一个 H 的有界线性变换 T 称为 H 的自同构,如果存在一个 H 的有界线性变换 S 满足 $TS=ST=I$(H 的恒等变换). 以 $GL(H)$ 表示 H 的所有自同构组成的集合.

设 G 为一局部紧致拓扑群,H 为一Hilbert空间. 称一个群同态 $\mathrm{II}:G\to GL(H)$ 内 G 在 H 上的表示,如果

$$GXH\to H:(g,v)\to\prod(g)v$$

为连续映射,如果 H 为一 n 维空间,则称 $\prod$ 为一 n 维表示. 称两个 G 的表示$(\prod_1,H_1)$,$(\prod_2,H_2)$为等价,如果存在一个Hilbert空间同构 $A:H_1\to H_2$ 同时满足以下条件

$$A\pi_1(g)=\pi_2(g)A\quad(g\in G)$$

则称 A 为 π_1 及 π_2 的交结算子(intertwining operator). 称(π,H)为酉表示,如果所有的 $\pi(g)$ 均为 H 上的酉算子.

2. 在这一节,设 $G=GL(2,\mathbf{R})$,$A=\left\{\begin{pmatrix}t_1&0\\0&t_2\end{pmatrix}\mid t_1,t_2\in\mathbf{R}^\times\right\}$,$N=\left\{\begin{pmatrix}1&x\\0&1\end{pmatrix}\mid x\in\mathbf{R}\right\}$,$\mathbf{R}$ 为实数. T 为 G 的李代数,$T_C=T\otimes C$;U 为 T_C 的通用包络代数. 以 $\in_-$ 代表在$\begin{pmatrix}-1&0\\0&1\end{pmatrix}$的Dirac测度. 称 $H(G)=U_\otimes\in_- XU$ 为 G 的Hecke代数. $H(G)$ 是考虑支集为$\left\{\begin{pmatrix}\pm1&0\\0&1\end{pmatrix}\right\}$的分布(广义函数);它以卷积为代数乘法. 称 $H(G)$ 的一个在复向量空间 V 的表示 π 为容许表示(admissible representation),如果 π 约束在正交群 $O(2,R)$ 的李代数之后,π 分解为有有限重数的有限表示的代数和. G 的表示与 $H(G)$ 的表示对应,所以我们只需要研究 $H(G)$ 的表示.

设 μ_1,μ_2 为 $\mathbf{R}^\times$ 的特征标. $\mathscr{B}(\mu_1,\mu_2)$ 为由满足以下条件的函数 φ 所生成的空间:

(i)$\varphi\left(\begin{pmatrix}t_1&*\\0&t_2\end{pmatrix}g\right)=\mu_1(t_1)\mu_2(t_2)\cdot\left|\dfrac{t_1}{t_2}\right|^{\frac{1}{2}}\varphi(g)\,(g\in G,t_1,t_2\in\mathbf{R}^\times)$;

(ii) $\{\varphi_k \mid k \in SO(2,\mathbf{R})\}$ 生成一个有限维的复向量空间,其中

$$\varphi_k(g)=\varphi(g^k)\ (g\in G)$$

若 $X\in U$,我们定义

$$\varphi * X=\frac{\mathrm{d}}{\mathrm{d}t}\varphi(g\exp(-tX))\mid_{t=0}$$

则以下的方程定义一个 $H(G)$ 在 $\mathscr{B}(\mu_1,\mu_2)$ 上的表示 $\rho(\mu_1,\mu_2)$

$$\rho(\mu_1,\mu_2)\varphi=\varphi*(-X)$$

定理 3(Jacquet, Langlands)

(i) 如果不存在一个非零整数 p,使得 $\mu_1\mu_2^{-1}(t)=t^p\dfrac{t}{\mid t\mid}$,则 $\rho(\mu_1,\mu_2)$ 为一不可约表示;我们以 $\pi(\mu_1,\mu_2)$ 代替 $\rho(\mu_1,\mu_2)$;

(ii) 如果 $\mu_1\mu_2^{-1}(t)=t^p\dfrac{t}{\mid t\mid}$,$p$ 为正整数,则 $\mathscr{B}(\mu_1,\mu_2)$ 内存在一不变子空间

$$\mathscr{B}^s(\mu_1,\mu_2)=\{\cdots,\varphi_{-p-3},\varphi_{-p-1},\varphi_{p+1},\varphi_{p+3},\cdots\}$$

其中 φ_n 由以下公式定义

$$\varphi_n\left(\begin{pmatrix}t_1 & *\\ 0 & t_2\end{pmatrix}\begin{pmatrix}\cos\theta & -\sin\theta\\ \sin\theta & \cos\theta\end{pmatrix}\right)=\mu_1(t_1)\mu_2(t_2)\cdot\left|\frac{t_1}{t_2}\right|^{\frac{1}{2}}\mathrm{e}^{in\theta}$$

我们以 $\sigma(\mu_1,\mu_2)$ 表示在 $\mathscr{B}^s(\mu_1,\mu_2)$ 上的表示,称 $p+1$ 为 $\sigma(\mu_1,\mu_2)$ 的最低权;以 $\pi(\mu_1,\mu_2)$ 表示在有限维空间 $\mathscr{B}(\mu_1,\mu_2)/\mathscr{B}^s(\mu_1,\mu_2)$ 上的表示;

(iii) 如果 $\mu_1\mu_2^{-1}(t)=t^p\dfrac{t}{\mid t\mid}$,$p$ 为负整数,则 $\mathscr{B}(\mu_1,\mu_2)$ 内存在一个有限维不变子空间

$$\mathscr{B}^f(\mu_1,\mu_2)=\{\varphi_{p+1},\varphi_{p+2},\cdots,\varphi_{-p-3},\varphi_{-p-1}\}$$

我们以 $\pi(\mu_1,\mu_2)$ 表示在 $\mathscr{B}^f(\mu_1,\mu_2)$ 上的表示;以 $\sigma(\mu_1,\mu_2)$ 表示在 $\mathscr{B}(\mu_1,\mu_2)/\mathscr{B}^f(\mu_1,\mu_2)$ 上的表示;称 $\sigma(\mu_1,\mu_2)$ 的最低权为 $-p+1$;

(iv) $H(G)$ 的任一不可约容许表示必与一 $\pi(\mu_1,\mu_2)$ 或一 $\sigma(\mu_1,\mu_2)$ 等价,称任何与一个 $\sigma(\mu_1,\mu_2)$ 等价的表示为一个离散列表示(discrete series representation);如果 μ_1 与 μ_2 均为酉特征标,则称 $\pi(\mu_1,\mu_2)$ 为一酉连续列表示(unitary continuous series representation).

3. 在本节里设 $G=GL(2,\mathbf{Q}_p)$,$K=GL(2,\mathbf{Z}_p)$($\mathbf{Z}_p$ 为 p-进整数). π 为 G 在复空间 V 上的一个表示,如果:

(i) 对每一个 $v\in V$,集 $\{g\in G\mid \pi(g)v=v\}$ 为 K 的一个开子群;

(ii) 对每一个 K 的开子群 K',V 的子空间 $\{v\in V\mid$ 对 K' 中的任一 k,$\pi(k)v=v\}$ 是有限维,则称 π 为容许表示.

设 μ_1,μ_2 为 $\mathbf{Q}_p^\times$ 的特征标. $\mathscr{B}(\mu_1,\mu_2)$ 为由满足下列条件的函数 φ 所生成的空间:

(i) $\varphi\left(\begin{pmatrix}t_1 & *\\ 0 & t_2\end{pmatrix}g\right)=\mu_1(t_1)\mu_2(t_2)\left|\dfrac{t_1}{t_2}\right|^{\frac{1}{2}}\cdot\varphi(g)$,$g\in G$,$t_1,t_2\in Q_p^\times$;

(ii) φ 是局部常值函数.

以下之方程定义一个 G 在 $\mathscr{B}(\mu_1,\mu_2)$ 上的表示

$$\rho(\mu_1,\mu_2):\rho(\mu_1,\mu_2)(g)\varphi(g_1)=\varphi(g_1g)$$

如果 $\mu_1\mu_2^{-1}(x)\neq\mid x\mid$ 或 $\mid x\mid^{-1}$,则 $\rho(\mu_1,\mu_2)$ 不可约,这时我们以 $\pi(\mu_1,\mu_2)$ 代替 $\rho(\mu_1,\mu_2)$,并称之为 G 的主列表示. 如果 $\mu_1\mu_2^{-1}(x)=\mid x\mid^{-1}$,则 $\mathscr{B}(\mu_1,\mu_2)$ 有一个一维不变子空间

$\mathscr{B}^f(\mu_1,\mu_2)$ 以 $\pi(\mu_1,\mu_2)$ 表示 G 在 $\mathscr{B}^f(\mu_1,\mu_2)$ 上的表示；以 $\sigma(\mu_1,\mu_2)$ 表示 G 在 $\mathscr{B}(\mu_1,\mu_2)/\mathscr{B}^f(\mu_1,\mu_2)$ 上的不可约表示. 最后，如果 $\mu_1\mu_2^{-1}(x)=|x|$，则 $\mathscr{B}(\mu_1,\mu_2)$ 有一个无限维不变子空间 $\mathscr{B}^s(\mu_1,\mu_2)$，以 $\sigma(\mu_1,\mu_2)$ 表示 G 在 $\mathscr{B}^s(\mu_1,\mu_2)$ 上的表示；以 $\sigma(\mu_1,\mu_2)$ 表示 G 在一维空间 $\mathscr{B}(\mu_1,\mu_2)/\mathscr{B}^s(\mu_1,\mu_2)$ 上的表示. 我们称 $\sigma(\mu_1,\mu_2)$，即（$\mu_1\mu_2^{-1}(x)=|x|$ 或 $|x|^{-1}$ 时）为 G 的特殊表示.

在另一方面，固定一个 $\mathbf{Q}_p$ 的特征标 τ. 设 L 为 τ 的任意一个可分二次扩张；σ 为 Galois 群 $\mathrm{Gal}(L/\mathbf{Q}_p)$ 中不为 1 的元素；设 $q(x)=xx^\sigma$ 及 $t_rx=x+x^\sigma$. ω 为 L 的一个特征标. 以 $\mathscr{S}_\omega(L)$ 表示由满足以下条件的定义在 L 上的复数值函数 φ 所生成的空间：

(i) $\varphi(xh)=\omega^{-1}(h)\varphi(x)$，$x\in L$；$h\in L$ 及 $q(h)=1$；

(ii) φ 为一个局部常值有紧致支柱的函数.

可以证明存在只有一个满足下列条件的 $SL(2,\mathbf{Q}_p)$ 在 $\mathscr{S}_\omega(L)$ 上的表示 r_ω^τ

$$r_\omega^\tau\left(\begin{pmatrix}1&u\\0&1\end{pmatrix}\right)\varphi(x)=\tau(uq(x))\varphi(x)$$

$$r_\omega^\tau\left(\begin{pmatrix}0&1\\-1&0\end{pmatrix}\right)\varphi(x)=\gamma\int_L\varphi(y)\tau(t_r(x^\sigma y))\mathrm{d}y$$

其中 γ 为一高斯和. r_ω^τ 可以扩充为 $GL(2,\mathbf{Q}_p)$ 的一个不可约表示 $\pi(\omega)$，这表示与 τ 无关. 如果 $p\neq 2$，则 $\pi(\omega)$ 满足以下条件：

对 $\pi(\omega)$ 的表示空间内的任意二元素 u,v，函数

$$g\to\langle\pi(\omega)u,v\rangle$$

的支柱在 G/Z 中的象是个紧致集；其中 Z 为 G 的中心；$\langle\cdot,\cdot\rangle$ 为 $\pi(\omega)$ 的表示空间上的一个内积. 我们称凡满足以上条件的表示为绝对尖性表示(absolutely cuspidal representation).

定理 4 G 的不可约容许再表示必属以下任一种：

(i) 主列表示 $\pi(\mu_1,\mu_2)$，其中，μ_1,μ_2 均为酉特征标或 $\mu_2(x)=\overline{\mu_1(x)}$ 及 $\mu_1\mu_2^{-1}(x)=|x|^\sigma$，$0<\sigma<1$；

(ii) 满足以下条件的特殊表示 $\sigma(\mu_1,\mu_2)$，$\sigma(\mu_1,\mu_2)$ 约束到 Z 上就相当乘一个酉特征标；

(iii) 满足以下条件的绝对尖性表示 π：π 约束到 Z 上就相当于乘一个酉特征标.

设 π 为 G 的一个不可约容许表示. 如果把 π 约束到 K 上的表示包括 K 的恒等表示，则称 π 为第一类表示. 设 μ 为 $\mathbf{Q}_p^\times$ 的一个特征标；μ 的前导子为满足以下条件的最大理想 p^nZ_p

$$\mu(1+p^nZ_p)=1$$

下面定义一个表示 π 的前导子 $c(\pi)$：

表示	前导子
$\pi=\pi(\mu_1,\mu_2)$（主列表示）	（μ_1 的前导子）（μ_2 的前导子）
$\pi=\sigma(\mu_1,\mu_2)$（特殊表示）	$\begin{cases}p\mathbf{Z}_p，如果\ \mu_1\mu_2^{-1}\ 是非分歧特征标\\(\mu_1\mu_2^{-1}\ 的前导子)^2，其他情形\end{cases}$
π 为绝对尖性表示	$p^N\mathbf{Z}_p,N\geqslant 2$

如果 π 是个第一类表示，则 $c(\pi)=\mathbf{Z}_p$.

4. 我们可把前面的资料组织起来，建立一个整体的理论. 设 A 为 $\mathbf{Q}$ 的加值量(adeles). A

的每一个元素是一个无穷序列$(a_\infty,\cdots,a_2,a_3,a_5,a_7,\cdots,a_p,\cdots)$，其中$a_\infty\in\mathbf{R},a_2\in\mathbf{Q}_2,\cdots,a_p\in\mathbf{Q}_p$；而且除了有限个$a_p$外，其余的$a_p$为$p$进整数. 同样可以定义$GL(2,A)$. $GL(2,A)$的任一个不可约容许酉表示π均可因子分解为一个无穷张量$\otimes_p\pi_p$，其中π_p为$GL(2,\mathbf{Q}_p)$的容许表示；π_p完全由π决定，而且除了有限个素数外，π_p为第一类表示. 我们还可以定义π的L－函数. 首先，如果$\mu(x)=|x|^r\left(\frac{t}{|t|}\right)^m$是$\mathbf{R}^\times$的特征标，则设$L(s,\mu)=\pi^{-\frac{2}{2(s+r+m)}}\times\Gamma\left(\frac{s+r+m}{2}\right)$；如果$\mu$是$\mathbf{Q}_p^\times$的一个不分歧特征标，则设$L(s,\mu)=(1-\mu(p)p^{-s})^{-1}$，如果$\mu$是$\mathbf{Q}_p^\times$的一个分歧特征标，则设$L(s,\mu)=1$. 设$\pi=\bigotimes\limits_p\pi_p$，则$L(s,\pi)=\prod\limits_p L(s,\pi_p)$，其中$L(s,\pi_p)$由以下决定：

表示	局部 L－函数
$\pi=\pi(\mu_1,\mu_2)$	$L(s,\mu_1)L(s,\mu_2)$
$\pi=\sigma(\mu_1,\mu_2),\mu_i(t)=t_i^s\left(\frac{t}{\mid t\mid}\right)^m$	$(2\pi)^{-s-s_1}\Gamma(s+s_1)$
$p<\infty$ 时：	
表示	局部 L－函数
$\pi=\pi(\mu_1,\mu_2)$	$L(s,\mu_1)L(s,\mu_2)$
$\pi=\sigma(\mu_1,\mu_2)$	$L(s,\mu_1)$
$\pi=$ 绝对尖性	1

若χ为$A^\times/\mathbf{Q}^\times$的一个特征标，则$\chi\otimes\pi$为$\pi$及一维表示$\chi(\det\boldsymbol{g})$的张量积. 对$GL(2,A)$的任一个表示$\pi$，我们有$\pi\left(\begin{pmatrix}a&0\\0&a\end{pmatrix}\right)=\psi(a)\times I$，其中$I$为恒等算子，$\psi$为$A$的一个特征标. 称$\psi$为$\pi$的中心特征标.

设$Z_\infty^+=\left\{\begin{pmatrix}a&0\\0&a\end{pmatrix}\middle| a\in\mathbf{R},a>0\right\}$及$X=ZGL(2,\mathbf{Q})\backslash GL(2,A)$.

对$\varphi\in L^2(X)$，我们定义$T(g)\varphi(x)=\varphi(xg),x\in X,g\in GL(2,A)$，这样我们得到了$GL(2,A)$在$L^2(X)$上的右正则表示. 设$L_0^2(X)$为由$L^2(X)$内满足以下条件的所有函数$\varphi$所生成的空间

$$\int_A\varphi\left(\begin{pmatrix}1&x\\0&1\end{pmatrix}g\right)\mathrm{d}x=0\quad(g\in GL(2,A))$$

以T_0表示$GL(2,A)$在$L_0^2(X)$上的右正则表示. 我们称$GL(2,A)$的一个不可约表示π为尖性(cuspidal)，如果π在T_0出现.

定理 5(Jacquet-Langlands)

设π为$GL(2,A)$的一个不可约酉表示，ψ为π的中心特征标，则π为尖性，当且仅当对$A^\times/\mathbf{Q}^\times$的任一特征标，$L(s,\psi\otimes\pi)$满足以下条件：

(i)$L(s,\chi\otimes\pi)$可解析扩张为一在垂直带上有界的整函数；

(ii)$L(s,\chi\otimes\pi)$满足函数方程

$$L(s,\chi\otimes\pi)=\in(\pi,\chi,s)L(1-s,\chi^{-1}\otimes\pi)$$

其中 $\pi(g)=\psi^{-1}(g)\pi(g)$ $\in(\pi,\chi,s)$ 为一适当定义 π,χ 及 s 的函数.

5. 设
$$K_p(N)=\left\{\begin{pmatrix}a & b\\ c & d\end{pmatrix}\in GL(2,Z_p)\mid c\equiv 0 \bmod N\right\}$$

则映射

$$x+\mathrm{i}y\leftrightarrow\begin{pmatrix}y^{\frac{1}{2}} & xy^{-\frac{1}{2}}\\ 0 & y^{-\frac{1}{2}}\end{pmatrix}$$

定义一个同构

$$\Gamma_0(N)\mid G\leftrightarrow X/SO(2,R)\prod_{p<\infty}K_p(N)$$

我们可以把 $GL(2,A)$ 中任一个元素 g 写成 $\gamma g_\infty k$，其中 $\gamma\in GL(2,Q)$，$g_\infty=\begin{pmatrix}a & b\\ c & d\end{pmatrix}\in\{\boldsymbol{h}\in GL(2,\mathbf{R})\mid\det\boldsymbol{h}>0\}$ 及 $\boldsymbol{h}_0\in\prod_{p<\infty}K_p(N)$. 这样透过以上的同构，可以把 $f\in S_k(\Gamma_0(N))$ 对应于一个 X 上的函数 φ_f

$$\varphi_f(g)=f(g_\infty(\mathrm{i}))j(g_\infty,\mathrm{i})^{-k}$$

其中

$$\mathrm{i}=\sqrt{-1}$$

$$g_\infty(\mathrm{i})=\frac{a\mathrm{i}+b}{c\mathrm{i}+d}$$

$$j(g_\infty,\mathrm{i})=\frac{c\mathrm{i}+d}{\sqrt{ad-bc}}$$

现在我们可以讨论 §2，§3 的关系. 首先设 $\pi=\bigotimes_p\pi_p$ 为 $GL(2,A)$ 的一个不可约酉表示；π 满足以下条件：

(i) π 为尖性；

(ii) π 的前导子 $c(\pi)=\prod_{p<\infty}c(\pi_p)=N$；

(iii) π_∞ 与离散列表示 $\sigma(\mu_1,\mu_2)$ 等价，其中

$$\mu_1\mu_2^{-1}(t)=t^{k-1}\frac{t}{|t|}$$

(iv) 若 $p\nmid N$，π_p 与一个第一类表示 $\pi(\mu_1,\mu_2)$ 等价；

则据(i)，可假设 π 为 T_0 的子表示，并且可以证明 π 的表示空间内满足以下条件的函数 φ 生成一个一维子空间

$$\varphi=(g^{k_\theta k_0})=\mathrm{e}^{\mathrm{i}k_\theta}\varphi(g)$$

其中 $k_\theta=\begin{pmatrix}\cos\theta & -\sin\theta\\ \sin\theta & \cos\theta\end{pmatrix}$，而且 $S_k(\Gamma_0(N))$ 内存在一个原形 f_π 使 $\varphi_{f\pi}$ 生成此一维空间. 还有对所有 $p\nmid N$，Hecke 算子 $T(p)$ 对 f_π 的作用是由方程

$$T(p)f_\pi=p^{\frac{k-1}{2}}(\mu_1^{-1}(p)+\mu_2^{-1}(p))f_\pi$$

给出.

在另一方面，设 f 为 $S_k(\Gamma_0(N))$ 内的一个标准原形，则 $\varphi_j\in L_0^2(X)$. 设 $H(f)$ 为由

$\{T(g)\varphi_f \mid g \in GL(2,A)\}$ 所生成的子空间，π_f 为 $GL(2,A)$ 在 $H(f)$ 上的右正则表示，则根据 Casselman(*On some results of Atkin and Lehner*)，Miyake(*On automorphic forms on GL_2 and Hecke Operators*，1971)及 Jacquet-Langlands，π_f 为一不可酉表示，并且满足以上条件(i)至(iv).

定理 6 $f \to \pi_f$ 是一个由 $S_k(\Gamma_0(N))$ 的正规化原形至 $GL(2,A)$ 的尖性表示等价类的一对一映射，而且 $L(s,\pi_f) = L(s+\frac{k+1}{2},f)$（参看：Gelbart(*Automorphic forms on Adels groups*，1975)).

利用 f 与 π_f 的对应及 $L(s,\pi)$ 的性质，我们容易看到猜想乙可以推广为：

猜想丙 设 E 为一定义在 $\mathbf{Q}$ 上的椭圆曲线，则存在一个 $GL(2,A)$ 的尖性表示 $\pi(E)$，使得 $L(\pi(E),s-\frac{1}{2}) = L(E,s)$.

§4 Langlands 猜想

这里介绍一个可能解决猜想丙的策略. 首先，对任一 $\mathbf{Q}$ 上的椭圆曲线 E，可以得到所谓局部 Weil 群 $W_{\mathbf{Q}_p}$ 的 2×2 表示 $\{\sigma_p(E)\}$. 根据 Langlands 的猜想 A，由 $\sigma_p(E)$ 我们得到 $GL(2,\mathbf{Q}_p)$ 的表示 $\pi_p(E)$. 再根据 Langlands 的猜想 B，可知 $\otimes\,\pi_P(E)$ 为尖性表示，如果由 $\{\sigma_p(E)\}$ 所决定的整体 Weil 群 $W_{\mathbf{Q}}$ 的 2×2 表示 σ 为不可约. 这样猜想丙就变为最后的猜想了.

1. Weil 群是由 Weil(Sur la théorie du corps de classes，1951；Basic number theory，2nd ed. 1973)引进以修改 Galois 群.

设 $p=\infty$，即 $\mathbf{Q}_\infty = \mathbf{R}$. 这时局部 Weil 群 W_R 是由 $\mathbf{C}^\times$ 及一个元素 e 所生成的群，其中 e 满足条件：$e^2 = -1$，$eze^{-1} = \bar{z}$，$z \in \mathbf{C}^\times$.

设 $p<\infty$，令 $\overline{\mathbf{Q}}_p$ 为 $\mathbf{Q}_p$ 的一个代数闭包. 令 F 为 $\mathbf{Q}_p$ 的自同构：$x \mapsto x^p$，则定义局部 Weil 群 $W_{\mathbf{Q}_p}$ 为由 F 所生成的 $\mathrm{Gal}(\overline{\mathbf{Q}}_p/\mathbf{Q}_p)$ 的(稠密)子群.

设 K 为一代数域，$K_{A^\times}$ 为 K 的乘直量群(idele group)，$C_k = K_{A^\times}/K^\times$ 为 K 的乘值量类群(idele class group). 对 $\mathbf{Q}$ 的任一有限 Galois 扩张 K，相对 Weil 群 $W_{K/\mathbf{Q}}$ 由以下的正合序列决定($\mathrm{Gal}(K/\mathbf{Q})$ 为 $K/\mathbf{Q}$ 的 Glois 群)

$$1 \to C_K \to W_{K/\mathbf{Q}} \to \mathrm{Gal}(K/\mathbf{Q}) \to 1$$

我们不去定义整体 Weil 群 $W_{\mathbf{Q}}$. 不过指出 $W_{\mathbf{Q}}$ 是一个拓扑群，而且对任一个以上的 K，存在一个标准满映射 $\alpha_K : W_{\mathbf{Q}} \to W_{\mathbf{Q}/K}$. 同时对 $W_{\mathbf{Q}}$ 的任一个有限维表示 σ，存在一个 K 及 $W_{\mathbf{Q}/K}$ 的表示 σ_K，使得 $\sigma = \sigma_K\alpha_K$. 在另一方面，$\sigma$ 决定一组 $\{\sigma_p\}$，σ_p 为 $W_{\mathbf{Q}_p}$ 的有限维表示.

猜想 A 设 $\varepsilon_2(W_{\mathbf{Q}_p})$ 为 $W_{\mathbf{Q}_p}$ 的所有二维表等价类，$\varepsilon(GL(2,\mathbf{Q}_p))$ 为 $GL(2,\mathbf{Q}_p)$ 的所有不可约容许表示等价类，则存在一个由 $\varepsilon_2(W_{\mathbf{Q}_p})$ 至 $\varepsilon(GL(2,\mathbf{Q}_p))$ 的一一对应：$\sigma \leftrightarrow \pi(\sigma)$. 而且 Artin-Weil 的 L - 函数 $L(s,\sigma)$ 及 ε - 因子 $\varepsilon(\sigma,s)$ 合于 $L(s,\pi(\sigma)) = L(s,\sigma)$ 及 $\varepsilon(s,\pi(\sigma)) = \varepsilon(s,\sigma)$. 基本上猜想 A 已被证明了.

2. 设 E 为任一 $\mathbf{Q}$ 上的椭圆曲线，令

$$j(E) = 1\,728g_2^3/(g_2^3 - 27g_3^2)$$

对 E，我们可以造出一组局部 Weil 群的表示 $\{\sigma_p\}$. 纤维积(fibre product) $E_p = E_{\mathbf{Q}} \times \mathbf{Q}_p$ 为 $\mathbf{Q}_p$ 上的椭圆曲线. 对任一正整数 N，令 ${}_NE_p$ 为 $E_p(\mathbf{Q}_p)$ 上满足条件 $N_p = 0$ 的点 $x(E_p$ 为一可换

簇);称$_NE_p$ 的元素为 E_p 的 N 除点(N division point). 容易证明$_NE_p$ 为一个秩为 2 的自由 $\mathbf{Z}/N\mathbf{Z}$ – 模(Lang (Abelian Varieties,1959)). 对任一个素数 $l \neq p$,我们定义 E_p 的 Tate – 模为

$$T_l(E_p) = \varprojlim_n {}_{l^m}E_p \quad (\varprojlim \text{为逆向极限})$$

根据定义,$T_l(E_p)$ 中任一元素为 $x = (x_n)_{n\geqslant 0}$;其中 $lx_{n+1} = x_n$ 及 $l^n_{xn} = 0$. 因为 l 进整数 $\mathbf{Z}_l = \varprojlim \mathbf{Z}/l^n\mathbf{Z}$. 透过

$$z \cdot x = (z_nx_n), z = (z_n) \in \mathbf{Z}_l, x = (x_n) \in T_l(E_p)$$

我们可以把 $T_l(E_p)$ 看作一个秩为 2 的 $\mathbf{Z}_l$ – 模. 令 $V_l(E_p) = T_l(E_p) \otimes_{\mathbf{Z}_l} Q_l$. 进一步设 α 为 E_p 的一个自同态,则通过

$$(x_1, x_2, \cdots) \to (\alpha x_1, \alpha x_2, \cdots)$$

我们得到一个自同态 $\alpha_T: T_l(E_p) \to T_l(E_p)$. 另一方面设 σ 为 Galois 群 $\mathrm{Gal}(\overline{\mathbf{Q}}_p/\mathbf{Q}_p)$ 的一个元素,设 $E_p(\overline{\mathbf{Q}}_p)$ 任一点 x 的齐性坐标为(a_1, a_2, a_3),则通过

$$x^\sigma = (a_1{}^\sigma, a_2{}^\sigma, a_3{}^\sigma)$$

可把 σ 看作 E_p 的一个自同态. 这样我们便得到一个 Galois 群的表示

$$\sigma_{p,l}: \mathrm{Gal}(\overline{\mathbf{Q}}_l/\mathbf{Q}_l) \to V_l(E_p): \sigma \to \sigma_T$$

称 $\sigma_{T\cdot l}$ 为 E_p 的 l – 进表示(l-adic representation).

现在我们假设 $j(E)$ 为一 p – 进整数,则 E_p 对模 p 约化仍然为一椭圆曲线. 这时 $\sigma_{p,l}$ 决定了一个 $W_{\mathbf{Q}_p}$ 的表示,$\sigma_p: W_{\mathbf{Q}_p} \to GL(2, \mathbf{C})$;而且 σ_p 与 l 无关. 在另一方面,如果 $j(E)i$ 不是一个 p 进整数,则设 $\overline{E}_p = E_p \underset{\mathbf{Q}_p}{X} \overline{\mathbf{Q}}_p$,及$(\overline{E}_p)\acute{e}_t$ 为 $\overline{E}_p$ 配备了 étale 拓扑(Artin(Grothendieck Topology)). 这时我们可以定义 Artin-Grothendieck étale 上同调群 $H^1((\overline{E}_p)\acute{e}_t, \mathbf{Z}/l^n\mathbf{Z})$($l \neq p$)(参看 Grothendieck(Théorie des topos et cohomologie etalo des schémes(SGA 4)), Deligne(Cohomologie Etale SGA 4 $\frac{1}{2}$)). 并设

$$H^1(\overline{E}_p, \mathbf{Z}_l) = \varprojlim H^1((\overline{E}_p)\acute{e}_t, \mathbf{Z}/l^n\mathbf{Z})$$

及 $H_l{}^1(\overline{E}_p) = H^1(\overline{E}_p, \mathbf{Z}_l) \otimes_{\mathbf{Z}_l} \mathbf{Q}_l$,则存在一个 $W_{\mathbf{Q}_p}$ 在 $H_l{}^1(\overline{E}_p)$ 上的表示 $\sigma_{p,l}$,同时

$$\sigma_{p,l}: w \to \begin{pmatrix} \mu_1(w) & * \\ 0 & \mu_2(w) \end{pmatrix}$$

其中 μ_1 及 μ_2 为 Q_p^+ 的特征标,及 $\mu_1\mu_2^{-1}(x) = |x|^{-1}$;通过局部类域论(local class field theory)μ_1, μ_2 可看为 $W_{\mathbf{Q}_p}$ 的特征标. 设(1,0) 及(0,1) 为 $\mathbf{C}^2$ 的基. 以

$$sp(2)(F)((1,0)) = (1,0)$$
$$sp(2)(F(0,1)) = p^{-1}(0,1)$$

定义 $W_{\mathbf{Q}_p}$ 的一个二维表示 $sp(2)$. 令 $\sigma_p = sp(2) \otimes \mu_1 |\cdot|^{-1}$,则 $\sigma_p: W_{\mathbf{Q}_p} \to GL(2, \mathbf{C})$ 为一个与 l 无关的 $W_{\mathbf{Q}_p}$ 的表示. 最后,如果 $p = \infty$,则 σ_∞ 为从 $\mathbf{C}^\times$ 的特征标 $z \to |z|^{-1}z$ 得出的 $W_{\mathbf{Q}_p}$ 的导出表示(induced representation).

综合以上的事实,我们从一条 $\mathbf{Q}$ 上的椭圆曲线 E 得到的是一组局部 Weil 群的表示 $\{\sigma_p(E)\}$;然后,根据猜想 A,我们便得到了 $\pi_p(E) = \pi(\sigma_p(E))$,$\pi_p(E)$ 为 $GL(2, \mathbf{Q}_p)$ 的不可

约容许表示. 令 $\pi(E)=\otimes\pi_p(E)$.

猜想 B 如果 σ 为 $W_{\mathbf{Q}}$ 的一个不可约二维表示,则 $\pi(\sigma)=\otimes\pi_p(\sigma_p)$ 为 $GL(2,\mathbf{A})$ 的一个尖性表示.

利用以上的结果,我们可以把猜想丙改写成:

猜想丁 设 e 为一定义在 $\mathbf{Q}$ 上的椭圆曲线,则 $\{\sigma_p(E)\}$ 是由一个 $W_{\mathbf{Q}}$ 的不可约表示 $\sigma_p(E)$ 决定,而且 $\pi(E)$ 有性质

$$L(\pi(E),s-\frac{1}{2})=L(E,s)$$

关于 Weil 的椭圆曲线猜想的研究工作,目前是非常活跃,我们的介绍就暂停在这里了.

后记:本小节基本上是根据 Langlands 1973 年在耶鲁大学的演讲写成的.

附　注

(1) 所谓可换簇(abelian variety)是指一个完备的不可约群簇. 目前可换簇的教科书有 Mumford(*Abelian varieties*),Lang(*Abelian varieties*,1959),Weil(*Variétés abéliennes et courbes algébriques*)和 Swinnerton-Dyer(*Analytic theory of abelian varieties*,1974). 其中 Mumford 的书最新,是用架(scheme)的语言来写的,但是关于可换簇的 Jacobi 的理论,只好从 Lang 和 Weil 的书中学. Swinnerton-Dyer 的书最浅,而且又薄,只有 90 页. 关于椭圆曲线有 Robert(*Elliptic curves*,1973)和 Lang(*Elliptic functions*,1973)的教科书及 Cassels(*Diophantine equation with special reference to elliptic curves*)和 Tate(*Elliptic Curves*; *The arithematic of elliptic curves*,1974)的文章. 其中 Tate 的 Haverford 讲义的对象是大学生,所以写得非常浅易;Cassels 的进展文章(*Abelian varieties*)主要介绍椭圆曲线上有理点的算术,文内还讨论了著名的 Birch-Swinnerton-Dyer 猜想,关于这猜想最近的工作有 Coates 及 Weil(*On the Conjucture of Birch and Swinnerton-Dyer*,1977).

(2) 熟悉复变函数论的读者就会立刻认出方程②乃是魏尔斯特拉斯 P - 函数所满足的微分方程. 实际上,定义在 $\mathbf{C}$ 上的椭圆曲线都是与 $\mathbf{C}/L$ 解析同构,其中 L 是 $\mathbf{Q}$ 里的一个格. 设

$$P(z)=\frac{1}{z^2}+\sum{}'\left(\frac{1}{(z-\omega)^2}-\frac{1}{\omega^2}\right)$$

$$g_2=60\sum{}'\omega^{-4},g_3=140\sum{}'\omega^{-6}$$

其中 $P(z)$ 是关于 L 的魏尔斯特拉斯 P - 函数,$\sum$ 是对所有 $\omega\in L-\{0\}$ 求和. 设 $X_0\subset\mathbf{C}^2$ 是由

$$y^2=4x^3-g_2x-g_3$$

所决定的代数曲线,则

$$\varphi_0:\mathbf{C}/L-\{0\}\rightarrow X_0:[z]\longmapsto(P(z),P'(z))$$

是一个解析同构(其中 $P'(z)=\frac{\mathrm{d}P}{\mathrm{d}z}$). 如果我们用齐性坐标的话,$\varphi_0$ 可以扩展到整个 $\mathbf{C}/L$ 上面.

(3) 一个有理数 r 的 p - 阶为 n,如果 $r=p^rs$,其中 s 为一个与 p 互素的有理数.

(4) 对任意一个定义在域 K 上的代数簇 V,可定义一个 ζ - 函数 $Z(V,s)$(参看 Serre(*Facteurs locaux des fouctions zeta des variétés algébriques*,1970)及 Thomas(Zeta functions,1977)). 这个 ζ - 函数的性质是近年来代数几何算术理论的主要研究对象. 若 K 是

一个有限域,Weil(*Number of solutions of equations in finite fields*,1949) 提出了关于 $Z(V,s)$ 的黎曼假设. 其实早在 1936 年 Hesse 已证明了椭圆曲线的黎曼假设,Weil 在 1940 年证明任意曲线的黎曼假设,最后 Grothendieck 的学生 Deligne(*La conjecture de Weil I*,1974) 在1974 年证明了任意射映簇的黎曼假设. Deligne 的证明可算是 scheme 理论的一个巨大的成果,并且确定了这理论在代数几何中的地位.(Deligne 在 1978 年得了国际数学联合会的菲尔兹奖)

(5)$SL(2,\mathbf{Z})$ 是指 2×2 的系数为整数($\mathbf{Z}$),行列式为 1 的矩阵.

(6) 换句话说,f 是 $\Gamma_0(N)\backslash G^*$ 的典范层 Ω 的 k 次积的解析截面. 模形只不过是自守形(automorphic form) 的一个特殊情形. 介绍自守形近代的理论的是 Borel(*Introduction to automorphic form*,1966;*Fomes automorphes et series de Dirichlet*,1976). 设 G 是一半单李群,Γ 是 G 的一个算术子群(在我们现在的情形下,$G=SL(2,\mathbf{R})$,$\Gamma=\Gamma_0(N)$). Langlands(*On the functional equations satisfied by Eisenstein series*) 利用 Harish-Chandra 所定义的自守形,推广了 Selberg(*Harmonic analysis and discontinuous groups in weakly symmetric Riemannian spaces with applications to Dirichlet series*,1956;*Discontinuous groups and harmonic analysis*) 的结果,利用 Eisenstein 级数作出了 G 在 $L^2(\Gamma/G)$ 的正则表示的谱分解的连续部分.

(7) 对一般的代数群也可以定义 Hecke 算子.

(8) 原形理论首先由 Atkin-Lehner(*Hecke operators on $\Gamma_0(m)$*,1970) 提出(参看 Li(*New forms and functional equations*,1975)).

(9)$X_0(N)$ 的 0 次因子除去主因子便是 $X_0(N)$ 的 Jacobi 行列式:$J_0(N)$. 这是一在 $\mathbf{Q}$ 上定义的 g 维 J 换簇($g=X_0(N)$ 的亏数). 称一权为 2 的标准原形 f 为有理,如 f 之所有傅里叶系数 a_n 为整数. 这样,$T(p)-a_p$ 为 $J_0(N)$ 上的自同态. 以 Y 表示所有这些自同态的象的并集,则商簇 $J_0(N)/Y$ 是一椭圆曲线,以 E_f 表之. 因而得到

$$f\to E_f$$

它是一个由 $S_2(\Gamma_0(N))$ 里的有理标准原形集合到 $\mathbf{Q}$ 上的椭圆曲线同演类集合的对应. 我们有以下的一个猜想:

$f\mapsto E_f$ 是一个一对一满映射(bijection),以上的猜想是与"猜想乙"及"同演猜想"等价的. 关于此等问题,请参看 Birch Swinnerton-Dyer(*Elliptic curves and modular functions*,1975),*Mazur Swinnerton-Dyer*(*Arithmetic of Weil curves*,1974), Serre(*Abelian l-adic representations and elliptic curves*,1968),*Shimura*(*On elliptic curves with complex multiplications*,1971),Yamamoto(*Elliptic curves of prime power Conductor*,1975).

(10) 我们把 $L(f,s,l)$ 写成 $L(f,s)$. 可以留意到 $L(f,s)$ 是 Dirichlet 级数 $\sum a_n n^{-s}$ 的 Mellin 变换

$$N^{\frac{s}{2}}\int_0^{\infty} f(\mathrm{i}y)y^{s-1}\mathrm{d}y=L(f,s)$$

(11) 在前面,我们基本上介绍 $GL(2)$ 在 $\mathbf{Q}$ 的各个完备化(completion):$\mathbf{R},\mathbf{Q}_p$(p 为素数) 上的酉表示的分类(所有酉表示均为容许表示). 当然我们可以用一个代数群代替 $GL(2)$,而提出同样的问题. 在实(或复) 数域上,李群的无限维容许表示的分类的问题,基本上由 Harish-Chandra 解决. 这是一项伟大的工作,他用了二十多年时间来研究这问题(主要的工作是 Discrete series Ⅰ,Ⅱ,1966) 另一方面,在非 Archimedes 域上,代数群的无限维表示的分类的问题还是在初步阶段,可参看 Howe(*Representation theory of $GL(n)$ over a p-adic field*,1974),Jacquet(*Zeta functions of simple algebras*,1972),Harish-Chandra (*Representation*

theory of p-adic groups), Casselman(*Introduction to the representations of reductive p-adic group*), Shalika(*Representations of* 2 × 2 *unimodular group over local fields*, 1966).

(12) 对于任意一个代数数域,也可以定义它的加值量(参看 Goldstein(*Analytic number theory*, 1973)). 若 G 是一个代数群, 关于 $G(\mathbf{A})$ 的定义可看 Weil(*Adeles and algebraic groups*, 1961), Gelfand Graev Pyatetskei- Shapiro(*Representative theory and automorphic functions*, 1969). 我们以加值量作为加法的赋值向量的简写,这样我们便可以把 ideles 译为乘值量.

(13) 我们说 G 的表示(π',H') 在(π,H) 中出现,如果 H 内存在一个不变子空间 H_1, π_1 为 G 约束到 H_1 上的表示,而且(π',H') 与(π_1,H_1) 等价.

(14)(i) 参看 P. Deligne, *Formes modulaires et representations de GL*(2), *Springer Lecture Notes Math.*, 349(1973) §3.2; J. B. Tunnell, *On local Langlands conjucture for GL*(2), Inv. Math., 46(1978), 179-200.

(ii) 当然如果我们把猜想 A 中的 $\mathbf{Q}$ 以任意的整体域 K(即代数数域,或有限域上的一元代数函数域) 代替,情形就复杂得多了,而猜想 A 在这情形下还未全部被解决,参看以上 Tunnell 的文章.

(iii) 再进一步,我们可以用一个定义在整体域 K 上的适约代数群 G 代替 $GL(2)$(我们把 reductive 译作"适约" 以便和 reducible"可约" 区别). 这时猜想 A 就变为 Langlands 计划中的一个问题. 要介绍 Langlands 计划就远超出本文的范围, 读者可参看 Langlands(*Probleme in the theory of automorphic forms*, 1970) 及 Borel(*Formes automorphes et series de Dirichlet*, 1976). 在 1977 年夏天,美国数学学会在 Corvallis 开了一个 Summer Institute 全面讨论 Langlands 计划在目前的情形, 可参看 *Proceedings Symposia in Pure Mathematics*: *Representions*, *Automorphic Forms and Lfunctions.* 另外还可参看 *Langlands*, *Some Contemporary problems with orighins in the Jugendtraum*, *Proc. Symposia Pure Math. AMS*: *Hilbert problems*, 及黎景辉《数论的过去和未来》.

(iv) 与这些有关,还有一个值得谈的问题:设 G 是半单李群, K 为 G 的一个极大紧致子群. 设 $X=G/K$ 为一对称有界域. 对 G 的任一算术子群 Γ,我们称 $\Gamma\backslash X$ 为一 Shimura 簇. 我们想用自守表示的 L - 函数去算 $\Gamma\backslash X$ 的 ζ - 函数. 目前,我们所知的情况,距离这问题的解决还很远. 可参看:Langlands, *Zeta function of Hilbert moduli variety* 及 Detigne, Travaux de Shimura, Springer Lecture Notes Math., 244(1971), 123-165.

(15) Étale 上同调群是研究簇的算术的一个重要工具(比如在 Deligne(*La Conjecture de Weil I*, 1974), Langlands(Modular forms and l-adic representations, Springer Lecture Notes, 349(1973), 361-500)). 要研究有关的理论,就一定先要学习 Grothendieck 的代数几何学(scheme 的理论等).

(16) 猜想 B"差不多" 是和 Artin 猜想(*Theorie der L-Reihen mit allgemeinen Gruppencharakteren*, 1930) 等价. 设 K 为一整体域, $\overline{K}$ 为 K 的一个可分闭包, σ 为 Galois 群 $\mathrm{Gal}(\overline{K}/K)$ 的一个有限维表示, $\check{\sigma}$ 为 σ 的逆步表示,则 Artin 猜想为:Artin L - 函数 $L(s,\sigma)$ 可以解析扩张至 $\mathbf{C}$ 上的一个亚纯函数,而且满足以下的函数方程

$$L(s,\sigma)=\in(s,\sigma)L(1-s,\check{\sigma})$$

目前的工作是直接去证明猜想 B,然后用猜想 B 来证明 Artin 猜想. 当 σ 为一、二维不可约表示时, F 为 K 的任一个有限 Galois 扩张,则 $\sigma(\mathrm{Gal}(F/K))$ 在 $PGL(2,\mathbf{C})$ 的象一定与以下任

一群同构:

（i）二面体群,（ii）四面体群,（iii）八面体群,（iv）二十面体群

在第（i）个情形时,Artin(*Grothendieck Topology*) 证明了 Artin 猜想. Langlands 证明在第（ii）个情形下的 Artin 猜想（参看 Gelbart 的报告:Springer Lecture Notes Math.,627(1977),243-276). 关于第（iv）种情形,请参看 J. P. Buhler, Icosahedral Galois representations, Springer Lecture Notes Math.,654(1978). 其他情形还在研究中.

(17) 设 G 为拓扑群,P 为 G 的一个闭子群. 设 G 为单位模(unimodular). (σ, V) 为 P 的一个表示. 考虑映射

$$f: G \to V$$

使得（i）f 对 G 的 Haar 测度可测;（ii）$f(pg) = \Delta(p)^{\frac{1}{2}}\sigma(p)f(g)$,$p \in P, g \in G$,$\Delta$ 为 P 的模函数;（iii）f 在 $P\backslash G$ 上二次可积. 以 H 表示由以上的函数 f 所生成的空间,我们可以用方程:$\pi(g)f(x) = f(xg)$ 定义 G 在 H 上的表示 π,称 π 为 σ 从 P 到 G 的导出表示.

附录 5　椭圆曲线、阿贝尔曲面与正二十面体①

本章是根据 Klaus Hulek 于 1987 年在柏林为德国数学协会所做的演讲扩充而写成.

首先开始讨论正二十面体和它的对称群. §2 考虑椭圆曲线. 从椭圆曲线的分类出发,我们用自然的方式引进水平结构与 Shioda 参量曲面(通用椭圆曲线). 椭圆曲线的一个自然的推广是 Abel 簇,后者与它们的参量(moduli) 将在 §3 讨论. 在 §4 处理 Abel 簇的射影嵌入. P_4 中的 Abel 曲面的存在起着特殊的作用,这是首先由意大利数学家 A. Comessatti 在 1916 年指出的. 这构造直接给出与 Hilbert 参量曲面的联系. §5 的中心是所谓的 Horrocks-Mumford 丛. 它多次在正二十面体、椭圆曲线及阿贝尔曲面之间起着联系作用.

§1　正二十面体

在古代人们就已知道在三维空间 $\mathbf{R}^3$ 中正好有五个正多面体:正四面体、正六面体、正八面体、正十二面体与正二十面体. 正二十面体有 12 个顶点、30 条棱和 20 个面. 设想正二十面体坐落在 $\mathbf{R}^3$ 中,它的中心位于原点,而它的顶点都在单位球 S^2 上. 正二十面体的对称群,即所谓的正二十面体群,由所有的把正二十面体 I 变为自身的旋转所组成. 即

$$G = \{g \in SO(3, \mathbf{R}); g(I) = I\}$$

不难看出它由三种类型的旋转所生成:

(i) 旋转轴是两对径顶点的连线,旋转角为 $k \cdot \frac{2\pi}{5}, k \in \{0,1,2,3,4\}$;

(ii) 旋转轴是两相对棱中点的连线,旋转角为 $k \cdot \pi, k \in \{0,1\}$;

(iii) 旋转轴是两相对面中点的连线,旋转角为 $k \cdot \frac{2\pi}{3}, k \in \{0,1,2\}$.

计算轴的个数与旋转的阶数,得到群的阶

---

① 原题:*Elliptische Kurven, abelsche Flächen und das Ikosaeder*. 译自:Jahresbericht der De-utschen Mathematiker Vereinigung,91(1989),126-147.

$$|G| = 1 + 6 \times 4 + 15 \times 1 + 10 \times 2 = 60$$

可证明 G 是个单群，即不包含非平凡的正规子群. 于是 G 同构于交错群 A_5. 还有

$$G \cong A_5 \cong PSL(2, \mathbf{Z}_5)$$

借助球极投影

$$(x, y, z) \mapsto \frac{x + iy}{1 - z}, N \to \infty$$

熟知可将 2 维球面与复射影直线等同

$$S^2 \cong \mathbf{C} \cup \{\infty\} = P_1 = P(\mathbf{C}^2)$$

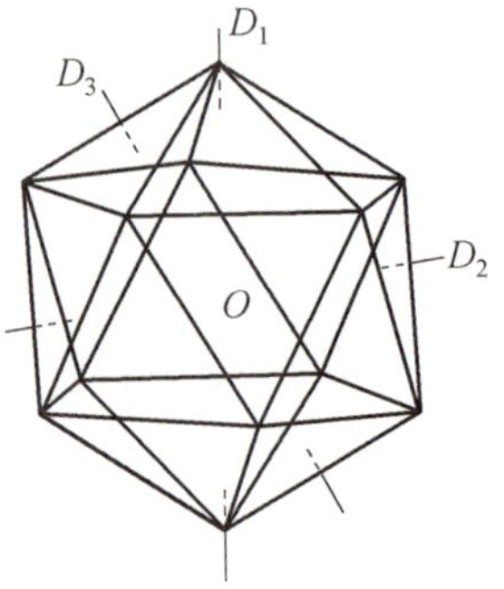

图 1　正二十面体

正如 F. Klein 所注意到. 通过适当选择正二十面体(图 1)在 2 维球内的位置，可将 I 的顶点与

$$0, \infty, \varepsilon^K(\varepsilon^2 + \varepsilon^3), \varepsilon^K(\varepsilon + \varepsilon^4)\left(\varepsilon = e^{\frac{2\pi i}{5}}, k \in \{0,1,2,3,4\}\right)$$

诸点等同.

通过球极投影(图 2)，$\mathbf{R}^3$ 中每个旋转定义了一个 P_1 到自身的保角变换. 有包含关系

$$SO(3, \mathbf{R}) \subset Aut(P_1) = PGL(2, \mathbf{C})$$

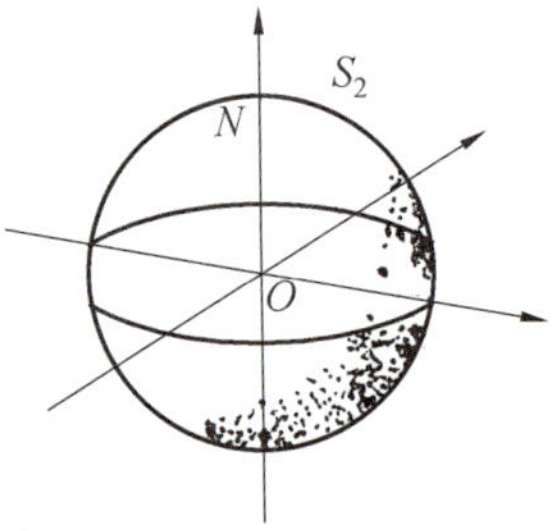

图 2　球极投影

射影线性群 $PGL(2, \mathbf{C})$ 为特殊线性群二重地覆盖着. 在这覆盖之下，$SO(3, \mathbf{R})$ 的原象是 $SU(2, \mathbf{C})$. 这给出

$$\begin{array}{ccccc} \{\pm 1\} & & \{\pm 1\} & & \{\pm 1\} \\ \downarrow & & \downarrow & & \downarrow \\ G' & \subset & SO(2,\mathbf{C}) & \subset & SL(2,\mathbf{C}) \\ \downarrow 2:1 & & \downarrow 2:1 & & \downarrow 2:1 \\ G & \subset & SO(3,\mathbf{R}) & \subset & PGL(2,\mathbf{C}) \end{array}$$

其中 G' 是 G 在 $SU(2, \mathbf{C})$ 中的原象. G' 称为双正二十面体群. 还有

$$G' \cong SL(2, \mathbf{Z}_5)$$

群 G' 由下列矩阵所生成

$$\boldsymbol{a} = \begin{pmatrix} -\varepsilon^3 & 0 \\ 0 & -\varepsilon^2 \end{pmatrix}, \boldsymbol{c} = -\frac{1}{\sqrt{5}}\begin{pmatrix} \lambda & \lambda' \\ \lambda' & -\lambda \end{pmatrix}$$

其中

$$\lambda = \varepsilon - \varepsilon^4, \lambda' = \varepsilon^2 - \varepsilon^3$$

$|a|^5 = |c|^2 = (|ac|)^3 = -1$ 成立.

§2　椭圆曲线

设
$$H = \{z \in \mathbf{C}; \operatorname{Im} z > 0\}$$
为上半面. 每一 $\tau \in H$ 定义了一个网络

$$\Omega(\tau) := \mathbf{Z} + \mathbf{Z}\tau \subset \mathbf{C}$$

商空间

$$E_\tau = \mathbf{C}/\Omega(\tau)$$

是个拓扑的环面(即同胚于 $S^1 \times S^1$). E_τ 也承载一个从 $\mathbf{C}$ 自然诱导而来的复结构，而成为亏格 1 的紧黎曼面. 亏格 1 的紧黎曼面也称为椭圆曲线.

每一个椭圆曲线都可用上述方式获得. 要描述两点 τ 与 τ' 何时同构，即椭圆曲线之间的

双全纯等价,我们要用参量群

$$\Gamma = PSL(2,\mathbf{Z}) = SL(2,\mathbf{Z})/\{\pm 1\}$$

群 Γ 在 H 上的作用是

$$\tau \to \frac{a\tau + b}{c\tau + d};\begin{pmatrix} a & b \\ c & d \end{pmatrix} \in SL(2,\mathbf{Z})$$

注意 -1 在 H 上的作用是平凡的. 我们有熟知的

定理 1 椭圆曲线 E_τ 与 $E_{\tau'}$ 当且仅当 τ 与 τ' 相对于 Γ 等价时同构.

换言之,椭圆曲线的同构类与轨道空间 H/Γ 的点成一一对应. 商空间本身也是个(开)黎曼面,它通过 j 函数与 $\mathbf{C}$ 同构. 对应 $\tau \mapsto E_\tau$ 也是一对一的

$$\mathbf{C} \cong H/\Gamma \xrightarrow{\sim} \{\text{椭圆曲线}\}/\text{同构}$$

我们于是构造了椭圆曲线同构问题的一个(粗)参量空间,我们幸而有理想地细参量空间,即一复 2 维曲面 S 和一个投影 $\pi:S \to H/\Gamma$,使得每一点 $\bar{\tau} \in H/\Gamma$ 的纤维 $S_{\bar{\tau}} = \pi^{-1}(\bar{\tau})$ 为同构于 E_τ 的椭圆曲线. 然而这样的一个"通用"椭圆曲线在原有的基础上并不存在. 这是因为,与所有其他椭圆曲线相比较,由 $\tau = \mathrm{i}$ 与 $\tau = \mathrm{e}^{\frac{2\pi\mathrm{i}}{3}}$ 定义的椭圆曲线有附加的自同构. 但通过添设一个附加结构还是可以导致通用椭圆曲线. 为了较详细地解释这一点,对给定椭圆曲线 E,让我们考虑 n 分点或 n 绕率点所组成的群

$$E^{(n)} = \{a \in E; na = 0\}$$

(关于 $n = 2$ 情况,见图 3) 有一个(非典范) 同构

$$E^{(n)} \cong \mathbf{Z}_n \times \mathbf{Z}_n$$

群 $E^{(n)}$ 上有一个内蕴的、非退化的、交错的 $\mathbf{Z}_n$ - 双线型. 为了说明这一点,把 E 写作 $E = \mathbf{C}/\Omega$. 在 Ω 上有双线型

$$\langle\ ,\ \rangle:\Omega \times \Omega \to \mathbf{Z}$$

$$\langle k + l\tau, m + n\tau\rangle = \det\begin{pmatrix} k & m \\ l & n \end{pmatrix}$$

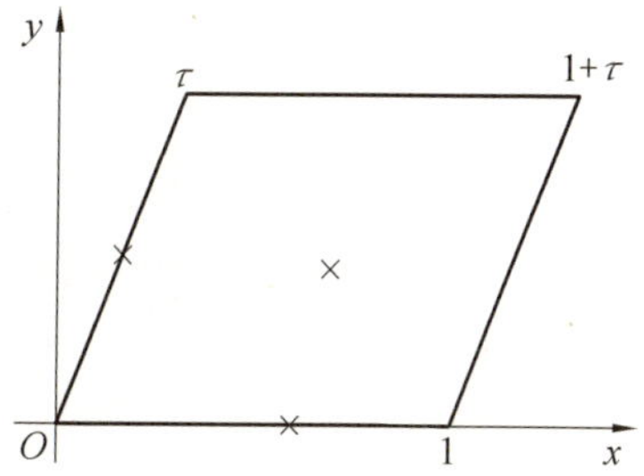

图 3 有二分点的网格

n 分点 $\alpha,\beta \in E^{(n)}$ 有代表 $a',\beta' \in \frac{1}{n}\Omega$. 定义

$$(\ ,\ ):E^{(n)} \times E^{(n)} \to \mathbf{Z}_n$$

$$(\alpha,\beta) := \langle n\alpha', n\beta'\rangle \bmod n$$

这定义与代表的选择无关.

注 有典范同构 $\Omega \cong H_1(E,\mathbf{Z})$. 因此双线型 $\langle\ ,\ \rangle$ 与相交乘积

$$H_1(E,\mathbf{Z}) \times H_1(E,\mathbf{Z}) \to \mathbf{Z}$$

等同.

定义 1 E 上的一个水平 n 结构是一组满足 $(\alpha,\beta) = 1$ 的基 α,β.

为了描述有水平 n 结构的椭圆曲线的同构类. 我们考虑 n 阶主同余子群(principal congruence subgroup)

$$\Gamma(n) = \{\gamma \in SL(2,\mathbf{Z}) \mid \gamma \equiv 1 \bmod n\}$$

作为 $SL(2,\mathbf{Z})$ 的子群,$\Gamma(n)$ 也作用在 H 上. 商空间 $X_0(n) = H/\Gamma(n)$ 仍然是个开黎曼面,对每个 $\tau \in H$,$(\alpha,\beta) = \left(\frac{1}{n},\frac{\tau}{n}\right)$ 定义了 E_τ 上的一个水平 n 结构. 这对应诱导出一一对应

$$X_0(n)=H/\Gamma(n)\xrightarrow{\sim}\{\text{有水平 } n \text{ 结构的椭圆曲线}\}/\text{同构}$$

下面假设 $n\geqslant 3$. 不难看出 $X_0(n)$ 是个细参量空间,即存在有水平 n 结构的通用椭圆曲线. 更进一步,通过添加所谓的尖点可使 $X_0(n)$ 完备化而成为一紧黎曼面(代数曲线)

$$X(n)=X_0(n)+\text{尖点}$$

$X(n)$ 的亏格是

$$g(n)=1+\frac{n-6}{12}t(n)$$

其中

$$t(n)=\frac{1}{2}n^2\prod_{p\mid n}\left(1-\frac{1}{p^2}\right)$$

为尖点的个数. 此处乘积中 $p\geqslant 2$ 表示素数.

Shioda 对每一 $n\geqslant 3$ 构造了一个射影代数曲面 $S(n)$ 和一个满足下列性质的投影 $\pi:S(n)\to X(n)$:

(i) 对 $x\in X_0(n)$,纤维 $E_x=\pi^{-1}(x)$ 为一光滑椭圆曲线;

(ii) 对 $x\in X(n)\backslash X_0(n)$ 纤维 $E_x=\pi^{-1}(x)$ 为一由 n 条有理曲线组成的 n 边形每条的自相交数为 -2(图 4);

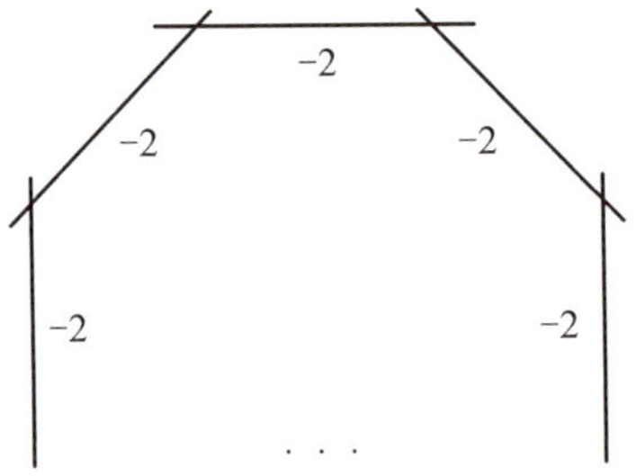

图 4

(iii) 曲面 $S(n)$ 有 n^2 个截面,它们构成一个群

$$\mathbf{Z}_n\times\mathbf{Z}_n=\{\alpha L_{10}+\beta L_{01};\alpha,\beta\in\mathbf{Z}_n\}$$

(iv) 对每个 $x\in X_0(n)$ 点组

$$\alpha_x=E_x\cap L_{10},\beta_x=E_x\cap L_{01}$$

在 E_x 上定义了一个水平 n 结构. 三元组(E_x,α_x,β_x) 是由 $x\in X_0(n)=H/\Gamma(n)$ 决定的有水平 n 结构的曲线.

特别地,$S(n)$ 在开集 $X_0(n)$ 上定义了一个有水平 n 结构的通用椭圆曲线.

定义 2 $S(n)$ 称为 n 阶 Shioda 参量曲面.

注 通过"遗忘"水平 n 结构而得到一个映射

$$X(n)\to X(1)=P_1$$

这映射由下列群的作用所诱导

$$SL(2,\mathbf{Z})/\pm\Gamma(n)=PSL(2,\mathbf{Z}_n)$$

作为这节的结束,我还要讲一下椭圆曲线的射影嵌入. 为此设 E 为有原点 0 的椭圆曲线. 当 $n\geqslant 3$ 时,线丛 $\mathscr{L}=\mathscr{O}_E(n0)$ 是很丰富的. 即存在 $\mathscr{L}$ 的截面向量空间的一组基 $s_1,\cdots,s_n\in H^0(E,\mathscr{L})$,使映射

$$\varphi:E\to P_{n-1}$$
$$x\mapsto(s_1(x):\cdots:s_n(x))$$

为一嵌入. E 在 φ 下的象是所谓的 n 次椭圆正规曲线. 当 $n=3$ 时,用这方式得到将 E 作为平面三次曲线的通常表示. 每一椭圆正规曲线有一系列的对称,它们与 n 分点群 $E^{(n)}$ 密切相关. 若 $x\in E$ 为任一点,用 $T_x:E\to E$ 表示 x 决定的位移. 线丛 $\mathscr{L}$ 在群 $E^{(n)}$ 的位移下不变,即

$$T_x^*\mathscr{L}=\mathscr{L}$$

对所有 $x\in E^{(n)}$ 成立.

在向量空间 $V=\mathbf{C}^n$ 上定义下列变换

$$\sigma:e_i\mapsto e_{i-1}$$

$$\tau: e_i \to \rho^i e_i \quad (\rho = e^{\frac{2\pi i}{n}})$$

其中$\{e_i\}$是V的标准基. σ与τ所生成的群

$$H_n = \langle \sigma, \tau \rangle \subset GL(n, \mathbf{C})$$

称为n阶Heisenberg群. 群H_n的阶是n^3,它是个中心扩充

$$1 \to \mu_n \to H_n \to \mathbf{Z}_n \times \mathbf{Z}_n \to 1$$

$$e \to e \cdot 1 = [\sigma, \tau]$$

$$\sigma \mapsto (1,0), \tau \mapsto (0,1)$$

此处$\mathbf{Z}_n \times \mathbf{Z}_n = H_n/$中心$= \mathrm{Im}(H_n \to PGL(n, \mathbf{C}))$.

由包含关系定义的H_n的表示称为H_n是Schrödinger表示.

群$E^{(n)}$在E上的作用提升为Heisenberg群H_n在$\mathscr{L}$上的作用. 这定义了一个从H_n到$H^0(E, \mathscr{L})$的表示它与Schrödinger表示对偶. 它的意义如下:

适当选取基$s_1, \cdots, s_n$定义E的嵌入映射φ,使成为$P_{n-1}(V)$中的H_n不变的椭圆正规曲线. Heisenberg群作为n分点群$E^{(n)}$在E上作用.

定理2 存在$P_{n-1}(V)$中H_n不变的椭圆正规曲线与有水平n结构的椭圆曲线的同构类之间的一一对应.

§3 Abel 族

设$\omega_1, \cdots, \omega_{2g}$为$\mathbf{C}^g$的一组$\mathbf{R}$-基,令

$$\Omega = \mathbf{Z}\omega_1 + \cdots + \mathbf{Z}\omega_{2g}$$

为相应的网格. 于是,如同在椭圆曲线($g = 1$)的情况,商空间

$$x = \mathbf{C}^g / \Omega$$

为一环面,它自然地承载着一个紧复流形的结构. 与一维的情况大不相同,无法保证x是射影代数的. 即存在到射影空间P_n的嵌入.

定义3 若一复环面x同时也是射影代数的,则称它为Abel簇.

为了给出复环面x何时为Able簇的判定准则,我们考虑非退化错双线型

$$A: \Omega \times \Omega \to \mathbf{Z}$$

定义4 双线性型A称为:Riemann形式,如果A的R-线性扩充满足:

(i)$A(\mathrm{i}x, \mathrm{i}y) = A(x, y)(x, y \in \mathbf{C}^g)$;

(ii)$A(\mathrm{i}x, y) > 0(x \neq 0)$.

定理3 x是Abel族的充要条件是x上有Riemann形式.

适当选取Ω的基可使Riemann形式化为标准形

$$\left(\begin{array}{ccc|ccc} & & & \delta_1 & & \\ & & & & \ddots & \\ & & & & & \delta_g \\ \hline -\delta_1 & & & & & \\ & \ddots & & & & \\ & & -\delta_g & & & \end{array}\right)$$

其中δ_i是自然数,而$\delta_i \mid \delta_{i+1}, 1 \leqslant i \leqslant g$. 我们也称$A$定义了$\delta = (\delta_1, \cdots, \delta_g)$型的极化. 若所

有 $\delta_i=1$，则称为主极化.

极化 A 定义了 x 上的一个线丛，它在差一位移的情况下唯一地确定. 于是对于适当的网格把 x 写作商空间 $x=\mathbf{C}^g/\Omega$. 等同

$$\Omega=H_1(x,\mathbf{Z})$$

则可将 A 看为

$$\mathrm{Hom}(\Lambda^2H_1(x,\mathbf{Z}),\mathbf{Z})=H^2(x,\mathbf{Z})$$

中的元素. 定义 4 中的条件(i)意味着

$$A\in H^2(x,\mathbf{Z})\cap H^{1,1}(x,\mathbf{Z})=NS(x)$$

这里 $NS(x)$ 是 x 的 Neron-Severi 群，即 x 上所有的线丛的代数等价(位移)类群. 也常用 $\mathscr{L}$ 表示极化.

像椭圆曲线一样，也可提出 Abel 簇的参量问题. 设固定上述 $\delta=(\delta_1,\cdots,\delta_g)$. 考虑 g 阶 Siegel 上半面，它的定义如下

$$S_g=\{\tau\in M(g\times g,\mathbf{C}),\tau={}^t\tau,\mathrm{Im}\,\tau>0\}$$

当 $g=1$，它就是普通的上半面. 设

$$\boldsymbol{J}=\begin{pmatrix}0 & 1_g\\ -1_g & 0\end{pmatrix}$$

为标准辛形式，而

$$S_p(2_g,\mathbf{Q})=\{\boldsymbol{M}\in GL(2g,\mathbf{Q}),\boldsymbol{M}\boldsymbol{J}^{\mathrm{T}}\boldsymbol{M}=\boldsymbol{J}\}$$

为有理系数的辛群. $S_p(2g,\mathbf{Q})$ 作用在 Q^{2g} 的右边 $S_p(2g,\mathbf{Q})$ 以下式作用在 S_g 上

$$t\mapsto(\boldsymbol{A}\tau+\boldsymbol{B})(\boldsymbol{C}\tau+\boldsymbol{D})^{-1},\begin{pmatrix}\boldsymbol{A} & \boldsymbol{B}\\ \boldsymbol{C} & \boldsymbol{D}\end{pmatrix}\in S_p(2g,\mathbf{Q})$$

其中，$\boldsymbol{A},\cdots,\boldsymbol{D}$ 均为 $(g\times g)$ 矩阵. 这是 $SL(2,\mathbf{Z})$ 在 H 上作用的一个自然推广. 最后设

$$L(\delta)=\mathbf{Z}^g\times\delta_1\mathbf{Z}\times\cdots\times\delta_g\mathbf{Z}\in\mathbf{Z}^{2g}$$

及

$$\Gamma_0(\delta)=\{\boldsymbol{M}\in S_p(2g,\mathbf{Q});\boldsymbol{M}(L_\delta)=L_\delta\}$$

定理 4 存在一一对应

$$\mathscr{A}_0(\delta):S_g/\Gamma_0(\delta)\xrightarrow{\sim}\{(X,\mathscr{L});X\text{ 为 Abel 簇},\mathscr{L}\text{ 为 }\delta\text{ 型极化}\}/\text{同构}$$

$\mathscr{A}_0(\delta)$ 是有 δ 型极化的 Abel 簇的参量空间.

类似于椭圆曲线的情况，也可引进水平结构的概念. 为此，我们定义

$$L^v(\delta)=\frac{1}{\delta_1}\mathbf{Z}\times\cdots\times\frac{1}{\delta_g}\mathbf{Z}\times\mathbf{Z}^g\subset\mathbf{Q}^{2g}$$

注意 $L^v(\delta)=\{x\in\mathbf{Q}^{2g};\boldsymbol{J}(x,y)\in\mathbf{Z}\text{ 对所有 }y\in L(\delta)\}$. 形式 $\boldsymbol{J}$ 在 $L^v\vee(\delta)/L(\delta)$ 上定义了一辛形式，以乘法的方式表达如下

$$(\bar{x},\bar{y})=\mathrm{e}^{2\pi\mathrm{i}J(x,y)}$$

现设 X 为给定极化及相应丛的 Abel 簇. 于是定义了一个映射

$$\lambda:X\to\hat{x}=PiC^0X$$

$$x\mapsto\mathscr{L}_x=T_x^*\mathscr{L}\otimes\mathscr{L}^{-1}$$

其中 T_x 仍表 x 决定的位移. 核

$$\ker\lambda=\{x\in X;T_x^*\mathscr{L}=\mathscr{L}\}$$

表示 x 的挠率点. 类似椭圆曲线的 n 挠率点, $\ker\lambda$ 也有一个内蕴的辛形式.

我们最后考虑

$$\Gamma(\delta)=\{M\in\Gamma_0(\delta);(M-1)L^v(\delta)\subset L(\delta)\}$$

它们是保持网格不变而在 $L^v(\delta)/L(\delta)$ 上诱导出恒同映射的矩阵.

定理 5 存在一一对应

$$(\delta):S_g/\Gamma(\delta)\xrightarrow{\sim}\left\{\begin{matrix}(x,\mathscr{L},\alpha);v(x,\mathscr{L})\text{ 是有 }\delta\text{ 型极化的 Abel 簇},\\ \alpha:\ker\lambda\to L^v(\delta)/L(\delta)\text{ 为一辛同构}\end{matrix}\right\}/\text{同构}$$

换言之, $\mathscr{A}(\delta)$ 是有 $(\delta_1,\cdots,\delta_g)$ 型极化与水平结构的参量空间.

注 在 $g=1$ 的情况, δ_1 正好等于极化的相属线丛的次数 n. α 就是在第 2 节意义上的水平 n 结构.

"遗忘"水平结构给出一映射

$$\mathscr{A}(\delta)\to\mathscr{A}_0(\delta)$$

它由群 $\Gamma_0(\delta)/\Gamma(\delta)$ 的作用给出.

§4 Abel 族的射影嵌入

还是考虑 g 维的 Abel 簇. 设给定 X 上 $\delta=(\delta_1,\cdots,\delta_g)$ 型的极化 A. 如已经说明过的, A 在位移下唯一地确定一线丛 $\mathscr{L}$. 一般性的理论导致:

定理 6 当 $n\geqslant 3$, 线丛 $\mathscr{L}^{\otimes n}$ 为很丰富, 即存在 $\mathscr{L}^{\otimes n}$ 截面向量空间的基 $s_0,\cdots,s_N\in H^0(X,\mathscr{L}^{\otimes n})$ 使映射

$$\varphi_{\mathscr{L}}{}^{\otimes n}:X\to P_N$$
$$x\mapsto(s_0(x):\cdots:s_N(x))$$

为一嵌入.

从 Abel 簇的 Riemann-Roch 定理得

$$h^0(\mathscr{L}^{\otimes n})=\dim_C H^0(X,\mathscr{L}^{\otimes n})=n^g\delta_1,\cdots,\delta_g$$

上述构造导致到, 相地于 X 的维数, 相当高维射影空间的嵌入. 在许多情况下, 我们感兴趣的是把 X 嵌入维数尽可能小的射影空间. 于是可用较小数目的多项式方程来描述 X. 用代数几何中的标准方法不难给出每个 g 维簇到 P_{2g+1} 的嵌入. 对于 Abel 簇, 可用简单方式证明不存在到 P_{2g-1} 的嵌入. 但我们仍然可以考虑边界情况 , 即将 Abel 簇嵌入到两倍维数的射影空间.

定理 7 若 g 维 Abel 簇有个到 P_{2g} 的嵌入, 则一定是下列两个情况之一:

(i) $g=1$, x 是 P_2 中的 3 次曲线;

(ii) $g=2$, x 是 P_4 中的 10 次 Abel 曲面.

注 (i) 每一椭圆曲线可作为三次曲线而嵌入 P_{2n}. 这由定理6, 取 $\mathscr{L}=\mathscr{O}_E(n0)$ 及 $n=3$. 也能直接地得到, 对相应的网格 Ω 有 $E=\mathbf{C}/\Omega$, 考虑魏尔斯特拉斯 $\mathscr{P}$ 函数映射

$$\varphi:E\to P_2$$
$$x\mapsto(\mathscr{P}(x):\mathscr{P}'(x):1)$$

是个嵌入. 函数 $\mathscr{P}$ 满足微分方程

$$(\mathscr{P}')^2=4\mathscr{P}^3-g_2\mathscr{P}-g_3$$

其中, g_2,g_3 是与网格无关的复常数. E 通过 φ 与平面三次曲线

$$y^2=4x^3-g_2x-g_3$$

同构.

(ii) 不是每个 Abel 曲面都能嵌入到 P_4,一个必要条件是 X 有(1,5)型的极化. 但也不是每个 Abel 曲面上(1,5)型的极化都定义到 P_4 的嵌入.

上定理指出,同平面三次曲线一齐,P_4 中的 Abel 曲面起着特殊的作用. 但事先无从知道那样的曲面是否真正存在. 关于它存在的证明,导致今日的许多研究方向:

(1)1972 年 Horrocks 与 Mumford 构造了著名的 Horrocks-Mumford 丛,它是个 P_4 上秩 2 不可分向量丛 F. 设 $0 \neq s \in H^0(P_4, F)$ 是个一般截面,他们证明零点集 $X_s = \{s = 0\}$ 是个 10 次 Abel 曲面. 我们将在 §5 再讲它.

(2) 如只对 Abel 曲面感兴趣,则可越过向量丛的理论. 特别地,可试图回答下列问题:

设给定 Abel 簇 X 及它上面一个来自(1,5)型极化的线丛 $\mathscr{L}$. 在什么情况下 $\mathscr{L}$ 是很丰富,它是否定义了从 X 到 P_4 的嵌入? 这问题在 1984 年被 S. Ramanan 解决. 他的结果可描述如下:

设 X 与 $\mathscr{L}$ 如上,则有循环商

$$\pi: X \to X/\mathbf{Z}_5 = Y$$

其中 Y 是个有主极化 $\mathscr{U}$ 的 Abel 簇,而 $\mathscr{L} = \pi^* \mathscr{U}$. Y 有两种可能性:(a) Y 是一个亏格 2 曲线的 Jacobi 簇而 $\mathscr{U} = \mathscr{O}_Y(C)$. (b) $Y = E_1 \times E_2$ 分解成椭圆曲线的乘积而

$$\mathscr{U} = \mathscr{O}_Y(C)$$

$$C = E_1 \times \{0\} \cup \{0\} \times E_2$$

下面只考虑情况(a),于是 $D = \pi^{-1}(C)$ 是条亏格 6 的光滑曲线,而$\mathscr{L} = 0_X(D)$.

定理 8(Ramanan) 线丛 $\mathscr{L}$ 为很丰富,除了 D 有椭圆对合的情况外,它与 Galois 作用相适,即有交换图

$$\begin{array}{ccc} D & \xrightarrow{2:1} & E \\ {\scriptstyle\pi}\downarrow & & \downarrow{\scriptstyle 5:1} \\ C & \xrightarrow{2:1} & E' \end{array}$$

其中 E 与 E' 是椭圆曲线.

一般亏格 2 的曲线没有椭圆对合,这就给出了 P_4 中 Abel 曲面存在性的证明. 类似的结果对情况(b). 即 Y 可分时,也成立.

(3) 最早构造 P_4 中 Abel 曲面的是意大利数学家 A. Comessatti. 他的文章多年来被忽视. H. Lange 首先重新采用了其中的想法. Comessatti 的结果被扩充并用近代语言证明了. 为了说明 Comessatti 与 Lange 的结果,考虑数域 $\mathbf{Q}(\sqrt{5})$ 和它的整数环

$$\mathscr{D} = \mathbf{Z} + \mathbf{Z}\omega, \omega = \frac{1}{2}(1 + \sqrt{5})$$

更设:$\mathscr{D} \to \mathscr{D}$ 为共轭运算,它由$\sqrt{5} \to -\sqrt{5}$ 所给出,对$(z_1, z_2) \in H^2$,定义

$$\Omega = \Omega_{(z_1, z_2)} = \mathscr{D}\begin{pmatrix}1\\1\end{pmatrix} + \mathscr{D}\begin{pmatrix}z_1\\z_2\end{pmatrix}$$

这里 $\alpha \in \mathscr{D}$的乘法定义是

$$\alpha\begin{pmatrix}\omega_1\\\omega_2\end{pmatrix} = \begin{pmatrix}\alpha\omega_1\\\alpha'\omega_2\end{pmatrix}$$

容易证明 Ω 是 $\mathbf{C}^2$ 中的一个网格. 令

$$X = X_{(z_1,z_2)} = \mathbf{C}^2/\Omega_{(z_1,z_2)}$$

X 是个 Abel 簇，它自然地有个(1,5) 型极化. 为此，考虑 $A:\mathbf{C}^2\times\mathbf{C}^2\to\mathbf{C}$

$$A((x_1,x_2),(y_2,y_2)) = \mathrm{Im}\left(\frac{x_1\bar{y}_1}{\mathrm{Im}\, z_1}+\frac{x_2\bar{y}_2}{\mathrm{Im}\, z_2}\right)$$

立刻可算出 A 在网格 Ω 上取整值并定义了一个(1,5) 型的极化.

设 $\mathscr{L}$ 为相属的线丛.

定理 9(Comessatti-Lange) 若 $z_1\neq z_2$，则 $\mathscr{L}$ 是很丰富的，它定义了一个嵌入 $X_{(z_1,z_2)}\subset P_4$.

注 (i) 若 $z_1=z_2$ 上命题不成立，于是 $X_{(z_1,z_2)}$ 自然地分解为乘积 $\times E$. 线丛 $\mathscr{L}$ 仍然定义了一个映射 $X\to P_4$，但却不是单射，它给出了到 P_4 中直纹 5 次曲面上的二重覆盖；

(ii) Lange 取形如 $\mathscr{L}=\mathscr{L}_0\otimes\omega^*\mathscr{L}_0$ 的极化 $\mathscr{L}$，其中 $\mathscr{L}_0$ 是 X 上的主极化，而 ω 是由 $\omega\in\mathscr{D}$ 的乘积确定的自同构. 这样他便可用较简单的几何方式去证明. 原来 Comessatti 的证明依赖西塔函数的复杂计算.

Comessatti 和 Lange 所考虑的 Abel 曲面都有一个很特殊的性质. $\mathscr{D}$ 的乘法网格 Ω 映到自己，因此有包含关系

$$j:\mathscr{D}\to\mathrm{End}(X)$$

我们称 X 为具有 $\mathscr{D}$ 或 $\mathbf{Q}(\sqrt{5})$ 中实乘法的 Abel 曲面. 有数域 $\mathbf{Q}(I)$ 中实乘法的曲面有所谓的 Hilbert 参量曲面作为它的参量空间. 我们不可能在本文中细讲 Hilbert 参量曲面，而只能涉及出现的特殊情况.

考虑群

$$SL(2,\mathscr{D}) = \left\{\begin{pmatrix}\alpha & \beta\\ \gamma & \delta\end{pmatrix}\ \middle|\ \alpha,\beta,\gamma,\delta\in\mathscr{D},\alpha\delta-\beta\gamma=1\right\}$$

则 Hilbert 参量群 $\Gamma = SL(2,\mathscr{D})/\{\pm 1\}$ 在 H^2 上的作用是

$$(z_1,z_2)\mapsto\left(\frac{\alpha z_1+\beta}{\gamma z_1+\delta},\frac{\alpha' z_2+\beta'}{\gamma' z_2+\delta'}\right)$$

商空间

$$Y(5) = H^2/\Gamma$$

是 $\mathbf{Q}(\sqrt{5})$ 的 Hilbert 参量曲面. 它可解释为有 $\mathbf{Q}(\sqrt{5})$ 实乘法的 Abel 曲面的参量空间.

我们进一步考虑对合

$$\sigma: H^2\to H^2;(z_1,z_2)\to(z_2,z_1)$$

曲面

$$Y_\sigma(5) = H^2/\Gamma\cup\Gamma_\sigma$$

便是 $\mathbf{Q}(5)$ 的对称 Hilbert 参量曲面. 通过 σ 把 Abel 曲面等同，它们的实乘法由共轭区分.

类似以前考虑过的椭圆曲线的情况，最后可以考虑 $SL(2,\mathscr{D})$ 的同余子群，我们局限于下列情况

$$\Gamma(\sqrt{5}) = \{\gamma\in SL(2,\mathscr{D});\gamma\equiv 1\bmod(\sqrt{5})\}$$

于是称

$$Y(5,\sqrt{5}) = H^2/\Gamma(\sqrt{5})$$

为属于 $\mathbf{Q}(\sqrt{5})$ 与理想 $(\sqrt{5})$ 的 Hilbert 参量曲面. 有一个自然的映射

$$Y(5,\sqrt{5}) \to Y(\sqrt{5})$$

它是通过群作用

$$SL(2,\mathscr{D}) \quad \pm \Gamma(\sqrt{5}) = PSL(2,\mathbf{Z}_5) = A_5$$

给出的. 最后 $\mathbf{Q}(\sqrt{5})$ 与最理$(\sqrt{5})$ 的对称 Hilbert 参量曲面为

$$Y_\sigma(5,\sqrt{5}) = H^2/\Gamma(\sqrt{5}) \cup \Gamma(\sqrt{5})\sigma$$

这曲面也有一个 A_5 的作用. Hirzebruch 证明

$$Y_\sigma(5,\sqrt{5}) = P_2 - \{P_1,\cdots,P_6\}$$

这里群 A_5 在 P_2 上线性地作用,而 $P_1,\cdots,P_6$ 是这作用的极小轨道.

§5 Horrocks-Mumford 丛

在 1972 年 Horrocks 与 Mumford 在 4 维复射影空间 P_4 上构造了一个秩 2 不可分向量丛 F. 今天它被称为 Horrocks-Mumford 丛(简称 HM 丛). 它基本上是仅知的 P_4 上秩 2 不可分丛. 所有其他已知的例子都是通过对偶. 用线丛扭曲及有限支覆盖的提升等简单运算而从 F 获得. F 上有丰富而有趣的几何性质,并且与许多其他数学课题密切相关.

Horrocks 与 Mumford 原来的构造是上同调的. 为此考虑向量空间 $V = \mathbf{C}^5$ 及相应的射影空间 $P_4 = P(V)$.

Horrocks 与 Mumford 构造一个复形

$$\Lambda^2 V \otimes \mathscr{O}_P(2) \xrightarrow{p} \Lambda^2 T_{P_4} \xrightarrow{q} \Lambda^2 V \otimes \mathscr{O}_{P_4}(3)$$

上面 $\mathscr{O}_{P_4}(-1)$ 是 Hopf 丛,它的对偶丛 $\mathscr{O}_{P_4}(1)$ 是超平面线丛,而

$$\mathscr{O}_{P_4}(k) = \begin{cases} \mathscr{O}_{P_4}(1)^{\otimes k}, 当\ k > 0 \\ \mathscr{O}_{P_4}, 当\ k = 0 \\ \mathscr{O}_{P_4}(-1)^{\otimes k}, 当\ k < 0 \end{cases}$$

T_{P_4} 表 P_4 的切丛. 映射 p 是向量丛的单射面, q 是满射. 还有 $q \circ p = 0$. 从 F 是这复形的上同调

$$F = \ker q/\operatorname{im} p$$

从这构造我们不难算出 F 的拓扑变量:即陈类

$$c_1(F) = 5, c_2(F) = 10$$

因为多项式 $1 + 5h + 10h^2$ 在 $\mathbf{Z}$ 上不可约,从而 F 不可分.

HM 丛的一个突出的性质是它的对称群. 为此,我们考虑 Heisenberg 群 $H_5 \subset SL(5,\mathbf{C})$, 它在第 2 节已经被引进了. 设 N_5 是 H_5 在 $SL(5,\mathbf{C})$ 中的正规子群. 于是有

$$N_5/H_5 \cong SL(2,\mathbf{Z}_5)$$

而 N_5 是个半直积

$$N_5 = H_5 \times SL(2,\mathbf{Z}_5)$$

N_5 的阶是 15 000,且 N_5 作为对称群而作用在 F 上. 正如以前讨论过的, H_5 与椭圆曲线(及 Abel 曲面)的对称性密切相关. $SL(2,\mathbf{Z}_5)$ 是双正二十面体群.

1. HM 丛与 Abel 曲面

对向量丛 F 的截面空间有

$$\dim_C H^0(P_4,F) = 4$$

从 $F(-1) = F \otimes OP_4(-1)$ 没有截面,对每个截面 $0 \neq S \in H^0(X,F)$,零点集

$$X_s = \{s = 0\}$$

是个 $c_2(F)=10$(次)的曲面. 对一般的截面 s,可证明 S_s 是光滑的. 从曲面的分类不难导出 X_s 是个 Abel 曲面. 精确地说

定理 10(Horrocks-Mumford) 对应 $s \mapsto X_s$ 定义了一个同构

$$\left\{\begin{matrix} 0 \neq s \in H^0(P_4, F) \\ X_s \text{ 光滑} \end{matrix}\right\} / \mathbf{C}^* \xrightarrow{\sim} \left\{\begin{matrix} (X,\mathscr{L},\alpha), X\text{Abel 曲面} \\ \mathscr{L} \text{ 为很丰富}(1,5) \text{ 型极化} \\ \alpha \text{ 为水平结构} \end{matrix}\right\} / \text{同构} =: A^*(1,5)$$

注 (i) 上定理说某类 Abel 曲面表现为 HM 丛的截面曲面. 更进一步:设 $X \subset P_4$ 为一 Abel 曲面(在坐标变换下)总存在一截面 $s \in H^0(P_4, F)$ 使 $X = X_s$;

(ii) 反过来,对 Abel 曲面 $X \subset P_4$,可用 Serre 构造在 P_4 上一向量丛. 在差可能的坐标选择下,它必须是 HM 丛 F;

(iii) 定理 10 意味着,三维射影空间 $P\Gamma := (H^0(P_4 F))$ 中的一个开集,U 可解释为 Abel 簇的参量空间. 有趣的是对称群 N_5 在这关系上所起的作用在 $H^0(P_4, F)$ 上. 而且 N_5 诱导出正二十面体群在 $P\Gamma$ 上,因而也在 U 上(线性地)作用. 在另一方面,有一开的包含关系

$$\mathscr{A}^*(1,5) \subset \mathscr{A}(1,5) = \left\{\begin{matrix} (X,\mathscr{L},a), X\text{Abel 曲面} \\ \mathscr{L} \text{ 为}(1,5) \text{ 型极化} \\ a \text{ 是水平结构} \end{matrix}\right\} / \text{同构}$$

遗忘水平结构而得一映射

$$\mathscr{A}(1,5) \to \mathscr{A}_0(1,5)$$

它是通过群 $\Gamma_0(1,5)/\Gamma(1,5) = A_5$ 的作用诱导的. Horrocks 与 Mumford 证明这在 $\mathscr{A}^*(1,5)$ 上的作用与群 N_5 诱导的作用一致.

在前面已经谈到 Comessatti 与 Lange 发现的 P_4 中的 Abel 曲面所起的特殊作用. 也可提下列问题:

何种截面 $s \in P\Gamma$ 相属的 Abel 曲面 X_s 有 $\mathbf{Q}(\sqrt{5})$ 中的实乘法而通过 Comessatti-Lange 的构造而嵌入. 在这情况,我称 X_5 为 Comessatti 曲面. 由定理,这曲面自然地承载着一个水平结构. 为了回答上述问题,要进一步地借助 A_5 在 $P\Gamma$ 上的作用. 不难看出 $P\Gamma$ 中正好有一个 A_5 不变的三次曲面. X 就是所谓 Clebsch 对角面. 为抽象曲面 X 由下式给出

$$X = \{\sum_{\lambda=0}^{4} x_i = \sum_{i=0}^{4} x_i^3 = 0\} \subset P_4$$

另一描述如下:

考虑 A_5 在 P_2 上(基本上唯一的)作用. 这作用正好有极小轨道 $P_1, \cdots, P_6$,那么

$$X = \widetilde{P_2}(P_1, \cdots, P_6)$$

即 X 是 P_2 在 $P_1, \cdots, P_6$ 点的开放(blow-up). 开放意味着去掉 $P_1, \cdots, P_6$ 而都补上射影直线.

在所有的三次曲面中,Clebsch 对角面有很特殊的性质,如 X 上 27 条直线都是实的. 最后用 $Y_\delta(5,\sqrt{5})$ 表 $\mathbf{Q}(\sqrt{5})$ 与理想$(\sqrt{5})$的对称 Hilbert 参量曲面的紧化. 它是通过 P_2 在 $P_1, \cdots, P_6$ 开放所得. 于是作为抽象曲面 X 与 $\overline{Y_\sigma(5,\sqrt{5})}$ 同构. 容易理解但绝非明显的.

定理 11(Hulek-Lange) Comessatti 曲面族可用 Clebsch 对角面 $X \subset P\Gamma$ 参数化. 特别地,对应 $s \to X_s$ 导致一个同构 $X \cong \overline{Y_\sigma(5,\sqrt{5})}$.

A_5 轨道的点与那些能通过水平结构区分的 Comessatti 曲面符合.

2. HM 丛与椭圆曲线

必须讲课题的两个方面:

(1)Horrocks-Mumford 曲面的退化

我们在上文曾看到,对一般的截面 $s \in P\Gamma$,零点集 X_s 是个 Abel 曲面,它没有奇点,然而存在一族截面 s,它们的 X_s 是奇异的. 我们可将这类曲面理解为 Abel 曲面的退化. 于是有这类奇异 HM 曲面分类的问题.

为此,首先回忆具有水平 5 结构的椭圆曲线与 P_4 中 H_5 不变的 5 次曲线一一对应(定理 2). 设 $E \subset P_4$ 是这样的一条椭圆曲线. 再设 $P_0 \in E$ 不是一个二分点,即 $2P_0 \neq 0$. 将每个 $P \in E$ 和它的位移 $P + P_0$ 连接. 而得一族直线 $L(P,P+P_0)$,它们一齐构成了一个直纹面

$$X = \bigcup_{P \in E} L(P,P+P_0)$$

X 是个 10 次曲面,它沿 E 奇异. 我们称 X 为一位移直纹面. 曲面 X 还有更进一步的退化:

(i) 若 P_0 为零点 $\mathscr{O} \in E$, X 变为 E 的切曲面. 它沿 E 有一族尖点.

(ii) 取 P_0 是不为0的二分点,则直线 $L(P-P_0,P)$ 与 $L(P,P+P_0)$ 总是相重. 此时 X 是个 5 次光滑椭圆直纹面. X 不能是一个截面 $s \in P\Gamma$ 的(理想论的)零点集. 然而却存在截面 s,它在 X 上双重地消失. 在这种情况,X 自然地承载着一个双重结构.

现在还有椭圆曲线 E 自身退化的情况. 在极限情况 E 分解成有五条直线的 H_5 - 不变的 5 边形. 这情况正好出现12次. 它们与Shioda参量曲面 $S(5)$ 的奇异纤维相符. 于是我们有下列退化情况:

(iii)5 个光滑二次曲面的并.

二次曲面还能退化为(二重)平面,而我们有 5 个(有双重结构的)平面.

定理 12(Barth-Hulek-Moore) 每个 Horrocks-Mumford 丛的截面必为下列类型之一:

(i)Abel 曲面;

(ii) 位移直纹面;

(iii) 椭圆 5 次曲面的切曲面;

(iv)(有双重结构的)5 次椭圆直纹面;

(v)5 个光滑二次曲面的并;

(vi)5 个(有双重结构的)平面的并.

以上包括了所有的情况.

(2) 跳跃现象

Horrocks-Mumford 丛在代数向量丛的参量理论的意义下是稳定的. 这等价于

$$H^0(P_4,\mathrm{End}\ F) \cong \mathbf{C}$$

即为 F 的单个自同态产生的相似变换(homothetien). 在稳定丛有所谓跳跃现象的研究,在此不讲跳跃直线的情况.

定义 5 若 $F|E$ 不稳定,则称 $E \subset P_4$ 和 F 的跳跃平面.

对 F 及射影空间 $P_n(n \geqslant 3)$ 上所有其他稳定向量丛,我们可考虑跳跃平面族. 它的定义是

$$S(F):=\{E \mid E\text{ 是 }F\text{ 的跳跃平面}\}$$

Grassmann 流形 $Gr(2,4)$ 把 P_4 中所有的平面参数化,不难看出,$S(F)$ 是 $Gr(2,4)$ 的子族.

定理 13(Barth-Hulek-Moore) F 的跳跃平面构成的簇 $S(F)$ 同构于5 阶的 Shioda 参量

曲面,即

$$S(F) \cong S(5)$$

这结果也与下列 Decker 和 Schreyer 的唯一性定理密切相关.

定理 14(Decker-Schreyer) 若 F' 是 P_4 上秩 2 的稳定向量丛,且 $c_i(F')=c_i(F), i=1,2$,则有坐标变换 $\varphi \in PGL(5,\mathbf{C})$ 使 $F'=\varphi * F$.

这定理的证明是通过对这类丛验证 $S(F') \cong S(5)$ 建立的. 它隐含着下列命题.

系 1(Decker-Sckreyer) P_4 上具有陈类 $c_1=5, c_2=10$ 的在参量空间 $M_{P_4}(5,10)$ 是个齐性空间

$$M_{P_4}(5,10)=PGL(5,\mathbf{C})/(\mathbf{Z}_5 \times \mathbf{Z}_5) \times SL(2\mathbf{Z}_5)$$

最后,还要提一下:

系 2(Decker) 不存在 P_5 上具有陈类 $c_1=5, c_2=10$ 的秩 2 稳定向量丛,特别地,Horrocks-Mumford 丛不能扩充到 P_5.

P_5 上正好有三个不同的具有 $c_1=5, c_2=10$ 的拓扑 $\mathbf{C}^2$ 丛. 上述结果意味着这些拓扑丛上没有稳定代数向量丛的结构. 猜想这些拓扑丛上完全没有代数结构.

参考文献

[1] FACTORING K D. Fermat number[J]. New Scientist,1986,9:25.

[2] KENNETH,ROSEN H. Elementary Number Theory and Its Applications[M]. Upper Saddle River:Addison-Wesley,1993:81-83,302,311-313.

[3] RICHARD K. Guy Unsolved Problem in Number Theory[M]. Berlin:Springer-Verlag,1980:42-43.

[4] 周国光. E. Laguerre 定理的推广[J]. 数学通报,1981(7):27-29.

[5] 密特利诺维奇 D S. 解析不等式[M]. 张小萍,王龙,译. 北京:科学出版社,1987.

[6] 常庚哲. Bernstein 多项式与一道数学竞赛题[J]. 湖南数学通讯,1986(6).

[7] HONSBERGER R. 圆,正方形和格子点[J]. 数学译林,1981,2(1).

[8] 郑德勋. 关于不定方程组 $y^2-2x^2=1,z^2-5x^2=1$ 和 $y^2-5x^2=4,z^2-10x^2=9$[J]. 四川大学学报,1987,24(1):25-29.

[9] 上海教育出版社. 初等数学论丛. 第 7 辑[M]. 上海:上海教育出版社,1981.

[10] 柯召,魏万迪. 组合论[M]. 北京:科学出版社,1981.

[11] GOULD R J,MICHAEL S, JACOBSON. On the Ramsey numbers of Trees Versus Graphs with large Cligue number[J]. J Graph Throry,1983(7):71.

[12] CHVÁTAL V. Tree-Complete Ramsey numbers[J]. J Graph Theory,1977(1):93.

[13] 李宗铎. 从一道数学竞赛题来谈函数的最佳逼近[J]. 湖南数学通讯,1984(4).

[14] 彭明海. 一道全国竞赛题的推广[J]. 湖南数学通讯,1984(2).

[15] 俞鑫泰. 线性函数的一个极值问题[J]. 数学教学,1985(1):28-30.

[16] 上海教育出版社. 初等数学论丛. 第 4 辑[M]//康继鼎. 编号问题的构造性考虑和猜想. 上海:上海教育出版社,1982.

[17] 苏亚贵. 正则组合包含连续自然数的个数[J]. 数学通报,1982(8):22-26.

[18] 常庚哲,单墫,程龙. 漫谈第二十一届国际数学竞赛题[J]. 数学通报,1980(7):23-29.

[19] 顾可敬. 中学国际数学竞赛题解[M]. 湖南:湖南科学技术出版社,1981.

[20] 周持中. "跳蛙问题"的推广[J]. 数学的实践与认识,1984(2):32-42.

[21] 苏化明. 高维 Pythagoras 定理的应用[J]. 合肥工业大学学报,1984(2):104-111.

[22] 苏化明. Weitzenboeck 不等式的推广[J]. 合肥工业大学学报,1983(3):17-23.

[23] 格雷特 S I. 美国及国际数学竞赛题解[M]. 北京:科学普及出版社,1979.

[24] 亨斯贝尔格 R. 数学中的智巧[M]. 李忠,译. 北京:北京大学出版社,1985:96-109.

[25] 华罗庚. 数论导引[M]. 北京:科学出版社,1957.

[26] KLAMKIN M S. 提出问题和数学创造性[J]. 中等数学,1987(6):22-27,34.

◎编辑手记

2015年早些时候,“21年后美国终于在数学奥林匹克竞赛上超过了中国”成了国内媒体竞相报道的新闻.大家还饶有兴趣地发现,其实美国队里也不乏华裔面孔.那么,美国中学生的数学竞赛到底是怎样的,这些参加国际数学奥林匹克竞赛的学生是怎么层层选拔产生的呢?

1971年,美国纽约州立大学的一位女数学教授特尔勒(N. D. Turner),在美国数学学会主办的著名数学刊物《美国数学月刊》(*The Amer. Math. Monthly*)上发表了一篇文章,大声疾呼:“为什么我们不能搞美国数学奥林匹克?”她提出美国应当搞水平相当于IMO的美国数学奥林匹克,进而参加IMO.美国数学奥林匹克的试题不采用选择题,应当像IMO和东欧、英国等国的数学奥林匹克,出一些竞赛味道很足的题目,让学生深思熟虑,想出解答,并将语言组织好,清晰、准确地写在试卷上.美国中学数学竞赛可以作为美国奥林匹克的资格赛,其优胜者可以参加美国数学奥林匹克的比赛,而美国数学奥林匹克又是从美国中学数学竞赛到IMO的一座桥梁.

由于特尔勒及许多有识之士的促进,第1届美国数学奥林匹克(USAMO)于1972年开场.接着,美国于1974年参加了IMO,并取得了第2名.

美国在IMO中成绩非常之好,从1974年至1988年,始终位于前5名,其中三次获得第1名,四次获得第2名,三次获得第3名,一次获得第4名,两次获得第5名,只是在1988年首次跌出第5名,屈居第6名(第5名是越南).(单墫,《数学竞赛史话》.南宁:广西教育出版社,1990,P26-27.)

英国高等教育调查机构 QS 公司公布 2010 年世界大学排行榜,英国剑桥大学排名第 1,美国哈佛大学排名第 2,亚洲地区排名最高的是中国的香港大学,排名第 23.

由英国机构排名难免有王婆卖瓜之嫌.美国的高等教育总体水平世界第一是举世公认的,特别是数学研究水平,但在美国的中学里,对擅长数学的孩子却是抱有偏见的,他们被人们认为不能适应社会,身体不协调,只对数学和其他让人生厌的东西感兴趣.直到史蒂夫·奥尔森著的《美国奥数生》的出版才使人们摆脱了这种偏见.

被誉为下一个姚明的林书豪高中 GPA(平均成绩点数)4.2,SAT(学术能力评估测试)接近满分,9 年级就读完了相当于中国大学高数的 AP 数学.当然有人会说林书豪出生在中国台湾,有中国人的数学天赋,但他的中学阶段毕竟是在美国度过的,而且美国教育界胸怀开放,不论哪的人才,均请来为我所用.美国国家数学奥林匹克的总教练蒂图先生是来自罗马尼亚的中学数学教师,领队冯祖鸣是来自中国天津的数学教育世家.

伴随着中国大陆高中生出国人数的快速增加,俗称美国高考的 SAT 考试如今在中国越来越热.SAT 考试是大多数美国大学评估入学申请人学术阅读能力、学术写作能力和基本数理推理能力的重要参考依据,而上述三项能力也是美国大学公认的确保学生大学阶段取得成功的最重要的能力.

中国学生在 SAT 考试中表现如何?目前,杜克教育机构通过对北京、上海、天津、广东、江苏、河南、山西等地 40 多所国际学校和部分普通高中学生的调查,采集了 2011 年 1 月至 2011 年 10 月间形成的2 890份样本,发布了《2011 中国 SAT 年度报告》.

中国学生向来以数学好著称,但报告显示中国学生的数学实际分数仅为 547 分(满分 800 分),比美国学生的 517 分仅高出 30 分.报告认为造成这种现象的原因有两个:中国学生对与数学有关的英语词汇总体掌握欠佳;虽然在美国高考中数学总体知识面比中国高中数学要窄,但是很多知识点考查得更有深度.

所以不要因为几次或几十次的 IMO 排名第一就沾沾自喜,我们的成功一是群众基础广,二是举国体制,这两点都是世界其他国家所无法拷贝的,所以这不是中国中学数学教育的真正成功.

柳传志有一段论述很精辟:

> 当两只鸡一样大的时候,人家肯定觉得你比他小;当你是只火鸡,人家是只小鸡,你觉得自己大得不行了吧,小鸡会觉得咱俩一样大;只有当你是只鸵鸟的时候,小鸡才会承认你大.所以,千万不要把自己的力量估计得过高,当我们还不是鸵鸟的时候,说话口气不要太大.

另外一个需要反思的问题是我们拥有世界上数量最多的 IMO 金牌,但为什么没有产生一位本土的菲尔兹或沃尔夫奖得主呢?

我们的奥数培训对大多数学生和家长而言是一段痛苦之旅,而对美国学生来说则是好奇之旅、文化之旅.

西南联大时期,著名逻辑学家金岳霖讲逻辑学,有学生感到这门学问十分枯燥,便好奇地问他:"你为什么要搞逻辑?"金教授答曰:"我觉得它很好玩."这是继陈省身先生之后听到的第二位大家说好玩,只有觉得好玩才可能玩好,玩到底.否则,就会将其变成工具、手段、台阶,过河便拆,这对大多数学生是对的,但如果全体都如此便形势不妙了.

有读者会问,中美两国的数学奥林匹克试题哪个好,答案是肯定的:美国的好!

据说世界上最受欢迎的剧集之一的《生活大爆炸》的幕后英雄是一位叫大卫·索兹伯格的"剧本顾问"(Fact-checker),他曾获得过的学位包括普林斯顿大学物理学士、芝加哥大学物理学博士以及欧洲核子研究中心博士后,他保证剧集中出现的科学内容都靠谱,包括白板上的方程式,就是说美国的知识界还是认真的.USAMO 试题大多由数学大家提供,背景深刻,大有挖掘余地,不像 CMO 试题长期由对外封闭的小圈子提供,而且就题论题别无引申,虽难度比美国的大,仅得几分者不乏其人,但在国际上影响并不大.

评价一道题的优劣、难易是一个维度,但绝不是唯一的维度.据金岳霖回忆他当年考清华时,北京考场的作文题目是"人有不为而后可以有为议",正合他意,且算学题目极难,考生大都做错,金先生当然也不会,所以被录取.

作为一名从业近四十年的奥数培训者如此扬美抑中实在是爱之深责之切,可以肯定地说:"师夷长技以制夷"还是相当长一段时间内应采取的策略.

题目 如图 1,BE,CF 为锐角$\triangle ABC$ 的两条高,以 AB 为直径的圆与直线 CF 交于点 M,N,以 AC 为直径的圆与直线 BE 交于点 P,Q.证明:M,P,N,Q 四点共圆.

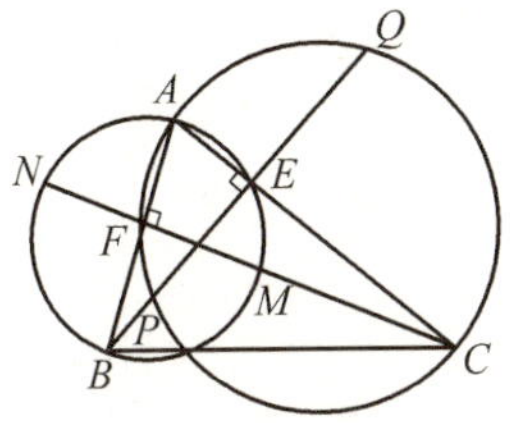

图 1

此题是一道非常经典的两圆模型几何赛题,曾经作为第 19 届美国数学奥林匹克第 5 题出现.无独有偶,2019 年全国高中数学联赛江西省预赛第 9 题直接考查了这一赛题,第 53 届国际数学奥林匹克的第 5 题也源于此题.广东省深圳中学的邱际春老师评价说:"从构形来看,该题条件精炼,结构优美,具有丰富的内涵和外延,确不失为值得深入挖掘和研究的好题."

美国数学奥林匹克试题不论在国内还是在国际上,业内的关注度还是很高的.举一个例子:

有人说中国现在俨然已成为奥数大国,甚至是强国了,是否还有必要去学习和借鉴他国的东西?最近读了一本号称是"实现经济学的圣杯的书",书名为《大衰退》([美]辜朝明著,喻海翔译,东方出版社,2016 年),其中提到日本的困境时,有这样的叙述:

在教育体系上,有些人主张应该重新让孩子们星期六也去上学,让他们学到更多的知识. 但是当前日本真正需要的是能够创造新产品和服务的人才,以便在面对来自中国的挑战时可以继续保持优势. 这样的人才和以前要求的那种"资质均一的高素质劳动力"完全不同.

那些资质均一,拥有相同知识结构和世界观的所谓主流型人才在今天的世界已经不再适用,因为不可能指望这类人才拥有太多创新思维.

读大致相同的教科书、参考书,考大致相同试卷的学生一定会成长为拥有相同知识结构且资质均一的人,所以我们也要高度警惕!

刘培杰

2019 年 12 月 23 日

初稿于哈工大

2023 年 8 月 23 日

修改于哈工大

刘培杰数学工作室
已出版(即将出版)图书目录——初等数学

书　　名	出版时间	定　价	编号
新编中学数学解题方法全书(高中版)上卷(第2版)	2018－08	58.00	951
新编中学数学解题方法全书(高中版)中卷(第2版)	2018－08	68.00	952
新编中学数学解题方法全书(高中版)下卷(一)(第2版)	2018－08	58.00	953
新编中学数学解题方法全书(高中版)下卷(二)(第2版)	2018－08	58.00	954
新编中学数学解题方法全书(高中版)下卷(三)(第2版)	2018－08	68.00	955
新编中学数学解题方法全书(初中版)上卷	2008－01	28.00	29
新编中学数学解题方法全书(初中版)中卷	2010－07	38.00	75
新编中学数学解题方法全书(高考复习卷)	2010－01	48.00	67
新编中学数学解题方法全书(高考真题卷)	2010－01	38.00	62
新编中学数学解题方法全书(高考精华卷)	2011－03	68.00	118
新编平面解析几何解题方法全书(专题讲座卷)	2010－01	18.00	61
新编中学数学解题方法全书(自主招生卷)	2013－08	88.00	261

数学奥林匹克与数学文化(第一辑)	2006－05	48.00	4
数学奥林匹克与数学文化(第二辑)(竞赛卷)	2008－01	48.00	19
数学奥林匹克与数学文化(第二辑)(文化卷)	2008－07	58.00	36′
数学奥林匹克与数学文化(第三辑)(竞赛卷)	2010－01	48.00	59
数学奥林匹克与数学文化(第四辑)(竞赛卷)	2011－08	58.00	87
数学奥林匹克与数学文化(第五辑)	2015－06	98.00	370

世界著名平面几何经典著作钩沉——几何作图专题卷(共3卷)	2022－01	198.00	1460
世界著名平面几何经典著作钩沉(民国平面几何老课本)	2011－03	38.00	113
世界著名平面几何经典著作钩沉(建国初期平面三角老课本)	2015－08	38.00	507
世界著名解析几何经典著作钩沉——平面解析几何卷	2014－01	38.00	264
世界著名数论经典著作钩沉(算术卷)	2012－01	28.00	125
世界著名数学经典著作钩沉——立体几何卷	2011－02	28.00	88
世界著名三角学经典著作钩沉(平面三角卷Ⅰ)	2010－06	28.00	69
世界著名三角学经典著作钩沉(平面三角卷Ⅱ)	2011－01	38.00	78
世界著名初等数论经典著作钩沉(理论和实用算术卷)	2011－07	38.00	126
世界著名几何经典著作钩沉(解析几何卷)	2022－10	68.00	1564

发展你的空间想象力(第3版)	2021－01	98.00	1464
空间想象力进阶	2019－05	68.00	1062
走向国际数学奥林匹克的平面几何试题诠释.第1卷	2019－07	88.00	1043
走向国际数学奥林匹克的平面几何试题诠释.第2卷	2019－09	78.00	1044
走向国际数学奥林匹克的平面几何试题诠释.第3卷	2019－03	78.00	1045
走向国际数学奥林匹克的平面几何试题诠释.第4卷	2019－09	98.00	1046
平面几何证明方法全书	2007－08	35.00	1
平面几何证明方法全书习题解答(第2版)	2006－12	18.00	10
平面几何天天练上卷・基础篇(直线型)	2013－01	58.00	208
平面几何天天练中卷・基础篇(涉及圆)	2013－01	28.00	234
平面几何天天练下卷・提高篇	2013－01	58.00	237
平面几何专题研究	2013－07	98.00	258
平面几何解题之道.第1卷	2022－05	38.00	1494
几何学习题集	2020－10	48.00	1217
通过解题学习代数几何	2021－04	88.00	1301
圆锥曲线的奥秘	2022－06	88.00	1541

刘培杰数学工作室
已出版(即将出版)图书目录——初等数学

书　名	出版时间	定　价	编号
平面几何图形特性新析.上篇	2019—01	68.00	911
平面几何图形特性新析.下篇	2018—06	88.00	912
平面几何范例多解探究.上篇	2018—04	48.00	910
平面几何范例多解探究.下篇	2018—12	68.00	914
从分析解题过程学解题:竞赛中的几何问题研究	2018—07	68.00	946
从分析解题过程学解题:竞赛中的向量几何与不等式研究(全2册)	2019—06	138.00	1090
从分析解题过程学解题:竞赛中的不等式问题	2021—01	48.00	1249
二维、三维欧氏几何的对偶原理	2018—12	38.00	990
星形大观及闭折线论	2019—03	68.00	1020
立体几何的问题和方法	2019—11	58.00	1127
三角代换论	2021—05	58.00	1313
俄罗斯平面几何问题集	2009—08	88.00	55
俄罗斯立体几何问题集	2014—03	58.00	283
俄罗斯几何大师——沙雷金论数学及其他	2014—01	48.00	271
来自俄罗斯的5000道几何习题及解答	2011—03	58.00	89
俄罗斯初等数学问题集	2012—05	38.00	177
俄罗斯函数问题集	2011—03	38.00	103
俄罗斯组合分析问题集	2011—01	48.00	79
俄罗斯初等数学万题选——三角卷	2012—11	38.00	222
俄罗斯初等数学万题选——代数卷	2013—08	68.00	225
俄罗斯初等数学万题选——几何卷	2014—01	68.00	226
俄罗斯《量子》杂志数学征解问题100题选	2018—08	48.00	969
俄罗斯《量子》杂志数学征解问题又100题选	2018—08	48.00	970
俄罗斯《量子》杂志数学征解问题	2020—05	48.00	1138
463个俄罗斯几何老问题	2012—01	28.00	152
《量子》数学短文精粹	2018—09	38.00	972
用三角、解析几何等计算解来自俄罗斯的几何题	2019—11	88.00	1119
基谢廖夫平面几何	2022—01	48.00	1461
基谢廖夫立体几何	2023—04	48.00	1599
数学:代数、数学分析和几何(10—11年级)	2021—01	48.00	1250
立体几何.10—11年级	2022—01	58.00	1472
直观几何学:5—6年级	2022—04	58.00	1508
平面几何:9—11年级	2022—10	48.00	1571

谈谈素数	2011—03	18.00	91
平方和	2011—03	18.00	92
整数论	2011—05	38.00	120
从整数谈起	2015—10	28.00	538
数与多项式	2016—01	38.00	558
谈谈不定方程	2011—05	28.00	119
质数漫谈	2022—07	68.00	1529

解析不等式新论	2009—06	68.00	48
建立不等式的方法	2011—03	98.00	104
数学奥林匹克不等式研究(第2版)	2020—07	68.00	1181
不等式研究(第二辑)	2012—02	68.00	153
不等式的秘密(第一卷)(第2版)	2014—02	38.00	286
不等式的秘密(第二卷)	2014—01	38.00	268
初等不等式的证明方法	2010—06	38.00	123
初等不等式的证明方法(第二版)	2014—11	38.00	407
不等式·理论·方法(基础卷)	2015—07	38.00	496
不等式·理论·方法(经典不等式卷)	2015—07	38.00	497
不等式·理论·方法(特殊类型不等式卷)	2015—07	48.00	498
不等式探究	2016—03	38.00	582
不等式探秘	2017—01	88.00	689
四面体不等式	2017—01	68.00	715
数学奥林匹克中常见重要不等式	2017—09	38.00	845

刘培杰数学工作室
已出版(即将出版)图书目录——初等数学

书　　名	出版时间	定　价	编号
三正弦不等式	2018—09	98.00	974
函数方程与不等式:解法与稳定性结果	2019—04	68.00	1058
数学不等式.第1卷,对称多项式不等式	2022—05	78.00	1455
数学不等式.第2卷,对称有理不等式与对称无理不等式	2022—05	88.00	1456
数学不等式.第3卷,循环不等式与非循环不等式	2022—05	88.00	1457
数学不等式.第4卷,Jensen不等式的扩展与加细	2022—05	88.00	1458
数学不等式.第5卷,创建不等式与解不等式的其他方法	2022—05	88.00	1459
同余理论	2012—05	38.00	163
[x]与{x}	2015—04	48.00	476
极值与最值.上卷	2015—06	28.00	486
极值与最值.中卷	2015—06	38.00	487
极值与最值.下卷	2015—06	28.00	488
整数的性质	2012—11	38.00	192
完全平方数及其应用	2015—08	78.00	506
多项式理论	2015—10	88.00	541
奇数、偶数、奇偶分析法	2018—01	98.00	876
不定方程及其应用.上	2018—12	58.00	992
不定方程及其应用.中	2019—01	78.00	993
不定方程及其应用.下	2019—02	98.00	994
Nesbitt不等式加强式的研究	2022—06	128.00	1527
最值定理与分析不等式	2023—02	78.00	1567
一类积分不等式	2023—02	88.00	1579
邦费罗尼不等式及概率应用	2023—05	58.00	1637
历届美国中学生数学竞赛试题及解答(第一卷)1950—1954	2014—07	18.00	277
历届美国中学生数学竞赛试题及解答(第二卷)1955—1959	2014—04	18.00	278
历届美国中学生数学竞赛试题及解答(第三卷)1960—1964	2014—06	18.00	279
历届美国中学生数学竞赛试题及解答(第四卷)1965—1969	2014—04	28.00	280
历届美国中学生数学竞赛试题及解答(第五卷)1970—1972	2014—06	18.00	281
历届美国中学生数学竞赛试题及解答(第六卷)1973—1980	2017—07	18.00	768
历届美国中学生数学竞赛试题及解答(第七卷)1981—1986	2015—01	18.00	424
历届美国中学生数学竞赛试题及解答(第八卷)1987—1990	2017—05	18.00	769
历届中国数学奥林匹克试题集(第3版)	2021—10	58.00	1440
历届加拿大数学奥林匹克试题集	2012—08	38.00	215
历届美国数学奥林匹克试题集:1972～2019	2020—04	88.00	1135
历届波兰数学竞赛试题集.第1卷,1949～1963	2015—03	18.00	453
历届波兰数学竞赛试题集.第2卷,1964～1976	2015—03	18.00	454
历届巴尔干数学奥林匹克试题集	2015—05	38.00	466
保加利亚数学奥林匹克	2014—10	38.00	393
圣彼得堡数学奥林匹克试题集	2015—01	38.00	429
匈牙利奥林匹克数学竞赛题解.第1卷	2016—05	28.00	593
匈牙利奥林匹克数学竞赛题解.第2卷	2016—05	28.00	594
历届美国数学邀请赛试题集(第2版)	2017—10	78.00	851
普林斯顿大学数学竞赛	2016—06	38.00	669
亚太地区数学奥林匹克竞赛题	2015—07	18.00	492
日本历届(初级)广中杯数学竞赛试题及解答.第1卷(2000～2007)	2016—05	28.00	641
日本历届(初级)广中杯数学竞赛试题及解答.第2卷(2008～2015)	2016—05	38.00	642
越南数学奥林匹克题选:1962—2009	2021—07	48.00	1370
360个数学竞赛问题	2016—08	58.00	677
奥数最佳实战题.上卷	2017—06	38.00	760
奥数最佳实战题.下卷	2017—05	58.00	761
哈尔滨市早期中学数学竞赛试题汇编	2016—07	28.00	672
全国高中数学联赛试题及解答:1981—2019(第4版)	2020—07	138.00	1176
2022年全国高中数学联合竞赛模拟题集	2022—06	30.00	1521

刘培杰数学工作室
已出版(即将出版)图书目录——初等数学

书　　名	出版时间	定　价	编号
20世纪50年代全国部分城市数学竞赛试题汇编	2017－07	28.00	797
国内外数学竞赛题及精解:2018～2019	2020－08	45.00	1192
国内外数学竞赛题及精解:2019～2020	2021－11	58.00	1439
许康华竞赛优学精选集.第一辑	2018－08	68.00	949
天问叶班数学问题征解100题.Ⅰ,2016－2018	2019－05	88.00	1075
天问叶班数学问题征解100题.Ⅱ,2017－2019	2020－07	98.00	1177
美国初中数学竞赛:AMC8准备(共6卷)	2019－07	138.00	1089
美国高中数学竞赛:AMC10准备(共6卷)	2019－08	158.00	1105
王连笑教你怎样学数学:高考选择题解题策略与客观题实用训练	2014－01	48.00	262
王连笑教你怎样学数学:高考数学高层次讲座	2015－02	48.00	432
高考数学的理论与实践	2009－08	38.00	53
高考数学核心题型解题方法与技巧	2010－01	28.00	86
高考思维新平台	2014－03	38.00	259
高考数学压轴题解题诀窍(上)(第2版)	2018－01	58.00	874
高考数学压轴题解题诀窍(下)(第2版)	2018－01	48.00	875
北京市五区文科数学三年高考模拟题详解:2013～2015	2015－08	48.00	500
北京市五区理科数学三年高考模拟题详解:2013～2015	2015－09	68.00	505
向量法巧解数学高考题	2009－08	28.00	54
高中数学课堂教学的实践与反思	2021－11	48.00	791
数学高考参考	2016－01	78.00	589
新课程标准高考数学解答题各种题型解法指导	2020－08	78.00	1196
全国及各省市高考数学试题审题要津与解法研究	2015－02	48.00	450
高中数学章节起始课的教学研究与案例设计	2019－05	28.00	1064
新课标高考数学——五年试题分章详解(2007～2011)(上、下)	2011－10	78.00	140,141
全国中考数学压轴题审题要津与解法研究	2013－04	78.00	248
新编全国及各省市中考数学压轴题审题要津与解法研究	2014－05	58.00	342
全国及各省市5年中考数学压轴题审题要津与解法研究(2015版)	2015－04	58.00	462
中考数学专题总复习	2007－04	28.00	6
中考数学较难题常考题型解题方法与技巧	2016－09	48.00	681
中考数学难题常考题型解题方法与技巧	2016－09	48.00	682
中考数学中档题常考题型解题方法与技巧	2017－08	68.00	835
中考数学选择填空压轴好题妙解365	2017－05	38.00	759
中考数学:三类重点考题的解法例析与习题	2020－04	48.00	1140
中小学数学的历史文化	2019－11	48.00	1124
初中平面几何百题多思创新解	2020－01	58.00	1125
初中数学中考备考	2020－01	58.00	1126
高考数学之九章演义	2019－08	68.00	1044
高考数学之难题谈笑间	2022－06	68.00	1519
化学可以这样学:高中化学知识方法智慧感悟疑难辨析	2019－07	58.00	1103
如何成为学习高手	2019－09	58.00	1107
高考数学:经典真题分类解析	2020－04	78.00	1134
高考数学解答题破解策略	2020－11	58.00	1221
从分析解题过程学解题:高考压轴题与竞赛题之关系探究	2020－08	88.00	1179
教学新思考:单元整体视角下的初中数学教学设计	2021－03	58.00	1278
思维再拓展:2020年经典几何题的多解探究与思考	即将出版		1279
中考数学小压轴汇编初讲	2017－07	48.00	788
中考数学大压轴专题微言	2017－09	48.00	846
怎么解中考平面几何探索题	2019－06	48.00	1093
北京中考数学压轴题解题方法突破(第8版)	2022－11	78.00	1577
助你高考成功的数学解题智慧:知识是智慧的基础	2016－01	58.00	596
助你高考成功的数学解题智慧:错误是智慧的试金石	2016－04	58.00	643
助你高考成功的数学解题智慧:方法是智慧的推手	2016－04	68.00	657
高考数学奇思妙解	2016－04	38.00	610
高考数学解题策略	2016－05	48.00	670
数学解题泄天机(第2版)	2017－10	48.00	850

刘培杰数学工作室
已出版(即将出版)图书目录——初等数学

书名	出版时间	定价	编号
高考物理压轴题全解	2017－04	58.00	746
高中物理经典问题 25 讲	2017－05	28.00	764
高中物理教学讲义	2018－01	48.00	871
高中物理教学讲义:全模块	2022－03	98.00	1492
高中物理答疑解惑 65 篇	2021－11	48.00	1462
中学物理基础问题解析	2020－08	48.00	1183
初中数学、高中数学脱节知识补缺教材	2017－06	48.00	766
高考数学小题抢分必练	2017－10	48.00	834
高考数学核心素养解读	2017－09	38.00	839
高考数学客观题解题方法和技巧	2017－10	38.00	847
十年高考数学精品试题审题要津与解法研究	2021－10	98.00	1427
中国历届高考数学试题及解答.1949－1979	2018－01	38.00	877
历届中国高考数学试题及解答.第二卷,1980—1989	2018－10	28.00	975
历届中国高考数学试题及解答.第三卷,1990—1999	2018－10	48.00	976
数学文化与高考研究	2018－03	48.00	882
跟我学解高中数学题	2018－07	58.00	926
中学数学研究的方法及案例	2018－05	58.00	869
高考数学抢分技能	2018－07	68.00	934
高一新生常用数学方法和重要数学思想提升教材	2018－06	38.00	921
2018 年高考数学真题研究	2019－01	68.00	1000
2019 年高考数学真题研究	2020－05	88.00	1137
高考数学全国卷六道解答题常考题型解题诀窍:理科(全 2 册)	2019－07	78.00	1101
高考数学全国卷 16 道选择、填空题常考题型解题诀窍.理科	2018－09	88.00	971
高考数学全国卷 16 道选择、填空题常考题型解题诀窍.文科	2020－01	88.00	1123
高中数学一题多解	2019－06	58.00	1087
历届中国高考数学试题及解答:1917－1999	2021－08	98.00	1371
2000～2003 年全国及各省市高考数学试题及解答	2022－05	88.00	1499
2004 年全国及各省市高考数学试题及解答	2022－07	78.00	1500
突破高原:高中数学解题思维探究	2021－08	48.00	1375
高考数学中的“取值范围”	2021－10	48.00	1429
新课程标准高中数学各种题型解法大全.必修一分册	2021－06	58.00	1315
新课程标准高中数学各种题型解法大全.必修二分册	2022－01	68.00	1471
高中数学各种题型解法大全.选择性必修一分册	2022－06	68.00	1525
高中数学各种题型解法大全.选择性必修二分册	2023－01	58.00	1600
高中数学各种题型解法大全.选择性必修三分册	2023－04	48.00	1643
历届全国初中数学竞赛经典试题详解	2023－04	88.00	1624
新编 640 个世界著名数学智力趣题	2014－01	88.00	242
500 个最新世界著名数学智力趣题	2008－06	48.00	3
400 个最新世界著名数学最值问题	2008－09	48.00	36
500 个世界著名数学征解问题	2009－06	48.00	52
400 个中国最佳初等数学征解老问题	2010－01	48.00	60
500 个俄罗斯数学经典老题	2011－01	28.00	81
1000 个国外中学物理好题	2012－04	48.00	174
300 个日本高考数学题	2012－05	38.00	142
700 个早期日本高考数学试题	2017－02	88.00	752
500 个前苏联早期高考数学试题及解答	2012－05	28.00	185
546 个早期俄罗斯大学生数学竞赛题	2014－03	38.00	285
548 个来自美苏的数学好问题	2014－11	28.00	396
20 所苏联著名大学早期入学试题	2015－02	18.00	452
161 道德国工科大学生必做的微分方程习题	2015－05	28.00	469
500 个德国工科大学生必做的高数习题	2015－06	28.00	478
360 个数学竞赛问题	2016－08	58.00	677
200 个趣味数学故事	2018－02	48.00	857
470 个数学奥林匹克中的最值问题	2018－10	88.00	985
德国讲义日本考题.微积分卷	2015－04	48.00	456
德国讲义日本考题.微分方程卷	2015－04	38.00	457
二十世纪中叶中、英、美、日、法、俄高考数学试题精选	2017－06	38.00	783

刘培杰数学工作室
已出版(即将出版)图书目录——初等数学

书　　名	出版时间	定　价	编号
中国初等数学研究　2009 卷(第 1 辑)	2009—05	20.00	45
中国初等数学研究　2010 卷(第 2 辑)	2010—05	30.00	68
中国初等数学研究　2011 卷(第 3 辑)	2011—07	60.00	127
中国初等数学研究　2012 卷(第 4 辑)	2012—07	48.00	190
中国初等数学研究　2014 卷(第 5 辑)	2014—02	48.00	288
中国初等数学研究　2015 卷(第 6 辑)	2015—06	68.00	493
中国初等数学研究　2016 卷(第 7 辑)	2016—04	68.00	609
中国初等数学研究　2017 卷(第 8 辑)	2017—01	98.00	712
初等数学研究在中国.第 1 辑	2019—03	158.00	1024
初等数学研究在中国.第 2 辑	2019—10	158.00	1116
初等数学研究在中国.第 3 辑	2021—05	158.00	1306
初等数学研究在中国.第 4 辑	2022—06	158.00	1520
几何变换(Ⅰ)	2014—07	28.00	353
几何变换(Ⅱ)	2015—06	28.00	354
几何变换(Ⅲ)	2015—01	38.00	355
几何变换(Ⅳ)	2015—12	38.00	356
初等数论难题集(第一卷)	2009—05	68.00	44
初等数论难题集(第二卷)(上、下)	2011—02	128.00	82,83
数论概貌	2011—03	18.00	93
代数数论(第二版)	2013—08	58.00	94
代数多项式	2014—06	38.00	289
初等数论的知识与问题	2011—02	28.00	95
超越数论基础	2011—03	28.00	96
数论初等教程	2011—03	28.00	97
数论基础	2011—03	18.00	98
数论基础与维诺格拉多夫	2014—03	18.00	292
解析数论基础	2012—08	28.00	216
解析数论基础(第二版)	2014—01	48.00	287
解析数论问题集(第二版)(原版引进)	2014—05	88.00	343
解析数论问题集(第二版)(中译本)	2016—04	88.00	607
解析数论基础(潘承洞,潘承彪著)	2016—07	98.00	673
解析数论导引	2016—07	58.00	674
数论入门	2011—03	38.00	99
代数数论入门	2015—03	38.00	448
数论开篇	2012—07	28.00	194
解析数论引论	2011—03	48.00	100
Barban Davenport Halberstam 均值和	2009—01	40.00	33
基础数论	2011—03	28.00	101
初等数论 100 例	2011—05	18.00	122
初等数论经典例题	2012—07	18.00	204
最新世界各国数学奥林匹克中的初等数论试题(上、下)	2012—01	138.00	144,145
初等数论(Ⅰ)	2012—01	18.00	156
初等数论(Ⅱ)	2012—01	18.00	157
初等数论(Ⅲ)	2012—01	28.00	158

刘培杰数学工作室
已出版(即将出版)图书目录——初等数学

书　名	出版时间	定　价	编号
平面几何与数论中未解决的新老问题	2013－01	68.00	229
代数数论简史	2014－11	28.00	408
代数数论	2015－09	88.00	532
代数、数论及分析习题集	2016－11	98.00	695
数论导引提要及习题解答	2016－01	48.00	559
素数定理的初等证明. 第 2 版	2016－09	48.00	686
数论中的模函数与狄利克雷级数(第二版)	2017－11	78.00	837
数论:数学导引	2018－01	68.00	849
范氏大代数	2019－02	98.00	1016
解析数学讲义. 第一卷,导来式及微分、积分、级数	2019－04	88.00	1021
解析数学讲义. 第二卷,关于几何的应用	2019－04	68.00	1022
解析数学讲义. 第三卷,解析函数论	2019－04	78.00	1023
分析・组合・数论纵横谈	2019－04	58.00	1039
Hall 代数:民国时期的中学数学课本:英文	2019－08	88.00	1106
基谢廖夫初等代数	2022－07	38.00	1531
数学精神巡礼	2019－01	58.00	731
数学眼光透视(第 2 版)	2017－06	78.00	732
数学思想领悟(第 2 版)	2018－01	68.00	733
数学方法溯源(第 2 版)	2018－08	68.00	734
数学解题引论	2017－05	58.00	735
数学史话览胜(第 2 版)	2017－01	48.00	736
数学应用展观(第 2 版)	2017－08	68.00	737
数学建模尝试	2018－04	48.00	738
数学竞赛采风	2018－01	68.00	739
数学测评探营	2019－05	58.00	740
数学技能操握	2018－03	48.00	741
数学欣赏拾趣	2018－02	48.00	742
从毕达哥拉斯到怀尔斯	2007－10	48.00	9
从迪利克雷到维斯卡尔迪	2008－01	48.00	21
从哥德巴赫到陈景润	2008－05	98.00	35
从庞加莱到佩雷尔曼	2011－08	138.00	136
博弈论精粹	2008－03	58.00	30
博弈论精粹. 第二版(精装)	2015－01	88.00	461
数学 我爱你	2008－01	28.00	20
精神的圣徒　别样的人生——60 位中国数学家成长的历程	2008－09	48.00	39
数学史概论	2009－06	78.00	50
数学史概论(精装)	2013－03	158.00	272
数学史选讲	2016－01	48.00	544
斐波那契数列	2010－02	28.00	65
数学拼盘和斐波那契魔方	2010－07	38.00	72
斐波那契数列欣赏(第 2 版)	2018－08	58.00	948
Fibonacci 数列中的明珠	2018－06	58.00	928
数学的创造	2011－02	48.00	85
数学美与创造力	2016－01	48.00	595
数海拾贝	2016－01	48.00	590
数学中的美(第 2 版)	2019－04	68.00	1057
数论中的美学	2014－12	38.00	351

刘培杰数学工作室
已出版(即将出版)图书目录——初等数学

书　　名	出版时间	定　价	编号
数学王者　科学巨人——高斯	2015－01	28.00	428
振兴祖国数学的圆梦之旅:中国初等数学研究史话	2015－06	98.00	490
二十世纪中国数学史料研究	2015－10	48.00	536
数字谜、数阵图与棋盘覆盖	2016－01	58.00	298
时间的形状	2016－01	38.00	556
数学发现的艺术:数学探索中的合情推理	2016－07	58.00	671
活跃在数学中的参数	2016－07	48.00	675
数海趣史	2021－05	98.00	1314
数学解题——靠数学思想给力(上)	2011－07	38.00	131
数学解题——靠数学思想给力(中)	2011－07	48.00	132
数学解题——靠数学思想给力(下)	2011－07	38.00	133
我怎样解题	2013－01	48.00	227
数学解题中的物理方法	2011－06	28.00	114
数学解题的特殊方法	2011－06	48.00	115
中学数学计算技巧(第2版)	2020－10	48.00	1220
中学数学证明方法	2012－01	58.00	117
数学趣题巧解	2012－03	28.00	128
高中数学教学通鉴	2015－05	58.00	479
和高中生漫谈:数学与哲学的故事	2014－08	28.00	369
算术问题集	2017－03	38.00	789
张教授讲数学	2018－07	38.00	933
陈永明实话实说数学教学	2020－04	68.00	1132
中学数学学科知识与教学能力	2020－06	58.00	1155
怎样把课讲好:大罕数学教学随笔	2022－03	58.00	1484
中国高考评价体系下高考数学探秘	2022－03	48.00	1487
自主招生考试中的参数方程问题	2015－01	28.00	435
自主招生考试中的极坐标问题	2015－04	28.00	463
近年全国重点大学自主招生数学试题全解及研究.华约卷	2015－02	38.00	441
近年全国重点大学自主招生数学试题全解及研究.北约卷	2016－05	38.00	619
自主招生数学解证宝典	2015－09	48.00	535
中国科学技术大学创新班数学真题解析	2022－03	48.00	1488
中国科学技术大学创新班物理真题解析	2022－03	58.00	1489
格点和面积	2012－07	18.00	191
射影几何趣谈	2012－04	28.00	175
斯潘纳尔引理——从一道加拿大数学奥林匹克试题谈起	2014－01	28.00	228
李普希兹条件——从几道近年高考数学试题谈起	2012－10	18.00	221
拉格朗日中值定理——从一道北京高考试题的解法谈起	2015－10	18.00	197
闵科夫斯基定理——从一道清华大学自主招生试题谈起	2014－01	28.00	198
哈尔测度——从一道冬令营试题的背景谈起	2012－08	28.00	202
切比雪夫逼近问题——从一道中国台北数学奥林匹克试题谈起	2013－04	38.00	238
伯恩斯坦多项式与贝齐尔曲面——从一道全国高中数学联赛试题谈起	2013－03	38.00	236
卡塔兰猜想——从一道普特南竞赛试题谈起	2013－06	18.00	256
麦卡锡函数和阿克曼函数——从一道前南斯拉夫数学奥林匹克试题谈起	2012－08	18.00	201
贝蒂定理与拉姆贝克莫斯尔定理——从一个拣石子游戏谈起	2012－08	18.00	217
皮亚诺曲线和豪斯道夫分球定理——从无限集谈起	2012－08	18.00	211
平面凸图形与凸多面体	2012－10	28.00	218
斯坦因豪斯问题——从一道二十五省市自治区中学数学竞赛试题谈起	2012－07	18.00	196

刘培杰数学工作室
已出版(即将出版)图书目录——初等数学

书　名	出版时间	定　价	编号
纽结理论中的亚历山大多项式与琼斯多项式——从一道北京市高一数学竞赛试题谈起	2012-07	28.00	195
原则与策略——从波利亚"解题表"谈起	2013-04	38.00	244
转化与化归——从三大尺规作图不能问题谈起	2012-08	28.00	214
代数几何中的贝祖定理(第一版)——从一道 IMO 试题的解法谈起	2013-08	18.00	193
成功连贯理论与约当块理论——从一道比利时数学竞赛试题谈起	2012-04	18.00	180
素数判定与大数分解	2014-08	18.00	199
置换多项式及其应用	2012-10	18.00	220
椭圆函数与模函数——从一道美国加州大学洛杉矶分校(UCLA)博士资格考题谈起	2012-10	28.00	219
差分方程的拉格朗日方法——从一道 2011 年全国高考理科试题的解法谈起	2012-08	28.00	200
力学在几何中的一些应用	2013-01	38.00	240
从根式解到伽罗华理论	2020-01	48.00	1121
康托洛维奇不等式——从一道全国高中联赛试题谈起	2013-03	28.00	337
西格尔引理——从一道第 18 届 IMO 试题的解法谈起	即将出版		
罗斯定理——从一道前苏联数学竞赛试题谈起	即将出版		
拉克斯定理和阿廷定理——从一道 IMO 试题的解法谈起	2014-01	58.00	246
毕卡大定理——从一道美国大学数学竞赛试题谈起	2014-07	18.00	350
贝齐尔曲线——从一道全国高中联赛试题谈起	即将出版		
拉格朗日乘子定理——从一道 2005 年全国高中联赛试题的高等数学解法谈起	2015-05	28.00	480
雅可比定理——从一道日本数学奥林匹克试题谈起	2013-04	48.00	249
李天岩-约克定理——从一道波兰数学竞赛试题谈起	2014-06	28.00	349
受控理论与初等不等式:从一道 IMO 试题的解法谈起	2023-03	48.00	1601
布劳维不动点定理——从一道前苏联数学奥林匹克试题谈起	2014-01	38.00	273
伯恩赛德定理——从一道英国数学奥林匹克试题谈起	即将出版		
布查特-莫斯特定理——从一道上海市初中竞赛试题谈起	即将出版		
数论中的同余数问题——从一道普特南竞赛试题谈起	即将出版		
范·德蒙行列式——从一道美国数学奥林匹克试题谈起	即将出版		
中国剩余定理:总数法构建中国历史年表	2015-01	28.00	430
牛顿程序与方程求根——从一道全国高考试题解法谈起	即将出版		
库默尔定理——从一道 IMO 预选试题谈起	即将出版		
卢丁定理——从一道冬令营试题的解法谈起	即将出版		
沃斯滕霍姆定理——从一道 IMO 预选试题谈起	即将出版		
卡尔松不等式——从一道莫斯科数学奥林匹克试题谈起	即将出版		
信息论中的香农熵——从一道近年高考压轴题谈起	即将出版		
约当不等式——从一道希望杯竞赛试题谈起	即将出版		
拉比诺维奇定理	即将出版		
刘维尔定理——从一道《美国数学月刊》征解问题的解法谈起	即将出版		
卡塔兰恒等式与级数求和——从一道 IMO 试题的解法谈起	即将出版		
勒让德猜想与素数分布——从一道爱尔兰竞赛试题谈起	即将出版		
天平称重与信息论——从一道基辅市数学奥林匹克试题谈起	即将出版		
哈密尔顿-凯莱定理:从一道高中数学联赛试题的解法谈起	2014-09	18.00	376
艾思特曼定理——从一道 CMO 试题的解法谈起	即将出版		

刘培杰数学工作室
已出版(即将出版)图书目录——初等数学

书　　名	出版时间	定　价	编号
阿贝尔恒等式与经典不等式及应用	2018－06	98.00	923
迪利克雷除数问题	2018－07	48.00	930
幻方、幻立方与拉丁方	2019－08	48.00	1092
帕斯卡三角形	2014－03	18.00	294
蒲丰投针问题——从 2009 年清华大学的一道自主招生试题谈起	2014－01	38.00	295
斯图姆定理——从一道"华约"自主招生试题的解法谈起	2014－01	18.00	296
许瓦兹引理——从一道加利福尼亚大学伯克利分校数学系博士生试题谈起	2014－08	18.00	297
拉姆塞定理——从王诗宬院士的一个问题谈起	2016－04	48.00	299
坐标法	2013－12	28.00	332
数论三角形	2014－04	38.00	341
毕克定理	2014－07	18.00	352
数林掠影	2014－09	48.00	389
我们周围的概率	2014－10	38.00	390
凸函数最值定理:从一道华约自主招生题的解法谈起	2014－10	28.00	391
易学与数学奥林匹克	2014－10	38.00	392
生物数学趣谈	2015－01	18.00	409
反演	2015－01	28.00	420
因式分解与圆锥曲线	2015－01	18.00	426
轨迹	2015－01	28.00	427
面积原理:从常庚哲命的一道 CMO 试题的积分解法谈起	2015－01	48.00	431
形形色色的不动点定理:从一道 28 届 IMO 试题谈起	2015－01	38.00	439
柯西函数方程:从一道上海交大自主招生的试题谈起	2015－02	28.00	440
三角恒等式	2015－02	28.00	442
无理性判定:从一道 2014 年"北约"自主招生试题谈起	2015－01	38.00	443
数学归纳法	2015－03	18.00	451
极端原理与解题	2015－04	28.00	464
法雷级数	2014－08	18.00	367
摆线族	2015－01	38.00	438
函数方程及其解法	2015－05	38.00	470
含参数的方程和不等式	2012－09	28.00	213
希尔伯特第十问题	2016－01	38.00	543
无穷小量的求和	2016－01	28.00	545
切比雪夫多项式:从一道清华大学金秋营试题谈起	2016－01	38.00	583
泽肯多夫定理	2016－03	38.00	599
代数等式证题法	2016－01	28.00	600
三角等式证题法	2016－01	28.00	601
吴大任教授藏书中的一个因式分解公式:从一道美国数学邀请赛试题的解法谈起	2016－06	28.00	656
易卦——类万物的数学模型	2017－08	68.00	838
"不可思议"的数与数系可持续发展	2018－01	38.00	878
最短线	2018－01	38.00	879
数学在天文、地理、光学、机械力学中的一些应用	2023－03	88.00	1576
从阿基米德三角形谈起	2023－01	28.00	1578

幻方和魔方(第一卷)	2012－05	68.00	173
尘封的经典——初等数学经典文献选读(第一卷)	2012－07	48.00	205
尘封的经典——初等数学经典文献选读(第二卷)	2012－07	38.00	206

初级方程式论	2011－03	28.00	106
初等数学研究(Ⅰ)	2008－09	68.00	37
初等数学研究(Ⅱ)(上、下)	2009－05	118.00	46,47
初等数学专题研究	2022－10	68.00	1568

刘培杰数学工作室
已出版(即将出版)图书目录——初等数学

书　名	出版时间	定　价	编号
趣味初等方程妙题集锦	2014—09	48.00	388
趣味初等数论选美与欣赏	2015—02	48.00	445
耕读笔记(上卷):一位农民数学爱好者的初数探索	2015—04	28.00	459
耕读笔记(中卷):一位农民数学爱好者的初数探索	2015—05	28.00	483
耕读笔记(下卷):一位农民数学爱好者的初数探索	2015—05	28.00	484
几何不等式研究与欣赏.上卷	2016—01	88.00	547
几何不等式研究与欣赏.下卷	2016—01	48.00	552
初等数列研究与欣赏·上	2016—01	48.00	570
初等数列研究与欣赏·下	2016—01	48.00	571
趣味初等函数研究与欣赏.上	2016—09	48.00	684
趣味初等函数研究与欣赏.下	2018—09	48.00	685
三角不等式研究与欣赏	2020—10	68.00	1197
新编平面解析几何解题方法研究与欣赏	2021—10	78.00	1426
火柴游戏(第2版)	2022—05	38.00	1493
智力解谜.第1卷	2017—07	38.00	613
智力解谜.第2卷	2017—07	38.00	614
故事智力	2016—07	48.00	615
名人们喜欢的智力问题	2020—01	48.00	616
数学大师的发现、创造与失误	2018—01	48.00	617
异曲同工	2018—09	48.00	618
数学的味道	2018—01	58.00	798
数学千字文	2018—10	68.00	977
数贝偶拾——高考数学题研究	2014—04	28.00	274
数贝偶拾——初等数学研究	2014—04	38.00	275
数贝偶拾——奥数题研究	2014—04	48.00	276
钱昌本教你快乐学数学(上)	2011—12	48.00	155
钱昌本教你快乐学数学(下)	2012—03	58.00	171
集合、函数与方程	2014—01	28.00	300
数列与不等式	2014—01	38.00	301
三角与平面向量	2014—01	28.00	302
平面解析几何	2014—01	38.00	303
立体几何与组合	2014—01	28.00	304
极限与导数、数学归纳法	2014—01	38.00	305
趣味数学	2014—03	28.00	306
教材教法	2014—04	68.00	307
自主招生	2014—05	58.00	308
高考压轴题(上)	2015—01	48.00	309
高考压轴题(下)	2014—10	68.00	310
从费马到怀尔斯——费马大定理的历史	2013—10	198.00	Ⅰ
从庞加莱到佩雷尔曼——庞加莱猜想的历史	2013—10	298.00	Ⅱ
从切比雪夫到爱尔特希(上)——素数定理的初等证明	2013—07	48.00	Ⅲ
从切比雪夫到爱尔特希(下)——素数定理100年	2012—12	98.00	Ⅲ
从高斯到盖尔方特——二次域的高斯猜想	2013—10	198.00	Ⅳ
从库默尔到朗兰兹——朗兰兹猜想的历史	2014—01	98.00	Ⅴ
从比勃巴赫到德布朗斯——比勃巴赫猜想的历史	2014—02	298.00	Ⅵ
从麦比乌斯到陈省身——麦比乌斯变换与麦比乌斯带	2014—02	298.00	Ⅶ
从布尔到豪斯道夫——布尔方程与格论漫谈	2013—10	198.00	Ⅷ
从开普勒到阿诺德——三体问题的历史	2014—05	298.00	Ⅸ
从华林到华罗庚——华林问题的历史	2013—10	298.00	Ⅹ

刘培杰数学工作室
已出版(即将出版)图书目录——初等数学

书　　名	出版时间	定　价	编号
美国高中数学竞赛五十讲.第1卷(英文)	2014－08	28.00	357
美国高中数学竞赛五十讲.第2卷(英文)	2014－08	28.00	358
美国高中数学竞赛五十讲.第3卷(英文)	2014－09	28.00	359
美国高中数学竞赛五十讲.第4卷(英文)	2014－09	28.00	360
美国高中数学竞赛五十讲.第5卷(英文)	2014－10	28.00	361
美国高中数学竞赛五十讲.第6卷(英文)	2014－11	28.00	362
美国高中数学竞赛五十讲.第7卷(英文)	2014－12	28.00	363
美国高中数学竞赛五十讲.第8卷(英文)	2015－01	28.00	364
美国高中数学竞赛五十讲.第9卷(英文)	2015－01	28.00	365
美国高中数学竞赛五十讲.第10卷(英文)	2015－02	38.00	366

三角函数(第2版)	2017－04	38.00	626
不等式	2014－01	38.00	312
数列	2014－01	38.00	313
方程(第2版)	2017－04	38.00	624
排列和组合	2014－01	28.00	315
极限与导数(第2版)	2016－04	38.00	635
向量(第2版)	2018－08	58.00	627
复数及其应用	2014－08	28.00	318
函数	2014－01	38.00	319
集合	2020－01	48.00	320
直线与平面	2014－01	28.00	321
立体几何(第2版)	2016－04	38.00	629
解三角形	即将出版		323
直线与圆(第2版)	2016－11	38.00	631
圆锥曲线(第2版)	2016－09	48.00	632
解题通法(一)	2014－07	38.00	326
解题通法(二)	2014－07	38.00	327
解题通法(三)	2014－05	38.00	328
概率与统计	2014－01	28.00	329
信息迁移与算法	即将出版		330

IMO 50年.第1卷(1959－1963)	2014－11	28.00	377
IMO 50年.第2卷(1964－1968)	2014－11	28.00	378
IMO 50年.第3卷(1969－1973)	2014－09	28.00	379
IMO 50年.第4卷(1974－1978)	2016－04	38.00	380
IMO 50年.第5卷(1979－1984)	2015－04	38.00	381
IMO 50年.第6卷(1985－1989)	2015－04	58.00	382
IMO 50年.第7卷(1990－1994)	2016－01	48.00	383
IMO 50年.第8卷(1995－1999)	2016－06	38.00	384
IMO 50年.第9卷(2000－2004)	2015－04	58.00	385
IMO 50年.第10卷(2005－2009)	2016－01	48.00	386
IMO 50年.第11卷(2010－2015)	2017－03	48.00	646

刘培杰数学工作室
已出版(即将出版)图书目录——初等数学

书　　名	出版时间	定　价	编号
数学反思(2006—2007)	2020—09	88.00	915
数学反思(2008—2009)	2019—01	68.00	917
数学反思(2010—2011)	2018—05	58.00	916
数学反思(2012—2013)	2019—01	58.00	918
数学反思(2014—2015)	2019—03	78.00	919
数学反思(2016—2017)	2021—03	58.00	1286
数学反思(2018—2019)	2023—01	88.00	1593
历届美国大学生数学竞赛试题集.第一卷(1938—1949)	2015—01	28.00	397
历届美国大学生数学竞赛试题集.第二卷(1950—1959)	2015—01	28.00	398
历届美国大学生数学竞赛试题集.第三卷(1960—1969)	2015—01	28.00	399
历届美国大学生数学竞赛试题集.第四卷(1970—1979)	2015—01	18.00	400
历届美国大学生数学竞赛试题集.第五卷(1980—1989)	2015—01	28.00	401
历届美国大学生数学竞赛试题集.第六卷(1990—1999)	2015—01	28.00	402
历届美国大学生数学竞赛试题集.第七卷(2000—2009)	2015—08	18.00	403
历届美国大学生数学竞赛试题集.第八卷(2010—2012)	2015—01	18.00	404
新课标高考数学创新题解题诀窍:总论	2014—09	28.00	372
新课标高考数学创新题解题诀窍:必修1～5分册	2014—08	38.00	373
新课标高考数学创新题解题诀窍:选修2—1,2—2,1—1,1—2分册	2014—09	38.00	374
新课标高考数学创新题解题诀窍:选修2—3,4—4,4—5分册	2014—09	18.00	375
全国重点大学自主招生英文数学试题全攻略:词汇卷	2015—07	48.00	410
全国重点大学自主招生英文数学试题全攻略:概念卷	2015—01	28.00	411
全国重点大学自主招生英文数学试题全攻略:文章选读卷(上)	2016—09	38.00	412
全国重点大学自主招生英文数学试题全攻略:文章选读卷(下)	2017—01	58.00	413
全国重点大学自主招生英文数学试题全攻略:试题卷	2015—07	38.00	414
全国重点大学自主招生英文数学试题全攻略:名著欣赏卷	2017—03	48.00	415
劳埃德数学趣题大全.题目卷.1:英文	2016—01	18.00	516
劳埃德数学趣题大全.题目卷.2:英文	2016—01	18.00	517
劳埃德数学趣题大全.题目卷.3:英文	2016—01	18.00	518
劳埃德数学趣题大全.题目卷.4:英文	2016—01	18.00	519
劳埃德数学趣题大全.题目卷.5:英文	2016—01	18.00	520
劳埃德数学趣题大全.答案卷:英文	2016—01	18.00	521
李成章教练奥数笔记.第1卷	2016—01	48.00	522
李成章教练奥数笔记.第2卷	2016—01	48.00	523
李成章教练奥数笔记.第3卷	2016—01	38.00	524
李成章教练奥数笔记.第4卷	2016—01	38.00	525
李成章教练奥数笔记.第5卷	2016—01	38.00	526
李成章教练奥数笔记.第6卷	2016—01	38.00	527
李成章教练奥数笔记.第7卷	2016—01	38.00	528
李成章教练奥数笔记.第8卷	2016—01	48.00	529
李成章教练奥数笔记.第9卷	2016—01	28.00	530

刘培杰数学工作室
已出版(即将出版)图书目录——初等数学

书　　名	出版时间	定　价	编号
第19～23届"希望杯"全国数学邀请赛试题审题要津详细评注(初一版)	2014—03	28.00	333
第19～23届"希望杯"全国数学邀请赛试题审题要津详细评注(初二、初三版)	2014—03	38.00	334
第19～23届"希望杯"全国数学邀请赛试题审题要津详细评注(高一版)	2014—03	28.00	335
第19～23届"希望杯"全国数学邀请赛试题审题要津详细评注(高二版)	2014—03	38.00	336
第19～25届"希望杯"全国数学邀请赛试题审题要津详细评注(初一版)	2015—01	38.00	416
第19～25届"希望杯"全国数学邀请赛试题审题要津详细评注(初二、初三版)	2015—01	58.00	417
第19～25届"希望杯"全国数学邀请赛试题审题要津详细评注(高一版)	2015—01	48.00	418
第19～25届"希望杯"全国数学邀请赛试题审题要津详细评注(高二版)	2015—01	48.00	419
物理奥林匹克竞赛大题典——力学卷	2014—11	48.00	405
物理奥林匹克竞赛大题典——热学卷	2014—04	28.00	339
物理奥林匹克竞赛大题典——电磁学卷	2015—07	48.00	406
物理奥林匹克竞赛大题典——光学与近代物理卷	2014—06	28.00	345
历届中国东南地区数学奥林匹克试题集(2004～2012)	2014—06	18.00	346
历届中国西部地区数学奥林匹克试题集(2001～2012)	2014—07	18.00	347
历届中国女子数学奥林匹克试题集(2002～2012)	2014—08	18.00	348
数学奥林匹克在中国	2014—06	98.00	344
数学奥林匹克问题集	2014—01	38.00	267
数学奥林匹克不等式散论	2010—06	38.00	124
数学奥林匹克不等式欣赏	2011—09	38.00	138
数学奥林匹克超级题库(初中卷上)	2010—01	58.00	66
数学奥林匹克不等式证明方法和技巧(上、下)	2011—08	158.00	134,135
他们学什么:原民主德国中学数学课本	2016—09	38.00	658
他们学什么:英国中学数学课本	2016—09	38.00	659
他们学什么:法国中学数学课本.1	2016—09	38.00	660
他们学什么:法国中学数学课本.2	2016—09	28.00	661
他们学什么:法国中学数学课本.3	2016—09	38.00	662
他们学什么:苏联中学数学课本	2016—09	28.00	679
高中数学题典——集合与简易逻辑・函数	2016—07	48.00	647
高中数学题典——导数	2016—07	48.00	648
高中数学题典——三角函数・平面向量	2016—07	48.00	649
高中数学题典——数列	2016—07	58.00	650
高中数学题典——不等式・推理与证明	2016—07	38.00	651
高中数学题典——立体几何	2016—07	48.00	652
高中数学题典——平面解析几何	2016—07	78.00	653
高中数学题典——计数原理・统计・概率・复数	2016—07	48.00	654
高中数学题典——算法・平面几何・初等数论・组合数学・其他	2016—07	68.00	655

刘培杰数学工作室
已出版(即将出版)图书目录——初等数学

书　　名	出版时间	定　价	编号
台湾地区奥林匹克数学竞赛试题.小学一年级	2017—03	38.00	722
台湾地区奥林匹克数学竞赛试题.小学二年级	2017—03	38.00	723
台湾地区奥林匹克数学竞赛试题.小学三年级	2017—03	38.00	724
台湾地区奥林匹克数学竞赛试题.小学四年级	2017—03	38.00	725
台湾地区奥林匹克数学竞赛试题.小学五年级	2017—03	38.00	726
台湾地区奥林匹克数学竞赛试题.小学六年级	2017—03	38.00	727
台湾地区奥林匹克数学竞赛试题.初中一年级	2017—03	38.00	728
台湾地区奥林匹克数学竞赛试题.初中二年级	2017—03	38.00	729
台湾地区奥林匹克数学竞赛试题.初中三年级	2017—03	28.00	730

不等式证题法	2017—04	28.00	747
平面几何培优教程	2019—08	88.00	748
奥数鼎级培优教程.高一分册	2018—09	88.00	749
奥数鼎级培优教程.高二分册.上	2018—04	68.00	750
奥数鼎级培优教程.高二分册.下	2018—04	68.00	751
高中数学竞赛冲刺宝典	2019—04	68.00	883

初中尖子生数学超级题典.实数	2017—07	58.00	792
初中尖子生数学超级题典.式、方程与不等式	2017—08	58.00	793
初中尖子生数学超级题典.圆、面积	2017—08	38.00	794
初中尖子生数学超级题典.函数、逻辑推理	2017—08	48.00	795
初中尖子生数学超级题典.角、线段、三角形与多边形	2017—07	58.00	796

数学王子——高斯	2018—01	48.00	858
坎坷奇星——阿贝尔	2018—01	48.00	859
闪烁奇星——伽罗瓦	2018—01	58.00	860
无穷统帅——康托尔	2018—01	48.00	861
科学公主——柯瓦列夫斯卡娅	2018—01	48.00	862
抽象代数之母——埃米·诺特	2018—01	48.00	863
电脑先驱——图灵	2018—01	58.00	864
昔日神童——维纳	2018—01	48.00	865
数坛怪侠——爱尔特希	2018—01	68.00	866
传奇数学家徐利治	2019—09	88.00	1110

当代世界中的数学.数学思想与数学基础	2019—01	38.00	892
当代世界中的数学.数学问题	2019—01	38.00	893
当代世界中的数学.应用数学与数学应用	2019—01	38.00	894
当代世界中的数学.数学王国的新疆域(一)	2019—01	38.00	895
当代世界中的数学.数学王国的新疆域(二)	2019—01	38.00	896
当代世界中的数学.数林撷英(一)	2019—01	38.00	897
当代世界中的数学.数林撷英(二)	2019—01	48.00	898
当代世界中的数学.数学之路	2019—01	38.00	899

刘培杰数学工作室
已出版(即将出版)图书目录——初等数学

书 名	出版时间	定 价	编号
105 个代数问题:来自 AwesomeMath 夏季课程	2019－02	58.00	956
106 个几何问题:来自 AwesomeMath 夏季课程	2020－07	58.00	957
107 个几何问题:来自 AwesomeMath 全年课程	2020－07	58.00	958
108 个代数问题:来自 AwesomeMath 全年课程	2019－01	68.00	959
109 个不等式:来自 AwesomeMath 夏季课程	2019－04	58.00	960
国际数学奥林匹克中的 110 个几何问题	即将出版		961
111 个代数和数论问题	2019－05	58.00	962
112 个组合问题:来自 AwesomeMath 夏季课程	2019－05	58.00	963
113 个几何不等式:来自 AwesomeMath 夏季课程	2020－08	58.00	964
114 个指数和对数问题:来自 AwesomeMath 夏季课程	2019－09	48.00	965
115 个三角问题:来自 AwesomeMath 夏季课程	2019－09	58.00	966
116 个代数不等式:来自 AwesomeMath 全年课程	2019－04	58.00	967
117 个多项式问题:来自 AwesomeMath 夏季课程	2021－09	58.00	1409
118 个数学竞赛不等式	2022－08	78.00	1526
紫色彗星国际数学竞赛试题	2019－02	58.00	999
数学竞赛中的数学:为数学爱好者、父母、教师和教练准备的丰富资源.第一部	2020－04	58.00	1141
数学竞赛中的数学:为数学爱好者、父母、教师和教练准备的丰富资源.第二部	2020－07	48.00	1142
和与积	2020－10	38.00	1219
数论:概念和问题	2020－12	68.00	1257
初等数学问题研究	2021－03	48.00	1270
数学奥林匹克中的欧几里得几何	2021－10	68.00	1413
数学奥林匹克题解新编	2022－01	58.00	1430
图论入门	2022－09	58.00	1554
澳大利亚中学数学竞赛试题及解答(初级卷)1978～1984	2019－02	28.00	1002
澳大利亚中学数学竞赛试题及解答(初级卷)1985～1991	2019－02	28.00	1003
澳大利亚中学数学竞赛试题及解答(初级卷)1992～1998	2019－02	28.00	1004
澳大利亚中学数学竞赛试题及解答(初级卷)1999～2005	2019－02	28.00	1005
澳大利亚中学数学竞赛试题及解答(中级卷)1978～1984	2019－03	28.00	1006
澳大利亚中学数学竞赛试题及解答(中级卷)1985～1991	2019－03	28.00	1007
澳大利亚中学数学竞赛试题及解答(中级卷)1992～1998	2019－03	28.00	1008
澳大利亚中学数学竞赛试题及解答(中级卷)1999～2005	2019－03	28.00	1009
澳大利亚中学数学竞赛试题及解答(高级卷)1978～1984	2019－05	28.00	1010
澳大利亚中学数学竞赛试题及解答(高级卷)1985～1991	2019－05	28.00	1011
澳大利亚中学数学竞赛试题及解答(高级卷)1992～1998	2019－05	28.00	1012
澳大利亚中学数学竞赛试题及解答(高级卷)1999～2005	2019－05	28.00	1013
天才中小学生智力测验题.第一卷	2019－03	38.00	1026
天才中小学生智力测验题.第二卷	2019－03	38.00	1027
天才中小学生智力测验题.第三卷	2019－03	38.00	1028
天才中小学生智力测验题.第四卷	2019－03	38.00	1029
天才中小学生智力测验题.第五卷	2019－03	38.00	1030
天才中小学生智力测验题.第六卷	2019－03	38.00	1031
天才中小学生智力测验题.第七卷	2019－03	38.00	1032
天才中小学生智力测验题.第八卷	2019－03	38.00	1033
天才中小学生智力测验题.第九卷	2019－03	38.00	1034
天才中小学生智力测验题.第十卷	2019－03	38.00	1035
天才中小学生智力测验题.第十一卷	2019－03	38.00	1036
天才中小学生智力测验题.第十二卷	2019－03	38.00	1037
天才中小学生智力测验题.第十三卷	2019－03	38.00	1038

刘培杰数学工作室
已出版(即将出版)图书目录——初等数学

书　　名	出版时间	定　价	编号
重点大学自主招生数学备考全书:函数	2020-05	48.00	1047
重点大学自主招生数学备考全书:导数	2020-08	48.00	1048
重点大学自主招生数学备考全书:数列与不等式	2019-10	78.00	1049
重点大学自主招生数学备考全书:三角函数与平面向量	2020-08	68.00	1050
重点大学自主招生数学备考全书:平面解析几何	2020-07	58.00	1051
重点大学自主招生数学备考全书:立体几何与平面几何	2019-08	48.00	1052
重点大学自主招生数学备考全书:排列组合·概率统计·复数	2019-09	48.00	1053
重点大学自主招生数学备考全书:初等数论与组合数学	2019-08	48.00	1054
重点大学自主招生数学备考全书:重点大学自主招生真题.上	2019-04	68.00	1055
重点大学自主招生数学备考全书:重点大学自主招生真题.下	2019-04	58.00	1056
高中数学竞赛培训教程:平面几何问题的求解方法与策略.上	2018-05	68.00	906
高中数学竞赛培训教程:平面几何问题的求解方法与策略.下	2018-06	78.00	907
高中数学竞赛培训教程:整除与同余以及不定方程	2018-01	88.00	908
高中数学竞赛培训教程:组合计数与组合极值	2018-04	48.00	909
高中数学竞赛培训教程:初等代数	2019-04	78.00	1042
高中数学讲座:数学竞赛基础教程(第一册)	2019-06	48.00	1094
高中数学讲座:数学竞赛基础教程(第二册)	即将出版		1095
高中数学讲座:数学竞赛基础教程(第三册)	即将出版		1096
高中数学讲座:数学竞赛基础教程(第四册)	即将出版		1097
新编中学数学解题方法 1000 招丛书.实数(初中版)	2022-05	58.00	1291
新编中学数学解题方法 1000 招丛书.式(初中版)	2022-05	48.00	1292
新编中学数学解题方法 1000 招丛书.方程与不等式(初中版)	2021-04	58.00	1293
新编中学数学解题方法 1000 招丛书.函数(初中版)	2022-05	38.00	1294
新编中学数学解题方法 1000 招丛书.角(初中版)	2022-05	48.00	1295
新编中学数学解题方法 1000 招丛书.线段(初中版)	2022-05	48.00	1296
新编中学数学解题方法 1000 招丛书.三角形与多边形(初中版)	2021-04	48.00	1297
新编中学数学解题方法 1000 招丛书.圆(初中版)	2022-05	48.00	1298
新编中学数学解题方法 1000 招丛书.面积(初中版)	2021-07	28.00	1299
新编中学数学解题方法 1000 招丛书.逻辑推理(初中版)	2022-06	48.00	1300
高中数学题典精编.第一辑.函数	2022-01	58.00	1444
高中数学题典精编.第一辑.导数	2022-01	68.00	1445
高中数学题典精编.第一辑.三角函数·平面向量	2022-01	68.00	1446
高中数学题典精编.第一辑.数列	2022-01	58.00	1447
高中数学题典精编.第一辑.不等式·推理与证明	2022-01	58.00	1448
高中数学题典精编.第一辑.立体几何	2022-01	58.00	1449
高中数学题典精编.第一辑.平面解析几何	2022-01	68.00	1450
高中数学题典精编.第一辑.统计·概率·平面几何	2022-01	58.00	1451
高中数学题典精编.第一辑.初等数论·组合数学·数学文化·解题方法	2022-01	58.00	1452
历届全国初中数学竞赛试题分类解析.初等代数	2022-09	98.00	1555
历届全国初中数学竞赛试题分类解析.初等数论	2022-09	48.00	1556
历届全国初中数学竞赛试题分类解析.平面几何	2022-09	38.00	1557
历届全国初中数学竞赛试题分类解析.组合	2022-09	38.00	1558

联系地址:哈尔滨市南岗区复华四道街 10 号　哈尔滨工业大学出版社刘培杰数学工作室
网　　址:http://lpj.hit.edu.cn/
邮　　编:150006
联系电话:0451-86281378　　13904613167
E-mail:lpj1378@163.com